Drang und Zwang

Eine höhere Festigkeitslehre für Ingenieure

Von

Dr. Dr.-Ing. Aug. Föppl und Dr. Ludwig Föppl

Professor an der Techn. Hochschule in München
Geh. Hofrat

Professor an der Techn. Hochschule
in München

Mit 70 Abbildungen im Text

Erster Band

Zweite Auflage

München und Berlin 1924
Druck und Verlag von R. Oldenbourg

Vorwort zur ersten Auflage.

Wir sind bei der Abfassung dieses Buches vor Neuerungen von verschiedener Art nicht zurückgeschreckt: auch vor der nicht, die neue Bezeichnung »Drang und Zwang« für den üblichen Inhalt der »Theorie der Elastizität und Festigkeit« zu gebrauchen und diese Bezeichnung zum Titel unseres Buches zu wählen. Ähnlich dem englischen »stress and strain« scheint uns auch »Drang und Zwang« eine recht treffende Bezeichnung für diesen Wissenszweig zu sein. Die Wahl des immerhin etwas auffälligen Titels hat freilich noch einen besonderen Grund. Es soll damit jeder Verwechslung mit den von dem älteren Verfasser früher herausgegebenen »Vorlesungen über technische Mechanik« vorgebeugt werden, von denen der als »Festigkeitslehre« bezeichnete 3. Band jetzt schon in 7. Auflage und auch in verschiedenen Übersetzungen erschienen und daher in weiten Kreisen bekannt geworden ist.

Während das ältere Werk zur Einführung der Studierenden in die Festigkeitslehre bestimmt ist, wendet sich das neue an Leser, die mit dem Gegenstande schon näher bekannt sind, insbesondere an Ingenieure, die sich in ihrem praktischen Berufsleben häufiger mit Festigkeitsuntersuchungen zu beschäftigen haben. Solche Leser sind mit der Lösung von einfacheren Festigkeitsaufgaben recht wohl vertraut, so daß man ihnen darüber nichts mehr zu sagen braucht; aber sehr oft wird bei ihnen der Wunsch und das Bedürfnis nach einem tieferen Eindringen in die Lehre von Drang und Zwang rege geworden sein. Sie bringen auch die Übung mit und die Erfahrungen, die sie sich bei ihren Berufsarbeiten erworben haben, und sind dadurch recht wohl in den Stand gesetzt, selbst einer schwierigeren Untersuchung mit Verständnis zu folgen, falls sie nur derart vorgetragen wird, wie es ihrem Gesichtskreise angemessen ist. Ein Buch zu schaffen, das dieser Forderung entspricht, ist das Ziel, das sich die Verfasser gesteckt haben.

Anfänglich hatte der ältere Verfasser daran gedacht, den 5. Band seiner »Vorlesungen«, der auch schon in einer ähnlichen Absicht geschrieben worden war, vollständig umzuarbeiten und ihn dadurch dem vorher bezeichneten Zwecke besser anzupassen. Aber je mehr der Plan heranreifte, um so mehr zeigte sich, daß das alte Werk, das sich als eine unmittelbare Fortsetzung an den so viel benutzten 3. Band der »Vorlesungen« anschließt, dabei vollständig verschwinden und einem ganz neuen Platz machen müßte. Der 5. Band hat aber auch manche Vorzüge und viele Freunde, und es wäre daher schade darum gewesen, wenn er auf diese Weise ganz untergegangen wäre. Man wird ihn auch in Zukunft neben dem neuen Werke noch mit Vorteil benutzen können. Das neue Werk sollte aber jedenfalls so abgefaßt werden, daß es für jeden Leser von der vorher angegebenen Vorbildung, gleichgültig auf welchem Wege er sich diese nun erworben haben mag, ohne jede Verweisung auf den 3. Band oder auf andere Bände der »Vorlesungen« verständlich und in sich abgeschlossen, sein müsse.

Der ältere Verfasser würde nicht den Mut zu einem so schwierigen neuen Unternehmen gefunden haben, wenn ihm nicht in einem Sohne und ehemaligen Schüler eine frische Kraft als gleichwertiger und gleichberechtigter Mitarbeiter zur Seite getreten wäre, der ihn nach manchen Richtungen zu ergänzen vermochte. Der jüngere Verfasser hat namentlich die Bearbeitung jener Teile übernommen, die größere Ansprüche an die mathematische Vorbildung (des Lesers nicht nur, sondern mehr noch des Bearbeiters) stellen, während der ältere Verfasser für die Auswahl und die Anordnung des Stoffes und auch für die Art der Behandlung verantwortlich ist.

Als oberster Grundsatz galt bei der Bearbeitung, daß alle Darlegungen so einfach und so leicht verständlich als möglich abgefaßt werden müßten. Dazu kam jedoch der zweite Grundsatz, daß die bloße Schwierigkeit der mathematischen Darlegung, wenn sie sich nun einmal nicht umgehen ließ, keinen Ausschließungsgrund für eine Untersuchung abgeben dürfe, deren Kenntnis für den Zweck der praktischen Anwendungen der Festigkeitslehre als nützlich und förderlich erschien. Wenn auch viele Leser in Fällen von dieser Art die Durchrechnung zu schwierig finden werden, um sie in allen Einzelheiten verfolgen und selbst nachprüfen zu können, so werden sie trotzdem Gewinn daraus ziehen können, sofern sie nur Kenntnis davon erhalten, was sich auf dem betreffenden Gebiete theoretisch noch mit Erfolg durchführen läßt und zu welchen Ergebnissen eine solche Untersuchung gelangt. Ein Werk, wie wir es jetzt abgefaßt haben, soll vielen dienen und auch dem noch einen Wink geben, der sich mit einer schwierigeren Sonderfrage beschäftigen will, die den meisten anderen Lesern gleichgültig ist. Das Hauptgewicht unserer Arbeit liegt aber in den allgemeinen Betrachtungen, die für alle Leser gleichmäßig bestimmt sind und die wir so leicht verständlich abgefaßt haben, als es irgend möglich erschien.

Bei der Durcharbeitung einer wissenschaftlichen Lehre für einen Zweck, wie wir ihn hier verfolgt haben, ergibt sich ganz von selbst, daß mit der neuen Art der Darstellung auch neue Gegenstände in den Gesichtskreis treten oder daß sich alte Aufgaben in neuer oder in erweiterter

Fassung einstellen, womit auch dem Inhalte nach vielerlei Neues hereinkommt. Wer sich früher schon eingehender mit der Lehre von Drang und Zwang beschäftigt hat, wird leicht selbst herausfinden, an welchen Stellen wir zu neuen Ergebnissen gelangt sind. Den anderen Lesern wird es dagegen gleichgültig sein, was von dem Inhalte unseres Buches von uns selbst herrührt und was wir von früheren Forschern übernommen haben, so daß es nicht nötig erscheint, hier genauere Rechenschaft darüber zu geben.

Aus praktischen Gründen haben wir uns entschlossen, das ganze Werk in zwei ungefähr gleich starke Bände zu teilen, von denen der erste jetzt fertig vorliegt. Der zweite Band soll in sechs Abschnitten die Schalen, die Drehfestigkeit der Stäbe, die Umdrehungskörper, die Härte, die Eigenspannungen und die Knick- und Ausweichgefahr behandeln. Wir hoffen, diesen Band bald folgen lassen zu können.

Der Verlagsbuchhandlung, die auf unsere Wünsche bereitwillig eingegangen ist und sich um die sorgfältige Herstellung des Druckes mit Erfolg bemüht hat, gestatten wir uns, unsern besten Dank auszusprechen.

München, im Oktober 1919.

Die Verfasser.

Vorwort zur zweiten Auflage.

Als wir dieses Buch vor vier Jahren in der ersten Auflage erscheinen ließen, haben wir uns der Hoffnung hingegeben, daß es zahlreiche Freunde unter den in der praktischen Berufsarbeit tätigen Ingenieuren finden würde. Trotz der schweren und für den Absatz von Büchern solcher Art recht ungünstigen Zeiten, die wir seitdem erlebten, haben wir uns in dieser Erwartung keineswegs getäuscht. Wir sind daher jetzt in den Stand gesetzt, eine neubearbeitete Auflage dieses Bandes herauszugeben, von der wir hoffen, daß sie ebenfalls viele Leser finden möchte.

Der auffällige Titel »Drang und Zwang«, den wir für unser Buch gewählt haben, hat natürlich anfänglich zu vielen mehr oder weniger witzigen Bemerkungen Anlaß gegeben. Das ließ sich nicht anders erwarten. Inzwischen scheint sich jedoch der Titel ganz gut durchgesetzt zu haben. Zum mindesten aber hat er dem Zwecke durchaus entsprochen, den Unterschied zwischen dem neuen Buche und den früheren Büchern des älteren Verfassers, die im Teubnerschen Verlage erschienen sind, möglichst deutlich hervorzuheben.

Bei der Bearbeitung der ersten Auflage lag der größere Teil der ganzen Arbeitslast, wie es nicht anders sein konnte, auf dem älteren Verfasser. Dagegen ist für die neue Auflage in erster Linie der jüngere Verfasser verantwortlich, der inzwischen, nachdem er vorher zwei Jahre lang als Nachfolger von v. Mises in Dresden tätig gewesen war, zum Nachfolger des älteren Verfassers in seinem Lehramte an der Münchener Hochschule berufen wurde.

In der Hoffnung auf einen guten Absatz des Buches hatte die Verlagshandlung den Satz von der ersten Auflage her stehen lassen. Sie ersuchte uns daher jetzt dringend darum, an dem Texte so wenig als möglich zu ändern. Um zu hohe Herstellungskosten und dementsprechend hohe Verkaufspreise zu vermeiden, mußten wir darauf, soweit es anging, Rücksicht nehmen.

Druckfehler und andere Versehen, die uns Verfassern zur Last fielen, mußten natürlich verbessert werden. Wir konnten uns dabei auf Mitteilungen befreundeter Kollegen sowie verschiedener anderer Herren stützen, die uns auf solche Versehen freundlichst aufmerksam machten. Ihnen allen danken wir bestens für die Hilfe, die sie uns damit geleistet haben. Besonders richtet sich dieser Dank auch an Herrn Ingenieur Schönfelder von den Siemens-Schuckert-Werken in Berlin, der uns ein langes Druckfehlerverzeichnis übersendet hat, worin auch auf eine Reihe von Fehlern hingewiesen wurde, die wir bis dahin noch nicht bemerkt hatten.

An den neueren Erscheinungen auf dem Gebiete der Festigkeitslehre durften wir natürlich auch nicht achtlos vorübergehen. Solche lagen hauptsächlich auf dem Gebiete der im 3. Abschnitt behandelten Plattentheorie vor. Wir haben für zweckmäßig gefunden, am Schlusse des 3. Abschnitts einen von dem jüngeren Verfasser bearbeiteten neuen Paragraphen einzuschalten, der diese neueren Fortschritte zusammen bespricht.

Abgesehen von kleineren Änderungen, die durch die neueren Arbeiten nötig geworden sind und die wir hauptsächlich in Form von Fußnoten vorgenommen haben, sind am Schluß des Buches die neuen § 55a, § 56 und § 57 entstanden. Sie beziehen sich alle drei auf den ebenen Spannungszustand. Der letzte Paragraph behandelt das plastische Gleichgewicht beim ebenen Spannungszustand. Wir haben es für angebracht gehalten, diesen von Prandtl begründeten neuen Zweig der Festigkeitslehre, obwohl er noch in den Anfängen steckt, wenigstens kurz zu behandeln.

München, im Februar 1924.

Die Verfasser.

Inhaltsübersicht.

Erster Abschnitt.

Die allgemeinen Grundlagen.

§ 1. Der gleichmäßige Spannungszustand.

Um den Spannungszustand zu kennzeichnen, der an einer bestimmten Stelle eines Körpers herrscht, denkt man sich durch einen an dieser Stelle befindlichen Punkt sehr viele Schnitte in verschiedenen Richtungen gelegt und stellt für jede dieser Schnittebenen die in ihr übertragene Spannung $\mathfrak{S}$ nach Größe und Richtung fest. Die Größe bezieht man dabei auf die Flächeneinheit der Schnittfläche. Anstatt der Richtungsangabe für $\mathfrak{S}$ kann man auch die ganze Spannung $\mathfrak{S}$ in eine Normalkomponente σ und eine Schubspannung τ zerlegen und beide einzeln angeben.

In einem hinreichend kleinen Bezirk, den man innerhalb des Körpers abgegrenzt hat, wird der Spannungszustand von Punkt zu Punkt nur wenig verschieden sein. Er kann auch für alle Punkte des ganzen Bezirks genau derselbe sein. Man spricht in diesem Falle von einem homogenen oder, wie wir an Stelle dieses Fremdwortes lieber sagen wollen, von einem gleichmäßigen Spannungszustande. Bei ihm wird in allen zueinander parallelen Schnittebenen und in allen Punkten dieser Schnittebenen dieselbe Spannung $\mathfrak{S}$ übertragen.

Wir wollen annehmen, daß wir bei allen Aufgaben, mit denen wir uns zu beschäftigen haben werden, den Bezirk, von dem die Rede war, stets klein genug wählen können, um die in ihm noch bestehenden Abweichungen von der Gleichmäßigkeit des Spannungszustandes so klein zu machen, als es uns beliebt. Freilich schließen wir mit dieser Annahme solche Fälle von unserer Untersuchung aus, bei denen in sehr nahe benachbarten Stellen stark voneinander abweichende Spannungszustände von vornherein zu erwarten sind. Es ist nämlich, um darüber hinwegzukommen, nicht etwa zulässig, mit der Verkleinerung des betrachteten Bezirks allzu weit zu gehen. Denn selbst dann, wenn der Bezirk nach der in der Festigkeitslehre üblichen Ausdrucksweise als unendlich klein bezeichnet wird, muß er doch immer noch eine sehr große Zahl von Molekülen umfassen, damit sich die durch den molekularen Aufbau des Körpers bedingten Schwankungen innerhalb der gezogenen Schnittflächen nicht zu stark bemerklich machen können, so daß es immer noch zulässig erscheint, von ihnen abzusehen.

Aber die Einschränkung, die wir mit der genannten Annahme herbeiführen, ist praktisch ohne Bedeutung, da die Annahme wohl in allen Fällen, mit denen der Ingenieur zu tun bekommen kann, als zutreffend gelten kann. Hiernach dürfen die allgemeinen Gesetzmäßigkeiten, die hier für den gleichmäßigen Spannungszustand abgeleitet werden sollen, sofort auch auf den Spannungszustand in einem hinlänglich klein gewählten Bezirk angewendet werden.

Zur Untersuchung der Eigenschaften des gleichmäßigen Spannungszustandes denken wir uns eine Kugel abgegrenzt und betrachten die Spannungen, die in jedem Flächenelemente der Kugelfläche übertragen werden. Unter den Tangentialebenen an die Kugel sind alle Stellungen vertreten, die eine Ebene im Raume einnehmen kann. Man kennt daher die Spannungen für alle möglichen Schnitte, wenn man die Spannung $\mathfrak{s}$ für jedes Flächenelement der Kugel anzugeben vermag.

Wegen der vorausgesetzten Gleichmäßigkeit des Spannungszustandes kommt es auf die Größe der Kugel nicht an, und wir können uns daher den Kugelhalbmesser gleich der Längeneinheit gewählt denken. Die Lage eines Flächenelementes auf der Kugelfläche wird durch den Radiusvektor $\mathfrak{r}$ beschrieben, den man vom Kugelmittelpunkte aus dahin ziehen kann. Die Komponenten $r_1\, r_2\, r_3$ von $\mathfrak{r}$ nach den Richtungen eines rechtwinkligen Koordinatensystems sind, da $\mathfrak{r}$ ein Einheitsvektor sein sollte, gleich den Kosinus der Winkel, die $\mathfrak{r}$ mit den Koordinatenrichtungen bildet.

Zu jedem gegebenen $\mathfrak{r}$ gehört nun eine Spannung $\mathfrak{s}$, so daß

$$\mathfrak{s} = F(\mathfrak{r}) \quad \ldots\ldots\ldots \quad (1)$$

gesetzt werden kann, wenn F eine gewisse Vektorfunktion bezeichnet, deren Ermittelung unsere Aufgabe bildet. Anstatt dessen kann man auch die Komponenten $s_1\, s_2\, s_3$ von $\mathfrak{s}$ in einem rechtwinkligen Koordinatensystem als Funktion der Winkelkosinus $r_1\, r_2\, r_3$ darstellen, womit die Vektorgleichung durch die Komponentengleichungen

$$s_1 = F_1(r_1 r_2 r_3);\; s_2 = F_2(r_1 r_2 r_3);\; s_3 = F_3(r_1 r_2 r_3) \quad . \; . \quad (2)$$

ersetzt wird.

Man findet das Abhängigkeitsgesetz, das durch diese Funktionen zum Ausdruck gelangen soll, aus der Bedingung, daß sich an jedem Körperstück von beliebiger Gestalt, das wir uns innerhalb des betrachteten Bezirks herausgeschnitten denken können, die darauf in den Grenzflächen übertragenen Spannungen im Gleichgewichte miteinander halten müssen. Zuerst betrachten wir ein rechteckiges Parallelepiped, auf dessen Mantel nur drei voneinander verschiedene Stellungen der

Schnittebenen vorkommen und sehen zu, welche Beziehungen zwischen den Spannungen auf diesen drei Schnitten bestehen müssen.

Hierbei ist zu beachten, daß zwar wegen der vorausgesetzten Gleichmäßigkeit des Spannungszustandes auf je zwei gegenüberliegenden Seitenflächen des Parallelepipeds die gleiche Spannung $\mathfrak{S}$ übertragen wird, daß aber die Pfeile dieser Spannkräfte entgegengesetzt gerichtet sind, weil die eine Seitenfläche das Parallelepiped etwa nach links hin und die andere dann nach rechts hin, jedenfalls aber nach der entgegengesetzten Seite hin abgrenzt und weil nach dem Wechselwirkungsgesetze die von der einen Seite auf die andere Seite hinüber übertragene Kraft zwar ebenso groß, aber entgegengesetzt gerichtet ist, wie die von da nach rückwärts ausgeübte Kraft.

Aus dieser Überlegung folgt schon, daß die geometrische Summe aller an dem Parallelepiped angreifenden äußeren Kräfte jedenfalls gleich Null ist, wenn außer den Spannungen keine weiteren äußeren Kräfte, also keine Massenkräfte angreifen. Diese Voraussetzung müssen wir aber als selbstverständlich gelten lassen, damit der gleichmäßige Spannungszustand überhaupt bestehen kann.

Es bleibt also nur noch die weitere Gleichgewichtsbedingung zu erfüllen, daß auch für einen beliebig zu wählenden Momentenpunkt die Summe der statischen Momente aller an dem Parallelepiped als äußere Kräfte angreifenden Spannungen gleich Null sein muß. Wir wollen diese Gleichgewichtsbedingung gegen Drehen dadurch zum Ausdruck bringen, daß wir durch den Mittelpunkt des Parallelepipeds drei Achsen parallel zu den Kanten ziehen und für jede dieser Achsen die Momentensumme gleich Null setzen. Hierbei genügt es auch, die Momentengleichung für eine dieser Achsen anzuschreiben, da keine der drei Achsen vor der anderen etwas voraus hat, so daß auch für die beiden anderen zutrifft, was für eine von ihnen nachgewiesen ist.

Abb. 1 zeigt das Parallelepiped in axonometrischer Darstellung. Die drei Kantenrichtungen sind mit den Buchstaben XYZ versehen, und die durch den Mittelpunkt des Parallelepipeds parallel zur X-Richtung gezogene Achse ist mit AA bezeichnet. Wir denken uns die zu jeder Seitenfläche gehörige Spannung $\mathfrak{S}$ in Komponenten nach den drei Achsenrichtungen zerlegt und bezeichnen die Komponenten auf den zur X-Achse senkrecht stehenden Seitenflächen mit $\sigma_x\, \tau_{xy}\, \tau_{xz}$. Die Normalspannung σ_x gilt als positiv, wenn sie eine Zugspannung bedeutet, also wenn die Kräfte auf den beiden einander gegenüber liegenden Seitenflächen in die Richtungen der zugehörigen äußeren Normalen fallen. Auf

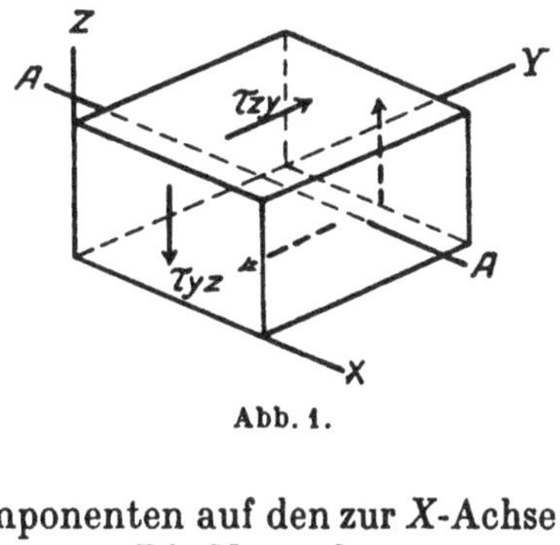

Abb. 1.

einer dieser beiden Seitenflächen geht die äußere Normale in der Richtung der positiven X-Achse. Wir wollen vereinbaren, daß auch τ_{xy} und τ_{xz} als positiv angesehen werden sollen, wenn sie auf derselben Seitenfläche ebenfalls in die positiven Richtungen der Y- und der Z-Achse fallen. Auf der gegenüberliegenden Seitenfläche gehen sie nach den vorhergehenden Bemerkungen über das Wechselwirkungsgesetz bei positiven Werten in den Richtungen der negativen Y- und Z-Achse. An diesen Vorzeichenfestsetzungen, die an sich willkürlich sind, die wir aber auf die anderen Seitenflächen und Achsen sinngemäß übertragen, soll in der Folge stets festgehalten werden.

In die Übersichtszeichnung der Abb. 1 sind, um sie nicht zu überladen, nicht alle Spannungskomponenten eingetragen worden, sondern nur jene, die zur Momentengleichung für die Drehachse AA beitragen. Die Spannungen auf den zu AA oder zur X-Achse senkrecht stehenden Seitenflächen geben nämlich auf jeder dieser beiden Seitenflächen eine Resultierende, die durch die Mitte der Seitenfläche geht, so daß sie AA schneidet und ihr Moment zu Null wird. Auf den anderen vier Seitenflächen schneidet die Resultierende der dort vorkommenden Normalspannungen ebenfalls die Momentenachse, und von den Schubspannungskomponenten geht überall die eine parallel zur Drehachse, so daß ihr Moment ebenfalls verschwindet. Es bleiben daher in der Tat in der Momentengleichung nur die vier Kräfte übrig, die in die Abbildung eingetragen wurden. Von diesen bilden je zwei einander gegenüber liegende ein Kräftepaar miteinander.

In der Zeichnung wurden die Kräfte mit den Pfeilen versehen, die ihnen nach den vorhergehenden Festsetzungen zukommen, wenn τ_{zy} und τ_{yz} beide positiv sind. Sie drehen dann, wie aus der Abbildung ersichtlich ist, im entgegengesetzten Sinne um die Achse AA', also so, wie es sein muß, damit sie sich im Gleichgewichte miteinander halten können. Daraus folgt, daß τ_{zy} und τ_{yz} auf jeden Fall im Vorzeichen miteinander übereinstimmen müssen, daß sie also so wie in der Abbildung oder alle vier entgegengesetzt gerichtet sind.

Außerdem müssen die Momente der beiden Kräftepaare von gleicher Größe sein. Die Spannung τ_{zy} erstreckt sich über ein Rechteck vom Flächeninhalte $dx\,dy$, und der Abstand der beiden Kräfte des Kräftepaares voneinander ist gleich dz, das Moment des Kräftepaares daher gleich $\tau_{zy} \cdot dx\,dy\,dz$. Hierbei ist angenommen, daß das Parallelepiped unendlich klein sei, so daß die Kantenlängen als Differentiale anzusehen sind, obschon dieselbe Betrachtung beim gleichmäßigen Spannungszustande ohne Änderung auch für endliche Kantenlängen gültig bleibt. Auch beim Momente des anderen Kräftepaares kommt der Rauminhalt $dx\,dy\,dz$ des Parallelepipeds als Faktor vor, so daß als Gleichgewichtsbedingung

$$\tau_{zy} = \tau_{yz}$$

übrig bleibt. Dazu kommen noch zwei weitere Gleichungen, die aus dem Gleichgewichte gegen Drehen um die in der Y- und der Z-Richtung gezogenen Momentenachsen hervorgehen, so daß man im ganzen

$$\tau_{xy} = \tau_{yx}; \; \tau_{xz} = \tau_{zx}; \; \tau_{yz} = \tau_{zy} \quad \ldots \ldots \quad (3)$$

erhält, womit der Satz von der Gleichheit der einander zugeordneten Schubspannungen bewiesen ist.

An dem Parallelepiped kommen nur drei voneinander verschiedene Schnittstellungen vor. Wir nehmen jetzt eine vierte Schnittstellung hinzu und vergleichen die zu dieser gehörigen Spannungen mit den auf den drei vorhergehenden übertragenen. Von vier solchen Schnittebenen wird ein Tetraeder abgegrenzt, an dem sich die Spannungen im Gleichgewichte miteinander halten müssen. Drei der vier Seitenflächen des Tetraeders sollen wieder rechtwinklig zueinander stehen, und für sie wollen wir dieselben Bezeichnungen gebrauchen, die vorher dafür eingeführt waren. Zur vierten Tetraederfläche gehört eine äußere Normale n und die drei spitzen Winkel, die sie mit den positiven Richtungen der Koordinatenachsen bildet, bezeichnen wir mit nx, ny, nz. Abb. 2 zeigt das Tetraeder in axonometrischer Darstellung; die äußeren Normalen auf den in die Koordinatenebenen fallenden Seitenflächen sind, wie daraus zu entnehmen ist, entgegengesetzt den positiven Koordinatenachsen gerichtet.

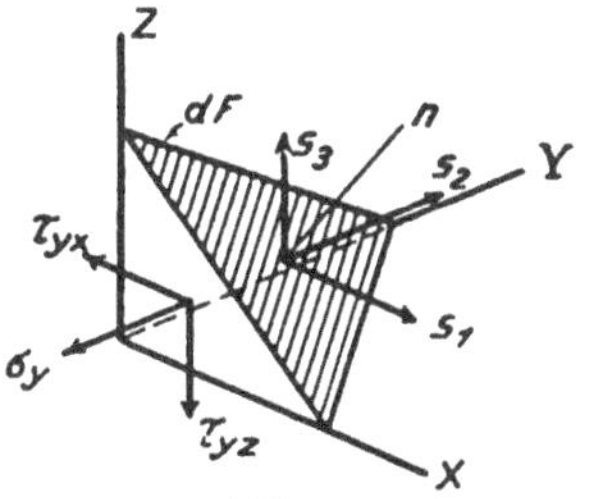

Abb. 2.

Die Spannung $\mathfrak{s}_n$ auf der vierten Tetraederseite wollen wir zunächst in drei Komponenten nach den Koordinatenachsen zerlegen, die wir mit $s_1\, s_2\, s_3$ bezeichnen und positiv rechnen, wenn sie in den Richtungen der positiven Achsen gehen. Wir können s_1 aus der Gleichgewichtsbedingung gegen Verschieben in der X-Richtung berechnen. Dazu trägt jede der vier Seitenflächen ein Glied bei. Bezeichnen wir den Inhalt der vierten Tetraederfläche mit dF, so ist der Beitrag zur Komponentengleichung, der von dieser Fläche herrührt, gleich $s_1 dF$. Auf den anderen drei Seitenflächen gehen alle Spannungskomponenten, wenn sie zu positiven Werten gehören, nach unseren Vorzeichenfestsetzungen entgegengesetzt den positiven Koordinatenachsen. Die zur X-Achse senkrecht stehende Seitenfläche hat den Inhalt dF cos nx, da der Winkel zwischen dF und der YZ-Ebene ebenso groß ist wie der Winkel, den die Normalen zu beiden Ebenen miteinander bilden. Der von dieser Seitenfläche herrührende Beitrag zur Komponentengleichung ist daher

$$\sigma_x \, dF \cos nx \text{ oder auch } \sigma_x \, dF \, r_1,$$

wenn man von der vorher schon eingeführten Bezeichnung r_1 Gebrauch macht. Bei positivem σ_x entspricht dies einer in der Richtung der negativen X-Achse gehenden Kraft.

In derselben Weise kann man auch die von den anderen beiden Seitenflächen herrührenden Glieder der Komponentengleichung aufstellen. Streicht man nachträglich in jedem Gliede den gemeinschaftlichen Faktor dF, so erhält man die erste der drei folgenden Gleichungen

$$\left.\begin{aligned} s_1 &= r_1\sigma_x + r_2\tau_{yx} + r_3\tau_{zx} \\ s_2 &= r_2\sigma_y + r_3\tau_{zy} + r_1\tau_{xy} \\ s_3 &= r_3\sigma_z + r_1\tau_{xz} + r_2\tau_{yz} \end{aligned}\right\} \quad \ldots\ldots \quad (4)$$

Die anderen beiden gehen ebenso aus den Komponentengleichungen für die Y- und für die Z-Richtung hervor. Hiermit sind die vorher in den Gl. (2) verlangten Funktionen $F_1\,F_2\,F_3$ von $r_1\,r_2\,r_3$ wirklich aufgestellt und auch die ganze Spannung $\mathfrak{s}$ auf der vierten Tetraederfläche kann, nachdem ihre drei Komponenten ermittelt sind, weiterhin als bekannt angesehen werden.

Für den weiteren Gebrauch ist aber eine andere Zerlegung der Spannung $\mathfrak{s}$ wichtiger, die wir nun auch noch vornehmen wollen. Projizieren wir $\mathfrak{s}$ auf die Richtung der Normalen n, so erhalten wir die auf die vierte Tetraederfläche wirkende Normalspannung, die wir entsprechend den früheren Bezeichnungen als σ_n anschreiben könnten, wofür wir aber einfacher σ ohne weiteren Zusatz schreiben wollen. Die Richtung von n stimmt überein mit der Richtung des vorher besprochenen Einheitsvektors $\mathfrak{r}$, und wir erhalten daher

$$\sigma = \mathfrak{s}\mathfrak{r} = r_1 s_1 + r_2 s_2 + r_3 s_3$$

oder mit Rücksicht auf die Gl. (4) und (3)

$$\sigma = r_1^2\sigma_x + r_2^2\sigma_y + r_3^2\sigma_z + 2r_1r_2\tau_{xy} + 2r_1r_3\tau_{xz} + 2r_2r_3\tau_{yz} \quad (5)$$

Die andere Komponente von $\mathfrak{s}$ ist die auf der vierten Tetraederfläche übertragene Schubspannung τ. Aber bei dieser genügt es nicht, nur die Größe und etwa noch ein Vorzeichen anzugeben, da man von vornherein nicht weiß, in welche der unendlich vielen auf der Fläche dF enthaltenen Richtungen τ fällt. Wir denken uns daher auf dieser Fläche noch einen in beliebiger Richtung gehenden Einheitsvektor $\mathfrak{e}$ gezogen und bezeichnen die Komponente von τ in dieser Richtung mit $\tau_{\mathfrak{e}}$. Wir finden $\tau_{\mathfrak{e}}$ als rechtwinklige Projektion der ganzen Spannung $\mathfrak{s}$ auf $\mathfrak{e}$, also

$$\tau_{\mathfrak{e}} = \mathfrak{s}\mathfrak{e} = e_1 s_1 + e_2 s_2 + e_3 s_3 \quad \ldots\ldots \quad (6)$$

wobei unter $e_1\,e_2\,e_3$ die rechtwinkligen Komponenten von $\mathfrak{e}$ nach den Richtungen der Koordinatenachsen zu verstehen sind. Da $\mathfrak{e}$ jedenfalls rechtwinklig zum anderen Einheitsvektor $\mathfrak{r}$ steht, gelten die folgenden beiden Gleichungen

$$\left.\begin{aligned} e_1^2 + e_2^2 + e_3^2 &= 1 \\ e_1 r_1 + e_2 r_2 + e_3 r_3 &= 0 \end{aligned}\right\} \quad \ldots\ldots \quad (7)$$

Wir kehren jetzt zur Betrachtung der Kugelfläche zurück, auf der durch die einzelnen Flächenelemente oder durch die ihnen zugehörigen Tangentialebenen alle im Raum möglichen Schnittstellungen vertreten sind. Von dem Punkte $\mathfrak{r}$ der Kugelfläche, dessen Tangentialebene der in den vorhergehenden Formeln vorkommenden Schnittstellung der vierten Tetraederfläche entsprechen soll, gehen wir zu einem Nachbarpunkte weiter und berechnen die Änderung $\delta\sigma$, die hierbei die Normalspannung σ aufweist. Der unendlich kleine Weg vom ersten Kugelpunkt zum benachbarten ist mit $\delta\mathfrak{r}$ zu bezeichnen, wobei $\delta\mathfrak{r}$ selbst eine gerichtete Größe ist, deren Komponenten in den Richtungen der Koordinatenachsen $\delta r_1\ \delta r_2\ \delta r_3$ sind. Da $\delta\mathfrak{r}$ senkrecht steht zu $\mathfrak{r}$, folgt

$$r_1\delta r_1 + r_2\delta r_2 + r_3\delta r_3 = 0,$$

was übrigens auch aus der für den Einheitsvektor $\mathfrak{r}$ gültigen Gleichung

$$r_1^2 + r_2^2 + r_3^2 = 1$$

durch Differentiieren zu schließen ist.

Wir erhalten $\delta\sigma$ durch Differentiieren aus Gl. (5), wobei die Spannungskomponenten σ_x usf. als konstante Beiwerte zu betrachten sind, also

$$\delta\sigma = 2r_1\sigma_x\delta r_1 + 2r_2\sigma_y\delta r_2 + 2r_3\sigma_z\delta r_3 + 2r_1\tau_{xy}\delta r_2 + 2r_2\tau_{xy}\delta r_1 + \ldots.$$

mit neun Gliedern im ganzen. Ordnen wir diese Glieder durch Zusammenfassen der mit den gleichen Differentialen behafteten, so erhalten wir

$$\delta\sigma = 2\delta r_1(r_1\sigma_x + r_2\tau_{xy} + r_3\tau_{xz}) + 2\delta r_2(r_2\sigma_y + r_1\tau_{xy} + r_3\tau_{yz}) + \ldots.$$

wofür man mit Rücksicht auf die Gl. (4) kürzer

$$\delta\sigma = 2(s_1\delta r_1 + s_2\delta r_2 + s_3\delta r_3) \quad \ldots\ldots \quad (8)$$

schreiben kann. Aber auch diese Gleichung läßt sich noch einfacher anschreiben, wenn man beachtet, daß der Klammerwert dem inneren Produkte aus zwei gerichteten Größen, der Spannung $\mathfrak{s}$ und dem Verschiebungswege $\delta\mathfrak{r}$ entspricht, so daß man schließlich

$$\delta\sigma = 2\mathfrak{s}\delta\mathfrak{r} \quad \ldots\ldots\ldots \quad (9)$$

erhält. Das innere Produkt kann aber zugleich auch als das Produkt der Länge des Verschiebungsweges $\delta\mathfrak{r}$ auf der Kugel und der in der Richtung von $\delta\mathfrak{r}$ genommenen Komponente von $\mathfrak{s}$ angesehen werden. Dabei ist, wie wir vorher sahen, die in einer solchen Richtung genommene Komponente von $\mathfrak{s}$ zugleich die in der gleichen Richtung gehende Schubspannungskomponente. Wir können daher Gl. (9) in die Worte fassen:

Die Änderung der Normalspannung beim Fortschreiten auf der Kugelfläche ist gleich dem doppelten Produkte aus der in der Fortschreitungsrichtung genommenen Komponente der Schubspannung und dem Verschiebungswege.

Von der hiermit bewiesenen Eigenschaft des Spannungszustandes können wir Gebrauch machen, um die Schnittstellungen aufzusuchen, für die die Normalspannung σ einen größten oder einen kleinsten Wert annimmt. Zu diesem Zwecke brauchen wir nur von einem beliebigen Ausgangspunkte auf der Kugelfläche stets in der Richtung fortzuschreiten, in der die ganze an dieser Stelle herrschende Schubspannung τ geht, um sicher zu sein, daß wir zu weiteren Stellen gelangen, bei denen σ immer größer geworden ist. An einer Stelle, an der σ einen größten oder auch einen kleinsten Wert annehmen soll, kann daher keine Schubspannung übertragen werden.

Nun ändert sich σ nach Gl. (5) stetig mit dem Fortschreiten auf der Kugelfläche und der größte Wert, der irgendwo auf der Kugelfläche vorkommt, muß daher ein analytisches Maximum sein. Es muß daher immer möglich sein, zunächst mindestens eine Schnittstellung zu finden, in der überhaupt keine Schubspannung übertragen wird. Wir wollen annehmen, eine solche Schnittstellung wäre bereits gefunden und wollen uns überlegen, wie wir von da aus zu anderen Punkten auf der Kugeloberfläche gelangen können, denen dieselbe Eigenschaft zukommt.

In dem Punkte, für den τ zu Null wird, wollen wir uns eine Tangentialebene an die Kugelfläche gelegt und den Körper, um zu einer möglichst anschaulichen Ausdrucksweise zu kommen, so aufgestellt denken, daß diese Tangentialebene wagrecht verläuft. Dann denken wir uns außerdem alle Berührungsebenen an die Kugel gelegt, die lotrecht gehen; sie bilden einen Ebenenbüschel, der einen Kreiszylinder mit lotrechter Achse umhüllt und deren Berührungspunkte auf der Kugel einen größten Kreis bilden, der in einer durch den Kugelmittelpunkt gehenden wagrechten Ebene enthalten ist. Dann läßt sich nach dem Satze von der Gleichheit der einander zugeordneten Schubspannungen aussagen, daß die den Punkten dieses Kreises zugehörigen Schubspannungen nur wagrecht gerichtet sein können. Eine lotrechte Komponente müßte nämlich nach diesem Satze ebenso groß sein wie die in der wagrechten Tangentialebene der Kugel ihr zugeordnete Schubspannung, die aber nach Voraussetzung gleich Null ist.

An irgendeiner Stelle des wagrechten größten Kreises der Kugel wird die Schubspannung im allgemeinen von Null verschieden sein. Sie hat dann einen bestimmten Pfeil, und wenn wir längs dieses Pfeiles, auf dem Kreise fortschreiten, gelangen wir nach Gl. (9) zu Stellen, an denen σ größer geworden ist. Nun muß, wenn nicht etwa σ überall auf dem Kreise gleich groß sein sollte, irgendwo der größte und an einer anderen Stelle der kleinste Wert zu finden sein, der auf dem Kreise überhaupt vorkommt. Und an diesen Stellen muß τ zu Null werden. Außerdem folgt auch noch aus dem Satze von der Gleichheit der zugeordneten Schubspannungen, daß die beiden lotrechten Berührungsebenen an die Kugel, für die σ den größten oder den kleinsten

Wert annimmt, der längs des betrachteten Kreisumfanges möglich ist, rechtwinklig zueinander gestellt sein müssen.

Endlich ist noch der besondere Fall möglich, daß σ in allen Punkten des wagrechten Kreises gleich groß und daher die Schubspannung überall auf dem Kreise zu Null wird. Man sagt in diesem Falle, daß alle lotrechten Berührungsebenen Hauptebenen des Spannungszustandes sind. Im anderen Falle hat der Spannungszustand nur drei Hauptebenen, nämlich die rechtwinklig zueinander stehenden lotrechten Berührungsebenen, für die τ zu Null und σ ein Größt- oder Kleinstwert wird und die horizontale Berührungsebene, von der das gleiche gilt. Daß nicht mehr als drei Hauptebenen bestehen können, wenn deren Zahl nicht unendlich groß werden soll, ließe sich leicht besonders beweisen, wird aber aus dem weiter Folgenden schon von selbst hervorgehen.

Wir können jetzt die weitere Betrachtung dadurch vereinfachen, daß wir die drei rechtwinklig zueinander stehenden Hauptebenen, die mindestens vorkommen müssen, als die Koordinatenebenen auswählen, auf die sich die vorausgehenden Formeln beziehen sollen. Dann fallen in den Gl. (4) auf den rechten Seiten die Schubspannungskomponenten fort und man behält

$$s_1 = r_1 \sigma_x; \quad s_2 = r_2 \sigma_y; \quad s_3 = r_3 \sigma_z \quad \ldots \ldots \quad (10)$$

worin nun $\sigma_x \sigma_y \sigma_z$ die Hauptspannungen bedeuten. Entsprechend vereinfachen sich auch die weiteren Gleichungen, und für die Normalspannung an irgendeiner Stelle erhält man nach Gl. (5)

$$\sigma = r_1^2 \sigma_x + r_2^2 \sigma_y + r_3^2 \sigma_z \quad \ldots \ldots \quad (11)$$

Ebenso erhält man für die Schubspannungskomponente τ an dieser Stelle und in der Richtung des beliebig in der Berührungsebene gezogenen Einheitsvektors $\mathfrak{e}$ nach Gl. (6)

$$\tau_{\mathfrak{e}} = e_1 r_1 \sigma_x + e_2 r_2 \sigma_y + e_3 r_3 \sigma_z \quad \ldots \ldots \quad (12)$$

Durch die drei Hauptebenen wird die Kugel in acht Oktanten geteilt, die symmetrisch zueinander liegen. Bei der Aufstellung der vorhergehenden Formeln war zunächst an einen Punkt $r_1 r_2 r_3$ auf einem dieser Oktanten gedacht, nämlich auf jenem Oktanten, für den $r_1 r_2 r_3$ alle positiv sind. Es ist aber dabei gleichgültig, welchen der Oktanten wir für die Betrachtung auswählen, da die Hauptspannungen in den Eckpunkten aller Oktanten in derselben Größe wiederkehren, so daß wir nach den vorstehenden Formeln und nach passender Festsetzung der als positiv anzusehenden Achsenrichtungen für entsprechend gelegene Punkte auf allen Oktanten die gleichen Spannungen erhalten. Es genügt also, wenn wir uns auch weiterhin nur um die innerhalb eines der Oktanten vorkommenden Spannungen kümmern, weil wir sicher sind, daß sich unsere Betrachtungen sofort auch auf die anderen beziehen lassen.

Jeder Oktant wird von drei Viertelskreisen umgrenzt, auf denen die Schubspannung, wie wir vorher fanden, überall längs der Begrenzungslinie gerichtet ist. In den drei Ecken wird die Schubspannung zu Null. Wir wollen jetzt noch die gesamte Schubspannung τ ohne Berücksichtigung der Richtung, nur der Größe nach berechnen, die an irgendeiner Stelle $r_1 r_2 r_3$ des Oktanten auftritt. Nach dem pythagoreischen Satze erhält man dafür

$$\tau^2 = s_1^2 + s_2^2 + s_3^2 - \sigma^2$$

wofür man nach Einsetzen der Werte aus den Gl. (10) und (11) und nach einfacher Umformung

$$\tau^2 = r_1^2 r_2^2 (\sigma_y - \sigma_x)^2 + r_2^2 r_3^2 (\sigma_z - \sigma_y)^2 + r_3^2 r_1^2 (\sigma_x - \sigma_z)^2 \,. \quad (13)$$

schreiben kann. Die Schubspannungen hängen daher der Größe nach von den Unterschieden zwischen den drei Hauptspannungen ab. Um die Werte für verschiedene Stellen übersichtlich miteinander vergleichen zu können, wollen wir uns einen Viertelskreis auf dem Oktanten gezogen denken, der von einer Ecke des Oktanten ausgeht. Nennen wir die Ecke den Pol und die ihm im sphärischen Dreieck gegenüberliegenden Seite den Äquator, so ist der Viertelkreis, den wir jetzt zogen, als ein Meridian zu bezeichnen. Die Lage irgendeines Punktes kann dann auch durch die geographische Länge ψ des Meridians und die Breite φ beschrieben werden, die dem Punkte zukommt. Für die rechtwinkligen Koordinaten $r_1\, r_2\, r_3$ des Punktes auf der Kugel vom Halbmesser Eins ergibt sich dann

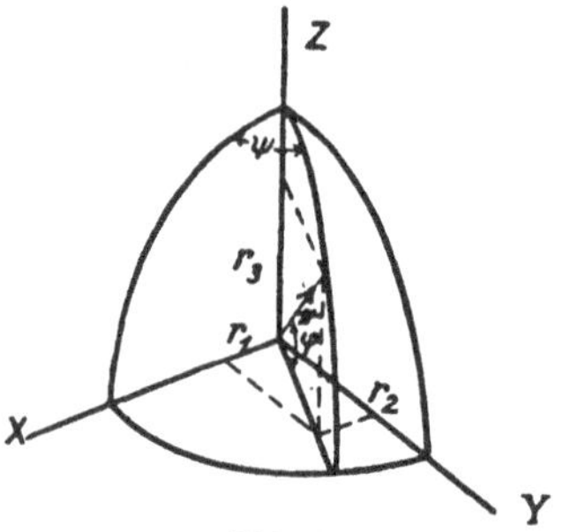

Abb. 3.

$$r_1 = \cos\varphi \cos\psi; \quad r_2 = \cos\varphi \sin\psi; \quad r_3 = \sin\varphi \quad . \quad . \quad . \quad . \quad (14)$$

wie sich aus der Übersichtszeichnung in Abb. 3 ohne weiteres entnehmen läßt. Für alle Punkte auf demselben Meridian ist ψ konstant; schreibt man zur Abkürzung

$$\operatorname{tg}^2 \psi = \varkappa \quad . \quad . \quad . \quad . \quad . \quad . \quad . \quad . \quad . \quad . \quad (15)$$

so kann man für alle Punkte des Meridians

$$r_2^2 = \varkappa r_1^2; \quad r_3^2 = 1 - (1 + \varkappa) r_1^2 \quad . \quad . \quad . \quad . \quad . \quad (16)$$

setzen, und für die Normalspannung σ findet man mit diesen Werten aus Gl. (11)

$$\sigma = \sigma_z + r_1^2 \, [\sigma_x - \sigma_z + \varkappa (\sigma_y - \sigma_z)] \quad . \quad . \quad . \quad . \quad (17)$$

womit σ als Funktion von r_1, d. h. als Funktion der Lage des betreffenden Punktes auf dem durch den Wert von $\varkappa$ bezeichneten Meridian dargestellt ist.

Auch für τ oder für τ^2 läßt sich ein entsprechender Ausdruck aus Gl. (13) durch Benützung der Gl. (16) ableiten: Man erhält dafür nach einigen Umformungen

$$\tau^2 = r_1^2 \left\{(\sigma_x - \sigma_z)^2 + \varkappa (\sigma_y - \sigma_z)^2\right\} - r_1^4 \left\{\sigma_x - \sigma_z + \varkappa (\sigma_y - \sigma_z)\right\}^2 \quad (18)$$

Wir können jetzt aus den Gl. (17) und (18) eine neue Gleichung ableiten, die für alle Punkte desselben Meridians gilt, indem wir Gl. (17) nach r_1^2 auflösen und den Wert in Gl. (18) einsetzen. Man findet

$$r_1^2 = \frac{\sigma - \sigma_z}{\sigma_x - \sigma_z + \varkappa (\sigma_y - \sigma_z)}$$

$$\tau^2 = (\sigma - \sigma_z) \frac{(\sigma_x - \sigma_z)^2 + \varkappa (\sigma_y - \sigma_z)^2}{\sigma_x - \sigma_z + \varkappa (\sigma_y - \sigma_z)} - (\sigma - \sigma_z)^2$$

womit eine Beziehung zwischen σ und τ gefunden ist, die für alle Punkte desselben Meridians zutrifft, der zu dem Werte von $\varkappa$ gehört. Sie läßt sich einfacher anschreiben, indem man zur Abkürzung

$$\frac{(\sigma_x - \sigma_z)^2 + \varkappa (\sigma_y - \sigma_z)^2}{\sigma_x - \sigma_z + \varkappa (\sigma_y - \sigma_z)} = 2\gamma \quad . \quad . \quad . \quad . \quad . \quad (19)$$

setzt, wobei jetzt γ für alle Punkte desselben Meridians eine Konstante ist. Hiermit geht die vorhergehende Gleichung über in

$$\tau^2 + (\sigma - \sigma_z)^2 = 2\gamma (\sigma - \sigma_z) \quad . \quad . \quad . \quad . \quad . \quad . \quad (20)$$

Man erhält eine bildliche Wiedergabe, die den durch diese Gleichung ausgesprochenen gesetzmäßigen Zusammenhang zwischen σ und τ für alle Punkte des gleichen Meridians vor Augen führt, indem man σ als Abszisse und τ als Ordinate einer Kurve aufträgt. Diese Kurve ist ein Kreisbogen, dessen Mittelpunkt auf der Abszissenachse im Abstande $\sigma_z + \gamma$ vom Ursprunge liegt und dessen Halbmesser gleich γ ist. Hierbei ist zu beachten, daß γ sowohl positiv als negativ sein kann; insbesondere ist γ auf jeden Fall positiv, wenn σ_z die algebraisch kleinste der drei Hauptspannungen ist und negativ, wenn σ_z die algebraisch genommen größte Hauptspannung bedeutet.

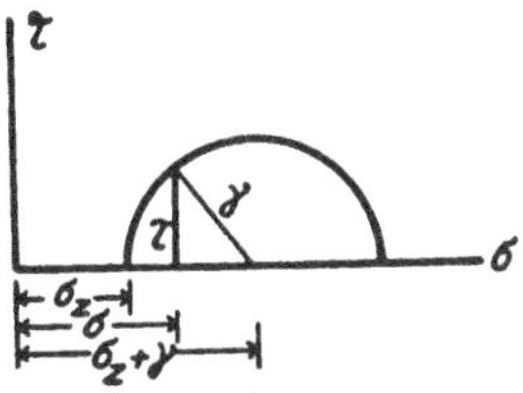

Abb. 4.

Abb. 4 zeigt diese graphische Darstellung von Gl. (20) für den Fall eines positiven Wertes von γ, wobei angenommen wurde, daß auch σ_z selbst positiv ist; im entgegengesetzten Falle wäre σ_z nach links hin abzutragen, und der Kreis würde die τ-Achse schneiden. Für alle Meridiane, die von demselben Pole ausgehen, ergibt sich ein Kreisbogen von dieser Art, und alle diese Kreise berühren einander in dem Punkte der Abszissenachse mit der Abszisse σ_z. Die äußersten Kreise der ganzen Schar entsprechen den Meridianen, die den Kugeloktanten in der XZ-Ebene und in der YZ-Ebene begrenzen. Der XZ-Ebene entspricht die geographische Länge $\psi = 0$ (vgl. Abb. 3), wofür nach Gl. (15) $\varkappa = 0$ ist und womit nach Gl. (19)

$$2\gamma = \sigma_x - \sigma_z$$

wird. Daraus folgt, daß der andere Endpunkt des zugehörigen Kreisbogens auf der Abszissenachse im Abstande σ_x vom Ursprunge liegt. Daß dies so sein muß, geht auch schon daraus hervor, daß in dem auf der X-Achse liegenden Eckpunkte des Oktanten die Normalspannung zu σ_x und die Schubspannung zu Null werden muß. Ebenso entspricht dem in der YZ-Ebene liegenden Grenzmeridian in der graphischen Darstellung, von der Abb. 4 den Anfang bildet, ein Halbkreis, dessen anderer Endpunkt die Abszisse σ_y hat. Auch dies stimmt mit Gl. (19) überein, in der man für diesen Fall $\varkappa = \infty$ zu setzen hat.

Da man nach Belieben jede Ecke des Oktanten als Pol und die von ihm ausgehenden Seiten des sphärischen Dreiecks als Meridiane ansehen kann, für die die vorhergehenden Betrachtungen zutreffen, folgt, daß den drei Seiten des Oktanten im Spannungsdiagramm, das wir zu entwerfen begonnen haben, drei Halbkreise entsprechen, deren Mittelpunkte alle auf der Abszissenachse liegen und die sich auf der Abszissenachse in den Punkten mit den Abszissen $\sigma_x\ \sigma_y\ \sigma_z$ paarweise berühren, wie dies in Abb. 5 angegeben ist. Beim Auftragen wurden alle drei Hauptspannungen als positiv vorausgesetzt; im anderen Falle würde sich das Diagramm auch nach links hin vom Ursprunge aus gerechnet erstrecken.

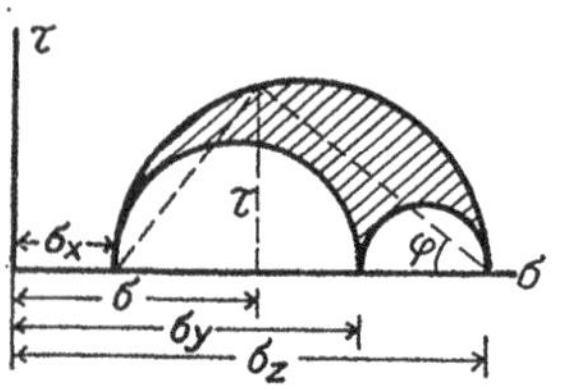

Abb. 5.

Ferner wurde angenommen, daß σ_x die algebraisch kleinste und σ_z die algebraisch größte Hauptspannung sei. Hierin liegt jedoch keine Einschränkung, da es in unserem Belieben steht, wie wir die Bezeichnungen XYZ auf die drei Hauptrichtungen des Spannungszustandes verteilen wollen.

Jeder Punkt jedes der drei Halbkreise gibt die Spannungskomponenten σ und τ an, die in einem bestimmten Punkte auf dem Umfange des Kugeloktanten auftreten, und man kann nachträglich leicht feststellen, auf welchen Punkt des Umfangs sie sich beziehen. Um dies zu zeigen, ist in Abb. 5 ein Punkt mit den Koordinaten σ und τ auf dem durch die Abszissenpunkte σ_x und σ_z gelegten Halbkreise herausgegriffen. Zunächst wissen wir, daß diese Spannungskomponenten irgendwo auf dem in die XZ-Ebene fallenden Grenzkreise des Kugeloktanten vorkommen. Sehen wir Z als Pol an, so wird ein bestimmter Punkt auf diesem Grenzkreise durch die geographische Breite φ beschrieben, die ihm zukommt. Diese geographische Breite wird aber in der Abbildung durch den Winkel angegeben, den die Verbindungslinie des Punktes $\sigma\tau$ mit dem Punkte σ_z der Abszissenachse gegen die Abszissenachse bildet.

Um dies zu beweisen, entnimmt man zunächst aus Abb. 5, daß die Strecke, die den Punkt $\sigma\tau$ mit dem rechten Endpunkte des Halbkreises verbindet, gleich $(\sigma_z - \sigma_x) \cos\varphi$ zu setzen ist und daß daraus durch nochmalige Multiplikation mit $\cos\varphi$ die Projektion der Strecke auf die Abszissenachse erhalten wird, die anderseits gleich $\sigma_z - \sigma$ gesetzt werden kann. Für den in Abb. 5 mit φ bezeichneten Winkel gilt daher

$$\cos^2\varphi = \frac{\sigma_z - \sigma}{\sigma_z - \sigma_x}$$

Anderseits erhalten wir aus den Gl. (14) mit $\psi = 0$ für einen Punkt mit der geographischen Breite φ

$$r_1 = \cos\varphi$$

und wenn wir dies in Gl. (17) mit $\varkappa = 0$ einsetzen

$$\sigma = \sigma_z + \cos^2\varphi\,(\sigma_x - \sigma_z)$$

woraus man durch Auflösen nach $\cos^2\varphi$ genau denselben Wert erhält, den wir dafür vorher aus Abb. 5 abgeleitet hatten, womit der Beweis geliefert ist.

Wir kehren jetzt zu einem beliebigen Meridian zurück, der etwa von dem auf der Z-Achse gelegenen Pole ausgeht. Darauf bezog sich vorher Abb. 4. Ist σ_z, wie inzwischen in Abb. 5 angenommen wurde, die algebraisch größte Hauptspannung, so ändert sich die Zeichnung ein wenig ab, indem nach Gl. (19) in diesem Falle γ negativ ausfällt. In Abb. 6 ist die Zeichnung gegenüber Abb. 4 so abgeändert, wie es diesem Falle entspricht; der Kreisbogen hat dann σ_z als größte Abszisse und erstreckt sich von da aus nach links hin.

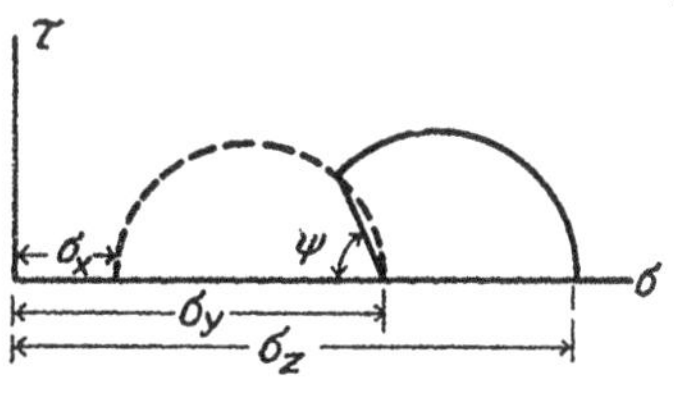

Abb. 6.

Diese Änderung ist unwesentlich; wesentlich ist aber die andere, die darin besteht, daß in Abb. 6 nicht der ganze Halbkreis gezeichnet wurde, wie in Abb. 4, sondern nur das Stück davon, das bis zu dem punktiert angegebenen Halbkreise reicht, der durch die Abszissenpunkte σ_x und σ_y gelegt ist. In Abb. 4 war nämlich nur darauf geachtet worden, eine Linie zu ziehen, durch deren Koordinaten alle irgendwo auf dem betrachteten Meridian zusammengehörig vorkommenden Spannungskomponenten σ und τ dargestellt wurden. Es wurde bewiesen, daß diese Linie der dort gezeichnete Kreisbogen sein müsse, aber es blieb dahingestellt, wie weit sich der Kreisbogen erstrecken müsse, wenn nur solche Teile davon beibehalten werden sollen, deren Koordinaten die tatsächlich auf dem betrachteten Meridian vorkommenden Spannungen σ und τ angeben.

Daß dazu nicht der ganze Halbkreis in Abb. 4 gehört, ergibt sich sofort aus der Überlegung, daß auf dem Meridiane, dem er entspricht, nur an einer Stelle die Schubspannung zu Null wird, nämlich am Pole, wo σ zu σ_z wird. Dieser Anfangspunkt des Halbkreises gehört daher zu unserer Darstellung, der andere Endpunkt dagegen, für den die Ordinate τ wieder zu Null würde, hat dafür keine Bedeutung. Wie weit der Kreisbogen im Spannungsdiagramm beizubehalten ist, folgt aus der Bemerkung, daß der Endpunkt des Meridians auf dem Äquator des Kugeloktanten liegt, und daß die Spannungen $\sigma \tau$ im Endpunkte des Meridians daher zugleich Koordinaten des Halbkreises sein müssen, der dieser Begrenzungslinie des Oktanten entspricht, also des Halbkreises durch die Abszissenpunkte σ_x und σ_y. Dann ist in Abb. 6 auch noch der Winkel ψ eingetragen, der die in Abb. 3 mit diesem Buchstaben bezeichnete geographische Länge des Meridians angibt, auf den sich Abb. 6 beziehen soll. Der Beweis für die Richtigkeit dieser Angaben folgt daraus, daß die geographische Länge zugleich auch als eine geographische Breite des in der XY-Ebene liegenden Punktes dieser Linie angesehen werden kann, wenn man die auf der Y-Achse liegende Ecke des Oktanten als Pol betrachtet, womit der vorher im Anschlusse an Abb. 5 gegebene Nachweis in Kraft tritt.

Bedeutet, wie in Abb. 5 angenommen war, σ_y die mittlere der drei Hauptspannungen und wählt man die auf der Y-Achse liegende Ecke des Kugeloktanten als Pol, so entsprechen den von diesem Pol ausgehenden Meridianen teils positive und teils negative Werte der Konstanten γ, die den zugehörigen Kreishalbmesser angibt. Positive Werte von γ hat man vom Abszissenpunkt σ_y nach rechts hin abzutragen, um den Mittelpunkt des diesem Meridian zugeordneten Kreisbogens im Spannungsdiagramm zu erhalten und negative nach links hin. Alle diese Kreisbogen reichen vom Abszissenpunkte σ_y bis zu dem sog. Hauptkreise, der durch die größte und die kleinste Hauptspannung σ_z und σ_x bestimmt ist.

Für den vom Y-Pol ausgehenden Meridian, dem der Wert $\gamma = \pm \infty$ entspricht, geht der Kreisbogen in ein Stückchen gerader Linie über, das vom Abszissenpunkte σ_y parallel zur τ-Achse bis zum Hauptkreise geht. Auf allen Punkten dieses Meridians hat demnach die Normalspannung σ überall denselben Wert σ_y. Will man diesen besonderen Meridian auf Grund von Gl. (19) aufsuchen, so hat man übrigens zu beachten, daß dort unter σ_z die am Pole auftretende Hauptspannung verstanden war, wofür jetzt σ_y tritt. Den Wert $\gamma = \infty$ erhält man daher jetzt aus der Gleichung

$$(\sigma_z - \sigma_y) + \varkappa (\sigma_x - \sigma_y) = 0 \text{ für } \varkappa = \frac{\sigma_z - \sigma_y}{\sigma_y - \sigma_x}$$

womit nach Gl. (15) die von der YZ-Ebene gerechnete geographische Länge ψ des gesuchten Meridians gefunden wird.

Jeder Punkt des Kugeloktanten liegt auf drei größten Kreisen, die man von den drei Ecken aus nach ihm ziehen kann. Jedem dieser Kreise entspricht im Spannungsdiagramm ein Kreisbogen, der nach den vorher abgeleiteten Vorschriften in das Diagramm eingetragen werden kann. Diese drei Kreisbogen schneiden sich in demselben Punkte, und die Koordinaten dieses Punktes geben die Spannungen σ und τ an, die an dem betrachteten Punkte des Oktanten auftreten. Jedem Punkt der in Abb. 5 durch Schraffierung hervorgehobenen, von den drei Halbkreisen eingegrenzten Fläche entspricht ein Punkt des Oktanten, so daß man diese Fläche auch als eine ebene Abbildung der Oktantenfläche ansehen kann.

Wir sind damit zu der von Mohr angegebenen graphischen Darstellung eines dreiachsigen Spannungszustandes gelangt. Im 5. Bande der »Vorlesungen« kann man eine andere Ableitung dafür finden, die die hier gegebene in gewissen Punkten zu ergänzen vermag, weshalb darauf auch noch verwiesen werden möge. Die von Mohr selbst gegebene Beweisführung findet man in seiner Technischen Mechanik, 2. Aufl. 1914, S. 192, oder in der inzwischen eingegangenen Zeitschrift »Zivil-Ingenieur«, Jahrg. 1882, S. 113.

§ 2. Die elastischen Grundgleichungen.

Im allgemeinen ändert sich der Spannungszustand in einem Körper von Ort zu Ort. Ein gleichmäßiger Spannungszustand, wie wir ihn bisher vorausgesetzt haben, ist überhaupt nur möglich, wenn keinerlei Massenkräfte, wie z. B. das Gewicht, an dem Körper von außen her angreifen. Aber auch wenn die Massenkräfte fehlen oder wenn sie so klein sind, daß sie vernachlässigt werden dürfen, wird der Spannungszustand im allgemeinen nicht gleichmäßig. Dagegen wollen und dürfen wir hier, wie bereits bemerkt wurde, voraussetzen, daß sich der Spannungszustand in einem hinreichend kleinen, aus dem Körper abgegrenzten Bezirke nur sehr wenig von einem gleichförmigen unterscheidet. Wir dürfen daher die zuvor abgeleiteten Lehren über die Eigenschaften des gleichmäßigen Spannungszustandes auch im allgemeineren Falle wenigstens für den an einem bestimmten Orte herrschenden Spannungszustand anwenden.

Bei beliebiger Richtung der Koordinatenachsen wird der Spannungszustand an der Stelle mit den Koordinaten xyz durch Angabe der sechs Spannungskomponenten $\sigma_x\ \sigma_y\ \sigma_z\ \tau_{xy}\ \tau_{yz}\ \tau_{zx}$ beschrieben, die wir uns nun als Funktionen der Koordinaten vorzustellen haben. Denken wir uns wiederum wie im vorigen Paragraphen ein unendlich kleines rechteckiges Parallelepiped herausgeschnitten, so führt die Gleichgewichtsbedingung gegen Drehen zwar abermals zu dem Schlusse, daß die zugeordneten Schubspannungen einander gleich sein müssen.

Aber die Gleichgewichtsbedingung gegen Verschieben, die beim gleichmäßigen Spannungszustande von selbst erfüllt war, wenn keine Massenkräfte an dem Körper wirkten, bedarf jetzt einer neuen Fassung, und sie ist es, die zu den elastischen Grundgleichungen führt.

Wenn wir an den durch Abb. 1, S. 3 erläuterten Bezeichnungen festhalten, so wirkt auf die zur X-Achse senkrecht stehende Seitenfläche des Parallelepipeds vom Flächeninhalt $dy\,dz$ die bezogene Spannung σ_x, im ganzen also die Spannung $\sigma_x\,dy\,dz$ im Sinne der X-Achse. Auf der gegenüberliegenden Seitenfläche hat sich dagegen σ_x um ein Differential geändert, entsprechend der Veränderlichkeit des Spannungszustandes beim Fortschreiten um dx in der Richtung der X-Achse. Der Unterschied beträgt daher für die ganze Fläche

$$\frac{\partial \sigma_x}{\partial x}\,dx \cdot dy\,dz$$

und bedeutet, wenn er positiv ist, einen Kraftüberschuß im Sinne der positiven X-Achse. Auf den beiden zur Y-Achse senkrecht stehenden Seitenflächen wirken die Schubspannungskomponenten τ_{yx} in der Richtung der X-Achse, und zwar unterscheiden sie sich ebenfalls wieder um ein Differential voneinander, wie es zu einer Ortsänderung in der Richtung der Y-Achse um dy gehört. Beide entgegengesetzt gerichteten Kräfte zusammengenommen liefern daher zur Summe der X-Komponenten, die an dem Parallelepiped angreifen, den Beitrag

$$\frac{\partial \tau_{yx}}{\partial y}\,dy \cdot dx\,dz$$

und ebenso ist es bei dem letzten Seitenpaare, das senkrecht zur Z-achse steht und an dem die Schubspannungskomponenten τ_{zx} in Richtung der X-Achse angreifen. Endlich trägt die äußere Massenkraft im allgemeinen noch ein Glied zur Gleichgewichtsbedingung gegen Verschieben bei. Bezeichnen wir die X-Komponente der auf die Raumeinheit des Körpers wirkenden Massenkraft mit X, so haben wir für das Körperelement noch die Kraft $X\,dx\,dy\,dz$ in Rechnung zu stellen, die wieder als positiv anzusehen ist, wenn sie im Sinne der positiven X-Achse gerichtet ist. Setzen wir die Summe aller dieser Kräfte gleich Null und streichen wir den gemeinschaftlichen Faktor $dx\,dy\,dz$ so erhalten wir die erste der drei folgenden Gleichungen, während die anderen beiden in derselben Weise für die Y- und die Z-Richtung gefunden werden:

$$\left.\begin{aligned}
\frac{\partial \sigma_x}{\partial x} + \frac{\partial \tau_{yx}}{\partial y} + \frac{\partial \tau_{zx}}{\partial z} + X = 0 \\
\frac{\partial \sigma_y}{\partial y} + \frac{\partial \tau_{zy}}{\partial z} + \frac{\partial \tau_{xy}}{\partial x} + Y = 0 \\
\frac{\partial \sigma_z}{\partial z} + \frac{\partial \tau_{xz}}{\partial x} + \frac{\partial \tau_{yz}}{\partial y} + Z = 0
\end{aligned}\right\} \quad \ldots\ldots \quad (21)$$

Das sind drei Gleichungen zwischen sechs unbekannten Funktionen von xyz, wenn man dabei berücksichtigt, daß die Schubspannungskomponenten paarweise einander gleich sind. Die drei Gleichungen können natürlich nicht ausreichen, um die sechs Funktionen zu ermitteln, die den Spannungszustand für jede Stelle des Körpers beschreiben. Die Aufgabe der Spannungsermittelung bei gegebenen äußeren Kräften ist daher statisch unbestimmt, und irgendeine weitere Angabe oder Annahme muß noch hinzutreten, um diese Unbestimmtheit zu heben und um die Aufgabe lösen zu können.

Dazu kann irgendeine Annahme über die elastischen Eigenschaften des Körpers dienen, auf den sich die Untersuchung beziehen soll. Gewöhnlich nimmt man an, daß der Stoff, aus dem der Körper besteht, isotrop, d. h. nach allen Richtungen hin gleich beschaffen sei und ferner, daß er dem Hookeschen Gesetze von der Verhältnisgleichheit zwischen Spannungen und Formänderungen gehorche.

Zur Begründung für diese Annahmen kann man darauf hinweisen, daß sie für viele wichtige Baustoffe mehr oder weniger genau oder doch mit genügender Annäherung zutreffen. Freilich gilt dies keineswegs immer: namentlich die Voraussetzung der Isotropie ist bei so wichtigen Baustoffen wie Holz oder Walzeisen und überhaupt bei gewalzten, geschmiedeten oder gezogenen Metallen (Drähte u. dgl.) im Widerspruche mit der Erfahrung. Auch vom Hookeschen Gesetze sind Abweichungen sehr häufig; diese sind bei den wichtigeren Baustoffen genauer untersucht und daher besser bekannt als die Abweichungen von der Isotropie. Aber bei den Festigkeitsberechnungen sieht man trotzdem auch von ihnen gewöhnlich ab und kann dies um so eher, als sie in den praktisch vorkommenden Fällen nicht so bedeutend sind, wie die Abweichungen von der Isotropie, die man notgedrungen vernachlässigen muß, weil man gewöhnlich nichts Näheres von ihnen weiß.

Diese unvermeidlichen Ungenauigkeiten bewirken, daß die Festigkeitslehre von Anfang an auf einer unsicheren Grundlage beruht. Es kann daher nicht überraschen, daß auch die Folgerungen, zu denen sie gelangt, häufig genug im Widerspruche mit der Erfahrung stehen. Hierbei ist zu beachten, daß die Gl. (21) durchaus zuverlässig sind, so daß die Wurzel für die Fehlurteile, die häufig genug festzustellen sind (soweit diese nicht durch andere Mängel bei der weiteren Ausarbeitung der Theorie verschuldet werden), ausschließlich in der ungenügenden Übereinstimmung des elastischen Verhaltens des verwendeten Baustoffes mit den darüber eingeführten Annahmen zu erblicken ist.

Um die elastische Formänderung zu beschreiben, die ein Körper erfährt, wenn äußere Kräfte als Lasten an ihm angebracht werden, denkt man sich ein rechtwinkliges Koordinatensystem auf ihm festgelegt, etwa so, daß der Ursprung dauernd mit einem bestimmten Punkte des Körpers zusammenfällt, die X-Achse dauernd durch einen zweiten und die XY-Ebene dauernd durch einen dritten Punkt des Körpers hindurchgeht. Die Koordinaten xyz irgendeines anderen Körperpunktes, von denen bei den vorhergehenden Gleichungen die Rede war, sollen auf dieses Koordinatensystem bezogen werden; bei einer Bewegung, die der Körper ausführt, ohne seine Gestalt zu ändern, bleiben dann die Koordinaten xyz jedes Körperpunktes ungeändert, da das Koordinatensystem die Bewegung des Körpers mitmacht. Bei einer Gestaltänderung dagegen erfahren die Koordinaten xyz eines Körperpunktes Änderungen $\xi\,\eta\,\zeta$, die in den meisten Fällen sehr klein gegenüber den Abmessungen des Körpers sind. Man führt nun eine sehr erhebliche Vereinfachung herbei, indem man annimmt, daß die elastischen Verschiebungen als unendlich klein angesehen werden dürfen. Eine kleine Strecke dx erfährt eine Dehnung $d\xi$, wenn die Verschiebung parallel zur X-Achse von Punkt zu Punkt veränderlich ist, und die auf die Längeneinheit bezogene Dehnung ε_x an der betreffenden Stelle des Körpers in der Richtung der X-Achse ist

$$\varepsilon_x = \frac{\partial \xi}{\partial x} \quad \ldots\ldots\ldots\ldots \quad (22)$$

zu setzen mit entsprechenden Gleichungen für die anderen Koordinatenrichtungen.

Zwei Strecken dx und dy, die man vom Punkte xyz aus zieht, stehen vor der Formänderung rechtwinklig zueinander. Durch die elastische Formänderung wird aber der rechte Winkel um einen als unendlich klein anzusehenden Betrag γ_{xy} geändert, weil sich der Punkt am Ende der Strecke dx um

$$\frac{\partial \eta}{\partial x}\,dx$$

mehr als der Scheitel des Winkels in der Richtung parallel zum anderen Schenkel verschoben hat und zugleich auch der Endpunkt der Strecke dy eine Verschiebung parallel zum ersten Schenkel des Winkels erfährt. Im ganzen wird daher

$$\gamma_{xy} = \frac{\partial \eta}{\partial x} + \frac{\partial \xi}{\partial y} \quad \ldots\ldots\ldots \quad (23)$$

mit entsprechenden Gleichungen für γ_{xz} und γ_{yz}.

Ein unendlich kleines, rechtwinkliges Parallelepiped von den Kantenlängen $dx\,dy\,dz$ erfährt demnach sowohl Änderungen in den Kantenlängen als auch Änderungen in den Winkeln zwischen den Kanten, so daß es nachher ein wenig schiefwinklig wird. Aber alle diese Änderungen dürfen wir als so klein betrachten, daß die Gestalt des Parallelepipeds nur unendlich wenig von der ursprünglichen abweicht. Wir wollen nun feststellen, um wieviel sich dabei der Rauminhalt des Körperelements verändert. Dazu tragen die Winkeländerungen γ nichts Merkliches bei, da z. B. der Inhalt des Rechtecks $dx\,dy$ durch die Winkeländerung γ_{xy} in $dx\,dy \cos\gamma_{xy}$ übergeht und $\cos\gamma_{xy}$ bei unendlich kleinem γ_{xy} nur um eine von der zweiten Ordnung kleine Größe von der Einheit abweicht. Es kommt daher nur auf die von der ersten Ordnung kleine Änderung an, die durch die Änderungen der Kantenlängen hervorgebracht wird. Nun geht dx über in $dx\,(1+\varepsilon_x)$ und aus $dx\,dy\,dz$ wird daher

$$dx\,(1+\varepsilon_x)\,dy\,(1+\varepsilon_y)\,dz\,(1+\varepsilon_z).$$

Beim Ausmultiplizieren erhält man zunächst den ursprünglichen Rauminhalt $dx\,dy\,dz$, während die übrigen Glieder die Zunahme angeben, die er erfährt. Dabei dürfen die Produkte aus zwei oder drei Faktoren ε als unendlich klein höherer Ordnung gegenüber jenen Gliedern vernachlässigt werden, die nur ein ε als Faktor enthalten. Die Zunahme beträgt daher

$$dx\,dy\,dz\,(\varepsilon_x+\varepsilon_y+\varepsilon_z).$$

und die auf die Raumeinheit bezogene Zunahme, die wir als die räumliche Dehnung bezeichnen können und mit dem Buchstaben e versehen wollen, wird

$$e=\varepsilon_x+\varepsilon_y+\varepsilon_z \quad \ldots\ldots\ldots \quad (24)$$

oder auch mit Rücksicht auf Gl. (22)

$$e=\frac{\partial\xi}{\partial x}+\frac{\partial\eta}{\partial y}+\frac{\partial\zeta}{\partial z} \quad \ldots\ldots\ldots \quad (25)$$

Die vorausgehenden Bemerkungen beziehen sich auf die Beschreibung der Gestaltänderung des Körpers und seiner kleinsten Bestandteile. Jetzt erst sind wir in den Stand gesetzt, auch den Zusammenhang zwischen der Gestaltänderung und dem Spannungszustande in Gleichungen auszudrücken. Nehmen wir zunächst einen einachsigen Spannungszustand an, von dem σ_x die von Null verschiedene Hauptspannung sein möge, während die anderen beiden Hauptspannungen Null sind. Dann ist nach dem Hookeschen Elastizitätsgesetze

$$\varepsilon_x=\frac{\sigma_x}{E} \quad \ldots\ldots\ldots \quad (26)$$

worin E der von Young eingeführte Elastizitätsmodul für Zug- und Druckelastizität ist, von dem wir bei einem isotropen Körper vorauszusetzen haben, daß er für jede Richtung der Spannungsachse den gleichen Wert hat.

Außer der Dehnung in der X-Richtung erfährt aber der Körper zugleich eine Zusammenziehung in jeder Querrichtung, so daß für den jetzt betrachteten Spannungszustand zugleich

$$\varepsilon_y=\varepsilon_z=-\frac{1}{m}\varepsilon_x=-\frac{1}{m}\frac{\sigma_x}{E} \quad \ldots\ldots \quad (27)$$

wird, wobei auch die von Poisson eingeführte Konstante $\frac{1}{m}$ für jede Richtung der X-Achse und für jede Querrichtung dazu bei einem isotropen Körper den gleichen Wert hat, und zwar nach Poisson selbst den Wert $^1/_4$, während jedoch der Erfahrung nach m für verschiedene Stoffe verschieden ausfällt und auf dem Versuchswege zu ermitteln ist.

Bei einem beliebigen dreiachsigen Spannungszustande finden wir die dadurch bewirkte Formänderung, indem wir für jede der drei Hauptachsen, in deren Richtung wir uns die Koordinatenachsen gelegt denken, die Dehnungen und Verkürzungen nach den Gl. (26) und (27) berechnen und die einzelnen Beiträge algebraisch summieren. Das ist das Superpositions- oder Übereinanderlagerungs-Gesetz, das als eine erweiterte Fassung des Hookeschen Gesetzes zu betrachten ist, und von dem wir weiterhin annehmen wollen, daß es für den Baustoff, auf den sich unsere Rechnungen beziehen sollen, ebenfalls zutrifft. Nach diesem Gesetze können wir auch für einen beliebigen Spannungszustand $\sigma_x\, \sigma_y\, \sigma_z\, \tau_{xy}\, \tau_{yz}\, \tau_{zx}$, dessen Hauptrichtungen nicht mit den Koordinatenrichtungen zusammenfallen, die Formänderung berechnen, indem wir für jede einzelne der sechs Komponenten die durch sie herbeigeführte Formänderung angeben und alle diese Beiträge zusammenziehen. Um dies ausführen zu können, müssen wir aber zuerst noch feststellen, welche Formänderung von einer der Schubspannungskomponenten hervorgebracht wird, wenn die übrigen fünf Spannungskomponenten dabei als Null vorausgesetzt werden.

Zu diesem Zwecke betrachten wir jetzt einen Spannungszustand, dessen Hauptrichtungen mit den Buchstaben UVZ bezeichnet werden sollen und dessen Hauptspannungen der Reihe nach

$$\sigma_u = -c; \quad \sigma_z = 0; \quad \sigma_v = +c$$

sind, wobei c irgendein Wert sein kann. Abb. 7 gibt das Mohrsche Diagramm an, das diesem Spannungszustande entspricht. Der Punkt A des Diagramms mit den Koordinaten $\sigma = 0$ und $\tau = c$ entspricht einem Punkte des Kugeloktanten in der UV-Ebene, also auf dem Äquator, wenn wir die Z-Ecke als Pol ansehen, mit der geographischen Länge von 45°. Durch diesen Punkt sei weiterhin eine X-Achse und schließlich auch noch eine Y-Achse gezogen, so daß die U- und V-Achsen durch Drehung um die Z-Achse um den Winkel von 45° in die neue X- und Y-Achse übergehen. Wir fragen jetzt, was für Spannungen auf den Seitenflächen eines rechtwinkligen Parallelepipeds auftreten, das in den Richtungen der XYZ herausgeschnitten wird. Die zur Z-Achse senkrecht stehenden Seitenflächen stehen nach wie vor senk-

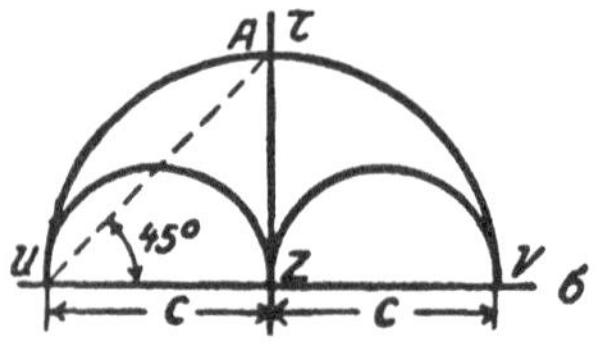

Abb. 7.

recht zu einer Hauptrichtung des vorausgesetzten Spannungszustandes, für die $\sigma_z = 0$ sein sollte. Diese Seitenflächen sind also vollkommen frei von Spannungen. Für die zur X-Achse senkrecht stehenden Seitenflächen wird dagegen, entsprechend dem Punkte A des Diagramms die Normalspannung σ gleich Null, während darauf eine Schubspannung $\tau = c$ vorkommt, die in die UV-Ebene, also auch in die XY-Ebene fällt und daher parallel zur Y-Achse geht. Diese Schubspannung ist daher am Parallelepiped mit den Achsenrichtungen der XYZ als τ_{xy} zu bezeichnen. Die Y-Achse liegt nicht mehr in dem Kugeloktanten, auf den sich das Diagramm in Abb. 7 unmittelbar bezieht. Aber in dem benachbarten Oktanten ist alles symmetrisch zum ersten, und daher wird auch in den zur Y-Achse senkrechten Seitenflächen die Normalspannung zu Null und die Schubspannung, die wir jetzt mit τ_{yx} zu bezeichnen haben, nimmt wieder die Größe c an, wie es auch dem Satze über die Gleichheit der zugeordneten Schubspannungen entspricht.

Wir haben uns jetzt überzeugt, daß auf den Seitenflächen des Parallelepipeds $dx\,dy\,dz$, das in der angegebenen Weise herausgeschnitten wird, bei dem durch Abb. 7 dargestellten Spannungszustande nur die Spannungskomponenten τ_{xy} und τ_{yx} vorkommen und alle anderen Spannungskomponenten $\sigma_x\,\sigma_y\,\sigma_z\,\tau_{xz}\,\tau_{yz}$ gleich Null sind. Es bleibt uns nur noch übrig, die Gestaltänderung festzustellen, die am Parallelepiped $dx\,dy\,dz$ durch diesen Spannungszustand hervorgebracht wird. Das Mittel dazu liefert uns der Vergleich mit der Gestaltänderung des in den Hauptrichtungen herausgeschnittenen Parallelepipeds $du\,dv\,dz$.

Entsprechend den Gl. (26) und (27) erhält man nämlich

$$\varepsilon_u = \frac{\sigma_u}{E} - \frac{1}{m}\frac{\sigma_v}{E} = -\frac{m+1}{mE}c; \quad \varepsilon_v = \frac{\sigma_v}{E} - \frac{1}{m}\frac{\sigma_u}{E} = \frac{m+1}{mE}c; \quad \varepsilon_z = 0$$

und daraus ergibt sich auch, wie groß die Dehnungen in der X- und in der Y-Richtung sind. Eine Strecke dx hat nämlich vor der Formänderung zwei einander gleiche Projektionen du und dv in den Hauptrichtungen, so daß

$$dx^2 = du^2 + dv^2$$

ist. Nach der Formänderung wird entsprechend

$$\begin{aligned} dx^2(1+\varepsilon_x)^2 &= du^2(1+\varepsilon_u)^2 + dv^2(1+\varepsilon_v)^2 \\ &= du^2(1+2\varepsilon_u) + dv^2(1+2\varepsilon_v) \\ &= du^2 + dv^2 = dx^2 \end{aligned}$$

wenn man die Quadrate der ε vernachlässigt und dann berücksichtigt, daß nicht nur $du = dv$, sondern zugleich, wie vorher festgestellt, $\varepsilon_u = -\varepsilon_v$ ist. Es folgt also

$$\varepsilon_x = 0$$

und das gleiche gilt auch für die Dehnung in der Y-Richtung. Damit ist zunächst bewiesen, daß der durch die Spannungskomponente τ_{xy} für sich dargestellte Spannungszustand am Parallelepiped $dx\,dy\,dz$ keine Änderungen der Kantenlängen bewirkt. Er kann also nur Winkeländerungen hervorbringen.

Vor der Formänderung hatte die Strecke dx gleich große Projektionen du und dv in den Hauptrichtungen; nachher aber hat sich du verkleinert und dv vergrößert, und das entspricht einer Drehung der Strecke dx gegenüber den festgehaltenen Hauptrichtungen der U- und der V-Achse. Der sehr kleine Drehungswinkel sei vorübergehend mit a bezeichnet; dann ist nachher

$$\operatorname{tg}(45^0 + a) = \frac{dv\,(1+\varepsilon_v)}{du\,(1+\varepsilon_u)} = \frac{1 + \dfrac{m+1}{mE}\,c}{1 - \dfrac{m+1}{mE}\,c}$$

und nach Entwicklung der tg der Winkelsumme ergibt sich mit $\operatorname{tg} 45^0 = 1$ und $\operatorname{tg} a = a$ (wegen der Kleinheit des Winkels a)

$$a = \frac{m+1}{mE}\,c$$

Um einen ebenso großen Winkel a, nur in entgegengesetzter Richtung, dreht sich auch eine kleine Strecke dy, die man in der Y-Richtung ziehen kann. Der ursprünglich rechte Winkel zwischen den beiden Strecken dx und dy hat sich daher verändert — und zwar bei den getroffenen Vorzeichenfestsetzungen vermindert — um den Betrag $2a$. Diese Änderung ist es aber, die wir bei den vorhergehenden Betrachtungen über die Gestaltänderung eines Parallelepipeds $dx\,dy\,dz$ mit γ_{xy} bezeichnet hatten. Auf das Vorzeichen brauchen wir bei γ_{xy} nicht besonders zu achten, da sich von den vier rechten Winkeln des Rechtecks $dx\,dy$ stets zwei um diesen Betrag vergrößern und die beiden anderen um ebensoviel verkleinern und aus dem Pfeile der Schubspannungen jederzeit leicht festzustellen ist, in welchem Sinne die Verschiebung vor sich geht. Beachten wir noch, daß die Konstante c in den vorhergehenden Formeln mit der Größe der Schubspannung τ_{xy} übereinstimmt, so erhalten wir

$$\gamma_{xy} = 2\,\frac{m+1}{mE}\,\tau_{xy} \quad \ldots \ldots \ldots \quad (28)$$

Bei der Gestaltänderung, die wir untersuchen, ändert sich die Richtung der Z-Achse überhaupt nicht, und die Kanten dx und dy drehen sich zwar, aber um die Z-Achse, so daß sie nach wie vor rechtwinklig zur Z-Richtung stehen. Wir erkennen daher, daß die an dem Parallelepiped $dx\,dy\,dz$ wirkende Schubspannung τ_{xy} für sich genommen nur die durch Gl. (28) angegebene Winkeländerung γ_{xy} hervorbringt, also weder zu einer Änderung der Kantenlängen des Parallelepipeds noch zu einer Änderung der übrigen Kantenwinkel führt.

Der Spannungszustand, dessen Wirkung auf die Formänderung wir jetzt festgestellt haben, wird häufig als der Zustand der einfachen oder auch der reinen Schubspannung bezeichnet. Er verdient eine solche, ihn besonders hervorhebende Bezeichnung wegen des einfachen Zusammenhangs, in dem bei ihm Spannung und Formänderung zueinander stehen. Die XY-Ebene, in der die Schubspannungen τ_{xy} und τ_{yx} enthalten sind, wird dann als die Schubspannungsebene, und die dazu senkrecht stehende Z-Achse als die Achsenrichtung dieses Spannungszustandes bezeichnet.

Die in Gl. (28) vorkommenden Konstanten m und E sind für einen isotropen Baustoff für alle Achsenrichtungen gleich groß; setzt man daher zur Abkürzung

$$G = \frac{mE}{2(m+1)} \quad \ldots \ldots \ldots \quad (29)$$

so gilt dies auch für G, und die so eingeführte Elastizitätskonstante, die man auch unmittelbar aus Versuchen über die elastische Formänderung entnehmen kann, ohne sie nach Gl. (29) zuvor aus m und E berechnen zu müssen, wird in der Technik gewöhnlich als der Schubelastizitätsmodul, manchmal auch der Starrheitsmodul (nach dem englischen »modulus of rigidity«) genannt. Mit Benützung dieser Größe vereinfacht sich Gl. (28) zu

$$\gamma_{xy} = \frac{\tau_{xy}}{G} \text{ oder } \tau_{xy} = G\gamma_{xy} \quad \ldots \ldots \quad (30)$$

Wir wollen jetzt noch einmal vollständig die Gestaltänderung zusammenstellen, die ein unendlich kleines Parallelepiped $dx\,dy\,dz$ durch das Zusammenwirken aller sechs Spannungskomponenten $\sigma_x\,\sigma_y\,\sigma_z\,\tau_{xy}\,\tau_{yz}\,\tau_{zx}$ erfährt. Die Dehnungen ε und die Winkeländerungen γ, die dadurch hervorgebracht werden, sind

$$\left.\begin{aligned} \varepsilon_x &= \frac{1}{E}\left(\sigma_x - \frac{1}{m}(\sigma_y + \sigma_z)\right) \\ \varepsilon_y &= \frac{1}{E}\left(\sigma_y - \frac{1}{m}(\sigma_x + \sigma_z)\right) \\ \varepsilon_z &= \frac{1}{E}\left(\sigma_z - \frac{1}{m}(\sigma_x + \sigma_y)\right) \end{aligned}\right\} \quad \ldots \ldots \quad (31)$$

$$\gamma_{xy} = \frac{1}{G}\tau_{xy}; \quad \gamma_{yz} = \frac{1}{G}\tau_{yz}; \quad \gamma_{zx} = \frac{1}{G}\tau_{zx} \quad \ldots \quad (32)$$

und für die räumliche Dehnung e hat man nach Gl. (24)

$$e = \frac{m-2}{mE}(\sigma_x + \sigma_y + \sigma_z) \quad . \quad . \quad . \quad . \quad . \quad . \quad (33)$$

Man kann diese Beziehungen nicht nur dazu benützen, wie es hier geschehen war, die Formänderung zu berechnen, die durch einen gegebenen Spannungszustand hervorgebracht wird, sondern auch umgekehrt, um den Spannungszustand zu ermitteln, der zu einem gegebenen Formänderungszustande gehört. Dazu brauchen wir die Gleichungen nur nach den Spannungskomponenten aufzulösen, was jetzt auch noch geschehen soll. Man findet dann, wenn man zur Vereinfachung des Ergebnisses von Gl. (29) Gebrauch macht,

$$\left.\begin{aligned}
\sigma_x &= 2G\left(\varepsilon_x + \frac{e}{m-2}\right) = 2G\left(\frac{\partial \xi}{\partial x} + \frac{e}{m-2}\right)\\
\sigma_y &= 2G\left(\varepsilon_y + \frac{e}{m-2}\right) = 2G\left(\frac{\partial \eta}{\partial y} + \frac{e}{m-2}\right)\\
\sigma_z &= 2G\left(\varepsilon_z + \frac{e}{m-2}\right) = 2G\left(\frac{\partial \zeta}{\partial z} + \frac{e}{m-2}\right)\\
\tau_{xy} &= G\gamma_{xy} = G\left(\frac{\partial \xi}{\partial y} + \frac{\partial \eta}{\partial x}\right)\\
\tau_{yz} &= G\gamma_{yz} = G\left(\frac{\partial \eta}{\partial z} + \frac{\partial \zeta}{\partial y}\right)\\
\tau_{zx} &= G\gamma_{zx} = G\left(\frac{\partial \zeta}{\partial x} + \frac{\partial \xi}{\partial z}\right)
\end{aligned}\right\} \quad . \quad . \quad (34)$$

Hiermit sind die sechs Spannungskomponenten auf die Differentialquotienten der drei Verschiebungskomponenten $\xi\, \eta\, \zeta$ zurückgeführt. Es ist daher ausreichend, wenn diese drei als Funktionen der Koordinaten $x\, y\, z$ bekannt sind, um nach den vorstehenden Gleichungen auch den Spannungszustand für jede Stelle des Körpers angeben zu können. Setzen wir diese Ausdrücke für die Spannungskomponenten in die durch die Gl. (21) ausgesprochenen Gleichgewichtsbedingungen ein, so erhalten wir drei Gleichungen, die zwischen den drei unbekannten Funktionen $\xi\, \eta\, \zeta$ an jeder Stelle des Körpers erfüllt sein müssen.

Die erste dieser Gleichungen lautet zunächst

$$2G\left(\frac{\partial^2 \xi}{\partial x^2} + \frac{1}{m-2}\frac{\partial e}{\partial x}\right) + G\left(\frac{\partial^2 \xi}{\partial y^2} + \frac{\partial^2 \eta}{\partial x \partial y}\right) + G\left(\frac{\partial^2 \xi}{\partial z^2} + \frac{\partial^2 \zeta}{\partial x \partial z}\right) + X = 0.$$

Wenn wir zur Vereinfachung der Schreibweise von dem sog. Laplaceschen Operator Gebrauch machen, nämlich von einem Operationszeichen ∇^2, das die Bedeutung

$$\nabla^2 = \frac{\partial^2}{\partial x^2} + \frac{\partial^2}{\partial y^2} + \frac{\partial^2}{\partial z^2} \quad \ldots \ldots \quad (35)$$

hat und uns zugleich der Bedeutung von e nach Gl. (25) erinnern, geht die vorhergehende Gleichung in die erste der folgenden Gleichungen über:

$$\left.\begin{aligned} \nabla^2 \xi + \frac{m}{m-2}\frac{\partial e}{\partial x} + \frac{X}{G} &= 0 \\ \nabla^2 \eta + \frac{m}{m-2}\frac{\partial e}{\partial y} + \frac{Y}{G} &= 0 \\ \nabla^2 \zeta + \frac{m}{m-2}\frac{\partial e}{\partial z} + \frac{Z}{G} &= 0 \\ e = \frac{\partial \xi}{\partial x} + \frac{\partial \eta}{\partial y} + \frac{\partial \zeta}{\partial z} & \end{aligned}\right\} \quad \ldots \ldots \quad (36)$$

Die zweite und die dritte Gleichung gehen aus der ersten durch bloße Buchstabenvertauschung hervor, weil keine der Koordinatenachsen vor den anderen beiden etwas voraus hat, so daß, was für eine von ihnen bewiesen wurde, sinngemäß auch auf die anderen übertragen werden kann. Am Schlusse ist der Vollständigkeit wegen Gl. (25) nochmals beigefügt, um dadurch an die Bedeutung des Buchstabens e zu erinnern.

Die Gl. (36) können als die elastischen Grundgleichungen bezeichnet werden, weil sie für die meisten Untersuchungen der höheren Festigkeitslehre die Ausgangsgleichungen bilden. Sie eignen sich für diesen Zweck, weil drei Gleichungen, die an jeder Stelle des Körpers erfüllt sein müssen, im Zusammenhange mit den im einzelnen Falle vorgeschriebenen Grenzbedingungen im allgemeinen ausreichen, um eine Ermittlung der drei unbekannten Funktionen ξ η ζ als möglich erscheinen zu lassen. Freilich erfordert die wirkliche Lösung der Aufgabe eine Integration der simultanen Differentialgleichungen zweiter Ordnung, die nur in besonders günstigen Fällen ausführbar ist.

Auf jeden Fall sind aber die Grundgleichungen als das wichtigste Hilfsmittel zu betrachten, um die Richtigkeit der Lösung einer Festigkeitsaufgabe, zu der man etwa vermutungsweise geführt wurde oder von der man ohne Beweis Kenntnis erlangt hat, jederzeit nachprüfen zu können.

Freilich darf man bei der Einschätzung der Vertrauenswürdigkeit der Gl. (36) nicht aus den Augen verlieren, daß sie nur für einen Körper abgeleitet wurden, der isotrop ist und der überdies in seinen elastischen

Eigenschaften dem Superpositionsgesetze gehorcht, was nur in seltenen Fällen bei den Baustoffen, auf die sich die Festigkeitsberechnungen der Technik beziehen, hinreichend genau erfüllt ist. Auch eine »strenge Lösung« der Gl. (36), die alle im einzelnen Falle vorgeschriebenen Grenzbedingungen befriedigt, sodaß ein Mathematiker nichts mehr daran auszusetzen findet, braucht daher noch keineswegs zugleich eine physikalisch richtige Lösung der vorgelegten Aufgabe zu sein, da immer noch der Zweifel offen bleibt, inwieweit der Baustoff, auf den man die Lösung anwenden will, in seinem elastischen Verhalten die hier vorausgesetzten Eigenschaften besitzt. Da man meistens annehmen muß, daß Abweichungen davon vorkommen können, wird man die Formeln der Festigkeitslehre in der Regel nur als mehr oder weniger gute Annäherungen zu betrachten haben, die einer Prüfung oder Bestätigung durch den Versuch immer wieder bedürfen.

Man setzt den Wert der theoretischen Entwicklungen der Festigkeitslehre in den Augen eines denkenden Ingenieurs nicht herab, wenn man dieses Sachverhältnis von vornherein nachdrücklich betont. Wer sich als Ingenieur an solche Untersuchungen, wie sie in diesem Buche durchgeführt werden, heranmacht, weiß von vornherein schon, wie überaus wertvoll jede gut durchgeführte Näherungstheorie und jeder Wink, den sie erteilt, für praktische Zwecke zu werden vermag. Zugleich aber wird, wenn man sich vor Augen hält, daß es sich bei Festigkeitsberechnungen im Grunde genommen, selbst bei sonst strengem Vorgehen von den gewählten Grundlagen aus, doch nur um Näherungen handelt, der Weg frei gemacht für die Einführung von manchen zweckmäßigen Näherungsannahmen, die man bei einer Überschätzung der sog. »strengen Lösungen« zu verwerfen geneigt wäre, die aber unter gewissen Umständen recht gute Dienste zu leisten vermögen, die keineswegs hinter denen der strengen Lösungen zurückzustehen brauchen. Wie dies gemeint ist, möge aus dem folgenden Paragraphen entnommen werden.

In den Grundgleichungen (36) sind zur Kennzeichnung des elastischen Verhaltens des als isotrop vorausgesetzten Stoffes die Poissonsche Konstante m und der Schubmodul G benützt, wie es in der Technik üblich ist. In den Abhandlungen der Physiker sind dagegen häufig andere Konstanten an Stelle von m und G eingeführt. Da namentlich die Arbeiten von Kirchhoff und die von Hertz auch von den Ingenieuren öfters einmal nachgesehen werden dürften, wird es gut sein, wenn wir die von beiden Verfassern für den isotropen Körper gebrauchten Elastizitätskonstanten, die sie mit K und Θ bezeichnen, hier noch mit m und G vergleichen. Die Kirchhoffsche Konstante K stimmt überein mit unserem G, also mit dem Schubelastizitätsmodul. Dagegen ist

$$\Theta = \frac{1}{m-2} \quad \text{oder} \quad m = \frac{1+2\Theta}{\Theta}$$

Hiernach schreibt sich z. B. die erste der Gl. (34) nach Kirchhoff und Hertz, wenn man dabei von den übrigen Abweichungen in den Buchstabenbezeichnungen absieht,

$$\sigma_x = 2\,K\,(\varepsilon_x + \Theta e)$$

und die erste der Grundgleichungen (36) lautet mit den Konstanten K und Θ

$$\nabla^2 \xi + (1 + 2\Theta)\frac{\partial e}{\partial x} + \frac{X}{K} = 0 \quad . \; . \; . \; . \; . \; (36a)$$

§ 3. Vereinfachung durch die Annahme $m = \infty$ oder $m = 2$.

Poisson hatte für die Konstante m den Wert $m = 4$ abgeleitet. Er stützte sich dabei auf eine nicht ausreichend begründete Annahme über die Kräfte zwischen den Molekülen, aus denen er sich den Körper aufgebaut dachte. Später hat W. Voigt gezeigt, daß die Annahme von Poisson zu eng gefaßt war, und daß man bei einer entsprechenden Erweiterung auf demselben Wege innerhalb gewisser Grenzen zu ganz beliebigen Werten von m gelangen kann.

Nach der Erfahrung kann man, wie genaue Messungen gelehrt haben, für schmiedbares Eisen ungefähr $m = 3\frac{1}{3}$ setzen. Bei Gußeisen ist dagegen m meist erheblich höher, und zwar wurde je nach der Sorte m zwischen 5 und 9 gefunden. Bei manchen Stoffen mag m noch höher sein. Für Gummi und ähnliche sehr nachgiebige Stoffe ist m nicht viel höher als 2 anzunehmen. Für die verschiedenen Steinarten oder für Beton liegen zu wenig sorgfältige Messungen vor, als daß man darüber etwas sagen könnte. Bei Holz kann von der Angabe einer einfachen Zahl für m überhaupt nicht die Rede sein, da die Hölzer weit davon entfernt sind, isotrop zu sein, so daß für verschiedene Hauptspannungsrichtungen voraussichtlich sehr stark voneinander verschiedene Werte für m zu erwarten sind.

Man muß noch hinzufügen, daß es durchaus keine einfache Aufgabe ist, den genauen Wert der Konstanten m für einen bestimmten Stoff auf dem Versuchswege zu ermitteln. Man braucht dazu mancherlei Vorrichtungen, je nach dem Verfahren, das man dabei einschlagen will, und viel Zeit zur Ausführung umständlicher Messungen. In den Materialprüfungsanstalten, die heute zu den meisten größeren Maschinenfabriken gehören, und auch in den staatlichen Anstalten, die den gleichen Zwecken dienen, werden in jedem Jahre viele Tausende von Festigkeitsversuchen und auch zahlreiche Elastizitätsmessungen zur Ermittelung des Elastizitätsmoduls E durchgeführt; eine Ermittelung der Poissonschen Verhältniszahl m bildet dagegen nur eine seltene Ausnahme, und in vielen für praktische Zwecke eingerichteten Anstalten dürfte wohl überhaupt noch niemals eine solche Messung vorgenommen worden sein.

Nun mag es wohl sein, daß es in den meisten Fällen auf den genaueren Wert von m nicht ankommt, so daß es ziemlich gleichgültig ist, wie hoch man bei einer theoretischen Untersuchung m annimmt. In der Tat hat sich schon längst herausgestellt, daß bei vielen Schlußergebnissen, zu denen die strenge Elastizitätstheorie führt, die Konstante m überhaupt nicht mehr vorkommt, so daß es ganz gleichgültig ist, welcher Wert ihr beigelegt wird. Aber auch im anderen Falle wird man bei der Unsicherheit, in der man sich über den tatsächlich für m anzunehmenden Wert befindet, häufig nicht zu sagen vermögen, ob man m etwa näher bei 3 oder näher bei 6 annehmen soll.

Unter solchen Umständen liegt es nahe, für m irgendeinen Wert einzusetzen, der den Vorzug hat, zu einer Vereinfachung des Rechnungsganges zu führen, selbst wenn er an sich nicht wahrscheinlich ist. Man erhält dann eine Näherungstheorie, die sich auf die Annahme stützt, daß es auf den Wert von m, wie er auch gewählt werden möge, bei der zur Entscheidung stehenden Frage überhaupt nicht wesentlich ankomme.

Eine Vereinfachung der Grundgleichungen wird namentlich herbeigeführt, wenn man $m = \infty$ setzt[1]), also annimmt, daß jede Hauptspannung nur eine in ihrer eigenen Richtung gehende Dehnung ε bewirke und keine Querzusammenziehung in den dazu senkrecht stehenden Richtungen. Da es aussichtsvoll erscheint, mit dieser Annahme zu praktisch brauchbaren Ergebnissen in manchen Fällen zu gelangen, bei denen es nicht möglich gewesen ist, die Aufgabe allgemeiner für einen beliebigen Wert von m zu lösen, soll auf den Fall $m = \infty$ hier noch etwas näher eingegangen werden.

Zunächst hebt sich bei den Grundgleichungen (36) überall der Faktor $\frac{m}{m-2}$ weg, da er gleich der Einheit wird. Ferner erhält man an Stelle von Gl. (29)

$$G = \frac{1}{2} E \quad \ldots \ldots \ldots \quad (37)$$

und die Gl. (34) vereinfachen sich zu

$$\left.\begin{aligned} \sigma_x &= 2G\frac{\partial \xi}{\partial x}; \quad \sigma_y = 2G\frac{\partial \eta}{\partial y}; \quad \sigma_z = 2G\frac{\partial \zeta}{\partial z} \\ \tau_{xy} &= G\left(\frac{\partial \xi}{\partial y} + \frac{\partial \eta}{\partial x}\right); \; \tau_{yz} = G\left(\frac{\partial \eta}{\partial z} + \frac{\partial \zeta}{\partial y}\right); \; \tau_{zx} = G\left(\frac{\partial \zeta}{\partial x} + \frac{\partial \xi}{\partial z}\right) \end{aligned}\right\} \quad (38)$$

---

[1]) Die Kirchhoffsche Konstante Θ wird dann zu Null.

Daran lassen sich noch einige weitere Schlüsse knüpfen. Differentiiert man die erste der Gl. (38) zweimal nach y und addiert dazu die zweimal nach x differentiierte zweite Gleichung, so erhält man beim Vergleiche des Ergebnisses mit der einmal nach x und dann nochmals nach y differentiierten vierten Gleichung die erste der folgenden Gleichungen, der sich zwei andere von der gleichen Bauart anreihen lassen, nämlich:

$$\left.\begin{aligned}\frac{\partial^2 \tau_{xy}}{\partial x\,\partial y} &= \frac{1}{2}\left(\frac{\partial^2 \sigma_x}{\partial y^2} + \frac{\partial^2 \sigma_y}{\partial x^2}\right)\\ \frac{\partial^2 \tau_{yz}}{\partial y\,\partial z} &= \frac{1}{2}\left(\frac{\partial^2 \sigma_y}{\partial z^2} + \frac{\partial^2 \sigma_z}{\partial y^2}\right)\\ \frac{\partial^2 \tau_{zx}}{\partial z\,\partial x} &= \frac{1}{2}\left(\frac{\partial^2 \sigma_z}{\partial x^2} + \frac{\partial^2 \sigma_x}{\partial z^2}\right)\end{aligned}\right\} \quad \ldots\ldots \quad (39)$$

Das sind Beziehungen, die zwischen den Spannungskomponenten bestehen müssen wegen der besonderen elastischen Eigenschaften des Körpers, die wir hier voraussetzen. Zu ihnen kommen die allgemein gültigen und von den elastischen Eigenschaften ganz unabhängigen Gl. (21), die aus den Gleichgewichtsbedingungen am Raumelement hervorgegangen waren. Nehmen wir beide Gleichungsgruppen zusammen, so haben wir sechs Differentialgleichungen zwischen den sechs unbekannten Spannungskomponenten, die im allgemeinen ausreichen, um zusammen mit den Grenzbedingungen die Spannungskomponenten als Funktionen der Koordinaten $x\,y\,z$ zu bestimmen. Bei einem solchen Vorgehen wird für die Spannungsermittelung der Umweg über die Verschiebungskomponenten $\xi\,\eta\,\zeta$ vermieden, und der Gebrauch, der von dem dabei vorausgesetzten Elastizitätsgesetze gemacht wird, beschränkt sich auf die ein für allemal erfolgte Ableitung der Gl. (39), während man bei allen Anwendungen, die sich daran knüpfen, nur noch mit den Spannungskomponenten zu tun hat.[1])

Man kann auch sofort die Schubspannungskomponenten aus den Gl. (21) und (39) vollständig fortschaffen, so daß man nur noch drei Gleichungen übrig behält, die zwischen den Normalspannungen σ_x usf. überall erfüllt sein müssen. Differentiiert man nämlich die erste der Gl. (21) nach x und ersetzt die Glieder, in denen die Schubspannungskomponenten vorkommen, durch die ihnen nach den Gl. (39) entsprechenden Werte, so erhält man die erste der drei folgenden Gleichungen:

---

[1]) Der hier vorliegende Sonderfall läßt sich durch Einführung einer Spannungsfunktion F lösen. Wie in § 41 näher gezeigt wird, führt der Ansatz

$$\sigma_x = \frac{\partial^2 F}{\partial x^2},\ \sigma_y = \frac{\partial^2 F}{\partial y^2},\ \sigma_z = \frac{\partial^2 F}{\partial z^2},\ \tau_{xy} = \frac{\partial^2 F}{\partial x\,\partial y},\ \tau_{yz} = \frac{\partial^2 F}{\partial y\,\partial z},\ \tau_{zx} = \frac{\partial^2 F}{\partial z\,\partial x}$$

auf die Gleichung $\nabla^2 F = \text{const.}$

$$\left.\begin{aligned} \nabla^2 \sigma_x + \frac{\partial^2}{\partial x^2}\left(\sigma_x + \sigma_y + \sigma_z\right) + 2\,\frac{\partial X}{\partial x} = 0 \\ \nabla^2 \sigma_y + \frac{\partial^2}{\partial y^2}\left(\sigma_x + \sigma_y + \sigma_z\right) + 2\,\frac{\partial Y}{\partial y} = 0 \\ \nabla^2 \sigma_z + \frac{\partial^2}{\partial z^2}\left(\sigma_x + \sigma_y + \sigma_z\right) + 2\,\frac{\partial Z}{\partial z} = 0 \end{aligned}\right\} \quad . \; . \; (40)$$

Umgekehrt kann man auch mit Hilfe der Gl. (39) die Normalspannungen in den Schubspannungen ausdrücken und hierauf aus den Gl. (21) drei Gleichungen ableiten, in denen nur die Schubspannungskomponenten vorkommen. Zunächst erhält man nämlich aus den Gl. (38)

$$\frac{\partial^2 \sigma_x}{\partial y\,\partial z} = \frac{\partial}{\partial x}\left(\frac{\partial \tau_{xy}}{\partial z} + \frac{\partial \tau_{xz}}{\partial y} - \frac{\partial \tau_{yz}}{\partial x}\right) \quad . \; . \; . \; . \; (41)$$

wie man nach Einsetzen der Werte aus den Gl. (38) leicht bestätigt findet. Differentiiert man aber die erste der Gl. (21) nach y und nach z und setzt hierauf den hier erhaltenen Wert für σ_x ein, so erhält man

$$\left(\frac{\partial^2}{\partial x^2} + \frac{\partial^2}{\partial y^2}\right)\frac{\partial \tau_{xy}}{\partial z} + \left(\frac{\partial^2}{\partial x^2} + \frac{\partial^2}{\partial z^2}\right)\frac{\partial \tau_{xz}}{\partial y} - \frac{\partial^3 \tau_{yz}}{\partial x^3} + \frac{\partial^2 X}{\partial y\,\partial z} = 0 \quad (42)$$

wozu noch zwei weitere Gleichungen kommen, die man daraus durch zyklische Vertauschung von $x\,y\,z$ erhält.

Endlich soll hier auch noch der entgegengesetzte Grenzfall besprochen werden, in dem man $m = 2$ setzt, oder, was auf dasselbe hinauskommt, die Kirchhoffsche Konstante Θ gleich ∞ annimmt. Hierfür folgt zunächst aus Gl. (33), daß bei jedem beliebigen Spannungszustande

$$e = 0 \quad . \; . \; . \; . \; . \; . \; . \; . \; . \; . \; (43)$$

werden muß. Der Körper ist in diesem Falle unzusammendrückbar oder, allgemeiner gesagt, raumbeständig. Die Gl. (31) lassen sich alsdann nicht, wie es vorher geschehen war, nach den Spannungskomponenten $\sigma_x\,\sigma_y\,\sigma_z$ auflösen, weil sie nicht mehr unabhängig voneinander sind, sondern jede von ihnen als eine notwendige Folge der beiden anderen erscheint.

Setzt man

$$\sigma_x + \sigma_y + \sigma_z = 3p \quad . \; . \; . \; . \; . \; . \; . \; (44)$$

wobei p irgendeine Funktion von $x\,y\,z$ sein kann, so erhält man aus den Gl. (31) an Stelle der drei ersten der Gl. (34)

$$\sigma_x = 2G\frac{\partial \xi}{\partial x} + p; \quad \sigma_y = 2G\frac{\partial \eta}{\partial y} + p; \quad \sigma_z = 2G\frac{\partial \zeta}{\partial z} + p \quad . \; (45)$$

Bei der Ausrechnung ist zu beachten, daß für $m = 2$ aus Gl. (29)

$$G = \frac{E}{3} \quad . \; . \; . \; . \; . \; . \; . \; . \; . \; (46)$$

gefunden wird. An den Ausdrücken für τ_{xy} usf. in den Gl. (34) ändert sich dagegen nichts.

Setzt man diese Werte für die Spannungskomponenten wiederum in die durch die Gl. (21) ausgesprochenen Gleichgewichtsbedingungen ein, so erhält man die elastischen Grundgleichungen für den Grenzfall $m = 2$, nämlich

$$\left.\begin{aligned} \nabla^2 \xi + \frac{1}{G}\left(\frac{\partial p}{\partial x} + X\right) = 0 \\ \nabla^2 \eta + \frac{1}{G}\left(\frac{\partial p}{\partial y} + Y\right) = 0 \\ \nabla^2 \zeta + \frac{1}{G}\left(\frac{\partial p}{\partial z} + Z\right) = 0 \\ \frac{\partial \xi}{\partial x} + \frac{\partial \eta}{\partial y} + \frac{\partial \zeta}{\partial z} = 0 \end{aligned}\right\} \quad \dots\dots \quad (47)$$

Freilich kommen darin jetzt nicht nur die Verschiebungsgrößen $\xi\ \eta\ \zeta$, sondern außerdem auch noch die sich auf den Spannungszustand beziehende unbekannte Funktion p vor. Zur Ermittelung der vier unbekannten Funktionen stehen aber jetzt auch vier Gleichungen zur Verfügung.

Die Komponenten $X\,Y\,Z$ der von außen her auf den Körper wirkenden Massenkraft kann man bei den meisten Festigkeitsaufgaben überall gleich Null annehmen. In anderen Fällen darf man wenigstens voraussetzen, daß diese Kräfte zu einem Potentiale gehören, derart, daß

$$\frac{\partial X}{\partial x} + \frac{\partial Y}{\partial y} + \frac{\partial Z}{\partial z} = 0 \quad \dots\dots\dots \quad (48)$$

gesetzt werden kann. Differentiiert man nun der Reihe nach die drei ersten der Gl. (47) nach $x\,y\,z$ und addiert sie hierauf, so erhält man mit Rücksicht auf Gl. (43) für p die Differentialgleichung

$$\frac{\partial^2 p}{\partial x^2} + \frac{\partial^2 p}{\partial y^2} + \frac{\partial^2 p}{\partial z^2} = 0 \quad \dots\dots\dots \quad (49)$$

Die einfachste Lösung der Grundgleichungen (47) besteht darin, daß man überall

$$\xi = \eta = \zeta = 0$$

setzt, also annimmt, daß der Körper überhaupt keine Formänderung erleide. Dann werden nach den Gl. (45) an jeder Stelle

$$\sigma_x = \sigma_y = \sigma_z = p$$

und alle Schubspannungen werden zu Null. Dagegen muß p nach den Gl. (47) den Bedingungen

$$\frac{\partial p}{\partial x} = -X; \quad \frac{\partial p}{\partial y} = -Y; \quad \frac{\partial p}{\partial z} = -Z$$

genügen. Der hiermit umschriebene Spannungszustand entspricht dem Gleichgewichtszustande in einer Flüssigkeit, an der die gegebenen Massenkräfte XYZ von außen her angreifen. Nur die Grenzbedingungen, insbesondere die von außen her auf die Oberfläche einwirkenden Kräfte werden für die Flüssigkeit, der diese Lösung entspricht und für den festen Körper, auf den sich die gesuchte Lösung beziehen soll, im allgemeinen verschieden sein. Sollten jedoch auch diese Grenzbedingungen übereinstimmen, so hätten wir damit die Lösung der Spannungsaufgabe auch für den festen Körper bereits gefunden.

Im anderen Falle kann man sich den Spannungszustand des festen Körpers aus einer Übereinanderlagerung von zwei Spannungszuständen bestehend denken, von denen der eine mit dem soeben besprochenen hydrostatischen Spannungszustande übereinstimmt, während der andere Anteil zu der gleichen Formänderung, wie sie tatsächlich besteht, mit der Nebenbedingung $p = 0$ gehört. Bezeichnen wir die Spannungskomponenten dieses zweiten Anteiles durch Beisetzen von Strichen, setzen also

$$\sigma_x' = \sigma_x - p \text{ usf. und } \tau_{xy}' = \tau_{xy} \text{ usf.} \quad \ldots \quad (50)$$

so gelten für diese Spannungskomponenten dieselben Gl. (38), wie wir sie früher für den Fall $m = \infty$ erhalten hatten, nämlich

$$\left.\begin{aligned} \sigma_x' &= 2G\frac{\partial \xi}{\partial x}; \quad \sigma_y' = 2G\frac{\partial \eta}{\partial y}; \quad \sigma_z' = 2G\frac{\partial \zeta}{\partial z} \\ \tau_{xy}' &= G\left(\frac{\partial \xi}{\partial y} + \frac{\partial \eta}{\partial x}\right); \quad \tau_{yz}' = G\left(\frac{\partial \eta}{\partial z} + \frac{\partial \zeta}{\partial y}\right); \quad \tau_{zx}' = G\left(\frac{\partial \zeta}{\partial x} + \frac{\partial \xi}{\partial z}\right) \end{aligned}\right\} \quad (51)$$

Hiermit folgt weiter, daß auch alle Schlußfolgerungen, die wir an die Gl. (38) geknüpft hatten, für den Fall $m = 2$ ebenso gültig bleiben, wie für den anderen Grenzfall $m = \infty$, also die Gl. (39) bis (42), wenn wir in diesen nur an den Normalspannungskomponenten σ_x usf. die Striche beifügen, die darauf hinweisen, daß es sich nicht um die ganze Spannung handelt, sondern nur um den zweiten Anteil, der zu dem hydrostatischen Spannungszustande hinzukommen muß, um den ganzen tatsächlich eintretenden Spannungszustand zusammenzusetzen. Auf die Unterschiede zwischen den σ_x' und den σ_x usf. ist insbesondere bei der Verwertung der Grenzbedingungen am Umfange zu achten, indem überall die gegebene Oberflächenkraft der Summe aus der dem Spannungszustande σ_x' usf. entsprechenden und der Normalkraft p gleich sein muß.

§ 4. Eindeutigkeit der Spannungsaufgabe.

Als die Hauptaufgabe der Festigkeitslehre haben wir die Ermittelung der Spannungen zu betrachten, die in einem Körper unter gegebenen

Umständen durch gegebene Lasten hervorgerufen werden. Nachdem die Hilfsmittel besprochen wurden, die für die Lösung dieser Aufgabe zur Verfügung stehen, müssen wir uns noch die Frage vorlegen, ob die Spannungsaufgabe für einen Körper von den hier vorausgesetzten elastischen Eigenschaften überhaupt eindeutig bestimmt ist oder ob nicht vielmehr verschiedene, vielleicht sogar sehr viele Spannungszustände des Körpers möglich sind, die allen Bedingungen der Aufgabe gleich gut zu entsprechen vermögen.

Um dies zu entscheiden, nehmen wir zunächst an, daß auf einen Körper von außen her überhaupt keine Kräfte, weder Massenkräfte noch Oberflächenkräfte, übertragen werden, und fragen uns, ob nicht trotzdem auch in diesem unbelasteten Körper Spannungen auftreten können.

Diese Frage ist offenbar ohne weiteres zu bejahen. Die Spannungen in einem Körper hängen überhaupt nicht allein von den äußeren Kräften ab, durch die er belastet wird, sondern auch noch von anderen Umständen. Man betrachte z. B. einen ringförmigen Körper, den wir zunächst als unbelastet und als spannungsfrei voraussetzen wollen. Dann denken wir uns den Ring an einer Stelle aufgeschnitten, worauf er aber des doppelten Zusammenhanges wegen immer noch einen einzigen zusammenhängenden Körper bildet. Nun können wir uns den Ring durch Anbringen von Lasten etwas aufgebogen oder verdreht oder überhaupt in seiner Gestalt elastisch irgendwie verändert vorstellen. Nachdem diese Formänderung vollzogen ist, und während sie weiterhin aufrecht erhalten wird, denken wir uns die beiden Schnittflächen, zwischen denen zum Schließen der Lücke eine entsprechende Stoffmenge eingeführt werden kann, wieder zusammengeschweißt oder verlötet, so daß wieder ein zweifach zusammenhängender Körper von (ungefähr) ringförmiger Gestalt entsteht. Nachdem dies vollzogen ist, können wir die äußeren Kräfte, die wir als Lasten angebracht hatten, um dem aufgeschnittenen Ringe die gewünschte Formänderung aufzuzwingen, wieder entfernen. Die neugeschaffene Verbindung zwischen den Schnittstellen verhindert aber jetzt, daß der Ring wieder zurückfedern und in den Teilen, die schon vorher dazu gehört hatten, die Gestalt wieder annehmen kann, die er ursprünglich gehabt hatte. Wenn die Formänderung nicht ganz rückgängig gemacht werden kann, bleiben auch die Spannungen zum Teil weiter bestehen, die damit verbunden waren, und wir haben dann einen Körper vor uns mit Eigenspannungen, die durch den Herstellungsvorgang bedingt sind, und die ganz unabhängig sind von den Lasten, die man dann weiterhin an dem zusammengeschweißten Ringe etwa von neuem wieder aufbringen mag.

Der Anschaulichkeit wegen sprach ich von einem Ringe, also von einem zweifach zusammenhängenden Körper. Aber man kann auch in einem einfach zusammenhängenden Körper von beliebiger Gestalt irgendwo einen Schnitt führen, der den Körper nicht völlig in zwei Teile trennt, dann während die Trennungsfuge klafft, ihm durch äußere Lasten irgendwie eine Gestaltänderung aufzwingen und hierauf durch Zusammenschweißen, Verleimen u. dgl. den Zusammenhang an der Schnittfuge wieder herstellen. Man erhält auch in diesem Falle einen Körper mit Eigenspannungen, die ganz unabhängig sind von den Lasten, die man dem Körper nachher wieder aufbürden kann. Zu diesen Eigenspannungen gehören auch die Gußspannungen, die in jedem Gußstücke vorkommen und sich oft sehr unliebsam bemerklich machen, so daß ihre Vermeidung geradezu die Hauptaufgabe der Ingenieure einer Stahlgießerei bildet.

Endlich gehören zu den Eigenspannungen auch die Temperatur- oder Wärmespannungen, die man durch ungleichmäßige Erwärmung in jedem Körper hervorrufen kann, der ursprünglich frei von Eigenspannungen war.

Aus diesen Überlegungen erkennt man, daß die Aufgabe, die in einem belasteten Körper auftretenden Spannungen anzugeben, überhaupt nicht eindeutig gelöst werden kann. Aber so ist die Spannungsaufgabe auch nicht gemeint; gefragt wird bei ihr nicht nach den Spannungen, die bestehen, sondern nach denen, die durch die Belastung hervorgerufen wurden, unabhängig von den schon vorhandenen Eigenspannungen. Dabei gilt als selbstverständliche Voraussetzung, daß die Eigenspannungen nicht so groß sein dürfen, um das elastische Verhalten des Körpers irgendwie zu stören; es darf also z. B. nicht wegen der vorhandenen Eigenspannungen eine Überschreitung der Elastizitätsgrenze herbeigeführt werden, wenn eine solche infolge der durch die Belastung für sich hervorgerufenen »Lastspannungen« nicht zu erwarten ist.

Wir drücken diese Voraussetzung am einfachsten dahin aus, daß der Körper jedesmal, wenn die Belastung entfernt ist, seine ursprüngliche Gestalt wieder annimmt, und daß die dann noch etwa darin verbleibenden Eigenspannungen als nicht vorhanden angesehen werden sollen. Jedenfalls sollen diese Eigenspannungen keinerlei Einfluß auf die durch die Belastung hervorgerufene Formänderung und auf die ihr entsprechenden Spannungen ausüben, so daß wir uns bei deren Ermittelung überhaupt nicht um die Eigenspannungen zu kümmern brauchen, sondern sie als Null voraussetzen können.

Unter dieser Voraussetzung läßt sich behaupten, daß nur eine einzige Lösung der elastischen Grundgleichungen (36) möglich ist, die zugleich allen vorgeschriebenen Grenzbedingungen genügt. Zum Beweise genügt es, zwei solcher Lösungen vorauszusetzen und ihre Unterschiede zu bilden, worauf sich zeigt, daß diese gleich Null sein müssen.

Ist nämlich $\xi\ \eta\ \zeta$ eine Lösung der Grundgleichungen mit den daraus nach den Gl. (34) folgenden Spannungskomponenten σ_x usf. und wird eine zweite Lösung $\xi'\ \eta'\ \zeta'$ mit den ihr entsprechenden Spannungskomponenten σ_x' usf. vorausgesetzt, so bilde man die Unterschiede

$$\xi'' = \xi - \xi'; \quad \eta'' = \eta - \eta'; \quad \zeta'' = \zeta - \zeta'$$

und betrachte den damit gegebenen Formänderungszustand des Körpers. Da die Grundgleichungen (36) linear sind und sowohl von den $\xi\ \eta\ \zeta$ als von den $\xi'\ \eta'\ \zeta'$ erfüllt werden, genügen die $\xi''\ \eta''\ \zeta''$ den Gleichungen

$$\nabla^2 \xi'' + \frac{m}{m-2} \frac{\partial e''}{\partial x} = 0$$

usf., d. h. sie genügen den elastischen Grundgleichungen für den nicht durch äußere Massenkräfte belasteten Körper. Ferner folgt aus den Gl. (34)

$$\sigma_x'' = \sigma_x - \sigma_x' \text{ usf.}$$

und da sowohl der durch die σ_x usf. beschriebene Spannungszustand als der den σ_x' usf. zugehörige am Umfange des Körpers überall Gleichgewicht mit den dort als Lasten angreifenden äußeren Kräften herstellt, folgt, daß der Spannungszustand σ_x'' usf. überall Gleichgewicht herstellt, ohne daß äußere Kräfte an der Oberfläche des Körpers dabei mitzuwirken hätten. Außerdem werden am Umfange auch alle Grenzbedingungen, die sich auf die Verschiebungen beziehen, von den $\xi''\ \eta''\ \zeta''$ erfüllt, da sie nach Voraussetzung sowohl von den $\xi\ \eta\ \zeta$ als von den $\xi'\ \eta'\ \zeta'$ erfüllt wurden. Man sieht daher, daß der Formänderungs- und der Spannungszustand, der von den ξ'' usf. dargestellt wird, dem unbelasteten und in der gleichen Weise wie vorgeschrieben festgehaltenen Körper entspricht. Nach der Voraussetzung, die wir vorher ausgesprochen haben, nimmt aber der unbelastete Körper seine ursprüngliche Gestalt jedesmal wieder an, d. h. die ξ'' usf. sind gleich Null zu setzen, und daher ist $\xi' = \xi$ usf.

Schließlich mag noch bemerkt werden, daß die Tatsache, daß es Körper gibt, die sich vollkommen elastisch verhalten, die also nach Entfernen aller Lasten stets wieder dieselbe Gestalt annehmen, eine reine Beobachtungstatsache ist, für die ein mathematischer Beweis weder nötig noch überhaupt möglich ist. Durch diese Beobachtungstatsache in Verbindung mit der weiteren Annahme des der Elastizitätstheorie zugrunde liegenden Superpositionsgesetzes wird aber die Eindeutigkeit der Lösung der Spannungsaufgabe bereits festgelegt, ohne daß es dazu noch eines weiter hergeholten Beweises, wie er sonst üblich ist, bedürfte.

§ 5. Die bezogene Formänderungsarbeit.

Wir denken uns im spannungslosen Zustande des Körpers ein unendlich kleines rechtwinkliges Parallelepiped $dx\,dy\,dz$ herausgeschnitten. Im belasteten Zustande hat es die Formänderung $\varepsilon_x\,\varepsilon_y\,\varepsilon_z\,\gamma_{xy}\,\gamma_{yz}\,\gamma_{zx}$ erlitten, und die Spannungen, die daran angreifen, bezeichnen wir wieder mit $\sigma_x\,\sigma_y\,\sigma_z\,\tau_{xy}\,\tau_{yz}\,\tau_{zx}$. Sie stehen mit den Formänderungsgrößen ε_x usf. in dem durch die Gl. (31) oder (34) ausgesprochenen Zusammenhange. Für das Körperteilchen, das wir betrachten, sind diese an der Oberfläche übertragenen Spannungen als äußere Kräfte anzusehen, die dem Teilchen die Formänderung aufzwingen oder, wie wir dafür kurz sagen können, als Lasten, die an dem aus dem Zusammenhange mit dem übrigen Körper losgelöst gedachten Teilchen angreifen. Während der Formänderung leisten diese Lasten eine Arbeit, die zur Überwindung des elastischen Widerstandes des Teilchens, also zur Überwindung der zwischen den einzelnen Bestandteilen, etwa den Molekülen im Inneren des Teilchens auftretenden Kräfte dient. Solange die Formänderung vollkommen elastisch ist, wird dieser Arbeitsbetrag umkehrbar in dem Teilchen aufgespeichert, als potentielle Energie, die beim Rückgängigmachen des Formänderungszustandes wieder nach außen abgegeben werden kann.

Bezeichnen wir die auf die Raumeinheit an der Stelle $x\,y\,z$ bezogene Formänderungsarbeit mit A, die im ganzen Körper aufgespeicherte Formänderungsarbeit mit A und die auf das Raumelement $dx\,dy\,dz$ treffende mit dA, so ist zunächst

$$dA = \mathrm{A}\,dx\,dy\,dz \quad \text{. . . . . . . (52)}$$

zu setzen. Um dA und hiermit auch A zu berechnen, nehmen wir an, daß die Formänderung sehr langsam vor sich geht, so daß die Bewegung nicht mit irgendwie merklichen Geschwindigkeiten erfolgt, und die Lasten daher in jedem Augenblicke als im Gleichgewicht miteinander stehend angesehen werden können. Bei einer Bewegung, die das Parallelepiped ohne Formänderung ausführt, ist dann die Summe der Arbeiten aller an ihm angreifenden Lasten gleich Null. Wir können daher zur Berechnung der Formänderungsarbeit von einem solchen Bewegungsanteile ganz absehen und brauchen nur auf die Dehnungen in den Kantenrichtungen und auf die Schiebungen zu achten, die je zwei parallele Seitenflächen des Parallelepipeds gegeneinander erfahren.

Nun leisten bei einer Dehnung ε_x, wenn sie für sich allein erfolgt, nur die Spannungen σ_x eine Arbeit, da sich die Angriffspunkte auf den beiden Flächen, die senkrecht zur X-Achse stehen, um $\varepsilon_x\,dx$ gegeneinander verschieben. Die anderen Spannungskomponenten leisten dagegen, wenn man jedesmal die zu gegenüberliegenden Seitenflächen gehörigen zusammenfaßt, keine Arbeit, weil sie entweder wie σ_y senkrecht zum Verschiebungswege stehen oder weil, wie bei τ_{yx}, die Spannungen auf den gegenüberliegenden Seitenflächen entgegengesetzt gerichtet sind, während sich die Angriffspunkte auf beiden Seitenflächen in der gleichen Richtung und um gleich viel verschieben, so daß einem positiven Arbeitsbetrage auf der einen Seitenfläche ein ebenso großer negativer Betrag auf der anderen Seitenfläche gegenüber steht, was zusammen Null liefert.

Ganz ähnlich ist es, wenn eine Schiebung γ_{xy} allein für sich erfolgt. Auch dann kann aus denselben Gründen nur von den Spannungen τ_{xy} und τ_{yx} eine Arbeit geleistet werden. Denkt man sich die Schiebung in der Art vollzogen, daß eine der zur X-Achse senkrecht stehenden Seitenflächen dabei festgehalten wird, so verschiebt sich die gegenüberliegende um die Strecke $\gamma_{xy}\,dy$ in der Y-Richtung, und die Schubspannungskomponente τ_{xy} auf dieser Seitenfläche ist es allein, die die ganze zu dieser Formänderung gehörige Arbeit leistet.

Wir wollen uns ferner vorstellen, daß alle Spannungskomponenten jetzt gleichzeitig miteinander und im gleichen Verhältnisse von Null bis auf ihre Endwerte anwachsen, wobei dann auch alle Formänderungsgrößen in demselben Verhältnisse zunehmen. Zu irgendeiner Zeit sei σ_x bis auf $\alpha\sigma_x$ angewachsen, wobei α ein echter Bruch ist, mit dem auch alle anderen Spannungs- und Formänderungsgrößen, die sich auf den Endzustand beziehen, zu multiplizieren sind, um ihren augenblicklichen Wert zu erhalten. Die Arbeit, die von allen Spannungen zusammen geleistet wird, während α um $d\alpha$ anwächst, sei mit d^2A bezeichnet. Man findet dafür nach dem, was vorherging,

$$
\begin{aligned}
d^2A = {} & \alpha\sigma_x\,dy\,dz\cdot\varepsilon_x\,dx\,d\alpha + \alpha\sigma_y\,dx\,dz\cdot\varepsilon_y\,dy\,d\alpha + \alpha\,\sigma_z\,dx\,dy\cdot\varepsilon_z\,dz\,d\alpha \\
& + \alpha\,\tau_{xy}\,dx\,dz\cdot\gamma_{xy}\,dy\,d\alpha + \alpha\,\tau_{yz}\,dy\,dx\cdot\gamma_{yz}\,dz\,d\alpha + \alpha\,\tau_{zx}\,dz\,dy\cdot\gamma_{zx}\,dx\,d\alpha
\end{aligned}
$$

und eine Integration nach α zwischen 0 und 1 liefert, da

$$
\int_0^1 \alpha\,d\alpha = \left(\frac{\alpha^2}{2}\right)_0^1 = \frac{1}{2}
$$

ist, sofort die Formänderungsarbeit für das Volumenelement, nachdem die ganze Formänderungsarbeit vollzogen wurde, zu

$$
dA = \frac{1}{2}\,dx\,dy\,dz\,(\sigma_x\,\varepsilon_x + \sigma_y\,\varepsilon_y + \sigma_z\,\varepsilon_z + \tau_{xy}\,\gamma_{xy} + \tau_{yz}\,\gamma_{yz} + \tau_{zx}\,\gamma_{zx})
$$

womit auch die bezogene Formänderungsarbeit A

$$
\mathrm{A} = \frac{1}{2}(\sigma_x\,\varepsilon_x + \sigma_y\,\varepsilon_y + \sigma_z\,\varepsilon_z + \tau_{xy}\,\gamma_{xy} + \tau_{yz}\,\gamma_{yz} + \tau_{zx}\,\gamma_{zx}) \qquad (53)
$$

gefunden ist. Nachträglich kann man dann noch mit Hilfe der Gl. (31) oder (34) entweder die Formänderungsgrößen in den Spannungsgrößen oder umgekehrt diese in jenen ausdrücken, womit man

$$A = \frac{1}{2G}\left(\frac{1}{2}(\sigma_x^2 + \sigma_y^2 + \sigma_z^2) - \frac{1}{2(m+1)}(\sigma_x + \sigma_y + \sigma_z)^2 + \tau_{xy}^2 + \tau_{yz}^2 + \tau_{zx}^2\right) \quad . \; . \; . \quad (54)$$

oder im anderen Falle

$$A = G\left(\varepsilon_x^2 + \varepsilon_y^2 + \varepsilon_z^2 + \frac{e^2}{m-2} + \frac{1}{2}(\gamma_{xy}^2 + \gamma_{yz}^2 + \gamma_{zx}^2)\right). \quad (55)$$

erhält. Man kann ferner mit diesen Ausdrücken noch einige weitere Umformungen vornehmen, die sich für manche Zwecke als nützlich erweisen und die daher ebenfalls noch angegeben werden sollen. Beachtet man, daß nach der Bedeutung von e

$$e = \varepsilon_x + \varepsilon_y + \varepsilon_z$$

ist und quadriert diese Gleichung aus, so überzeugt man sich, daß auch

$$\varepsilon_x^2 + \varepsilon_y^2 + \varepsilon_z^2 = \frac{1}{3}[e^2 + (\varepsilon_x - \varepsilon_y)^2 + (\varepsilon_y - \varepsilon_z)^2 + (\varepsilon_z - \varepsilon_x)^2]$$

gesetzt werden kann. Macht man davon Gebrauch, so läßt sich Gl. (55) auf die Form bringen

$$A = G\frac{m+1}{3(m-2)}e^2 + G\left[\frac{1}{3}[(\varepsilon_x - \varepsilon_y)^2 + (\varepsilon_y - \varepsilon_z)^2 + (\varepsilon_z - \varepsilon_x)^2] + \frac{1}{2}(\gamma_{xy}^2 + \gamma_{yz}^2 + \gamma_{zx}^2)\right] \quad . \; . \quad (56)$$

Hiermit ist A in zwei Glieder von wesentlich verschiedener Bedeutung zerlegt. Das erste Glied hängt nämlich nur von der räumlichen Ausdehnung e und nicht von der Gestaltänderung ab, die ein Körperteilchen an der betreffenden Stelle erfährt, und in ihm allein kommt auch neben G die Poissonsche Konstante m vor. Das zweite Glied von A hängt dagegen ausschließlich von der Gestaltänderung ab und ist unabhängig von der Änderung des Rauminhaltes. Die Winkeländerungen γ_{xy} usf. tragen nämlich, wie wir schon früher sahen, überhaupt nichts zur Volumenänderung bei. Die Dehnungen tragen zwar dazu bei, aber nur insofern ihre Summe von Null verschieden ist, während es auf die Unterschiede zwischen den Dehnungen in den verschiedenen Kantenrichtungen dabei nicht ankommt, indem diese nur zu einer Gestaltänderung führen.

Man nehme, um sich dies noch weiter klar zu machen, etwa an, daß

$$\varepsilon_x = \frac{e}{3} + \varepsilon'_x; \qquad \varepsilon_y = \frac{e}{3} + \varepsilon'_y; \qquad \varepsilon_z = \frac{e}{3} + \varepsilon'_z$$

gesetzt werde, womit

$$\varepsilon_x' + \varepsilon_y' + \varepsilon_z' = 0$$

folgt. Dann denke man sich zuerst mit dem unendlich kleinen Parallelepiped eine gleichmäßige Dehnung $\frac{e}{3}$ in jeder Kantenrichtung vorgenommen, wobei es sich selbst ähnlich bleibt, also keine Gestaltänderung erfährt, sondern nur die räumliche Ausdehnung e. Dann lasse man die Formänderung $\varepsilon_x' \; \varepsilon_y' \; \varepsilon'_z$ sowie $\gamma_{xy} \; \gamma_{yz} \; \gamma_{zx}$ folgen, die zu einer Gestaltänderung führt, aber den Rauminhalt ungeändert läßt. Die zugehörige Formänderungsarbeit wird für beide Vorgänge durch die beiden Glieder in Gl. (56) angegeben, wobei zu berücksichtigen ist daß $\varepsilon_x' - \varepsilon_y'$ mit $\varepsilon_x - \varepsilon_y$ übereinstimmt.

Daraus folgt der bemerkenswerte Satz, daß die bezogene Formänderungsarbeit für eine beliebige Formänderung gleich der Summe der Arbeiten ist, die einerseits für die Dichteänderung allein und anderseits für die Gestaltänderung allein aufzuwenden sind.

Der Satz ist zunächst an der Umformung nachgewiesen worden, die an dem in den Formänderungsgrößen ausgedrückten Werte von A in Gl. (55) vorgenommen wurde. Es muß aber natürlich auch möglich sein, ihn ebenso aus dem die Spannungskomponenten enthaltenden Ausdrucke für A in Gl. (54) abzuleiten. Das soll jetzt auch noch geschehen.

Zu diesem Zwecke setzen wir, wie es schon einmal in § 3, Gl. (44) und (51) geschehen war,

$$\sigma_x + \sigma_y + \sigma_z = 3p$$

$$\sigma_x' = \sigma_x - p; \quad \sigma_y' = \sigma_y - p; \quad \sigma_z' = \sigma_z - p; \quad \tau_{xy}' = \tau_{xy} \text{ usf.}$$

womit der gesamte Spannungszustand in zwei Anteile zerlegt wird, deren erster von der Art eines Flüssigkeitsdruckes oder -zuges ist, während der andere nur zu einer Gestaltänderung und nach Gl. (33) nicht zu einer räumlichen Dehnung e führen kann, weil

$$\sigma_x' + \sigma_y' + \sigma_z' = 0$$

ist. Beachtet man die identische Gleichung

$$(\sigma_x + \sigma_y + \sigma_z)^2 + (\sigma_x - \sigma_y)^2 + (\sigma_y - \sigma_z)^2 + (\sigma_z - \sigma_x)^2 = 3\,(\sigma_x^2 + \sigma_y^2 + \sigma_z^2)$$

so läßt sich Gl. (54) auf die Form bringen

$$A = \frac{1}{2G}\left\{\frac{m-2}{6\,(m+1)}(\sigma_x + \sigma_y + \sigma_z)^2 + \frac{1}{6}[(\sigma_x - \sigma_y)^2 \right.$$
$$\left. + (\sigma_y - \sigma_z)^2 + (\sigma_z - \sigma_x)^2] + \tau_{xy}^2 + \tau_{yz}^2 + \tau_{zx}^2\right\}$$

wofür man mit Benützung der vorher eingeführten Bezeichnungen auch

$$\mathrm{A} = \frac{1}{2G}\left\{\frac{m-2}{6(m+1)}\cdot 9p^2 + \frac{1}{6}\left[(\sigma_x' - \sigma_y')^2 + (\sigma'_y - \sigma_z')^2 + (\sigma_z' - \sigma_x')^2\right] + \tau_{xy}'^2 + \tau_{yz}'^2 + \tau_{zx}'^2\right\}$$

schreiben kann. Damit ist aber die Zerlegung in die beiden Anteile, die von p und von dem nur eine Gestaltänderung herbeiführenden Spannungszustande σ_x' usf. herrühren, bereits durchgeführt. Bezeichnen wir diese Anteile mit A_p und A_g, wobei im letzten Falle der Zeiger g darauf hinweisen soll, daß es sich um den Gestaltänderungsanteil handelt, so kann man die vorige Gleichung auch zerlegen in

$$\left.\begin{aligned} \mathrm{A} &= \mathrm{A}_p + \mathrm{A}_g \\ \mathrm{A}_p &= \frac{3(m-2)}{4(m+1)G}p^2 = \frac{3(m-2)}{2mE}p^2 \\ \mathrm{A}_g &= \frac{1}{12G}\left[(\sigma_x - \sigma_y)^2 + (\sigma_y - \sigma_z)^2 + (\sigma_z - \sigma_x)^2\right] + \frac{1}{2G}\left[\tau_{xy}^2 + \tau_{yz}^2 + \tau_{zx}^2\right] \end{aligned}\right\} \quad . \; . \; . \; (57)$$

wobei man an Stelle von $\sigma_x' - \sigma_y'$ auch wieder $\sigma_x - \sigma_y$ usf. schreiben konnte.

Mit $m = 2$ fällt A_p fort, und es bleibt nur der andere Anteil A_g bestehen; mit $m = \infty$ nimmt dagegen A_p den größten Wert an, den dieser Anteil bei gegebenem G oder E und vorgeschriebenem Spannungszustande erlangen kann.

Die gesamte Formänderungsarbeit A, die in einem Körper aufgespeichert ist, erhält man durch Ausführung des Raumintegrals

$$A = \int \mathrm{A}\, dv$$

das über sämtliche Raumelemente dv oder $dx\,dy\,dz$ des Körpers zu erstrecken ist, nachdem man darin für A einen der vorher dafür aufgestellten Werte eingesetzt hat.

§ 6. Die Bruchgefahr.

Der Bruch eines Körpers oder auch eine bleibende Beschädigung, die der Körper unter einer Belastung erfährt, wird an irgendeiner Stelle beginnen, an der die günstigsten Bedingungen dafür vorliegen. Diese Bedingungen werden aber ausgesprochen entweder durch den Spannungszustand oder durch die Formänderung, die dadurch hervorgerufen wird, und es entsteht daher die Frage, welche der dazugehörigen Größen für die Bruchgefahr unmittelbar entscheidend sind, so daß sie als ein Maß für die Anstrengung des Materials benützt werden können.

Diese Frage kann nur auf Grund der Erfahrung, also auf dem Versuchswege entschieden werden, und man muß von vornherein als möglich annehmen, daß die Beantwortung für verschiedene Stoffe sehr verschieden ausfallen kann. Es scheint auch in der Tat, soweit unsere heutige Kenntnis, die freilich hierin noch sehr lückenhaft ist, darauf schließen läßt, daß die Bedingungen für die Bruchgefahr bei den zähen Metallen, insbesondere bei den schmiedbaren Eisensorten, ganz andere sind, wie bei den spröden Stoffen, also etwa bei Glas oder bei steinartigen Massen. Daß es heute trotz der zahlreichen Festigkeitslaboratorien, die sich mit solchen Untersuchungen beschäftigen könnten, immer noch an einer gesicherten Erfahrungsgrundlage für die Beantwortung der aufgeworfenen Frage fehlt, ist einerseits auf die Schwierigkeit zurückzuführen, einen genau bestimmten Spannungszustand, den man auf seine Wirkung an einem gegebenen Stoffe untersuchen möchte, wirklich herzustellen, und anderseits auch auf die starken Abweichungen, die sich bei verschiedenen Stücken desselben Stoffes häufig bemerklich machen und eine bestimmte Gesetzmäßigkeit nicht leicht erkennen lassen.

Bei den schmiedbaren Eisensorten ist man zwar heute trotzdem schon so weit gelangt, daß man nicht mehr allzusehr im Zweifel darüber sein kann, von welchen Umständen wenigstens in den gewöhnlich vorkommenden einfacheren Fällen die Anstrengung abhängt. Ganz sicher entschieden ist aber auch bei ihnen die ganze Frage noch keineswegs, und namentlich für solche Spannungszustände, wie sie etwa bei den Härteversuchen oder bei den Walzenlagern von Brückenträgern oder bei den Kugellagern auftreten, fehlt es noch an einer zuverlässigen Formel für die zahlenmäßige Berechnung der durch diese Spannungszustände verursachten Anstrengung. In der technischen Praxis behilft man sich in deren Ermangelung häufig mit ganz willkürlichen Annahmen, die weit von der Wahrheit abweichen und zu einer ganz verfehlten Berechnungsweise der Walzen- oder Kugellager verleiten. Für einen Ingenieur, der mit solchen Festigkeitsberechnungen zu tun bekommt, ist es daher sehr nötig, sich mit der Theorie der Bruchgefahr etwas näher zu beschäftigen.

In Anknüpfung an die soeben erwähnten Spannungszustände möge zunächst die damit zusammenhängende Frage besprochen werden, welche Anstrengung durch einen allseitig gleichen Druck hervorgebracht wird, also durch einen Spannungszustand, wie er in einer Flüssigkeit besteht. Zur Prüfung dieser Frage hat A. Föppl eine Reihe von Versuchen angestellt, über die im 27. Hefte der »Mitteilungen« des Münchener Laboratoriums berichtet ist. Hierbei wurden Probekörper von ungefähr würfelförmiger Gestalt mit Kantenlängen von etwa 1 bis zu 3 cm in einem mit Öl gefüllten dickwandigen Stahlgefäß einem Flüssigkeitsdrucke ausgesetzt, der bis auf 3000 Atm. gesteigert werden konnte. Manche Probekörper wurden dadurch in der Tat stark beschädigt. So wurden Holzwürfel stets stark zusammengedrückt und dadurch in eine meist ziemlich unregelmäßige Gestalt gebracht; manche Sandsteinwürfel bekamen Risse in der Richtung des natürlichen Lagers des Gesteins, so daß sie in mehrere Platten zerfielen, und von manchen Zementsorten wurden an den daraus hergestellten Würfeln die Ecken abgesprengt, so daß ein ungefähr kugelförmiger Kern übrig blieb. Aber das waren nur Ausnahmen: bei den meisten Stein- und Zementwürfeln oder Ziegelstückchen, die untersucht wurden, war keinerlei Beschädigung zu erkennen. Es scheint daher, daß bei diesen Stoffen, auch wenn sie nur von geringer Druckfestigkeit sind, unter den angegebenen Versuchsbedingungen eine Bruchgefahr nur dann zu befürchten ist, wenn die Probestücke entweder Hohlräume enthalten, oder wenn sie mit sonstigen Unregelmäßigkeiten im Aufbau behaftet sind, die zugleich zu einer starken Abweichung vom isotropen Verhalten führen, so daß sie sich bei allseitigem Druck nach verschiedenen Richtungen hin verschieden stark verkürzen, womit zugleich eine Gestaltänderung verbunden ist.

Die Abweichung von der Isotropie allein bildet jedoch, wenn keine anderen Unregelmäßigkeiten dazu kommen, keinen ausreichenden Grund zu einer Zerstörung oder irgendwie merklichen Beschädigung. Das geht aus Versuchen mit Kristallen hervor, die Herr P. v. Groth, der berühmte Mineraloge der Münchener Universität, für diesen Zweck zur Verfügung gestellt hatte. Herr v. Groth hatte die Freundlichkeit, die Kristalle auf ihre optischen Eigenschaften vor und nach dem Versuche mit 3000 Atm. Flüssigkeitsdruck zu untersuchen und fand bei dieser Prüfung, die auch sehr geringe Unterschiede aufzudecken gestattet hätte, nicht die geringste Änderung; obschon sich Kristalle mit sehr niedriger Druckfestigkeit darunter befunden hatten.

Nach diesen Versuchen wird man es als sehr wahrscheinlich bezeichnen dürfen, daß selbst ein noch so großer Druck, wenn er nur von allen Seiten her in gleicher Stärke wirkt, an einem fehlerfreien Körper von den Eigenschaften der meisten Baustoffe überhaupt keine Bruchgefahr mit sich bringt, und daß daher die Anstrengung für diesen Spannungszustand gleich Null zu setzen ist. Entsprechend wird es daher bei Spannungszuständen, deren Hauptspannungen alle drei Druckspannungen von nicht sehr verschiedener Größe sind, nicht so sehr auf die Größe dieser Druckspannungen als auf die Unterschiede zwischen ihnen ankommen.

Diese Überlegung legt die Vermutung nahe, daß die Hinzufügung eines allseitig gleichen Flüssigkeitsdruckes zu einem in dem Probekörper außerdem noch auf anderem Wege hervorgebrachten Spannungszustande überhaupt keine Änderung in der Bruchgefahr oder in der Anstrengung hervorrufen dürfte. Bei Versuchen, die W. Voigt zur Prüfung dieser Vermutung mit gewissen spröden Stoffen durchgeführt hat, fand sie sich auch in der Tat bestätigt. Es wurden dabei stabförmige Probekörper durch eine Zugbelastung abgerissen, teils wie gewöhnlich in Luft von Atmosphärendruck, teils in einem Gefäß, das mit Druckluft gefüllt war, und zwar von einem Druck, der größer war als die in dem Probestab durch die Zugbelastung hervorgerufene Zugspannung. Aber dieser allseitige Druck vermochte nicht zu verhindern, daß die Stäbchen durch dieselbe Zugbelastung abgerissen wurden, wie beim Fehlen des allseitigen Druckes oder beim Versuche in gewöhnlicher Zimmerluft.

Aber das ist ein Ergebnis, das nicht verallgemeinert werden darf, sondern das nur für die besondere Versuchsanordnung und für spröde Stoffe von der untersuchten Art verbürgt ist. Daß es keineswegs allgemein gleichgültig für die Bruchgefahr sein kann, ob sich ein allseitig gleicher Druck zu einem gegebenen Spannungszustande überlagert oder nicht, ergibt sich insbesondere aus der folgenden Überlegung. Es müßte nämlich dann die Anstrengung auch für einen Spannungszustand gleich Null sein, bei dem der Körper einem nach allen Seiten hin gleichen Zuge ausgesetzt ist, da sich dieser ja durch Überlagerung eines hydrostatischen Druckes in den spannungslosen Zustand überführen läßt. Das Ergebnis dieser Schlußfolgerung ist aber nicht annehmbar. Es ist zwar nicht wohl möglich, einen festen Körper in einen allseitig gleichen Zug zu versetzen, um sein Verhalten unter diesen Umständen durch den Versuch festzustellen; aber man wird es schon mit Rücksicht auf die Vorstellungen über den molekularen Aufbau der Körper als ganz unwahrscheinlich ansehen, daß ein Körper einen allseitig gleichen Zug von beliebiger Größe ertragen könnte, ohne daß dadurch sein Zusammenhang gefährdet würde. Auch andere Gründe ließen sich noch gegen die Annahme anführen, daß das Hinzufügen eines allseitig gleichen Flüssigkeitsdruckes zu einem beliebigen Spannungszustande allgemein nichts an der Anstrengung des Stoffes ändern könnte.

Die meisten Festigkeitsversuche zu technischen Zwecken beziehen sich auf einen einachsigen Spannungszustand. Bei der Ausführung der Versuche hat man wenigstens das Bestreben, den Probekörper so zu fassen und ihn so zu belasten, daß er seiner Hauptmasse nach einem im Sinn von § 1 gleichmäßigen Spannungszustande unterworfen wird, von dem zwei Hauptspannungen gleich Null sind, während die dritte Hauptspannung je nachdem eine Zugspannung oder eine Druckspannung sein kann. Die in solcher Weise ermittelten Festigkeitswerte bezeichnet man als die Zugfestigkeit oder als die Druckfestigkeit des Stoffes, den man zu prüfen hatte.

Man muß freilich sofort hinzufügen, daß es immer nur mit einer gewissen Annäherung und häufig nur mit erheblichen unvermeidlichen Fehlern möglich ist, den gewünschten gleichmäßigen einachsigen Spannungszustand wirklich herbeizuführen. Darüber darf man sich nicht täuschen, und man muß dessen eingedenk bleiben, daß die erhaltenen Versuchszahlen unter Umständen sehr stark von der »wahren« Zugfestigkeit oder Druckfestigkeit abweichen können, die zu erwarten wäre, wenn der gleichmäßige einachsige Spannungszustand genau hergestellt werden könnte.

Besonders gilt dies von dem Druckversuche mit würfelförmigen Probekörpern, wie er z. B. für Steine oder für Zementkörper gewöhnlich ausgeführt wird. Um eine gleichmäßige einachsige Druckspannung in dem Würfel herstellen zu können, müßte man dem Würfel die Freiheit geben, die damit verbundene Formänderung auszuführen, und dazu gehört nicht nur eine Verkürzung in der Druckrichtung, sondern auch eine Dehnung in jeder Querrichtung im Betrage von $\frac{1}{m}$ der Verkürzung. Wenn aber der Steinwürfel zwischen zwei eisernen Druckplatten zerdrückt wird, ist er beim Steigen der Belastung an den Auflagerstellen durch die Reibung zwischen Stein und Druckplatten verhindert, sich der Quere nach um so viel zu dehnen, als es der Laststeigerung entsprechen würde. Diese Reibungen kommen als weitere Lasten zu den Drucklasten hinzu und bringen einen verwickelten Spannungszustand hervor, der sich erheblich von dem gleichmäßigen und einachsigen unterscheidet, den man eigentlich herzustellen beabsichtigte.

Man kann diese Fehlerquelle auf zwei verschiedenen Wegen vermeiden oder wenigstens vermindern. Zunächst indem man eine Anordnung trifft, die eine Schmierung zwischen den Druckflächen gestattet oder auch, wie es bei einem Versuche von A. Föppl geschehen ist, indem man die Belastung des Würfels durch einen Flüssigkeitsdruck herbeiführt, so daß man sicher sein kann, daß nur ein Normaldruck als Belastung an der Druckfläche des Würfels übertragen werden kann. Das andere einfachere Mittel besteht darin, den würfelförmigen Probekörper durch einen solchen zu ersetzen, dessen Höhe ein Mehrfaches der Länge einer Quadratseite der Druckfläche beträgt. Man darf dann bei den weiter von der Druckfläche entfernten mittleren Teilen des Probekörpers erwarten, daß sich der Einfluß der Reibung auf die Hemmung der Querdehnung bis dahin weniger bemerklich machen kann, so daß sich in diesen mittleren Teilen der tatsächliche Spannungszustand dem gewünschten gleichmäßigen mehr genähert hat.

In beiden Fällen zeigt sich, daß der Probekörper durch eine bedeutend kleinere Last zerstört wird als beim gewöhnlichen Druckversuche mit würfelförmigen Probekörpern und mit ungeschmierter Druckfläche. Bei Zementwürfeln fand A. Föppl, daß sich bei wirksamster Schmierung beide Lasten ungefähr wie 1 : 2 verhalten. Die Würfelfestigkeit, wie man, um den Unterschied hervorzuheben, die an würfelförmigen Probekörpern in gewöhnlicher

Art ermittelte Druckfestigkeit häufig nennt, ist demnach bedeutend größer als die wahre Druckfestigkeit steinartiger Massen. Bei Gußeisen ist der Unterschied nach den Versuchen von A. Föppl erheblich geringer als bei Steinen, wahrscheinlich weil bei den größeren Lasten, die zum Zerdrücken von Gußeisen nötig sind, auch die Druckplatten der Festigkeitsmaschine eine größere Formänderung erfahren, die den Druckflächen des Probewürfels wenigstens ein teilweise seitliches Ausweichen gestattet, ohne daß dazu ein Gleiten erforderlich wäre.

Die Zugfestigkeit kann bei den schmiedbaren Metallen leicht mit genügender Genauigkeit ermittelt werden, indem man längere Probestäbe verwendet, die nach den Enden zu verstärkt sind, so daß der Bruch im mittleren dünnen Teile erfolgt. Man darf dann annehmen, daß sich der Einfluß der Unregelmäßigkeiten im Lastangriffe an den Stabenden bis zu der verhältnismäßig weit davon entfernten Stelle, deren Verhalten man beobachtet, nicht mehr stärker bemerklich machen kann, so daß man den gewünschten gleichmäßigen Spannungszustand mit genügender Annäherung erwarten darf. Bei Gußeisen ist die Bestimmung schon etwas unsicherer, weil bei diesem spröden Metall leichter ein Bruch in der Nähe der Stabenden eintritt und dann auch wegen der im Gußeisen häufig vorkommenden kleineren Fehlstellen, die die Widerstandsfähigkeit des Stabes gegen Zug erheblich herabsetzen können.

Sehr unsicher ist dagegen die Bestimmung der Zugfestigkeit durch einen Zugversuch bei allen steinartigen Massen, da diese noch weit spröder sind als Gußeisen. Bei der Zementprüfung hat man sich, um wenigstens hinreichend untereinander übereinstimmende Versuchszahlen zu erhalten, aus denen sich ein brauchbarer Durchschnittswert gewinnen läßt, dazu entschlossen, kurze Zugstücke mit einer Einschnürung in der Mitte (ähnlich wie bei einer Geige) zu verwenden und erreicht damit, daß der Bruch wenigstens regelmäßig an der dafür in Aussicht genommenen Stelle eintritt, womit eine Reihe von sonst möglichen Zufälligkeiten ausgeschlossen wird. Freilich erkauft man die dadurch erzielte bessere Übereinstimmung zwischen den Festigkeitszahlen einer Anzahl von Probekörpern der gleichen Art mit einem Fehler, der nun allen Versuchen gemeinsam anhaftet, nämlich mit einer stark von der gleichmäßigen abweichenden Spannungsverteilung über den Bruchquerschnitt. Was man als Zugfestigkeit bei einem solchen Zugversuche erhält, weicht daher stark von der wahren Zugfestigkeit ab, und zwar kann man nach den darüber von A. Föppl angestellten Versuchen annehmen, daß bei den in Deutschland allgemein eingeführten Versuchskörpern die scheinbare Zugfestigkeit rund gerechnet nur etwa die Hälfte der wahren Zugfestigkeit des betreffenden Stoffes ausmacht. Das schadet nichts für den praktischen Zweck der Zementprüfung, nämlich einen Maßstab für die Güte eines bestimmten Zements zu gewinnen, weil der begangene Fehler in allen Vergleichsfällen in derselben Weise wiederkehrt und dadurch unschädlich wird. Nur weitere Folgerungen über die Biegungsfestigkeit usf. darf man nicht daran knüpfen, ohne sich des begangenen Fehlers zu erinnern.

Zu beachten ist noch, daß beim Druckversuche mit würfelförmigen Probekörpern die Fehlerquellen den Erfolg haben, eine größere Druckfestigkeit des zu prüfenden Stoffes vorzutäuschen, während sie beim Zugversuche umgekehrt die Zugfestigkeit zu klein erscheinen lassen.

Weiterhin sei nun angenommen, daß es durch genügende Sorgfalt bei der Versuchsausführung gelungen sei, für einen bestimmten Stoff sowohl die Zugfestigkeit und die Druckfestigkeit als auch die Grenzen für die Gültigkeit des Hookeschen Gesetzes (die »Proportionalitätsgrenze«) oder für die vollkommene Elastizität (»Elastizitätsgrenze«) festzustellen. Der Elastizitätsmodul sei dafür auch noch gemessen. Das ist schließlich alles, was man mit den gewöhnlich benützten Hilfsmitteln für den betreffenden Stoff unmittelbar durch Messung feststellen kann. Es entsteht aber dann die Frage, wie hoch für diesen Stoff die Bruchgefahr oder die Gefahr der Überschreitung der Elastizitätsgrenze usf. einzuschätzen ist, wenn an der gefährlichsten Stelle ein Spannungszustand mit den drei Hauptspannungen $\sigma_1 \sigma_2 \sigma_3$ besteht.

Darüber bestehen immer noch verschiedene Meinungen, und zwar sind darunter so ziemlich alle Möglichkeiten vertreten, die für eine solche Entscheidung von vornherein offen stehen. Man kann nämlich der Meinung sein, daß es entweder auf die größte Hauptspannung σ_{max} oder auf die größte vorkommende Schubspannung τ_{max} oder auf die größte Dehnung ε_{max} oder auf die größte Winkeländerung γ_{max} als Maß für die Anstrengung des Materials ankomme. Am meisten verbreitet ist heute noch in Deutschland die von den Franzosen um die Mitte des vorigen Jahrhunderts eingeführte Annahme, daß ε_{max} das richtige Maß für die Bruchgefahr bilde, während die englischen Ingenieure früher σ_{max} dafür hielten, in neuerer Zeit aber unter dem Einflusse der Versuche von Guest, die in England große Beachtung fanden, zum Teile dazu übergegangen sind, τ_{max} oder, was auf dasselbe hinauskommt, γ_{max} als Maß der Anstrengung anzusehen.

Für die schmiedbaren Metalle trifft unter den genannten einfachsten Annahmen die von Guest, die übrigens ursprünglich auch schon von Coulomb gewählt worden war, ohne Zweifel am besten zu.

In Deutschland scheint in letzter Zeit die von Mohr vertretene Ansicht über die Bruchgefahr allmählich mehr Anhänger zu finden. Sie ist weiter gefaßt, stimmt aber für die schmiedbaren Metalle mit der von Guest im wesentlichen überein. Mohr stützt sich bei der Besprechung der Bruchgefahr auf das von ihm angegebene und in § 1 besprochene, aus drei Kreisen gebildete Spannungsdiagramm (Abb. 5, S. 12). Bei einem isotropen Stoffe, den man hierbei voraussetzt, ist die Gefahr einer Trennung oder einer Schiebung längs irgendeiner gedachten Trennungs- oder Gleitfläche unabhängig von der Stellung der Fläche gegenüber einem im Körper festgelegten Koordinatensysteme, sondern nur abhängig von der Normalspannung σ und der Schubspannung τ, die in dieser Fläche übertragen wird. Die günstigsten Bedingungen für das Auftreten eines Risses oder irgendeiner sonstigen Beschädigung werden daher für solche Schnittstellungen vorliegen, in denen σ oder τ oder beide zusammen in irgendeiner Verbindung den größten vorkommenden Wert erreichen. Aus dem Spannungsdiagramm in Abb. 5 ist aber sofort ersichtlich, daß die auf dem größten der drei Kreise enthaltenen Punkte zu jedem überhaupt vorkommenden Wert von σ gleichzeitig den damit noch verträglichen größten Wert von τ oder auch umgekehrt zu jedem gegebenen τ irgendwo den größten damit verträglichen Wert von σ liefern. Man schließt daraus nach Mohr, daß es bei der Beurteilung der Anstrengung des Materials nur auf diesen größten Kreis des Spannungsdiagrammes ankomme und daß daher zwei verschiedene Spannungszustände zu der gleichen Anstrengung führen, wenn sie nur in diesem größten Kreise, den Mohr den Hauptkreis nennt, miteinander übereinstimmen. Hiernach kommt es auf die mittlere der drei Hauptspannungen überhaupt nicht an, sondern algebraisch genommen nur auf die größte und die kleinste Hauptspannung.

Das ist der wesentliche Inhalt der Mohrschen Theorie der Bruchgefahr, denn Mohr unternimmt es nicht, darüber hinaus noch etwas auszusagen, verweist vielmehr auf die Notwendigkeit, jede weitere Entscheidung auf dem Versuchswege herbeizuführen. Er gibt nur noch eine Anleitung dazu, wie man die Ergebnisse solcher Versuche zweckmäßig und übersichtlich zu verwerten vermag. Hat man nämlich für eine Anzahl von Spannungszuständen verschiedener Art festgestellt, wie weit man sie steigern darf, um gerade eine bestimmte Gefahrgrenze zu erreichen (sei es nun die Bruchgefahr oder die Gefahr einer Überschreitung der Proportionalitäts- oder der Elastizitätsgrenze), so erhält man eine übersichtliche Darstellung des Ergebnisses, indem man für alle diese Spannungszustände gleicher Gefahr die Hauptkreise in dasselbe Diagramm einfügt. Wenn die Zahl groß genug ist, wird man hierauf mit hinlänglicher Genauigkeit eine Umhüllende zu dieser Schar von Hauptkreisen zeichnen können, und man darf dann behaupten, daß die irgendeinem Spannungszustande zuzuschreibende Bruchgefahr danach zu beurteilen ist, ob der zugehörige Hauptkreis die Umhüllende oder die Grenzkurve, wie man sie auch nennt, schneidet oder sie berührt oder ganz innerhalb des von ihr umschlossenen Flächenstückes verläuft.

Nach dem, was vorher über den allseitigen Druck oder allseitigen Zug gesagt war, wird die Grenzkurve irgendwo die positive σ-Achse treffen, während sie nach der Seite der negativen σ ins Unendliche verläuft, ohne die σ-Achse wieder zu erreichen. Die Umhüllende wird also im allgemeinen etwa so ausfallen, wie sie in Abb. 8 als gestrichelte Linie gezeichnet ist. In die Abbildung sind drei Hauptkreise z, d und s eingetragen, die den Ergebnissen des Zug-, des Druck- und eines Verdrehungsversuches entsprechen mögen, durch den man die Gefahrgrenze für den in § 2 im Anschlusse an Abb. 7, S. 20 besprochenen Zustand der reinen Schubbeanspruchung feststellen kann.[1])

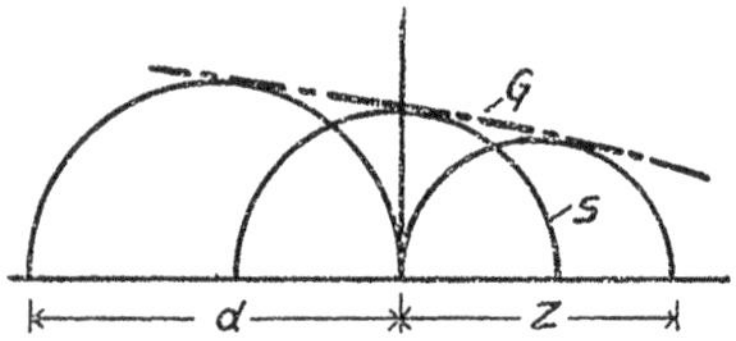

Abb. 8.

Im Anschlusse an Abb. 8 läßt sich sofort noch eine der wichtigsten Folgerungen ableiten, die man aus diesen Überlegungen ziehen kann. Sie betrifft den Zusammenhang zwischen der zulässigen Schubspannung s und den als bekannt anzusehenden zulässigen Zug- und Druckspannungen z und d. Dabei sind als »zulässig«, d. h. in gleichem Grade oder mit derselben Sicherheit zulässig, solche Spannungszustände anzusehen, die zu einer gleich großen Bruchgefahr gehören, deren Hauptkreise also im Diagramm alle dieselbe Grenzkurve berühren. Für den Zweck einer ungefähren Annäherung, um die es sich dabei allein handeln kann, mag es als genügend erscheinen, das Stück der Grenzkurve zwischen den Berührungspunkten der Hauptkreise z und d als ungefähr geradlinig zu betrachten. Die zulässige Schubspannung bei reiner Schubbeanspruchung wird dann, wie aus Abb. 8 hervorgeht, durch die Länge des Perpendikels angegeben, das man vom Koordinatenursprung auf diese Gerade ziehen kann. Eine einfache Berechnung liefert dafür

$$s = \frac{zd}{z + d} \quad \dots\dots\dots\dots \quad (58)$$

Für den Stahl, aus dem man die auf Verdrehen beanspruchten Wellen gewöhnlich herstellt, kann man der Erfahrung nach annehmen, daß die Elastizitätsgrenze für Zug und für Druck ungefähr gleich groß ist. Man hat daher für diesen Stoff auch die zulässige Beanspruchung auf Zug oder Druck gleich groß, also $z = d$ zu setzen. Dann ist an Stelle der Grenzkurve in Abb. 8 eine der Abszissenachse parallele Gerade anzunehmen, die auch vom Hauptkreise der reinen Schubspannung berührt wird, und man erhält

$$s = \frac{z}{2} = \frac{d}{2}$$

---

[1]) Für die Mohrsche Hypothese sprechen auch die Versuche unter allseitigem Druck von Th. v. Karman, Zeitschr. d. Vereins deutscher Ing. 1911, S. 1749, und Forschungsheft Nr. 118.

oder, wie man dafür auch schreiben kann,

$$\tau_{zul} = \frac{1}{2} \sigma_{zul}.$$

Diese Folgerung stimmt nun in der Tat mit den Erfahrungen über die Verdrehungsfestigkeit der Wellen ganz gut überein, und sie deckt sich auch mit der Folgerung, die Guest aus seinen Versuchen gezogen hat. Dieses Ergebnis ist für die technische Praxis sehr wichtig, denn in dieser ist man heute zumeist noch gewohnt, die zulässige Schubspannung nach der alten französischen Annahme zu berechnen, daß die Bruchgefahr von der größten Dehnung abhänge, wonach

$$\tau_{zul} = \frac{m}{m+1} \sigma_{zul} = 0{,}8 \, \sigma_{zul}$$

gefunden wird, wenn man für m den Wert 4 annimmt. Der Unterschied ist also sehr erheblich, und da die Erfahrung die von Mohr gezogene Schlußfolgerung bestätigt, kann man den Praktikern nur empfehlen, die alte Formel für τ_{zul} als irreführend zu verwerfen. Wenn dies geschieht, wird man sich zugleich auch dafür entscheiden, bei allen anderen Formeln für die Berechnung einer reduzierten Spannung die Annahme von Mohr an Stelle der alten französischen Annahme zugrunde zu legen.

Unter einer reduzierten Spannung versteht man nämlich die Größe der einachsigen Zug- oder Druckspannung von der gleichen Bruchgefahr oder, allgemeiner gesagt, der gleichen Anstrengung, wie der Spannungszustand, für den sie berechnet werden soll. Falls der Stoff für Zug und für Druck verschieden widerstandsfähig ist, wie z. B. die Steine oder wie Gußeisen, die weit mehr Druck als Zug auszuhalten vermögen, wird man in der Regel vorziehen, die Reduktion auf die gefährlichere der beiden einfachen Beanspruchungsarten auszuführen, also bei Gußeisen anzugeben, welche einachsige Zugspannung die gleiche Gefahr hervorbringt, wie ein bestimmter Spannungszustand mit den Hauptspannungen $\sigma_1 \, \sigma_2 \, \sigma_3$ (von denen es jedoch nur auf die beiden äußeren ankommt). Insbesondere gilt dies für τ_{zul}. Sollten indessen alle drei Hauptspannungen Druckspannungen sein, so würde es näher liegen, eine reduzierte einachsige Druckspannung zu berechnen, die mit dem zu beurteilenden Spannungszustande zur gleichen Grenzkurve gehört. Das ist nach den angegebenen Regeln stets ausführbar unter der Voraussetzung, daß man über die ungefähre Gestalt der Grenzkurve für den betreffenden Stoff nicht in Zweifel sein kann. Freilich fehlt es an dieser erfahrungsmäßigen Unterlage einstweilen noch sehr, und für viele Baustoffe wird durch diese Besprechung mehr eine Aufgabe für künftige Forschungen gestellt, als daß sie zu nutzbaren Anwendungen für den heutigen Gebrauch zu führen vermöchte.

Natürlich darf man überhaupt nicht außer acht lassen, daß die Mohrsche Theorie der Bruchgefahr keineswegs als ein streng bewiesenes und allgemein gültiges Naturgesetz zu betrachten ist, sondern daß nur die Erfahrung lehren kann, inwieweit sie und für welche Stoffe sie zutrifft. Im 5. Bande der »Vorlesungen« war darum gesagt worden:

»Der Hauptgebrauch der Mohrschen Hypothese bei den praktischen Festigkeitsberechnungen wird im übrigen darin bestehen, daß nach ihr auf die mittlere Hauptspannung keine Rücksicht zu nehmen, die Beanspruchung vielmehr so einzuschätzen ist, als wenn die mittlere Hauptspannung entweder gleich einer der beiden anderen oder auch, falls diese von verschiedenen Vorzeichen sind, gleich Null wäre.«

Hieran wird man auch jetzt noch festzuhalten, also alle darüber hinausgehenden Schlüsse aus der Mohrschen Theorie der Bruchgefahr, soweit sie nicht bereits an der Erfahrung geprüft sind, mit großer Vorsicht aufzunehmen haben.

Endlich ist noch darauf hinzuweisen, daß mit den bisher genannten noch keineswegs alle Möglichkeiten erschöpft sind, die für die Bemessung der Bruchgefahr von vornherein offen stehen. Es ist auch sehr wohl möglich, daß wenigstens für gewisse Stoffe eine dieser anderen Möglichkeiten dem wirklichen Verhalten näher kommt als die früheren. Namentlich liegt es nahe, in irgendeiner Weise die bezogene Formänderungsarbeit mit der Anstrengung des Stoffes in Verbindung zu bringen, da in ihr sowohl die auftretenden Spannungen als die von ihnen hervorgerufene Formänderung zur Geltung kommen.

In der Tat hat man dies wiederholt versucht, und eine besondere Form dieser Annahme, die von Herrn Professor Huber an der Technischen Hochschule in Lemberg aufgestellt wurde, erscheint durchaus beachtenswert, weshalb hier noch etwas näher darauf eingegangen werden soll. Die ursprüngliche Veröffentlichung von Huber ist uns nicht zugänglich, da sie in der polnischen Muttersprache ihres Verfassers geschrieben ist; wir können uns aber dabei nach einer brieflichen Mitteilung mit einem ausführlichen Auszuge aus der Abhandlung richten, die wir Herrn Huber verdanken. Herr Huber spricht darin seine Annahme in dem Satze aus:

»Die Anstrengung des Materials wird gemessen durch die Summe jener Teile der bezogenen Formänderungsarbeit, welche durch reine Gestaltänderung und durch reine Volumenvergrößerung bedingt sind.«

Man hat dabei an die Gl. (57), S. 40 anzuknüpfen. Wenn die Volumenvergrößerung e positiv ist, d. h. wenn $\sigma_x + \sigma_y + \sigma_z$ größer ist als Null, bildet nach Huber die gesamte bezogene Formänderungsarbeit $A_v + A_g$ das Maß für die Anstrengung; ist dagegen e negativ, so ist A_v außer Ansatz zu lassen und A_g allein, also

$$A_g = \frac{1}{12G}\left[(\sigma_x - \sigma_y)^2 + (\sigma_y - \sigma_z)^2 + (\sigma_z - \sigma_x)^2\right] + \frac{1}{2G}\left(\tau_{xy}^2 + \tau_{yz}^2 + \tau_{zx}^2\right)$$

ist als Maßstab für die durch einen solchen Spannungszustand hervorgerufene Anstrengung zu betrachten. Wie man sieht, wird hiermit der schon im Eingange dieses Paragraphen im Zusammenhange mit den Versuchen von Voigt besprochenen sehr naheliegenden Vermutung, daß die Zufügung eines hydrostatischen Spannungszustandes zu irgendeinem anderen gegebenen an der durch diesen verursachten Anstrengung nichts ändere, innerhalb gewisser Grenzen entsprochen. Zugleich wird jedoch die Gültigkeit dieser Annahme dahin eingeengt, daß die räumliche Ausdehnung bei beiden Spannungszuständen negativ sein muß (oder höchstens bei einem gleich Null sein darf), wenn sie anwendbar bleiben soll. Namentlich wird damit auch der Haupteinwand entkräftet, der an jener Stelle gegen die allgemeine Gültigkeit der Vermutung erhoben worden war, daß sie nicht richtig sein könne für einen allseitig gleichen Zug.

Im übrigen kann nur die Erfahrung lehren, inwieweit und für welche Stoffe die Hubersche Annahme den Tatsachen entspricht, und ob sie den anderen Annahmen, insbesondere der von Mohr vorzuziehen oder ihr unterlegen ist. Nach einer Richtung hin besteht zwischen beiden jedenfalls ein erheblicher Unterschied, der je nach den Umständen zum Vorteile oder zum Nachteile der Huberschen Annahme ausschlagen kann. Die Theorie von Mohr ist nämlich so vorsichtig gefaßt, daß sie von vornherein auf die Verwertung späterhin zu erwartender Versuchsergebnisse eingerichtet ist, indem sie über die besondere Gestalt der Grenzkurve nichts aussagt, so daß man einstweilen auch nur einen sehr beschränkten Gebrauch von ihr machen kann. Die Hubersche Annahme kommt dem, der eine bestimmte Antwort erwartet, viel weiter entgegen und ist unter der Voraussetzung, daß sie auch wirklich zutrifft, sofort auf alle Fälle anwendbar. Spätere Versuchsergebnisse können beim Vergleiche mit der Huberschen Theorie nur dazu dienen, diese für die betreffenden Stoffe als richtig oder als falsch nachzuweisen, während sie beim Vergleiche mit der Mohrschen Theorie dazu führen werden, die dieser anhaftenden Unbestimmtheiten zu heben und sie dadurch erst vollständig gebrauchsfertig zu machen.

Daß die Hubersche Annahme nur für Stoffe gültig sein kann, bei denen sich die Zug- und die Druckfestigkeit nicht viel voneinander unterscheiden, und zwar so, daß die Druckfestigkeit für sie etwas größer sein muß als die Zugfestigkeit, läßt sich übrigens sofort erkennen. Für den einachsigen Spannungszustand hat man nämlich, wenn σ die von Null verschiedene Hauptspannung bedeutet, nach den Gl. (57)

$$\mathrm{A}_v = \frac{m-2}{12(m+1)G}\sigma^2; \quad \mathrm{A}_g = \frac{\sigma^2}{6G}$$

Bei gleichem σ wird die Anstrengung für Zug um den Betrag A_v größer als für Druck, bei dem es nur auf A_g ankommt. Nimmt man für m als Mittelwert $m = 4$, so macht der Unterschied 20% des Wertes von A_g aus, und in diesem Maße erscheint daher die Zugbeanspruchung gefährlicher als eine gleich hohe Druckbeanspruchung.

Setzt man in den Gl. (57) $\tau_{xy} = \tau$ und alle anderen Spannungskomponenten gleich Null, so erhält man für den Fall der reinen Schubbeanspruchung

$$A_v = 0; \quad A_g = \frac{\tau^2}{2G}.$$

Zur Reduktion der Schubspannung auf eine einachsige Zugspannung von gleicher Anstrengung ist dies dem vorher dafür festgestellten Werte von $A_v + A_g$ gleich zu setzen, womit man

$$\sigma_{\text{red}} = \tau \sqrt{\frac{2(m+1)}{m}} = 1{,}58\,\tau$$

bei $m = 4$ findet, wofür man auch

$$\tau_{\text{zul}} = 0{,}63\,\sigma_{\text{zul}}$$

schreiben kann, gegenüber $0{,}5\,\sigma_{\text{zul}}$ nach Mohr oder Guest. Wahrscheinlich stimmt der letztere Wert für Stahl besser mit der Wirklichkeit überein als der Hubersche. Aber der Unterschied ist nicht groß, und bei der Unsicherheit der Erfahrungsgrundlagen muß man immer noch die Möglichkeit im Auge behalten, daß weitere Erfahrungen zugunsten der Huberschen Annahme ausfallen könnten.

§ 7. Die Verträglichkeitsgleichungen.

Wir betrachten wieder ein unendlich kleines rechtwinkliges Parallelepiped, das durch die Spannungskomponenten $\sigma_x\,\sigma_y\,\sigma_z\,\tau_{xy}\,\tau_{yz}\,\tau_{zy}$ die Formänderungen $\varepsilon_x\,\varepsilon_y\,\varepsilon_z\,\gamma_{xy}\,\gamma_{yz}\,\gamma_{zy}$ erleidet, so daß zwischen beiden Gruppen die früher dafür nach dem verallgemeinerten Hookeschen Gesetze aufgestellten Beziehungen gelten. Alle Parallelepipede dieser Art, in die man sich den ganzen Körper zerlegt denken kann, erfahren solche Formänderungen. Aber diese Formänderungen können nicht unabhängig voneinander erfolgen, sondern sie müssen miteinander verträglich sein, so nämlich, daß die Parallelepipede, die im ursprünglichen Zustande den ganzen Körper lückenlos zusammensetzten, auch nachher noch zueinander passen und sich lückenlos aneinanderschließen. Die Bedingungen dafür wollen wir jetzt durch Gleichungen zum Ausdrucke bringen.

Zu diesem Zwecke erinnern wir uns, daß die Gestaltänderung des Körpers in der von früher her besprochenen Weise durch die Verschiebungskomponenten $\xi\,\eta\,\zeta$ beschrieben werden kann, mit der die Formänderungskomponenten in dem durch die Gleichungen

$$\varepsilon_x = \frac{\partial \xi}{\partial x}; \quad \varepsilon_y = \frac{\partial \eta}{\partial y}; \quad \varepsilon_z = \frac{\partial \zeta}{\partial z}$$

$$\gamma_{xy} = \frac{\partial \xi}{\partial y} + \frac{\partial \eta}{\partial x}; \quad \gamma_{yz} = \frac{\partial \eta}{\partial z} + \frac{\partial \zeta}{\partial y}; \quad \gamma_{zx} = \frac{\partial \zeta}{\partial x} + \frac{\partial \xi}{\partial z}$$

ausgesprochenen Zusammenhange stehen. Aus diesen sechs Gleichungen können wir die Verschiebungskomponenten eliminieren und dadurch zu den Gleichungen gelangen, die zwischen den Formänderungskomponenten bestehen müssen, damit sie ohne Zerreißung des Körperzusammenhanges miteinander verträglich sind. So lassen sich aus den drei Gleichungen für $\varepsilon_x\ \varepsilon_y\ \gamma_{xy}$ die beiden Verschiebungskomponenten ξ und η fortschaffen, indem man die erste zweimal nach y, die zweite zweimal nach x und die dritte einmal nach x und einmal nach y differentiiert und dann die dritte mit der Summe der beiden ersten vergleicht. Man findet dadurch die erste der drei folgenden Gleichungen:

$$\left.\begin{aligned} \frac{\partial^2 \gamma_{xy}}{\partial x \partial y} &= \frac{\partial^2 \varepsilon_x}{\partial y^2} + \frac{\partial^2 \varepsilon_y}{\partial x^2} \\ \frac{\partial^2 \gamma_{yz}}{\partial y \partial z} &= \frac{\partial^2 \varepsilon_y}{\partial z^2} + \frac{\partial^2 \varepsilon_z}{\partial y^2} \\ \frac{\partial^2 \gamma_{zx}}{\partial z \partial x} &= \frac{\partial^2 \varepsilon_z}{\partial x^2} + \frac{\partial^2 \varepsilon_x}{\partial z^2} \end{aligned}\right\} \quad \ldots\ldots \quad (59)$$

Hierzu kommen noch drei weitere Gleichungen, die man erhält, indem man eine der Dehnungen ε mit den drei Schiebungen γ vergleicht und durch Differentiationen die $\xi\ \eta\ \zeta$ daraus fortschafft. Man erhält so den Gleichungssatz

$$\left.\begin{aligned} 2\frac{\partial^2 \varepsilon_x}{\partial y \partial z} &= \frac{\partial}{\partial x}\left(\frac{\partial \gamma_{xy}}{\partial z} + \frac{\partial \gamma_{xz}}{\partial y} - \frac{\partial \gamma_{yz}}{\partial x}\right) \\ 2\frac{\partial^2 \varepsilon_y}{\partial z \partial x} &= \frac{\partial}{\partial y}\left(\frac{\partial \gamma_{yz}}{\partial x} + \frac{\partial \gamma_{yx}}{\partial z} - \frac{\partial \gamma_{zx}}{\partial y}\right) \\ 2\frac{\partial^2 \varepsilon_z}{\partial x \partial y} &= \frac{\partial}{\partial z}\left(\frac{\partial \gamma_{zx}}{\partial y} + \frac{\partial \gamma_{zy}}{\partial x} - \frac{\partial \gamma_{xy}}{\partial z}\right) \end{aligned}\right\} \quad \ldots \quad (60)$$

Die sechs Gl. (59) und (60) nennt man gewöhnlich die **Kompatibilitätsgleichungen** oder, wie wir dafür sagen wollen, die **Verträglichkeitsgleichungen**, weil sie die Bedingungen dafür aussprechen, daß durch die Formänderungskomponenten der Körperzusammenhang nicht gestört werden darf.

Zur weiteren Erläuterung mögen noch die folgenden Bemerkungen dienen. Man denke sich einen Körper, der im unbelasteten Zustande mit Eigenspannungen behaftet ist, so wie sie in § 4 besprochen worden sind. Diesen Körper wollen wir durch drei Scharen von Schnittflächen, die den Koordinatenebenen parallel laufen, in eine große Zahl von Körperelementen zerlegen. Wenn wir die Schnitte nicht nur in Gedanken legen, sondern die Trennung wirklich ausführen, ist nachher ein einzelnes aus dem Verbande herausgenommenes Element an seiner ganzen Oberfläche spannungsfrei, während vorher in den Schnittflächen die Eigenspannungen übertragen worden waren. Der Wegfall dieser Spannungen, die für das Körperelement als äußere Kräfte oder als Lasten zu betrachten sind, hat eine Formänderung zur Folge mit irgendwelchen Formänderungskomponenten $\varepsilon_x\ \varepsilon_y\ \varepsilon_z\ \gamma_{xy}\ \gamma_{yz}\ \gamma_{zx}$. Entsprechende Formänderungen wird jedes der Körperelemente erfahren. Wenn man aber nachher versuchen wollte, die von äußeren Lasten befreiten und dadurch in ihrer Gestalt geänderten Körperelemente wieder als Bausteine aneinanderzulegen, so daß sie sich von neuem wieder zu einem Körper von entsprechend geänderter Gestalt lückenlos zusammenschließen sollten, so würde sich herausstellen, daß dies ohne äußeren Zwang nicht mehr möglich ist. Das geht schon aus den in § 4 angestellten Überlegungen hervor, wonach die Eigenspannungen gerade dadurch bedingt sind, daß man nach Führen eines Schnittes durch den Körper nachher einen Zwang aufwenden muß, um die auseinander- klaffenden oder irgendwie gegeneinander verschobenen Schnittflächen wieder zur Deckung zu bringen, so daß man sie dann in der beabsichtigten Weise etwa durch Verlöten wieder miteinander verbinden kann.

Wenn man will, kann man dies auch noch in strengerer Form beweisen, indem man sich auf das Prinzip der virtuellen Geschwindigkeit stützt, wonach für den Gleichgewichtsfall die Summe der Arbeiten aller an einem Punkthaufen angreifenden Kräfte für jede virtuelle Bewegung zu Null werden muß. Gehörte aber zu diesen »virtuellen« Bewegungen des betrachteten Körpers auch eine solche, die den Körper in den spannungslosen Zustand zurückzuführen vermöchte, also so, daß dies ohne Zerreißen des geometrischen Zusammenhanges möglich wäre und ohne daß dabei äußere Kräfte am ganzen Körper mitzuwirken hätten, so wäre beim Bestehen von Eigenspannungen die Summe der Arbeiten aller Kräfte von Null verschieden, nämlich gleich der dabei frei werdenden Formänderungsarbeit, und es könnte daher kein Gleichgewicht bestehen, womit der Beweis für die Behauptung erbracht wäre. Wie die Überlegung im einzelnen durchgeführt werden kann, wird sich aus der Besprechung des Prinzips der virtuellen Geschwindigkeiten für elastische Körper im nächsten Abschnitte ergeben.

Aber wichtiger als diese Einzelheiten der Beweisführung ist die unmittelbare Einsicht in den inneren Zusammenhang, der durch anschauliche Betrachtungen, wie sie vorausgingen, besser erschaut werden kann als auf dem anderen Wege.

Aus diesen Betrachtungen ergibt sich auch, daß die Verträglichkeitsgleichungen (59) und (60) nicht auf solche Formänderungen angewendet werden dürfen, die mit den Eigenspannungen zusammenhängen, sondern nur auf die mit den Lastspannungen zusammenhängenden Formänderungen, die beim Abtragen der Belastung wieder rückgängig werden.

Man kann natürlich die Verträglichkeitsgleichungen auch dahin abändern, daß an Stelle der Formänderungskomponenten die Spannungskomponenten darin vorkommen, indem man die einen durch die anderen mit Hilfe der Gl. (31) und (32) ausdrückt. Die Gleichungen werden aber dadurch weniger übersichtlich, so daß man sie gewöhnlich besser in der hier gegebenen Form benützt. In besonderen Fällen kann jedoch die Umformung zweckmäßig sein; nimmt man z. B., wie es in § 3 geschehen ist, zur Vereinfachung $m = \infty$ an, so gehen die in den Spannungskomponenten ausgedrückten Verträglichkeitsgleichungen in die schon damals aufgestellten Gl. (39) und (41) mit den weiter daran geknüpften Folgerungen über. Im allgemeinen wird man jedoch, wenn keine Nötigung zu einer solchen Vereinfachung vorliegt, jedenfalls den allgemeiner gültigen Gl. (59) und (60) den Vorzug zu geben haben.

§ 8. Biegung und Verdrehung eines Stabes als Beispiel.

Die übliche einfache Theorie der Biegung und der Verdrehung eines Stabes, mit der der Anfänger in die Festigkeitslehre eingeführt wird, achtet nur auf die Spannungen, die im Querschnitte des Stabes übertragen werden. Sobald man einen kleinen Schritt weiter geht und schon, wenn man die Schubspannungen im gebogenen Balken zu ermitteln versucht, muß dann freilich auch auf die den Schubspannungen im Querschnitt zugeordneten Schubspannungen zwischen den Fasern geachtet werden; alle anderen Spannungen, die daneben noch vorkommen könnten, also die Normalspannungen zwischen den Fasern und auch die Schubspannungen zwischen den Fasern, soweit sie quer zur Stabachse gerichtet sind, werden dagegen vernachlässigt oder stillschweigend als nicht vorhanden angenommen.

Wir wollen jetzt mit Hilfe der Verträglichkeitsgleichungen prüfen, inwiefern dieses Vorgehen zulässig ist und zu welchen weiteren Schlußfolgerungen man dadurch geführt werden kann.

Die X-Achse eines Koordinatensystems falle mit der Stabachse zusammen; dann setzt man nach dem Vorhergehenden

$$\sigma_y = 0; \quad \sigma_z = 0; \quad \tau_{yz} = 0 \quad \ldots \ldots \quad (61)$$

und für die Formänderungskomponenten folgt daraus

$$\varepsilon_y = \varepsilon_z = -\frac{1}{m}\varepsilon_x; \quad \gamma_{yz} = 0 \quad \ldots \ldots \quad (62)$$

Am einfachsten wird die Betrachtung, wenn wir die Annahme $m = \infty$ machen, die zwar hier keineswegs nötig ist, die aber zum Zwecke der Erläuterung und der Einübung zunächst einmal zugrunde gelegt werden mag. Aus den Gl. (40), S. 30 folgt dann sofort, wenn das Eigengewicht des Stabes außer Ansatz gelassen wird,

$$\frac{\partial^2 \sigma_x}{\partial x^2} = 0; \quad \frac{\partial^2 \sigma_x}{\partial y^2} = 0; \quad \frac{\partial^2 \sigma_x}{\partial z^2} = 0$$

d. h. σ_x kann von $x\,y\,z$ nur linear abhängig sein, womit die in der elementaren Theorie der Biegung vorausgesetzte Verteilung der Zug- und Druckspannungen über den Stabquerschnitt bereits als eine notwendige Folge der durch die Gl. (61) ausgesprochenen vorausgehenden Annahmen nachgewiesen ist.

Für die Schubspannungen erhält man zunächst aus den beiden letzten der Gl. (21) hier

$$\frac{\partial \tau_{xy}}{\partial x} = 0; \quad \frac{\partial \tau_{xz}}{\partial x} = 0$$

womit nach Gl. (41) auch

$$\frac{\partial^2 \sigma_x}{\partial y \partial z} = 0$$

gefunden wird. Ferner folgt aus den beiden durch zyklische Vertauschung aus Gl. (41) sich ergebenden Gleichungen

$$\frac{\partial}{\partial y}\left(\frac{\partial \tau_{yz}}{\partial z} - \frac{\partial \tau_{zx}}{\partial y}\right) = 0; \quad \frac{\partial}{\partial z}\left(\frac{\partial \tau_{zx}}{\partial y} - \frac{\partial \tau_{xy}}{\partial z}\right) = 0$$

woraus in Verbindung mit dem Vorhergehenden

$$\frac{\partial \tau_{xy}}{\partial z} - \frac{\partial \tau_{xz}}{\partial y} = C \quad \ldots\ldots\ldots \quad (63)$$

folgt, worin C eine Konstante bedeutet, die vom Verdrehungsmomente abhängig ist. Hierzu kommt noch für den Fall der reinen Verdrehung, d. h. für $\sigma_x = 0$ nach der ersten der Gl. (21)

$$\frac{\partial \tau_{xy}}{\partial y} + \frac{\partial \tau_{xz}}{\partial z} = 0 \quad \ldots\ldots\ldots \quad (64)$$

Damit hat man die Differentialgleichungen abgeleitet, denen die Spannungsverteilung bei der Verdrehung genügen muß. Die weitere Behandlung dieser Gleichungen ist hier nicht beabsichtigt, sondern folgt später in einem besonderen Abschnitte.

Nun sind freilich diese Ergebnisse nur auf Grund der Annahme $m = \infty$ gefunden worden, und es fragt sich, ob sie auch für einen anderen Wert von m gültig bleiben. Wir wiederholen daher die Betrachtung auf Grund der allgemein gültigen Verträglichkeitsgleichungen (59) und (60).

Zunächst können wir zu diesem Zwecke wie vorher aus den Gl. (21) mit Rücksicht auf die Gl. (61)

$$\frac{\partial \tau_{xy}}{\partial x} = 0; \quad \frac{\partial \tau_{xz}}{\partial x} = 0$$

schließen, womit auch

$$\frac{\partial \gamma_{xy}}{\partial x} = 0; \quad \frac{\partial \gamma_{xz}}{\partial x} = 0$$

folgt. Mit Rücksicht auf die Gl. (62) erhält man daher aus den Verträglichkeitsgleichungen (59) nach einfacher Ausrechnung

$$\frac{\partial^2 \varepsilon_x}{\partial x^2} = 0; \quad \frac{\partial^2 \varepsilon_x}{\partial y^2} = 0; \quad \frac{\partial^2 \varepsilon_x}{\partial z^2} = 0$$

woraus man wiederum, da hier ε_x nur von σ_x abhängig ist, die Verteilung der Normalspannungen über den Querschnitt nach einem Gradliniengesetze bestätigt findet. Setzt man ferner, um auf den Fall der reinen Verdrehungsbeanspruchung zu kommen, $\varepsilon_x = 0$, so folgt aus der zweiten Gruppe der Verträglichkeitsgleichungen (60)

$$\frac{\partial}{\partial y}\left(\frac{\partial \gamma_{xy}}{\partial z} - \frac{\partial \gamma_{xz}}{\partial y}\right) = 0; \quad \frac{\partial}{\partial z}\left(\frac{\partial \gamma_{xz}}{\partial y} - \frac{\partial \gamma_{xy}}{\partial z}\right) = 0$$

womit man auf die Gl. (63) zurückgeführt wird. Auch Gl. (64) gilt unverändert, da sie unmittelbar aus den Gleichgewichtsbedingungen (21) hervorgegangen war.

Man sieht daher, daß im vorliegenden Falle die Annahme $m = \infty$ sofort zur richtigen Lösung führte, da eben die Spannungsverteilung bei der Biegung sowohl als bei der Verdrehung eines Stabes ganz unabhängig von dem besonderen Werte der Poissonschen Konstanten m ist. Das trifft auch in vielen anderen Fällen zu, aber freilich keineswegs immer.

Zweiter Abschnitt.

Die Sätze über die Formänderungsarbeit.

§ 9. Das Prinzip der virtuellen Geschwindigkeiten für den elastisch-festen Körper.

Das Prinzip der virtuellen Geschwindigkeiten gehört zwar zu den bekanntesten Sätzen der Mechanik, und es dürfte daher auch jedem Ingenieur, der sich überhaupt mit theoretischen Studien beschäftigt, hinreichend geläufig sein. Aber man kann doch öfters Unklarheiten bemerken, die sich auf die Anwendung dieses allgemeinen Satzes auf die Elastizitätslehre beziehen, so daß es nicht überflüssig sein wird, den Inhalt und die Begründung des Satzes von den ersten Anfängen her kurz zu besprechen, um den Gebrauch, der hier davon gemacht werden soll, auf eine sichere Unterlage zu stellen, die alle Zweifel zu beseitigen gestattet.

Für das Gleichgewicht von Kräften, die alle an demselben materiellen Punkte angreifen, gilt zunächst als notwendige und hinreichende Bedingung, daß ihre geometrische Summe zu Null werden muß. Außerdem kann man aber auch noch andere Bedingungen dafür angeben, und dazu gehört, daß für jede wirkliche oder auch nur gedachte Bewegung des gemeinsamen Angriffspunktes die algebraische Summe der Arbeiten aller Kräfte ebenfalls gleich Null sein muß.

Die Arbeit einer Kraft $\mathfrak{P}$ bei einem in gerader Linie zurückgelegten Wege $\mathfrak{s}$ ist gleich dem »inneren geometrischen Produkte« aus Kraft und Weg zu setzen, wofür hier kurz $\mathfrak{P}\mathfrak{s}$ geschrieben werden soll. Die »Arbeitsgleichung«, wie man die Aussage des Prinzips der virtuellen Geschwindigkeiten häufig nennt, lautet dann

$$\Sigma \mathfrak{P}\mathfrak{s} = 0 \qquad (1)$$

Durch das Zeichen Σ wird darin eine algebraische Summierung über die Arbeiten aller an dem Punkte angreifenden Kräfte vorgeschrieben, und $\mathfrak{s}$ bedeutet einen nach Richtung und Größe beliebig gewählten Weg, der nur für alle Kräfte der gleiche sein muß. Wenn Gl. (1) in der

Tat für jeden denkbaren Weg $\mathfrak{s}$ zutrifft, bildet sie ebenfalls nicht nur eine notwendige, sondern zugleich auch eine hinreichende Gleichgewichtsbedingung, die die andere, einfachere, von der wir ausgegangen sind, vollständig zu ersetzen vermag.

Als selbstverständlich wird hierbei vorausgesetzt, daß sich die Kräfte $\mathfrak{P}$ während der Zurücklegung des Weges $\mathfrak{s}$ weder der Größe noch der Richtung nach ändern sollen. Nun kann es freilich je nach den besonderen Umständen des Falles, mit dem man zu tun bekommt, leicht vorkommen, daß eine Verschiebung des Angriffspunktes auch Änderungen in den daran angreifenden Kräften zur Folge hat. In diesem Falle kann man sich aber leicht dadurch helfen, daß man Gl. (1) nur auf so kleine Wege $\mathfrak{s}$ anwendet, daß bei ihnen noch keine merkliche Änderung der Kräfte stattfinden kann. Und auch dann schon, wenn Gl. (1) nur für jeden beliebig gerichteten unendlich kleinen Weg $\mathfrak{s}$ erfüllt ist, dürfen wir sicher sein, daß die Kräfte miteinander im Gleichgewichte stehen. Auf den Beweis, d. h. auf die Zurückführung des Satzes auf die ursprüngliche einfachere Gleichgewichtsbedingung, braucht hier nicht weiter eingegangen zu werden.

Bis jetzt wurde angenommen, daß der materielle Punkt nach allen Richtungen hin frei verschieblich sei. Unter diesen Umständen kann $\mathfrak{s}$ einen beliebig gerichteten Weg bedeuten, und jeder dieser Wege gilt als ein zulässiger oder, wie man in diesem Zusammenhange sagt, als ein virtueller. Man kann aber den Punkt auch einer geometrischen Bedingung unterwerfen, die ihm eine Bewegungsbeschränkung auferlegt, indem er etwa durch eine Führung genötigt wird, stets auf einer vorgeschriebenen Linie oder auf einer bestimmten Fläche zu bleiben. In diesem Falle gilt als eine virtuelle Bewegung nur eine solche, die mit der vorgeschriebenen Bedingung verträglich ist, während sie innerhalb der dadurch festgesetzten Grenzen noch beliebig sein kann. Bei den wirklichen Bewegungen ist es an sich selbstverständlich, daß sie der vorgeschriebenen Bedingung genügen müssen, aber auch die bloß erdachten Bewegungen, bei denen wir uns über die Bedingungen leicht hinwegsetzen könnten, müssen der Einschränkung genügen, wenn sie als virtuelle gelten sollen.

Der Zwang, den wir dem materiellen Punkt durch eine Einschränkung seiner Bewegungsfreiheit auferlegen, ist selbst eine Kraft, die zu den übrigen an dem Punkte angreifenden Kräften hinzutritt. Wenn wir die Zwangskraft kennen und sie in die Gleichgewichtsbedingungen einführen, brauchen wir auf die geometrische Bedingung überhaupt nicht weiter zu achten und können Gl. (1) wieder auf alle denkbaren Wege anwenden, auch wenn sie mit der vorgeschriebenen Bewegungsbeschränkung in Widerspruch stehen. Aber gewöhnlich kennt man die Zwangskraft nicht und fragt auch gar nicht nach ihr, sondern will nur wissen, welche Beziehungen zwischen den übrigen an dem Punkte angreifenden Kräfte erfüllt sein müssen, damit das Gleichgewicht gesichert sei.

Hierbei sind nun zwei Fälle zu unterscheiden, je nachdem ob von der Zwangskraft bei der virtuellen Verschiebung eine Arbeit geleistet wird oder nicht. Sie leistet keine Arbeit, wenn die Führung, durch die wir dem Punkte die Bewegungsbeschränkung auferlegen, als vollkommen unnachgiebig und zugleich als reibungsfrei betrachtet werden kann. In diesem Falle steht nämlich die Zwangskraft senkrecht zu jedem virtuellen Wege, also senkrecht zu jedem Wege, der überhaupt durch die Führung zugelassen wird, und die Arbeit der Zwangskraft wird daher zu Null. Alsdann bildet Gl. (1) eine notwendige und zugleich hinreichende Gleichgewichtsbedingung, wenn sie für jeden virtuellen Weg und für alle übrigen Kräfte unter Außerachtlassung der Zwangskraft erfüllt ist. Im anderen Falle hat man auch die Arbeit der Zwangskraft festzustellen, die entweder durch eine Nachgiebigkeit der Führung ermöglicht sein kann oder auch durch das Auftreten einer mit der Zwangskraft verbundenen Reibung veranlaßt wird und hat das davon herrührende Arbeitsglied in die Gleichgewichtsbedingung (1) mit aufzunehmen.

Diese Betrachtungen der Punktmechanik lassen sich weiter auf einen starren Körper übertragen, den man dabei als einen Punkthaufen von unveränderlicher Gestalt ansieht. Als virtuelle Bewegung gilt demnach bei einem starren Körper nur eine Bewegung ohne Gestaltänderung, die aber sonst beliebig sein kann.

Die Zwangskräfte, die beim starren Körper jede Gestaltänderung verhindern, sind die inneren Kräfte oder die Spannungen, die den Zusammenschluß aufrecht erhalten. Nach dem Wechselwirkungsgesetze in seiner allgemeinen Fassung (vergl. Band I der »Vorlesungen« § 21) ist die Summe der Arbeiten aller inneren Kräfte für jede virtuelle Bewegung des starren Körpers gleich Null. Als notwendige Gleichgewichtsbedingung am starren Körper muß daher Gl. (1) bereits erfüllt sein, wenn man in ihr unter den $\mathfrak{P}$ nur die äußeren Kräfte versteht und unter den $\mathfrak{s}$ die Wege ihrer Angriffspunkte, die zu irgendeiner virtuellen Bewegung des starren Körpers gehören, und hinreichend ist die Gleichgewichtsbedingung (1), wenn sie außerdem auch für jede virtuelle Bewegung zutrifft.

Von besonderer Wichtigkeit ist das Prinzip der virtuellen Geschwindigkeiten für die Hydrostatik, da man mit seiner Hilfe in der einfachsten Weise alle Fragen beantworten kann, die sich auf das Gleichgewicht der flüssigen Körper beziehen. Man sieht dabei einen flüssigen Körper in erster Annäherung als unzusammendrückbar an und betrachtet ihn als einen Punkthaufen, der einer Gestaltänderung, die ohne Änderung des Rauminhalts möglich ist, keinen Widerstand entgegensetzt, so daß die Summe der Arbeiten aller inneren Kräfte hierfür zu Null wird. Für die äußeren Kräfte, und zwar nicht nur am ganzen Flüssigkeitskörper, sondern auch für jedes Teilstück, das man daraus abgrenzen und als selbständigen Körper behandeln kann, gilt dann Gl. (1) bei jeder solchen Bewegung, die man wie in den früheren Fällen wieder als eine virtuelle Bewegung bezeichnet und woraus sich dann alle besonderen Sätze der Hydrostatik leicht ableiten lassen.

Eine ganz ähnliche Überlegung führt auch zur Aussage des **Prinzips der virtuellen Geschwindigkeiten für die elastisch-festen Körper**, von denen man voraussetzen darf, daß sie dem Hookeschen Elastizitätsgesetze gehorchen. Als virtuelle Bewegungen sind für diese Körper zunächst solche Bewegungen anzusehen, die ohne Gestaltänderung erfolgen, bei denen sich der Körper also wie ein starrer Körper bewegt. Außerdem gehören aber dazu auch alle Bewegungen, die mit einer unendlich kleinen Gestaltänderung verbunden sind, soweit sie ohne eine Zerreißung des Körperzusammenhangs möglich sind. Als unendlich klein muß man die Gestaltänderung hierbei ansehen, um zu verhüten, daß sich die inneren Kräfte, also die Spannungen, während der Ausführung der Verschiebung merklich ändern können.

Bei der virtuellen Verschiebung ohne Gestaltänderung gilt alles, was für den starren Körper gesagt war, und daraus folgt, daß zwischen den äußeren Kräften am elastisch-festen Körper und auch an jedem Teilstück, das man daraus abgrenzen kann, dieselben Gleichgewichtsbedingungen gelten, wie für die Kräfte am starren Körper. Das ist im Grunde selbstverständlich, mag aber hier noch ausdrücklich hervorgehoben werden.

Bei einer virtuellen Verschiebung mit Gestaltänderung leisten aber auch die inneren Kräfte Arbeiten, deren Summe in die Gleichgewichtsbedingung der Gl. (1) mit aufgenommen werden muß. Wir haben zunächst die Aufgabe, diese Summe zu berechnen. Zu diesem Zwecke denken wir uns wieder, wie es schon wiederholt geschehen ist, ein unendlich kleines Parallelepiped abgegrenzt, das wir als einen selbständigen Körper betrachten können, an dem die durch die Oberfläche übertragenen Spannungen neben den anderen, etwa sonst noch daran angreifenden äußeren Kräften als Lasten angreifen und worauf wir ebenfalls Gl. (1) anwenden können. Bei der virtuellen Gestaltänderung, die nachher mit dem ganzen Körper vorgenommen werden soll, mögen die Formänderungskomponenten ε_x usf. an der ins Auge gefaßten Stelle willkürliche unendlich kleine Änderungen erfahren, die wir mit $\delta\varepsilon_x$ usw. bezeichnen wollen. Da die Änderungen unendlich klein sind, bleiben die Spannungskomponenten σ_x usf. davon unberührt oder sie ändern sich wenigstens ebenfalls nur um unendlich kleine Bruchteile ihrer Beträge, auf die es bei der Berechnung der geleisteten Arbeit nicht ankommt.

Wir können nun die Arbeit der am Körperumfang wirkenden Spannungen genau ebenso berechnen, wie es bei der Berechnung der Formänderungsarbeit in § 5 geschehen war. Bei dem durch $\delta \varepsilon_x$ beschriebenen Formänderungsanteil leisten nur die Spannungen σ_x zusammengenommen eine von Null verschiedene Arbeit, und zwar vom Betrage

$$\sigma_x \, dy \, dz \cdot \delta \varepsilon_x \, dx$$

und im ganzen erhält man als Summe der Arbeiten aller an der Oberfläche des Parallelepipeds übertragenen Spannungen

$$(\sigma_x \delta \varepsilon_x + \sigma_y \delta \varepsilon_y + \sigma_z \delta \varepsilon_z + \tau_{xy} \delta \gamma_{xy} + \tau_{yz} \delta \gamma_{yz} + \tau_{zx} \delta \gamma_{zx}) \, dx \, dy \, dz$$

Wenn außer den Spannungen an der Oberfläche noch andere äußere Kräfte an dem Parallelepiped angreifen sollten, wollen wir uns, was uns frei steht, die virtuelle Bewegung jetzt so ausgewählt denken, daß die Summe von deren Arbeiten dabei zu Null wird. Für die betrachtete virtuelle Bewegung und Gestaltänderung kommen dann in Gl. (1) außer den eben festgestellten Arbeitsbeträgen nur noch die Arbeiten der inneren Kräfte zwischen den einzelnen Bestandteilen des Parallelepipeds, also etwa zwischen den Molekulen, aus denen man es sich zusammengesetzt vorstellen kann, in Betracht. Und da die Summe aller Arbeiten nach Gl. (1) für den Gleichgewichtsfall zu Null werden muß, folgt, daß die Summe der Arbeiten der inneren Kräfte ebenso groß, aber von entgegengesetztem Vorzeichen ist, wie die vorher berechnete Summe der Arbeiten der am Umfang wirkenden Spannungen.

Um etwaige Bedenken zu entkräften, die sich dagegen richten könnten, daß vorher angenommen war, die sonstigen äußeren Kräfte, also die Massenkräfte oder auch die etwa am Umfang (soweit er einen Teil der ganzen Körperoberfläche bildet) außer den Spannungen noch übertragenen Lasten sollten keine Arbeit bei der betrachteten virtuellen Bewegung leisten, kann man nachträglich noch eine Bewegung ohne Gestaltänderung folgen lassen, durch die das Körperelement auch in jede gewünschte Lage übergeführt werden kann und wobei, wie wir schon wissen, von den inneren Kräften keine weitere Arbeit mehr geleistet wird, so daß in der Tat die vorher unter der beschränkenden Annahme berechnete virtuelle Arbeit der inneren Kräfte auch für die Überführung in eine beliebige andere Lage gültig bleibt.

Es bleibt uns noch übrig, den berechneten Arbeitsbetrag auf eine übersichtlichere Form zu bringen. Zu diesem Zwecke gehen wir aus von dem in Gl. (55) von § 5 festgestellten Werte der bezogenen Formänderungsarbeit, nämlich

$$\mathsf{A} = G\left(\varepsilon_x^2 + \varepsilon_y^2 + \varepsilon_z^2 + \frac{e^2}{m-2} + \frac{1}{2}(\gamma_{xy}^2 + \gamma_{yz}^2 + \gamma_{zx}^2)\right)$$

Mit $\delta\mathsf{A}$ bezeichnen wir die unendlich kleine Änderung, die A erfährt, wenn man die Formänderungskomponenten ε_x usf. um $\delta\varepsilon_x$ usf. abändert. Man findet dafür

$$\delta\mathsf{A} = G\left(2\,\varepsilon_x\,\delta\varepsilon_x + 2\,\varepsilon_y\,\delta\varepsilon_y + 2\,\varepsilon_z\,\delta\varepsilon_z + \frac{2e}{m-2}\,(\delta\varepsilon_x + \delta\varepsilon_y + \delta\varepsilon_z) + \right.$$
$$\left. + \gamma_{xy}\,\delta\gamma_{xy} + \gamma_{yz}\,\delta\gamma_{yz} + \gamma_{zx}\,\delta\gamma_{zx}\right)$$

was durch einfache Umordnung und auf Grund der Gl. (34) von § 2 übergeht in

$$\delta\mathsf{A} = 2G\,\delta\varepsilon_x\left(\varepsilon_x + \frac{e}{m-2}\right) + 2G\,\delta\varepsilon_y\left(\varepsilon_y + \frac{e}{m-2}\right) +$$
$$+ 2G\,\delta\varepsilon_z\left(\varepsilon_z + \frac{e}{m-2}\right) + \tau_{xy}\,\delta\gamma_{xy} + \tau_{yz}\,\delta\gamma_{yz} + \tau_{zx}\,\delta\gamma_{zx}$$
$$= \sigma_x\,\delta\varepsilon_x + \sigma_y\,\delta\varepsilon_y + \sigma_z\,\delta\varepsilon_z + \tau_{xy}\,\delta\gamma_{xy} + \tau_{yz}\,\delta\gamma_{yz} + \tau_{zx}\,\delta\gamma_{zx} \quad . \; . \quad (2)$$

Dieser Ausdruck stimmt aber genau mit dem vorher für die virtuelle Formänderung berechneten Arbeitsbetrag überein, abgesehen von dem Faktor $dx\,dy\,dz$, der damals dazu kam, weil wir ein Volumen-Element ins Auge gefaßt hatten, während sich A auf die Raumeinheit bezieht. Wir können daher für die Arbeit der inneren Kräfte im Volumen-Element bei der virtuellen Gestaltänderung kürzer

$$-\,\delta\mathsf{A}\,dx\,dy\,dz$$

schreiben, wobei man sich, wenn irgendein Zweifel über den Sinn der Bezeichnung $\delta\mathsf{A}$ entstehen sollte, zu erinnern hat, daß $\delta\mathsf{A}$ durch Variation an der in den Formänderungskomponenten ausgedrückten bezogenen Formänderungsarbeit gewonnen wurde, wie es ja auch sein muß, wenn wir eine virtuelle Gestaltänderung in Betracht ziehen.

Von der bezogenen Formänderungsarbeit können wir nun auch noch zur gesamten Formänderungsarbeit A am ganzen Körper übergehen, indem wir

$$A = \int \mathsf{A}\,dv$$

setzen, womit wir dann für die Summe der Arbeiten aller inneren Kräfte bei der virtuellen Gestaltänderung des ganzen Körpers den einfachen Ausdruck

$$-\,\delta A$$

erhalten. Für den elastisch-festen Körper wird demnach das Prinzip der virtuellen Geschwindigkeiten durch die Gleichung

$$\Sigma\,\mathfrak{P}\,\delta\mathfrak{s} - \delta A = 0 \quad . \; . \; . \; . \; . \; . \; . \; . \quad (3)$$

ausgesprochen, die für jede virtuelle Gestaltänderung und Lagenänderung erfüllt sein muß, wenn Gleichgewicht bestehen soll und in der unter den $\mathfrak{P}$ jetzt nur noch die von außen her als Lasten an dem Körper angebrachten Kräfte zu verstehen sind, während die $\delta\mathfrak{s}$, wie wir der gleichmäßigen Bezeichnung wegen jetzt dafür geschrieben haben, die unendlich kleinen Verschiebungen ihrer Angriffspunkte bei der betrachteten virtuellen Verschiebung angeben.

Das ist der allgemeinste Satz, den man für die Mechanik der elastisch festen Körper aufstellen kann, insofern als man aus ihm, sobald es verlangt wird, alle übrigen abzuleiten vermag. Damit ist allerdings nicht gesagt, daß er den übrigen Sätzen nun auch für die Anwendung überlegen wäre. Vielmehr ist es gewöhnlich mit Umständlichkeiten verbunden, wenn man einen derart allgemein gültigen Satz unmittelbar zur Lösung einer ganz eng umschriebenen Aufgabe benützen will, so daß man schneller zum Ziele kommt, wenn man sich dazu der zwar nicht so umfassenden, aber für den besonderen Fall besser geeigneten anderen Sätze bedient. Immerhin ist aber das Prinzip der virtuellen Geschwindigkeiten, wenn man darauf besteht und eine etwas längere Betrachtung nicht scheut, in der Tat zur Behandlung aller Aufgaben brauchbar, die in der Festigkeitslehre gestellt werden nen.

Für die Anwendungen, die man davon machen kann, sind übrigens noch zwei Fälle zu unterscheiden, die wesentlich voneinander verschieden sind und daher wohl auseinander gehalten zu werden verdienen. *Im ersten Falle* betrachtet man solche virtuelle Verschiebungen, die auch wieder zu einem von dem vorigen unendlich wenig verschiedenen Gleichgewichtszustande des belasteten Körpers führen. Man braucht sich, um diesen Gleichgewichtszustand zu verwirklichen, nur auch die an dem Körper angreifenden Lasten um entsprechende unendlich kleine Beträge geändert zu denken. Einfache Beispiele dafür sind die folgenden. Ein Stab sei an beiden Enden unterstützt und trage in der Mitte eine Last. Man kann sich dann eine virtuelle Verschiebung vorgenommen denken, bei der sich die Ordinaten der elastischen Linie alle um denselben unendlich kleinen Bruchteil des ursprünglichen Wertes vergrößern. Denkt man sich dann auch die Last in der Mitte um denselben Bruchteil vergrößert, so haben wir einen neuen Gleichgewichtszustand vor uns. Schreiben wir für diesen Fall Gl. (3) in der Form

$$\mathfrak{P}\,\delta\mathfrak{s} = \delta A$$

in der $\delta\mathfrak{s}$ die Zunahme der Durchbiegung und $\mathfrak{P}$ die Last bedeutet, so spricht sie nur die selbstverständliche Beziehung aus, daß die in diesem Falle nicht nur virtuelle, sondern auch als tatsächlich aufzufassende Zunahme der Formänderungsarbeit gleich der Arbeit der Last bei dem betrachteten Vorgange ist. In solchen Fällen bedarf es gar nicht der Berufung auf das Prinzip der virtuellen Geschwindigkeiten, um den von ihm freilich auch mit umfaßten einfachen Zusammenhang zu begründen.

Derselbe Fall liegt z. B. auch vor, wenn man die Euler sche Knickformel in der Art ableitet, daß man sich die beim Ausknicken entstehende Durchbiegung ein klein wenig vergrößert denkt und einerseits ausrechnet, um wie viel sich dabei die Bogensehne verkürzt, während man anderseits die damit verbundene Vergrößerung der im Stabe aufgespeicherten Formänderungsarbeit feststellt, die ebenso groß sein muß, wie das Produkt aus der Knicklast und der Verkürzung der Bogensehne. Die Gleichsetzung führt dann zur Ermittelung der Knicklast. Auch in diesem Falle setzt man an die Stelle des ursprünglichen Gleichgewichtszustandes einen ebenfalls möglichen, ihm unendlich nahe benachbarten Gleichgewichtszustand, wobei es gleichgültig bleibt, daß jetzt im Gegensatze zum ersten Beispiele keine Vergrößerung der Last erforderlich ist (oder wenigstens eine, die von höherer Ordnung unendlich klein ist), um den neuen Gleichgewichtsfall ebenfalls aufrecht zu erhalten.

Man könnte noch viele Beispiele derselben Art anführen. Ihnen allen ist das gemeinsam, daß man sich dabei gar nicht des Prinzips der virtuellen Geschwindigkeiten zu bedienen braucht, sondern schon auf Grund des Begriffes der Formänderungsarbeit und der Überlegung, daß die aufgespeicherte Arbeit in jedem Falle gleich der von den Lasten geleisteten Arbeit sein muß, zu dem richtigen Ansatze geführt wird.

Aber so überflüssig wie es scheinen könnte, wenn man nur an diese Fälle der ersten Art denkt, ist das Prinzip der virtuellen Geschwindigkeiten keineswegs, denn es gilt, wie wir bewiesen haben, für alle unendlich kleinen virtuellen Formänderungen, ohne Rücksicht darauf, ob der dadurch entstehende Zustand ebenfalls wieder einen möglichen Gleichgewichtszustand darstellt, der sich durch Änderung der Lasten um entsprechende unendlich kleine Bruchteile wieder verwirklichen ließe, oder nicht. Als Beispiel für die Fälle der zweiten Art sei abermals ein Balken betrachtet, der in der Mitte eine Last trägt. Wir wollen aber jetzt als virtuelle Verschiebung nicht eine einfache Vergrößerung der Durchbiegung annehmen, sondern eine solche Verschiebung, die zu einer Änderung der Gestalt der elastischen Linie führt. Die Verschiebung könnte also etwa von der Art sein, daß sie bei hinlänglicher Größe die wirkliche Biegungslinie in einen Kreisbogen verwandelt. Freilich dürfen wir, damit Gl. (3) anwendbar bleibt, die Verschiebung nur unendlich klein wählen, so daß also die Verschiebungswege alle denselben unendlich kleinen Bruchteil des Weges ausmachen mögen, der an der betreffenden Stelle erforderlich wäre, um die Verwandlung in einen Kreisbogen zu ermöglichen. Man weiß schon, daß ein Balken, der eine Last in der Mitte trägt, sicherlich nicht im Gleichgewicht sein kann, wenn die vorher gerade Stabachse kreisförmig gebogen ist und auch die Zwischenlage, die wir als virtuelle Gestaltänderung ansehen wollten, wird zweifellos keinem möglichen Gleichgewichtszustande entsprechen, welche Größe wir nun auch der in der Mitte angreifenden Last geben mögen. Im übrigen steht es uns noch vollständig frei, wie wir diese virtuellen Verschiebungen wählen wollen, wenn sie nur stetig sind, so daß sie nicht zu einer Zerreißung des Körperzusammenhanges führen. Wir können es auch so einrichten, daß der Angriffspunkt der Last oder auch die Angriffspunkte aller Lasten, wenn es mehrere sein sollten, dabei überhaupt keine Verschiebungen erfahren. In allen Fällen gilt Gl. (3), und wenn die zuletzt genannte Bedingung eingehalten wird, was häufig zweckmäßig erscheint, vereinfacht sie sich zu der Aussage

$$\delta A = 0 \quad \ldots\ldots\ldots\ldots \quad (4)$$

Man kann diese Gleichung dazu benützen, um die Gestalt der elastischen Linie des gebogenen Balkens daraus abzuleiten. Freilich weiß man schon aus den Anfangsgründen der Festigkeitslehre, welchem Gesetz die elastische Linie genügt; aber wir wollen jetzt einmal von dieser Kenntnis ganz absehen und uns überlegen, wie man, sei es auch mit einigen Umständlichkeiten, auf Grund von Gl. (4) die Gestalt der Biegungslinie ermitteln kann. Dagegen wollen wir, um unnötige Wiederholungen zu vermeiden, den Ausdruck für die in einem Balken-Elemente aufgespeicherte Formänderungsarbeit als von früher her bekannt ansehen. Man hat dafür

$$d A = \frac{1}{2} M d\varphi + \frac{1}{2} V du$$

wenn M das Biegungsmoment, $d\varphi$ den Biegungswinkel, V die Scherkraft und du die durch sie hervorgebrachte Schiebung bedeutet. Der Hauptanteil rührt dabei unter gewöhnlichen Umständen vom ersten Gliede her, und wenn wir zunächst nur auf dieses Glied achten und uns außerdem auch noch des Zusammenhanges zwischen M und $d\varphi$ erinnern, wonach

$$d\varphi = \frac{M dx}{E\Theta}$$

gesetzt werden kann, wenn unter $E\,\Theta$ die Biegungssteifigkeit des Balkens und unter dx das zum Balkenelemente gehörige Abszissen-Element verstanden wird, erhalten wir

$$d A = \frac{1}{2} E\Theta \left(\frac{d\varphi}{dx}\right)^2 dx$$

Wir müssen nämlich die Formänderungsarbeit in den die Formänderung beschreibenden Größen ausdrücken, damit wir nachher die in Gl. (4) vorgeschriebene Variation daran vornehmen können. Als eine solche Größe bot sich zunächst der Biegungswinkel $d\,\varphi$ dar; wir müssen aber, um unserem Ziele näher zu kommen, ihn jetzt in der Ordinate y der elastischen Linie ausdrücken, weil es ja die y sind, die wir unmittelbar zu variieren beabsichtigen. Bezeichnen wir den Winkel, den die Tangente an die elastische Linie beim Punkte $x\,y$ mit der x-Achse einschließt, mit φ, so ist

$$\operatorname{tg} \varphi = \frac{dy}{dx}$$

wofür man auch, wenn die Durchbiegung als sehr klein betrachtet wird, genau genug

$$\varphi = \frac{dy}{dx}$$

setzen kann. Der Unterschied $d\varphi$ zwischen den φ für zwei um dx voneinander entfernte Querschnitte ist der Biegungswinkel, der in den vorhergehenden Formeln vorkam, und man hat daher

$$dA = \frac{1}{2} E\Theta \left(\frac{d^2 y}{dx^2}\right)^2 dx$$

zu setzen und dann noch über die Balkenlänge zu integrieren, womit man

$$A = \frac{1}{2} E\Theta \int_0^l \left(\frac{d^2 y}{dx^2}\right)^2 dx + A_s \qquad \text{. . . . . (5)}$$

für die ganze, in den Ordinaten y als die Formänderung beschreibenden Größen ausgedrückte Formänderungsarbeit erhält. Zuletzt ist dabei noch der Summand A_s beigefügt, um nachträglich noch dem Umstande Rechnung zu tragen, daß der von der Scherkraft und der Schiebung herrührende Anteil von A bei der Berechnung des Hauptgliedes vorläufig außer acht gelassen wurde. Unter A_s soll eben dieser Anteil verstanden werden.

An dieser Stelle ist eine wichtige Bemerkung einzuschalten. In der technischen Festigkeitslehre wird das Glied A_s meist vernachlässigt, und dementsprechend fragt man auch bei der elastischen Linie meist nur nach der Gestalt, die sie annimmt, wenn die Wirkung der Scherkräfte vernachlässigt werden darf. Diese Vernachlässigung und ähnliche in anderen Fällen sind zulässig und geboten, um zu möglichst einfachen und dabei für praktische Zwecke hinreichend genauen Ergebnissen zu gelangen. Das soll zwar auch hier geschehen. Trotzdem ist aber Vorsicht bei solchen Vernachlässigungen geboten, wenn man das Prinzip der virtuellen Geschwindigkeiten anzuwenden beabsichtigt und, wie es in diesem allgemeinen Satze heißt, jedermann erlauben will, irgendeine beliebige virtuelle Verschiebung dabei zu Grunde zu legen. Wer von dieser Erlaubnis einen entsprechenden Gebrauch macht, kann dann leicht die Verschiebung so wählen, daß sich das Hauptglied von A

gar nicht oder nur wenig ändert, während das an sich freilich viel kleinere A_s dabei eine verhältnismäßig starke Änderung erfährt. War aber A_s von vornherein vernachlässigt, so erscheint das Glied δA_s gar nicht in der Rechnung, obschon es vielleicht gerade das ausschlaggebende ist, und man kommt zu den schönsten Widersprüchen, mit denen man den nicht vorsichtig genug schreibenden Autor ad absurdum führen kann. Wer wissen will, wie man das am geschicktesten macht, möge auf die Abhandlung von Weingarten hingewiesen werden: »Über die sog. allgemeinen Arbeitsgleichungen der technischen Festigkeitslehre« in den Nachrichten der Göttinger Akademie, Sitzung vom 20. Juli 1907, die sich gegen eine Arbeit von Müller-Breslau richtet.

Man muß also darauf achten, daß bei der Anwendung des gekürzten Ausdruckes für A nicht nur A_s klein ist gegen das erste Glied, sondern daß auch bei der Variation, die man vornehmen will, δA_s nur einen vernachlässigbar kleinen Anteil des ganzen δA ausmacht. Hier aber, wo wir nur die y zu variieren beabsichtigen, ohne sonstige, nicht damit im notwendigen Zusammenhange stehende Änderungen und wo auch den Stetigkeitsbedingungen genügt ist, die schon bei der Bezeichnung der Formänderung als einer virtuellen von uns mit umfaßt werden, ist in der Tat die genannte Voraussetzung erfüllt, und wir dürfen daher weiterhin das Glied A_s in Gl. (5) vernachlässigen.

Nach dieser Bemerkung schreiten wir zur Bildung der Variation δA und erhalten dafür zunächst

$$\delta A = E\Theta \int_0^l \frac{d^2 y}{dx^2}\,\delta\frac{d^2 y}{dx^2}\,dx = E\Theta \int_0^l \frac{d^2 y}{dx^2}\,\frac{d^2\delta y}{dx^2}\,dx$$

Durch eine partielle Integration findet man

$$\int_0^l \frac{d^2 y}{dx^2}\,\frac{d^2\delta y}{dx^2}\,dx = \left[\frac{d\delta y}{dx}\,\frac{d^2 y}{dx^2}\right]_0^l - \int_0^l \frac{d^3 y}{dx^3}\,\frac{d\delta y}{dx}\,dx$$

An den Grenzen können wir aber der Variation, die wir betrachten, die Bedingung auferlegen, daß dort δy und $\frac{d\delta y}{dx}$ verschwinden sollen, womit das erste Glied auf der rechten Seite wegfällt. Das andere Glied formen wir durch eine nochmalige partielle Integration um in

$$\int_0^l \frac{d^3 y}{dx^3}\,\frac{d\delta y}{dx}\,dx = \left[\frac{d^3 y}{dx^3}\,\delta y\right]_0^l - \int_0^l \frac{d^4 y}{dx^4}\,\delta y\,dx = -\int_0^l \frac{d^4 y}{dx^4}\,\delta y\,dx$$

und damit erhalten wir schließlich

$$\delta A = E\Theta \int_0^l \frac{d^4 y}{dx^4} \delta y \, dx \quad \ldots \ldots \quad (6)$$

Soll der Balken, wie vorher angenommen war, nur eine einzige Last tragen, und wählen wir die virtuelle Verschiebung so, daß δy an der Angriffsstelle der Last ebenso wie vorher schon an den Auflagerstellen zu Null wird, während δy im übrigen eine beliebige stetige Funktion von x sein kann, so fällt die Arbeit der äußeren Kräfte in Gl. (3) fort, und es bleibt Gl. (4), also mit Gl. (6)

$$\int_0^l \frac{d^4 y}{dx^4} \delta y \, dx = 0$$

Das kann aber für jede beliebige noch zulässige Wahl von δy nur erfüllt sein, wenn überall, abgesehen von den Kraftangriffsstellen,

$$\frac{d^4 y}{dx^4} = 0 \quad \ldots \ldots \ldots \quad (7)$$

ist. Damit haben wird die Differentialgleichung der elastischen Linie, und ihre Integration lehrt, daß jeder Ast der elastischen Linie eine Parabel dritten Grades ist.

Mit vieler Weitläufigkeit sind wir hiermit zu unserem Ziele gelangt. Nun ist aber noch eine Bemerkung nachzutragen. Die wahre Gestalt der Biegungslinie ergab sich uns aus der Bedingung, daß sich die in den Formänderungsgrößen ausgedrückte und dementsprechend durch Gl. (5) dargestellte Formänderungsarbeit A nicht ändern darf, wenn man von der wahren Gestalt der Biegungslinie zu irgendeiner Nachbarlinie übergeht, die man sich an deren Stelle gesetzt denken kann. Das ist aber die Bedingung dafür, daß A für die Biegungslinie gegenüber den Werten von A für alle Nachbarkurven entweder zu einem Maximum oder zu einem Minimum wird. Soll aber die Gleichgewichtslage, der die betrachtete Formänderung entspricht, eine stabile sein, so muß A zu einem Minimum werden, damit stets eine Arbeit äußerer Kräfte aufgewendet werden muß, um den Körper aus der Gleichgewichtslage heraus zu verschieben. Die Gestalt, die der Körper unter der Belastung tatsächlich einnimmt, zeichnet sich demnach dadurch aus, daß für sie die Formänderungsarbeit zu einem Minimum wird, nämlich zu einem Minimum gegenüber allen anderen Gestalten, die man sich aus jener durch stetige Änderungen hervorgegangen denken kann, so daß dabei die äußeren Kräfte keine Arbeit leisten.

Man kann dieses Ergebnis auch noch anschaulicher dahin ausdrücken, daß der Körper durch die Belastung in solcher Art gebogen oder sonst in seiner Gestalt geändert wird, wie er dagegen den geringsten Widerstand zu leisten vermag, falls man mit dieser sehr einleuchtenden Aussage den Sinn verbindet, daß der Widerstand dabei nach der Arbeit zu beurteilen ist, die von den äußeren Kräften geleistet werden muß, um die Formänderung herbeizuführen.

Anstatt unmittelbar an das Prinzip der virtuellen Geschwindigkeiten anzuknüpfen, wird es sich häufig empfehlen, bei der Lösung bestimmter Aufgaben an die Aussagen anzuknüpfen, die wir zuletzt daraus abgeleitet haben. Dafür wollen wir noch zwei Beispiele behandeln, die an sich von Bedeutung sind und die auch den Nutzen dieser Sätze besser hervortreten lassen als das vorher behandelte, bei dem man zwar einsieht, daß es so auch geht, aber nicht, welchen Vorteil es haben soll, das umständlichere Verfahren einzuschlagen, an Stelle des einfacheren, dessen man sich sonst bedient.

§ 10. Die Biegung eines gekrümmten Rohres als Beispiel.

Wir folgen hier in der Hauptsache einer Abhandlung des Herrn Professor v. Karman »Über die Formänderung dünnwandiger Rohre usw.« in der Zeitschr. d. V. D. Ing. 1911, S. 1889. Zur Erleichterung des Vergleichs wollen wir uns auch, von einigen (aus anderen Gründen wünschenswert erscheinenden) Ausnahmen abgesehen, der gleichen Bezeichnungen bedienen, wie diese Abhandlung.

Die Arbeit Karmans knüpfte an Versuche von Professor Bantlin über die Formänderung federnder Ausgleichrohre an, bei denen sich herausgestellt hatte, daß die gemessene Formänderung vier- bis fünfmal so groß ausfiel, als man sie nach einer Berechnung auf Grund der gewöhnlichen Biegungstheorie erwarten konnte. Herr v. Karman wies nach, daß die Abweichung durch eine in der gewöhnlichen Biegungstheorie außer acht gelassene Formänderung des Rohrquerschnitts hervorgebracht wird, und er zeigte, wie man zu brauchbaren Formeln für die Berechnung der Rohrfederung gelangen kann, wenn man auf diesen Umstand Rücksicht nimmt. Die Untersuchung ging dabei von dem Satze aus, daß die Formänderungsarbeit für die wirklich eintretende Gestaltänderung des Körpers zu einem Minimum werden muß; in dem Sinne, wie er im vorhergehenden Paragraphen besprochen worden ist. Die Karmansche Abhandlung ist auch insofern beachtenswert, als sie zugleich von einem Verfahren Gebrauch macht, das von Ritz herrührt und das sehr geeignet ist, um unter Vermeidung allzu umständlicher Rechnungen zu brauchbaren Näherungsformeln zu gelangen. Wir werden dieses Verfahren, das neuerdings auch sonst öfters verwendet wurde und das in vielen Fällen sehr empfohlen werden kann, in diesem

Buche ebenfalls wiederholt zu benützen haben und wollen den einfachen Gedanken, auf dem es beruht, an dem hier zu behandelnden Beispiele ebenfalls klarlegen. Allerdings werden wir, um zu einer möglichst einfachen und durchsichtigen Darstellung zu gelangen, die vor allem den richtigen Gebrauch des Prinzips der virtuellen Geschwindigkeiten deutlich hervortreten läßt, das Ritzsche Verfahren hier zunächst nur in seiner einfachsten Form benützen und weitere Ausführungen darüber auf später verschieben.

In Abb. 9 ist ein zum Zentriwinkel α gehöriges Stück der Mittelfläche des krummen Rohrs im spannungslosen Zustande gezeichnet.

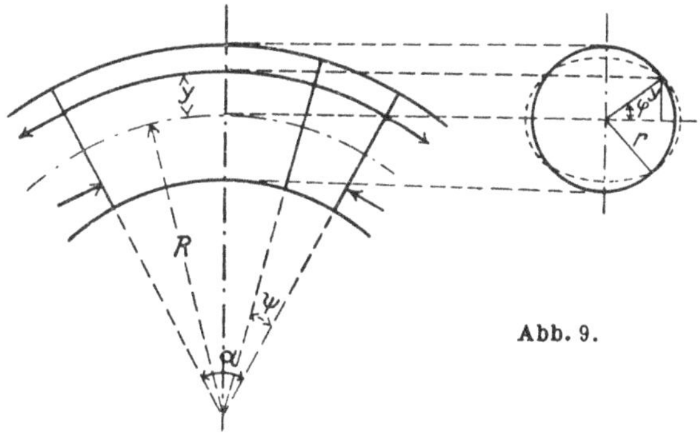

Abb. 9.

Der Krümmungshalbmesser der Rohrmittellinie vor der Formänderung wird mit R bezeichnet, der Halbmesser des Querschnittkreises mit r und die in der Abbildung nicht angegebene Wanddicke mit h. Wir setzen voraus, daß von diesen drei Größen jede folgende erheblich kleiner ist als die vorhergehende und daß es als genügend erscheint, bei der Berechnung die kleinere gegenüber der größeren zu vernachlässigen, so, als wenn sie unendlich klein wäre. Nach diesen Annahmen kann das Verhältnis

$$\frac{Rh}{r^2} = \lambda \qquad \ldots \ldots \ldots \quad (8)$$

sowohl größer wie kleiner sein als die Einheit. Wir werden sehen, daß das Verhalten des Rohrs bei der Biegung von dem Werte dieses Verhältnisses in erster Linie abhängt, so daß es sich empfiehlt, von vornherein einen besonderen Buchstaben dafür einzuführen. Für das gerade Rohr ($R = \infty$) wird $\lambda = \infty$ und für ein verhältnismäßig stark gekrümmtes und zugleich sehr dünnwandiges Rohr kann λ ein ziemlich kleiner Bruch werden, der sich der Grenze Null nähert.

Um einen bestimmten Punkt der Rohrwand genauer bezeichnen zu können, führen wir drei Koordinaten ψ, φ, z ein, von denen ψ (siehe Abb. 9) den Rohrquerschnitt angibt, auf dem der Punkt liegt, φ die

Richtung des Halbmessers, der im Querschnitt nach ihm gezogen werden kann, während z, das in die Abbildung nicht eingetragen ist, den Abstand des betrachteten Punktes von der Mittelfläche angibt. Hiernach liegt z für alle Punkte zwischen $-\dfrac{h}{2}$ und $+\dfrac{h}{2}$, und zwar soll das positive Vorzeichen für die von der Mittelfläche nach außen hin zählenden Abstände gebraucht werden und das negative daher für die nach innen gelegenen. In diesem Koordinatensystem ist daher $z = 0$, die Gleichung der Mittelfläche und die Gleichungen $z = $ const und $\varphi = $ const beschreiben einen Kreisbogen, dessen Fortschreitungsrichtung der Anschaulichkeit wegen zugleich als die Richtung der »Fasern« bezeichnet werden soll. Der in Abb. 9 mit y bezeichnete Abstand einer solchen Faser von der mit dem Halbmesser R beschriebenen Zylinderfläche ist (auch dem Vorzeichen nach)

$$y = r \sin \varphi$$

zu setzen.

Ferner wollen wir noch im Punkte ψ, φ, z die drei aufeinander senkrecht stehenden Richtungen, in denen die drei Koordinaten wachsen, mit den Ziffern 1, 2, 3 bezeichnen, so daß also die Richtung 1 mit der Faserrichtung, 2 mit der Richtung der Querschnittstangente und 3 mit der Richtung der Wanddicke zusammenfällt.

In die bei Abb. 9 seitlich angebrachte Querschnittszeichnung des Rohrs ist auch stark übertrieben mit einer gestrichelten Linie die Gestaltänderung der Querschnittsmittellinie eingetragen, die man bei einer Biegung des Rohrs zu erwarten hat. Der Kreis erfährt also eine Abplattung, durch die er in eine ungefähr elliptische Gestalt übergeht. Den Beweis dafür, daß dies so sein muß, haben wir in der Folge auf Grund des Prinzips der virtuellen Geschwindigkeiten zu führen, das uns auch die Größe der Abplattung zu berechnen gestatten wird. Vorher kann man sich aber auch schon auf andere Art durch eine einfache Überlegung, die wir sofort folgen lassen, Rechenschaft darüber geben, wie es kommt, daß sich die Querschnittsmittellinie verbiegen muß.

Die Biegung des Rohrs denken wir uns durch ein Kräftepaar vom Momente M hervorgebracht, das α und R ein wenig ändert in α' und R', wodurch sich aber an der Länge der Rohrmittellinie nichts ändert, so daß

$$\alpha' R' = \alpha R, \text{ also } \varDelta \alpha = \alpha' - \alpha = \alpha R \left(\frac{1}{R'} - \frac{1}{R} \right) \quad . \quad . \quad . \quad (9)$$

gesetzt werden kann.

In der gewöhnlichen Biegungstheorie nimmt man an, daß die Querschnitte eines Stabes bei der Biegung nicht nur eben bleiben, sondern daß sie sich auch der Gestalt nach nicht ändern. Von den Querverkürzungen, die mit den Dehnungen in der Faserrichtung freilich notwendig verbunden sind und die selbst auch schon eine gewisse geringe Gestaltsänderung des Querschnitts herbeiführen, darf man dabei mit Recht absehen, weil sie jedenfalls klein sind gegenüber den ursprünglichen Querschnittsabmessungen, so daß sie keine merkliche Gestaltsänderung zur Folge haben können. Wir wollen zunächst berechnen, wie groß die bezogene Dehnung ε_1' ausfällt, die eine im Abstande y von der neutralen Faserschicht verlaufende Faser erfährt, wenn man die Annahme gelten läßt, daß sich die Querschnittsgestalt nicht ändere. Die Faser hatte ursprünglich die Länge $(R + y)\,\alpha$ und nachher die Länge $(R' + y)\,\alpha'$. Die gesamte Dehnung ist daher $y\,(\alpha' - \alpha)$ und die bezogene Dehnung wird

$$\varepsilon_1' = \frac{y\,\Delta\alpha}{(R + y)\,\alpha} \quad \text{. . . . .} \quad (10)$$

Da das Rohr aber nach unseren Feststellungen als ein »schwach gekrümmter Stab« betrachtet werden sollte, bei dem y gegen R vernachlässigt werden darf, erhält man einfacher dafür und mit Benützung von Gl. (9)

$$\varepsilon_1' = \frac{y}{R} \cdot \frac{\Delta\alpha}{\alpha} = y\left(\frac{1}{R'} - \frac{1}{R}\right) \quad \text{. . . . .} \quad (11)$$

Die Biegungsspannungen nimmt man in der gewöhnlichen Biegungstheorie proportional zu diesen Dehnungen ε_1' an, also nach Gl. (11) proportional mit den Abständen y (Gradliniengesetz) oder auch, wenn man bei Gl. (10) stehen bleiben will, proportional mit den Ordinaten einer Hyperbel. In Abb. 9 sind durch einige Pfeile die Zugspannungen in den oberen und die Druckspannungen in den unteren Fasern angedeutet, wie sie bei einer Verstärkung der Krümmung, also für einen positiven Wert von $\Delta\alpha$ zu erwarten sind.

Diese Spannungen in den Endquerschnitten des betrachteten Rohrsektors können als die äußeren Kräfte oder als die Lasten bezeichnet werden, durch die das betrachtete Stück um den Winkel $\Delta\alpha$ gebogen wird. Denkt man sich aber das Rohr durch einen längs der neutralen Faserschicht verlaufenden Schnitt in einen oberen und einen unteren Teil zerlegt, so sieht man aus der Zeichnung, daß die am oberen Teile in den beiden Endquerschnitten angreifenden Zugspannungen zu einer nach abwärts gehenden Resultierenden zusammengefaßt werden können, durch die der obere Rohrteil auf den unteren gepreßt wird. Umgekehrt geht die Resultierende der Druckspannungen in den Endquerschnitten des unteren Teiles nach oben hin, so daß sie am ganzen Körper mit der Resultierenden der Zugspannungen im Gleichgewichte steht. Man erkennt aus dieser Überlegung, daß bei jedem auf Biegung beanspruchten krummen Stabe außer den Biegungsspannungen jedenfalls auch Normalspannungen zwischen den Fasern in radialer Richtung übertragen werden müssen, auf die man freilich gewöhnlich nicht achtet. Wir werden uns mit dieser Frage in einem späteren Abschnitte noch näher zu beschäftigen haben.

In der Tat ist es bei einem vollen Stabquerschnitte, zumal für einen schwach gekrümmten Stab, wie wir ihn hier voraussetzen, gar nicht nötig, auf die verhältnismäßig geringen Normalspannungen zwischen den Fasern besonders zu achten. Bei einem dünnwandigen Rohr ist dies aber anders, weil sich der ursprünglich kreisförmige Rohrquerschnitt unter einer in der Querrichtung gehenden Belastung leicht ein wenig verbiegt, so daß eine Abplattung entsteht, wie sie in Abb. 9 bereits eingezeichnet war. Infolge einer solchen Verbiegung werden aber die Abstände y der Fasern von der neutralen Schicht merklich verkleinert. Die bezogenen Dehnungen ε_1', die ja selbst nur sehr kleine Größen sind, können hierdurch um einen sehr erheblichen Bruchteil ihres Wertes vermindert werden, womit schließlich auch die Biegungsspannungen σ_1 weitaus kleiner werden, als es der Annahme einer unveränderlichen Querschnittsgestalt entsprechen würde. Damit sind wir zu einer wenigstens vorläufigen Erklärung für die Ursache der Querschnittsabplattung gelangt.

Bei dieser Abplattung wird jeder Punkt des Kreises eine Verschiebung erfahren, die wir in eine radiale Komponente w_r und eine tangentiale Komponente w_t zerlegen können. In Abb. 10, die den Querschnittskreis der Rohrmittelfläche nochmals vor Augen führt, sind die Richtungen, in denen w_r und w_t positiv gerechnet werden sollen, am Punkte φ durch Pfeile angegeben. Über die Richtungen, in denen die Verschiebung tatsächlich zu erwarten ist, wird damit nichts ausgesagt. Die Größen von w_r und w_t sind als so klein vorauszusetzen, daß sich die abgeplattete Kurve nur wenig von dem ursprünglichen Kreise unterscheidet. Für den Punkt $\varphi = 0$ ist $w_t = 0$ zu erwarten.

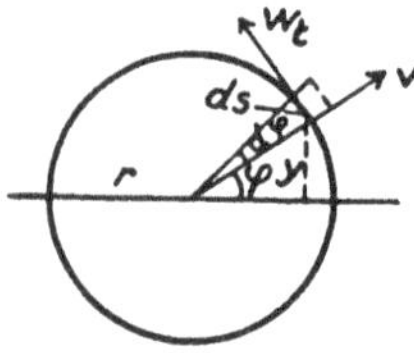

Abb. 10.

Die Abplattung denken wir uns durch eine bloße Verbiegung der Querschnittsmittellinie hervorgebracht, so daß jedes Bogenelement des Kreises in ein gleich langes Bogenelement der abgeplatteten Kurve übergeht. Man muß freilich sofort hinzufügen, daß diese Annahme nicht unbedenklich und jedenfalls nicht ganz genau ist. Bei der Verbiegung des Rohrsektors gehören nämlich zu den Biegungsspannungen σ_1 und den mit ihnen in der gleichen Richtung gehenden Dehnungen ε_1 auch Dehnungen oder Verkürzungen ε_2 in der Querrichtung, die auf der Zugseite ($\varphi = 0$ bis $\varphi = \pi$) zu Verkürzungen und auf der Druckseite ($\varphi = \pi$ bis $\varphi = 2\pi$) zu Verlängerungen der Bogenelemente ds der Querschnittsmittellinie führen. Aber wir wollen, um zu einer nicht zu verwickelten Darstellung zu gelangen, mit v. Karman annehmen, daß man diesen Umstand vernachlässigen kann. Es kommt dies darauf hinaus, daß man so rechnet, als wenn $m = \infty$ wäre, was nicht als Fehler zu betrachten ist, sondern als eine erlaubte Annahme zur Gewinnung eines Näherungsergebnisses bei Untersuchungen, die sonst zu schwer durchzuführen wären. Zugleich sei bemerkt, daß auch noch an einer anderen Stelle (nämlich bei der Zusammensetzung der ganzen Formänderungsarbeit A aus den beiden Bestandteilen A_1 und A_2) die gleiche Annahme bei der Karmanschen Rechnung stillschweigend zugrunde gelegt wird, während hier davon abgesehen werden soll.

Betrachten wir nun das in Abb. 10 hervorgehobene Bogenelement $ds = r\,d\varphi$, so finden wir, daß eine Verschiebung w_r nach außen bei gleichbleibendem Zentriwinkel $d\varphi$ zu einer Dehnung $w_r d\varphi$ führt. Ein kleiner Unterschied dw_r der Radialverschiebung an beiden Enden des Bogenelements stellt ds etwas schief (nur wenig, weil die w sehr klein sind gegen r), wodurch aber nur eine von höherer Ordnung kleine Längenänderung von ds herauskommen kann, so daß wir diesen Beitrag vernachlässigen dürfen. Dagegen bringt ein kleiner Unterschied dw_t der tangentialen Verschiebung an den Enden von ds eine ebensogroße und daher zu berücksichtigende Dehnung der Strecke ds hervor. Soll nun, wie wir annehmen wollten, bei der Querschnittsabplattung überhaupt keine Längenänderung eines Bogenelements der Querschnittsmittellinie stattfinden, so muß überall

$$w_r\,d\varphi + dw_t = 0 \text{ oder } w_r = -\frac{dw_t}{d\varphi} \quad \ldots \ldots \quad (12)$$

sein. Diese Bedingung haben wir also bei jeder Annahme über die Gestalt der abgeplatteten Kurve zu berücksichtigen.

Am nächsten liegt es, die weitere Rechnung unter der Annahme durchzuführen, daß die abgeplattete Kurve als eine Ellipse betrachtet werden könne. Tatsächlich kommt auch die Rechnung darauf hinaus, wir wollen die Annahme nur etwas anders fassen, so daß sie, sobald es gewünscht wird, leicht einer Verallgemeinerung fähig ist. Zu diesem Zwecke sei gesetzt

$$w_t = -\frac{1}{2}c \sin 2\varphi \quad \ldots \ldots \ldots \quad (13)$$

womit nach Gl. (12)

$$w_r = c \cos 2\varphi \quad \ldots \ldots \ldots \quad (14)$$

wird. Die Gestalt der Kurve wird nur durch w_r bestimmt, und man überzeugt sich leicht, daß die Kurve, deren Gleichung in Polarkoordinaten aus Gl. (14) hervorgeht, bei kleinem c von einer Ellipse mit den Halbachsen $r + c$ und $r - c$ nur um Größen abweicht, die klein sind von der Ordnung c^2.

Der Vorteil, den man durch die Darstellung nach Gl. (14) gewinnt, besteht darin, daß man den Ansatz erweitern kann zu

$$w_r = c_1 \cos 2\varphi + c_2 \cos 4\varphi + \ldots + c_n \cos 2n\varphi \quad \ldots \quad (15)$$

mit einer beliebigen Zahl n von Gliedern, wodurch man noch viele andere Abplattungskurven zum Vergleiche mit heranziehen kann, worauf aber hier nicht weiter eingegangen werden soll.

Für die Dehnungen ε_1'', die durch die Abplattung des Kreises hervorgebracht werden, kommt es auf die Verschiebungen w_y in der Richtung des in Abb. 10 eingetragenen Abstandes y von der neutralen Faserschicht an. Dafür ergibt sich, wie man aus Abb. 10 sofort ablesen kann

$$w_y = w_r \sin\varphi + w_t \cos\varphi = -c \sin^3\varphi \quad . \quad . \quad . \quad . \quad (16)$$

Wenn sich nun y bei ungeändertem Zentriwinkel α (in Abb. 9) um den Betrag $c \sin^3\varphi$ vermindert, so bedeutet dies für die Faser von der ursprünglichen Länge $(R + y)\,\alpha$ eine Verkürzung um $c \sin^3\varphi\,\alpha$. Dem entspricht eine bezogene Dehnung ε_1''

$$\varepsilon_1'' = -\frac{c}{R+y} \sin^3\varphi$$

wofür man aber auch unter Vernachlässigung von y gegenüber R genau genug

$$\varepsilon_1'' = -\frac{c}{R} \sin^3\varphi \quad . \quad . \quad . \quad . \quad . \quad . \quad . \quad . \quad (17)$$

setzen darf.

Wirken nun die Verbiegung des ganzen Rohrsektors um den Winkel $\Delta\alpha$ und die Querschnittsabplattung zusammen, so erhält man als bezogene Dehnung ε_1 für irgendeine Faser

$$\varepsilon_1 = \varepsilon_1' + \varepsilon_1'' = \frac{\sin\varphi}{R}\left(r\frac{\Delta\alpha}{\alpha} - c\sin^2\varphi\right) \quad . \quad . \quad . \quad (18)$$

Zunächst war freilich bei der Ableitung dieser Formel nur an die auf der Mittelfläche des Rohrs verlaufenden Fasern gedacht worden. Aber da die Wanddicke des Rohrs klein gegen r sein sollte, kann sich die Dehnung ε_1 mit dem Abstande z von der Mittelfläche nicht erheblich ändern, so daß es genügt, sie überall mit dem durch die vorstehende Gleichung angegebenen Mittelwert einzusetzen.

Wir kommen jetzt zur Berechnung der Dehnung ε_2 in der Richtung der Koordinate φ. Dabei gehen wir zunächst, wie vorher schon, von der Annahme aus, daß die Querschnitte bei der Biegung des Rohrs eben bleiben und daß die Querschnittsmittellinie nur die bereits betrachtete Formänderung durch Biegung erfährt, so daß ε_2 für $z = 0$ zu Null wird. Dazu kommt jetzt noch die weitere, ebenfalls der gewöhnlichen Biegungstheorie entsprechende Annahme, daß jede in der Richtung 3, also in der Richtung der Wanddicke gezogene Strecke auch nach der Biegung gradlinig geblieben ist. Dann ist ε_2 überall proportional mit z, und zwar hat man ganz entsprechend der Gl. (11) für ε_1

$$\varepsilon_2 = z\left(\frac{1}{r'} - \frac{1}{r}\right) \quad . \quad . \quad . \quad . \quad . \quad . \quad . \quad (19)$$

zu setzen, wenn unter r' der Krümmungshalbmesser der Querschnittsmittellinie an der betrachteten Stelle nach der Verbiegung verstanden wird.

Für den Krümmungshalbmesser ϱ einer in Polarkoordinaten $r\varphi$ gegebenen Kurve wird in der analytischen Geometrie der Ausdruck abgeleitet

$$\varrho = \frac{\left[r^2 + \left(\frac{dr}{d\varphi}\right)^2\right]^{\frac{3}{2}}}{r^2 + 2\left(\frac{dr}{d\varphi}\right)^2 - r\frac{d^2r}{d\varphi^2}}$$

Hier haben wir $r + w_r$ an Stelle von r einzusetzen und zu beachten, daß der Kreishalbmesser r konstant und das veränderliche Glied w_r so klein ist, daß man die höheren Potenzen des Verhältnisses $\frac{w_r}{r}$ gegen die erste vernachlässigen kann, womit sich die Formel bedeutend vereinfacht. Man vernachlässigt offenbar nur Glieder, die von höherer Ordnung klein sind, wenn man der Reihe nach setzt

$$\frac{1}{r'} = \frac{(r + w_r)^2 + 2\left(\frac{dw_r}{d\varphi}\right)^2 - (r + w_r)\frac{d^2w_r}{d\varphi^2}}{\left[(r + w_r)^2 + \left(\frac{dw_r}{d\varphi}\right)^2\right]^{\frac{3}{2}}}$$

$$= \frac{r^2 + 2rw_r - r\frac{d^2w_r}{d\varphi^2}}{(r + w_r)^3} = \frac{r + 2w_r - \frac{d^2w_r}{d\varphi^2}}{r(r + 3w_r)} \cdot \frac{r - 3w_r}{r - 3w_r}$$

$$= \frac{r^2 - rw_r - r\frac{d^2w_r}{d\varphi^2}}{r^3} = \frac{1}{r} - \frac{1}{r^2}\left(w_r + \frac{d^2w_r}{d\varphi^2}\right)$$

Nach Einsetzen des Wertes von w_r aus Gl. (14) erhält man daher

$$\frac{1}{r'} - \frac{1}{r} = 3\frac{c}{r^2}\cos 2\varphi$$

und hiermit findet man nach Gl. (19)

$$\varepsilon_2 = 3z\frac{c}{r^2}\cos 2\varphi \quad . \quad . \quad . \quad . \quad . \quad . \quad . \quad (20)$$

Man überzeugt sich leicht, daß die Gleichung auch dem Vorzeichen nach richtig ist, wenn man bedenkt, daß z. B. für $\varphi = 0$ die Krümmung zugenommen hat und daher in den äußeren Fasern ($z > 0$) eine positive Dehnung eintreten muß.

Die Dehnung ε_3 in der dritten Richtung wird dadurch bestimmt, daß in der Richtung der Wanddicke keine merklichen Spannungen σ_3 übertragen werden können. Wir haben daher in allen Punkten der Rohrwand einen ebenen Spannungszustand, so daß nach den Gl. (34) von § 2

$$\varepsilon_3 + \frac{e}{m-2} = 0 \text{ und daher } \varepsilon_3 = -\frac{\varepsilon_1 + \varepsilon_2}{m-1}$$

wird. Ferner ist zu beachten, daß drei in den Richtungen 1, 2, 3 gezogene und daher rechtwinklig zueinander stehende Strecken nach den über die Formänderung des Rohrs eingeführten Voraussetzungen auch nach der Formänderung noch rechtwinklig zu einander stehen. Diese Richtungen sind daher Hauptrichtungen des Spannungszustandes, und die drei Winkeländerungen $\gamma_{12}\,\gamma_{23}\,\gamma_{31}$ werden zu Null. Für die bezogene Formänderungsarbeit erhalten wir daher nach Gl. (55) von § 5 zunächst

$$\mathrm{A} = G\left(\varepsilon_1^2 + \varepsilon_2^2 + \varepsilon_3^2 + \frac{e^2}{m-2}\right)$$

was sich dann weiterhin nach den Bemerkungen über ε_3 vereinfacht zu

$$\mathrm{A} = \frac{G}{m-1}\left[m\left(\varepsilon_1^2 + \varepsilon_2^2\right) + 2\,\varepsilon_1\,\varepsilon_2\right] \quad . \; . \; . \; . \; (21)$$

Diese Gleichung gilt allgemein für jeden ebenen Spannungszustand, wenn man darin unter $\varepsilon_1\,\varepsilon_2$ die Hauptdehnungen in den Richtungen der von Null verschiedenen Hauptspannungen versteht.

Die ganze Formänderungsarbeit ergibt sich daraus durch Ausführung des Raumintegrals

$$A = \int \mathrm{A}\,dF\,dz$$

worin unter dF ein Element der Mittelfläche des Rohrs und unter dz ein Element der Rohrdicke zu verstehen ist. Wir führen zuerst die Integration nach z aus, bilden also

$$\int_{-\frac{h}{2}}^{+\frac{h}{2}} \mathrm{A}\,dz = \frac{mG}{m-1}\int_{-\frac{h}{2}}^{+\frac{h}{2}} \left(\varepsilon_1^2 + \varepsilon_2^2\right) dz + \frac{2\,G}{m-1}\int_{-\frac{h}{2}}^{+\frac{h}{2}} \varepsilon_1\,\varepsilon_2\,dz$$

Das letzte Integral auf der rechten Seite wird aber zu Null, da ε_1 nach Gl. (18) unabhängig von z und nach Gl. (20)

$$\int_{-\frac{h}{2}}^{+\frac{h}{2}} \varepsilon_2 \, dz = \frac{3c}{r^2} \cos 2\varphi \int_{-\frac{h}{2}}^{+\frac{h}{2}} z \, dz = 0$$

ist. Es bleibt daher

$$\int_{-\frac{h}{2}}^{+\frac{h}{2}} \mathrm{A} \, dz = \frac{mG}{m-1} \left(\varepsilon_1^2 h + \frac{9c^2}{r^4} \cos^2 2\varphi \int_{-\frac{h}{2}}^{+\frac{h}{2}} z^2 \, dz \right)$$

$$= \frac{mG}{m-1} h \left(\varepsilon_1^2 + \frac{3c^2}{4r^4} h^2 \cos^2 2\varphi \right).$$

Bei Integration über die Mittelfläche ist zu beachten, daß alle Größen unabhängig von der Koordinate ψ sind. Ein über die Mittelfläche in der Faserrichtung sich erstreckender Streifen, der zum Zentriwinkel $d\varphi$ im Querschnitt gehört, liefert daher zu A den Beitrag

$$dA = \frac{mG}{m-1} h \left(\varepsilon_1^2 + \frac{3c^2}{4r^4} h^2 \cos^2 2\varphi \right) r \, d\varphi \, (R + y) \, \alpha$$

Bei der Integration nach φ können wir dann noch an Stelle von $R + y$ den Mittelwert R setzen und erhalten

$$A = \frac{mG}{m-1} h r R \alpha \left(\int_0^{2\pi} \varepsilon_1^2 \, d\varphi + \frac{3c^2 h^2}{4r^4} \int_0^{2\pi} \cos^2 2\varphi \, d\varphi \right) \quad . \; . \quad (22)$$

Weiter ergibt sich nach Gl. (18)

$$\int_0^{2\pi} \varepsilon_1^2 \, d\varphi = \frac{1}{R^2} \left(r^2 \left[\frac{\Delta \alpha}{\alpha} \right]^2 \int_0^{2\pi} \sin^2 \varphi \, d\varphi \right.$$

$$\left. - 2rc \frac{\Delta \alpha}{\alpha} \int_0^{2\pi} \sin^4 \varphi \, d\varphi + c^2 \int_0^{2\pi} \sin^6 \varphi \, d\varphi \right)$$

Nun ist

$$\int_0^{2\pi} \sin^2 \varphi \, d\varphi = \pi; \quad \int_0^{2\pi} \sin^4 \varphi \, d\varphi = \frac{3\pi}{4}; \quad \int_0^{2\pi} \sin^6 \varphi \, d\varphi = \frac{5\pi}{8}$$

und hiernach

$$\int_0^{2\pi} \varepsilon_1^2 \, d\varphi = \frac{\pi}{R^2} \left(r^2 \left[\frac{\Delta \alpha}{\alpha} \right]^2 - \frac{3}{2} rc \frac{\Delta \alpha}{\alpha} + \frac{5}{8} c^2 \right) \quad . \; . \; . \quad (23)$$

Auch das zweite Integral in dem Ausdrucke für A läßt sich leicht ausführen, und man findet damit

$$A = \frac{mG}{m-1} h r R \alpha \left\{ \frac{\pi}{R^2} \left(r^2 \left[\frac{\Delta \alpha}{\alpha} \right]^2 - \frac{3}{2} r c \frac{\Delta \alpha}{\alpha} + \frac{5}{8} c^2 \right) + \frac{3 c^2 h^2}{4 r^4} \pi \right\}$$

Mit Hilfe der schon vorher in Gl. (8) eingeführten Verhältniszahl λ läßt sich dies umformen in

$$A = \frac{mG}{m-1} \frac{hr}{R} \alpha \pi \left\{ r^2 \left[\frac{\Delta \alpha}{\alpha} \right]^2 - \frac{3}{2} r c \frac{\Delta \alpha}{\alpha} + \frac{c^2}{4} \left(\frac{5}{2} + 3 \lambda^2 \right) \right\} \qquad (24)$$

In dieser Formel sind alle anderen Größen gegeben, bis auf $\Delta \alpha$ und c, durch die das Maß der Formänderung des Rohrs ausgedrückt wird. Nun wissen wir, daß die wirklich eintretende Formänderung der Bedingung $\delta A = 0$ genügen muß für alle möglichen Formänderungen, bei denen die Arbeit der äußeren Kräfte ungeändert bleibt. Die äußeren Kräfte an dem Rohrstück sind die in den Endquerschnitten übertragenen Biegungsspannungen, und diese können keine Arbeit leisten, wenn wir nur solche virtuelle Formänderungen vornehmen, bei denen sich der Biegungswinkel $\Delta \alpha$ nicht ändert. Hiernach müssen c und alle übrigen sonst etwa noch nach dem Muster von Gl. (15) zur Beschreibung der Formänderung dienenden Größen so gewählt werden, daß sie A bei unverändert gehaltenem $\Delta \alpha$ zu einem Minimum machen.

Nun haben wir hier freilich außer $\Delta \alpha$ nur eine solche Größe c zur Beschreibung der in Aussicht genommenen Formänderungen gewählt und wir können daher nicht erwarten, daß sich die tatsächlich eintretende Formänderung genau mit einer von denen decken würde, die zu beliebigen Werten von $\Delta \alpha$ und c gehören. Aber jedenfalls müssen wir, wenn wir uns mit einer Annäherung von dieser Art begnügen wollen, unter den hiernach noch möglichen Fällen jenen aussuchen, für den A wenigstens den kleinsten Wert annimmt, der unter ihnen noch vorkommen kann. Wir finden dadurch zwar nicht die wahre Formänderung, bei der A den allerkleinsten überhaupt möglichen Wert annehmen würde, aber doch jene, die der wahren Formänderung unter den bei der angenäherten Beschreibung ins Auge gefaßten Möglichkeiten am nächsten kommt.

Der in diesen Sätzen ausgesprochene Gedanke ist es, der dem Verfahren von Ritz zugrunde liegt. An Stelle der unbekannten Funktion, die man so wählen soll, daß ein gewissen Bedingungen unterworfenes Integral zu einem Minimum wird, setzt man einen verhältnismäßig einfach gebauten Ausdruck an, dessen Form auf einer Abschätzung beruht und in den man eine oder eine Anzahl von unbekannten Konstanten einführt, mit deren passender Wahl man hoffen darf, sich der gesuchten unbekannten Funktion mit genügender Genauigkeit anschließen zu können. An Stelle der Variations-Aufgabe tritt dann die weit einfachere

Aufgabe, diese Konstanten so zu bestimmen, daß sie das betreffende Integral (also bei den Anwendungen in der Festigkeitslehre die Formänderungsarbeit) zu einem Minimum machen.[1])

Wir haben also jetzt den für A aufgestellten Ausdruck bei konstantem $\Delta\alpha$ nach c zu differentieren und den Differentialquotienten gleich Null zu setzen. Wir finden

$$-\frac{3}{2}\, r\, \frac{\Delta\alpha}{\alpha} + \frac{c}{2}\left(\frac{5}{2} + 3\lambda^2\right) = 0 \text{ und hieraus } c = \frac{\Delta\alpha}{\alpha} \cdot \frac{6r}{5 + 6\lambda^2} \quad (25)$$

Wenn λ ein kleiner Bruch ist, wird die Querschnittsabplattung demnach verhältnismäßig groß, aber sie bildet auch in diesem Falle doch nur einen ähnlich kleinen Bruchteil von r wie $\Delta\alpha$ von α. Es kann daher nicht überraschen, daß sie vor der Untersuchung von v. Karman der Aufmerksamkeit der Beobachter entgangen war. Daß sie trotzdem einen sehr großen Einfluß auf das elastische Verhalten des Rohres hat, nämlich eine bedeutende Vergrößerung des Biegungswinkels α herbeiführt, wird sich sofort zeigen. Bei großem λ, insbesondere bei einem geraden Rohr, für das $\lambda = \infty$ wird, fällt dagegen die Abplattung weit kleiner aus oder sie wird zu Null.

Wir setzen jetzt c in Gl. (24) ein und finden damit die zugehörige Formänderungsarbeit

$$A_{\min} = \frac{mG}{m-1}\, \alpha R\, \frac{h r^3}{R^2}\, \pi \left(\frac{\Delta\alpha}{\alpha}\right)^2 \cdot \frac{1 + 12\lambda^2}{10 + 12\lambda^2} \quad . \; . \; . \quad (26)$$

Die bei der tatsächlich eintretenden Formänderung für den gleichen Biegungswinkel $\Delta\alpha$ aufgespeicherte Arbeit wird nun zwar voraussichtlich noch etwas kleiner sein als das hier berechnete $A_{\min}$. Aber man wird diesen Wert wenigstens als einen brauchbaren Näherungswert dafür ansehen dürfen, der uns eine obere Grenze angibt, die von der wahren Formänderungsarbeit nicht überschritten werden kann. Mit der entsprechenden Annäherung können wir daher auch den Biegungswinkel $\Delta\alpha$ berechnen, der durch ein von den äußeren Kräften in den Endquerschnitten des Rohrsektors herrührendes Biegungsmoment M hervorgebracht wird. Die Arbeit dieser Lasten während der Formänderung ist nämlich gleich $\frac{1}{2} M \Delta\alpha$, und wenn man sie gleich dem berechneten $A_{\min}$ setzt, erhält man

$$M = \frac{2mG}{m-1} \cdot \frac{h r^3}{R} \cdot \pi\, \frac{\Delta\alpha}{\alpha} \cdot \frac{1 + 12\lambda^2}{10 + 12\lambda^2}\,.$$

---

[1]) W. Ritz, Theorie der Transversalschwingungen einer quadratischen Platte mit freien Rändern, Drude, Ann. d. Phys. 28, S. 737, 1909.

Löst man nach $\Delta\alpha$ auf und drückt zugleich den Schubmodul G im Elastizitätsmodul E für Zug und Druck aus, so geht die Gleichung über in

$$\Delta\alpha = \frac{\alpha}{\pi} \cdot \frac{m^2 - 1}{m^2 E} \cdot \frac{R}{h r^3} \cdot \frac{10 + 12\lambda^2}{1 + 12\lambda^2} M \qquad (27$$

Durch Einsetzen von $\Delta\alpha$ in Gl. (25) kann man hierauf auch c erhalten, womit die Aufgabe im wesentlichen als gelöst betrachtet werden darf.

Wir wollen jetzt noch den gefundenen Wert des Biegungswinkels $\Delta\alpha$ mit jenem vergleichen, der aus der gewöhnlichen Biegungstheorie folgt, bei der man die Gestaltänderung des Rohrquerschnitts unberücksichtigt läßt, während jedoch alle übrigen Annahmen zunächst unverändert beibehalten werden sollen. Wir finden dann A aus Gl. (24), indem wir darin $c = 0$ setzen, also

$$A_0 = \frac{mG}{m-1} \cdot \frac{h r^3}{R} \cdot \frac{\pi}{\alpha} \Delta\alpha^2$$

woraus dann in derselben Weise wie vorher der unter dieser Annahme berechnete Biegungswinkel

$$\Delta\alpha_0 = \frac{\alpha}{\pi} \cdot \frac{m^2 - 1}{m^2 E} \cdot \frac{R}{h r^3} M \qquad (28)$$

folgt. Zwischen den beiden Werten $\Delta\alpha$ und $\Delta\alpha_0$ besteht daher die Beziehung

$$\Delta\alpha = \Delta\alpha_0 \frac{10 + 12\lambda^2}{1 + 12\lambda^2} \qquad (29)$$

Für ein gerades Rohr wird mit $R = \infty$ auch $\lambda = \infty$ und $\Delta\alpha$ stimmt dann mit $\Delta\alpha_0$ überein. Aber schon, wenn $\lambda = 1$ ist, wird $\Delta\alpha$ nahezu doppelt so groß als $\Delta\alpha_0$, und wenn λ ein kleiner Bruch ist, wird $\Delta\alpha$ bald zehnmal so groß als $\Delta\alpha_0$. Man sieht daraus, wie bedeutend der Fehler werden kann, den man bei der Berechnung des Biegungswinkels eines krummen Rohres begehen kann, wenn man dabei die sonst allgemein gebräuchliche Voraussetzung zuläßt, daß die Querschnitte bei der Biegung ihre Gestalt nicht änderten.

Schließlich muß noch darauf hingewiesen werden, daß der wahre Biegungswinkel immer noch etwas größer zu erwarten ist, als das berechnete $\Delta\alpha$, weil $A_{\min}$ in Gl. (26), wie vorher schon bemerkt, nur einen oberen Grenzwert für den wahren Wert von A darstellt. Je kleiner man aber A ansetzt, desto größer wird in der sich daran schließenden Rechnung $\Delta\alpha$ gefunden.

§ 11. Bemerkungen zu dem vorhergehenden Beispiele.

Die Ergebnisse, zu denen wir gelangten, gelten nur unter den genau angegebenen Voraussetzungen, die bei ihrer Ableitung zugrunde gelegt wurden. Es ist daher nötig, daß wir die hierin liegende Beschränkung noch etwas näher besprechen, um so mehr, als wir die Biegung des krummen Rohres nicht nur um ihrer selbst willen, sondern als das Hauptbeispiel behandelt haben, das zur Erläuterung der Anwendung und der richtigen Handhabung des Prinzips der virtuellen Geschwindigkeiten dienen sollte.

Bei den Anwendungen wird man in der Regel, wie es auch hier geschehen mußte, zu ziemlich weitgehenden, mehr oder weniger willkürlichen Annahmen genötigt sein, um die Aufgabe so weit zu vereinfachen, daß sie entweder überhaupt oder doch ohne allzu großen Rechenaufwand gelöst werden kann. Der Genauigkeitsgrad des Rechenergebnisses wird daher ganz davon abhängen, ob und wie weit man bei diesen Annahmen eine glückliche Hand hatte. Am besten wird der Genauigkeitsgrad durch einen nachträglichen Vergleich mit den Ergebnissen von Versuchen festgestellt, und erst wenn dieser befriedigend ausfällt, darf man in der aufgestellten Theorie eine dauernde Bereicherung unseres Wissens erblicken und kann sie weiterhin mit erhöhter Zuversicht auch auf andere Fälle von ähnlicher Art übertragen. Bei der Biegung des krummen Rohrs war, wie schon im Anfange von § 10 bemerkt wurde, der Vergleich mit Versuchsergebnissen von vornherein möglich, da diese geradezu den Anstoß zur Entwicklung der Theorie gegeben hatten. Auch in anderen Fällen wird es häufig so sein, daß eine Theorie erst aufgestellt wird, nachdem sich ein Bedürfnis dazu herausgestellt hat, weil die Tatsachen, um deren Aufklärung es sich handelt, sich bereits deutlich bemerklich gemacht haben. Jedenfalls ist es aber immer von Nutzen, sich außer und neben dem Vergleiche mit den Beobachtungstatsachen auch auf dem Wege der Überlegung möglichst sorgfältig Rechenschaft darüber abzulegen, inwieweit man bei der Ableitung der Theorie willkürliche Annahmen eingeführt hat, die zu Fehlern Anlaß geben könnten.

Dazu gehört schon die Grundannahme, die man bei allen Betrachtungen dieser Art nicht entbehren kann, daß der Körper aus einem isotropen Stoffe bestehe, der dem verallgemeinerten Hookeschen Gesetze gehorchen soll. Bei einem Körper, der wie ein krummes Rohr aus einem verwickelten Herstellungsverfahren hervorgegangen ist, muß man aber von vornherein auf beträchtliche Abweichungen der elastischen Stoffeigenschaften von dieser Annahme gefaßt sein, auch wenn das Metall, aus dem das Rohr hergestellt wurde, ihr ursprünglich ganz gut entsprochen haben sollte. Aber diese Ungenauigkeit muß man stets hinnehmen, wenn man nicht überhaupt auf eine theoretische Behandlung der Frage verzichten will, und es genügt daher, sie hier der Vollständigkeit wegen zu erwähnen, was ihrer Bedeutung wegen nicht unterlassen werden darf. Ebenso liegt es auch mit einer anderen, die ebenfalls mit dem Herstellungsverfahren des Körpers zusammenhängt und sich auf die geringen unvermeidlichen Abweichungen der tatsächlichen Körpergestalt von der als regelmäßig vorausgesetzten bezieht, wodurch ebenfalls merkliche Fehler in den Ergebnissen der Rechnung gegenüber den bei einem Versuche angestellten Messungen der Formänderung herbeigeführt werden können.

Man kann der Theorie aus den durch die unvollkommene Erfüllung dieser unumgänglichen Voraussetzungen hervorgerufenen Widersprüchen jedenfalls keinen Vorwurf machen. Anders ist es dagegen mit den weiteren Annahmen, die eine Theorie zugrunde legt, ohne unbedingt dazu gezwungen zu sein, und über die Fehler, die dadurch hervorgerufen werden können, muß man sich vor allem klar zu werden bemühen.

Wir nahmen an, daß die Querschnitte des Rohrs bei der Biegung eben bleiben und daß auch die Normalen zur Mittelfläche keine Krümmung erfahren sollten. Für diese Annahme kann man bekanntlich gute Gründe anführen, und sie hat sich auch erfahrungsmäßig in so vielen Fällen zweifellos bewährt, daß sie nicht leicht Anstoß erregen wird. Bedenklich ist dagegen, wie bereits vorher erwähnt, die damit verbundene weitere Annahme, daß in der Querschnittsebene nur solche Formänderungen vorkommen sollten, wie sie durch die Verbiegung der Querschnittsmittellinie hervorgerufen werden, so daß also $\varepsilon_2 = 0$ für $z = 0$ sein sollte. Diese Annahme ist nicht notwendig, und sie ist auch nicht gleichgültig für das Ergebnis, und es empfiehlt sich überhaupt nicht, streng an ihr festzuhalten. An ihrer Stelle könnte man auch die andere Annahme einführen, daß für $z = 0$ nicht ε_2, sondern die Hauptspannung σ_2 zu Null werden sollte. Dann hätte man überall auf der Mantelfläche einen einachsigen Spannungszustand und man hätte dort

$$\varepsilon_2 = -\frac{1}{m}\varepsilon_1$$

zu setzen. Das würde dann freilich schon auf Gl. (12) zurückwirken und damit den ganzen Rechnungsgang des vorigen Paragraphen umstürzen. Ein neuer Aufbau auf dieser veränderten Grundlage wäre offenbar sofort möglich, aber er wäre erheblich umständlicher. Vielleicht oder auch vermutlich würde sich nachher nachweisen lassen, daß die Annahme $\sigma_2 = 0$ für $z = 0$ zu einem kleineren Werte von $A_{\min}$ führt, als nach Gl. (26) und wenn dies zutrifft, würde darin der Beweis zu erblicken sein, daß diese Annahme der Wirklichkeit zum mindesten näher kommt als die vorher gewählte.

Ist es nun wirklich notwendig, die neue Annahme auch noch einzuführen und hiermit die Rechnung zu wiederholen? Es würde nötig werden, wenn sich bei einem Vergleiche der Karmanschen Formeln mit erweiterten Versuchsergebnissen einmal herausstellen sollte, daß gröbere Abweichungen vorkommen, die stets in derselben Richtung gehen, so daß sich ein Fehler im Ansatze vermuten ließe. Aber vorläufig liegt dazu kein Grund vor. Man kann davon auch um so eher absehen, als der Einwand gegen die gewählte Grundlage sofort hinfällig wird, wenn man einen Stoff voraussetzt, für den $m = \infty$ ist, womit die Annahme $\varepsilon_2 = 0$ und $\sigma_2 = 0$ für $z = 0$ gleichbedeutend miteinander werden. Wenn man sich der Ausführungen in § 3 erinnert und ihnen zustimmt, wird man für den Aufbau einer praktisch brauchbaren Näherungstheorie die vorher gewählte Grundlage nicht nur als zulässig, sondern auch als zweckmäßig bezeichnen.

Aber wenn die Sache so liegt, haben wir anderseits keinen Grund dazu, die auf einer unsicheren Voraussetzung abgeleiteten Formeln (27) und (28) genau so festzuhalten, wie sie geschrieben wurden. Nachdem einmal die Annahme $m = \infty$ zu ihrer Begründung herhalten mußte, erscheint es nur folgerichtig, auch im Schlußergebnis $m = \infty$ zu setzen, also den in beiden Formeln vorkommenden Faktor $\frac{m^2 - 1}{m^2}$, der übrigens ohnehin nicht viel von Eins abweicht, nachträglich zu streichen. In der Karmanschen Abhandlung kommt der Faktor überhaupt nicht vor.

Am besten ist es, sich auf Gl. (29) zu stützen, die frei ist von m und zur Berechnung von $\Delta \alpha_0$ die gewöhnliche Biegungstheorie anzuwenden, womit der Faktor $\frac{m^2 - 1}{m^2}$ ebenfalls in Wegfall kommt, da die einfache Biegungstheorie auf die Querdehnungen ε_2 überhaupt nicht achtet, sondern sie stillschweigend so zuläßt, wie sie zu σ_1 gehören. Nach dieser Theorie berechnet man den Biegungswinkel für ein Längenelement ds des Stabes nach der Formel

$$d\varphi = \frac{M\,ds}{E\,\Theta}.$$

Für das Trägheitsmoment Θ des kreisringförmigen Querschnitts ist in unserem Falle, bei dem h klein ist gegen r

$$\Theta = \frac{\pi}{4}\left(\left[r + \frac{h}{2}\right]^4 - \left[r - \frac{h}{2}\right]^4\right) = \pi r^3 h$$

zu setzen und an Stelle von ds tritt die Bogenlänge αR, womit man in der Tat

$$\Delta \alpha_0 = \frac{\alpha}{\pi} \frac{R}{E h r^3} M$$

findet, in Übereinstimmung mit Gl. (28) für $m = \infty$.

Um die hier berührte, immerhin nicht unwichtige Frage noch weiter zu klären, möge sie auch noch an einem vereinfachten Beispiele besprochen werden, bei dem sie sich zugleich von einer anderen Seite her zeigt. Es sei daher jetzt ein gerades Rohr betrachtet, das durch eine Belastung der Quere nach zusammengedrückt wird, und zwar so, daß der Querschnitt eine Abplattung erfährt, von der man annehmen kann, daß sie wie im vorigen Falle näherungsweise als elliptisch angesehen werden kann. Die zugehörige Formänderungsarbeit ist in Gl. (24) mit enthalten. Man braucht darin nur $\Delta a = 0$ zu setzen, hierauf a fortzuschaffen, indem man an Stelle von aR die Rohrlänge l einführt und schließlich $R = \infty$ anzunehmen, wobei $\frac{\lambda^2}{R^2} = \frac{h^2}{r^4}$ wird. Man findet dann

$$A = \frac{m^2}{m^2 - 1} \cdot \frac{E}{2} \cdot \frac{3\pi h^3 l}{4 r^3} c^2 \quad . \quad . \quad . \quad . \quad . \quad (30)$$

Das ist eine Formel, die auch sonst manchmal nützliche Verwendung finden kann, weshalb es sich ohnehin lohnt, sich mit ihr zu beschäftigen. Auch in ihr kommt der Faktor $\frac{m^2}{m^2 - 1}$ vor, den man nach der gewöhnlichen einfachen Biegungstheorie nicht darin zu erwarten hätte, und zwar, aus demselben Grunde wie vorher in Gl. (28). Bei ihrer Ableitung ist nämlich nach Gl. (18) $\varepsilon_1 = 0$ für $R = \infty$ gesetzt, während man nach der gewöhnlichen Theorie einen einachsigen Spannungszustand annimmt, also $\varepsilon_1 = -\frac{1}{m}\varepsilon_2$ voraussetzt.

In diesem Falle ist leicht einzusehen, daß es von den besonderen Umständen der Stützung des Rohrs und der Art der Lastübertragung abhängen muß, welche der beiden Annahmen $\varepsilon_1 = 0$ oder $\sigma_1 = 0$ besser zutrifft. Sind nämlich beide Endquerschnitte des Rohrs derart festgehalten, daß dort keinerlei Verschiebung in der Richtung der Rohrachse stattfinden kann, so ist dies auch von den dazwischen liegenden Querschnitten anzunehmen, also $\varepsilon_1 = 0$ zu setzen und Gl. (30) so wie sie angeschrieben ist, als gültig zu betrachten. Das gilt auch noch, wenn zwar die Endquerschnitte frei sind, aber die Lasten, die das Rohr zusammendrücken, in solcher Art übertragen werden, daß durch die Reibungen an der Übertragungsstelle jede Bewegung in axialer Richtung verhindert wird. Es treten dann außer den durch die Abplattung des Rohrquerschnitts bedingten Biegungsspannungen σ_2 auch noch Längsspannungen σ_1 auf, die die sonst zu erwartende Dehnung ε_1 verhindern, und man hat daher keinen einachsigen Spannungszustand mehr, wie er bei der Berechnung der Formänderungsarbeit nach der gewöhnlichen Biegungstheorie vorausgesetzt wird.

Dagegen trifft im umgekehrten Falle die Berechnungsweise der gewöhnlichen Biegungstheorie zu, und der Faktor $\frac{m^2}{m^2 - 1}$ in Gl. (30) ist zu streichen. Ist man im Zweifel darüber, ob die Art der Stützung des Rohrs eine vollständige oder eine teilweise Verhinderung von Dehnungen ε_1 annehmen läßt, so ist man auf eine Schätzung angewiesen, inwieweit man den fraglichen Faktor bei der Berechnung berücksichtigen will. Für $m = 4$ wird der Faktor gleich 1,067; allzuviel kann daher die Unsicherheit, in der man sich dabei befindet, nicht ausmachen.

Daß die Dehnungen ε_1 auf jeden Fall zustande kommen, wenn sie nicht durch besondere Umstände verhindert werden, geht übrigens daraus hervor, daß für diesen Fall A bei gleichem c kleiner wird, als nach Gl. (30), worin nach Gl. (4) das Kennzeichen für die tatsächlich eintretende Formänderung zu erblicken ist.

Kehren wir nun zur Aufzählung der übrigen Ungenauigkeiten zurück, die in unserer Ableitung sonst noch zugelassen wurden, so ist daran zu erinnern, daß h als sehr klein gegen r und dies wieder als klein gegen R betrachtet wurde. Aber bei den Anwendungen, die man von den aufgestellten Formeln zu machen beabsichtigt, wird dies nur selten wörtlich zutreffen, und wenn das Verhältnis von zwei aufeinanderfolgenden dieser drei Größen etwa 1:3 oder 1:4 anstatt $1:\infty$ beträgt, darf man zwar vielleicht noch eine genügende Annäherung, aber keine besondere Genauigkeit von der Rechnung erwarten.

Dann kommt auch noch die willkürliche Annahme in Betracht, daß die Querschnittslinie des Rohrs in die durch Gl. (14) gekennzeichnete ellipsenähnliche Kurve übergehe. Von dieser Annahme kann man sich indessen, wenn man eine etwas längere Rechnung nicht scheut, auch frei machen. Herr v. Karman hat dies in seiner Abhandlung getan, indem er dahingestellt sein ließ, wie die Kurve im einzelnen aussieht und zu ihrer Beschreibung eine Fouriersche Reihe ähnlich der in Gl. (15) verwendete, von der er so viel Glieder nahm, als nötig erschien, um den gewünschten höheren Grad der Annäherung an die tatsächlich eintretende Verbiegung zu erzielen.

Endlich möge noch einmal an die auf die Besprechung von Abb. 9 folgenden Überlegungen von § 10 zurückgekommen werden, durch die verständlich gemacht werden sollte, warum eine Abplattung des Rohrquerschnittes bei der Biegung der Rohrmittellinie zu erwarten ist. Eine anschauliche Überlegung von dieser Art gibt gewöhnlich den ersten Anstoß zu einer genaueren Untersuchung der aufgeworfenen Frage. Aber damit ist nicht gesagt, daß sie auch den zweckmäßigsten Ausgangspunkt für diese genauere Untersuchung selbst zu bilden hätte. Vielmehr ist bei allen weiteren Entwicklungen von § 10 gar kein Gebrauch mehr davon gemacht worden, und der strengere Beweis dafür, daß sich der Rohrquerschnitt tatsächlich abplatten muß, beruht nicht auf diesen Eingangsbetrachtungen, sondern auf dem Nachweise, daß der Satz vom Minimum der Formänderungsarbeit diese Abplattung in einem genau bestimmten Maße verlangt.

§ 12. Sicheres und unsicheres Gleichgewicht.

Nach Gl. (3) von § 9 muß für jede virtuelle Verschiebung

$$\Sigma \mathfrak{P} \delta \mathfrak{s} - \delta A = 0$$

sein, wenn der Körper unter den Lasten $\mathfrak{P}$ bei jener Gestaltänderung im Gleichgewichte bleiben soll, auf die sich die Formänderungsarbeit A bezieht. Diese Bedingung ist nicht nur notwendig, sondern sie ist auch hinreichend, wenn sie für alle virtuellen Verschiebungen zutrifft.

Dagegen ist aus ihr noch nicht zu erkennen, ob das Gleichgewicht sicher (stabil) oder ob es unsicher (instabil oder labil) ist. Das Kennzeichen dafür läßt sich aber nachträglich auch noch leicht angeben. Beim sicheren Gleichgewicht kehrt der Körper, wenn seine Gestalt durch einen äußeren Eingriff ein wenig abgeändert wurde, nachdem er dem Einfluß der gegebenen Lasten wieder allein überlassen wird, von selbst in die frühere Gestalt und Lage zurück. Dazu gehört, daß bei der Rückkehr etwas mehr an potentieller Energie frei wird, als zur Überwindung der sich etwa widersetzenden Lasten gehört, damit der Unterschied in die lebendige Kraft umgesetzt werden kann, mit der sich der Körper zurückbewegt. Die Formänderungsarbeit in der Nachbarlage darf also nicht nur um den Betrag $\Sigma \mathfrak{P} \delta \mathfrak{s}$ größer sein als in der Gleichgewichtslage, sondern noch darüber hinaus größer um einen Betrag $\delta^2 A$, der dann freilich, damit der vorhergehenden Gleichung nicht widersprochen wird, von höherer Ordnung unendlich klein sein muß, als δA oder $\Sigma \mathfrak{P} \delta \mathfrak{s}$. Als Kennzeichen für das sichere Gleichgewicht sieht man daher an, daß die zweite Variation von A positiv ist; bei negativem Vorzeichen von $\delta^2 A$ ist das Gleichgewicht unsicher. Man drückt dies häufig dahin aus, daß die Formänderungsarbeit beim sicheren Gleichgewicht ein Minimum sein muß. Diese Aussage ist indessen nicht ganz zutreffend.

Um sie genauer zu fassen, führen wir eine Größe V ein, die wir als das *Potential der gegebenen Lasten* bezeichnen und deren Änderung beim Übergang in eine neue Gestalt und Lage des belasteten Körpers der von den Lasten $\mathfrak{P}$ dabei geleisteten Arbeit der Größe nach gleich, aber von entgegengesetztem Vorzeichen sein soll. Einer positiven Arbeit der Lasten bei der betrachteten Verschiebung soll daher eine Abnahme von V entsprechen. Die Absicht bei dieser Festsetzung geht darauf hinaus, V als Maß der Arbeitsmöglichkeit, d. h. der potentiellen Energie bei der Ausgangslage zu benützen und dazu gehört, daß V um so viel abnimmt, als bei der Verschiebung Arbeit bereits geleistet wurde, weil damit die Möglichkeit weiterer Arbeitsleistung entsprechend eingeschränkt ist.

Ob man in dem einzelnen Falle, mit dem man sich gerade zu beschäftigen hat, eine solche Funktion V anzugeben vermag, kann jetzt dahingestellt bleiben; jedenfalls nehmen wir jetzt an, daß sie nicht nur angebbar, sondern auch bereits bekannt sei. Dann läßt sich, entsprechend dem Begriffe von V,

$$\Sigma \mathfrak{P} \delta \mathfrak{s} = -\delta V$$

setzen, und die Gleichung des Prinzips der virtuellen Geschwindigkeiten nimmt damit die einfachere Form

$$\delta(V + A) = 0 \quad \ldots\ldots\ldots \quad (31)$$

an. Das ist die Bedingung dafür, daß die gesamte potentielle Energie, die nicht nur aus der Formänderungsarbeit sondern auch aus dem Potential der Lasten besteht, entweder zu einem Maximum oder zu einem Minimum werden muß. Eine Wiederholung der vorher schon angestellten Überlegung lehrt uns dann, daß

$$\delta^2(V + A) > 0 \quad \ldots\ldots\ldots \quad (32)$$

die Bedingung für das sichere Gleichgewicht ist, und zwar muß diese Bedingung für jede virtuelle Verschiebung erfüllt sein. Sie kann dann dahin ausgesprochen werden, daß für das sichere Gleichgewicht die gesamte potentielle Energie zu einem Minimum werden muß. Ist $\delta^2(V+A)$ auch nur für eine einzige virtuelle Verschiebung negativ, so genügt dies bereits zum Nachweise dafür, daß das Gleichgewicht unsicher ist. Als unempfindlich oder indifferent ist das Gleichgewicht zu bezeichnen, wenn außer $\delta(V+A)$ auch $\delta^2(V+A)$ für alle virtuellen Verschiebungen gleich Null ist.

Zur Erläuterung dieser Aussagen betrachten wir ein Beispiel, das für die Technik auch seinem sachlichen Inhalte nach von Wichtigkeit ist. Ein gerades, dünnwandiges Rohr sei nämlich einem äußeren Flüssigkeitsüberdrucke ausgesetzt, so etwa wie beim Siederohr oder beim Flammrohr in einem Dampfkessel.

Unter dieser Belastung erfährt die Rohrwand eine Zusammendrückung, also eine negative bezogene Dehnung ε_2, wie wir sie in § 10 genannt haben, die nicht nur ringsum, sondern auch in der damals mit z bezeichneten Richtung über die ganze Wanddicke h als gleich groß angesehen werden kann, falls h hinreichend klein ist gegen den Halbmesser r des Querschnittskreises. Hierbei denken wir, wiederum wie in § 10, nur an solche Teile des Rohrs, die weit genug von den Befestigungsstellen an den Rohrenden entfernt sind, um den Einfluß der Versteifung gegen eine elastische Verkürzung des Querschnittdurchmessers, die von den Befestigungsstellen ausgeübt wird, vernachlässigen zu können.

Ferner sei angenommen, daß die Wände, mit denen die Rohrenden verbunden sind, keinen merklichen Widerstand gegen eine Verschiebung in der Richtung der Rohrachse zu leisten vermögen, so daß sie einer Längsdehnung ε_1, die das Rohr unter dem Einflusse einer Zusammendrückung in der tangentialen Richtung erfährt, kein Hindernis in den

Weg stellen. Das würde also z. B. zutreffen bei dem Flammrohr eines gewöhnlichen Dampfkessels. Man hat dann $\varepsilon_1 = -\frac{1}{m}\varepsilon_2$ und hiermit zugleich einen einachsigen Spannungszustand anzunehmen, da die Spannungen σ_3 in radialer Richtung, die von Null an der inneren Grenzfläche auf $-p$ an der äußeren anwachsen, überall so gering bleiben, daß sie gegenüber den weit größeren Spannungen σ_2 vernachlässigt werden können.

Hiernach ist die bezogene Formänderungsarbeit an allen Stellen der Rohrwand, die sich weit genug von den Rohrenden befinden,

$$\mathsf{A} = \frac{1}{2} E \varepsilon_2^2$$

zu setzen und für einen Rohrabschnitt von der Länge l, die als klein angesehen werden mag gegenüber der Gesamtlänge des Rohrs, hat man daher die Formänderungsarbeit

$$A = 2 r \pi h l \mathsf{A} = \pi r h l E \varepsilon_2^2 \quad . \quad . \quad . \quad . \quad . \quad . \quad . \quad (33)$$

In dem gleichen Verhältnisse ε_2 verkürzt sich auch der Rohrhalbmesser r, also um $\varepsilon_2 r$. Beim Aufbringen der Belastung auf die Mantelfläche des Rohrs legen die Angriffspunkte des Flüssigkeitsdruckes diesen Weg $\varepsilon_2 r$ zurück, und wenn man dabei berücksichtigt, daß die Last auf die Flächeneinheit während des Steigerns der Belastung von Null auf p anwächst und im Mittel $\frac{1}{2} p$ beträgt, ist die von dem Flüssigkeitsdruck geleistete Arbeit daher gleich

$$\frac{1}{2} p \cdot 2 r \pi l \cdot \varepsilon_2 r$$

wenn dabei ε_2 nur der Größe nach, ohne Berücksichtigung des Vorzeichens eingesetzt wird.

Ebenso groß muß aber bei dem Gleichgewichtszustande, der sich einstellt, auch die in Gl. (33) angegebene aufgespeicherte Arbeit A sein, und beim Gleichsetzen und Auflösen nach ε_2 findet man unter Berücksichtigung des Vorzeichens von ε_2

$$\varepsilon_2 = -\frac{p r}{E h} \quad . \quad . \quad . \quad . \quad . \quad . \quad . \quad . \quad . \quad (34)$$

Daraus folgt für die Druckspannung σ_2, in die die Rohrwand versetzt wird,

$$\sigma_2 = -p \frac{r}{h} \quad . \quad . \quad . \quad . \quad . \quad . \quad . \quad . \quad . \quad (35)$$

wie man bekanntlich auch auf Grund einer einfachen Gleichgewichtsbetrachtung für die eine Rohrhälfte leicht finden kann.

Offenbar ist der Spannungs- und der Formänderungszustand, von dem jetzt die Rede war, ein Gleichgewichtszustand; dagegen ist noch nicht ersichtlich und soll erst entschieden werden, ob dieses Gleichgewicht sicher oder unsicher ist. Das wird von dem Drucke p, mithin auch von der Größe von ε_2 oder σ_2 abhängen. Sobald p zu groß wird, tritt eine Verbiegung und Zusammendrückung des Rohrquerschnitts ein, also eine Erscheinung, die man als ein Ausknicken der Rohrwand zu bezeichnen pflegt. Im 3. Bande der »Vorlesungen« ist diese Frage mit anderen Mitteln behandelt und der kritische Druck p_k berechnet, bei dem das Ausknicken zu befürchten ist. Darauf soll aber hier nicht verwiesen, sondern die Frage ganz von neuem auf Grund des Prinzips der virtuellen Geschwindigkeiten entschieden werden. Und zwar soll das in der Art und in solcher Ausführlichkeit geschehen, daß sich daraus zugleich eine Anleitung ergibt, wie man in anderen Fällen des instabilen elastischen Gleichgewichts vorzugehen hat.

Zu diesem Zwecke fassen wir eine virtuelle Gestaltänderung ins Auge, die man als einen Anfang der Ausknickbewegung betrachten kann. Der Querschnittskreis vom Halbmesser r möge dabei in eine Ellipse von den Halbachsen $r + c$ und $r - c$ übergehen, wenn wir, um den Zusammenhang mit den früheren Betrachtungen in § 10 und § 11 aufrechtzuerhalten, die unendlich kleine Variation von r mit dem Buchstaben c bezeichnen. Wir berechnen zuerst, wie groß die dadurch herbeigeführte Variation δA der Formänderungsarbeit ist.

Da der Ellipsenumfang bis auf Größen höherer Ordnung genau mit dem Kreisumfange vor der Verbiegung übereinstimmt, ist die durch die Verbiegung hervorgerufene Dehnung $\delta\varepsilon_2$ auf der Mittellinie, also für $z = 0$, gleich Null zu setzen und sonst proportional mit den Abständen z von der Mittelfläche anzunehmen, also nach entgegengesetzten Seiten hin von verschiedenen Vorzeichen. Bezeichnet man die im ursprünglichen Gleichgewichtszustande hervorgerufene und in Gl. (34) berechnete Dehnung ε_2 jetzt, um Verwechslungen zu vermeiden, mit ε_0, so ist hiernach das über die ganze Wanddicke erstreckte Integral

$$\int_{-\frac{h}{2}}^{+\frac{h}{2}} \varepsilon_0 \, \delta\varepsilon_2 \, dz = \varepsilon_0 \int_{-\frac{h}{2}}^{+\frac{h}{2}} \delta\varepsilon_2 \, dz = 0 \cdot$$

zu setzen, und wenn man dies beachtet, ergibt sich weiter für die Formänderungsarbeit $A + \delta A$ nach der virtuellen Verbiegung

$$A + \delta A = \frac{1}{2} E \int (\varepsilon_0 + \delta\varepsilon_2)^2 \, dv = A + \frac{E}{2} \int \delta\varepsilon_2{}^2 \, dv$$

wobei die Integration über alle Raumelemente dv der ganzen Rohrwand von der Länge l zu erstrecken ist. Den Wert des noch stehengebliebenen

Integrals können wir aber ohne weiteres aus Gl. (30) von § 11 entnehmen, nachdem darin der Faktor $\frac{m^2}{m^2-1}$ wegen der hier vorausgesetzten Art der Stützung des Rohrs an seinen Enden unterdrückt ist. Wir finden daher

$$\delta A = \frac{3\pi}{8} \cdot \frac{h^3}{r^3} l c^2 E \qquad \ldots \ldots \ldots \quad (36)$$

Dieser Ausdruck ist aber wegen des Faktors c^2 klein von der zweiten Ordnung, und da wir in der Gleichung des Prinzips der virtuellen Geschwindigkeiten nur die von der ersten Ordnung kleinen Glieder zu berücksichtigen haben, ist für diesen Zweck Gl. (36) zu ersetzen durch

$$\delta A = 0$$

Dagegen werden wir nachher bei der Bildung der zweiten Variation $\delta^2 A$ auf Gl. (36) zurückzugreifen haben.

Wir haben ferner die Arbeit der Lasten $\Sigma \mathfrak{P} \delta \mathfrak{s}$ bei der virtuellen Gestaltänderung zu berechnen oder auch, was auf dasselbe hinauskommt, das Potential der Lasten für die neue Gestalt. Bei allen Anwendungen des Potentialbegriffes kommt es aber nur auf die Potentialunterschiede und nicht auf die absoluten Werte der Potentiale an, d. h. man kann dem Potential immer noch einen beliebigen Festwert zufügen oder mit anderen Worten dem Potential in einer passend gewählten Anfangslage einen beliebigen Wert erteilen. Wir wollen hier das Potential für die Gleichgewichtslage, also für die Ausgangslage der virtuellen Verschiebung mit V_0 bezeichnen, so daß V_0 einen beliebigen Wert darstellen kann. Das Potential V für die der gewählten virtuellen Verschiebung entsprechende neue Lage erhalten wir dann, indem wir von V die Arbeit $\Sigma \mathfrak{P} \delta \mathfrak{s}$ abziehen. Verstehen wir unter ds ein Längenelement des Querschnittskreises, so gehört dazu auf die Länge l ein Flüssigkeitsdruck $pl\,ds$, und wenn sich das Element bei der Verschiebung $\delta \mathfrak{s}$ um dn in der Richtung der äußeren Normalen verschiebt, so leistet diese Kraft eine Arbeit $-pl\,ds\,dn$, und im Ganzen gehört zu der betrachteten virtuellen Verschiebung daher eine Arbeit

$$-pl \int ds\, dn,$$

wobei die Summierung über alle Teile des Kreisumfanges zu erstrecken ist. Aber die Summe hat eine einfache Bedeutung: sie gibt an, um wieviel der Flächeninhalt des Querschnitts bei der virtuellen Verschiebung vergrößert wird. Bezeichnen wir diesen Zuwachs an Fläche mit δF, so ist daher schließlich

$$V = V_0 + pl\delta F \qquad \ldots \ldots \ldots \quad (37)$$

Der Flächeninhalt eines Kreises ist größer als der jeder anderen Fläche von gleichem Umfang; daher kann δF nur negativ sein, also ist

V kleiner als V_0 und δV ebenfalls negativ. Um δF zu berechnen, erinnern wir uns der Formel für den Flächeninhalt einer Ellipse, der hier zu

$$\pi(r+c)(r-c) = \pi(r^2 - c^2)$$

gefunden wird, so daß also

$$\delta F = -\pi c^2 \text{ und } \delta V = -pl\pi c^2 \quad . \quad . \quad . \quad . \quad . \quad (38)$$

zu setzen ist. Das ist aber wiederum eine von der zweiten Ordnung kleine Größe, so daß wir in die Gleichung des Prinzips der virtuellen Geschwindigkeiten, bei der es nur auf die von der gleichen Ordnung wie die Verschiebungen $\delta\mathfrak{s}$ selbst kleinen Größen ankommt, den Wert

$$\delta V = 0$$

einzusetzen haben. Hiermit ist die Gl. (31)

$$\delta(A + V) = 0$$

erfüllt, womit uns zunächst nur bestätigt wird, daß die Ausgangslage eine mögliche Gleichgewichtslage ist. Um zu entscheiden, ob sie sicher oder unsicher ist, haben wir nun die zweite Variation zu bilden.

Hierbei muß man sich aber vor einem naheliegenden Fehler hüten. Man darf nicht etwa die in den Gl. (36) und (38) berechneten Werte von δA und δV, die beide von der zweiten Ordnung klein gefunden wurden, ohne weiteres als die zweiten Variationen benützen. Das geht deshalb nicht, weil bei den zugrunde liegenden Ableitungen bereits Größen, die von derselben Ordnung, also von der Ordnung c^2 klein waren, vernachlässigt wurden. W e n n w i r d i e z w e i t e n V a r i a t i o n e n b i l d e n w o l l e n, m ü s s e n w i r s t e t s a l l e G l i e d e r, d i e b i s z u r z w e i t e n O r d n u n g k l e i n s i n d, b e i b e h a l t e n.

Überblicken wir nun daraufhin die vorausgehenden Ableitungen, so bemerken wir, daß bereits bei der Ableitung von Gl. (12) kleine Größen von der zweiten Ordnung vernachlässigt wurden. Daher dürfen wir auch nicht erwarten, daß die durch Gl. (14), nämlich

$$w_r = c \cos 2\varphi$$

beschriebene Kurve von kleiner Abplattung gleichen Umfang mit dem ursprünglichen Kreise vom Halbmesser r hätte, wenn dabei auch Unterschiede, die von der Ordnung c^2 klein sind, berücksichtigt werden sollen. Auch mit der Ellipse von den Halbachsen $r+c$ und $r-c$ stimmt diese Kurve nur bis auf Größen erster Ordnung überein. In der Tat zeigt sich auch, daß die durch Gl. (14) beschriebene abgeplattete Kurve denselben Flächeninhalt hat wie der Kreis, wenn man ihn in der gewöhnlichen Weise berechnet. Das ist nur dadurch zu erklären, daß der Umfang der Kurve immerhin etwas, wenn auch nur um einen von der zweiten Ordnung kleinen Betrag größer ist als der Umfang des Kreises.

Um den hierdurch hervorgerufenen Fehler auszugleichen, bedienen wir uns einer bekannten Reihenentwicklung für den Umfang einer Ellipse. Wenn die Halbachsen a und b heißen, ist der Umfang

$$U = \pi (a + b)\left(1 + \frac{1}{4}\left(\frac{a - b}{a + b}\right)^2 + \frac{1}{64}\left(\frac{a - b}{a + b}\right)^4 + \cdots\cdots\right)$$

wonach mit $a = r + c$ und $b = r - c$ bis auf Größen von der Ordnung c^2 genau

$$U = 2\pi r\left(1 + \frac{c^2}{4r^2}\right)$$

gefunden wird. Die Ellipse hat daher einen etwas größeren Umfang und zugleich nach Gl. (38) einen etwas kleineren Inhalt als der Kreis vom Halbmesser r. Bei der Variation $\delta^2 V$ kommt es aber auf den Vergleich des Ellipseninhalts mit dem Kreisinhalte unter der Voraussetzung gleichen Umfangs an. Wenn der Umfang der vorher betrachteten Ellipse im Verhältnisse $1 : \left(1 + \frac{c^2}{4r^2}\right)$ vermindert wird, vermindert sich der Inhalt im Verhältnisse $1 : \left(1 + \frac{c^2}{4r^2}\right)^2$ und daher haben wir an Stelle von Gl. (38) jetzt zu setzen

$$\delta F = -\pi c^2 + \pi r^2 \left(\frac{1}{\left(1 + \frac{c^2}{4r^2}\right)^2} - 1\right) = -\frac{3}{2}\pi c^2,$$

wenn man bei der Ausrechnung die von höherer als der zweiten Ordnung kleinen Glieder vernachlässigt. Für die zweite Variation von V ergibt sich daher jetzt

$$\delta^2 V = -p l \pi \frac{3c^2}{2} \quad \ldots\ldots\ldots \quad (39)$$

Dagegen kann $\delta^2 A$ unmittelbar aus Gl. (36) entnommen werden, da bei ihrer Ableitung keine von der gleichen Ordnung kleinen Glieder vernachlässigt wurden. Im ganzen wird daher

$$\delta^2 (V + A) = \frac{3\pi}{8}\frac{h^3}{r^3} l c^2 E - p l \pi \frac{3c^2}{2}.$$

Das Vorzeichen der zweiten Variation, auf das es nach der Ungleichung (32) ankommt, hängt ab von dem Werte des Flüssigkeitsdruckes p. Setzen wir die Variation gleich Null, so erhalten wir den kritischen Druck p_k, mit dessen Überschreitung das Gleichgewicht unsicher wird und daher ein Ausknicken der Rohrwand zu befürchten ist. Die Ausrechnung liefert

$$p_k = \frac{E}{4}\frac{h^3}{r^3} \quad \ldots\ldots\ldots\ldots \quad (40)$$

Nun ist freilich noch ein Bedenken gegen die ganze Ableitung zu erheben. Wir haben uns auf die Untersuchung einer virtuellen Verschiebung beschränkt, die den Querschnittskreis in eine unendlich wenig abgeplattete Ellipse übergehen ließ. Von vornherein erscheint es aber keineswegs ausgeschlossen, daß sich andere Gestaltänderungen angeben ließen, für die $\delta^2(V+A)$ bereits negativ werden könnte, obschon p noch kleiner wäre als nach Gl. (40). Hiernach wäre der vorher berechnete Wert von p_k nur als eine obere Grenze zu betrachten und noch nicht als der niedrigste Wert von p, bei dem das Ausknicken auf irgendeine Art zu befürchten wäre.

Um dies noch weiterhin zu untersuchen, könnte man zunächst einmal die Rechnung für die der Gl. (14) entsprechende Kurve, die ja nicht ganz genau mit einer Ellipse zusammenfällt, in derselben Weise wiederholen. Man würde also zuerst bis auf Größen zweiter Ordnung genau ihren Umfang zu berechnen und daraus wie vorher δF zu bilden haben. Aber damit würde man zu demselben Ergebnisse wie in G. (40) zurückgeführt werden. Hierauf könnte man eine allgemeinere Abplattungs- oder Verbiegungskurve nach dem Muster der Gl. (15) in Aussicht nehmen und die dann weit umfangreichere Rechnung von neuem wiederholen, immer in der Absicht, festzustellen, ob sich auf diesem Wege nicht ein kleinerer kritischer Wert als nach Gl. (40) finden ließe.

Hiernach könnte es scheinen, als wenn das ganze Verfahren zu unsicher und zu mühevoll und daher nicht recht brauchbar wäre. Aber hier tritt nun noch eine andere Überlegung ergänzend ein, die diesen Einwand wenigstens soweit widerlegt, als es sich um die praktische Brauchbarkeit des Verfahrens handelt. Faßt man nämlich eine Abplattungskurve ins Auge, wie sie nach Gl. (15) durch mehrere Glieder einer Fourierschen Reihe dargestellt wird, so bemerkt man, daß die höheren Glieder bei gleich großen Werten der Koeffizienten c zu immer stärkeren Krümmungsänderungen führen, als die niedrigeren Glieder, weil sie bei gleichen Amplituden c zu kürzeren Wellenlängen gehören. Zu stärkeren Krümmungsänderungen gehören aber auch größere Formänderungsarbeiten, während es sich bei dem hier besprochenen Verfahren gerade darum handelt, eine Nachbarlage aufzusuchen, für die die potentielle Energie möglichst klein und daher vielleicht kleiner als in der ursprünglichen Gleichgewichtslage zu werden vermag. Aus diesem Grunde kann man sich mit hinreichender Zuversicht darauf verlassen, bei Untersuchungen über das sichere oder unsichere Gleichgewicht zu richtigen Ergebnissen zu gelangen, wenn man dabei auch nur die einfachsten und nächstliegenden und daher mit möglichst geringen Krümmungswechseln verbundenen virtuellen Verschiebungen berücksichtigt.

Schließlich möge noch darauf hingewiesen werden, daß die Einführung des Potentials V der Lasten für die Durchführung der Rechnung allerdings entbehrlich gewesen wäre, da es ja in der Tat nur auf die Änderung δV ankommt, die auch schon durch $-\Sigma \mathfrak{P}\delta\mathfrak{s}$ angegeben wird. Die Benutzung des Potentialbegriffs gestattete jedoch, die Gleichgewichtsbedingungen (31) und (32) in möglichst einfachen Formeln wiederzugeben, denen man leicht eine anschauliche Deutung abzugewinnen vermag, womit der Sachverhalt besser, als es sonst möglich gewesen wäre, geklärt erscheint.

§ 13. Die Variation des Spannungszustandes.

Ein Körper von gegebener Gestalt erfährt bei gegebener Stützung durch eine ebenfalls gegebene Belastung eine elastische Formänderung, die entweder durch die Verschiebungskomponenten $\xi\ \eta\ \zeta$ oder auch durch die Formänderungskomponenten $\varepsilon_x\ \varepsilon_y\ \varepsilon_z\ \gamma_{xy}\ \gamma_{yz}\ \gamma_{zx}$ beschrieben werden kann und gerät dadurch in einen Spannungszustand $\sigma_x\ \sigma_y\ \sigma_z\ \tau_{xy}\ \tau_{yz}\ \tau_{zx}$, wobei alle diese Größen als Funktionen der Koordinaten zu betrachten sind. Der Formänderungszustand $\varepsilon_x\ldots$ sowohl als der Spannungszustand $\sigma_x\ldots$, wie wir sie der Kürze halber jetzt nennen wollen, hängen noch von den besonderen elastischen Eigenschaften des Körpers ab. Sie fallen nämlich verschieden aus, je nachdem ob der Körper isotrop ist und dem verallgemeinerten Hookeschen Gesetze gehorcht oder ob Abweichungen davon vorkommen. Im ersten Falle jedoch, der in der Theorie als der Normalfall betrachtet wird, sind beide Zustände eindeutig bestimmt und die Aufgabe der Theorie geht darauf hinaus, beide zu ermitteln.

Es ist dabei gleichgültig, ob man zuerst den Formänderungszustand $\varepsilon_x\ldots$ oder zuerst den Spannungszustand $\sigma_x\ldots$ aufsucht, da nach Bekanntwerden des einen sofort auch der andere nach einfachen Gesetzen gefunden werden kann. Aber nur in den einfachsten Fällen kann die Aufgabe mathematisch streng gelöst werden, und in allen anderen Fällen ist man auf Annäherungen angewiesen, die für die praktischen Zwecke der Festigkeitslehre genügen. Um eine passende Handhabe für brauchbare Annäherungen zu gewinnen, die unter Umständen auch zur Aufstellung einer strengen Lösung dienen kann, muß man sich eine möglichst genaue Kenntnis der besonderen Eigenschaften des Formänderungs- und des Spannungszustandes zu verschaffen suchen, die für den vorher erwähnten Normalfall des isotropen und dem Hookeschen Gesetze gehorchenden Körpers zu erwarten sind. Zu diesem Zwecke kann man beide Zustände mit benachbarten vergleichen, die bei Abweichungen vom Normalfalle ebenso gut eintreten könnten wie die gesuchten und feststellen, wodurch sich die gesuchten vor allen anderen möglichen auszeichnen. Das ist bereits in den vorhergehenden Paragraphen geschehen, indem wir eine Variation des Formänderungszustandes $\varepsilon_x\ldots$ vornahmen, die sich als eine virtuelle Verschiebung ansehen ließ, auf die man das Prinzip der virtuellen Geschwindigkeiten anwenden konnte. Die Folgerungen, zu denen wir dabei gelangten, haben sich bei den Beispielen, auf die wir sie bezogen, bereits als sehr nützlich erwiesen, um den im Normalfalle zu erwartenden Formänderungszustand aus den anderen sonst noch möglichen entweder genau oder wenigstens mit genügender Annäherung herauszufinden.

Diesen Folgerungen lassen sich aber auch noch andere gegenüberstellen, die ebenso nützlich sind und die jenen zwar ähnlich, aber doch wesentlich von ihnen verschieden sind, indem man eine Variation des Spannungszustandes in dem Körper vornimmt. Den Spannungszustand σ_x.. wollen wir also jetzt vergleichen mit einem ihm unendlich nahe benachbarten, der aus ihm hervorgeht, indem man ihm einen willkürlichen Spannungszustand $\delta\sigma_x\ \delta\sigma_y\ \delta\sigma_z\ \delta\tau_{xy}\ \delta\tau_{yz}\ \delta\tau_{zx}$ oder, wie wir ihn abgekürzt nennen können, einen Spannungszustand $\delta\sigma_x$.. überlagert. Der Spannungszustand $\delta\sigma_x$.. muß also zunächst für sich genommen allen Gleichgewichtsbedingungen, und zwar am unbelasteten Körper, genügen, da ja den Lasten schon durch die Spannungen σ_x.. das Gleichgewicht gehalten wird. Es gelten also für ihn, den Gl. (21) von § 2 entsprechend, die Gleichungen

$$\frac{\partial\,\delta\sigma_x}{\partial x} + \frac{\partial\,\delta\tau_{yx}}{\partial y} + \frac{\partial\,\delta\tau_{zx}}{\partial z} = 0 \quad . \quad . \quad . \quad . \quad . \quad . \quad . \quad (41)$$

usf., womit auch schon ausgesprochen ist, daß die $\delta\sigma_x$ stetige Funktionen der Koordinaten sein sollen. Außerdem wollen wir sie vorläufig noch der Bedingung unterwerfen, daß sie überall am Umfange des Körpers zu Null werden, mit dem Vorbehalte, uns davon später wieder frei zu machen.

Von diesen Bedingungen abgesehen, soll es uns aber freistehen, den Spannungszustand $\delta\sigma_x$ ganz nach Belieben zu wählen. Dazu gehört auch, daß er sich nur auf beliebig herausgegriffene Teile des ganzen Körpers zu erstrecken braucht, falls nur darauf geachtet wird, daß vorläufig wenigstens an den Grenzstellen zwischen dem der Variierung unterworfenen Teil des Körpers und dem davon unberührt gelassenen Reste der Spannungszustand $\delta\sigma_x$ schon auf Null gesunken sein soll; es sei denn, daß an diesen Stellen etwa die Verschiebungskomponenten $\xi\,\eta\,\zeta$ zu Null würden, in welchem Falle diese Voraussetzung von vornherein entbehrlich wäre.

Der Spannungszustand $\delta\sigma_x$.. ist daher von der Art der Eigenspannungen, die in einem unbelasteten Körper vorkommen können, abgesehen von den vorläufigen Einschränkungen am Umfange und an den eben erwähnten Grenzstellen, die wir ihm willkürlich auferlegten und die von den Eigenspannungen nicht in dem gleichen Maße erfüllt zu sein brauchen. Insbesondere genügt der Spannungszustand $\delta\sigma_x$ den im ersten Abschnitte besprochenen Verträglichkeitsgleichungen ebensowenig, wie dies von den Eigenspannungen gilt.

Der zusammengesetzte Spannungszustand $\sigma_x + \delta\sigma_x \ldots$ stellt daher einen der unendlich vielen, vom Standpunkt der Statik starrer Körper gleich gut möglichen Gleichgewichtszustände an dem belasteten Körper dar, und er kann auch mit einem wirklich eintretenden Spannungszustand zusammenfallen, wenn wir uns ohne jede sonstige Änderung nur die elastischen Eigenschaften des Körpers ein wenig geändert denken. Es fragt sich jetzt, wodurch sich der im Normalfalle wirklich eintretende Spannungszustand $\sigma_x \ldots$ vor allen ihm benachbarten statisch möglichen Spannungszuständen $\sigma_x + \delta\sigma_x \ldots$ auszeichnet.

Zur Beantwortung dieser Frage gelangen wir durch die Berechnung der Formänderungsarbeit für beide Zustände und durch ihren Vergleich. Dabei müssen wir, weil es sich um eine Variation des Spannungszustandes handeln soll, von der Formel (54) in § 5 ausgehen, in der die bezogene Formänderungsarbeit A in den Spannungskomponenten ausgedrückt war, nämlich

$$A = \frac{1}{2G}\left\{\frac{1}{2}(\sigma_x^2 + \sigma_y^2 + \sigma_z^2) - \frac{1}{2(m+1)}(\sigma_x + \sigma_y + \sigma_z)^2 + \tau_{xy}^2 + \tau_{yz}^2 + \tau_{zx}^2\right\}$$

Die Variation δA, die dem Übergange vom Spannungszustande $\sigma_x \ldots$ zu $\sigma_x + \delta\sigma_x \ldots$ entspricht, folgt daraus

$$\delta A = \frac{1}{2G}\left[\delta\sigma_x\left(\sigma_x - \frac{1}{m+1}(\sigma_x + \sigma_y + \sigma_z)\right) + \right.$$

$$+ \delta\sigma_y\left(\sigma_y - \frac{1}{m+1}(\sigma_x + \sigma_y + \sigma_z)\right) + \delta\sigma_z\left(\sigma_z - \frac{1}{m+1}(\sigma_x + \sigma_y + \sigma_z)\right) +$$

$$\left. + 2\tau_{xy}\,\delta\tau_{xy} + 2\tau_{yz}\,\delta\tau_{yz} + 2\tau_{zx}\,\delta\tau_{zx}\right].$$

Man überzeugt sich aber leicht bei Umrechnung vom Schubmodul G auf den Modul E, daß

$$\frac{1}{2G}\left(\sigma_x - \frac{\sigma_x + \sigma_y + \sigma_z}{m+1}\right) = \varepsilon_x$$

usf. gesetzt werden kann, womit sich die vorige Gleichung zu

$$\delta A = \varepsilon_x\,\delta\sigma_x + \varepsilon_y\,\delta\sigma_y + \varepsilon_z\,\delta\sigma_z + \gamma_{xy}\,\delta\tau_{xy} + \gamma_{yz}\,\delta\tau_{yz} + \gamma_{zx}\,\delta\tau_{zx}$$

vereinfacht. Die Variation der ganzen Formänderungsarbeit ist daher

$$\delta A = \int(\varepsilon_x\,\delta\sigma_x + \varepsilon_y\,\delta\sigma_y + \varepsilon_z\,\delta\sigma_z + \gamma_{xy}\,\delta\tau_{xy} + \gamma_{yz}\,\delta\tau_{yz} + \gamma_{zx}\,\delta\tau_{zx})\,dv \qquad (42)$$

wobei die Integration über den ganzen Körperinhalt zu erstrecken ist.

Dieser Ausdruck läßt sich durch eine partielle Integration umformen, und zwar hat man zunächst

$$\int \varepsilon_x \, \delta \sigma_x \, dv = \iint dy\, dz \int \frac{\partial \xi}{\partial x} \delta \sigma_x \, dx = \iint dy\, dz \, [\xi \, \delta \sigma_x] - \iiint \xi \frac{\partial \delta \sigma_x}{\partial x} dx\, dy\, dz.$$

Der in der eckigen Klammer stehende Ausdruck $\xi \delta \sigma_x$ bezieht sich auf die Elemente der Körperoberfläche, an der aber entweder die Verschiebungskomponenten $\xi \eta \zeta$ gleich Null sind, wie es z. B. an den Auflagerstellen zutreffen kann, oder aber, wo dies nicht zutrifft, unserer Voraussetzung gemäß $\delta \sigma_x$ überall gleich Null sein soll. Das zugehörige Integral fällt daher fort, und es bleibt

$$\int \varepsilon_x \, \delta \sigma_x \, dv = - \int \xi \frac{\partial \, \delta \sigma_x}{\partial x} dv.$$

Auf dieselbe Weise findet man auch

$$\int \gamma_{xy} \, \delta \tau_{xy} \, dv = - \int \left(\xi \frac{\partial \, \delta \tau_{xy}}{\partial y} + \eta \frac{\partial \, \delta \tau_{xy}}{\partial x} \right) dv$$

und Gl. (42) geht damit über in

$$\delta A = - \int \left\{ \xi \left(\frac{\partial \, \delta \sigma_x}{\partial x} + \frac{\partial \, \delta \tau_{xy}}{\partial y} + \frac{\partial \, \delta \tau_{xz}}{\partial z} \right) + \eta \left(\frac{\partial \, \delta \sigma_y}{\partial y} + \frac{\partial \, \delta \tau_{yz}}{\partial z} + \frac{\partial \, \delta \tau_{yx}}{\partial x} \right) + \right.$$
$$\left. + \zeta \left(\frac{\partial \, \delta \sigma_z}{\partial z} + \frac{\partial \, \delta \tau_{zx}}{\partial x} + \frac{\partial \, \delta \tau_{zy}}{\partial y} \right) \right\} dv.$$

Nach Gl. (41) und den ihr für die anderen Koordinatenrichtungen entsprechenden werden aber die in den runden Klammern stehenden Summen zu Null, und wir finden daher

$$\delta A = 0 \quad . \; . \; . \; . \; . \; . \; . \; . \; . \; . \quad (43)$$

Damit haben wir die einfache Eigenschaft gefunden, durch die sich der dem Normalfall des elastischen Verhaltens entsprechende Spannungszustand vor allen statisch ebensogut möglichen, mit denen wir ihn verglichen haben, auszeichnet. Mit dem Vorbehalte, daß die zweite Variation $\delta^2 A$ positiv ausfällt, können wir die Gleichung in der üblichen Form aussprechen, daß der tatsächlich eintretende Spannungszustand die Formänderungsarbeit zu einem Minimum macht.

Wir müssen uns jetzt noch von der lästigen Beschränkung frei machen, daß die Variationen $\delta \sigma_x$.. an der Körperoberfläche, abgesehen von den Stellen, für die $\xi \eta \zeta$ verschwinden, überall zu Null werden sollten. Wir nahmen sie vorläufig hin, um den Beweisgang zu vereinfachen und dadurch den Sinn der ganzen Betrachtung deutlicher hervortreten zu lassen, würden aber, wenn wir dauernd daran festhalten wollten, die Gebrauchsfähigkeit des abzuleitenden Satzes so stark einschränken, daß nicht viel damit anzufangen wäre.

Die Voraussetzung, daß der Spannungszustand $\delta\sigma_x$.. an den Körperoberflächen für alle Schnittrichtungen verschwinden sollte, diente nur dazu, die bei der partiellen Integration auftretenden Oberflächen-Integrale zu beseitigen. Aber es wird sich zeigen, daß die Summe dieser Oberflächen-Integrale unter den gewöhnlich vorliegenden Umständen ohnehin verschwindet, wenn wir die Voraussetzung fallen lassen.

Auf jeden Fall muß nämlich der Spannungszustand $\delta\sigma_x$ an der Oberfläche, wenn er dort nicht ganz verschwindet, mit der Bedingung verträglich sein, daß jedes Oberflächenelement dF frei sowohl von Spannungen als von Lasten ist. Das ist eine Bedingung, die auch von den Eigenspannungen eines Körpers jederzeit erfüllt sein muß. Denken wir uns zum Oberflächenelement dF eine äußere Normale gezogen und bezeichnen wir die Kosinus der Winkel, die sie mit den Koordinatenrichtungen bildet, mit $r_1\, r_2\, r_3$, so muß nach den Gl. (4) von § 1 an der spannungsfreien Oberfläche

$$\left.\begin{aligned} r_1\,\delta\,\sigma_x + r_2\,\delta\,\tau_{yx} + r_3\,\delta\,\tau_{zx} &= 0 \\ r_2\,\delta\,\sigma_y + r_3\,\delta\,\tau_{zy} + r_1\,\delta\,\tau_{xy} &= 0 \\ r_3\,\delta\,\sigma_z + r_1\,\delta\,\tau_{xz} + r_2\,\delta\,\tau_{yz} &= 0 \end{aligned}\right\} \quad . \quad . \quad . \quad . \quad . \quad (44)$$

sein. Nun hatte sich bei der Integration von $\varepsilon_x\delta\sigma_x$ über den ganzen Körperraum das Oberflächenintegral

$$\iint dy\, dz\, [\xi\, \delta\, \sigma_x]$$

ergeben, das wir jetzt nicht mehr gleich Null setzen dürfen. Aber wir können es in der Form

$$\int \xi\, \delta\, \sigma_x\, r_1\, dF$$

anschreiben, da $dy\,dz$ als Projektion eines Flächenelements dF auf die YZ-Ebene angesehen werden kann. Ebenso entstehen bei der partiellen Integration von $\int \gamma_{xy}\, \delta\tau_{xy}\, dv$ zwei Oberflächenintegrale

$$\iint dx\, dz\, [\xi\, \delta\, \tau_{xy}] + \iint dy\, dz\, [\eta\, \delta\, \tau_{xy}],$$

die sich in der Form

$$\int (r_2\, \xi + r_1\, \eta)\, \delta\, \tau_{xy}\, dF$$

anschreiben lassen, wobei sich die Integration wiederum über die ganze Oberfläche des Körpers zu erstrecken hat.

Im ganzen erhält man bei diesen Umformungen an allen sechs Gliedern von Gl. (42) neun Oberflächenintegrale, deren Summe sich zu dem einzigen Integrale

$$\int \Big\{ r_1 (\xi\, \delta \sigma_x + \eta\, \delta \tau_{xy} + \zeta\, \delta \tau_{zx}) + r_2 (\xi\, \delta \tau_{xy} + \eta\, \delta \sigma_y + \zeta\, \delta \tau_{yz}) + \\ + r_3 (\xi\, \delta \tau_{zx} + \eta\, \delta \tau_{yz} + \zeta\, \delta \sigma_z) \Big\} dF$$

zusammenfassen läßt. Das läßt sich dann noch weiter umordnen in

$$\int \Big\{ \xi (r_1 \delta \sigma_x + r_2 \delta \tau_{xy} + r_3 \delta \tau_{zx}) + \eta (r_2 \delta \sigma_y + r_3 \delta \tau_{yz} + r_1 \delta \tau_{xy}) + \\ + \zeta (r_3 \delta \sigma_z + r_1 \delta \tau_{zx} + r_2 \delta \tau_{yz}) \Big\} dF$$

und nun lehrt der Vergleich mit den Gl. (44), daß dieses Integral zu Null wird. Hiermit ist aber gezeigt, daß Gl. (43) auch noch zu Recht besteht, wenn wir die Variation des Spannungszustandes bis auf die Oberfläche hin erstrecken, falls dabei nur die an sich eigentlich selbstverständliche Bedingung erfüllt ist, die durch die Gl. (44) zum Ausdrucke gebracht wird.

Wir sind jetzt ferner auch berechtigt, die Variation des Spannungszustandes auf einen beliebig abgegrenzten Teil des ganzen Körpers zu erstrecken und den Rest davon unberührt zu lassen, wenn wir nur dafür sorgen, daß überall an den Grenzflächen zwischen beiden Teilen den Gl. (44) genügt wird. Auch in diesem Falle gilt Gl. (43) und die sich an sie knüpfende Schlußfolgerung, daß die im Normalfalle des elastischen Verhaltens tatsächlich zustande kommende Spannungsverteilung die Formänderungsarbeit zu einem Minimum macht.

§ 14. Der Satz vom Minimum der Formänderungsarbeit.

Dieser Satz gehört zu den in der heutigen Technik bekanntesten und am häufigsten gebrauchten Hilfsmitteln der Festigkeitslehre. Seine Hauptanwendung findet er bei der Berechnung der statisch unbestimmten Tragkonstruktionen. Man wird auch jetzt vielleicht noch annehmen dürfen, wie es vor wenigen Jahren zweifellos der Fall war, daß seine Kenntnis in den Kreisen der Bauingenieure viel allgemeiner verbreitet ist als bei den Maschineningenieuren, wenigstens soweit es sich dabei um solche Herren handelt, die ihre theoretischen Studien schon vor längerer Zeit abgeschlossen haben.

Bekannt wurde der Satz in der Baustatik hauptsächlich durch Castigliano, nach dem er auch gewöhnlich benannt wird. In Deutschland hat zu seiner Verbreitung, und zwar überwiegend in der Bautechnik, am meisten Müller-Breslau beigetragen. Die meisten der für die Maschineningenieure bestimmten Lehr- und Handbücher, in denen Festigkeitsbetrachtungen vorkommen, sind dagegen lange Zeit hindurch und teilweise bis auf den heutigen Tag ziemlich achtlos an dem wichtigen Fortschritte vorübergegangen, der in der Einführung des Satzes für die praktische Festigkeitslehre zu erblicken ist. Natürlich gilt dies nicht allgemein, und besonders dürfte der 3. Band der »Vorlesungen«, der auch, und vielleicht sogar überwiegend, in den Kreisen der Maschineningenieure weite Verbreitung gefunden hat, viel dazu beigetragen haben, den Satz auch dort bekannt zu machen, so daß wenigstens die jüngeren Ingenieure aller Fachrichtungen ziemlich ausnahmslos schon von ihm gehört haben werden.

Von den Lesern dieses Buches glauben wir hiernach annehmen zu dürfen, daß sie schon von früher her wissen, um was es sich bei dem Satze handelt, so daß wir auf eine ausführliche Besprechung, die zur Einführung in den Gebrauch des Satzes dienen könnte, hier verzichten und dafür auf andere Bücher verweisen können. Nur der Zusammenhang des Satzes, so wie er in der heutigen Technik gewöhnlich gebraucht wird, mit den allgemeineren Betrachtungen dieses Abschnittes soll hier genauer besprochen und mit Hilfe von Beispielen näher erläutert werden.

Dabei ist nun vor allem darauf hinzuweisen, daß wir zwei verschiedene Sätze, beide von großer Tragweite, kennen gelernt haben, von denen jeder, wenn man will, als der Satz vom Minimum der Formänderungsarbeit bezeichnet werden kann. Wir werden uns daher vor allem zu überlegen haben, worin der Unterschied zwischen diesen beiden Sätzen besteht, um eine Verwechslung zwischen ihnen zu verhüten, die sonst leicht zu Fehlern führen könnte.

Gl. (4) von § 9 und Gl. (43) von § 13 stimmen in der Schreibweise

$$\delta A = 0$$

buchstäblich miteinander überein und haben trotzdem einen ganz verschiedenen Sinn. Gl. (4) wurde aus dem Prinzip der virtuellen Geschwindigkeiten abgeleitet, und sie setzte voraus, daß die Formänderungsarbeit A als Funktion der Formänderungsgrößen aufgefaßt und dargestellt sein sollte. Auch das Zeichen δ hatte daher den Sinn, daß der tatsächlich bestehende Formänderungszustand mit einem ihm unendlich nahe benachbarten verglichen werden sollte. Will man dies zum Unterschiede von dem anderen Falle auch in der Schreibweise ersichtlich machen, so kann man Gl. (4) in der Form

$$\delta_\varepsilon A = 0 \quad \ldots \ldots \ldots \ldots (45)$$

anschreiben, wobei der Zeiger ε an die Formänderungsgrößen ε_x usw. erinnern und darauf hinweisen soll, daß der Formänderungszustand zu variieren ist.

Gl. (43) wurde dagegen aus einer Variation des Spannungszustandes gewonnen und setzte voraus, daß die Formänderungsarbeit in den den Spannungszustand beschreibenden Größen ausgedrückt werden sollte. Die entsprechende Schreibweise mit Verwendung des an die Spannungsgrößen σ_x usw. erinnernden Zeigers σ lautet

$$\delta_\sigma A = 0 \quad \ldots \ldots \ldots \ldots (46)$$

womit zunächst einmal vor Augen geführt ist, daß es sich in beiden Fällen um zwei wesentlich verschiedene Aussagen handelt.

Bei oberflächlicher Betrachtung könnte es freilich scheinen, als wenn der eben hervorgehobene Unterschied unerheblich wäre, weil man gewohnt ist, an den ursächlichen Zusammenhang zwischen Zustand ε_x.. und Zustand σ_x.. zu denken. Aber hier ist dies anders. Wenn wir den Zustand ε_x.. variieren, um das Prinzip der virtuellen Geschwindigkeiten auf die Gestaltänderung anzuwenden, denken wir durchaus nicht an eine damit zusammenhängende Änderung des Zustandes σ_x.. und können daran auch gar nicht denken, weil ja die Lasten bei der Variation unverändert bleiben sollen, so daß ein etwa mit ε_x.. zugleich variierter Spannungszustand σ_x.. gar kein Gleichgewicht mehr mit den gegebenen Lasten herstellen könnte. Zu den gegebenen Lasten gehört eben nur ein ganz bestimmter Formänderungszustand ε_x.. und ein Spannungszustand σ_x.., die einander gegenseitig entsprechen. Wir können daher unmöglich zugleich beide Zustände ändern, so daß sie nach dem Elastizitätsgesetze einander entsprechen und abermals wieder mit den gegebenen Lasten Gleichgewicht herbeiführen, da dies im Widerspruch mit der Eindeutigkeit der Lösung der Spannungsaufgabe wäre.

Wir können also willkürlich immer nur einen von den beiden Zuständen abändern, wobei wir darauf verzichten müssen, den abgeänderten Zustand auch wieder als allen Bedingungen der Spannungsaufgabe entsprechend anzusehen. Ändern wir ε_x.. ab und berechnen nach dem Elastizitätsgesetze die zugehörigen Spannungen σ_x.., so hat das gar keine Bedeutung, da die so berechneten Spannungen nicht mehr im Gleichgewichte miteinander stehen, so daß sie gar keinen Spannungszustand mehr im eigentlichen Sinne dieses Wortes miteinander bilden. In der Tat ist auch bei der Anwendung des Prinzips der virtuellen Geschwindigkeiten zur Ableitung von Gl. (4) von einer Änderung der Spannungen gar nicht die Rede, sondern sie werden dabei als unverändert angesehen.

Umgekehrt wurde bei der Ableitung von Gl. (43) ein variierter Spannungszustand betrachtet, von dem verlangt wurde, daß er ebensogut wie der ursprüngliche allen Gleichgewichtsbedingungen genügte, dagegen konnte nicht verlangt, sondern mußte darauf verzichtet werden, daß dieser nun auch wieder zu einem mit dem Elastizitätsgesetze verträglichen variierten Formänderungszustande gehören sollte. Wollte man versuchen, die zu dem willkürlich variierten Spannungszustande nach dem Elastizitätsgesetze gehörigen Formänderungskomponenten ε_x.. zu berechnen, so würde man finden, daß diese ohne eine Lösung des Körperzusammenhanges gar nicht verträglich miteinander wären. Bei der Variation des Spannungszustandes wird daher gar nicht an eine damit verbundene Gestaltänderung des Körpers gedacht, sondern es wird so gerechnet, als wenn die Gestalt unverändert geblieben wäre.

Die beiden Variationen $\delta_\varepsilon A$ und $\delta_\sigma A$ haben daher nicht nur einen ganz verschiedenen Sinn, sondern sie haben überhaupt gar nichts miteinander zu tun, und die beiden Gl. (4) und (43) können weder als gleichbedeutend noch als einander unmittelbar bedingend angesehen werden, wenn sie auch im Einzelfalle zu dem gleichen Schlußergebnis führen und schließlich auch, wenn es verlangt wird, durch eine freilich nicht ganz einfache Schlußfolgerung auseinander abgeleitet werden können.

Wie verschieden die beiden Gleichungen voneinander sind, geht unter anderem auch daraus hervor, daß man die Aufgaben, die in den vorausgehenden Paragraphen als Beispiele zur Erläuterung der Anwendung von Gl. (4) besprochen wurden, mit Hilfe von Gl. (43) überhaupt nicht lösen könnte, da es bei ihnen wesentlich auf die Gestaltänderung ankam. Gl. (4) stellt eben den allgemeiner verwendbaren Satz dar, während Gl. (43) den unmittelbarer und bequemer verwendbaren Satz bei der Spannungsberechnung von statisch unbestimmten Konstruktionen ausspricht.

Ein anderer Unterschied zwischen beiden Sätzen liegt darin, daß Gl. (4) an eine Beschränkung gebunden ist, die bei Gl. (43) wegfällt. Gl. (4) und hiermit der Satz vom Minimum der Formänderungsarbeit im Sinne von § 9 gilt nämlich nur unter der Voraussetzung, daß bei den betrachteten Gestaltänderungen von den äußeren Kräften keine Arbeit geleistet wird, während sonst die allgemeinere Gl. (3)

$$\Sigma \mathfrak{P} \delta \mathfrak{s} - \delta_\varepsilon A = 0$$

an ihre Stelle tritt. Bei Gl. (43) und dem Satze von Minimum der Formänderungsarbeit im Sinne von § 13 fällt dagegen diese Beschränkung fort, weil in diesem Falle überhaupt keine Gestaltänderung in Betracht gezogen wird, so daß die äußeren Kräfte ohnehin keine Arbeit leisten können.

Nachdem die Unterschiede zwischen beiden Sätzen genügend hervorgehoben sind, muß aber auch auf eine Brücke hingewiesen werden, die sich zwischen beiden herstellen läßt. Sie besteht darin, daß man noch eine dritte Art der Variation zuläßt, bei der auch die Lasten eine Veränderung erfahren, während bisher sowohl bei der Variation δ_ε als bei δ_σ die Lasten als unveränderlich gegeben angenommen wurden. Wenn man auch die Lasten oder wenigstens einzelne von ihnen als veränderlich ansieht, kann man gleichzeitig sowohl den Formänderungszustand ε_x.. als den Spannungszustand σ_x.. variieren, und zwar so, daß beide nicht nur geometrisch und statisch möglich sind, sondern sich auch gegenseitig nach dem Elastizitätsgesetze entsprechen. Der geänderte Zustand des Körpers läßt sich dann nicht nur willkürlich vorstellen, sondern er kann auch, wenn es verlangt wird, durch eine entsprechend abgeänderte Belastung tatsächlich hergestellt werden, ohne daß zu diesem Zwecke dem Körper andere elastische Eigenschaften erteilt werden müßten, als sie unter der Bezeichnung des »Normalfalles« verstanden wurden.

Auf diese Möglichkeit ist schon in § 9 hingewiesen worden, und es wurde schon damals ausgesprochen, daß es sich dann nicht mehr im eigentlichen Sinne um eine Anwendung des Prinzips der virtuellen Geschwindigkeiten handelt, sondern daß man dabei auch schon mit einfacheren Überlegungen auskommt. Freilich erhält man dabei keinen vollen Ersatz der Gl. (3) oder (4), und wer den Satz vom Minimum der Formänderungsarbeit nur von dieser Seite her kennt, weiß nichts von dem viel weiter gehenden Sinn und der dadurch erhöhten Gebrauchsfähigkeit der aus dem Prinzip der virtuellen Geschwindigkeiten abgeleiteten Gleichungen. Dagegen kann man auf diesem Wege im allgemeinen zu denselben Ergebnissen gelangen, wie nach dem Satze vom variierten Spannungszustande, der an sich auf einen engeren Kreis von Anwendungen beschränkt ist, als der Satz vom variierten Formänderungszustand.

Ein geeignetes Beispiel für die zweckmäßigste Art der Anwendung des Satzes von der kleinsten Formänderungsarbeit bildet die Berechnung der Gewölbe, und zwar sowohl der Tonnengewölbe als der Kuppel- oder sonstigen Gewölbe. In der Baustatik zeigt man zunächst, auf welche Art das Gleichgewicht in einem Gewölbe zustande kommen kann, und dabei ergibt sich, daß man unendlich viele Gleichgewichtszustände angeben kann, die vom Standpunkt der Statik starrer Körper aus alle gleich gut möglich erscheinen. Bei einem Tonnengewölbe wird z. B. jeder dieser möglichen Gleichgewichtszustände durch das Eintragen einer Stützlinie in den Gewölbequerschnitt gekennzeichnet, die sich durch drei willkürlich zu wählende Bestimmungsstücke von den anderen Stützlinien unterscheidet. Man sagt daher, daß das Gleichgewicht des Tonnengewölbes dreifach statisch unbestimmt ist. Bis dahin kommt man mit den einfachsten Sätzen der Statik aus. Nun aber entsteht die Frage, welche von allen diesen möglichen Stützlinien tatsächlich zustande kommt.

Die Entscheidung dieser Frage ergibt sich sofort auf Grund des Satzes von der kleinsten Formänderungsarbeit, wenn man die Annahme als zulässig betrachtet, daß der Wölbstoff die hier als »normal« bezeichneten elastischen Eigenschaften hat, und wenn man zugleich von den etwa unabhängig von der Belastung in dem Wölbbogen vorkommenden Eigenspannungen absieht. Man überzeugt sich nämlich leicht, daß die in einem »Wölbstein«, d. h. in einem durch die ganze Wölbdicke reichenden Wölbelemente aufgespeicherte Formänderungsarbeit hauptsächlich abhängig ist von der exzentrischen Lage des Kraftangriffs der Wölbfuge, und man schließt daraus, daß das tatsächlich eintretende Wölbgleichgewicht von der Art sein muß, daß im Mittel diese Exzentrizitäten möglichst klein ausfallen. Nahezu wenigstens muß daher in einem Tonnengewölbe jene Stützlinie zustande kommen, die sich der Wölbmittellinie möglichst eng anschließt, und ähnlich ist es bei den anderen

Wölbformen. Das ist ein Ergebnis, das für den praktischen Zweck der Gewölbeberechnung meist schon als ausreichend angesehen werden kann, ohne daß es nötig erschiene, die dieser Forderung entsprechende Stützlinie wirklich genauer aufzusuchen, da es sich bei der Gewölbeberechnung mehr um eine Abschätzung als um genauere Zahlenwerte handelt. Und alles, was dazu erforderlich ist, lehrt der Satz vom Minimum der Formänderungsarbeit ohne jede Rechnung.

Hierzu sind jedoch einige kritische Bemerkungen zu machen. Es war schon gesagt, daß bei dieser Schlußweise die Voraussetzung wesentlich ist, daß keine von der Belastung unabhängigen Eigenspannungen in dem Gewölbe vorkommen können. Das ist zwar eine bei Festigkeitsbetrachtungen immer wiederkehrende Voraussetzung, so daß man geneigt ist, sie als selbstverständlich hinzunehmen; aber gerade bei einem Gewölbe bleibt sehr zweifelhaft, ob sie auch nur als einigermaßen zutreffend gelten kann. Gewöhnlich handelt es sich bei einem Gewölbe um dauernd darauf ruhende Lasten, zu denen auch das Eigengewicht zählt und die bei der Herstellung des Gewölbes mit ihm zusammen aufgebracht und fest mit ihm verbunden werden. Alle Lasten oder wenigstens die wichtigsten von ihnen lassen sich daher späterhin überhaupt nicht mehr entfernen, um einen dem unbelasteten Körper entsprechenden Zustand, der sich nach unserer Annahme als spannungsfrei erweisen sollte, wirklich herzustellen. Man hat daher keinerlei Sicherheit, ob nicht durch den Vorgang beim Aufbau, also z. B. beim Einsetzen des Schlußsteins hervorgerufene Eigenspannungen von sehr erheblichem Betrage vorkommen, die nur von diesen Zufälligkeiten abhängen und nichts mit der Belastung zu tun haben, die das Gewölbe zu tragen bestimmt ist. Außerdem können auch durch Temperaturänderungen oder durch ein geringes Nachgeben der Widerlager beim Ausrüsten des Gewölbes nach der Erhärtung des Mörtels usf. Eigenspannungen von großem Betrage hervorgerufen werden, die eine starke Verschiebung der Stützlinie gegenüber der sonst zu erwartenden herbeiführen können. Zum mindesten wird man auf Grund dieser Überlegungen zu der Erkenntnis gelangen, daß die Lage der Stützlinie der Natur der Sache nach so stark von Zufälligkeiten beeinflußt ist, daß eine genaue rechnerische Festlegung zwecklos erscheint und eine grobe Annäherung, wie sie durch den Satz vom Minimum der Formänderungsarbeit schätzungsweise sofort möglich ist, vollständig genügt.

Dann kommt aber noch ein anderer Umstand in Betracht, der eine genauere Besprechung erfordert. Bei der Ableitung des Satzes von der Variation des Spannungszustandes wurde nämlich vorausgesetzt, daß die Spannungsvariationen $\delta \sigma_x$ usf. überall am Umfange des Körpers den Gl. (44) genügen. Betrachtet man nun einen Wölbbogen für sich und vergleicht die den verschiedenen Stützlinien entsprechenden Gleichgewichtsmöglichkeiten miteinander, so genügen die Spannungszustände $\delta\sigma_x$.., durch deren Überlagerung man von einem der möglichen Spannungszustände zu einem unendlich nahe benachbarten übergehen kann, keineswegs den Bedingungen (44), wenigstens nicht an den Kämpferfugen, in denen der Wölbbogen an das Widerlager stößt. Wir sind daher von vornherein nicht berechtigt, Gl. (43) als zutreffend anzusehen. Vielmehr gilt dies nur unter der ausdrücklich hervorzuhebenden Voraussetzung, daß die Widerlager als vollkommen starr und unverschieblich angesehen werden dürfen, so daß für das Gewölbe in der Kämpferfuge die Verschiebungskomponenten $\xi\eta\zeta$ gleich Null zu setzen sind. In diesem Falle verschwinden nämlich, wie aus der Ableitung von Gl. (43) zu ersehen ist, ebenfalls die bei der partiellen Integration auftretenden Oberflächenintegrale, so daß die Gleichung wiederum gültig bleibt.

Nun sind aber die Widerlager gewöhnlich aus dem gleichen Stoffe hergestellt wie der Wölbbogen, und es widerspricht daher den Tatsachen, wenn man jene als starr und nur diesen als elastisch ansieht. Man darf sich vielmehr nicht darauf beschränken, den elastischen Bogen zwischen starren Widerlagern als theoretisches Abbild eines Gewölbes anzusehen, sondern muß auch die Widerlager und überhaupt alle Teile mit einbeziehen, in denen noch ein merklicher Teil der ganzen Formänderungsarbeit aufgespeichert wird. Erst nachdem dies geschehen ist, sind wir berechtigt, den Satz anzuwenden und jenen Gleichgewichtszustand als bestehend anzusehen, für den die gesamte Formänderungsarbeit in allen Bestandteilen des ganzen Aufbaues den kleinsten Wert erreicht.

Endlich ist noch zu bemerken, daß zunächst freilich nur bewiesen wurde, daß für den zu erwartenden Spannungszustand δA zu Null werden muß und noch nicht, daß diese Bedingung dem Kleinstwerte von A entspricht. Das folgt aber nachträglich leicht aus der Überlegung, daß ein Minimum von A jedenfalls bestehen muß, ein Maximum dagegen nicht, da man durch weiteres Hinausverlegen der Stützlinie A über alle Grenzen hinaus zu steigern vermag. Dazu kommt noch, daß man jeden Gleichgewichtszustand des Wölbbogens auch dadurch kennzeichnen kann, daß man für irgendeinen Fugenschnitt die lotrechte und die wagrechte Komponente des Fugendrucks, sowie das auf die Fugenmitte bezogene statische Moment des Fugendrucks angibt und sie als die statisch unbestimmten Größen ansieht, in denen sich alle übrigen zur Beschreibung des Gleichgewichtszustandes dienenden Größen ausdrücken lassen. Die Formänderungsarbeit wird dann als eine quadratische Funktion dieser drei statisch unbestimmten Größen gefunden, und die Bedingung $\delta A = 0$ führt daher zu Gleichungen ersten Grades für die statisch unbestimmten Größen, so daß nur ein einziger Gleichgewichtszustand angegeben werden kann, für den diese Bedingung erfüllt ist. Dieser muß also der dem Kleinstwert der Formänderungsarbeit entsprechende sein. In derselben Art läßt sich auch in anderen Fällen der noch fehlende Nachweis für das Minimum führen.

§ 15. Verschiedene Anwendungen.

Um den theoretischen Überlegungen dieses Abschnitts einen greifbaren Inhalt zu geben, haben wir vorher schon einige Beispiele besprochen, die zur Erläuterung geeignet erschienen. Wir wollen ihnen jetzt noch einige andere folgen lassen, die zwar auch schon um ihres Gegenstandes willen Beachtung verdienen, die aber hier ebenfalls nur von dem Gesichtspunkte aus betrachtet werden sollen, wie die allgemeinen Sätze über die Formänderungsarbeit bei ihnen zur Anwendung gelangen.

Zuerst betrachten wir einen durchlaufenden Träger, der auf drei elastisch nachgiebigen Stützen ruht. Die Auflagerdrücke an den drei Stützen bezeichnen wir mit D_1 D_2 D_3 (vgl. Abb. 11) und die durch die Krafteinheit an den drei Stützen hervorgebrachten Senkungen mit c_1 c_2 c_3, so daß also im ganzen die Einsenkungen $c_1 D_1$ $c_2 D_2$, $c_3 D_3$ entstehen. Die c sind gegeben, die D sind für eine gegebene Belastung gesucht. Als Beispiel führen wir die Rechnung durch für den Fall einer gleichförmig über die ganzen Träger verteilten Belastung p auf die Längeneinheit.

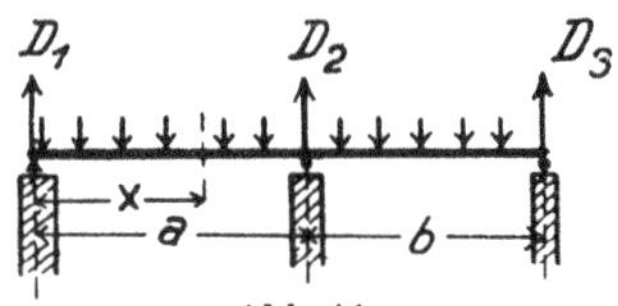

Abb. 11.

Die im ersten Pfeiler aufgespeicherte Formänderungsarbeit ist gleich

$$\frac{1}{2} c_1 D_1^2$$

und entsprechend bei den anderen. Für einen Querschnitt x in der linken Öffnung ist das Biegungsmoment im Träger

$$M = D_1 x - p \frac{x^2}{2}$$

und die im linken Teile des Balkens aufgespeicherte Formänderungsarbeit ergibt sich daher nach einer schon am Schlusse von § 9 benützten Formel zu

$$\int \frac{M^2}{2E\Theta} dx = \frac{1}{2E\Theta} \int_0^a \left(D_1^2 x^2 - D_1 p x^3 + p^2 \frac{x^4}{4} \right) dx =$$

$$= \frac{1}{2E\Theta} \left(D_1^2 \frac{a^3}{3} - D_1 p \frac{a^4}{4} + p^2 \frac{a^5}{20} \right).$$

Hierbei ist nur zu bemerken, daß in § 9 die Formänderungsarbeit im Biegungswinkel ausgedrückt wurde, weil die Anwendung des Prinzips der virtuellen Geschwindigkeiten beabsichtigt war, während wir hier den Satz vom variierten Spannungszustand anwenden wollen und daher alles in den Spannungsgrößen oder, was für den Balken auf dasselbe hinauskommt, im Biegungsmomente M auszudrücken haben. Für die rechts liegende Öffnung gilt der gleiche Ausdruck, nachdem man darin a durch b und D_1 durch D_3 ersetzt hat. Der von den Schubkräften herrührende Beitrag zur Formänderungsarbeit ist, wie üblich und unter gewöhnlichen Umständen zulässig, gegen den von den Biegungsmomenten abhängigen vernachlässigt. Im ganzen hat man daher für die Formänderungsarbeit

$$A = \frac{1}{2} c_1 D_1^2 + \frac{1}{2} c_2 D_2^2 + \frac{1}{2} c_3 D_3^2 + \frac{1}{2E\Theta}\Big(D_1^2 \frac{a^3}{3} - D_1 p \frac{a^4}{4} + D_3^2 \frac{b^3}{3} - D_3 p \frac{b^4}{4} + p^2 \frac{a^5 + b^5}{20}\Big) \quad . \quad . \quad . \quad (47)$$

Die Stützendrücke $D_1\, D_2\, D_3$ sind aber nicht unabhängig voneinander, sondern es bestehen zwischen ihnen und der Belastung des Trägers zwei Gleichgewichtsbedingungen, die man in der Form

$$\left.\begin{aligned} D_1 + D_2 + D_3 &= p\,(a + b) \\ D_2 a + D_3 (a + b) &= p\,\frac{(a+b)^2}{2} \end{aligned}\right\} \quad . \quad . \quad . \quad . \quad . \quad (48)$$

anschreiben kann, wobei die letzte die Momentengleichung für den linken Stützpunkt ist. Wir können nun irgendeinen der drei Stützendrücke als die statisch unbestimmte Größe ansehen und die beiden anderen darin ausdrücken. Wenn dies geschieht, kommt in Gl. (47) nur noch die eine unbestimmte Größe vor, und diese folgt dann aus der Bedingung, daß für den wirklich eintretenden Spannungszustand die Gleichung $\delta A = 0$ erfüllt sein muß, was offenbar auch wieder dahin ausgedrückt werden kann, daß die Formänderungsarbeit für ihn zu einem Minimum werden muß. Die Bedingung $\delta A = 0$ ist aber zu beziehen auf den Vergleich des wirklich eintretenden mit allen anderen ebenfalls statisch möglichen Spannungszuständen, zu denen wir gelangen, indem wir der statisch unbestimmten Größe beliebige Werte erteilen. Es muß daher der Differentialquotient von A nach der statisch unbestimmten Größe gleich Null gesetzt werden.

Bei der Ausführung der Rechnung wollen wir den Mittelstützendruck D_2 als die statisch unbestimmte Größe ansehen, was noch dadurch hervorgehoben werden mag, daß wir

$$D_2 = Z$$

setzen. Differentieren wir die Gl. (48) nach Z, so folgt

$$\frac{dD_1}{dZ} + \frac{dD_3}{dZ} + 1 = 0 \text{ und } a + \frac{dD_3}{dZ}(a+b) = 0$$

und hiermit

$$\frac{dD_1}{dZ} = -\frac{b}{a+b}\,; \quad \frac{dD_3}{dZ} = -\frac{a}{a+b}\,.$$

Für den Differentialquotienten von A nach Z erhält man daher

$$\frac{dA}{dZ} = -\frac{b}{a+b} D_1 \left(c_1 + \frac{a^3}{3E\Theta}\right) - \frac{a}{a+b} D_3 \left(c_3 + \frac{b^3}{3E\Theta}\right) + \\ + p\,\frac{a^4 b + a b^4}{8(a+b)E\Theta} + c_2 Z.$$

Setzen wir dies gleich Null, so erhalten wir die dritte Gleichung zwischen $D_1\,D_3$ und D_2 oder Z, die zu den Gl. (48) noch hinzukommt, womit sie nach den Stützendrucken aufgelöst werden können. Man findet so

$$D_2 = Z = p\,(a+b)\,\frac{12E\Theta\,(a+b)\,(b\,c_1 + a\,c_3) + a\,b\,(a^3 + b^3 + 4\,a\,b\,[a+b])}{24E\Theta\,(b^2 c_1 + [a+b]^2 c_2 + a^2 c_3) + 8\,a^2 b^2\,(a+b)} \quad \ldots \quad (49)$$

worauf auch die anderen Stützendrücke D_1 und D_3 bekannt werden. Setzt man nachträglich alle c gleich Null, so erhält man die vereinfachte Formel für den Fall unnachgiebiger Stützen. Zur Probe für die Richtigkeit der Rechnung kann man auch c_1 oder c_3 gleich ∞ und die anderen beiden gleich Null oder endlich annehmen; dann erhält man den Fall des nur auf zwei Stützen gelagerten statisch bestimmten Trägers, und die Formel muß das für diesen Fall von vornherein bekannte einfache Ergebnis liefern.

Bei diesem Beispiele ist der Vorteil des Verfahrens augenscheinlich: man braucht gar nicht in eine Betrachtung der elastischen Formänderung einzutreten, sondern erhält nach Differentiation der nur in den Spannungsgrößen (wozu auch die Auflagerkräfte und die Biegungsmomente zu rechnen sind) ausgedrückten Formänderungsarbeit nach der statisch unbestimmten Auflagerkraft sofort die Lösung. Die Variation δA ist hier im Sinne von Gl. (46) also als

$$\delta_\sigma A = 0$$

zu verstehen.

Ganz ähnlich ist es auch bei einem zweiten Beispiele, zu dem wir jetzt übergehen wollen. Es bezieht sich auf einen Rahmen, wie er als Maschinengestell oder auch als ein etwa in Eisenbeton ausgeführtes Bauglied vorkommen kann, etwa von der in Abb. 12 angegebenen Gestalt. Die Lasten P und die Auflagerkräfte D denken wir uns hierbei als gegeben; verlangt wird, die durch sie in dem Rahmen hervorgerufenen Spannungen zu berechnen.

Der Körper des Rahmens wird durch eine ihn nach oben und nach unten begrenzende Gurtung und durch zwei dazwischen verlaufende Ständer 3 und 6 gebildet, zwischen denen in der Ansichtszeichnung drei allseitig umschlossene Flächenstücke liegen. Der Körper nimmt daher einen vierfach zusammenhängenden Raum ein, der durch die drei bei a, b, c angedeuteten Querschnitte in einen einfach zusammenhängenden verwandelt werden kann. Wenn der Zusammenhang in diesen Schnitten gelöst wäre, ließen sich die Spannungen in den Gliedern 2, 5, 8 der oberen Gurtung nach den Lehren der einfachen Biegungstheorie ohne weiteres berechnen, während die Glieder der unteren Gurtung und die Ständer 3 und 6 bei der in Abb. 12 angedeuteten Belastungsweise spannungsfrei blieben. In Wirklichkeit aber werden in den Schnitten a, b, c Spannungen übertragen, von denen wir zwar auch voraussetzen dürfen, daß sie sich nach den einfachen Gesetzen der Biegungstheorie der Stäbe über den Querschnitt der Glieder 3, 4, 6 verteilen, die aber im übrigen unbekannt und durch Gleichgewichtsbetrachtungen allein nicht zu ermitteln sind. Hierdurch wird der ganze Träger statisch unbestimmt, und zwar neunfach statisch unbestimmt.

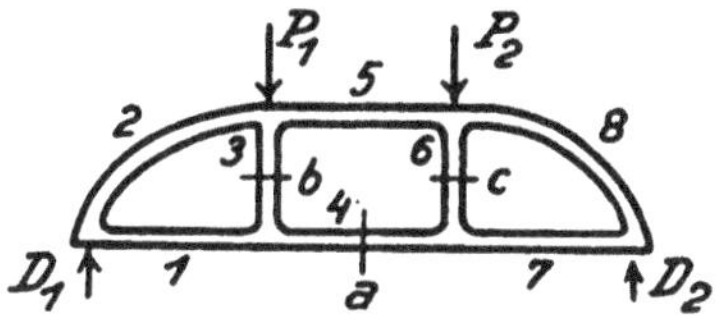

Abb. 12.

Man kann nämlich die in jedem der drei Querschnitte übertragenen Spannungen durch ein Biegungsmoment M, eine im Schwerpunkt angreifende Normalkraft N und eine Querkraft T ersetzen, die man als die statisch unbestimmten Größen für den betreffenden Trennungsschnitt anzusehen hat. Denkt man sich alle neun statisch unbestimmten Größen gegeben, so kann man für jeden anderen Querschnitt nicht nur der Glieder 3, 4, 6, sondern auch aller übrigen Glieder nach den einfachsten Sätzen der Statik sowohl das Biegungsmoment als die Normalkraft und die Scherkraft ermitteln. Man kann daher auch sagen, daß die Spannungen an allen Stellen des ganzen Rahmens als Funktionen der neun statisch unbestimmten Größen anzusehen sind, und zwar als lineare Funktionen dieser neun Unbekannten. Die in den Spannungsgrößen ausgedrückte Formänderungsarbeit bildet demnach eine quadratische Funktion der neun Unbekannten, und nach dem Satze vom Minimum der Formänderungsarbeit muß der Differentialquotient dieser Funktion nach jeder der neun Unbekannten gleich Null sein. Das liefert neun Gleichungen vom ersten Grade, die nach den neun Unbekannten aufzulösen sind.

Damit ist der Plan der ganzen Rechnung genau vorgezeichnet, so daß man durchaus nicht im Zweifel sein kann, wie man dabei vorzugehen hat. Aber man sieht auch, daß die Rechenarbeit sehr umfangreich wird. Nun läßt sie sich freilich gewöhnlich auf Grund von Symmetrie-Eigenschaften, wie auch bei dem durch Abb. 12 angedeuteten Falle erheblich abkürzen, indem z. B. bei symmetrischer Belastung die im Schnitte a übertragene Querkraft T_a gleich Null wird und die im Schnitte b übertragenen MNT mit denen im Schnitte c übereinstimmen müssen. Außerdem wird es auch gewöhnlich zulässig erscheinen, bei der Aufstellung der Formänderungsarbeit für die einzelnen Glieder des Rahmens etwa nur den von den Biegungsmomenten herrührenden Anteil zu berücksichtigen und die von der Normalkraft und der Schubkraft abhängigen Anteile dagegen zu vernachlässigen oder vielleicht auch, namentlich wenn man schon einige Erfahrungen beim Durchrechnen von ähnlich gebauten Rahmen gesammelt hat, die auf einzelne Glieder entfallende Formänderungsarbeit von vornherein als verhältnismäßig geringfügig vollständig außer Ansatz zu lassen.

Aber trotz solcher Rechenvorteile wird die vollständige Durchrechnung eines Beispiels von der durch Abb. 12 angegebenen Art immer noch eine umfangreiche und mühsame Arbeit bleiben, die hier, wo es sich nur um die Erörterung der theoretischen Grundlagen handelt, nicht am Platze wäre. Ein Stück vom Anfange der ganzen Rechnung soll aber hier doch nicht fehlen, damit man wenigstens sieht, wie sie sich im einzelnen ungefähr gestaltet.

Zur Abkürzung schreiben wir

$$\frac{l_n}{E\Theta_n} = c_n,$$

worin l_n die Länge eines Gliedes und $E\Theta_n$ dessen Biegungssteifigkeit bedeutet. Dann hat man für die in Glied 4 aufgespeicherte Formänderungsarbeit A_4, unter Vernachlässigung des von N_a herrührenden Anteiles,

$$A_4 = \frac{1}{2} c_4 M_a^2.$$

Da nämlich aus Symmetriegründen $T_a = 0$ ist, wird das Biegungsmoment M in allen Querschnitten des Gliedes 4 gleich groß, also gleich M_a. Im übrigen ist die schon im vorigen Beispiele benützte Formel für die Biegungsarbeit in einem Stabe zur Anwendung gebracht. Bei A_4 kommt es auf das Vorzeichen von M_a nicht an; für die weitere Rechnung aber sei M_a positiv gezählt, wenn die Hohlseite der Stabkrümmung wie bei einem einfachen Balken unter senkrechten Lasten nach oben hin liegt.

Bei Glied 3 wollen wir das im Schnitt b übertragene Moment M_b positiv rechnen, wenn es am unteren Teile im Uhrzeigersinn dreht oder, wie man dafür auch sagen kann, wenn das Glied so gebogen wird, daß der Krümmungsmittelpunkt nach rechts hin liegt. Die Normalkraft N_b rechnen wir (ebenso wie auch N_a) positiv, wenn das Glied durch sie gezogen wird und die Scherkraft T_b soll als positiv gelten, wenn sie am unteren Teile nach rechts hin geht. In Abb. 13, die das Anfangsstück des Rahmens in größerem Maßstabe wiedergibt, sind diese an sich willkürlichen Vorzeichenfestsetzungen durch Pfeile und Drehpfeile ersichtlich gemacht.

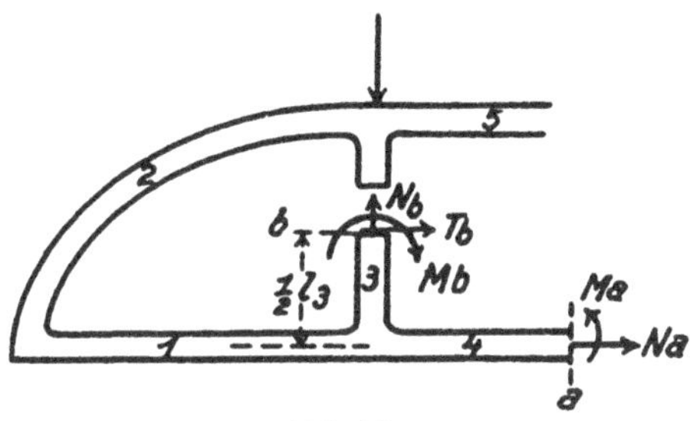

Abb. 13.

In einem Querschnitte durch Glied 3, der um x unterhalb des Schnittes b liegt, ist

$$M = M_b + T_b x$$

und auch für die oberhalb von b liegenden Querschnitte finden wir das Biegungsmoment nach dieser Formel, wenn wir darin x negativ rechnen. Die Biegungsarbeit im Gliede 3 wird daher

$$A_3 = \frac{1}{2 E \Theta_3} \int_{-\frac{l_3}{2}}^{+\frac{l_3}{2}} (M_b + T_b x)^2 \, d x = \frac{1}{2} c_3 \left(M_b^2 + T_b^2 \frac{l_3^2}{12} \right).$$

Dann soll auch noch für Glied 1 die Biegungsarbeit A_1 berechnet werden. Für einen Querschnitt von Glied 1, der um x nach links hin von der Mittellinie des Gliedes 3 entfernt ist, findet man das Biegungsmoment (vom Vorzeichen, das hier gleichgültig ist, abgesehen)

$$M = M_b - M_a + T_b \frac{l_3}{2} - N_b x = K - N_b x,$$

wenn man die drei ersten Glieder unter der Bezeichnung K zusammenfaßt. Für A_1 ergibt sich dann wie vorher

$$A_1 = \frac{1}{2} c_1 \left(K^2 - K N_b l_1 + N_b^2 \frac{l_1^2}{3} \right).$$

Es bliebe jetzt noch übrig, A_2 und A_5 zu berechnen, da für die übrigen Glieder der Symmetrie wegen die vorigen Ausdrücke benützt werden können. Davon sei aber abgesehen, da die Ausdrücke immer länger werden, je weiter die Glieder von den Schnitten a und b abliegen.

Dann hat man die Differentialquotienten der ganzen Formänderungsarbeit A nach den fünf Unbekannten M_a N_a M_b N_b T_b zu bilden und sie gleich Null zu setzen. Die Gleichungen sind vom ersten Grade und nachdem sie aufgelöst sind, kann man für jeden Querschnitt jedes Gliedes die dort auftretenden Spannungen angeben.

Als drittes Beispiel möge die Berechnung der Stabspannungen in einem statisch unbestimmten Fachwerkträger besprochen werden. Während es bei dem Rahmen gerade auf die in den einzelnen Gliedern aufgespeicherte Biegungsarbeit ankam, wird diese bei der Berechnung des Fachwerkträgers im Gegensatz dazu vollständig vernachlässigt. Man nimmt vielmehr an, daß die Biegungssteifigkeit der Stäbe derart gering sei, daß man so rechnen könne, als wenn die Stäbe in den Knotenpunkten gelenkförmig miteinander verbunden wären und in jedem Stabquerschnitt daher nur eine in die Stabachse fallende Normalkraft übetragen werden könnte, die man als die Stabspannung bezeichnet. Versteht man unter r die Stabkonstante

$$r = \frac{l}{EF}$$

(l = Länge, F = Querschnittsfläche), so gehört zur Stabspannung S die Formänderungsarbeit

$$\frac{1}{2} r S^2$$

und die Formänderungsarbeit im ganzen Träger wird daher

$$A = \frac{1}{2} \Sigma r S^2 \quad . \quad . \quad . \quad . \quad . \quad . \quad . \quad (50)$$

wenn die Summe über alle Stäbe erstreckt wird. Hierbei wird vorausgesetzt, daß kein merklicher Anteil der gesamten Formänderungsarbeit auf die Stützen, also die Pfeiler oder Widerlager des Trägers entfällt, während im entgegengesetzten Falle entsprechende Glieder bei A noch beizufügen wären.

Nun sind die S nicht unabhängig voneinander, sondern sie müssen jedenfalls so gewählt werden, daß an jedem Knotenpunkte Gleichgewicht hergestellt wird. Beim statisch bestimmten Träger genügen diese Gleichgewichtsbedingungen, um alle durch eine gegebene Belastung hervorgerufenen Stabspannungen zu berechnen. Beim statisch unbestimmten Träger kann man dagegen so viele Stabspannungen, als der Grad der Unbestimmtheit anzeigt, nach Belieben wählen und dann die anderen so bestimmen, daß an jedem Knotenpunkte Gleichgewicht besteht. Zu diesem Zweck sieht man die beliebig gewählten Stabspannungen als Lasten an dem statisch bestimmten »Hauptnetze« an, das übrig bleibt, wenn man sich die überzähligen Stäbe entfernt denkt und zeichnet dann einen Kräfteplan oder ermittelt auf andere Art die durch diese sowie durch die gegebenen Lasten im Hauptnetze hervorgerufenen Stabspannungen. Man wird dann die Spannung in irgendeinem Stabe i in der Form

$$S_i = T_i + u_i X + v_i Y + \cdots \quad . \quad . \quad . \quad . \quad . \quad (51)$$

darstellen können, worin T_i die durch die gegebenen Lasten für sich hervorgerufene Stabspannung, X die im ersten überzähligen Stabe willkürlich angenommene Stabspannung und u_i die durch die Lasteinheit in diesem Stabe hervorgerufene Stabspannung des Stabes i bedeutet, während die folgenden Glieder von den anderen überzähligen Stäben herrühren. Die $T_i\, u_i\, v_i \ldots$ lassen sich für jeden Stab des Hauptnetzes aus den Gleichgewichtsbedingungen ermitteln, am einfachsten durch Zeichnen besonderer Kräftepläne für die gegebenen Lasten und für den Belastungsfall $X = 1$ oder $Y = 1$ usf.

In Gl. (50) tragen alle Stabspannungen zur Formänderungsarbeit bei, während in Gl. (51) unter S_i zunächst nur die Spannung eines Stabes im Hauptnetze verstanden war. Aber man kann Gl. (51) auch auf die überzähligen Stäbe übertragen, indem man für den ersten überzähligen Stab $u = 1$, dagegen T und v gleich Null setzt und entsprechend bei den anderen.

Nach dem Satze vom Minimum der Formänderungsarbeit muß nun

$$\frac{\partial A}{\partial X} = 0, \quad \frac{\partial A}{\partial Y} = 0 \text{ usf.}$$

sein, so daß man nach Ausführung der Differentiationen aus den Gl. (50) und (51)

$$\left.\begin{aligned} \Sigma r u T + X \Sigma r u^2 + Y \Sigma r u v + \cdots &= 0 \\ \Sigma r v T + X \Sigma r u v + Y \Sigma r v^2 + \cdots &= 0 \end{aligned}\right\} \quad . \quad . \quad . \quad (52)$$

usf. erhält. In den Summenausdrücken kommen nur noch bekannte Größen vor, und die Unbekannten X Y usf. erhält man daher durch Auflösen der Gl. (52), die alle vom ersten Grade sind und deren Zahl ebensogroß ist wie die Zahl der Unbekannten.

Maxwell, der die Gl. (52) zuerst aufgestellt hat, ging bei ihrer Ableitung, ebenso wie Mohr, der sie selbständig von neuem wieder auffand und sie in der technischen Welt bekannt machte, vom Prinzip der virtuellen Geschwindigkeiten aus, und auch jetzt werden sie gewöhnlich noch auf diesem Wege bewiesen. Demgegenüber ist die Ableitung aus dem Satze vom variierten Spannungszustande erheblich einfacher. Aber freilich hat Maxwell anderseits bei derselben Gelegenheit und durch denselben Beweisgang zugleich auch den Satz von der Gegenseitigkeit der Verschiebungen gefunden, für den hier, wenn er nachträglich auch noch verlangt würde, eine besondere neue Ableitung erforderlich wäre.

Aus der Variation des Spannungszustandes kann man niemals unmittelbar zu einer Aussage über die Formänderung gelangen, da diese bei der Variation außer Betracht bleibt. Wenn ein Aufschluß über die Formänderung gesucht wird, muß man vielmehr die Gestalt des Körpers variieren, d. h. man muß sich auf das Prinzip der virtuellen Geschwindigkeiten stützen.

§ 16. Anwendung auf die Theorie des Druckversuchs.

Bei der Besprechung der Bruchgefahr und des Begriffes der Druckfestigkeit wurde bereits in § 6 darauf hingewiesen, daß bei einem Druckversuche mit würfelförmigen Probekörpern wegen der sich der Querdehnung widersetzenden Reibung an den Druckflächen kein gleichmäßiger einachsiger Spannungszustand erwartet werden kann, wie man ihn eigentlich herzustellen und auf seine Wirkung durch den Versuch zu prüfen beabsichtigt. Es ist daher wünschenswert, sich ein Urteil darüber zu verschaffen, von welcher Art und wie groß der Einfluß ist, den die Reibung auf das Ergebnis des Druckversuchs auszuüben vermag.

Eine genaue theoretische Untersuchung des verwickelten Spannungszustandes, der infolge des Mitwirkens der Reibung an den Druckplatten zustande kommt, stößt nun freilich auf große Schwierigkeiten. Zum Teile liegen sie darin, daß auch die Druckplatten bei der Belastung elastische Formänderungen erfahren und daß man nicht von vornherein sagen kann, ob die Reibungen ein Gleiten in den Druckflächen vollständig oder nur zum Teile zu verhindern vermögen. Aber auch wenn man sich darüber durch mehr oder weniger willkürliche Annahmen, die zur Vereinfachung der Aufgabe dienen, hinweghilft, bleibt immer noch ein schwieriges Problem zurück, dessen Lösung bisher noch nicht vollständig gelungen ist.

Aber eine strenge Lösung ist für den Zweck der Betrachtung auch gar nicht erforderlich; es genügt vielmehr vollständig, einen Weg ausfindig zu machen, der den Einfluß der Reibungen ungefähr zu schätzen gestattet, wobei jedoch verlangt werden muß, daß dabei ersichtlich gemacht wird, auf welche Art die Reibungen mitwirken und wie diese Mitwirkung von dem Verhältnisse der Höhe des Probekörpers zur Seite des quadratischen Querschnitts abhängig ist. Diese letzte Forderung ist deshalb von Wichtigkeit, weil Druckversuche zwar gewöhnlich an Würfeln, nicht selten aber auch an rechteckigen Parallelepipeden vorgenommen werden, deren Höhe dann meist größer, zuweilen aber auch kleiner gewählt wird als die Seite der quadratischen Druckfläche. Eine Theorie des Druckversuchs muß vor allem bestrebt sein, den Einfluß der Höhe auf die Größe der Bruchbelastung bei spröden Körpern, die bis nahe zum Bruche hin ein normales elastisches Verhalten zeigen, klarzustellen.

Gerade zur Ableitung von Näherungslösungen, wie wir hier eine anstreben, sind aber die allgemeinen Sätze über die Formänderungsarbeit besonders gut geeignet. Ähnlich wie wir dies für das Prinzip der virtuellen Geschwindigkeiten in § 10 an dem Beispiele der Biegung eines gekrümmten Rohres gezeigt haben, soll uns jetzt die Theorie des Druckversuchs als Beispiel dafür dienen, wie man den Satz vom variierten Spannungszustande zur Ableitung einer brauchbaren Annäherung verwenden kann, wenn die Aufgabe für eine strenge Behandlung zu schwierig erscheint. Das ist der Grund, weshalb die Aufgabe hier behandelt wird und nicht in einem späteren Abschnitte, in dem wir auf die Frage des Druckversuchs bei zylindrischen Probekörpern zurückzukommen beabsichtigen.

Zunächst schicken wir einige allgemeine Erörterungen voraus, wie sie bei jeder Aufgabe dieser Art notwendig sind, um einen Weg aufzufinden, den man zum Aufstellen einer Näherungslösung einzuschlagen hat.

In Abb. 14 ist der Probekörper von der Höhe h und der Querschnittsseite $2a$ in Aufriß und Grundriß gezeichnet. In die Abbildung sind die Achsen eingetragen, die wir als Koordinatenachsen benützen wollen. Der Ursprung soll also mit dem Mittelpunkte der unteren Druckfläche zusammenfallen und die x-Achse in der Richtung der Höhe h gehen.

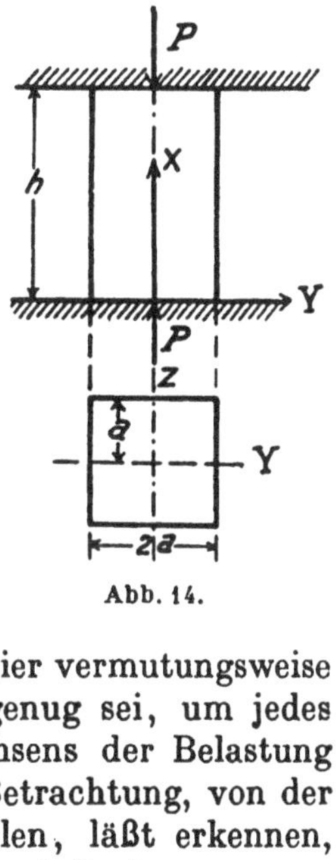

Abb. 14.

Am nächsten liegt die Annahme, daß die elastische Formänderung der Druckplatten als unmerklich gegenüber der Formänderung des Probekörpers anzusehen sei, wie es z. B. ohne Zweifel zutrifft, wenn man einen Zementwürfel zwischen zwei Stahlplatten zerdrückt. Man wird daher nichts Wesentliches dagegen einwenden können, wenn man zur Vereinfachung der Untersuchung die Druckplatten als vollkommen starr ansieht. Anders liegt es dagegen mit einer Annahme, die man hinsichtlich der Reibungen zwischen Druckplatten und Probekörper nötig hat. Man könnte hier vermutungsweise voraussetzen, daß der Reibungskoeffizient groß genug sei, um jedes Gleiten in den Druckflächen während des Anwachsens der Belastung vollkommen zu verhindern. Aber eine genauere Betrachtung, von der wir hier wenigstens den Anfang wiedergeben wollen, läßt erkennen, daß diese Annahme sehr unwahrscheinlich ist, ja daß sie sogar zu Widersprüchen führt, die sie als irrtümlich erscheinen lassen.

Alle Spannungs- und Formänderungsgrößen, die sich auf einen Punkt in der Druckfläche $x = 0$ beziehen, wollen wir durch einen oben beigefügten Zeiger o hervorheben, wie bei σ_x^0. Die σ_x^0 oder ε_x^0 usf. sind demnach unabhängig von x und nur noch Funktionen von y und z. Nach der soeben erwähnten Annahme, wonach innerhalb der Druckfläche jede Formänderung ausgeschlossen wäre, hätte man zu setzen

$$\varepsilon_y^0 = \varepsilon_z^0 = \gamma_{yz}^0 = 0 \quad . \quad . \quad . \quad . \quad . \quad . \quad . \quad (53)$$

Nach dem Elastizitätsgesetze, d. h. nach den Gl. (31) von § 2 folgt aber dann für die Spannungskomponenten an der Grundfläche

$$\sigma_y{}^0 = \sigma_z{}^0 = \frac{1}{m-1}\,\sigma_x{}^0; \qquad \tau_{yz}{}^0 = 0 \quad . \quad . \quad . \quad . \quad (54)$$

Nun muß aber der Umfang des Probekörpers an den Seitenflächen $y = \pm a$ und $z = \pm a$ spannungsfrei bleiben. Es muß also am Rande der Grundfläche entweder $\sigma_y{}^0$ oder $\sigma_z{}^0$ verschwinden, und nach den vorstehenden Gleichungen hätte das zur Folge, daß dort auch $\sigma_x{}^0$ überall gleich Null zu setzen wäre.

Diese Folgerung ist jedoch nicht annehmbar. Wenn $\sigma_x{}^0$ am ganzen Rande zu Null würde, wäre auch die Reibung dort gleich Null, wie groß man auch den Reibungskoeffizienten annehmen wollte. Es ist daher schon von vornherein nicht abzusehen, wodurch der Probekörper verhindert werden sollte, an diesen Randstellen die Querdehnung mitzumachen, die von den in einigem Abstande von den Druckflächen gelegenen Teilen überall ausgeführt wird. Aber auch wenn man dieses Bedenken nicht gelten läßt, sondern sich trotzdem dazu entschließt, die Randbedingungen (53) festzuhalten, gelangt man bei der weiteren Entwicklung des sich an sie schließenden Ansatzes bald zu der Einsicht, daß sich die Grenzbedingungen an den Seitenflächen des Probekörpers nicht damit vereinigen lassen. Aus dem mißglückten Versuche, auf diesem Wege zu einer Lösung zu gelangen, schließen wir daher, daß die Grenzbedingungen (53) nicht der Wirklichkeit entsprechen können und also auch für die Ableitung einer Näherungslösung unbrauchbar sind.

Wir müssen daher die Aufgabe von einer anderen Seite her angreifen, und entschließen uns dazu, für die Reibungen an den Druckflächen einen passenden Ansatz aufzustellen, der den wichtigsten Bedingungen genügt, so daß wir annehmen dürfen, daß er sich nicht allzuweit von der Wirklichkeit entfernen wird. Hierfür dient uns zur Richtschnur, daß die Grundfläche durch die Y- und die Z-Achse in vier Quadranten zerlegt wird, die sich unter den gleichen Bedingungen befinden, daß ferner am Rande wegen des Satzes von der Gleichheit der einander zugeordneten Schubspannungen die senkrecht zum Rande stehende Komponente der Reibung überall gleich Null sein muß und daß auch auf den Symmetrie-Achsen die Reibung keine Komponente senkrecht zu den Achsen haben kann. Der einfachste Ansatz, der diesen Bedingungen entspricht, lautet

$$\tau_{xy}{}^0 = c \sin \pi \frac{y}{a}; \qquad \tau_{xz}{}^0 = c \sin \pi \frac{z}{a} \quad . \quad . \quad . \quad . \quad . \quad (55)$$

Die Reibungen an der Druckfläche sind nämlich zugleich die Schubspannungen für den Endquerschnitt des Probekörpers. Die Konstante c lassen wir ihrem Werte nach zunächst dahingestellt.

Sollte man den Ansatz (55) für zu willkürlich halten, um ihm Vertrauen entgegenzubringen, so steht es auch frei, ihn zu erweitern, indem man etwa

$$\tau_{xy}{}^0 = c_1 \sin \pi \frac{y}{a} + c_2 \sin 2\pi \frac{y}{a} + \cdots + c_n \sin n\pi \frac{y}{a} \quad . \quad . \quad (56)$$

setzt, womit man sich unter dem Vorbehalte einer passenden Bestimmung der Koeffizienten c dem wirklichen Verteilungsgesetze der Schubspannungen enger anschließen kann. Hierdurch würden die folgenden Rechnungen zwar erheblich verlängert, sonst aber nicht erschwert. Wir halten es aber für genügend, zur Gewinnung eines unserem Zwecke entsprechenden Überblicks an dem einfachen Ansatze (55) festzuhalten.

Die den Gl. (55) entsprechenden Reibungen betrachten wir weiterhin als gegebene Lasten, die an den Endquerschnitten zu der Belastung durch den Druck P noch hinzutreten. Es fragt sich nun, welche Spannungen in dem Probekörper durch diese gegebenen Lasten hervorgerufen werden. Das ist immer noch eine schwierige Aufgabe der Elastizitätstheorie, auf deren strenge Lösung wir verzichten und für die wir uns mit einer Näherungslösung begnügen können.

Zu diesem Zwecke suchen wir zuerst einen Spannungszustand im Probekörper auf, der statisch möglich ist, der also an jedem Raumelemente des Körpers Gleichgewicht herstellt, ohne uns jedoch dabei irgendwie darum zu kümmern, ob dieser Spannungszustand auch mit einem geometrisch möglichen Formänderungszustande des Probekörpers verträglich wäre. Das dürfen wir überhaupt gar nicht erwarten, da es nur einen einzigen Zustand des Körpers gibt, der alle statischen und geometrischen Anforderungen zugleich erfüllt, nämlich den wirklich eintretenden. Da es uns aber nicht möglich ist, diesen selbst anzugeben, begnügen wir uns damit, vorläufig wenigstens irgendeinen der unendlich vielen statisch gleich gut möglichen Spannungszustände aufzustellen, von dem wir annehmen können, daß er ungefähr dem wirklichen nahekommen dürfte und zwar in der Absicht, ihn durch entsprechende Abänderung dem wirklichen soweit als möglich anzupassen.

Ein solcher Spannungszustand wird durch die folgenden Gleichungen beschrieben:

$$\left.\begin{aligned}
\sigma_x &= -\frac{P}{4a^2} + e^{-\alpha x} c \frac{\pi}{\alpha a}\left(\cos \pi \frac{y}{a} + \cos \pi \frac{z}{a}\right) \\
\sigma_y &= -e^{-\alpha x} \frac{\alpha a c}{\pi}\left(1 + \cos \pi \frac{y}{a}\right) \\
\sigma_z &= -e^{-\alpha x} \frac{\alpha a c}{\pi}\left(1 + \cos \pi \frac{z}{a}\right) \\
\tau_{xy} &= e^{-\alpha x} c \sin \pi \frac{y}{a}; \quad \tau_{xz} = e^{-\alpha x} c \sin \pi \frac{z}{a}; \quad \tau_{yz} = 0
\end{aligned}\right\} \quad . \quad . \quad (57)$$

Hierin bedeutet α einen Festwert, und zwar soll $\dfrac{1}{\alpha}$ eine Länge sein, die wir von vornherein als ziemlich klein gegenüber der Höhe h des Probekörpers ansehen wollen, während die genauere Ermittelung dieser Länge gerade als die Hauptaufgabe der weiteren Untersuchung zu betrachten ist.

Die Ansätze für τ_{xy} und τ_{xz} in den Gl. (57) ergeben sich als eine Erweiterung der Gl. (55), in die sie für $x = 0$ übergehen. Der Exponentialfaktor $e^{-\alpha x}$, der hier sowohl wie bei den σ überall wiederkehrt, bringt die Erwartung zum Ausdruck, daß sich der Einfluß der Reibungen auf den Spannungszustand nur auf nicht zu große Abstände x hin deutlicher bemerkbar machen kann und in größeren Abständen nahezu verschwindet. Das ist an sich einleuchtend, und es fragt sich nur, bei welchen Abständen ungefähr die Grenze zu ziehen sein wird. Das wird aber durch die zahlenmäßige Ermittlung der Länge $\dfrac{1}{\alpha}$ entschieden, die wir uns zur Aufgabe machen wollten.

In hinreichendem Abstande von den Druckflächen kann man genau genug $e^{-\alpha x} = 0$ setzen, und wir behalten dort, wie es verlangt werden muß, den gleichmäßigen, einachsigen Spannungszustand $\sigma_x = -\dfrac{P}{4\,a^2}$, während alle anderen Spannungskomponenten verschwinden. Im übrigen sind die Formeln so aufgebaut, daß den Gleichgewichtsbedingungen an jedem Volumenelemente entsprochen wird. Das sind die Gl. (21) von § 2, die hier wegen $\tau_{yz} = 0$ in der vereinfachten Form

$$\left.\begin{aligned}
\frac{\partial \sigma_x}{\partial x} + \frac{\partial \tau_{yx}}{\partial y} + \frac{\partial \tau_{zx}}{\partial z} &= 0 \\[2mm]
\frac{\partial \sigma_y}{\partial y} + \frac{\partial \tau_{xy}}{\partial x} &= 0 \\[2mm]
\frac{\partial \sigma_z}{\partial z} + \frac{\partial \tau_{xz}}{\partial x} &= 0
\end{aligned}\right\} \quad \cdots \cdots \quad (58)$$

angeschrieben werden können. Der Ansatz (57) wurde nämlich so gebildet, daß man zuerst die Schubspannungskomponenten τ aufstellte und hierauf die σ so bestimmte, daß den Gl. (58) und zugleich auch den Randbedingungen $\sigma_y = 0$ und $\tau_{xy} = 0$ für $y = \pm a$ sowie $\sigma_z = 0$ und $\tau_{xz} = 0$ für $z = \pm a$ genügt wurde. Er ist also nicht so willkürlich als es auf den ersten Blick scheinen mag, sondern er folgt aus den genannten Bedingungen sonst mit Notwendigkeit aus dem Ansatze in Gl. (55). Nur die Annahme $\tau_{yz} = 0$ tritt dabei neu hinzu, und zwar nach dem Gebote der Einfachheit, von dem man sich bei der Aufstellung einer Näherungstheorie stets leiten lassen muß. Für den Ansatz (56) ließen sich entsprechende Formeln ebenfalls leicht ableiten.

An der Druckfläche wird nach den Gl. (57)

$$\sigma_x^0 = -\frac{P}{4a^2} + c\frac{\pi}{aa}\left(\cos\pi\frac{y}{a} + \cos\pi\frac{z}{a}\right)$$

und zugleich muß

$$\int \sigma_x^0\, dF = -P$$

sein, wobei das Minuszeichen beizusetzen ist, weil die Druckspannungen negativ gerechnet werden. In der Tat wird aber diese Forderung beim Einsetzen von σ_x^0 auch erfüllt, da das über die ganze Druckfläche erstreckte Integral

$$\int\left(\cos\pi\frac{y}{a} + \cos\pi\frac{z}{a}\right) dF$$

wie man beim Ausrechnen sofort findet, gleich Null wird.

Wir haben demnach in den Gl. (57) die Beschreibung eines statisch möglichen, also allen Gleichgewichts- und Grenzbedingungen statischer Art genügenden Spannungszustands vor uns, in dem außerdem noch zwei vorläufig willkürlich gebliebene Konstanten α und c vorkommen, durch deren passende Bestimmung man sich dem tatsächlich zu erwartenden Spannungszustande so eng, als es innerhalb des gewählten Rahmens überhaupt noch möglich ist, anzupassen vermag. Das geschieht, indem man α so bestimmt, daß es die Formänderungsarbeit zu einem Minimum macht. Mit der Konstanten c müssen wir dagegen anders verfahren, da sie nicht wie α willkürlich wählbar bleibt, ohne gegen die statischen Forderungen damit zu verstoßen, sondern nachträglich dem Reibungsgesetze gemäß zu ermitteln ist.

Der Spannungszustand der Gl. (57) soll sich übrigens selbstverständlich nur auf die untere Hälfte des Probekörpers bis zu $x = \frac{h}{2}$ beziehen, während in der oberen Hälfte alles symmetrisch zur unteren anzunehmen ist. Die Höhe h denken wir uns groß genug, um für $x = \frac{h}{2}$ den Exponentialfaktor $e^{-\alpha x}$ genau genug gleich Null annehmen zu können.

Der weitere Gang der Rechnung ist nun schon vorgezeichnet. Nach Gl. (54) von § 5 hat man für die bezogene Formänderungsarbeit nach Unterdrückung des Gliedes mit τ_{yz}

$$A = \frac{1}{2G}\left\{\frac{1}{2}(\sigma_x^2 + \sigma_y^2 + \sigma_z^2) - \frac{1}{2(m+1)}(\sigma_x + \sigma_y + \sigma_z)^2 + \tau_{xy}^2 + \tau_{xz}^2\right\}.$$

Wir berechnen nun der Reihe nach die Beiträge, die die verschiedenen Glieder in der Klammer bei der Ausführung des Raumintegrals zur Formänderungsarbeit in der unteren Hälfte des Probekörpers liefern.

Zuerst findet man

$$\int \sigma_x^2 dv = \int dF \int_0^{\frac{h}{2}} \left\{ \frac{P^2}{16 a^4} - \frac{P}{2 a^2} e^{-\alpha x} \cdot c \frac{\pi}{\alpha a} \left(\cos \pi \frac{y}{a} + \cos \pi \frac{z}{a} \right) + \right.$$

$$\left. + e^{-2\alpha x} \cdot c^2 \frac{\pi^2}{\alpha^2 a^2} \left(\cos \pi \frac{y}{a} + \cos \pi \frac{z}{a} \right)^2 \right\} dx.$$

Die Integration nach x kann sofort ausgeführt werden. Da wir $\frac{h}{2}$ als ziemlich groß gegen $\frac{1}{\alpha}$ ansehen wollten, genügt es, wenn wir dabei

$$\int_0^{\frac{h}{2}} e^{-\alpha x} dx = \int_0^{\infty} e^{-\alpha x} dx = \frac{1}{\alpha} \text{ und ebenso} \int_0^{\frac{h}{2}} e^{-2\alpha x} dx = \frac{1}{2\alpha}$$

setzen. Ferner ist bei der Integration über die Querschnittsfläche F zu beachten, daß nicht nur, wie vorher schon bemerkt,

$$\int \cos \pi \frac{y}{a} dF = \int \cos \pi \frac{z}{a} dF = 0$$

sondern auch

$$\int \cos \pi \frac{y}{a} \cos \pi \frac{z}{a} dF = 0 \text{ und} \int \cos^2 \pi \frac{y}{a} dF = \int \cos^2 \pi \frac{z}{a} dF = 2 a^2$$

gefunden wird, womit man schließlich das einfache Ergebnis

$$\int \sigma_x^2 dv = \frac{P^2 h}{8 a^2} + \frac{2 \pi^2 c^2}{\alpha^3}$$

erhält. In derselben Weise findet man der Reihe nach

$$\int \sigma_y^2 dv = \int \sigma_z^2 dv = \frac{3 a^4 c^2}{\pi^2} \alpha$$

$$\int (\sigma_x + \sigma_y + \sigma_z)^2 dv = \frac{P^2 h}{8 a^2} + \frac{4 P a c}{\pi} + \frac{2 c^2}{\pi^2} \left(\frac{\pi^4}{\alpha^3} - \frac{2 \pi^2 a^2}{\alpha} + 5 a^4 \alpha \right)$$

$$\int \tau_{xy}^2 dv = \int \tau_{xz}^2 dv = \frac{a^2 c^2}{\alpha}.$$

Wir fassen jetzt alle Glieder zusammen und nehmen dann noch das Doppelte davon, weil bis dahin die Integration nach x nur auf die untere Hälfte des Probekörpers ausgedehnt wurde und erhalten damit für die Formänderungsarbeit im ganzen Probekörper:

$$A = 2 \cdot \frac{1}{2G}\left\{\frac{1}{2}\left(\frac{P^2 h}{8a^2} + \frac{2\pi^2 c^2}{a^3} + \frac{6a^4 c^2}{\pi^2}a\right) - \right.$$

$$\left. - \frac{1}{2(m+1)}\left(\frac{P^2 h}{8a^2} + \frac{4Pac}{\pi} + \frac{2c^2}{\pi^2}\left[\frac{\pi^4}{a^3} - \frac{2\pi^2 a^2}{a} + 5a^4 a\right]\right) + \frac{2a^2 c^2}{a}\right\}.$$

Diesen Ausdruck differentiieren wir nach a und setzen den Differentialquotienten gleich Null, womit wir für a die Bestimmungsgleichung

$$\frac{1}{2}\left(-\frac{6\pi^2 c^2}{a^4} + \frac{6a^4 c^2}{\pi^2}\right) -$$

$$- \frac{1}{2(m+1)} \cdot \frac{2c^2}{\pi^2}\left(-\frac{3\pi^4}{a^4} + \frac{2\pi^2 a^2}{a^2} + 5a^4\right) - \frac{2a^2 c^2}{a^2} = 0$$

erhalten. In jedem Gliede dieser Gleichung kommt der Faktor c^2 vor, der sich daher wegheben läßt, so daß a ganz unabhängig von dem für c gewählten Werte gefunden wird. Die Ordnung nach Potenzen von $\frac{1}{a}$ liefert

$$\frac{1}{a^4} \cdot 3\pi^2 m + \frac{1}{a^2} \cdot 2a^2(m+2) = \frac{a^4}{\pi^2}(3m-2).$$

Setzt man für die Zahlenrechnung $m = 4$ und $\pi^2 = 10$ ein, so geht dies über in

$$120 \cdot \frac{1}{a^4} + 12a^2 \cdot \frac{1}{a^2} = a^4.$$

Die einzige brauchbare, nämlich reelle und positive Wurzel dieser Gleichung ist

$$\frac{1}{a} = 0{,}23\, a.$$

Für die Druckspannungen σ_x^0 an den Grundflächen ergibt sich hiermit

$$\sigma_x^0 = -\frac{P}{4a^2} + 0{,}72\, c\left(\cos \pi \frac{y}{a} + \cos \pi \frac{z}{a}\right)$$

während die in der Flächeneinheit an der Stelle yz übertragene Reibung τ_0 aus den Komponenten τ_{xy}^0 und τ_{xz}^0 in den Gl. (55) zu

$$\tau_0 = c\sqrt{\sin^2 \pi \frac{y}{a} + \sin^2 \pi \frac{z}{a}}$$

gefunden wird. Jedenfalls darf aber an keiner Stelle τ^0 den Betrag $\mu\sigma_x^0$ überschreiten, wenn man unter μ die Reibungsziffer für die Druckfläche versteht. Man hätte daher jetzt den Größtwert von

$$\frac{c\sqrt{\sin^2\pi\frac{y}{a}+\sin^2\pi\frac{z}{a}}}{\frac{P}{4a^2}-0{,}72\,c\left(\cos\pi\frac{y}{a}+\cos\pi\frac{z}{a}\right)}$$

durch Differentiation nach y und z aufzusuchen und dann diesen Größtwert gleich μ zu setzen, worauf man die Gleichung nach c auflösen könnte.

Wir können aber die Rechnung hier abbrechen, da unsere Absicht, an einem geeigneten Beispiele die Anwendung des Satzes vom variierten Spannungszustande vorzuführen, bereits erreicht ist. Die Aufgabe, eine brauchbare Theorie des Druckversuchs aufzustellen, ist hiermit freilich noch lange nicht gelöst. Hierzu müßte man die ganze Rechnung auch noch für den allgemeineren Ansatz in Gl. (56) mit zwei oder noch mehr Gliedern für $\tau_{xy}{}^0$ wiederholen und sich davon überzeugen, ob man damit nicht zu wesentlich verschiedenen Werten von $\frac{1}{a}$ geführt würde als nach dem einfacheren Ansatze in Gl. (55). Außerdem wären die erhaltenen Lösungen noch näher zu besprechen und ihr Zusammenhang mit den Erfahrungstatsachen zu untersuchen. Das alles würde noch viel Zeit und Mühe erfordern, die wir uns aber jetzt ersparen können, da ein hinreichender Einblick in die Art des Spannungszustandes, der durch die Mitwirkung der Reibungen beim Druckversuche zustande kommt, auch jetzt schon gewonnen ist. Namentlich erhält man, worauf es hauptsächlich ankommt, eine ungefähre Vorstellung davon, bis zu welchen Entfernungen von der Druckfläche sich die Wirkung der Reibung noch stärker bemerklich machen kann.

Dritter Abschnitt.

Die Biegungsfestigkeit der Platten.

§ 17. Die Biegungsarbeit.

Die Platten, für die man Festigkeitsberechnungen auszuführen hat, sind gewöhnlich von rechteckiger oder quadratischer oder auch von elliptischer oder kreisförmiger Gestalt und überall gleich dick. Sie sind ferner meistens am ganzen Umfange gleichmäßig unterstützt und haben eine senkrecht zur Plattenebene gerichtete Belastung aufzunehmen, durch die sie auf Biegung beansprucht werden. Auf diese verhältnismäßig einfachen Fälle sollen sich unsere Betrachtungen hauptsächlich beziehen. Die allgemeinen Formeln, die wir zunächst ableiten wollen, sind jedoch von diesen besonderen Annahmen unabhängig und auch auf Platten von anderer Gestalt oder anderer Stützungsart anwendbar.

Zum Begriffe eines plattenförmigen Körpers gehört schon, daß die Dicke, die wie bei einem Balken stets mit dem Buchstaben h bezeichnet werden soll, als klein angesehen werden kann im Verhältnisse zu den Abmessungen in der Plattenebene. Dabei darf aber die Dicke h doch auch nicht zu klein sein; sie muß nämlich immerhin groß genug sein, um der Platte eine genügende Biegungssteifigkeit zu verleihen. Bei den Anwendungen, die man von der Theorie zu machen beabsichtigt, weiß man gewöhnlich von vornherein, daß die elastischen Einbiegungswege, die unter der Belastung der Platte entstehen, klein bleiben im Verhältnis zur Plattendicke h, oder es wird umgekehrt bei der Festigkeitsberechnung der Platte verlangt, daß man die Plattendicke groß genug wählt, um sicher zu sein, daß der Biegungspfeil nur einen kleinen Bruchteil von h ausmachen kann. In solchen Fällen kann man die Rechnung erheblich durch die Näherungsannahme erleichtern, daß die Einsenkungen als unendlich klein im Verhältnisse zu h anzusehen seien, und wir wollen sie daher hier von vornherein zugrunde legen.

Auf ein dünnes Blech, das sich unter der Belastung um einen erheblichen Bruchteil von h oder gar noch um mehr als h durchbiegt, sind daher die nachfolgenden Betrachtungen nicht anwendbar. Von solchen »Platten mit großer Ausbiegung« soll übrigens später noch besonders die Rede sein.

Eine Ebene, die den Grenzebenen der Platte parallel geht und überall die Plattendicke halbiert, bezeichnen wir als die Mittelebene der Platte und wählen sie zur YZ-Ebene eines rechtwinkligen Koordinatensystems. Die positive X-Achse gehe in der Richtung der Lasten, also auch in der Richtung der Durchbiegung der Platte. Die zur Mittelebene gehörigen Punkte der Platte bilden nach der Formänderung eine schwach gekrümmte Fläche, die wir als die elastische Fläche der Platte bezeichnen. Das Koordinatensystem denken wir uns gegen die Körper festgelegt, auf die sich die Platte stützt, so daß es an der Durchbiegung der Platte nicht teilnimmt.

Um die Aufgabe zu vereinfachen, sieht man sich genötigt, bestimmte Annahmen über die Art der Gestaltänderung der Platte zu machen. Und zwar sind sie genau den Annahmen nachgebildet, von denen man in den Anfangsgründen der Festigkeitslehre bei der Biegung eines Stabes ausgeht. Da sich diese der Erfahrung zufolge bewährt haben, darf man erwarten, daß auch die sinngemäße Übertragung auf die Biegung der Platte zum mindesten nicht allzu viel von der Wahrheit abweichen wird. Zunächst nämlich wird angenommen, daß die Punkte, die vorher auf einer zur X-Achse parallelen, also die Platte in der Richtung der Dicke durchsetzenden Geraden lagen, auch nach der Biegung noch auf einer Geraden liegen, die senkrecht steht zur elastischen Fläche. Ganz genau kann diese Annahme freilich nicht sein, wenigstens nicht, wenn die Platte eine stetig über ihre Fläche verteilte Belastung trägt. Aus der Betrachtung des Gleichgewichts eines Plattenelements gegen Verschieben in der Richtung der X-Achse folgt nämlich sofort, daß an den Rändern des Plattenelements Schubspannungen τ_{yx} und τ_{zx} übertragen werden müssen, um mit der Belastung Gleichgewicht herzustellen. Diese Schubspannungen haben aber Winkeländerungen γ_{yx} und γ_{zx} zur Folge, so daß der ursprünglich rechte Winkel zwischen der Mittelebene und ihrer Normalen nicht völlig ungeändert bleiben kann.

Das sind aber Einwendungen, die man ebenso und mit demselben Rechte auch gegen die Annahme erheben kann, daß die Querschnitte eines Stabes bei der Biegung eben und senkrecht zur Stabachse blieben, und man weiß ja auch, daß durch die Schubspannungen tatsächlich eine geringe Querschnittskrümmung hervorgebracht wird. Trotzdem haben sich aber die aus der Näherungsannahme der eben bleibenden Querschnitte gezogenen Folgerungen im übrigen vollständig bewährt. Man darf daher erwarten, daß auch bei der Platte der aus der Vernachlässigung der Winkeländerungen γ_{yx} und γ_{zx} entstehende Fehler in erträglichen Grenzen bleiben wird.

Endlich macht man noch, ebenso wie bei der Biegungslehre für den Stab, die Annahme, daß die auf der Mittelebene der Platte gelegenen Punkte nur eine Verschiebung in der Richtung der X-Achse erfahren oder daß wenigstens etwaige kleine Verschiebungskomponenten parallel zur Plattenebene für diese Punkte außer Betracht bleiben dürfen.

Die Komponenten der Verschiebung eines Punktes xyz bezeichnen wir wie früher mit den Buchstaben $\xi \eta \zeta$, und wenn es sich dabei um einen Punkt der Mittelebene $x = 0$ handelt, machen wir dies durch Beifügen eines Zeigers 0 kenntlich. Hiernach bedeutet ξ_0 die Ordinate der elastischen Fläche, während

$$\eta_0 = \zeta_0 = 0 \quad . \quad . \quad . \quad . \quad . \quad . \quad . \quad . \quad . \quad (1)$$

zu setzen sind.

Dagegen erfährt ein Punkt, der den Abstand x von der Mittelebene hat, Verschiebungen $\eta \zeta$, weil sich die Ordinate x bei der Biegung der Platte etwas schief stellt, so daß sie nachher eine Normale zur elastischen Fläche bildet. Abb. 15 zeigt einen Schnitt durch die elastische Fläche parallel zur XY-Ebene in stark verzerrter Zeichnung. Das Plattenelement, zu dem der ins Auge gefaßte Punkt gehört, hat sich um den mit φ bezeichneten Winkel im Sinne der Z-Achse gedreht. Da der Winkel klein ist, genügt es, φ gleich $\operatorname{tg} \varphi$, also

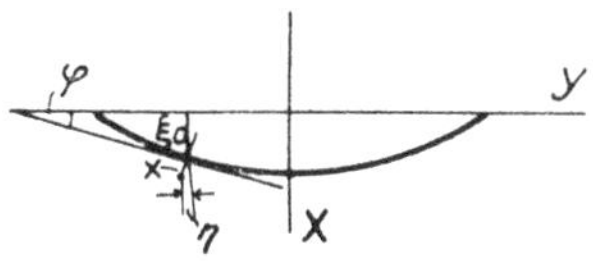

Abb. 15.

$$\varphi = \frac{\partial \xi_0}{\partial y}$$

zu setzen. Außerdem dreht sich das Plattenelement auch noch im Sinne der Y-Achse um einen kleinen Winkel ψ, der in einem parallel zur XZ-Ebene gelegten Schnitte ersichtlich gemacht werden könnte und der ebenso zu

$$\psi = \frac{\partial \xi_0}{\partial z}$$

gefunden wird. Auch die Normale x zur Mittelebene macht diese Drehungen des Plattenelements mit und bildet nachher die Winkel φ und ψ mit der XZ- und der XY-Ebene. Daraus folgt für die Verschiebungskomponenten des Endpunktes von x

$$\eta = -x \frac{\partial \xi_0}{\partial y}; \quad \zeta = -x \frac{\partial \xi_0}{\partial z} \quad . \quad . \quad . \quad . \quad . \quad . \quad (2)$$

Nach den Gl. (22) und (23) von § 2 ergeben sich daraus die folgenden Formänderungskomponenten

$$\varepsilon_y = \frac{\partial \eta}{\partial y} = -x \frac{\partial^2 \xi_0}{\partial y^2}; \quad \varepsilon_z = \frac{\partial \zeta}{\partial z} = -x \frac{\partial^2 \xi_0}{\partial z^2}; \quad \gamma_{yz} = -2x \frac{\partial^2 \xi_0}{\partial y \, \partial z} \quad (3)$$

Ferner darf man annehmen, daß der Spannungszustand nicht wesentlich von einem ebenen abweichen kann. An der unbelasteten Unterfläche der Platte trifft dies ohnehin genau zu, und an der belasteten Oberfläche besteht zwar eine Spannung σ_x von der Größe der auf die Flächeneinheit kommenden Belastung der Platte, die aber offenbar viel kleiner ist als die Biegungsspannungen σ_y und σ_z in den dazu senkrechten Schnitten, so daß man sie bei der Feststellung des Zusammenhangs zwischen Formänderung und Spannung außer Ansatz lassen kann. Den Gl. (3) entsprechen daher nach den Gl. (34) von § 2 die Spannungskomponenten

$$\left.\begin{aligned} \sigma_y &= -\frac{2G}{m-1}\,x\left(m\frac{\partial^2\xi_0}{\partial y^2}+\frac{\partial^2\xi_0}{\partial z^2}\right)\\ \sigma_z &= -\frac{2G}{m-1}\,x\left(m\frac{\partial^2\xi_0}{\partial z^2}+\frac{\partial^2\xi_0}{\partial y^2}\right)\\ \tau_{yz} &= -2Gx\frac{\partial^2\xi_0}{\partial y\,\partial z}\\ \sigma_x &= \tau_{xy}=\tau_{xz}=0 \end{aligned}\right\} \quad \ldots\ldots \quad (4)$$

Ferner erhält man noch

$$\varepsilon_x = \frac{x}{m-1}\left(\frac{\partial^2\xi_0}{\partial y^2}+\frac{\partial^2\xi_0}{\partial z^2}\right); \quad \gamma_{xy}=0; \quad \gamma_{xz}=0 \quad . \quad . \quad (5)$$

Hiermit sind alle Unterlagen gegeben, um die bezogene Formänderungsarbeit A zu berechnen, die an irgendeiner Stelle der Platte bei der durch die Funktion ξ_0 von y und z beschriebenen Biegung aufgespeichert ist. Man kann dabei entweder von den Formänderungskomponenten oder von den Spannungskomponenten ausgehen und gelangt in beiden Fällen zu demselben Ausdrucke, der von den Differentialquotienten von ξ_0 abhängt. Das liegt aber nur daran, daß unmittelbar vorher die Spannungskomponenten nach dem Elastizitätsgesetze aus den Formänderungskomponenten berechnet worden sind.

Man muß hier von neuem auf den wesentlichen Unterschied eines Ansatzes, der sich auf die Formänderung bezieht und allen geometrischen Anforderungen eines solchen genügt, hinweisen, gegenüber einem Ansatze, der den Spannungszustand betrifft und allen Gleichgewichtsbedingungen genügt. Ein Ansatz dieser oder jener Art bleibt immer einseitig, wenn er nicht zufällig allen Anforderungen entspricht und damit von selbst schon die vollständige und genaue Lösung der Aufgabe darstellt. Kann man einen solchen nicht angeben, so muß man wenigstens von dem gewählten Ansatze verlangen, daß er nach einer der beiden Seiten hin allen Anforderungen genügt, sei es nun nach der geometrischen oder nach der statischen Seite hin; während man nach der anderen Seite hin das Bestehen von Ungenauigkeiten oder eine nur angenäherte Erfüllung der Bedingungen zulassen kann.

Als Gegenbeispiel erinnere man sich der in § 16 behandelten Theorie des Druckversuchs. Damals wurde ein Ansatz für den Spannungszustand gebildet, der allen Gleichgewichtsbedingungen streng genügte, während man von der Erfüllung der geometrischen Bedingung absah, daß dieser Spannungszustand elastische Formänderungen zur Folge haben müsse, die ohne Zerreißung des Körperzusammenhanges verträglich miteinander sein müßten. Hier bei der Theorie der Platte geht man umgekehrt vor: man legt eine Annahme zugrunde über die elastische Formänderung, die geometrisch durchaus möglich ist und die auch aus besonderen Gründen, in Anlehnung an die Theorie der Balkenbiegung als glaubhaft erscheint, wobei man aber darauf verzichten muß, daß die daraus berechneten Spannungen den Gleichgewichtsbedingungen vollkommen genügen.

Der entscheidende Teil des Ansatzes, den wir der Theorie der Plattenbiegung zugrunde legen wollen, wird daher durch die Gl. (3) und (5) ausgesprochen, und an diese muß sich die weitere Entwicklung anschließen. Die Gl. (4) für die Spannungskomponenten sind dagegen von jenen abhängig und nur in Verbindung mit ihnen brauchbar; in ihnen sprechen sich die Mängel aus, die dem ganzen Ansatz anhaften, und sie eignen sich daher nicht als Grundlage für weitere Schlüsse.

Daß dies so ist, erkennt man sofort, wenn man versucht, die Spannungskomponenten der Gl. (4) in die allgemeinen Gleichgewichtsbedingungen (21) von § 2 einzusetzen. Daß die Gleichgewichtsbedingung gegen Verschieben im Sinne der X-Achse nicht streng erfüllt ist, wenn das Plattenelement eine Belastung aufzunehmen hat, war schon vorher bemerkt und als unvermeidliche Ungenauigkeit hingenommen worden. Aber auch die Gleichgewichtsbedingungen gegen Verschieben in der Y- oder in der Z-Richtung sind ebensowenig streng erfüllt, und wenn man sich auf ihre genaue Gültigkeit verlassen wollte, würde man zu Trugschlüssen verleitet werden; man käme nämlich zu Differentialgleichungen für ξ_0, die gar nicht richtig sind.

Auch der Satz vom Minimum der Formänderungsarbeit im Sinne der Gleichung $\delta_\sigma A = 0$ kann sich an den gewählten Ansatz nicht anschließen. Denn dieser Satz würde einen Vergleich von benachbarten Spannungszuständen miteinander erfordern, die beide allen statischen Anforderungen streng genügten, während hier schon die Ausgangsgleichungen (4) dagegen verstießen. Man muß dies um so mehr hervorheben, als ein anderes Vorgehen, als es üblich und hier geschehen ist, auch recht wohl möglich erscheint, nämlich ein Ansatz, der die statischen Anforderungen voranstellte. Allein hier bleibt nur der Gebrauch des Satzes $\delta_\varepsilon A = 0$ möglich, d. h. die Anwendung des Prinzips der virtuellen Geschwindigkeiten. Es macht dann freilich nichts aus, wenn man bei der Aufstellung von A von den Spannungskomponenten in den Gl. (4)

ausgeht; aber das ist nur ein Umweg, der zu dem zurückführt, was sich aus dem geometrisch streng zulässigen Ansatze über die Formänderungskomponenten auch unmittelbar ergibt. Und man darf sich durch diesen Umweg nicht darüber täuschen lassen, daß der Ausdruck, den man für A erhält, in jedem Falle auf den geometrisch zulässigen Formänderungsannahmen und nicht etwa auf statisch streng zulässigen Spannungsannahmen beruht.

Für die bezogene Formänderungsarbeit A hat man nach Gl. (55) von § 5, wenn man darin mit Rücksicht auf die Gl. (5) sofort γ_{xy} und γ_{xz} unterdrückt,

$$\mathsf{A} = G\left(\varepsilon_x^2 + \varepsilon_y^2 + \varepsilon_z^2 + \frac{e^2}{m-2} + \frac{1}{2}\gamma_{yz}^2\right)$$

und wenn man weiter die vorher berechneten Werte einsetzt, geht dies über in

$$\mathsf{A} = G x^2 \left\{\frac{m}{m-1}\left(\left[\frac{\partial^2 \xi_0}{\partial y^2}\right]^2 + \left[\frac{\partial^2 \xi_0}{\partial z^2}\right]^2\right) + \right.$$
$$\left. + \frac{2}{m-1}\,\frac{\partial^2 \xi_0}{\partial y^2}\cdot\frac{\partial^2 \xi_0}{\partial z^2} + 2\left(\frac{\partial^2 \xi_0}{\partial y\,\partial z}\right)^2\right\} \quad . \quad . \quad . \quad . \quad . \quad (6)$$

Wir berechnen hierauf weiter die in einem Plattenelemente von der Fläche dF aufgespeicherte Arbeit dA, die wir durch eine Integration nach x über die Plattendicke h erhalten, nämlich

$$dA = dF\int_{-\frac{h}{2}}^{+\frac{h}{2}} \mathsf{A}\, dx = dF\,\frac{G h^3}{12}\left\{\frac{m}{m-1}\left(\left[\frac{\partial^2 \xi_0}{\partial y^2}\right]^2 + \left[\frac{\partial^2 \xi_0}{\partial z^2}\right]^2\right) + \right.$$
$$\left. + \frac{2}{m-1}\,\frac{\partial^2 \xi_0}{\partial y^2}\cdot\frac{\partial^2 \xi_0}{\partial z^2} + 2\left(\frac{\partial^2 \xi_0}{\partial y\,\partial z}\right)^2\right\}$$

und hiermit endlich finden wir für die Biegungsarbeit der ganzen Platte

$$A = \frac{G h^3}{12}\int\left\{\frac{m}{m-1}\left(\left[\frac{\partial^2 \xi_0}{\partial y^2}\right]^2 + \left[\frac{\partial^2 \xi_0}{\partial z^2}\right]^2\right) + \right.$$
$$\left. + \frac{2}{m-1}\,\frac{\partial^2 \xi_0}{\partial y^2}\cdot\frac{\partial^2 \xi_0}{\partial z^2} + 2\left(\frac{\partial^2 \xi_0}{\partial y\,\partial z}\right)^2\right\} dF \quad . \quad . \quad . \quad . \quad (7)$$

womit die zunächst gestellte Aufgabe bereits gelöst ist.

§ 18. Die Differentialgleichung der elastischen Fläche in rechtwinkligen Koordinaten.

Als die Hauptaufgabe der Theorie der Plattenbiegung erscheint es nunmehr, die Durchbiegung ξ_0 als Funktion von y und z zu ermitteln, denn mit ξ_0 wird nicht nur die Gestalt der elastischen Fläche bekannt, sondern man findet daraus nach den Formeln des vorigen Paragraphen auch alle anderen Formänderungsgrößen sowie die ihnen entsprechenden Biegungsspannungen. Nun läßt sich zeigen, daß die gesuchte Funktion einer partiellen Differentialgleichung vierter Ordnung genügen muß, so daß sich die Aufgabe ihrer Ermittlung auf die Integration dieser Differentialgleichung zurückführen läßt, womit immerhin schon ein wichtiger Schritt zum Ziele getan ist. Man bezeichnet diese Differentialgleichung, die genau der Differentialgleichung für die elastische Linie eines gebogenen Stabes entspricht, häufig auch als die Biegungsgleichung der Platte.

Um die Biegungsgleichung abzuleiten, stützen wir uns auf das Prinzip der virtuellen Geschwindigkeiten, für dessen Anwendung durch die Formeln des vorigen Paragraphen alles bereits vorbereitet ist. Wir denken uns also der Platte eine kleine virtuelle Gestaltänderung erteilt, durch die jede Senkung ξ_0 eine willkürliche Änderung $\delta\xi_0$ erfährt. Dabei ist $\delta\xi_0$ als eine beliebige, aber stetige Funktion von y und z aufzufassen, der wir außerdem nur noch die Einschränkung auferlegen wollen, daß an den Auflagerstellen sowie auch an den Plattenrändern, soweit diese nicht mit den Auflagerstellen zusammenfallen, sowohl $\delta\xi_0$ selbst als auch die Differentialquotienten davon nach y und z überall verschwinden sollen.

Nach Gl. (7) kann man die Variation δA berechnen, die zu einer solchen willkürlichen Variation $\delta\xi_0$, d. h. zu einer virtuellen Verschiebung von der ins Auge gefaßten Art gehört. Nach dem Prinzip der virtuellen Geschwindigkeiten muß dann, wie wir auch im übrigen die Funktion $\delta\xi_0$ gewählt haben mögen, Gl. (3) von § 9, nämlich

$$\Sigma \mathfrak{P}\delta\mathfrak{s} - \delta A = 0 \quad \ldots \ldots \quad (8)$$

erfüllt sein. Wir berechnen zunächst die Arbeiten der äußeren Kräfte $\Sigma\mathfrak{P}\delta\mathfrak{s}$. An der Stelle yz möge auf die Flächeneinheit der Platte die Belastung p kommen, wobei p eine beliebig gegebene Funktion der Koordinaten yz bedeutet, die an manchen Stellen natürlich auch gleich Null sein kann. Da die Auflagerkräfte bei der virtuellen Verschiebung wegen der Bedingungen, denen wir die Funktion $\delta\xi_0$ unterworfen haben, keine Arbeit leisten können, bleibt

$$\Sigma \mathfrak{P}\delta\mathfrak{s} = \int p\,\delta\xi_0\,dF \quad \ldots \ldots \quad (9)$$

Bei der Ausführung der Variation an A in Gl. (7) ist zu beachten, daß nach dem Begriffe der Variation, also der (von den angegebenen Beschränkungen abgesehen) völlig willkürlichen Änderung $\delta\xi_0$ von ξ_0 die Differentiation nach den Koordinaten und die Variation ganz unabhängig voneinander sind und daher auch in der Reihenfolge miteinander vertauscht werden dürfen, so daß man also z. B.

$$\delta \frac{\partial^2 \xi_0}{\partial y^2} = \frac{\partial^2 \delta \xi_0}{\partial y^2}$$

setzen kann usf. Man findet dann

$$\delta A = \frac{Gh^3}{12} \int \left\{ \frac{2}{m-1} \frac{\partial^2 \delta \xi_0}{\partial y^2} \left(m \frac{\partial^2 \xi_0}{\partial y^2} + \frac{\partial^2 \xi_0}{\partial z^2} \right) + \right.$$

$$\left. + \frac{2}{m-1} \frac{\partial^2 \delta \xi_0}{\partial z^2} \left(m \frac{\partial^2 \xi_0}{\partial z^2} + \frac{\partial^2 \xi_0}{\partial y^2} \right) + 4 \frac{\partial^2 \delta \xi_0}{\partial y \partial z} \cdot \frac{\partial^2 \xi_0}{\partial y \partial z} \right\} dF \qquad (10)$$

Dieser Ausdruck läßt sich durch partielle Integrationen umformen, wobei wir genau so vorzugehen haben, wie es schon in § 9 bei der Ableitung der Differentialgleichung der elastischen Linie eines Stabes geschehen ist. Bedeutet nämlich Φ irgendeine stetige Funktion von y und z, so kann man zunächst

$$\int \frac{\partial^2 \delta \xi_0}{\partial y^2} \Phi \, dF = \int dz \int \frac{\partial^2 \delta \xi_0}{\partial y^2} \Phi \, dy = \int dz \left\{ \left[\frac{\partial \delta \xi_0}{\partial y} \Phi \right] - \int \frac{\partial \delta \xi_0}{\partial y} \frac{\partial \Phi}{\partial y} dy \right\}$$

setzen. Dabei bezieht sich der Ausdruck $\left[\frac{\partial \delta \xi_0}{\partial y} \Phi \right]$ auf die Integrationsgrenzen, also auf die Plattenränder, an denen aber nach Voraussetzung die Differentialquotienten von $\delta \xi_0$ verschwinden sollen, so daß der Ausdruck gestrichen werden kann. Ebenso erhält man durch eine nochmalige partielle Integration

$$\int \frac{\partial \delta \xi_0}{\partial y} \frac{\partial \Phi}{\partial y} dy = \left[\delta \xi_0 \frac{\partial \Phi}{\partial y} \right] - \int \delta \xi_0 \frac{\partial^2 \Phi}{\partial y^2} dy = - \int \delta \xi_0 \frac{\partial^2 \Phi}{\partial y^2} dy,$$

so daß im ganzen

$$\int \frac{\partial^2 \delta \xi_0}{\partial y^2} \Phi \, dF = \int \delta \xi_0 \frac{\partial^2 \Phi}{\partial y^2} dF$$

oder, wenn man für Φ den in Gl. (10) dafür stehenden Wert einsetzt,

$$\int \frac{\partial^2 \delta \xi_0}{\partial y^2} \left(m \frac{\partial^2 \xi_0}{\partial y^2} + \frac{\partial^2 \xi_0}{\partial z^2} \right) dF = \int \delta \xi_0 \left(m \frac{\partial^4 \xi_0}{\partial y^4} + \frac{\partial^4 \xi_0}{\partial y^2 \partial z^2} \right) dF$$

gefunden wird. Ebenso lassen sich auch die übrigen Glieder in Gl. (10) umformen, und damit geht sie über in

$$\delta A = \frac{Gh^3}{12} \int \delta \xi_0 \left\{ \frac{2}{m-1} \left(m \frac{\partial^4 \xi_0}{\partial y^4} + \frac{\partial^4 \xi_0}{\partial y^2 \partial z^2} + m \frac{\partial^4 \xi_0}{\partial z^4} + \right. \right.$$

$$\left. \left. + \frac{\partial^4 \xi_0}{\partial y^2 \partial z^2} \right) + 4 \frac{\partial^4 \xi_0}{\partial y^2 \partial z^2} \right\} dF$$

worauf sich die Glieder noch weiterhin zusammenziehen lassen. Setzt man dann δA in Gl. (8) ein und berücksichtigt zugleich Gl. (9), so findet man als endgültige Folgerung aus dem Prinzip der virtuellen Geschwindigkeiten

$$\int \delta\xi_0 \left\{ p - \frac{G h^3}{12} \cdot \frac{2m}{m-1} \left(\frac{\partial^4 \xi_0}{\partial y^4} + 2 \frac{\partial^4 \xi_0}{\partial y^2 \partial z^2} + \frac{\partial^4 \xi_0}{\partial z^4} \right) \right\} dF = 0 \qquad (11)$$

Aber diese Gleichung kann nur dann für jede virtuelle Verschiebung, also für jede Wahl von $\delta\xi_0$ als Funktion von y und z erfüllt sein, wenn der in der geschweiften Klammer stehende Ausdruck an jeder Stelle der Platte zu Null wird. Denn wäre er es nicht, so hätte man nur nötig, für jede Stelle der Platte eine sonst beliebige Verschiebung $\delta\xi_0$ zu wählen, die überall das gleiche Vorzeichen hätte, wie der Klammerausdruck, um zu erreichen, daß das Integral als eine Summe von lauter positiven Gliedern sicher von Null verschieden wäre.

Rechnet man schließlich noch den Schubmodul G auf den Modul E um, so folgt hieraus die Differentialgleichung der elastischen Fläche

$$\frac{\partial^4 \xi_0}{\partial y^4} + 2 \frac{\partial^4 \xi_0}{\partial y^2 \partial z^2} + \frac{\partial^4 \xi_0}{\partial z^4} = \frac{12(m^2-1)}{m^2 E h^3} p \quad . \quad . \quad . \quad (12)$$

oder $N \nabla^4 \xi_0 = p$, wenn $N = \dfrac{m^2 E h^3}{12(m^2-1)}$ die »Plattensteifigkeit« bedeutet.

Diese Biegungsgleichung bildet den Ausgangspunkt für die meisten weiteren Ausführungen der Plattentheorie, soweit sie sich eine mathematisch strenge Lösung der Aufgabe zum Ziele setzen. Weniger geeignet ist sie dagegen für die Aufstellung von Näherungslösungen. Diese sind aber für den praktischen Gebrauch wichtiger als die strengen Lösungen, die nur in wenigen Fällen wirklich herstellbar sind, während man angenäherte Lösungen mit hinlänglicher Genauigkeit viel leichter aufstellen kann. Das geschieht am besten, indem man unmittelbar an die Sätze über die Formänderungsarbeit anknüpft, ohne sich um die Differentialgleichung der elastischen Fläche zu kümmern.

Endlich möge noch erwähnt werden, daß man die Biegungsgleichung auch unmittelbar aus den Gleichgewichtsbedingungen an einem Plattenelemente ableiten kann, ohne sich dabei auf die Sätze über die Formänderungsarbeit zu stützen. Im 5. Band der »Vorlesungen« kann man eine solche Ableitung finden, worauf hier verwiesen werden möge. Beim Vergleich ist nur zu beachten, daß die Bezeichnungen dort etwas anders gewählt sind als hier, wo es uns wünschenswert erschien, die X-Achse in die Richtung senkrecht zur Platte zu legen, weil auch sonst überall in diesem Buche jene Koordinatenachse als X-Achse gewählt wurde, die sich vor den beiden anderen auszeichnet, wenn diese beiden unter sich gleichwertig sind.

§ 19. Näherungslösungen für die rechteckige Platte.

Um ein Urteil über die Bruchgefahr zu gewinnen, das für praktische Zwecke ausreichend erscheint, genügt gewöhnlich eine ungefähre Abschätzung der Spannungen in der gebogenen Platte, bei der man sich auf vereinfachende Annahmen stützen kann, wie sie durch den Vergleich mit der Biegungslehre für den Stab nahe gelegt werden. Damit hat man sich schon früher in verschiedener Weise beholfen. Am meisten bekannt wurde das von Bach angegebene Näherungsverfahren, das übrigens nicht nur auf einer willkürlichen Abschätzung beruht, sondern von vornherein durch den Vergleich mit den Ergebnissen von Versuchen, die zu diesem Zwecke dienen konnten, auf einer zuverlässigeren Grundlage aufgerichtet wurde. Wir setzen dieses Verfahren hier als bekannt voraus oder verweisen, soweit dies nicht zutreffen sollte, wegen der Einzelheiten auf andere Bücher, in erster Linie natürlich auf die Veröffentlichungen von Bach selbst. Nur an dem Beispiele der quadratischen Platte möge hier kurz in die Erinnerung zurückgerufen werden, wie man dabei ungefähr vorgeht oder wie man wenigstens unserer Auffassung nach sich die Sache am besten zurecht legt.

Die Seite des Quadrats sei mit $2a$ und die auf die Flächeneinheit kommende Belastung, die wir uns gleichmäßig über die Fläche verteilt denken, mit p bezeichnet. Dann kommt auf die ganze Platte die Last $4a^2p$ und auf jede der vier Auflagerkanten der Auflagerdruck a^2p. Man setzt voraus, daß die Platte entweder an den Rändern überhaupt frei aufliegt oder daß wenigstens, wenn dies nicht ganz zutreffen sollte, die Wirkung einer teilweisen Einspannung für den Zweck der beabsichtigten Abschätzung der Bruchgefahr außer Ansatz gelassen werden darf. Wie sich der Auflagerdruck längs der Kante im einzelnen verteilt, ist nicht bekannt; aber jedenfalls wird es symmetrisch geschehen, so daß sich für den Zweck einer Gleichgewichtsbetrachtung an einem Plattenstück, zu dem die ganze Auflagerkante gehört, der Auflagerdruck zu einer durch die Mitte der Quadratseite gehenden Resultierenden zusammensetzen läßt.

Ein Quadrat hat vier Symmetrieachsen, und daher lassen sich durch die Plattenmitte vier Symmetrieebenen ziehen, von denen jede die Platte in zwei symmetrisch gelegene und auch symmetrisch belastete Hälften zerlegt. Zum Begriff der Symmetrie gehört auch, daß in den vier Schnittebenen keine Schubspannungen übertragen werden können, sondern nur Normalspannungen oder, wie wir dafür sagen wollen, Biegungsspannungen. Diese wachsen wie beim Balken proportional mit den Abständen von der Mittelebene und haben zu beiden Seiten der Mittelebene verschiedene Vorzeichen, wie auch aus den Gl. (4) von § 17 hervorgeht.

Wir dürfen ferner von vornherein erwarten, daß ähnlich wie bei einem gleichförmig belasteten und frei aufliegenden Balken die größten Spannungen in der Plattenmitte auftreten werden. Es kann sich also nur noch darum handeln, diese Spannungen für die Plattenmitte im Abstande $x = \pm \frac{h}{2}$ von der Mittelebene zu berechnen.

Da aber an dieser Stelle, wie wir vorher sahen, ein ebener Spannungszustand mit vier Symmetrieebenen besteht, muß auch jeder weitere Schnitt durch die Plattenmitte eine Hauptschnittrichtung sein, für die die Schubspannung zu Null und die Normalspannung gleich der in allen anderen Schnittrichtungen übertragenen ist. Es ist demnach gleichgültig, von welcher Schnittrichtung wir ausgehen, um die größte in der Platte übertragene Biegungsspannung zu berechnen. Wir wählen dazu den Diagonalschnitt durch die Platte, weil sich für ihn die Berechnung am einfachsten durchführen läßt.

Wir können freilich nicht sagen, wie sich die Biegungsspannungen der Längsrichtung nach über den Diagonalschnitt verteilen. Man darf nur, wie vorher schon bemerkt, erwarten, daß sie in der Mitte am größten ausfallen und von da aus nach einem unbekannten Gesetz abnehmen, so daß sie in den Ecken zu Null werden. Jedenfalls läßt sich aber ein unterer Grenzwert für die größte Biegungsspannung aufstellen, wenn man das Gleichgewicht der Plattenhälfte betrachtet und dabei so rechnet, als wenn sich die Biegungsspannungen gleichförmig in der Längsrichtung über den Diagonalschnitt verteilten.

Als äußere Kräfte kommen an der Plattenhälfte zunächst die Auflagerkräfte an den beiden Auflagerkanten vor, die sich zu einer Resultierenden $2a^2p$ zusammenfassen lassen mit dem Abstande $\frac{d}{4}$ vom Diagonalschnitte, wenn d die Länge einer Diagonalen bezeichnet. Dazu kommt die Belastung der Plattenhälfte, die eine durch den Schwerpunkt des Dreiecks gehende Resultierende ebenfalls von der Größe $2a^2p$ und dem Abstande $\frac{d}{6}$ vom Diagonalschnitte liefert. Alle äußeren Kräfte sind damit zu einem Kräftepaar vom Momente

$$M = \frac{pa^2d}{6}$$

vereinigt. Auch die im Diagonalschnitt übertragenen Biegungsspannungen müssen daher ein Kräftepaar vom gleichen Momente liefern. Das ist aber dieselbe Bedingung, die auch zur Berechnung der Biegungsspannungen in einem Balken führt. Bei einem rechteckigen Querschnitt von der Breite d und der Höhe h wird die durch ein Moment M im Balken hervorgebrachte Spannung nach der Formel

$$\sigma = \frac{6\,M}{dh^2}$$

gefunden, und wenn man für M den vorher dafür festgesetzten Wert einsetzt, erhält man als untere Grenze für die größte Biegungsspannung der Platte

$$\sigma = p\frac{a^2}{h^2} \quad . \quad . \quad . \quad . \quad . \quad . \quad . \quad . \quad . \quad . \quad (13)$$

Nun weiß man zwar immer noch nicht, um wie viel die größte Biegungsspannung in der Mitte der Platte diesen Durchschnittswert übertrifft. Aber es läßt sich vermuten, daß der Unterschied nicht allzugroß ausfallen dürfte, und außerdem ist auch noch zu beachten, daß in der Mehrzahl der Fälle durch die Art der Auflagerung eine teilweise Einspannung herbeigeführt wird, die eine Herabminderung der Biegungsspannungen in der Plattenmitte zur Folge haben kann, die mehr ausmacht, als der Unterschied zwischen dem in Gl. (13) berechneten Durchschnittswerte und dem Höchstwerte in der Plattenmitte. Es kann daher nur gebilligt werden, wenn Gl. (13) der Form nach beibehalten, aber mit einem Berichtigungskoeffizienten versehen wird, der aus dem Vergleiche mit den bei Bruchversuchen erhaltenen Ergebnissen abgeleitet werden kann. Die Erfahrung lehrt dann, daß der Berichtigungskoeffizient unter den gewöhnlich vorliegenden Umständen nicht viel von der Einheit abweicht, so daß Gl. (13) schon so, wie sie dasteht, als eine für die meisten praktischen Zwecke ausreichende Näherungsformel für die Biegungsbeanspruchung der Platte angesehen werden darf.

Dieselbe Überlegung, wie sie am Beispiele der quadratischen Platte durchgeführt wurde, läßt sich sinngemäß auch auf andere Fälle übertragen. Man wird daher nicht leicht in Verlegenheit darüber kommen, wie man in den praktisch vorliegenden Fällen wenigstens zu einer ungefähren Abschätzung der Tragfähigkeit einer Platte gegenüber gegebenen Biegungslasten gelangen kann.

Von diesem Standpunkte einer sich mit den einfachsten Näherungsannahmen begnügenden Theorie macht daher die Spannungsberechnung keine besonderen Schwierigkeiten. Etwas schwieriger wird dagegen sofort die Beantwortung, wenn man nun auch noch wissen will, um wie viel ungefähr sich die Platte unter den gegebenen Lasten durchbiegt. Bei einer etwas weiter ausgebildeten Theorie ist es dagegen gerade umgekehrt. Man kann nämlich verhältnismäßig leicht und auch genau genug für praktische Zwecke die Durchbiegung und überhaupt die elastische Formänderung der Platte berechnen, während der Wert für die größte vorkommende Spannung, zu dem man in einer solchen Theorie gelangt, weit unsicherer ausfällt. Hier soll zunächst gezeigt werden, wie man am einfachsten zu brauchbaren Näherungsformeln für die Durchbiegung einer rechteckigen Platte geführt wird.

Wie die Durchbiegung einer Platte unter gleichförmig verteilten Lasten ungefähr erfolgen muß, wenn sie an den Rändern frei aufliegt, ist schon aus dem Schnitte durch die elastische Fläche in Abb. 15, S. 127, ohne weiteres ersichtlich. Auf die genauere Gestalt der elastischen Fläche kann es dabei nicht ankommen, sondern man fragt nur nach dem Biegungspfeile f, also nach dem Größtwerte von ξ_0, der in der Plattenmitte zu erwarten ist. Zu diesem Zwecke genügt es, irgendeine einfache Funktion von y und z anzusetzen, die eine flache Kurve von der in Abb. 15 angegebenen Art darzustellen vermag, so daß dabei insbesondere die Grenzbedingungen an den Plattenrändern erfüllt werden. Eine solche Funktion ist z. B.

$$\xi_0 = f \cos \frac{\pi y}{2a} \cos \frac{\pi z}{2b} \quad \ldots \ldots \ldots \quad (14)$$

wenn man unter $2a$ und $2b$ die Rechteckseiten und unter f den Biegungspfeil in der Mitte versteht, dessen Berechnung wir uns zur Aufgabe gemacht haben. Dieser Ansatz wurde schon früher öfters und so auch von H. Lorenz gewählt in seiner Abhandlung »Angenäherte Berechnung rechteckiger Platten«, Zeitschr. d. V. D. Ing. 1913, S. 623.

Zunächst überzeugt man sich leicht, daß der Ansatz (14) unter Umständen sogar als eine Lösung der strengeren Plattentheorie angesehen werden kann. Die Differentialgleichung (12) der elastischen Fläche wird nämlich durch die in Gl. (14) angesetzte Funktion ξ_0 in der Tat erfüllt, falls man die Belastungsdichte p

$$p = \frac{m^2 E h^3}{12(m^2 - 1)} \cdot \frac{\pi^4}{16} \cdot \left(\frac{a^2 + b^2}{a^2 b^2} \right)^2 \xi_0 \quad \ldots \ldots \quad (15)$$

annimmt. Das entspricht also einem Belastungsfalle, bei dem p überall proportional mit der Einsenkung ist. Man kann gegen diese Lösung freilich den Einwand erheben, daß die Randbedingungen von ihr nicht so erfüllt werden, wie man es zunächst verlangen möchte. Setzt man nämlich ξ_0 aus Gl. (14) in die Gl. (4) für die Spannungskomponenten ein, so findet man zwar, daß für die Ränder, also für $y = \pm a$ oder $z = \pm b$, die Spannungskomponenten σ_y und σ_z zu Null werden, wie es für die frei aufliegende Platte sein muß. Dagegen erhält man für τ_{yz}

$$\tau_{yz} = -2Gx \frac{\pi^2}{4ab} f \sin \frac{\pi y}{2a} \sin \frac{\pi z}{2b} \quad \ldots \ldots \quad (16)$$

und das verschwindet nicht an den Rändern. Wollte man daher den Ansatz (14) als eine strenge Lösung aufrecht erhalten, so könnte sie sich nur auf einen Belastungsfall beziehen, bei dem zu der durch Gl. (15) gegebenen Last p auch noch eine Schublast an den Rändern von der in Gl. (16) vorgeschriebenen Verteilungsart dazu käme. Das ist aber ein Belastungsfall, dem keine Bedeutung zukommt, so daß man mit einer strengen Lösung von der Art der Gl. (14) unmittelbar nichts anfangen kann. In § 23 werden wir jedoch zeigen, daß eine solche Lösung unter gewissen Voraussetzungen auch auf einen Belastungsfall übertragen werden kann, dem eine größere Bedeutung zukommt.

Das hindert übrigens nicht, Gl. (14) außerdem auch als eine annäherungsweise zutreffende Beschreibung der Gestalt der elastischen Fläche bei irgendeiner anderen Belastungsweise anzusehen und auf Grund dieses Ansatzes den Biegungspfeil f zu berechnen. Zu diesem Zwecke haben wir ξ_0 aus Gl. (14) in den Ausdruck für die Formänderungsarbeit A in Gl. (7) einzusetzen und die Integration über die ganze Rechteckfläche auszuführen. Man findet leicht

$$\int \cos^2 \frac{\pi y}{2a} \cos^2 \frac{\pi z}{2b} dF = ab$$

$$\int \sin^2 \frac{\pi y}{2a} \sin^2 \frac{\pi z}{2b} dF = ab$$

und hiermit erhält man im ganzen nach Zusammenziehung der einzelnen Glieder

$$A = \frac{Gh^3}{12} \cdot \frac{m}{m-1} \cdot \frac{\pi^4 ab}{16} \left(\frac{1}{a^2} + \frac{1}{b^2}\right)^2 f^2 \quad . \quad . \quad . \quad . \quad (17)$$

Dieser in der gebogenen Platte aufgespeicherten Energie muß die Arbeit der äußeren Kräfte bei der Biegung gleich sein. Nehmen wir den Fall einer gleichförmig über die ganze Fläche verteilten Last p, so hat man dafür nach einfacher Ausrechnung

$$A = \frac{1}{2} \int p \xi_0 dF = \frac{8ab}{\pi^2} pf \quad . \quad . \quad . \quad . \quad . \quad . \quad (18)$$

Die Gleichsetzung von (17) und (18) liefert für den Biegungspfeil die Näherungsformel

$$f = \frac{1536}{\pi^6} \cdot \frac{m-1}{mGh^3} \cdot \frac{a^4 b^4}{(a^2+b^2)^2} p \quad . \quad . \quad . \quad . \quad . \quad (19)$$

Rechnet man G auf den Elastizitätsmodul E um und setzt für die Zahlenrechnung $m = 4$, so geht dies ziemlich genau über in

$$f = 3 \cdot \frac{a^4 b^4}{Eh^3 (a^2+b^2)^2} \cdot p \quad . \quad . \quad . \quad . \quad . \quad . \quad . \quad (20)$$

Für $b = a$, also für die quadratische Platte vereinfacht sich die Formel noch weiter zu

$$f = 0{,}75 \frac{a^4 p}{Eh^3} \quad . \quad . \quad . \quad . \quad . \quad . \quad . \quad . \quad . \quad (21)$$

Auch für den Fall, daß die Platte eine Einzellast P in der Mitte trägt, erhalten wir eine Näherungsformel für den Biegungspfeil, indem wir

$$A = \frac{1}{2} P f$$

dem in Gl. (17) berechneten Werte der aufgespeicherten Arbeit gleichsetzen, womit man für $m = 4$

$$f = 1{,}85 \frac{a^3 b^3}{E h^3 (a^2 + b^2)^2} P \quad \ldots \ldots \quad (22)$$

findet. Freilich lehrt schon die Gegenüberstellung der Formeln (20) und (22), die beide von derselben Annahme über die ungefähre Gestalt der elastischen Fläche abgeleitet sind, daß sie offenbar keinen Anspruch auf besondere Genauigkeit erheben können, sondern nur als ungefähre Schätzungen zu betrachten sind.

Wenn man sich damit nicht zufrieden geben will, kann man auf demselben Wege auch noch etwas genauere Werte ableiten. Der nächste Schritt besteht darin, daß man die Näherungsannahme (14) für die Gestalt der elastischen Fläche durch eine erweiterte Annahme, etwa

$$\xi_0 = c_1 \cos \frac{\pi y}{2a} \cos \frac{\pi z}{2b} + c_2 \cos 3 \frac{\pi y}{2a} \cos 3 \frac{\pi z}{2b} \quad \ldots \quad (23)$$

ersetzt und die Rechnung dafür von neuem durchführt. Hierbei ist zu beachten, daß z. B.

$$\int_0^{\frac{\pi}{2}} \cos \alpha \cos 3 \alpha \, d\alpha = 0$$

ist, wie man erkennt, wenn man nach der Formel für den cos einer Winkelsumme

$$\cos \alpha \cos 3 \alpha = \frac{1}{2} [\cos (3 \alpha + \alpha) + \cos (3 \alpha - \alpha)]$$

setzt und das Integral an $\cos 4\alpha$ und $\cos 2\alpha$ ausführt, das zwischen den Grenzen 0 und $\frac{\pi}{2}$ in beiden Fällen Null liefert. Überhaupt ist allgemein aus denselben Gründen

$$\int_0^{\frac{\pi}{2}} \cos m \alpha \cos n \alpha \, d\alpha = 0$$

wenn m und n beide ungerade (oder auch beide gerade) und unter sich verschiedene Zahlen sind. Durch diese Bemerkung werden die weiteren Rechnungen sehr vereinfacht. Man findet zuerst

$$\int \left(\frac{\partial^2 \xi_0}{\partial y^2}\right)^2 dF = c_1^2 \left(\frac{\pi}{2a}\right)^4 ab + 81 c_2^2 \left(\frac{\pi}{2a}\right)^4 ab$$

und ähnlich bei den übrigen Gliedern von A in Gl. (7). Zieht man alle Glieder zusammen, so erhält man das einfache Ergebnis

$$A = \frac{Gh^3}{12} \cdot \frac{m}{m-1} \cdot \frac{\pi^4 ab}{16} \left(\frac{1}{a^2} + \frac{1}{b^2}\right)^2 (c_1^2 + 81 c_2^2) \quad . \quad . \quad . \quad (24)$$

Mit $c_2 = 0$ und $c_1 = f$ umfaßt diese Gleichung zugleich den besonderen Fall der Gl. (17).

Wir denken uns eine virtuelle Verschiebung mit der Platte vorgenommen, bei der sich c_1 und c_2 um beliebige unendlich kleine Beträge δc_1 und δc_2 ändern. Die zugehörige Änderung von A ergibt sich nach der vorhergehenden Gleichung zu

$$\delta A = \frac{Gh^3}{12} \cdot \frac{m}{m-1} \cdot \frac{\pi^4 ab}{16} \left(\frac{1}{a^2} + \frac{1}{b^2}\right)^2 (2 c_1 \delta c_1 + 162 c_2 \delta c_2) . \quad (25)$$

Wenn die Platte eine gleichförmig über die ganze Fläche verteilte Belastung trägt, berechnet sich die von dieser bei der virtuellen Verschiebung geleistete Arbeit zu

$$\Sigma \mathfrak{P} \delta \mathfrak{s} = \int p\, \delta \xi_0 \, dF = p\, \delta c_1 \int \cos \frac{\pi y}{2a} \cos \frac{\pi z}{2b} dF + \\ + p\, \delta c_2 \int \cos \frac{3\pi y}{2a} \cos \frac{3\pi z}{2b} dF \\ = p\, \delta c_1 \cdot \frac{16 ab}{\pi^2} + p\, \delta c_2 \cdot \frac{16 ab}{9\pi^2} .$$

Bei der tatsächlich zustande kommenden elastischen Formänderung muß für jede virtuelle Verschiebung nach Gl. (13) von § 9

$$\Sigma \mathfrak{P} \delta \mathfrak{s} - \delta A = 0$$

sein und wenn man diese Forderung auf die hier betrachtete virtuelle Verschiebung anwendet, erhält man

$$\delta c_1 \left\{ p \frac{16 ab}{\pi^2} - \frac{Gh^3}{12} \cdot \frac{m}{m-1} \cdot \frac{\pi^4 ab}{8} c_1 \left(\frac{1}{a^2} + \frac{1}{b^2}\right)^2 \right\} + \\ + \delta c_2 \left\{ p \frac{16 ab}{9\pi^2} - \frac{Gh^3}{12} \cdot \frac{m}{m-1} \cdot \frac{\pi^4 ab}{8} \cdot 81 c_2 \left(\frac{1}{a^2} + \frac{1}{b^2}\right)^2 \right\} = 0.$$

Da diese Gleichung für jede beliebige Wahl von δc_1 und δc_2 erfüllt sein soll, zerfällt sie in die beiden Gleichungen

$$\left. \begin{aligned} c_1 &= \frac{1536}{\pi^6} \cdot \frac{m-1}{mGh^3} \cdot \frac{a^4 b^4}{(a^2+b^2)^2} \cdot p \\ c_2 &= \frac{1}{729} \cdot \frac{1536}{\pi^6} \cdot \frac{m-1}{mGh^3} \cdot \frac{a^4 b^4}{(a^2+b^2)^2} \cdot p \end{aligned} \right| \quad . \quad . \quad . \quad . \quad (26)$$

Hiernach stimmt c_1 mit dem in Gl. (19) unter der einfacheren Annahme berechneten Biegungspfeile überein, während c_2 der 729. Teil von c_1 ist. Nach dem Ansatze (23) wird aber für $y = 0$ und $z = 0$ der Biegungspfeil gleich $c_1 + c_2$ gefunden, d. h. man erhält ihn nur um etwas mehr als ein Tausendstel größer als nach der ersten Näherungsformel. Man darf daraus schließen, daß es keinen Zweck hätte, die Annäherung auf dem hier eingeschlagenen Wege noch weiter zu treiben, was durch Hinzunahme weiterer Glieder zum Ansatze (23) an sich leicht möglich wäre.

Auch für den Fall einer Einzellast in der Mitte läßt sich die Rechnung ebenso einfach durchführen. Es muß dann

$$P(\delta c_1 + \delta c_2) - \delta A = 0$$

sein und wenn man δA aus Gl. (25) einsetzt, erhält man mit $m = 4$ und nach Umrechnen von G auf E

$$\left. \begin{aligned} c_1 &= 1{,}85 \frac{a^3 b^3}{E h^3 (a^2 + b^2)^2} P \\ c_2 &= \frac{1}{81} c_1 \end{aligned} \right| \quad \ldots\ldots \quad (27)$$

Auch in diesem Falle stimmt c_1 mit dem ersten Näherungswerte für den Biegungspfeil in Gl. (22) überein. Das Verbesserungsglied c_2, das jetzt noch hinzutritt, macht zwar bei dieser Belastungsweise der Platte einen etwas größeren Bruchteil von c_1 aus als vorher. Der Unterschied bleibt jedoch immer noch so klein, daß er gewöhnlich ohne Bedenken vernachlässigt werden kann. Im übrigen möge wegen weiterer Annäherungen auf § 23 verwiesen werden.

§ 20. Andere Ansätze für die rechteckige Platte.

Für die ungefähre Abschätzung des Biegungspfeiles der gebogenen Platte macht es nicht viel aus, von welcher besonderen Annahme für die Gestalt der elastischen Fläche man dabei ausgeht, wenn nur die geometrischen Randbedingungen am Umfange von ihr erfüllt sind. Wir überzeugen uns von der Richtigkeit dieser Behauptung, indem wir die Rechnung nochmals auf Grund von zwei von den vorigen völlig verschiedenen Annahmen wiederholen.

Absichtlich machen wir dabei zuerst eine Annahme, die von der Wirklichkeit ohne Zweifel sehr stark abweicht, indem wir für die Ordinate der elastischen Fläche den einfachsten Ansatz machen, der die geometrischen Bedingungen am Rande überhaupt noch zu befriedigen gestattet, indem wir

$$\xi_0 = f \cdot \left(\frac{y^2}{a^2} - 1\right) \cdot \left(\frac{z^2}{b^2} - 1\right) \quad \ldots\ldots \quad (28)$$

setzen, worin f den Biegungspfeil bedeutet. Hierbei werden die in der Richtung der XY- oder der XZ-Ebene durch die elastische Fläche gezogenen Schnitte als gemeine Parabeln angesehen. Schon aus dem Vergleiche mit der Biegungslehre für den Balken, wonach die elastische Linie unter einer gleichförmig verteilten Last eine Parabel vierten Grades bildet, läßt sich schließen, daß der Ansatz (28) sehr weit von der Wahrheit entfernt sein muß. Wir wollen ihn aber trotzdem vorläufig festhalten, um ein Urteil darüber zu gewinnen, wie groß ungefähr der Fehler wird, der bei einer ganz verfehlten Annahme über die Gestalt der elastischen Fläche in der Formel für den Biegungspfeil herauskommt.

Die Ausrechnung der Formänderungsarbeit nach Gl. (7) von § 17 ist sehr einfach. Man findet zuerst

$$\int\left(\frac{\partial^2 \xi_0}{\partial y^2}\right)^2 dF = \frac{4f^2}{a^4}\int\left(\frac{z^2}{b^2}-1\right)^2 dF = \frac{128}{15}\cdot\frac{bf^2}{a^3}$$

und nachdem man auch die anderen Integrale in derselben Weise berechnet hat, findet man im ganzen

$$A = \frac{Gh^3}{12}\cdot\frac{m}{m-1}\cdot\frac{128f^2}{3}\left(\frac{a^4+b^4}{5a^3b^3}+\frac{1}{3ab}\right).$$

Anderseits ist die Arbeit der Lasten für den Fall einer gleichförmigen Lastverteilung gleich

$$\frac{1}{2}\int \xi_0 p\, dF = \frac{8}{9}\, p\, a b f$$

und die Gleichsetzung mit der aufgespeicherten Formänderungsarbeit liefert für f die Formel

$$f = \frac{15(m-1)}{4m}\cdot\frac{p a^4 b^4}{Gh^3(3[a^4+b^4]+5a^2b^2)} \quad . \quad . \quad . \quad (29)$$

Für den Fall der quadratischen Platte und mit $m = 4$ und $G = 0{,}4E$ geht dies über in

$$f = 0{,}64\frac{p}{E}\cdot\frac{a^4}{h^3} \quad . \quad . \quad . \quad . \quad . \quad . \quad . \quad . \quad . \quad (30)$$

Gegenüber Gl. (21), in der an Stelle des Faktors 0,64 der Faktor 0,75 stand, ergibt sich daher freilich ein recht erheblicher Unterschied. Aber daß er so groß ist, kann nicht überraschen, wenn man bedenkt, daß wir hier absichtlich von einer ganz unwahrscheinlichen Annahme über die Gestalt der elastischen Fläche ausgegangen sind. Eher kann überraschen, daß die Abweichung, die in der Hauptsache der Gl. (30) zur Last zu legen ist, nicht größer ausgefallen ist. Man wird hiernach weiterhin annehmen dürfen, daß selbst bei recht ungeschickten Annahmen über die Gestalt der elastischen Fläche der Fehler in der daraus hervorgehenden Formel für den Biegungspfeil kaum mehr als höchstens etwa 15% ausmachen kann.

Hierauf verlassen wir die vorige Annahme und lassen uns weiterhin von einem Vergleiche mit der Biegungsformel für den gebogenen Balken leiten. Man weiß, daß sich ein Balken unter einer gleichförmig verteilten Belastung nach einer Parabel vierten Grades durchbiegt. Legt man, wie in Abb. 16 gezeichnet, die X-Achse durch die Balkenmitte senkrecht nach abwärts und die Y-Achse in horizontaler Richtung, so lautet die Gleichung der elastischen Linie des Balkens, wie man leicht findet,

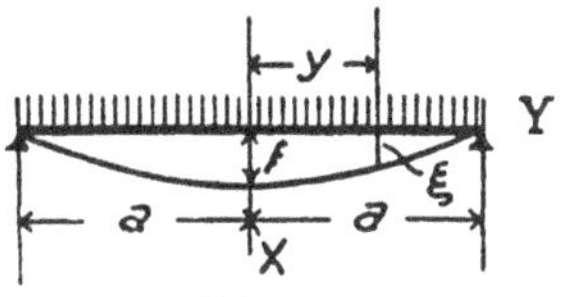

Abb. 16.

$$\xi = f \cdot \left(\frac{y^4}{5a^4} - \frac{6}{5}\frac{y^2}{a^2} + 1 \right),$$

wenn a die halbe Balkenlänge und f den Biegungspfeil bedeutet. Dabei ist vorausgesetzt, daß der Balken an beiden Enden frei aufliegt. In der Tat findet man auch sofort, daß $\frac{\partial^2 \xi}{\partial y^2}$ für $y = a$ zu Null wird, woraus folgt, daß am Ende kein Einspannmoment auf ihn wirkt. Dem vorstehenden Muster entsprechend machen wir jetzt für die Gestalt der elastischen Fläche der Platte den Ansatz

$$\xi_0 = \frac{f}{25}\left(\frac{y^4}{a^4} - 6\frac{y^2}{a^2} + 5\right)\left(\frac{z^4}{b^4} - 6\frac{z^2}{b^2} + 5\right) \quad . \quad . \quad . \quad (31)$$

Für diese neue Annahme haben wir nun die Berechnung der Formänderungsarbeit von neuem durchzuführen. Zuerst erhält man

$$\frac{\partial^2 \xi_0}{\partial y^2} = \frac{12 f}{25 a^2}\left(\frac{y^2}{a^2} - 1\right)\left(\frac{z^4}{b^4} - 6\frac{z^2}{b^2} + 5\right)$$

und hiernach weiter

$$\int \left(\frac{\partial^2 \xi_0}{\partial y^2}\right)^2 dF =$$

$$= \frac{144 f^2}{625 a^4}\int\left(\frac{y^4}{a^4} - 2\frac{y^2}{a^2} + 1\right)\left(\frac{z^8}{b^8} - 12\frac{z^6}{b^6} + 46\frac{z^4}{b^4} - 60\frac{z^2}{b^2} + 25\right) dF.$$

Die Ausführung der Integration über den Querschnitt gestaltet sich sehr einfach. Man integriert den Faktor, der y enthält, für sich nach y zwischen 0 und a und dann den z enthaltenden Faktor nach z zwischen 0 und b und nimmt dann noch das Vierfache des Produkts, weil zuerst die Integration nur über einen der vier Quadranten erstreckt wurde.

So ergibt sich mit geringer Mühe, auf 2 Dezimalstellen berechnet,

$$\int\left(\frac{\partial^2 \xi_0}{\partial y^2}\right)^2 dF = 6{,}19\, f^2 \frac{b}{a^3}.$$

Die Vertauschung von y mit z und von a mit b liefert

$$\int\left(\frac{\partial^2 \xi_0}{\partial z^2}\right)^2 dF = 6{,}19\, f^2 \frac{a}{b^3}.$$

Die beiden anderen Integrale, um die es sich nun noch handelt, ergeben den gleichen Wert, nämlich

$$\int\frac{\partial^2 \xi_0}{\partial y^2}\cdot\frac{\partial^2 \xi_0}{\partial z^2}\, dF = \int\left(\frac{\partial^2 \xi_0}{\partial y\, \partial z}\right)^2 dF = 6{,}19\, \frac{f^2}{ab}.$$

Im ganzen findet man daher nach Gl. (7) von § 17

$$A = 6{,}19\, \frac{Gh^3}{12}\cdot\frac{m}{m-1}\, f^2\left(\frac{b}{a^3} + \frac{a}{b^3} + \frac{2}{ab}\right).$$

Mit Umrechnung von G auf E kann man dafür auch schreiben

$$A = 6{,}19\, \frac{m^2 Eh^3}{24\,(m^2-1)}\cdot f^2\cdot\frac{(a^2+b^2)^2}{a^3 b^3} \quad \ldots\ldots \quad (32)$$

Die von einer gleichförmig verteilten Belastung bei der elastischen Formänderung geleistete Arbeit berechnet sich anderseits zu

$$\frac{1}{2}\int \xi_0\, p\, dF = \frac{1}{2}\cdot\frac{pf}{25}\int\left(\frac{y^4}{a^4} - 6\,\frac{y^2}{a^2} + 5\right)\left(\frac{z^4}{b^4} - 6\,\frac{z^2}{b^2} + 5\right) dF.$$
$$= 0{,}819\, p f a b.$$

Die Gleichsetzung mit A liefert für den Biegungspfeil die Formel

$$f = 3{,}17\, \frac{m^2-1}{m^2}\cdot\frac{p}{Eh^3}\cdot\frac{a^4 b^4}{(a^2+b^2)^2}$$

oder auch, wenn man $m = 4$ setzt,

$$f = 2{,}98\, \frac{a^4 b^4}{Eh^3 (a^2+b^2)^2}\cdot p \quad \ldots\ldots\ldots \quad (33)$$

Vergleicht man diesen Ausdruck mit dem in Gl. (20) gefundenen, bei dem an Stelle des Faktors 2,98 der abgerundete Wert 3 steht, so sieht man, daß beide innerhalb der Genauigkeitsgrenzen, die von vornherein in Aussicht genommen waren, miteinander übereinstimmen. Es bestätigt sich daher, daß es für die näherungsweise Berechnung des Biegungspfeiles ziemlich gleichgültig bleibt, von welcher besonderen Annahme über die Gestalt der elastischen Fläche man dabei ausgeht, wenn sie nur einigermaßen den Umständen angemessen ist.

Bisher war stets vorausgesetzt, daß die Platte am Rande frei aufliege. Aber wir können die Berechnung des Biegungspfeils ohne weiteres auch auf den Fall übertragen, daß sie an den Rändern eingespannt sei.

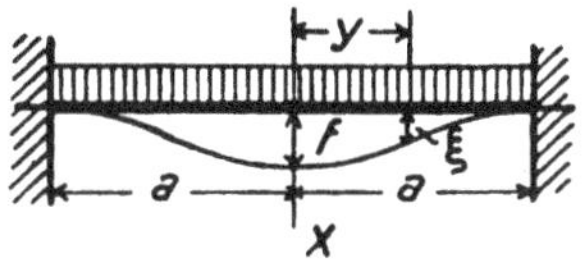

Abb. 17.

Für einen beiderseits eingespannten Balken, der eine gleichförmig über die ganze Länge verteilte Belastung trägt, lautet die Gleichung der elastischen Linie für das in Abb. 17 angegebene Koordinatensystem

$$\xi = \frac{f}{a^4}(y^4 - 2a^2y^2 + a^4).$$

Hiervon lassen wir uns beim Ansatze einer Näherungsformel für die elastische Fläche einer eingespannten rechteckigen Platte leiten und setzen dafür

$$\xi_0 = \frac{f}{a^4 b^4}(y^4 - 2a^2y^2 + a^4)(z^4 - 2b^2z^2 + b^4) \quad . \quad . \quad . \quad (34)$$

Daraus folgt zunächst

$$\frac{\partial^2 \xi_0}{\partial y^2} = \frac{f}{a^4 b^4} \cdot 4\,(3y^2 - a^2)(z^4 - 2b^2z^2 + b^4)$$

und beim Integrieren des Quadrats davon über die Plattenfläche erhält man nach einfacher Rechnung

$$\int \left(\frac{\partial^2 \xi_0}{\partial y^2}\right)^2 dF = 20{,}805\, f^2 \frac{b}{a^3}.$$

Dann findet man noch

$$\int \frac{\partial^2 \xi_0}{\partial y^2} \cdot \frac{\partial^2 \xi_0}{\partial z^2}\, dF = \int \left(\frac{\partial^2 \xi_0}{\partial y\, \partial z}\right)^2 dF = 5{,}944 \frac{f^2}{ab}$$

und im ganzen wird daher

$$A = \frac{mG}{m-1} \cdot \frac{h^3}{12} \cdot \frac{f^2}{ab}\left(20{,}805 \frac{a^4 + b^4}{a^2 b^2} + 11{,}888\right).$$

Die Arbeit der Lasten berechnet sich wie früher zu

$$\frac{1}{2} p \int \xi_0\, dF = 0{,}569\, p f a b$$

und für den Biegungspfeil der eingespannten rechteckigen Platte erhält man damit die Formel

$$f = 12{,}80 \frac{a^2 b^2}{E h^3 \left(20{,}8 \frac{a^4 + b^4}{a^2 b^2} + 11{,}9\right)} \cdot p \quad . \quad . \quad . \quad . \quad (35)$$

Insbesondere geht dies für den Fall der quadratischen Platte über in

$$f = 0{,}24 \frac{p a^4}{E h^3} \quad . \quad . \quad . \quad . \quad . \quad . \quad . \quad . \quad . \quad (36)$$

Bei der freiaufliegenden Platte war unter den gleichen Umständen der Biegungspfeil gleich 0,75 mal dem in Gl. (36) auf 0,24 folgenden Ausdrucke gefunden worden; bei fest eingespannten Enden sinkt daher der Biegungspfeil auf ungefähr ein Drittel des Wertes, den er bei der frei aufliegenden Platte erreicht.

Endlich soll auch noch eine Formel für den durch eine Einzelbelastung in der Mitte hervorgebrachten Biegungspfeil abgeleitet werden. Dabei wollen wir uns aber auf den Fall der frei aufliegenden Platte beschränken. Wir knüpfen dabei wiederum an die Gleichung der elastischen Linie für den in derselben Art belasteten Stab an. Sie läßt sich für den von 0 bis a reichenden Ast mit unseren Bezeichnungen in der Form

$$\xi = \frac{f}{2} \left(\frac{y^3}{a^3} - 3 \frac{y^2}{a^2} + 2 \right)$$

anschreiben und dementsprechend wählen wir als Ansatz für die ungefähre Gestalt der elastischen Fläche der rechteckigen Platte im ersten Quadranten

$$\xi = \frac{f}{4} \left(\frac{y^3}{a^3} - \frac{3 y^2}{a^2} + 2 \right) \left(\frac{z^3}{b^3} - 3 \frac{z^2}{b^2} + 2 \right) \quad . \quad . \quad . \quad . \quad (37)$$

Die Formänderungsarbeit läßt sich dafür leicht in derselben Weise berechnen wie zuvor, und man erhält

$$A = \frac{m^2 E h^3}{24 (m^2 - 1)} \cdot \frac{f^2}{a b} \left(5{,}83 \frac{a^4 + b^4}{a^2 b^2} + 11{,}52 \right) \quad . \quad . \quad . \quad (38)$$

woraus weiterhin mit $m = 4$ für den Biegungspfeil f die Formel

$$f = \frac{11{,}25\, a b}{E h^3 \left(5{,}83 \frac{a^4 + b^4}{a^2 b^2} + 11{,}52 \right)} \cdot P \quad . \quad . \quad . \quad . \quad (39)$$

folgt. Für den Fall der quadratischen Platte vereinfacht sie sich zu

$$f = 0{,}481 \frac{a^2 P}{E h^3} \quad . \quad . \quad . \quad . \quad . \quad . \quad . \quad . \quad . \quad (40)$$

Wir vergleichen sie mit der aus dem Kosinus-Ansatz abgeleiteten Gl. (22) für den Biegungspfeil bei demselben Belastungsfalle. Für die quadratische Platte geht Gl. (22) über in

$$f = 0{,}462 \frac{a^2 P}{E h^3},$$

was von Gl. (40) nicht viel verschieden ist. Mit Rücksicht auf die Gl. (27) ist übrigens der zuletzt angegebene Wert noch ein wenig zu erhöhen, so daß der Beiwert 0,462 durch 0,468 zu ersetzen wäre, womit sich der Unterschied gegenüber Gl. (40) noch weiter vermindert. Da die Ableitung der Gl. (40) von einer Annahme ausging, die auf den besonderen Belastungsfall von vornherein Rücksicht nahm, wird man sie für zuverlässiger halten dürfen als Gl. (22), bei der darauf gar nicht geachtet war, und wahrscheinlich wird sie auch noch genauer sein als die nach den Gl. (27) verbesserte Formel. Im übrigen sind die Unterschiede so gering, daß es für die meisten praktischen Zwecke überhaupt nicht darauf ankommt.

§ 21. Rechteckige Platte mit Auflagerung an den vier Ecken.

Eine Platte kann auf sehr verschiedene Arten aufgelagert sein, und es würde zu weit führen, eine größere Zahl solcher Fälle im einzelnen durchzusprechen. Es muß vielmehr genügen, den Weg zu zeigen, auf dem man zu einer Näherungslösung für die Berechnung der Durchbiegung der Platte gelangen kann, falls man vor eine Aufgabe dieser Art gestellt wird. Es ist derselbe Weg, der auch schon in den beiden vorhergehenden Paragraphen eingeschlagen wurde und der damit beginnt, einen den wichtigsten geometrischen Bedingungen angepaßten möglichst einfachen Ansatz für die ungefähre Gestalt der elastischen Fläche aufzustellen.

Ein Beispiel dafür, das bei den praktischen Anwendungen nicht selten vorkommt, soll aber zur weiteren Erläuterung hier wenigstens noch durchgenommen werden, da es sich von den vorher behandelten immerhin nicht unerheblich unterscheidet. Wir betrachten nämlich jetzt eine rechteckige Platte, die nur an den vier Ecken aufgelagert ist, so daß die Kanten der Platte frei schweben und sich daher ebenfalls an der Durchbiegung beteiligen. Die Belastung der Platte wollen wir uns gleichförmig über die ganze Fläche verteilt denken, obschon die Formel, die wir für die Formänderungsarbeit aufstellen werden, auch zur näherungsweisen Berechnung des Biegungspfeiles bei anderen Belastungsfällen dienen kann.

Wir wählen einen Kosinus-Ansatz wie in § 19 und setzen hier

$$\xi_0 = c_1 \cos \frac{\pi y}{2a} + c_2 \cos \frac{\pi z}{2b} \quad \ldots \ldots \quad (41)$$

womit zunächst die Bedingung erfüllt ist, daß die vier Ecken festliegen, während die Kanten sich durchbiegen. Außerdem wird für $y = \pm a$

$$\frac{\partial^2 \xi_0}{\partial y^2} = 0,$$

so daß nach den Gl. (4) von § 17 wenigstens der Hauptanteil der Spannung σ_y verschwindet, wie wir es an den Rändern der Platte zu erwarten haben. Ein kleinerer Anteil bleibt freilich bestehen, da $\frac{\partial^2 \xi_0}{\partial z^2}$ am Rande $y = \pm a$ nicht ebenfalls wegfällt. Das führt zu einem Fehler, weil die äußeren Kräfte, die diesen Spannungen am Plattenrande entsprechen, bei der Formänderung ebenfalls eine Arbeit leisten, die bei der Berechnung der Durchbiegung nicht berücksichtigt wird. Aber wir setzen uns über diesen Fehler hinweg, wie wir es auch bei den früheren einfachen Ansätzen getan haben, und dürfen erwarten, daß wir auch hier trotzdem zu einer brauchbaren Näherungsformel geführt werden.

Man erhält hier zunächst der Reihe nach

$$\int \left(\frac{\partial^2 \xi_0}{\partial y^2}\right)^2 dF = c_1^2 \frac{\pi^4 b}{8 a^3}; \qquad \int \left(\frac{\partial^2 \xi_0}{\partial z^2}\right)^2 dF = c_2^2 \frac{\pi^4 a}{8 b^3};$$

$$\int \frac{\partial^2 \xi_0}{\partial y^2} \cdot \frac{\partial^2 \xi_0}{\partial z^2}\, dF = c_1 c_2 \frac{\pi^2}{a b}; \qquad \int \left(\frac{\partial^2 \xi_0}{\partial y\, \partial z}\right)^2 dF = 0$$

und im ganzen wird daher die Formänderungsarbeit

$$A = \frac{G h^3}{12(m-1)} \left\{ m \frac{\pi^4}{8} \left(\frac{b c_1^2}{a^3} + \frac{a c_2^2}{b^3} \right) + 2 c_1 c_2 \frac{\pi^2}{a b} \right\} \quad . \quad . \quad (42)$$

gefunden. Für eine virtuelle Verschiebung, bei der sich c_1 um δc_1 und c_2 um δc_2 ändert, wird daher

$$\delta A = \frac{G h^3 \pi^2}{6(m-1)} \left\{ \delta c_1 \left(m \frac{\pi^2}{8} \cdot \frac{b c_1}{a^3} + \frac{c_2}{a b} \right) + \delta c_2 \left(m \frac{\pi^2}{8} \cdot \frac{a c_2}{b^3} + \frac{c_1}{a b} \right) \right\}$$

und die bei dieser Verschiebung geleistete Arbeit der Lasten ergibt sich zu

$$\Sigma \mathfrak{P}\, \delta \mathfrak{s} = p \int \left(\delta c_1 \cos \frac{\pi y}{2a} + \delta c_2 \cos \frac{\pi z}{2b} \right) dF$$

$$= p \frac{8 a b}{\pi} (\delta c_1 + \delta c_2).$$

Nach dem Prinzip der virtuellen Geschwindigkeiten muß für jede virtuelle Verschiebung

$$\begin{aligned} &\delta c_1 \left\{ \frac{G h^3 \pi^2}{6(m-1)} \left(m \frac{\pi^2}{8} \cdot \frac{b c_1}{a^3} + \frac{c_2}{a b} \right) - \frac{8 a b p}{\pi} \right\} + \\ &\delta c_2 \left\{ \frac{G h^3 \pi^2}{6(m-1)} \left(m \frac{\pi^2}{8} \frac{a c_2}{b^3} + \frac{c_1}{a b} \right) - \frac{8 a b p}{\pi} \right\} = 0 \end{aligned} \quad . \quad . \quad (43)$$

sein. Da δc_1 und δc_2 unabhängig voneinander sind, zerfällt diese Bedingung in zwei Gleichungen, die man nach c_1 und c_2 auflösen kann. Man findet dann

$$\left.\begin{aligned} c_1 &= \frac{8a^4p}{\pi^3}\cdot\frac{6(m-1)}{Gh^3}\cdot\frac{1-\frac{8}{m\pi^2}\cdot\frac{b^2}{a^2}}{\frac{m\pi^2}{8}-\frac{8}{m\pi^2}} \\ c_2 &= \frac{8b^4p}{\pi^3}\cdot\frac{6(m-1)}{Gh^3}\cdot\frac{1-\frac{8}{m\pi^2}\cdot\frac{a^2}{b^2}}{\frac{m\pi^2}{8}-\frac{8}{m\pi^2}} \end{aligned}\right\} \quad . \quad . \quad . \quad . \quad (44)$$

Insbesondere folgt daraus für das Verhältnis der beiden Konstanten c_1 und c_2, die die Durchbiegungen der Kantenmitten angeben,

$$\frac{c_1}{c_2} = \frac{a^2}{b^2}\cdot\frac{m\pi^2a^2-8b^2}{m\pi^2b^2-8a^2} \quad . \quad . \quad . \quad . \quad . \quad . \quad . \quad (45)$$

Für den Fall der quadratischen Platte und mit $m=4$ vereinfachen sich die vorhergehenden Gleichungen zu

$$c_1 = c_2 = 0{,}79\frac{pa^4}{Gh^3} = 1{,}97\frac{pa^4}{Eh^3} \quad . \quad . \quad . \quad . \quad . \quad (46)$$

und der Biegungspfeil in der Mitte ist in jedem Falle gleich der Summe von c_1 und c_2, also bei der quadratischen Platte

$$f = 3{,}94\frac{pa^4}{Eh^3} \quad . \quad . \quad . \quad . \quad . \quad . \quad . \quad . \quad . \quad (47)$$

Bei Gl. (21), die den Biegungspfeil der quadratischen Platte für den Fall angab, daß die Platte an den Kanten frei aufliegt, stand an Stelle des Beiwerts 3,94 die Zahl 0,75. Hier wird also die Durchbiegung in der Mitte mehr als fünfmal so groß als bei einer Stützung an den Kanten und ungefähr 16 mal so groß, als wenn die Platte an den Kanten nicht nur gestützt, sondern auch noch eingespannt wäre. Dies ergibt sich aus einem Vergleiche mit Gl. (36).

Auch für den Fall, daß die Platte eine Einzellast P in der Mitte trägt, kann man die Durchbiegung mit Benutzung des Ausdruckes (42) für die Formänderungsarbeit leicht in der schon von früher her bekannten Weise berechnen. Man findet dann für die quadratische Platte mit $m=4$

$$f = 0{,}6\frac{Pa^2}{Gh^3} = 1{,}5\frac{Pa^2}{Eh^3} \quad . \quad . \quad . \quad . \quad . \quad . \quad . \quad (48)$$

was mit Gl. (40) zu vergleichen ist. Der Biegungspfeil wird daher hier etwas mehr als dreimal so groß gefunden als bei Unterstützung der Platte längs der Kanten ohne Einspannung.

§ 22. Biegungsspannungen in der rechteckigen Platte.

Durch die elastische Formänderung eines Körpers sind die darin hervorgerufenen Spannungen nach dem Elastizitätsgesetze eindeutig bestimmt, und für die Platte kann man daher die Biegungsspannungen ohne weiteres nach den Gl. (4) von § 17 berechnen, sobald ξ_0 als Funktion von y und z bekannt ist. Es steht daher nichts im Wege, zu den in den vorhergehenden Paragraphen aufgestellten Näherungslösungen für ξ_0 nachträglich auch noch die Biegungsspannungen zu berechnen.

Hierbei ist aber eine gewisse Vorsicht geboten, weil es sich nicht um strenge Lösungen der Aufgabe, sondern nur um Näherungslösungen handelte. Diese Näherungslösungen reichen zwar, wie aus den verschiedenen Vergleichen, die wir anstellen konnten, deutlich hervorgeht, vollständig aus, um die Durchbiegung der Platte mit ausreichender Genauigkeit zu berechnen. Aber für die Berechnung der Spannungen sind sie viel weniger zuverlässig, so daß es erst noch einer besonderen Erörterung darüber bedarf, inwieweit die aufgestellten Näherungslösungen dazu überhaupt brauchbar sind.

Der Grund für die verschiedene Eignung der Näherungslösungen zu dem einen oder anderen Zwecke liegt darin, daß die Spannungen ausschließlich von dem besonderen Gesetze der elastischen Formänderung in der unmittelbaren Nachbarschaft einer bestimmten Stelle des Körpers abhängen, während die Biegungspfeile durch das gesamte Verhalten der ganzen Platte oder durch die durchschnittliche Formänderung über größere Flächen hin bestimmt sind, so daß selbst größere Abweichungen davon innerhalb eines enger begrenzten Bezirks keinen ausschlaggebenden Einfluß auf die Durchbiegung an irgendeiner bestimmten Stelle ausüben können. Eine einigermaßen zutreffende Abschätzung der Biegungsspannungen setzt daher von der Bestimmung der Funktion ξ_0 eine so weitgehende Annäherung an die wahre Gestalt der elastischen Fläche voraus, daß auch die Krümmungsverhältnisse an jeder einzelnen Stelle mit entsprechender Genauigkeit wiedergegeben werden. Das ist eine viel schwieriger zu erfüllende Forderung als die im anderen Falle bereits ausreichende Bedingung, daß die Krümmung nur im Mittel für die ganze Platte mit der Wirklichkeit übereinstimmen muß.

Offenbar muß es hiernach um so schwieriger sein, eine zuverlässige Formel für die Berechnung der Biegungsspannungen aufzustellen, je mehr die Krümmung der elastischen Fläche beim Weiterschreiten über die Fläche wechselt. Dagegen darf man auch von einem einfachen Ansatze bereits eine ausreichende Genauigkeit für die Spannungsermittlung erwarten, wenn nach der Art der Belastung und der Auflagerung der Platte von vornherein keine schroffen Krümmungswechsel anzunehmen sind, wie dies z. B. bei der längs des ganzen Umfangs gestützten und gleichmäßig über die ganze Fläche belasteten rechteckigen Platte zutrifft. Die

Krümmungsänderungen, die freilich auch hier noch bestehen, wenn man von der Mitte nach dem Rande der Platte hin fortschreitet, erfolgen offenbar allmählich nach einem einfachen Gesetze, das man mit einer auch für die Spannungsberechnung ausreichenden Genauigkeit durch die dafür früher gewählten Ansätze darstellen zu können erwarten darf.

Im Gegensatze dazu steht die Belastung durch eine Einzellast. In diesem Falle erscheint es von vornherein möglich, und die weitere Untersuchung bestätigt es auch, daß die Krümmung einen ziemlich schroffen Wechsel erfährt, wenn man von der belasteten Stelle aus weiter nach außen hin fortschreitet. Man darf daher nicht hoffen, durch so einfache Annahmen über die Gestalt der elastischen Fläche, wie sie zur Berechnung der Durchbiegungen genügten, die größte vorkommende Krümmung einigermaßen richtig wiedergeben zu können. Für alle Belastungsfälle, bei denen es sich um Einzellasten handelt, sind daher die nach dem Muster der vorhergehenden Paragraphen aufgestellten Formeln für ξ_0 nicht als brauchbare Grundlagen für die Spannungsberechnung zu betrachten. Wir behalten uns vor, hierauf später ausführlicher zurückzukommen und begnügen uns hier mit der Berechnung der Spannungen für die gleichmäßig verteilten Lasten.

Bei der am Rande frei aufliegenden Platte werden offenbar die Biegungsspannungen am größten in der Plattenmitte, und zwar im Abstande $x = \pm \frac{h}{2}$ von der Mittelfläche. Nach dem Ansatze (14) von § 19 findet man für diese Stelle

$$\frac{\partial^2 \xi_0}{\partial y^2} = -\left(\frac{\pi}{2a}\right)^2 f; \qquad \frac{\partial^2 \xi_0}{\partial z^2} = -\left(\frac{\pi}{2b}\right)^2 f$$

und nach den Gl. (4) von § 17 folgt daraus

$$\left.\begin{aligned} \sigma_y &= \frac{G}{m-1} h f \frac{\pi^2}{4}\left(m\frac{1}{a^2} + \frac{1}{b^2}\right) \\ \sigma_z &= \frac{G}{m-1} h f \frac{\pi^2}{4}\left(m\frac{1}{b^2} + \frac{1}{a^2}\right) \\ \tau_{yz} &= 0. \end{aligned}\right\} \quad \ldots \quad (49)$$

Die Spannungen σ_y und σ_z sind demnach an dieser Stelle Hauptspannungen, was ja auch schon aus der Symmetrie zu schließen gewesen wäre. Verstehen wir weiterhin unter a die größere der beiden Rechteckhalbseiten, setzen also

$$a > b,$$

so folgt $\sigma_z > \sigma_y$, und wenn wir diesen Größtwert aller überhaupt vorkommenden Biegungsspannungen mit $\sigma_{\max, 1}$ bezeichnen, haben wir

$$\sigma_{\max, 1} = \frac{G}{m-1} h f \frac{\pi^2}{4}\left(m\frac{1}{b^2} + \frac{1}{a^2}\right).$$

Der Biegungspfeil f ist aus Gl. (19) einzusetzen, und damit findet man

$$\sigma_{\max,1} = \frac{384}{\pi^4} \cdot \frac{(m a^2 + b^2) a^2 b^2}{m (a^2 + b^2)^2 h^2} \cdot p \quad \ldots \ldots \quad (50)$$

Für den besonderen Fall der quadratischen Platte und mit $m = 4$ geht dies über in

$$\sigma_{\max,1} = 1{,}23 \frac{a^2}{h^2} p \quad \ldots \ldots \ldots \quad (51)$$

Das ist das 1,23fache des in Gl. (13) als untere Grenze für die größte Biegungsspannung abgeleiteten Wertes.

Eine jedenfalls etwas genauere und zuverlässigere Formel für $\sigma_{\max}$ ergibt sich aus dem mit zwei Konstanten versehenen Ansatze (23) für ξ_0. Die Rechnung läßt sich dafür genau so durchführen wie vorher und liefert als zweite Näherung

$$\sigma_{\max,2} = \frac{G h}{m-1} \cdot \frac{\pi^2}{4} \left(m \frac{1}{b^2} + \frac{1}{a^2} \right) (c_1 + 9 c_2) \quad \ldots \quad (52)$$

Mit $c_2 = 0$ ginge dies wieder in $\sigma_{\max,1}$ über. Man sieht nun schon, daß wegen des Vorwertes 9, der zu c_2 hinzutritt, der Unterschied zwischen der zweiten und der ersten Näherung bei der Spannungsformel neunmal so groß ist wie bei der Formel für den Biegungspfeil. Da aber nach den Gl. (26) c_2 nur den 729. Teil von c_1 ausmachte, ist auch die Verbesserung in der Spannungsformel, die durch den erweiterten Ansatz (23) herbeigeführt wird, ebenfalls noch unbedeutend. An Stelle von Gl. (50) findet man

$$\sigma_{\max,2} = \frac{388{,}7}{\pi^4} \cdot \frac{(m a^2 + b^2) a^2 b^2}{m (a^2 + b^2)^2 h^2} p \quad \ldots \ldots \quad (53)$$

und für die quadratische Platte an Stelle von Gl. (51)

$$\sigma_{\max,2} = 1{,}25 \frac{a^2}{h^2} p \quad \ldots \ldots \quad (54)$$

Jedenfalls erscheint es wegen des geringen Unterschiedes zwischen der ersten und der zweiten Näherung nicht nötig, durch eine Erweiterung des Ansatzes (23) noch eine weitere Verbesserung herbeizuführen.

Dagegen ist es von Wichtigkeit, festzustellen, um wie viel sich der Spannungswert ändert, wenn man ihn nach dem davon völlig verschiedenen Ansatze (31) in § 20 berechnet. Die Rechnung läßt sich leicht durchführen und liefert

$$\sigma_{\max,3} = 3{,}804 \cdot \frac{(m a^2 + b^2) a^2 b^2}{m (a^2 + b^2)^2 h^2} \cdot p \quad \ldots \ldots \quad (55)$$

In Gl. (50) steht an Stelle des Zahlenbeiwerts 3,804 der Faktor $\frac{384}{\pi^4} = 3{,}94$. Der Unterschied ist nicht unerheblich, und er wird noch etwas größer, wenn man an Stelle von Gl. (50) den zuverlässigeren Wert der Gl. (53) zum Vergleiche mit Gl. (55) heranzieht. Es bestätigt sich damit wiederum, daß die Spannungswerte, die man auf Grund verschiedener Näherungsannahmen findet, weit stärker voneinander abweichen als die Werte für die Biegungspfeile. Immerhin ist aber der Unterschied auch bei den Spannungen nicht so groß, daß es für den Zweck der praktischen Festigkeitsberechnung viel darauf ankommen könnte. Es erscheint vielmehr von diesem Gesichtspunkte aus ziemlich gleichgültig, ob man die Spannung nach Gl. (50) oder Gl. (53) oder nach Gl. (55) berechnet. Insofern kann man daher in der für die praktische Anwendung hinreichenden Übereinstimmung der aus den verschiedenen Näherungsannahmen hervorgehenden Spannungswerte eine Bestätigung für die Zuverlässigkeit der abgeleiteten Formeln erblicken.

Sollte man aber nicht geneigt sein, sich damit zufrieden zu geben, so würde der nächste Schritt zur Ableitung einer verbesserten Näherungsformel darin zu bestehen haben, daß man den Ansatz (31) für ξ_0 in der Art erweitert, daß zwei zunächst unbestimmt bleibende Konstanten an Stelle der einen Konstanten darin vorkommen, während den Randbedingungen davon immer noch in demselben Maße genügt werden müßte, wie durch (31). Durch einen Ansatz sechsten Grades in y und z ließe sich das leicht machen. Hierauf wären beide Konstanten auf Grund der Gleichung des Prinzips der virtuellen Geschwindigkeiten zu ermitteln und man dürfte dann sicher sein, eine Lösung zu erhalten, die sowohl hinsichtlich des Biegungspfeils als hinsichtlich der Spannungen genauer mit der Wirklichkeit übereinstimmt als die vorher gefundene. Die Rechnung würde freilich erheblich länger, und da kein Bedürfnis danach vorzuliegen scheint, wollen wir sie übergehen. Es möge nur noch bemerkt werden, daß mit der genaueren Anpassung des Ansatzes an die wirkliche Gestalt der elastischen Fläche voraussichtlich ein etwas größerer Wert für σ_{max} gefunden werden wird, weil an der stärkst gespannten Stelle, auf die sich σ_{max} bezieht, die elastische Fläche am stärksten gekrümmt ist und weil der Unterschied in der Krümmung gegenüber den benachbarten Stellen um so mehr hervortreten kann, je mehr Konstanten man in dem gewählten Ansatze zur Anpassung an die wahre Gestalt der elastischen Fläche zur Verfügung hat.

Bei der Berechnung der Biegungsspannungen in der eingespannten Platte, die sich an den Ansatz (34) und die daraus abgeleiteten Formeln (35) oder (36) für den Biegungspfeil in derselben Weise, wie es vorher geschehen war, leicht anschließen läßt, muß man natürlich auch auf die Biegungsspannungen an den Einspannstellen achten, und es läßt sich von vornherein annehmen, daß sie ebenso wie beim eingespannten

Balken an diesen Stellen größer ausfallen werden als in der Plattenmitte. Die Rechnung macht keinerlei Schwierigkeiten und kann daher hier übergangen werden.

Dagegen soll noch auf die an den vier Ecken unterstützte Platte eingegangen werden, um auf einige Besonderheiten dieses Falles hinzuweisen. Bildet man die Differentialquotienten von ξ_0 nach dem Ansatze (41) und setzt sie in die Gl. (4) von § 17 ein, so erhält man mit $x = \frac{h}{2}$

$$\left.\begin{aligned} \sigma_y &= \frac{Gh}{m-1}\left(m c_1 \left[\frac{\pi}{2a}\right]^2 \cos\frac{\pi y}{2a} + c_2 \left[\frac{\pi}{2b}\right]^2 \cos\frac{\pi z}{2b}\right) \\ \sigma_z &= \frac{Gh}{m-1}\left(c_1 \left[\frac{\pi}{2a}\right]^2 \cos\frac{\pi y}{2a} + m c_2 \left[\frac{\pi}{2b}\right]^2 \cos\frac{\pi z}{2b}\right) \end{aligned}\right\} \quad . \quad (56)$$

während τ_{yz} überall zu Null wird. Daher sind σ_y und σ_z überall Hauptspannungen, und ihren größten Wert erreichen beide in der Plattenmitte. Beachtet man, daß nach Gl. (45)

$$c_2 = c_1 \frac{b^2}{a^2} \cdot \frac{m\pi^2 b^2 - 8a^2}{m\pi^2 a^2 - 8b^2}$$

gesetzt werden kann, so findet man für die Plattenmitte

$$\sigma_y = \frac{Gh}{m-1} \cdot \frac{\pi^2}{4} \frac{c_1}{a^2}\left(m + \frac{m\pi^2 b^2 - 8a^2}{m\pi^2 a^2 - 8b^2}\right)$$

$$\sigma_z = \frac{Gh}{m-1} \cdot \frac{\pi^2}{4} \frac{c_1}{a^2}\left(1 + m\,\frac{m\pi^2 b^2 - 8a^2}{m\pi^2 a^2 - 8b^2}\right).$$

Setzt man auch hier wieder $a > b$ voraus, so folgt, daß in der Plattenmitte diesmal σ_y die größte Hauptspannung ist, im Gegensatze zu dem vorher behandelten Falle der an den Kanten unterstützten Platte. Setzt man noch für c_1 den aus den Gl. (44) folgenden Wert ein, so ergibt sich

$$\sigma_{\max} = \frac{96}{\pi} \frac{b^2}{h^2} p \cdot \frac{(m^2\pi^2 - 8)\frac{a^2}{b^2} + m(\pi^2 - 8)}{m^2\pi^4 - 64} \quad . \quad . \quad . \quad (57)$$

Insbesondere wird daraus für die quadratische Platte und mit $m = 4$

$$\sigma_{\max} = 3{,}22 \frac{a^2}{h^2} p \quad . \quad . \quad . \quad . \quad . \quad . \quad . \quad . \quad (58)$$

und zwar gilt dieser Wert bei der quadratischen Platte für jede beliebige Schnittrichtung durch die Plattenmitte, da es sich hier um einen Spannungszustand mit zwei gleich großen Hauptspannungen handelt. Die Biegungsbeanspruchung wird nach Gl. (58) mehr als doppelt so groß als nach den Gl. (51) oder (54) für die längs des Umrisses unterstützte Platte. Bei der rechteckigen Platte wird σ_{max} nach Gl. (57) um so mehr erhöht gegenüber Gl. (50), je mehr das Rechteck von einem Quadrate abweicht.

Die vorhergehenden Schlüsse können als genügend zuverlässig gelten, so weit es sich um die größte Biegungsspannung in der Plattenmitte handelt. Daß am Plattenumfang die Grenzbedingungen von dem gewählten Ansatze (41) nicht genau erfüllt sind, wurde schon in § 21 erwähnt, und schon hieraus folgt, daß die daraus für die Spannungen abgeleiteten Formeln in der Nähe der Plattenränder nicht mehr brauchbar sind. Außerdem kommt aber noch als ein sehr wesentlicher Umstand hinzu, daß der Auflagerdruck an jeder Ecke als eine Einzelkraft übertragen wird, in deren Nachbarschaft ein starker Wechsel in der Krümmung der elastischen Fläche erwartet werden kann. Ob die Einzelkraft als Last oder als Auflagerdruck an der Platte angreift, macht nichts aus, so daß die im Eingange dieses Paragraphen erörterten Bedenken auch gegen den hier vorliegenden Fall geltend gemacht werden können.

Wir müssen uns daher noch durch eine besondere Überlegung Rechenschaft darüber zu geben suchen, ob nicht etwa in der Nähe der Ecken, obschon dort keine Einspannung stattfindet, doch noch größere Spannungen auftreten können als in der Plattenmitte. Zu diesem Zwecke denken wir uns in Abb. 18 in der Nähe einer Ecke im Abstande u einen Schnitt gelegt, der ein Stück der Platte von der Gestalt eines gleichschenklig rechtwinkligen Dreiecks abtrennt und untersuchen das Gleichgewicht der Kräfte an diesem Stücke. Der Auflagerdruck an der Ecke ist gleich pa^2 und die Belastung des Plattenstücks gleich pu^2. Für die Momentenachse, die mit der Schnittlinie durch die Mittelebene der Platte zusammenfällt, ist die Summe der Momente beider Kräfte

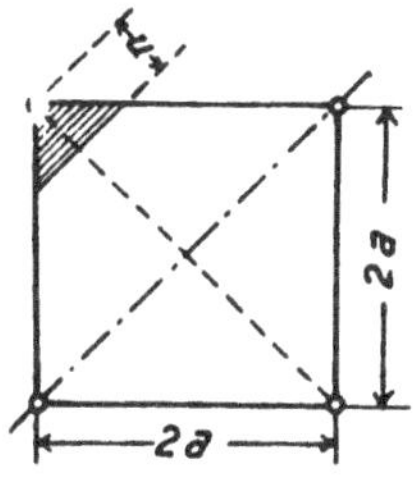

Abb. 18.

$$M = p a^2 u - p \frac{u^3}{3}$$

und als Durchschnittswert und hiermit auch als Näherungswert für die größte im Schnitte u auftretende Biegungsspannung ergibt sich

$$\sigma = \frac{6M}{2uh^2} = p \frac{3a^2 - u^2}{h^2} \quad \ldots\ldots \quad (59)$$

Hier zeigt sich nun in der Tat, daß σ um so größer wird, je kleiner wir u wählen. Setzen wir in der Grenze $u = 0$, so finden wir ein anderes σ_{max}

$$\sigma'_{max} = 3 \frac{a^2}{h^2} p \quad \ldots\ldots\ldots \quad (60)$$

das fast ebenso groß ist wie das vorher für die Plattenmitte durch Gl. (58) angegebene σ_{max}.

Macht man in Gl. (59) $u = a\sqrt{2}$, womit sie für den Diagonalschnitt durch die Platte gilt, so liefert sie für diesen Schnitt als Durchschnittswert der Biegungsspannung an der unteren Plattenfläche

$$\sigma = p\frac{a^2}{h^2}.$$

Das ist auch schon ein unterer Näherungswert für die größte Biegungsspannung im Diagonalschnitte, der aber in diesem Falle, wie ein Vergleich mit Gl. (58) lehrt, weitaus zu niedrig ausfällt. Auch wenn u etwas kleiner gewählt wird als $a\sqrt{2}$, wird hiernach die Biegungsspannung in der Mitte der Schnittfläche jedenfalls größer werden als der nach Gl. (59) berechnete Durchschnittswert von σ. Je mehr man aber den Schnitt an die Ecke heranrücken läßt, um so geringer werden die Unterschiede zwischen den Biegungsspannungen in der Längsrichtung der dann immer schmäler werdenden Schnittfläche ausfallen. Ganz in der Nähe der Ecke wird nämlich die elastische Fläche eine ungefähr zylindrische Gestalt annehmen, so daß die Erzeugenden der Zylinderfläche parallel zur Schnittrichtung verlaufen. Man darf daher in dieser Gegend Gl. (59) als einen guten Näherungswert für die dort auftretende größte Biegungsspannung betrachten.

Wenn man freilich zuletzt $u = 0$ setzt, womit man zu Gl. (60) geführt wird, so ist dieser Wert nicht buchstäblich zu nehmen, sondern nur als Grenz- und Näherungswert aufzufassen, da die Platte nicht wirklich in einem Punkte aufgelagert sein kann, sondern nur in einer kleinen Fläche. Für die etwas weiter ab liegenden Teile der Platte genügt zwar die Auffassung, daß die Platte an einem Punkte gestützt sei; aber je näher man an die Auflagerstelle heranrückt, um so ungenauer wird diese vereinfachte Beschreibung der Stützungsart, und es hat daher eigentlich keinen Sinn, eine Spannung σ für den Schnitt $u = 0$ auszurechnen. Gl. (60) liefert vielmehr nur einen Grenzwert, dem die Spannung ungefähr zustrebt, wenn man in die Nähe der Auflagerstelle kommt. Eigentlich kommen in der Nähe der Stütze auch noch die in der Schnittfläche übertragenen Schubspannungen in Betracht, die ganz davon abhängen, wie sich der Auflagerdruck tatsächlich über die kleine Auflagerfläche verteilt. Aber unter gewöhnlichen Umständen wird man den durch Gl. (60) angegebenen Grenzwert als ein geeignetes Maß für die Beurteilung der Bruchgefahr in der Nähe der Auflagerecke ansehen dürfen, ohne dabei besonders auf die Schubspannungen achten zu müssen.

Da die in den Gl. (58) und (60) für σ_{max} aufgestellten Formeln nahezu miteinander übereinstimmen, ist die Bruchgefahr nach der Mohrschen Theorie der Beanspruchung in der Plattenmitte ungefähr ebensogroß, wie die Gefahr des Abbrechens eines Eckzipfels in der Nähe einer Auflagerstelle. Sieht man dagegen die Einschätzung der Beanspruchung des Baustoffes nach der größten vorkommenden Dehnung als richtiger an, so kommt man zu dem Schlusse, daß die Gefahr des Abbrechens eines Auflagerzipfels überwiegt.

Außerdem muß aber auch noch auf eine andere Stelle hingewiesen werden, an der die Biegungsspannungen größer ausfallen können, als wir sie vorher berechnet haben. Diese Stelle liegt auf der Mitte einer Umfangseite der Platte. Nach den Gl. (56) werden zwar die Spannungen σ_y für $y = 0$ und $z = a = b$ kleiner als in der Plattenmitte, nämlich im Verhältnisse $m:(m+1)$. Aber darauf dürfen wir uns nicht verlassen; wir wissen vielmehr, daß am Rande der Platte und in seiner Nähe die Spannungen anders ausfallen müssen als nach diesen Formeln, die von vornherein den Randbedingungen nicht genau entsprochen haben. Die grobe Annäherung an die wahre Gestalt der elastischen Fläche, mit der wir uns hier begnügt haben, kann daher nicht ausreichen, um diese Frage zu entscheiden; man muß sich dazu vielmehr nach einer strengeren Lösung umsehen.

Eine solche ist in der auch sonst sehr bemerkenswerten Abhandlung von A. Nadai »Die Formänderungen und die Spannungen von rechteckigen elastischen Platten«, Zeitschr. d. V. D. Ing. 1914, S. 487, zu finden. Hierbei hat sich herausgestellt, daß die Spannung in der Seitenmitte höher ist als in der Plattenmitte, und zwar ungefähr 1,35 mal so groß.

§ 23. Die rechteckige Platte mit beliebiger Belastung.

Wir betrachten jetzt eine rechteckige Platte, die am ganzen Umfange frei aufliegt und die eine beliebige Belastung trägt, also etwa eine Einzellast, die an irgendeiner außerhalb der Mitte liegenden Stelle angreift. Unsere Aufgabe erblicken wir darin, die Gestalt der elastischen Fläche mit einer Genauigkeit zu ermitteln, die allen Anforderungen, die von der Technik gestellt werden können, vollauf genügt, während auf eine ähnlich genaue Ermittlung der Biegungsspannungen, wenigstens für den Fall von Einzellasten, notgedrungen verzichtet werden muß.

Wir schreiben ξ_0 in Gestalt einer doppelt-unendlichen Reihe an, die als eine Erweiterung der in § 18 bereits benutzten einfacheren Ansätze (14) oder (23) angesehen werden kann. Wir setzen nämlich

$$\xi_0 = \Sigma \Sigma c_{mn} \frac{\cos}{\sin} m \frac{\pi y}{2a} \frac{\cos}{\sin} n \frac{\pi z}{2b} \quad . \quad . \quad . \quad . \quad . \quad (61)$$

wobei die Summe über alle ganzen m und n von 1 bis ∞ zu erstrecken ist. Unter den c_{mn} sind konstante Beiwerte zu verstehen, die auf Grund des Prinzips der virtuellen Geschwindigkeiten zu ermitteln sind. Nach c_{mn} steht ein cos oder ein sin zur Auswahl, und zwar ist dies so zu verstehen, daß für ungerade m oder n jedesmal cos, bei geraden dagegen sin zu setzen ist. Die Grenzbedingung, daß ξ_0 am Rande überall zu Null werden muß, ist dann von jedem Gliede der Reihe ohne weiteres erfüllt. Bei symmetrischer Belastung sind in der Reihe (61) nur die Cosinusglieder beizubehalten.

Für den zweiten Differentialquotienten nach y erhält man aus Gl. (61)

$$\frac{\partial^2 \xi_0}{\partial y^2} = -\left(\frac{\pi}{2a}\right)^2 \Sigma\Sigma m^2 c_{mn} \frac{\cos}{\sin} m \frac{\pi y}{2a} \frac{\cos}{\sin} n \frac{\pi z}{2b} \quad . \quad . \quad . \quad (62)$$

Bei der Bildung des Quadrats dieser Reihe treten Glieder auf von der Form

$$2\left(\frac{\pi}{2a}\right)^4 \cdot m^2 c_{mn} \frac{\cos}{\sin} m \frac{\pi y}{2a} \frac{\cos}{\sin} n \frac{\pi z}{2b} \cdot p^2 c_{pq} \frac{\cos}{\sin} p \frac{\pi y}{2a} \frac{\cos}{\sin} q \frac{\pi z}{2b}.$$

Man überzeugt sich aber in derselben Weise, wie es schon in § 18 geschehen war, davon, daß

$$\int \frac{\cos}{\sin} m \frac{\pi y}{2a} \frac{\cos}{\sin} n \frac{\pi z}{2b} \cdot \frac{\cos}{\sin} p \frac{\pi y}{2a} \frac{\cos}{\sin} q \frac{\pi z}{2b} dF = 0$$

ist, falls m von p oder n von q verschieden ist. Bei dem über die ganze Fläche der Platte erstreckten Integrale des Quadrats der Reihe in Gl. (62) bleiben daher nur die quadratischen Glieder übrig, und man behält

$$\int \left(\frac{\partial^2 \xi_0}{\partial y^2}\right)^2 dF = \left(\frac{\pi}{2a}\right)^4 \Sigma\Sigma m^4 c^2_{mn} \int \left(\frac{\cos}{\sin} m \frac{\pi y}{2a} \frac{\cos}{\sin} n \frac{\pi z}{2b}\right)^2 dF.$$

Weiter ergibt sich bei der leicht vorzunehmenden Integration über die Fläche des Rechtecks

$$\int \left(\frac{\cos}{\sin} m \frac{\pi y}{2a} \frac{\cos}{\sin} n \frac{\pi z}{2b}\right)^2 dF = ab$$

also ein Viertel der Rechteckfläche, und zwar für jeden Wert von m oder n, und hiermit erhält man im ganzen den einfachen Ausdruck

$$\int \left(\frac{\partial^2 \xi_0}{\partial y^2}\right)^2 dF = \left(\frac{\pi}{2a}\right)^4 ab \Sigma\Sigma m^4 c^2_{mn}.$$

In derselben Weise lassen sich auch die übrigen in Gl. (7) von § 17 für die Formänderungsarbeit vorkommenden Glieder berechnen. Man findet der Reihe nach

$$\int \left(\frac{\partial^2 \xi_0}{\partial z^2}\right)^2 dF = \left(\frac{\pi}{2b}\right)^4 ab \Sigma\Sigma n^4 c^2_{mn}$$

$$\int \frac{\partial^2 \xi_0}{\partial y^2} \cdot \frac{\partial^2 \xi_0}{\partial z^2} dF = \int \left(\frac{\partial^2 \xi_0}{\partial y \partial z}\right)^2 dF = \left(\frac{\pi}{2}\right)^4 \cdot \frac{1}{ab} \cdot \Sigma\Sigma m^2 n^2 c^2_{mn}$$

und wenn man diese Werte in die Gleichung für A einsetzt, erhält man

$$A = \frac{m G h^3}{12(m-1)} \left\{ \left(\frac{\pi}{2a}\right)^4 ab \Sigma \Sigma m^4 c^2_{mn} + \left(\frac{\pi}{2b}\right)^4 ab \Sigma \Sigma n^4 c^2_{mn} + \right.$$

$$\left. + 2 \left(\frac{\pi}{2}\right)^4 \cdot \frac{1}{ab} \cdot \Sigma \Sigma m^2 n^2 c^2_{mn} \right.$$

Man kann dies noch auf eine einfachere Form bringen, wenn man sich der in Gl. (12) auf S. 133 eingeführten Abkürzung N für die »Plattensteifigkeit«

$$N = \frac{m G h^3}{6(m-1)} = \frac{m^2 E h^3}{12(m^2-1)} \quad . \quad . \quad . \quad . \quad . \quad (63)$$

bedient. Der Ausdruck für A läßt sich dann in der Form

$$A = \frac{1}{2} N ab \left(\frac{\pi}{2}\right)^4 \Sigma \Sigma \left(\frac{m^2}{a^2} + \frac{n^2}{b^2}\right)^2 c^2_{mn} \quad . \quad . \quad . \quad . \quad (64)$$

anschreiben, in der jetzt immer noch zweifach unendlich viele unbestimmt gebliebene Koeffizienten c_{mn} vorkommen.

Bei einer beliebigen virtuellen Gestaltänderung der Platte ändert sich jedes c_{mn} um ein δc_{mn} ab. Wir können aber auch die Gestaltänderung so wählen, daß nur ein bestimmtes c_{mn} sich ein wenig ändert und alle übrigen unverändert bleiben. Dann ist das zugehörige δA

$$\delta A = \frac{\partial A}{\partial c_{mn}} \delta c_{mn} = N a b \left(\frac{\pi}{2}\right)^4 \cdot c_{mn} \left(\frac{m^2}{a^2} + \frac{n^2}{b^2}\right)^2 \delta c_{mn}.$$

Wir haben ferner die Arbeit zu berechnen, die von den Lasten bei der soeben ins Auge gefaßten virtuellen Verschiebung geleistet wird. Hierbei müssen wir eine bestimmte Annahme darüber machen, für welche Belastung die Rechnung durchgeführt werden soll, während bis dahin die ganze Entwicklung für jede beliebige Belastung anwendbar bleibt. Wir wollen annehmen, daß die Biegung der Platte durch eine Einzellast P an der Stelle mit den Koordinaten pq hervorgebracht sei. Die Einsenkung des Angriffspunktes der Last, die wir mit s bezeichnen wollen, ist nach Gl. (61)

$$s = \Sigma \Sigma c_{mn} \frac{\cos}{\sin} m \frac{\pi p}{2a} \frac{\cos}{\sin} n \frac{\pi q}{2b}$$

und die virtuelle Verschiebung δs, die zu δc_{mn} gehört, wird

$$\delta s = \frac{\cos}{\sin} m \frac{\pi p}{2a} \frac{\cos}{\sin} n \frac{\pi q}{2b} \cdot \delta c_{mn}.$$

Nun muß für die betrachtete virtuelle Gestaltänderung

$$P \delta s - \delta A = 0$$

sein, und daraus folgt

$$c_{mn} = \frac{16\,P}{N\,\pi^4} \cdot \frac{a^3 b^3}{(m^2 b^2 + n^2 a^2)^2} \cdot \frac{\cos}{\sin} m \frac{\pi p}{2a} \frac{\cos}{\sin} n \frac{\pi q}{2b} \quad . \; . \quad (65)$$

Hiermit ist die gestellte Aufgabe im wesentlichen gelöst. Bei wachsenden m und n nehmen die Koeffizienten c_{mn} schnell ab, so daß ξ_0 in Gl. (61) durch eine schnell konvergierende Reihe dargestellt wird, von der es genügt, für die Zahlenrechnung in einem bestimmt gegebenen Falle nur wenige Glieder beizubehalten.

Die hier besprochene Lösung, die schon von Navier und de St.-Venant, wenn auch auf anderem Wege, aufgestellt wurde, dürfte als streng richtig bezeichnet werden, wenn nicht dieselbe Verletzung der Randbedingungen mit ihr verbunden wäre, die schon in § 18 vorkam. Nach Gl. (61) wird zwar am Rande $\frac{\partial^2 \xi_0}{\partial y^2}$ und $\frac{\partial^2 \xi_0}{\partial z^2}$ und daher auch σ_y und σ_z überall zu Null, wie es bei der frei aufliegenden Platte sein muß. Dagegen ist am Rande $\frac{\partial^2 \xi_0}{\partial y\, \partial z}$ und hiermit auch τ_{yz} von Null verschieden. Um Gl. (61) als eine strenge Lösung der Aufgabe ansehen zu können, muß man sich daher außer der gegebenen Belastung noch weitere äußere Kräfte als Lasten am Rande angebracht denken, wie sie den Schubspannungen τ_{yz} entsprechen. Es bleibt daher noch zu untersuchen, ob und in welchem Grade die aufgestellte Lösung hierdurch geändert oder in ihrer Zuverlässigkeit eingeschränkt wird.

Nach den Gl. (4) von § 17 ist allgemein

$$\tau_{yz} = -\,2\,G\,x \frac{\partial^2 \xi_0}{\partial y\, \partial z},$$

also jedenfalls proportional mit dem Abstande x von der Mittelfläche. Abb. 19 zeigt eine achsonometrische Darstellung eines Viertels der Platte, das sich von der Mitte aus in den Richtungen der positiven Y- und Z-Achse erstreckt. In die Randflächen sind die als Lasten anzubringenden Kräfte τ_{yz} mit den Pfeilen eingetragen, wie sie ihnen nach vorstehender Gleichung zukommen, falls $\frac{\partial^2 \xi_0}{\partial y\, \partial z}$ positiv ist. Das größte Glied in der Reihe (61), das nach Gl. (65) mit $m = 1$ und $n = 1$ das

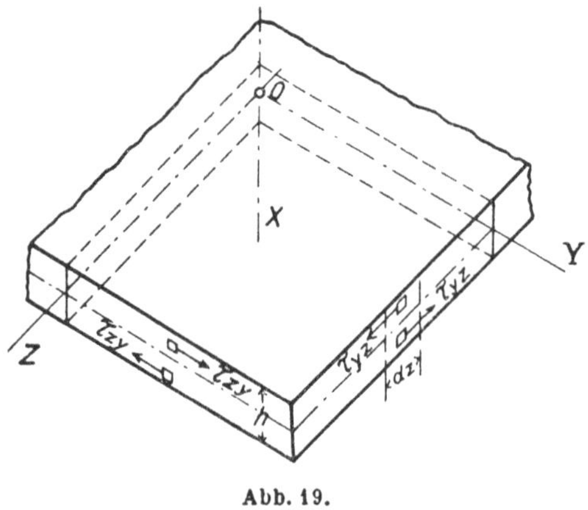

Abb. 19.

erste ist, liefert in der Tat in dem betrachteten Plattenviertel überall ein positives $\frac{\partial^2 \xi_0}{\partial y \partial z}$, so daß die Pfeile der τ_{yz} dafür so ausfallen, wie sie eingetragen wurden. In der Mitte des Randes (für $z = 0$ oder $y = 0$) wird τ_{yz} zu Null, wie schon aus Symmetriegründen folgt, und von da aus nimmt τ_{yz} bis zur Ecke hin nach einem Sinusgesetze zu.

Der Ansatz (61) bildet eine strenge Lösung der Aufgabe für den Fall, daß diese Randkräfte τ_{yz} mit zur Belastung gehören. Will man nun von da aus zu dem tatsächlich gegebenen Belastungsfalle übergehen, bei dem der Rand frei von Spannungen τ_{yz} sein soll, so kann dies dadurch geschehen, daß man nach Herstellung des vorigen Belastungsfalles und Feststellung der von ihm hervorgebrachten Formänderung nachträglich noch Lasten am Rande hinzufügt, die den vorigen Randlasten entgegengesetzt sind, so daß nach ihrer Zufügung der Rand spannungsfrei wird. Diese neu zugefügten Lasten bringen für sich genommen gewisse Formänderungen und Spannungen in der Platte hervor, die zu den der Lösung (61) entsprechenden noch hinzukommen und die daher die Verbesserung angeben, die man an dieser Lösung anzubringen hat, um sie nun wirklich streng richtig zu machen.

In Abb. 20 ist ein kleines Stück einer Aufrißzeichnung des zur Z-Achse parallelen Plattenrands dargestellt. Die positive Z-Achse geht darin, entsprechend der vorigen Abbildung nach links hin; die Plattenmitte hat man sich daher nach rechts und die nächste Ecke nach links hin zu denken. In das durch Schraffierung hervorgehobene Flächenstück des Randes von der Länge dz sind die Pfeile der Lasten eingetragen, die man sich hinzugefügt zu denken hat, um von der durch Gl. (61) angegebenen Lösung auf die dem spannungsfreien Rande entsprechende zu kommen. Diese Pfeile sind daher entgegengesetzt den Pfeilen, die an der entsprechende Stelle in Abb. 19 eingetragen waren.

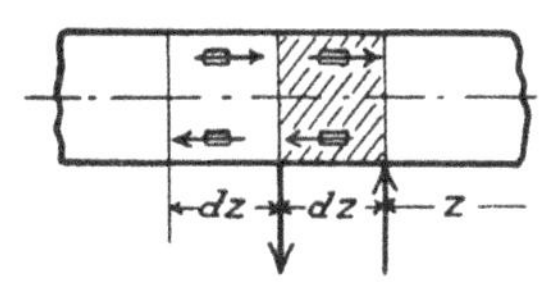

Abb. 20.

Es fragt sich jetzt, welche Folgen eine Belastung von der in Abb. 20 angegebenen Art mit sich bringt. Offenbar kann man das Gleichgewicht der Kräfte an einem parallelepipedischen Plattenelemente, zu dem das betrachtete Randelement als Grenzfläche gehört, dadurch herstellen, daß man ein Kräftepaar von Auflagerkräften anbringt, wie sie in Abb. 20 ebenfalls eingezeichnet sind. Wie groß diese Auflagerkräfte dazu sein müssen, läßt sich leicht berechnen. Das Moment der Lasten ist nämlich, wenn man sich des für τ_{yz} aufgestellten Ausdrucks erinnert, gleich

$$2G \frac{\partial^2 \xi_0}{\partial y \partial z} dz \int_{-\frac{h}{2}}^{+\frac{h}{2}} x^2 dx = \frac{Gh^3}{6} \cdot \frac{\partial^2 \xi_0}{\partial y \partial z} dz.$$

Jede der beiden Auflagerkräfte, die man an den Enden des Elementes dz in den aus Abb. 20 ersichtlichen Richtungen anzubringen hat, muß daher die Größe

$$\frac{Gh^3}{6} \cdot \frac{\partial^2 \xi_0}{\partial y \partial z}$$

haben. Diese Auflagerkräfte kommen neu hinzu zu denen, die durch die früher angenommene Belastung hervorgebracht sind und die der Lösung (61) entsprechen. Ein solches Kräftepaar von Auflagerkräften kommt neu hinzu an jedem Randelemente, und wo das nächste Randelement an das bisher betrachtete anstößt, treten daher zwei neue Auflagerkräfte von entgegengesetzter Richtung auf, die sich zum größten Teile aufheben, so daß nur der Unterschied zwischen beiden zur Wirkung kommt. Dieser Unterschied ist ein Differential des vorhergehenden Ausdrucks, nämlich

$$\frac{Gh^3}{6} \cdot \frac{\partial^3 \xi_0}{\partial y \partial z^2} \cdot dz.$$

Das ist die Änderung, die auf die Länge dz im Auflagerdrucke gegenüber dem der Gl. (61) entsprechenden Belastungsfalle hervorgebracht wird. Bezeichnen wir den an der Stelle z auf die Längeneinheit kommenden Auflagerdruck, so wie er Gl. (61) entspricht, mit t, und die Änderung, die durch die Lasten in Abb. 20 hervorgebracht wird, mit Δt, so ist hiernach

$$\Delta t = \frac{Gh^3}{6} \cdot \frac{\partial^3 \xi_0}{\partial y \partial z^2} \quad \text{. . . . .} \quad (66)$$

zu setzen. Beim ersten Gliede der Reihe (61) ist $\frac{\partial^3 \xi_0}{\partial y \partial z^2}$ über die ganze Strecke von $z = 0$ bis $z = b$ hin positiv, also nimmt der Auflagerdruck überall zu, und zwar am meisten in der Mitte bei $z = 0$, während an der Ecke Δt zu Null wird. Aber eine Belastung durch Kräftepaare kann nicht durchweg den Auflagerdruck vergrößern; vielmehr muß die Summe der durch die Kräftepaare hervorgebrachten Auflagerkräfte zu Null werden. Der Ausgleich wird dadurch herbeigeführt, daß an der Ecke selbst ein negativer Auflagerdruck als Einzelkraft entsteht, weil dort nicht zwei Flächenstücke desselben Randes zusammenstoßen, wie in Abb. 20, wo es nur auf den Unterschied zwischen den von beiden Seiten her kommenden Auflagerkräften ankam. An der Ecke hat man vielmehr eine Einzelkraft von der vorher festgestellten Größe

$$\frac{Gh^3}{6} \cdot \frac{\partial^2 \xi_0}{\partial y \partial z}$$

die von der zur Z-Achse parallelen Seitenfläche herrührt und eine ebenso große und auch ebenso gerichtete Einzelkraft von der anderen Seite her, so daß im ganzen an der Ecke ein negativer Auflagerdruck D von der Größe

$$D = G \frac{h^3}{3} \frac{\partial^2 \xi_0}{\partial y \partial z} \quad \text{. . . . . (67)}$$

übertragen wird.

Wenn die jetzt besprochene Lösung zutreffen soll, muß daher die Platte an den Ecken etwa durch eine Schraube festgehalten sein, so daß ein negativer Auflagerdruck, also ein Auflagerzug übertragen werden kann. Anstatt dessen kann man sich auch an den Ecken eine Einzellast angebracht denken, die mindestens die Größe von D hat und die als äußere Kraft den negativen Auflagerdruck zu vertreten vermag. Fehlt eine Befestigung und auch eine solche Einzellast, die den Eckzipfel der Platte niederhält, so kann die durch Gl. (61) dargestellte Formänderung nicht zustande kommen. An der Ecke muß sich vielmehr die Platte aufheben, womit die Grenzbedingungen auch in der Nachbarschaft der Ecke vollständig geändert werden.

Diese Schlußfolgerung wird nun auch in der Tat durch die Beobachtung bestätigt. Man findet z. B. eine ausführliche Beschreibung des Aufhebens der Plattenecken in den »Mitteilungen des mechanisch-technischen Laboratoriums der Techn. Hochschule in München« von A. Föppl, Heft 33, S. 32, 1915. Auch frühere Beobachter, besonders Bach, haben diese Erscheinung bereits bemerkt, und Hencky hat in seiner Darmstädter Doktorarbeit vom Jahre 1913 eine Erklärung dafür gegeben, die im wesentlichen mit der hier besprochenen übereinstimmt.

Nimmt man an, daß die Platte an den Ecken befestigt ist und daher ein negativer Auflagerdruck D nach Gl. (67) auf sie übertragen werden kann, so darf man in der Tat erwarten, daß die Formänderung mit großer Annäherung durch die vorausgehenden Formeln dargestellt wird. Diese Erwartung gründet sich auf das »St.-Venantsche Prinzip«, wonach eine Gruppe von Lasten, die in einem engbegrenzten Bezirke eines Körpers angreift und dort den allgemeinen Gleichgewichtsbedingungen für Kräfte an einem starren Körper genügt, zwar in der unmittelbaren Umgebung dieses Bezirks größere Formänderungen und Spannungen hervorzurufen vermag, jedoch so, daß mit wachsendem Abstande diese Wirkungen schnell abnehmen und daher in einer Entfernung, die vielleicht das 3- oder 4fache der Ausdehnung des belasteten Bezirks betragen mag, bereits vernachlässigt werden können. Die durch diesen Grundsatz ausgesprochene Erkenntnis ist zwar mehr gefühlsmäßig gewonnen worden und sie ist nicht allgemein streng erwiesen. Aber das ist derselbe Weg, auf dem man auch in den Besitz von vielen anderen wichtigen Naturgesetzen ursprünglich gelangt ist, so daß man aus dieser Herkunft keinen Vorwurf gegen das St.-Venantsche Prinzip erheben kann. Es fragt sich nur, wie weit es reicht und ob es sich auch im Falle der Platte, bei dem die Gleichgewichtsgruppe von Kräften, auf die es angewendet werden soll, längs des ganzen Umfangs verteilt ist, für die etwas weiter vom Rande abstehenden Teile der Platte noch ebenso bewährt, wie beim stabförmigen Körper, für den es in zahlreichen Fällen bereits als richtig bestätigt wurde. Jedenfalls muß man dies vorläufig als sehr wahrscheinlich betrachten. Zu wünschen bleibt freilich eine weitere Prüfung dieser Frage, die am besten durch einen Vergleich der aus dem Satze gezogenen Folgerungen mit dazu geeigneten Versuchsergebnissen herbeigeführt wird.

Im anderen Falle freilich, der zu einem Abheben der Eckzipfel der Platte von den Auflagerkanten führt, darf man keine genauere Übereinstimmung der hier besprochenen Lösung mit der wahren Formänderung der Platte erwarten. Wenn aber nur eine ungefähre Annäherung verlangt wird, darf man sie in diesem Falle immerhin auch noch gelten lassen.

Vorher war davon die Rede, wie sich der Auflagerdruck längs der Auflagerkanten verteilt, der zu einer gegebenen Lösung ξ_0 gehört. Der auf die Längeneinheit bezogene Auflagerdruck an einer bestimmten Stelle des Plattenrandes war dabei mit t bezeichnet worden. Es muß jetzt noch gezeigt werden, wie man t berechnen kann.

Zu diesem Zwecke betrachten wir das Gleichgewicht des in Abb. 21 herausgezeichneten Plattenelementes gegen Drehen um eine zur Y-Achse parallel gezogene Gerade. In die Abbildung sind wenigstens auf den sichtbaren Seitenflächen die Spannungen eingetragen, die sich an diesem Gleichgewichte gegen Drehen beteiligen. Auf der zur Z-Achse senkrecht stehenden Seitenfläche wirkt eine parallel zur X-Achse gehende Schubkraft, die in Anlehnung an die zuvor gebrauchte Bezeichnung mit t_z bezeichnet ist, und zwar so, daß sich t_z auf die Längeneinheit der Schnittkante bezieht. Im ganzen wird daher auf der sichtbaren Seitenfläche die Kraft $t_z\, dy$ übertragen und auf der ihr verdeckt gegenüberliegenden eine davon nur unendlich wenig verschiedene Kraft, die mit der vorigen zusammen ein Kräftepaar vom Momente $t_z\, dy\, dz$ bildet. Der Pfeil der Kraft t_z ist so eingetragen, wie er einem positiven Auflagerdrucke entspricht, wenn man sich das Plattenelement im Sinne der positiven Z-Achse so weit verschoben denkt, daß es an den Plattenrand angrenzt. Das Kräftepaar der t_z liefert dann ein im Sinne der positiven Y-Achse drehendes Moment.

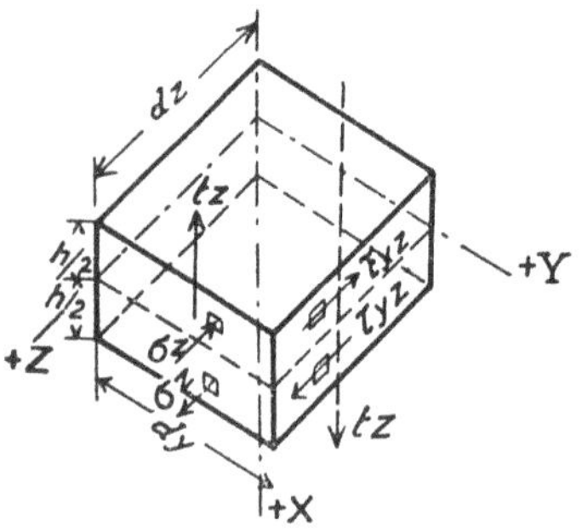

Abb. 21.

Auf derselben Seitenfläche sind außerdem noch die Normalspannungen σ_z zu berücksichtigen. Sie sind im unteren Teile als Zugspannungen, im oberen als Druckspannungen zu erwarten und liefern dann auf der sichtbaren Seitenfläche ein Kräftepaar, das ebenfalls im Sinne der positiven Y-Achse dreht. Nach den Gl. (4) von § 17 ist

$$\sigma_z = -\frac{2G}{m-1}\, x \left(m \frac{\partial^2 \xi_0}{\partial z^2} + \frac{\partial^2 \xi_0}{\partial y^2} \right)$$

und für das Moment des Kräftepaares erhält man hiernach den Ausdruck

$$dy \int_{-\frac{h}{2}}^{+\frac{h}{2}} \sigma_z x\, dx = -\frac{2G}{m-1} \left(m \frac{\partial^2 \xi_0}{\partial z^2} + \frac{\partial^2 \xi_0}{\partial y^2} \right) dy \cdot \frac{h^3}{12}.$$

Auf der gegenüberliegenden Seitenfläche wirkt ein ebensolches Kräftepaar mit entgegengesetztem Drehsinn, das sich vom vorigen unendlich wenig unterscheidet. Beide zusammen liefern daher zur Momentengleichung einen Beitrag, der ein Differential des vorhergehenden Ausdrucks ausmacht, nämlich

$$-\frac{2G}{m-1} \left(m \frac{\partial^3 \xi_0}{\partial z^3} + \frac{\partial^3 \xi_0}{\partial y^2 \partial z} \right) dy\, dz \cdot \frac{h^3}{12}.$$

Wird dieser Ausdruck nach Einsetzen von ξ_0 positiv, so bedeutet er einen Überschuß des im Sinne der positiven Y-Achse drehenden Kräftepaares.

Endlich kommen noch die Schubspannungen τ_{yz} auf den zur Y-Achse senkrecht stehenden Seitenflächen in Betracht. Für τ_{yz} hat man nach den Gl. (4) von § 17

$$\tau_{yz} = -2G x \frac{\partial^2 \xi_0}{\partial y \partial z}$$

und das Moment des daraus gebildeten Kräftepaares wird für eine der Seitenflächen

$$dz \int_{-\frac{h}{2}}^{+\frac{h}{2}} \tau_{yz} x\, dx = -2G \frac{\partial^2 \xi_0}{\partial y \partial z} dz \cdot \frac{h^3}{12}.$$

Auch hier kommt es nur auf den Unterschied zwischen den Momenten auf den beiden einander gegenüber liegenden Seitenflächen an und dafür erhält man

$$-2G \frac{\partial^3 \xi_0}{\partial y^2 \partial z} dy\, dz \cdot \frac{h^3}{12}.$$

Wird dieser Ausdruck nach Einsetzen von ξ_0 positiv, so bedeutet er ein Überwiegen eines auf der sichtbaren Seitenfläche im Sinne der positiven Y-Achse drehenden Momentes. Im ganzen lautet daher die Momentengleichung nach Wegheben von $dy\,dz$ in allen Gliedern

$$t_z - \frac{Gh^3}{6(m-1)}\left(m\frac{\partial^3 \xi_0}{\partial z^3} + \frac{\partial^3 \xi_0}{\partial y^2 \partial z}\right) - \frac{Gh^3}{6}\cdot\frac{\partial^3 \xi_0}{\partial y^2 \partial z} = 0$$

woraus man

$$t_z = \frac{mGh^3}{6(m-1)}\left(\frac{\partial^3 \xi_0}{\partial z^3} + \frac{\partial^3 \xi_0}{\partial y^2 \partial z}\right) \quad . \quad . \quad . \quad . \quad . \quad (68)$$

erhält. Unter Benutzung der auf S. 133 eingeführten Plattensteifigkeit kann man dafür auch

$$t_z = N\left(\frac{\partial^3 \xi_0}{\partial y^3} + \frac{\partial^3 \xi_0}{\partial z^2 \partial y}\right) . \quad . \quad . \quad . \quad . \quad . \quad . \quad (69)$$

schreiben. Für die Schubkraft t_y in der zur Y-Achse senkrecht stehenden Seitenfläche folgt daraus durch bloße Buchstabenvertauschung

$$t_y = N\left(\frac{\partial^3 \xi_0}{\partial y^3} + \frac{\partial^3 \xi_0}{\partial z^2 \partial y}\right) . \quad . \quad . \quad . \quad . \quad . \quad . \quad (70)$$

Wir wollen jetzt noch die Anwendung der Formeln an einem einfachen Beispiele erläutern. Bei den Versuchen von A. Föppl, von denen vorher die Rede war, wurde eine Flußeisenplatte von quadratischer Gestalt von 1 cm Dicke und 40 cm Seitenlänge belastet. Der Elastizitätsmodul E wurde nicht besonders festgestellt, kann aber zu 2200000 kg/cm² angenommen werden und die Poissonsche Konstante m zu $3\frac{1}{3}$. Für die durch (Gl. 63) S. 159 eingeführte Plattensteifigkeit erhält man daher

$$N = \frac{m^2 E h^3}{12(m^2-1)} = 201\,466 \text{ cm kg oder rund } 2 \cdot 10^5 \text{ cm kg.}$$

Bei einem der Belastungsversuche wurde eine Einzellast von 500 kg an einem Punkte aufgebracht, der in einem Abstande von 8 cm von einer der Quadratseiten auf der diese Quadratseite halbierenden Symmetrielinie lag. Die dadurch hervorgebrachten elastischen Verschiebungen ξ_0 wurden an vielen Punkten der Platte auf ungefähr $^1/_{100}$ mm genau gemessen. Mit diesen Messungen kann man die aus den Formeln dieses Paragraphen hervorgehenden Werte vergleichen.

Die Koordinaten des Lastangriffspunktes sind hier

$$p = 12 \text{ cm};\ q = 0 \text{ und } a = b = 20 \text{ cm.}$$

Setzt man alle diese Werte in Gl. (65) ein, so geht sie über in

$$c_{mn} = 0{,}164 \text{ cm} \cdot \frac{1}{(m^2+n^2)^2} \, {\cos \atop \sin} \, m \cdot 0{,}3\,\pi \, {\cos \atop \sin} \, n \cdot 0.$$

Der Reihe nach erhält man für m oder $n = 1, 2, 3$ usf.

$c_{11} = 0{,}041 \cos 54^0 = +\,0{,}024\,\mathrm{cm}$; $\quad c_{12} = 0$; $\quad c_{13} = +\,0{,}00097\,\mathrm{cm}$; $\quad c_{14} = 0$

$c_{21} = 0{,}0066 \sin 108^0 = +\,0{,}0063\,\mathrm{cm}$; $\quad c_{22} = 0$; $\quad c_{23} = +\,0{,}00095\,\mathrm{cm}$; $\quad c_{24} = 0$

$c_{31} = 0{,}0016 \cos 162^0 = -\,0{,}0015\,\mathrm{cm}$; $\quad c_{32} = 0$; $\quad c_{33} = -0{,}0005\,\mathrm{cm}$; $\quad c_{34} = 0$

$c_{41} = 0{,}0006 \sin 216^0 = -\,0{,}0003$ cm usf.

Man sieht, daß das erste Glied der Reihe mit dem Beiwerte c_{11} alle anderen weit überragt und daß die zuletzt berechneten c schon so klein sind, daß sie auf die durch Messung festgestellten Durchbiegungen keinen Einfluß mehr haben konnten. Unterdrückt man alle Glieder, die weniger ausmachen als 0,001 cm, so geht die Reihe in Gl. (61) für den vorliegenden Belastungsfall über in

$$\xi_0 = 0{,}024 \cos\frac{\pi y}{2a}\cos\frac{\pi z}{2a} + 0{,}001 \cos\frac{\pi y}{2a}\cos\frac{3\pi z}{2a} -$$

$$-0{,}002\cos\frac{3\pi y}{2a}\cos\frac{\pi z}{2a} + 0{,}006\sin\frac{2\pi y}{2a}\cos\frac{\pi z}{2a} + 0{,}001\sin\frac{2\pi y}{2a}\cos\frac{3\pi z}{2a}$$

Bezeichnet man den Biegungspfeil, d. h. die Einsenkung am Lastangriffspunkte mit f, so folgt dafür mit $y = p$ und $z = q$

$$f = 0{,}023 \text{ cm}.$$

Gemessen wurde beim Versuche die Einsenkung an dieser Stelle gleich 0,030 cm. Der Unterschied ist also ziemlich groß. Aber man muß zunächst hinzufügen, daß bei dem Versuche die Ecken der Platte nicht festgeschraubt waren, so daß sich die Eckzipfel abhoben, und zwar an den dem Angriffspunkte der Last am nächsten gelegenen Ecken um 0,009 cm. Daß sich unter diesen Umständen die Platte mehr durchbiegen kann als bei festgehaltenen Ecken, ist ohne weiteres einleuchtend. Dazu kommt noch, daß auch der Widerlagerkasten, auf den sich die Platte stützte, etwas nachgiebig war, so daß sich die Mitte der nächstgelegenen Auflagerkante selbst schon um 0,003 cm senkte. Von diesem Punkte des Auflagers aus gemessen, betrug daher der Biegungspfeil nur 0,027 cm. Wenn man dies berücksichtigt, kann man in den Messungsergebnissen eine Bestätigung dafür erblicken, daß selbst bei nicht festgeschraubten Ecken die aufgestellten Formeln ungefähr mit der Wirklichkeit übereinstimmen.

Für die Berechnung des Auflagerdruckes nach den Gl. (69) oder (70) und (66) reicht dagegen die für ξ_0 ausgerechnete Reihe nicht aus; man müßte sie zu diesem Zwecke erst noch durch Hinzufügung einer Anzahl weiterer Glieder nach den Formeln (61) und (65) ergänzen. Der Grund dafür liegt darin, daß bei der Bildung der dritten Differentialquotienten die späteren Glieder mit m^3 oder mn^2 usf. gegenüber dem ersten, bei dem dies wegfällt, multipliziert werden, wodurch z. B. das Glied mit c_{31} in seiner Bedeutung gegenüber dem ersten um das

27fache gesteigert wird. Wir wollen von der dadurch viel umständlicher werdenden Zahlenrechnung hier absehen.

Schließlich sollen der Vollständigkeit wegen auch noch die Formeln für eine gleichförmig über die ganze Fläche verteilte Belastung p aufgestellt werden. Für diesen Belastungsfall wird

$$\Sigma \mathfrak{P} \delta \mathfrak{s} = p \int \delta \xi_0 \, dF = p \, \delta c_{mn} \int \frac{\cos}{\sin} m \frac{\pi y}{2a} \frac{\cos}{\sin} n \frac{\pi z}{2b} dF$$

falls die virtuelle Gestaltänderung wiederum nur darin besteht, daß sich ein einziges Glied der Reihe für ξ_0 mit dem Koeffizienten c_{mn} geändert hat. Man kann die Integration über die Fläche zuerst nach y und dann nach z ausführen und findet dabei, daß alle Glieder, in denen ein Sinus vorkommt, Null liefern. Es bleiben also nur die Glieder mit ungeradem m oder n zu berücksichtigen, und zwar wird

$$\Sigma \mathfrak{P} \delta \mathfrak{s} = (-1)^{\frac{m+n}{2} - 1} \cdot \frac{16 ab}{m n \pi^2} p \, \delta c_{mn}.$$

Aus der Gleichung

$$\Sigma \mathfrak{P} \delta \mathfrak{s} - \delta A = 0$$

folgt daher, wenn man den für δA schon früher aufgestellten Ausdruck einsetzt,

$$c_{mn} = (-1)^{\frac{m+n}{2} - 1} \cdot \frac{256 a^4 b^4 p}{\pi^6 N m n (m^2 b^2 + n^2 a^2)^2} \quad . \quad . \quad (71)$$

Die Koeffizienten c_{mn} nehmen bei diesem Belastungsfalle mit wachsenden m und n noch schneller ab als nach Gl. (65), so daß für die Berechnung der Durchbiegung nur ganz wenige Glieder der Reihe (61) beibehalten zu werden brauchen.

Übrigens kann man Gl. (71) auch aus Gl. (65) ableiten, indem man darin P durch $p\,dF$ ersetzt und über die ganze Fläche integriert. Ebenso kann man auch verfahren, wenn nur ein Teil der Platte, etwa eine Hälfte davon, belastet ist.

§ 24. Die Biegungsgleichung bei der rechteckigen Platte.

Anstatt, wie es bisher geschehen ist, von der Formänderungsarbeit auszugehen, kann man sich auch der in § 18 aufgestellten Biegungsgleichung bedienen, um eine Näherungslösung für die rechteckige Platte abzuleiten. Auf diese Möglichkeit war schon im 5. Bande der »Vorlesungen« hingewiesen worden, und in einer Abhandlung »Ein Beitrag zur Berechnung der rechteckigen Platte« in der Zeitschr. d. Österr. Ing.- u. Arch.-Vereins 1908 Nr. 44 hat Ingenieur Dr. Jovo Simic mit gutem Erfolge Gebrauch davon gemacht. In die hier gebrauchten Bezeichnungen umgeschrieben setzt Simic

$$\xi_0 = K_1 F_2(y) F_2(z) + K_2 F_4(y) F_2(z) + K_3 F_2(y) F_4(z) \quad . \quad . \quad (72)$$

Dabei bedeuten $K_1\,K_2\,K_3$ drei Festwerte, deren nähere Bestimmung zunächst noch vorbehalten bleibt. F_2 und F_4 sind zwei Funktionen von folgender Bauart:

$$F_2(y) = \frac{5}{12}a^4 - \frac{1}{2}a^2y^2 + \frac{1}{12}y^4$$

$$F_4(y) = \frac{7}{16}a^6 - \frac{1}{2}a^4y^2 + \frac{1}{30}y^6$$

wobei a durch b und y durch z zu ersetzen ist, wenn man von $F(y)$ auf $F(z)$ übergeht. Da

$$\frac{\partial^2 F_2(y)}{\partial y^2} = y^2 - a^2 \text{ und } \frac{\partial^2 F_4(y)}{\partial y^2} = y^4 - a^4$$

ist, entspricht ξ_0 nach Gl. (72) einer elastischen Fläche, die am Rande alle Grenzbedingungen erfüllt, bis auf die Bedingung, daß dort eigentlich auch $\tau_{yz} = 0$ sein sollte, woran aber auch alle bisher besprochenen Lösungen krankten. Inwiefern man sich mit dieser Verletzung der ursprünglich vorgeschriebenen Randbedingung abfinden kann, ist im vorhergehenden Paragraphen ausführlich besprochen worden. Jedenfalls ist die Verletzung ganz unbedenklich, wenn man sich die Platte an den Rändern so festgehalten zu denken hat, daß sich die Ecken nicht abheben können.

Das erste Glied in Gl. (72) entspricht übrigens genau dem Ansatze (31) in § 20 und Gl. (72) bildet eine Erweiterung des dort benutzten einfacheren Ansatzes, mit der man nun genau so verfahren könnte, wie es früher geschehen ist, wenn man die umständliche Ausrechnung nicht scheute. Anstatt dessen kann man aber auch nach Simic so vorgehen, daß man ξ_0 aus Gl. (72) in die Differentialgleichung der elastischen Fläche Gl. (12)

$$\frac{\partial^4 \xi_0}{\partial y^4} + 2\frac{\partial^4 \xi_0}{\partial y^2 \partial z^2} + \frac{\partial^4 \xi_0}{\partial z^4} = \frac{12(m^2-1)}{m^2 E h^3}\,p$$

einsetzt, womit man p als Funktion von y und z erhält. In dieser Funktion kommen die drei willkürlich gebliebenen Festwerte $K_1\,K_2\,K_3$ vor, durch deren passende Wahl man die Lösung nachträglich einem gewünschten Belastungsfalle mit praktisch genügender Annäherung anzupassen vermag. Besonders wichtig ist der Fall einer gleichförmig über die Fläche verteilten Last p_0, und hierfür bestimmt Simic die Festwerte K so, daß p mit p_0 in der Mitte der Platte und in den Mitten der Auflagerkanten übereinstimmt. Ausführliche Zahlenrechnungen zeigen, daß die Belastung p und die Belastung p_0 alsdann nicht wesentlich voneinander abweichen. Auch Tabellen für die sich aus der Lösung ergebenden Spannungen bei einer Reihe verschiedener Seitenverhältnisse $a : b$ des Rechtecks enthält die Abhandlung, auf die im übrigen hier verwiesen werden möge.

§ 25. Die eingespannte elliptische Platte.

Für eine am Rande eingespannte elliptische Platte, die eine gleichförmig über die ganze Fläche verteilte Belastung trägt, kann man eine sehr einfache Lösung der Biegungsgleichung angeben, die zugleich alle Randbedingungen streng erfüllt. Die Halbachsen der Ellipse seien, wie üblich, mit a und b bezeichnet. Dann lautet die Mittelpunktsgleichung der Ellipse für die Umrißlinie der Platte

$$\frac{y^2}{a^2} + \frac{z^2}{b^2} = 1 \qquad (73)$$

Durch jeden Punkt im Innern der Ellipse kann man sich eine andere Ellipse gezogen denken, die ein verkleinertes Abbild der Umrißlinie darstellt, die also zu ihr ähnlich und zugleich ähnlich gelegen ist. Bezeichnet α einen echten Bruch von beliebiger Größe zwischen 0 und 1, so läßt sich die Gleichung für diese kleinere Ellipse in der Form

$$\frac{y^2}{a^2} + \frac{z^2}{b^2} = \alpha^2 \qquad (74)$$

anschreiben. Die Halbachsen sind αa und αb, und jedem Punkt der Umrißellipse entspricht ein Punkt der Ellipse (74), dessen Koordinaten im Verhältnisse α verkleinert sind.

Bei der gleichförmig belasteten elliptischen Platte senken sich alle Punkte, die auf einer solchen Ellipse (74) liegen, um gleich viel. Wenn dies zutrifft, kann man ξ_0 als eine Funktion der Zahl α ansehen, durch die eine bestimmte Ellipse aus der ganzen Schar der zueinander ähnlich liegenden herausgehoben wird. Wenigstens gilt dies, wie sich sofort ergeben wird, für den Fall der am Rande eingespannten Platte.

Bei dieser wird nämlich

$$\xi_0 = f \cdot (1 - \alpha^2)^2 \qquad (75)$$

wenn man mit f den Biegungspfeil bezeichnet, also die Einsenkung in der Mitte, wo α zu Null wird. Um dies zu beweisen, schreiben wir zunächst mit Rücksicht auf Gl. (74) die vorstehende Gleichung in der Form

$$\xi_0 = f \cdot \left(\frac{y^2}{a^2} + \frac{z^2}{b^2} - 1\right)^2 \qquad (76)$$

an und bilden daraus durch zweimalige Differentiation nach y

$$\frac{\partial^2 \xi_0}{\partial y^2} = \frac{4f}{a^2}\left(\frac{y^2}{a^2} + \frac{z^2}{b^2} - 1\right) + \frac{8fy^2}{a^4}$$

Weiterhin ergibt sich in derselben Weise

$$\frac{\partial^4 \xi_0}{\partial y^4} = \frac{24f}{a^4}; \quad \frac{\partial^4 \xi_0}{\partial z^4} = \frac{24f}{b^4}; \quad \frac{\partial^4 \xi_0}{\partial y^2 \partial z^2} = \frac{8f}{a^2 b^2}.$$

Die Biegungsgleichung, also die Differentialgleichung (12) von § 18 wird nun in der Tat erfüllt, wenn man diese Werte einsetzt, denn sie geht damit über in

$$\frac{24f}{a^4} + \frac{16f}{a^2 b^2} + \frac{24f}{b^4} = \frac{12(m^2-1)}{m^2 E h^3} p,$$

wobei jetzt unter p ein Festwert zu verstehen ist. Die Auflösung nach dem Biegungspfeil liefert

$$f = \frac{3(m^2-1)}{2m^2 E h^3} \cdot \frac{a^4 b^4}{3a^4 + 3b^4 + 2a^2 b^2} \cdot p \quad . \quad . \quad . \quad . \quad (77)$$

Für den Fall der kreisförmigen Platte ($b = a$) und mit $m = 4$ vereinfacht sich dies zu

$$f = 0.176 \frac{p a^4}{E h^3} \quad . \quad . \quad . \quad . \quad . \quad . \quad . \quad . \quad (78)$$

Von der Lösung (75) oder (76) werden außerdem auch die am Umfange vorgeschriebenen Bedingungen vollständig erfüllt. Mit $\alpha = 1$ wird nicht nur ξ_0 selbst gleich Null, sondern auch $\frac{d\xi_0}{d\alpha}$, d. h. die der Umrißellipse nächstgelegene Ellipse kann sich gleichfalls nicht senken, womit ausgesprochen wird, daß die Platte am Umfange eingespannt ist.

Bei einer strengen Lösung der Biegungsgleichung findet man auch die Biegungsspannungen und die Verteilung der Auflagerkräfte längs des Umfangs mit derselben Genauigkeit wie die Einsenkungen. Wir wollen sie jetzt auch noch berechnen. Dabei genügt es, wenn wir die Rechnung für die auf den Symmetrieachsen der Ellipse liegenden Punkte durchführen, da bei der Art, wie die Formänderung erfolgt, offenbar sowohl die Biegungsspannungen als die Auflagerkräfte ihren größten oder kleinsten Wert auf den Symmetrieachsen annehmen müssen.

Nach den Gl. (4) von § 17 ist

$$\sigma_y = -\frac{2G}{m-1} x \left(m \frac{\partial^2 \xi_0}{\partial y^2} + \frac{\partial^2 \xi_0}{\partial z^2} \right),$$

woraus man hier mit $x = \pm \frac{h}{2}$ und nach Umrechnen von G auf E

$$\sigma_y = \mp \frac{2mEhf}{m^2-1} \left\{ \frac{2my^2}{a^4} + \frac{2z^2}{b^4} - (1-\alpha^2) \left(\frac{m}{a^2} + \frac{1}{b^2} \right) \right\} \quad . \quad (79)$$

erhält. Auf den Symmetrieachsen der Ellipse wird entweder y oder z zu Null. Der in der Klammer enthaltene Ausdruck nimmt den größten positiven Wert, den er längs einer Symmetrieachse erlangen kann, an deren Enden an und den größten negativen Wert in der Mitte, wo $a = 0$ ist. Bezeichnet man zur Abkürzung den vor der Klammer stehenden Festwert mit K, so hat man demnach für die Biegungsspannung σ_v die drei Größtwerte

$$K \cdot \frac{2m}{a^2}; \quad K \cdot \frac{2}{b^2}; \quad K\left(\frac{m}{a^2} + \frac{1}{b^2}\right)$$

miteinander zu vergleichen. Dies gilt für jede der beiden Koordinatenachsen, da man jede von ihnen als Y-Achse ansehen kann. Von den drei zum Vergleiche miteinander gestellten Werten nimmt aber offenbar der erste den größten Wert an, sowohl unter den dreien als unter den anderen drei Werten, die daraus durch Vertauschen von a und b hervorgehen, falls man unter a die kleinere Halbachse der Ellipse versteht, also voraussetzt, daß die Y-Achse in die Richtung der kleineren Halbachse gelegt ist. Dieser Größtwert $\sigma_{\max}$ der Biegungsspannung

$$\sigma_{\max} = \frac{4m^2 E h f}{(m^2-1)\,a^2} = \frac{6a^2}{h^2} \cdot \frac{b^4}{3a^4 + 3b^4 + 2a^2b^2} \cdot p \quad . \quad . \quad (80)$$

tritt also an der Einspannung, und zwar am Ende der kleinen Halbachse auf.

Mit $b = a$, also für den Fall der kreisförmigen Platte wird

$$\sigma_{\max} = 0{,}75\,\frac{a^2}{h^2}\,p \quad . \; . \; . \; . \; . \; . \; . \; . \; . \; . \quad (81)$$

Für die Berechnung der Auflagerkräfte stehen uns die Gl. (69) und (70) des vorigen Paragraphen zur Verfügung. Setzt man die Differentialquotienten von ξ_0 in Gl. (70) ein, so erhält man zunächst

$$t_y = \frac{m^2 E h^3}{12\,(m^2-1)} \cdot 8 f y \left(\frac{3}{a^4} + \frac{1}{a^2 b^2}\right),$$

was nach Einsetzen von f aus Gl. (77) übergeht in

$$t_y = \frac{3b^4 + a^2b^2}{3a^4 + 3b^4 + 2a^2b^2}\,p\,y,$$

und zwar gültig für jede Stelle der Platte. In derselben Weise erhält man

$$t_z = \frac{3a^4 + a^2b^2}{3a^4 + 3b^4 + 2a^2b^2}\,p\,z.$$

Am Ende der kleinen Halbachse der Ellipse (mit $y = a$) nimmt demnach der Auflagerdruck den größten auf die Längeneinheit bezogenen Wert an, nämlich

$$t_{\max} = \frac{a b^2 (a^2 + 3 b^2)}{3 a^4 + 3 b^4 + 2 a^2 b^2} p \quad . \quad . \quad . \quad . \quad . \quad . \quad (82)$$

Versteht man unter $t_{\min}$ den kleinsten bezogenen Auflagerdruck, der längs des Umfangs, und zwar am Ende der großen Halbachse auftritt, so verhält sich

$$\frac{t_{\max}}{t_{\min}} = \frac{b (a^2 + 3 b^2)}{a (3 a^2 + b^2)},$$

also wird z. B. für $b = 2a$ das Verhältnis 3,71 : 1.

Für $b = a$, also beim Kreise, wird der Auflagerdruck t überall längs des Umfangs gleich groß, und die Formeln liefern dafür

$$t = \frac{1}{2} p a,$$

wie auch unmittelbar durch Division der ganzen Last $\pi a^2 p$ durch den Kreisumfang $2 a \pi$ gefunden wird. Der Vergleich dient zur Prüfung für die Richtigkeit der vorhergehenden Rechnungen.

§ 26. Die Biegungsgleichung der Platte in Polarkoordinaten.

Anstatt die Lage eines Punktes auf der Mittelfläche der Platte durch die rechtwinkligen Koordinaten y und z zu beschreiben, wie es bisher geschehen ist, kann man sich dazu auch der Polarkoordinaten $r \varphi$ bedienen, die mit y und z in dem aus Abb. 22 ersichtlichen Zusammenhange stehen. Der Koordinatenursprung O soll vor der Formänderung mit einem beliebigen Punkte der Mittelfläche zusammenfallen, soll sich aber bei der Durchbiegung der Platte nicht mit verschieben. Die Verschiebungen der Punkte der Mittelfläche bezeichnen wir wie vorher mit ξ_0, wobei jetzt ξ_0 als eine Funktion von r und φ anzusehen ist. Abb. 22 ist als eine Ansicht von der positiven Seite der X-Achse her, also als eine Unteransicht der Platte aufzufassen.

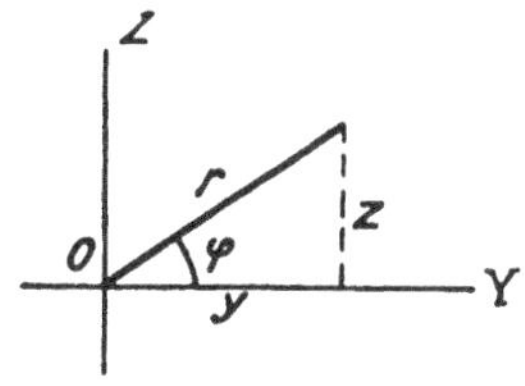

Abb. 22.

Aus Abb. 22 entnimmt man

$$y = r \cos \varphi; \quad z = r \sin \varphi \quad . \quad . \quad . \quad . \quad . \quad . \quad (83)$$

woraus auch umgekehrt

$$r = \sqrt{y^2 + z^2}; \quad \varphi = \operatorname{arctg} \frac{z}{y} \quad . \quad . \quad . \quad . \quad . \quad . \quad (84)$$

folgt. Sieht man r und φ als Funktionen von y und z an, so folgt daraus

$$\frac{\partial r}{\partial y} = \cos\varphi; \quad \frac{\partial \varphi}{\partial y} = -\frac{1}{r}\sin\varphi.$$

Für irgendeine stetige Funktion von y und z oder r und φ, die mit F bezeichnet sei, gilt daher

$$\frac{\partial F}{\partial y} = \frac{\partial F}{\partial r}\cdot\frac{\partial r}{\partial y} + \frac{\partial F}{\partial \varphi}\cdot\frac{\partial \varphi}{\partial y} = \frac{\partial F}{\partial r}\cos\varphi - \frac{\partial F}{\partial \varphi}\cdot\frac{1}{r}\sin\varphi.$$

Hiernach wird auch durch nochmalige Anwendung derselben Rechenvorschrift

$$\frac{\partial^2 F}{\partial y^2} = \left(\cos\varphi\frac{\partial}{\partial r} - \frac{1}{r}\sin\varphi\frac{\partial}{\partial \varphi}\right)\left(\cos\varphi\frac{\partial F}{\partial r} - \frac{1}{r}\sin\varphi\frac{\partial F}{\partial \varphi}\right)$$

$$= \frac{\partial^2 F}{\partial r^2}\cos^2\varphi + \frac{1}{r^2}\sin^2\varphi\frac{\partial^2 F}{\partial \varphi^2} + \frac{1}{r}\sin^2\varphi\frac{\partial F}{\partial r} -$$

$$- 2\cdot\frac{1}{r}\sin\varphi\cos\varphi\frac{\partial^2 F}{\partial r\,\partial \varphi} + \frac{2}{r^2}\sin\varphi\cos\varphi\frac{\partial F}{\partial \varphi}$$

gefunden, und ebenso erhält man für die Differentialquotienten nach z

$$\frac{\partial F}{\partial z} = \sin\varphi\frac{\partial F}{\partial r} + \frac{1}{r}\cos\varphi\frac{\partial F}{\partial \varphi}$$

$$\frac{\partial^2 F}{\partial z^2} = \frac{\partial^2 F}{\partial r^2}\sin^2\varphi + \frac{1}{r^2}\cos^2\varphi\frac{\partial^2 F}{\partial \varphi^2} + \frac{1}{r}\cos^2\varphi\frac{\partial F}{\partial r} +$$

$$+ 2\cdot\frac{1}{r}\sin\varphi\cos\varphi\frac{\partial^2 F}{\partial r\,\partial \varphi} - \frac{2}{r^2}\sin\varphi\cos\varphi\frac{\partial F}{\partial \varphi}.$$

Führt man zur Abkürzung das Operationszeichen ∇^2 ein, so daß

$$\nabla^2 = \frac{\partial^2}{\partial y^2} + \frac{\partial^2}{\partial z^2} \quad \ldots\ldots\ldots \quad (85)$$

bedeutet, so folgt aus den vorhergehenden Gleichungen

$$\nabla^2 F = \frac{\partial^2 F}{\partial r^2} + \frac{1}{r^2}\frac{\partial^2 F}{\partial \varphi^2} + \frac{1}{r}\frac{\partial F}{\partial r} \quad \ldots\ldots \quad (86)$$

da sich die übrigen Glieder beim Zusammenzählen wegheben.

In § 18 Gl. (12) war die Differentialgleichung der elastischen Fläche in rechtwinkligen Koordinaten abgeleitet worden. Mit Benützung des Operators ∇^2 läßt sich Gl. (12) schreiben

$$\nabla^2(\nabla^2\zeta_0) = \frac{12(m^2-1)}{m^2 E h^3}\,p,$$

wofür sich jetzt mit Rücksicht auf Gl. (86)

$$\left(\frac{\partial^2}{\partial r^2} + \frac{1}{r^2}\frac{\partial^2}{\partial \varphi^2} + \frac{1}{r}\frac{\partial}{\partial r}\right)^2 \xi_0 = \frac{12\,(m^2-1)}{m^2 E h^3}\,p \quad . \quad . \quad . \quad (87)$$

setzen läßt. Das ist die Biegungsgleichung der Platte in Polarkoordinatendarstellung. Sie eignet sich hauptsächlich zur Untersuchung der kreisförmigen Platte, wozu wir sie jetzt benützen wollen.

§ 27. Die kreisförmige Platte mit symmetrischer Belastung.

Wir betrachten eine kreisförmige Platte, die am ganzen Umfange gleichmäßig aufliegt, sei es nun, daß sie ringsum eingespannt ist oder daß sie am Rande überall frei aufliegt. Die Belastung soll ebenfalls ringsum symmetrisch sein, so daß jede Durchmesserebene der Platte sowohl hinsichtlich der Gestalt und der Auflagerung als hinsichtlich der Belastung eine Symmetrieebene bildet.

Dann muß auch die elastische Fläche eine Umdrehungsfläche sein. Die Ordinate ξ_0 dieser Fläche kann daher nur noch von r und nicht mehr von φ abhängen, wenn wir, wie es in diesem Falle selbstverständlich ist, den Koordinatenursprung mit dem Kreismittelpunkte zusammenfallen lassen. Die Differentialgleichung (87) vereinfacht sich daher zu

$$\left(\frac{\partial^2}{\partial r^2} + \frac{1}{r}\frac{\partial}{\partial r}\right)^2 \xi_0 = \frac{12\,(m^2-1)}{m^2 E h^3}\,p \quad . \quad . \quad . \quad . \quad (88)$$

wofür man bei weiterer Ausrechnung auf der linken Seite auch

$$\frac{d^4 \xi_0}{d r^4} + \frac{2}{r}\frac{d^3 \xi_0}{d r^3} - \frac{1}{r^2}\frac{d^2 \xi_0}{d r^2} + \frac{1}{r^3}\frac{d \xi_0}{d r} = \frac{12\,(m^2-1)}{m^2 E h^3}\,p \quad . \quad (89)$$

schreiben kann. Hier sind die runden ∂ durch gerade d ersetzt, da ξ_0 nur noch eine Funktion von einer Variabeln ist und daher keine partiellen Differentialquotienten mehr vorkommen. Die allgemeine Lösung der Differentialgleichung (89) kann sofort angegeben werden, wenn p ein Festwert ist, also für den Fall einer gleichförmig über die ganze Fläche verteilten Belastung. Sie lautet

$$\xi_0 = c_0 + c_1 \lg r + c_2 r^2 + c_3 r^2 \lg r + \frac{3\,(m^2-1)}{16\, m^2 E h^3}\,p\, r^4 \quad . \quad . \quad (90)$$

Von der Richtigkeit dieser Lösung überzeugt man sich leicht durch Einsetzen in die Differentialgleichung, und daß sie die allgemeinste Lösung der Gleichung ist, folgt daraus, daß sie die vier willkürlichen Integrationsfestwerte c_0 bis c_3 enthält. Setzt man $p = 0$, so gilt die Lösung für die sonst unbelastete Platte, die jedoch immerhin noch durch Kräfte oder Kräftepaare, die am Rande angreifen und ringsum symmetrisch verteilt sind, belastet sein kann. Das ist dann zugleich die Lösung der »reduzierten« Gleichung, die man aus Gl. (89) durch Streichen des Gliedes auf der rechten Seite erhält, und die allgemeine Lösung für ein beliebig als Funktion von r gegebenes p erhält man daraus, indem man ihr noch eine partikuläre Lösung hinzufügt.

Bleiben wir hier bei der gleichförmig verteilten Belastung stehen, so sind noch die Integrationskonstanten c aus den Grenzbedingungen zu ermitteln. Abgesehen von der in der Mitte durch eine Öffnung durchbrochenen Platte, die wir nachher besonders besprechen werden, muß $c_1 = c_3 = 0$ gesetzt werden, weil in der Mitte, also für $r = 0$ weder ξ_0 noch $\frac{d^2 \xi_0}{d r^2}$ unendlich groß werden kann. Außerdem muß am Umfange ξ_0 zu Null werden. Bezeichnen wir den Halbmesser der Platte mit a, so besteht demnach die Bedingungsgleichung

$$c_0 + c_2 a^2 + \frac{3(m^2 - 1)}{16 m^2 E h^3} p a^4 = 0 \quad . \quad . \quad . \quad . \quad . \quad (91)$$

Wenn die Platte am Rande eingespannt ist, muß dort auch $\frac{d \xi_0}{d r}$ verschwinden, und wir erhalten als weitere Bedingungsgleichung

$$2 c_2 a + 4 \cdot \frac{3(m^2 - 1)}{16 m^2 E h^3} p a^3 = 0 \quad . \quad . \quad . \quad . \quad . \quad (92)$$

Die Auflösung nach c_0 und c_2 liefert

$$\left.\begin{aligned} c_0 = f &= \frac{3(m^2 - 1)}{16 m^2 E h^3} p a^4 \\ c_2 &= -2 \cdot \frac{3(m^2 - 1)}{16 m^2 E h^3} p a^2 \end{aligned}\right\} \quad . \quad . \quad . \quad . \quad . \quad (93)$$

Mit c_0 haben wir zugleich den Biegungspfeil f in der Plattenmitte gefunden. Dieser Wert stimmt mit dem in Gl. (78) von § 25 früher bereits ermittelten überein. Die den Grenzbedingungen angepaßte Lösung für die eingespannte Platte läßt sich nun auch in der Form

$$\xi_0 = f \cdot \left(1 - 2 \frac{r^2}{a^2} + \frac{r^4}{a^4}\right) = \left(1 - \frac{r^2}{a^2}\right)^2 \cdot f \quad . \quad . \quad . \quad (94)$$

anschreiben, was wieder mit Gl. (74) übereinstimmt, da $\frac{r}{a}$ die dort mit α bezeichnete Verhältniszahl angibt.

Bei der kreisförmigen Platte sind wir nun aber auch in der Lage, was in dem allgemeineren Fall der elliptischen Platte nicht möglich war, die gefundene Lösung ohne weiteres auch auf die am Rande frei aufliegende Platte zu übertragen. Gl. (90) bleibt auch bei ihr gültig, ebenso Gl. (91), und wir müssen nur an Stelle von Gl. (92) die andere Grenzbedingung verwenden, daß für $r = a$ die in radialer Richtung gehenden Biegungsspannungen σ_r bei der frei aufliegenden Platte zu Null werden müssen.

Nach den oft benutzten Gl. (4) von § 17 ist

$$\sigma_y = -\frac{2G}{m-1} x \left(m \frac{\partial^2 \xi_0}{\partial y^2} + \frac{\partial^2 \xi_0}{\partial z^2}\right)$$

Nun ist nach den im vorigen Paragraphen abgeleiteten Formeln für $\frac{\partial^2 F}{\partial y^2}$ und $\frac{\partial^2 F}{\partial z^2}$ im hier vorliegenden Falle, wo ξ_0 unabhängig von φ ist,

$$\frac{\partial^2 \xi_0}{\partial y^2} = \frac{d^2 \xi_0}{d r^2} \cos^2 \varphi + \frac{d \xi_0}{d r} \cdot \frac{1}{r} \sin^2 \varphi$$

$$\frac{\partial^2 \xi_0}{\partial z^2} = \frac{d^2 \xi_0}{d r^2} \sin^2 \varphi + \frac{d \xi_0}{d r} \cdot \frac{1}{r} \cos^2 \varphi$$

zu setzen. Damit σ_y die in radialer Richtung gehende Biegungsspannung σ_r angibt, hat man hierin nachträglich $\varphi = 0$ zu setzen, während mit $\varphi = \frac{\pi}{2}$ die in tangentialer Richtung gehende Biegungsspannung σ_t daraus gefunden wird. Wir erhalten daher

$$\left.\begin{aligned} \sigma_r &= -\frac{2G}{m-1} x \left(m \frac{d^2 \xi_0}{d r^2} + \frac{1}{r} \cdot \frac{d \xi_0}{d r}\right) \\ \sigma_t &= -\frac{2G}{m-1} x \left(m \frac{1}{r} \cdot \frac{d \xi_0}{d r} + \frac{d^2 \xi_0}{d r^2}\right) \end{aligned}\right\} \quad . \; . \; . \; . \quad (95)$$

Die Grenzbedingung der frei aufliegenden Platte verlangt demnach

$$\left[m r \frac{d^2 \xi_0}{d r^2} + \frac{d \xi_0}{d r}\right]_{r=a} = 0$$

und nach Einsetzen von ξ_0 aus Gl. (90) geht dies mit $c_1 = c_3 = 0$ nach einfacher Ausrechnung über in

$$c_2 = -\frac{3(m-1)(3m+1)}{8 m^2 E h^3} p a^2 \quad . \; . \; . \; . \; . \; . \quad (96)$$

Aus der Grenzbedingung (91), die unverändert bestehen bleibt, folgt dann weiter

$$c_0 = f = \frac{3(m-1)(5m+1)}{16 m^2 E h^3} p a^4 \quad . \; . \; . \; . \; . \; . \quad (97)$$

Mit $m = 4$ geht dies über in

$$f = 0{,}74 \frac{p a^4}{E h^3}.$$

Auch die größten vorkommenden Biegungsspannungen σ_{max} lassen sich leicht und zuverlässig berechnen. Für die eingespannte Platte ist dies schon in § 25 geschehen. Die frei aufliegende Platte erfährt offenbar die größte Anspannung in der Mitte. Nach den Gl. (95) wird mit $x = \frac{h}{2}$ und nach Einsetzen von c_2 aus Gl. (96)

$$\left.\begin{aligned} \sigma_r &= \frac{3(3m+1)}{8m} \cdot \frac{a^2 - r^2}{h^2} \cdot p \\ \sigma_t &= \frac{3}{8m} \cdot \frac{(3m+1)a^2 - (m+3)r^2}{h^2} \cdot p \end{aligned}\right\} \quad . \quad . \quad . \quad (98)$$

gefunden und für $r = 0$ und mit $m = 4$ erhält man daher

$$\sigma_{max} = \frac{3(3m+1)}{8m} \cdot \frac{a^2}{h^2} p = 1{,}22 \frac{a^2}{h^2} p \quad . \quad . \quad . \quad . \quad (99)$$

Wir betrachten weiter den Fall, daß die Platte in der Mitte von $r = 0$ bis $r = b$ eine gleichförmig verteilte Belastung p_0 und darüber hinaus von $r = b$ bis $r = a$ eine andere, aber ebenfalls gleichförmig verteilte Belastung p_1 zu tragen hat. Und zwar soll die Rechnung vollständig durchgeführt werden für die frei aufliegende Platte. Für die eingespannte Platte ändert sie sich nur wenig ab; sie ist nur etwas einfacher.

Im mittleren Teile gilt die Lösung (90) mit $c_1 = c_3 = 0$

$$\xi_{0,0} = c_0 + c_2 r^2 + k p_0 r^4,$$

wobei zur Abkürzung

$$\frac{3(m^2 - 1)}{16 m^2 E h^3} = k$$

gesetzt wurde. Im äußeren Teile gilt dieselbe Lösung nur mit anderen Integrationskonstanten, nämlich

$$\xi_{0,1} = c_0' + c_1' \lg r + c_2' r^2 + c_3' r^2 \lg r + k p_1 r^4.$$

Im äußeren Teile sind nämlich die Integrationskonstanten c_1' und c_3' beizubehalten und nicht gleich Null zu setzen. Für die Spannungen $\sigma_{r,1}$ im äußeren Teile erhält man nach den Gl. (95)

$$\sigma_{r,1} = -\frac{2G}{m-1} x \Big(-(m-1)\frac{c_1'}{r^2} + 2(m+1)c_2' + (3m+1)c_3' + $$
$$+ 2(m+1)c_3' \lg r + (3m+1) \cdot 4 k p_1 r^2 \Big).$$

Für die Spannungen $\sigma_{r,0}$ im inneren Plattenteile ergibt sich dagegen der einfache Ausdruck

$$\sigma_{r,0} = -\frac{2G}{m-1} x \left(2(m+1)c_2 + (3m+1) \cdot 4 k p_0 r^2 \right).$$

Fünf Grenzbedingungen, die sich zur Ermittelung der sechs Integrationskonstanten verwenden lassen, kann man ohne weiteres angeben. Am Umfange muß nämlich $\xi_{0,1}$ und $\sigma_{r,1}$ verschwinden und bei $r = b$ müssen ξ_0, $\frac{d\xi_0}{dr}$ und σ_r für beide Plattenteile miteinander übereinstimmen. Damit erhält man die Bedingungsgleichungen

$$c_0' + c_1' \lg a + c_2' a^2 + c_3' a^2 \lg a + k p_1 a^4 = 0$$

$$-(m-1)\frac{c_1'}{a^2} + 2(m+1)c_2' + (3m+1+2(m+1)\lg a)\,c_3' + $$
$$+ (3m+1)\cdot 4 k p_1 a^2 = 0$$

$$c_0' + c_1' \lg b + c_2' b^2 + c_3' b^2 \lg b + k p_1 b^4 = c_0 + c_2 b^2 + k p_0 b^4$$

$$\frac{c_1'}{b} + 2 c_2' b + c_3'(2 b \lg b + b) + 4 k p_1 b^3 = 2 c_2 b + 4 k p_0 b^3$$

$$-(m-1)\frac{c_1'}{b^2} + 2(m+1)c_2' + (3m+1+2[m+1]\lg b)\,c_3' +$$
$$+ (3m+1)\cdot 4 k p_1 b^2 = 2(m+1)c_2 + (3m+1)\cdot 4 k p_0 b^2.$$

Die sechste Bedingungsgleichung erhalten wir aus dem in Gl. (68) von § 23 aufgestellten Ausdrucke für die auf die Längeneinheit bezogene Schubkraft t_z, nämlich

$$t_z = \frac{m G h^3}{6(m-1)} \cdot \frac{\partial}{\partial z}\left(\frac{\partial^2 \xi_0}{\partial z^2} + \frac{\partial^2 \xi_0}{\partial y^2}\right),$$

der erst noch auf Polarkoordinaten umzurechnen ist. Das kann nach der in § 26 gegebenen Anleitung leicht geschehen. Man findet dann

$$t_z = \frac{m G h^3}{6(m-1)}\left(\sin\varphi \frac{\partial}{\partial r} + \frac{1}{r}\cos\varphi \frac{\partial}{\partial \varphi}\right)\nabla^2 \xi_0$$

oder wenn man berücksichtigt, daß ξ_0 unabhängig von φ ist und Gl. (86) beachtet,

$$t_z = \frac{m G h^3}{6(m-1)} \sin\varphi \cdot \frac{d}{dr}\left(\frac{d^2}{dr} + \frac{1}{r}\frac{d}{dr}\right)\xi_0.$$

Aus Abb. 22, S. 173 geht hervor, daß man $\varphi = \frac{\pi}{2}$ zu setzen hat, damit t_z in t_r übergeht, also die in einem zum Radius senkrecht stehenden Schnitte übertragene Schubkraft bedeutet. Setzt man außerdem noch ξ_0 aus Gl. (90) ein, so erhält man

$$t_r = \frac{m G h^3}{6(m-1)}\left(\frac{4 c_3}{r} + 32 k p r\right) \quad . \; . \; . \; . \; . \quad (100)$$

Die Schubkraft t_r folgt aber für jedes r auch aus der Gleichgewichtsbedingung gegen Verschieben in senkrechter Richtung, wonach $2\pi r t_r$

gleich der vom Kreise r umschlossenen Belastung der Platte sein muß. Für $r = b$ folgt daraus

$$t_{r,b} = \frac{b}{2} p_0$$

Setzt man den vorhergehenden Ausdruck für t_r diesem gleich, so folgt nach Ausrechnen, daß $c_3 = 0$ sein muß. Das war vorher schon aus der Bedingung in der Plattenmitte geschlossen worden, und wir finden daher durch diese Grenzbedingung nichts Neues. Wohl aber erhalten wir eine neue Bedingungsgleichung, wenn wir t_r für $r = a$ aufstellen. Nach der Gleichgewichtsbedingung gegen Verschieben muß sein

$$t_{r,a} = \frac{a}{2} p_1 + \frac{b^2}{2a} (p_0 - p_1)$$

und die Gleichsetzung mit Gl. (100) für $r = a$ gestattet die Konstante c_3' für den äußeren Plattenteil sofort zu berechnen. Man findet

$$c_3' = \frac{3(m^2 - 1)}{2m^2 E h^3} b^2 (p_0 - p_1) = 8 k b^2 (p_0 - p_1),$$

wenn man im letzten Ausdrucke wieder von der vorher eingeführten Bezeichnung k Gebrauch macht. Aus den beiden letzten der vorher aufgestellten fünf Grenzbedingungen ergibt sich hierauf durch Auflösen nach c_1'

$$c_1' = 4 k b^4 (p_0 - p_1) = \frac{b^2}{2} c_3'.$$

Dann findet man aus der zweiten der fünf Bedingungsgleichungen

$$c_2' = -8kb^2(p_0 - p_1)\left\{\lg a + \frac{3m+1}{2(m+1)} - \frac{m-1}{4(m+1)} \cdot \frac{b^2}{a^2}\right\} - 4 k p_1 a^2 \cdot \frac{3m+1}{2(m+1)}$$

und weiter aus der ersten Bedingungsgleichung

$$c_0' = 8kb^2(p_0 - p_1)\left\{\frac{(6m+2)a^2 - (m-1)b^2}{4(m+1)} - \frac{b^2}{2} \lg a\right\} + \frac{5m+1}{m+1} k p_1 a^4$$

Im ganzen erhalten wir daher

$$\xi_{0,1} = 4 k b^2 (b^2 + 2r^2)(p_0 - p_1) \lg \frac{r}{a} +$$
$$+ \frac{2 k b^2 (a^2 - r^2)(p_0 - p_1)}{m+1} \left(6m + 2 - (m-1)\frac{b^2}{a^2}\right) +$$
$$+ \frac{5m+1}{m+1} k p_1 a^4 + k p_1 r^4 - 2\frac{3m+1}{m+1} k p_1 a^2 r^2 \quad . \quad . \quad (101)$$

Um auch $\xi_{0,0}$ zu finden, berechnen wir aus der vierten der fünf zuerst angeschriebenen Grenzbedingungen c_2 und hierauf aus der dritten c_0 und erhalten dafür

$$c_2 = -8kb^2(p_0 - p_1)\left(\lg\frac{a}{b} + \frac{4ma^2-(m-1)b^2}{4(m+1)a^2}\right) - \frac{6m+2}{m+1}kp_1a^2$$

$$c_0 = kb^2(p_0-p_1)\left(\frac{(12m+4)a^2-(7m+3)b^2}{m+1} - 4b^2\lg\frac{a}{b}\right) + \frac{5m+1}{m+1}kp_1a^4$$

Für die Ordinate der elastischen Fläche im mittleren Teile der Platte ergibt sich demnach

$$\xi_{0,0} = kb^2(p_0-p_1)\left(\frac{(12m+4)a^2-(7m+3)b^2}{m+1} - 4b^2\lg\frac{a}{b}\right) + \frac{5m+1}{m+1}kp_1a^4 -$$

$$-8kb^2(p_0-p_1)r^2\left(\frac{4ma^2-(m-1)b^2}{4(m+1)a^2} + \lg\frac{a}{b}\right) - \frac{6m+2}{m+1}kp_1a^2r^2 + kp_0r^4 \quad \ldots\ldots (102)$$

Setzt man in der letzten Gleichung, um die Richtigkeit der Rechnung zu prüfen, $b = a$, so heben sich, wie es sein muß, alle mit p_1 behafteten Glieder gegeneinander fort, und die stehen bleibenden liefern die Gleichung für die Ordinaten der elastischen Fläche der gleichförmig belasteten Platte. Dieselbe Gleichung kommt auch heraus, wenn man $p_1 = p_0$ setzt.

Die Konstante c_0 gibt zugleich den Biegungspfeil der Platte an. Auch die Formel für den Biegungspfeil, der durch eine Einzellast in der Mitte hervorgebracht wird, läßt sich daraus sofort entnehmen. Man setze zu diesem Zwecke $p_1 = 0$ und $p_0 b^2\pi = P$ und lasse bei konstantem P den Halbmesser b immer kleiner werden, so daß er der Null zustrebt. Gegenüber a^2 fallen dann die mit b^2 behafteten Glieder fort, und es bleibt in der Grenze

$$f = kb^2p_0\frac{12m+4}{m+1}a^2 = k\frac{P}{\pi}\cdot\frac{4(3m+1)}{m+1}a^2 = \frac{3(m-1)(3m+1)}{4m^2Eh^3}a^2\frac{P}{\pi} \quad \ldots\ldots (103)$$

wenn man zuletzt für die Abkürzung k wieder den damit vorher bezeichneten Wert einsetzt. Natürlich hätte man diese Formel auch unmittelbar auf einfachere Weise ableiten können.

Wir wollen ferner für den allgemeinen Belastungsfall, auf den sich Gl. (102) bezieht, auch die Biegungsspannungen berechnen. Zu diesem Zwecke setzen wir $\xi_{0,0}$ in die Gl. (95) ein. Nach Ausrechnen, Einsetzen von k und Umrechnen von G auf E erhalten wir mit $x = \frac{h}{2}$

$$\left.\begin{aligned}\sigma_r &= \frac{3}{8\,m\,h^2}\left\{(p_0 - p_1)\,b^2\left(4\,(m+1)\lg\frac{a}{b} + \frac{4\,m\,a^2 - (m-1)\,b^2}{a^2}\right) + \right.\\ &\qquad\qquad \left. + (3\,m+1)\,(p_1\,a^2 - p_0\,r^2)\right\}\\ \sigma_t &= \frac{3}{8\,m\,h^2}\left\{(p_0 - p_1)\,b^2\left(4\,(m+1)\lg\frac{a}{b} + \frac{4\,m\,a^2 - (m-1)\,b^2}{a^2}\right) + \right.\\ &\qquad\qquad \left. + (3\,m+1)\,p_1\,a^2 - (m+3)\,p_0\,r^2\right\}\end{aligned}\right\} \quad (104)$$

Die größten Spannungen treten in der Plattenmitte auf, wo, wie es sein muß, σ_r und σ_t miteinander übereinstimmen.

Für den Fall, daß nur der mittlere Teil der Platte belastet, p_1 also gleich Null ist, erhält man als größte Spannung

$$\sigma_{max} = \frac{3\,p_0\,b^2}{8\,m\,h^2}\left(4\,(m+1)\lg\frac{a}{b} + \frac{4\,m\,a^2 - (m-1)\,b^2}{a^2}\right). \quad (105)$$

Versucht man hier denselben Grenzübergang, der vorher zu Gl. (103) führte, so erhält man $\sigma_{max} = \infty$, d. h. die Lösung versagt für den Fall einer Einzellast in der Mitte. Der Grund dafür liegt darin, daß eine gegebene Last P, die sich auf eine sehr kleine oder in der Grenze unendlich kleine Fläche πb^2 verteilt, dort bereits sehr große oder in der Grenze unendlich große Spannungen σ_x hervorbringt, während die ganze Biegungstheorie der Platten auf der Voraussetzung aufgebaut ist, daß die Spannungen σ_x gegenüber den Biegungsspannungen σ_y und σ_z so klein seien, daß sie vernachlässigt werden könnten. Es kann demnach nicht überraschen, daß die Theorie zu einem augenscheinlich falschen Ergebnisse führt, sobald man sie auf einen Fall anzuwenden versucht, der den Voraussetzungen nicht entspricht.

Gegen die Berechnung des Biegungspfeiles nach Gl. (103) kann man den gleichen Einwand nicht geltend machen, weil die Durchbiegung überwiegend von dem elastischen Verhalten der fern von der Belastungsstelle liegenden Plattenteile abhängt, bei denen die Vernachlässigung von σ_x berechtigt ist. Es kann für den Biegungspfeil daher keinen merklichen Unterschied machen, wenn innerhalb eines eng abgegrenzten Bezirks in der Mitte die elastische Verzerrung ein wesentlich anderes Gesetz befolgt, als es von der Theorie angenommen wird und in den etwas weiter von der Mitte entfernten Teilen auch wirklich besteht.

Für die Berechnung der größten Biegungsspannungen muß man dagegen eine neue Theorie für den Fall aufstellen, daß sich σ_x gegenüber σ_y und σ_z nicht vernachlässigen läßt, wovon später noch besonders die Rede sein wird.

§ 28. Fortsetzung für die längs einer Kreislinie gleichförmig verteilte Belastung und für ähnliche Fälle.

Wir betrachten jetzt eine Platte, auf der sich eine Belastung P gleichförmig über eine Kreislinie vom Halbmesser b verteilt, so daß auf die Längeneinheit des Kreisumfangs die Last $\frac{P}{2\pi b}$ kommt, während die Platte sonst sowohl innerhalb als außerhalb des Kreises b unbelastet sein soll. Die Ausrechnung soll wieder für eine frei aufliegende Platte vollständig durchgeführt werden; auf die eingespannte Platte kann sie leicht in derselben Weise übertragen werden.

Man kann hierbei zwei Wege einschlagen. Der eine besteht in einer Wiederholung der in der zweiten Hälfte des vorigen Paragraphen durchgeführten Betrachtung, indem man $\xi_{0,0}$ und $\xi_{0,1}$ so wie dort aufstellt, und die Integrationskonstanten c und c' in derselben Weise aus den Grenzbedingungen für $r = a$ und $r = b$ ermittelt. Der andere Weg, dem wir jetzt folgen wollen, lehnt sich nicht nur an die frühere Betrachtung an, sondern benützt sie unmittelbar zu weiteren Schlüssen.

Zu diesem Zwecke differentiieren wir die Gl. (101) und (102) nach b und erhalten

$$\frac{d\,\xi_{0.1}}{d\,b} = 8\,k\,b\,(p_0 - p_1)\left\{\frac{a^2 - r^2}{m+1}\left(3\,m + 1 - (m-1)\frac{b^2}{a^2}\right) + 2\,(b^2 + r^2)\lg\frac{r}{a}\right\}$$

$$\frac{d\,\xi_{0,0}}{d\,b} = 8\,k\,b\,(p_0 - p_1)\left\{\frac{a^2 - b^2}{m+1}\left(3\,m + 1 - (m-1)\frac{r^2}{a^2}\right) - 2\,(b^2 + r^2)\lg\frac{a}{b}\right\}$$

Durch diese Formeln wird aber eine Gestaltänderung der elastischen Fläche beschrieben, die dadurch bedingt ist, daß zu der vorher schon bestehenden Belastung eine ringförmig verteilte Belastung von der Größe $2\,\pi\,b\,db\,(p_0 - p_1)$ an der Stelle b hinzukommt. Schreiben wir dafür P, so haben wir damit bereits die hier gesuchte Formänderung gefunden, die durch P für sich bewirkt wird, nämlich nach Einsetzen des Wertes von k

$$\xi_{0,1} = \frac{3\,(m^2 - 1)}{4\,m^2\,E\,h^3}\cdot\frac{P}{\pi}\left\{\frac{a^2 - r^2}{m+1}\left(3\,m + 1 - (m-1)\frac{b^2}{a^2}\right) - 2\,(b^2 + r^2)\lg\frac{a}{r}\right\}$$

$$\xi_{0,0} = \frac{3\,(m^2 - 1)}{4\,m^2\,E\,h^3}\cdot\frac{P}{\pi}\left\{\frac{a^2 - b^2}{m+1}\left(3\,m + 1 - (m-1)\frac{r^2}{a^2}\right) - 2\,(b^2 + r^2)\lg\frac{a}{b}\right\} \quad \ldots\ldots (106)$$

Man kann sich nachträglich auch leicht zur Prüfung der Rechnung davon überzeugen, daß von dieser Lösung alle vorgeschriebenen Grenzbedingungen erfüllt werden.

Wir berechnen auch hier wieder die Biegungsspannungen im mittleren Teile der Platte nach den Gl. (95) und erhalten

$$\sigma_r = \sigma_t = \frac{3\,P}{4\,\pi\,m\,h^2}\left((m-1)\,\frac{a^2-b^2}{a^2} + 2\,(m+1)\lg\frac{a}{b}\right). \qquad (107)$$

Bei diesem Belastungsfalle sind daher im mittleren Plattenteile die beiden Hauptspannungen nicht nur überall unter sich gleich, sondern auch an allen Stellen der Platte von gleicher Größe. Es ist das eine Beanspruchung, die sich mit der eines beiderseits gelagerten Balkens vergleichen läßt, der zwei gleich große Lasten in gleichen Abständen von der Mitte zu tragen hat. Im mittleren Teile des Balkens herrscht dann überall die gleiche Biegungsbeanspruchung, und so ist es auch bei der kreisförmigen Platte, die eine rings um die Mitte in gleichen Abständen gleichmäßig verteilte Last aufzunehmen hat. Die elastische Linie des Balkens wird im mittleren Teile durch einen Kreisbogen gebildet, der in der üblichen Darstellung durch einen Parabelbogen ersetzt wird. Im mittleren Teile der Platte bildet ebenso die elastische Fläche eine flache Kugelhaube, die in den Gl. (106) durch ein Umdrehungsparaboloid wiedergegeben wird.

Auch bei diesem Belastungsfalle wird σ um so größer, je kleiner man bei gleichem P den Halbmesser b der Kreislinie wählt, längs deren sich P verteilt, und wenn man b bis auf Null abnehmen läßt, nähert sich σ der Grenze ∞, in Übereinstimmung mit dem gleichlautenden Ergebnisse des vorigen Paragraphen.

Die Formeln (106) lassen sich nun auch ohne weiteres auf eine Reihe von ähnlichen Fällen übertragen. Hat man z. B. zwei Lasten P und Q, von denen sich Q ebenfalls gleichförmig über eine Kreislinie vom Halbmesser c verteilt, so geht die dadurch hervorgebrachte Formänderung aus der Übereinanderlagerung der von jeder der beiden Lasten für sich hervorgebrachten Durchbiegungen hervor. Der zweite Anteil wird aus den Gl. (106) gefunden, indem man darin P durch Q und b durch c ersetzt. Bei der Bildung der Summen hat man zu beachten, daß ξ_0 nachher durch drei verschiedene Formeln für den inneren Teil der Platte, für den ringförmigen Teil zwischen b und c und für den äußeren Teil wiederzugeben ist. Auch die Biegungsspannungen im inneren Teile, in dem sie am größten sind, erhält man als eine Summe von zwei Gliedern, die nach dem Muster der Gl. (107) zu bilden sind.

Überhaupt kann man die Gl. (106) und (107), letztere, soweit es sich um die Biegungsspannungen in der Plattenmitte handelt, als die Ausgangsgleichungen benützen, aus denen sich Biegungspfeil, Gestalt der elastischen Fläche und Biegungsbeanspruchung der kreisförmigen Platte für jede sonst beliebige, aber symmetrische Belastung durch Superposition ableiten läßt. Nur der Fall der Einzellast in der Mitte muß dabei ausgenommen werden, insoweit es sich dabei um die Biegungsspannungen handelt.

Besonders erwähnt möge hier noch der Fall der ringförmigen Belastung werden, die sich zwischen zwei Halbmessern b und c gleichförmig über die Fläche verteilt, während der äußere Teil der Platte zwischen a und b und der innere zwischen c und der Mitte frei von Lasten ist. Man kann diesen Belastungszustand als den Unterschied von zwei Belastungsfällen auffassen, bei deren einem die Belastung von der Mitte gleichmäßig bis zum Halbmesser b verteilt ist, während sie beim anderen nur bis zum Halbmesser c reicht. Für jeden der beiden Belastungsfälle kann man ohne weiteres die im vorigen Paragraphen dafür aufgestellten Formeln (mit $p_1 = 0$) benützen. Die Formeln für die ringförmige Belastung ergeben sich daraus durch Bilden der Unterschiede der für die beiden Fälle zutreffenden Ausdrücke.

Eine weitere Übertragungsmöglichkeit liegt bei dem durch Abb. 23 angedeuteten Falle vor. Die in einem Durchmesserschnitt gezeichnete Platte vom Halbmesser a steht über den Auflagerkreis vom Halbmesser b hinaus vor und trägt irgendeine ringsum symmetrisch verteilte Belastung, etwa wie in der Abbildung angedeutet, eine gleichförmige Belastung p_0 auf die Flächeneinheit im inneren Teile und eine andere gleichförmige Belastung p_1 im äußeren Teile. Man soll die Gestalt der elastischen Fläche und die Biegungsspannungen berechnen.

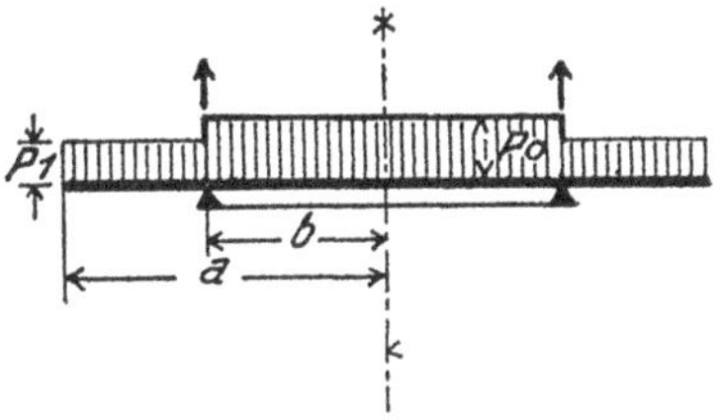

Abb. 23.

Um diese Aufgabe auf die früher behandelten zurückzuführen, denken wir uns zunächst die Platte am Umfange bei $r = a$ frei aufgelagert und die Auflagerung bei $r = b$ beseitigt. Dafür bringen wir bei $r = b$ eine längs des Kreisumfangs gleichförmig verteilte nach oben gehende Last an, die ebenso groß ist, wie die Summe der nach abwärts gehenden Lasten, also

$$P = \pi b^2 p_0 + \pi (a^2 - b^2) p_1.$$

Dann wird der durch das Zusammenwirken aller Lasten am äußeren Auflagerrande hervorgerufene Auflagerdruck zu Null, und die elastische Fläche stimmt daher ihrer Gestalt nach genau überein mit der, die wir suchen. Die Ordinaten dieser elastischen Fläche lassen sich aber aus den Gl. (101), (102) und (106) zusammensetzen. Ebenso erhält man die Biegungsspannungen durch Zusammensetzen aus den Gl. (104) und (107).

Wir wollen diese Rechnung vollständig durchführen für den Fall, daß $p_1 = 0$ ist. Es ist nämlich lehrreich, sich Rechenschaft darüber abzulegen, welchen Einfluß der frei überstehende Teil der Platte auf die Formänderungen und die Spannungen im mittleren Teile ausübt, wenn dieser allein belastet ist.

Aus den Gl. (101) und (106) ergibt sich für den äußeren Teil der Platte nach Ausrechnen der einfache Ausdruck

$$\xi_{0,1} = \frac{3(m^2-1)}{8m^2Eh^3} b^4 p_0 \left(2 \lg \frac{a}{r} + \frac{m-1}{m+1} \cdot \frac{a^2-r^2}{a^2}\right) \quad . \quad (108)$$

und ebenso erhält man für den inneren Teil der Platte

$$\xi_{0,0} = \frac{3(m^2-1)}{16m^2Eh^3} p_0 \left\{ b^4 \left(4 \lg \frac{a}{b} + \frac{5m+1}{m+1}\right) - 2b^2r^2\left(2 + \frac{m-1}{m+1}\frac{b^2}{a^2}\right) + r^4 \right\} \quad . \quad . \quad . \quad . \quad (109)$$

Zur Prüfung für die Richtigkeit der Rechnung stehen wieder verschiedene Kontrollen zur Verfügung. So wird insbesondere für $a = b$

$$\xi_{0,0} = \frac{3(m^2-1)}{16m^2Eh^3} p_0 \left\{ \frac{5m+1}{m+1} b^4 - 2 \cdot \frac{3m+1}{m+1} b^2 r^2 + r^4 \right\},$$

was mit den in § 27 für diesen Fall erhaltenen Ergebnissen übereinstimmt.

Den Biegungspfeil f in der Plattenmitte kann man freilich aus Gl. (109) nicht unmittelbar entnehmen. Denn die Lösung ist in der Art abgeleitet worden, daß $\xi_{0,1}$ am Plattenrande als Null vorausgesetzt wurde. Tatsächlich aber muß ξ_0 für $r = b$ verschwinden. Man muß daher, um diesen Umstand zu berücksichtigen, nachträglich noch eine Verbesserung an den Werten der ξ_0 vornehmen, indem man davon

$$\frac{3(m^2-1)}{8m^2Eh^3} b^4 p_0 \left(2 \lg \frac{a}{b} + \frac{m-1}{m+1} \cdot \frac{a^2-b^2}{a^2}\right)$$

subtrahiert. Die so verbesserten Werte bezeichnen wir durch Beisetzen eines oberen Striches und erhalten

$$\xi_{0,1}' = -\frac{3(m^2-1)}{8m^2Eh^3} b^4 p_0 \left(2 \lg \frac{r}{b} + \frac{m-1}{m+1} \frac{r^2-b^2}{a^2}\right)$$

$$\xi_{0,0}' = \frac{3(m^2-1)}{16m^2Eh^3} p_0 \left(3b^4 + \frac{2(m-1)}{m+1}\frac{b^6}{a^2} - 2b^2r^2\left(2 + \frac{m-1}{m+1}\frac{b^2}{a^2}\right) + r^4\right) \quad . \quad . \quad . \quad . \quad (110)$$

Der Biegungspfeil f in der Plattenmitte wird daher

$$f = \frac{3(m^2-1)}{16m^2Eh^3} p_0 b^4 \left(3 + \frac{2(m-1)}{m+1}\frac{b^2}{a^2}\right) \quad . \quad . \quad . \quad (111)$$

was für $b = a$ in den schon in Gl. (97) berechneten Wert übergeht. Der äußere Plattenrand hebt sich um einen Betrag, den wir mit f' bezeichnen wollen und für den sich aus $\xi'_{0,1}$ mit $r = a$

$$f' = \frac{3(m^2-1)}{16\,m^2 E h^3} p_0 b^4 \left(4 \lg \frac{a}{b} + \frac{2(m-1)}{m+1} \cdot \frac{a^2-b^2}{a^2}\right) \quad . \quad (112)$$

ergibt. — Schließlich berechnen wir auch noch die Biegungsspannungen nach den Gl. (95). Für den inneren Teil der Platte erhält man

$$\left.\begin{aligned} \sigma_r &= \frac{3p_0}{8mh^2}\left(2(m+1)b^2 + (m-1)\frac{b^4}{a^2} - (3m+1)r^2\right) \\ \sigma_t &= \frac{3p_0}{8mh^2}\left(2(m+1)b^2 + (m-1)\frac{b^4}{a^2} - (m+3)r^2\right) \end{aligned}\right\} \quad (113)$$

während für den äußeren Teil die Gleichungen gelten

$$\left.\begin{aligned} \sigma_r &= \frac{3(m-1)}{8mh^2} p_0 b^4 \cdot \frac{r^2-a^2}{a^2 r^2} \\ \sigma_t &= \frac{3(m-1)}{8mh^2} p_0 b^4 \cdot \frac{r^2+a^2}{a^2 r^2} \end{aligned}\right| \quad \ldots\ldots \quad (114)$$

Die größte Spannung tritt auf jeden Fall in der Mitte ein, und man bekommt dafür

$$\sigma_{\max} = \frac{3p_0}{8mh^2} b^2 \left(2(m+1) + (m-1)\frac{b^2}{a^2}\right) \quad . \ . \ . \quad (115)$$

Für $b = a$ stimmt dies mit Gl. (99) überein. Je mehr man die Platte über den Rand überstehen läßt, also je größer a im Vergleiche zu b wird, desto kleiner wird $\sigma_{\max}$, d. h. es findet dadurch eine Entlastung des mittleren Plattenteiles statt. Am größten wird diese Entlastung für $a = \infty$; durch sie wird $\sigma_{\max}$ im Verhältnisse

$$\frac{2(m+1)}{3m+1}$$

verkleinert, also im Verhältnisse 10 : 13 für $m = 4$ gegenüber der nicht über den Rand vorstehenden Platte. Der Biegungspfeil f wird dadurch nach Gl. (111) im Verhältnisse 3 : 4,2 vermindert.

§ 29. Die kreisringförmige Platte.

Wir betrachten jetzt eine Platte vom Halbmesser a, die in der Mitte durch eine kreisförmige Öffnung vom Halbmesser b durchbrochen ist. Man kann dabei acht verschiedene Auflagerungsarten unterscheiden, die alle ringsum symmetrisch sind. Die Platte kann entweder, wie in

Abb. 24 angedeutet ist, außen frei aufgelagert oder auch eingespannt sein. Oder sie kann innen aufgelagert sein, mit oder ohne Einspannung, während sie außen nicht unterstützt ist. Die anderen vier Fälle umfassen die Auflagerung am Innen- und Außenrande zugleich, die an jedem Rande sowohl mit als ohne Einspannung erfolgen kann. Die Belastung denken wir uns ringsum symmetrisch; gewöhnlich wird es sich nur um eine gleichförmig über die ganze Fläche verteilte Last handeln.

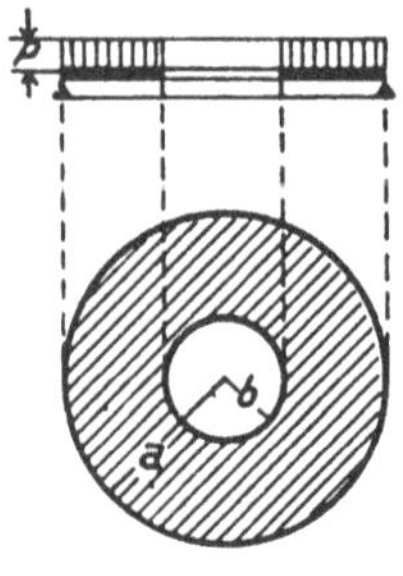

Abb. 24.

Ihrer allgemeinen Form nach kann die in Gl. (90) für die gleichförmig belastete kreisförmige Platte gegebene Lösung ohne weiteres übernommen werden, nämlich

$$\xi_0 = c_0 + c_1 \lg r + c_2 r^2 + c_3 r^2 \lg r + k p r^4,$$

wenn wieder zur Abkürzung

$$k = \frac{3(m^2 - 1)}{16 m^2 E h^3}$$

gesetzt wird. Es handelt sich nur noch darum, diese allgemeine Lösung den besonderen Grenzbedingungen anzupassen. Das muß für jeden der acht Auflagerungsfälle, die vorher aufgezählt waren, besonders geschehen, ebenso für etwa von dem einfachsten Falle der gleichförmigen Belastung abweichende Belastungsarten. Hier wird es genügen, die Rechnung für einen dieser Fälle, nämlich für den in Abb. 24 angegebenen als Beispiel vollständig durchzuführen, um so mehr, als sie sich ohnehin in keinem Falle von den schon in den vorhergehenden Paragraphen behandelten Rechnungen der gleichen Art wesentlich unterscheidet.

Wir verwenden zuerst die Grenzbedingung, daß der Auflagerdruck gleich $\pi(a^2 - b^2)p$ ist und daher auf die Längeneinheit des Auflagerrandes eine Schubkraft quer zur Platte von der Größe

$$t_r = p \frac{a^2 - b^2}{2a}$$

kommt. Für t_r können wir aber anderseits den in Gl. (100) aufgestellten und damals unmittelbar aus Gl. (90) hergeleiteten Ausdruck

$$t_r = \frac{m G h^3}{6(m-1)} \left(\frac{4 c_3}{r} + 32 k p r \right)$$

benutzen und finden aus der Gleichsetzung beider Werte für $r = a$ und nach Umrechnen von G auf E

$$c_3 = -8 k b^2 p = -\frac{3(m^2 - 1)}{2 m^2 E h^3} b^2 p.$$

Am Innen- und am Außenrande der Platte muß ferner σ_r zu Null werden. Das gibt in der vorher schon wiederholt benutzten Weise zwei Bedingungsgleichungen, die sich nach den Festwerten c_1 und c_2 auflösen lassen, nachdem man c_3 eingesetzt hat. Man erhält

$$c_1 = 4\,k\,p\,a^2 b^2 \left(4\,\frac{m+1}{m-1}\cdot\frac{b^2}{a^2-b^2}\lg\frac{a}{b} - \frac{3m+1}{m-1}\right)$$

$$c_2 = 2\,k\,p\,b^2 \left(4\,\frac{b^2}{a^2-b^2}\lg\frac{a}{b} + 4\lg a - \frac{3m+1}{m+1}\cdot\frac{a^2-b^2}{b^2}\right)$$

und dann findet man auch c_0 aus der Bedingung, daß ξ_0 am äußeren Rande verschwinden muß. Im ganzen wird dann ξ_0 nach einfacher Umformung durch die Gleichung

$$\xi_0 = k\,p\,b^2 \left\{4\lg\frac{a}{r}\left[2r^2 - 4\,\frac{m+1}{m-1}\cdot\frac{a^2 b^2}{a^2-b^2}\lg\frac{a}{b} + \frac{3m+1}{m-1}\,a^2\right] + \right.$$

$$\left. + (a^2-r^2)\left[\frac{2(3m+1)}{m+1}\cdot\frac{a^2-b^2}{b^2} - 8\,\frac{b^2}{a^2-b^2}\lg\frac{a}{b}\right]\right\} - k\,p\,(a^4-r^4)$$

dargestellt. Bezeichnen wir die Einsenkung am inneren Plattenrande mit f, so folgt dafür

$$f = k\,p\,b^2\left(-16\,\frac{m+1}{m-1}\cdot\frac{a^2 b^2}{a^2-b^2}\left(\lg\frac{a}{b}\right)^2 + 4\cdot\frac{3m+1}{m-1}\,a^2\lg\frac{a}{b} + \right.$$

$$\left. + \frac{2(3m+1)}{m+1}\cdot\frac{(a^2-b^2)^2}{b^2}\right) - k\,p\,(a^4-b^4) \quad . \; . \; . \quad (116)$$

Setzen wir hierin $b = 0$, so kommen wir auf die Formel für den Biegungspfeil der vollen kreisförmigen Platte [Gl. (93)] zurück, was zur Prüfung der Richtigkeit der Rechnung dient.

Hierauf berechnen wir nach Gl. (95) die Biegungsspannungen und erhalten

$$\left.\begin{aligned}
\sigma_r &= \frac{3p}{8mh^2}\left\{(3m+1)(a^2+b^2-r^2) + 4(m+1)\frac{b^4}{a^2-b^2}\lg\frac{a}{b}\cdot\right.\\
&\qquad \left.\left(\frac{a^2}{r^2}-1\right) - 4(m+1)\,b^2\lg\frac{a}{r} - (3m+1)\frac{a^2b^2}{r^2}\right\}\\
\sigma_t &= \frac{3p}{8mh^2}\left\{(3m+1)\left(a^2+\frac{a^2b^2}{r^2}\right) + (5-m)\,b^2 - \right.\\
&\qquad \left. -4(m+1)\,b^2\left(\lg\frac{a}{r} + \frac{b^2}{a^2-b^2}\lg\frac{a}{b}\cdot\left[\frac{a^2}{r^2}+1\right]\right) - (m+3)\,r^2\right\}
\end{aligned}\right\} \quad (117)$$

Am Innen- und Außenrande wird zwar σ_r zu Null; aber σ_t verschwindet nicht, und für $r = b$, also für den Innenrand, nimmt σ_t den größten Wert an, der überhaupt vorkommt. Dieser Größtwert der Biegungsspannung wird

$$\sigma_{max} = \frac{3p}{4mh^2}\left((3m+1)a^2 - (m-1)b^2 - 4(m+1)\frac{a^2b^2}{a^2-b^2}\lg\frac{a}{b}\right) \quad (118)$$

Wir vergleichen ihn mit der größten Biegungsspannung in der Mitte einer vollen kreisförmigen Platte, die nach Gl. (99)

$$\sigma_{max} = \frac{3p}{8mh^2}\cdot 3(m+1)a^2$$

ist. Macht man in Gl. (118) $b = 0$, so stimmt der dazugehörige Wert von σ_{max}, wie man sieht, nicht mit dem in der vollen Platte überein, sondern er wird im Verhältnisse $(6m+2):(3m+3)$ größer oder nahezu verdoppelt gefunden. Ein noch so kleines Loch, von dem die Platte in der Mitte durchbohrt ist, ändert daher den Spannungszustand an dieser Stelle erheblich. Das kann nicht überraschen, wenn man bedenkt, daß dadurch zugleich an dieser Stelle σ_r auf Null herabgesetzt wird.

Wenn b wächst, nimmt σ_{max} nach Gl. (118) ab. Das hängt damit zusammen, daß die Platte dann auch eine kleinere Last zu tragen hat, da das auf die Flächeneinheit bezogene p unverändert bleiben soll. Läßt man b bis auf a zunehmen, so wird in der Grenze σ_{max} zu Null, wobei auch die Belastung bis auf Null abnimmt.

§ 30. Die Biegungsbeanspruchung durch Einzellasten.[1])

Die Einzellast ist nur als Grenzbegriff aufzufassen, der sich niemals genau verwirklichen läßt. Man nähert sich ihm um so mehr, je enger man eine über einen kleinen Raum verteilte Belastung bei Festhaltung ihrer gesamten Größe zusammenrücken läßt. Wie weit man darin gehen kann, hängt von den besonderen Umständen des einzelnen Falles ab. Bis auf Null herab kann man aber die Fläche, auf der man die Last übertragen will, niemals verkleinern, weil sonst die auf die Flächeneinheit kommende Spannung jede Grenze übersteigen würde und daher vorher schon ein Bruch oder eine bleibende Formänderung eintreten müßte, wodurch die Ausführung der Absicht verhindert würde.

Hiernach kann das Rechnen mit Einzellasten nur den Sinn einer abgekürzten und für viele Zwecke ausreichenden Beschreibung eines bestimmten Belastungszustandes haben, der im einzelnen tatsächlich ganz anders aussieht. Und zwar kann eine solche angenäherte Beschreibung immer dann als ausreichend angesehen werden, wenn bei der Frage, die man beantworten will, der Wert, durch den die Lösung ausgedrückt wird, bei immer engerem Zusammenrücken der Belastung einer bestimmten Grenze zustrebt, von der er sich schon lange vor

[1]) Über neuere Arbeiten von Nadai zu dieser Frage siehe § 38a.

der Erreichung des Grenzfalles nur wenig mehr unterscheidet. Wenn dies nicht zutrifft, hat dagegen die Grenzlösung überhaupt keine Bedeutung. Man muß vielmehr daraus schließen, daß bei der Aufgabe, um die es sich handelt, die angenäherte Beschreibung des wirklichen Sachverhaltes durch den betreffenden Grenzbegriff, also hier durch den Begriff der Einzelkraft, nicht mehr zulässig ist, sondern durch eine genauere Beschreibung ersetzt werden muß.

In der Mechanik kommen Fälle dieser Art oft genug vor. Es sei nur an den Grenzbegriff des starren Körpers erinnert, der die wertvollsten Dienste leistet, der aber doch in vielen Fällen versagt und durch den weiter gefaßten Begriff des elastisch oder auch plastisch nachgiebigen festen Körpers ersetzt werden muß. So ist es auch mit der Einzelkraft. In der Biegungslehre für den Balken führt dieser Begriff zu keinen Schwierigkeiten oder wenigstens nur zu solchen, über die man sich leicht hinweghelfen kann. Anders ist es aber bei der Berechnung der Biegungsspannungen in der Platte, denn wir sahen schon früher, daß man dabei zu keinem bestimmten Grenzwerte kommt, dem man sich schon vorher stark nähert, ehe noch die tatsächlich mögliche Zusammendrängung der ganzen Last auf einer kleinen Fläche erreicht ist.

Für den Fall, daß die Platte außer der Einzellast keine weitere Belastung aufzunehmen hat, kommt man jedoch durch eine sehr einfache Überlegung zu einer allen praktischen Anforderungen genügenden Lösung der Aufgabe. Wir gehen dabei aus von dem schon in § 27 behandelten Falle, daß eine kreisförmige Platte vom Halbmesser a eine über die Kreisfläche vom Halbmesser b gleichförmig verteilte Belastung p_0 trägt, während die dort mit p_1 bezeichnete Belastung des äußeren ringförmigen Plattenteils hier gleich Null anzunehmen ist. Wir haben damals schon die in der Mitte der frei aufliegenden Platte durch diese Belastung hervorgerufene größte Biegungsspannung $\sigma_{\max}$ berechnet und Gl. (105) dafür aufgestellt. Bezeichnet man jetzt die ganze im inneren Kreise aufgebrachte Last mit P, so läßt sich diese Gleichung schreiben

$$\sigma_{\max} = \frac{3\,P}{8\,m\,\pi\,h^2}\left(4\,(m+1)\lg\frac{a}{b} + \frac{4\,m\,a^2 - (m-1)\,b^2}{a^2}\right).$$

Wir denken uns b verkleinert, während P seinen Wert behält, und nähern uns damit dem Grenzfalle der Einzellast. Schon lange bevor das logarithmische Glied in dieser Formel das darauf folgende weitaus zu überwiegen beginnt, kann man $(m-1)\,b^2$ gegenüber $4\,m\,a^2$ vernachlässigen. Setzen wir außerdem $m = 4$ voraus, so läßt sich die Formel mit dieser Vernachlässigung einfacher

$$\sigma_{\max} = \frac{3\,P}{8\,\pi\,h^2}\left(5\lg\frac{a}{b} + 4\right) \quad . \quad . \quad . \quad . \quad . \quad (119)$$

schreiben. Wenn man dann b immer noch kleiner werden läßt, wächst das logarithmische Glied unbegrenzt an, und der Grenzübergang zu $b = 0$ ist daher nach dem, was darüber vorher bemerkt wurde, nicht mehr zulässig.

Aber hier ist nun zu beachten, daß nicht nur die Biegungsspannung bei der Verkleinerung von b unbegrenzt anwächst, sondern zugleich auch die Spannung σ_x, mit der sich die Last über die belastete Fläche verteilt. Diese ist nämlich

$$\sigma_x = -p_0 = -\frac{P}{\pi b^2},$$

und man sieht daraus, daß σ_x an einer gewissen Grenze $b = b_1$ ebenso groß wird wie die Biegungsspannung und von da ab sogar noch weit schneller als diese unbegrenzt zunimmt. Unter der Voraussetzung, daß die Druckspannungen für die Bruchgefahr ebensosehr in Betracht kommen, wie die Biegungsspannungen, die ja freilich auch als Zugspannungen auftreten, hängt demnach bei einem kleineren Werte von b, als er b_1 entspricht, die Bruchgefahr gar nicht mehr von den Biegungsspannungen ab, sondern nur noch von σ_x. Eine Berechnung der Platte auf Biegungsfestigkeit ist daher überhaupt nicht nötig. Es genügt vielmehr, sich davon zu überzeugen, daß die zulässige Druckspannung in der Lastübertragungsfläche nicht überschritten wird, um sicher zu sein, daß die Platte die gegebene »Einzellast« mit Sicherheit zu tragen vermag.

Dieser Schluß widerspricht so stark gewohnten Anschauungen, daß es nötig ist, auf seine Begründung noch etwas näher einzugehen. Wir berechnen zuerst die Grenze b_1, an der σ_x gleich wird mit der aus Gl. (119) zu entnehmenden Biegungsspannung $\sigma_{\max}$. Die Gleichsetzung beider Werte liefert für b_1 die transzendente Gleichung

$$\frac{3}{8}\left(\frac{b_1}{h}\right)^2 \cdot \left(5 \lg \frac{a}{h} - 5 \lg \frac{b_1}{h} + 4\right) = 1,$$

in der das Verhältnis $\frac{a}{h}$ als gegeben anzusehen ist. Um die Gleichung zahlenmäßig auflösen zu können, müssen wir eine bestimmte Annahme darüber machen. Setzt man z. B.

$$\frac{a}{h} = 10 \text{ oder } 20 \text{ oder } 30$$

voraus, so liefert die Auflösung der Gleichung durch Probieren leicht

$$\frac{b_1}{h} = 0{,}36 \text{ oder } 0{,}33 \text{ oder } 0{,}32.$$

Im Durchschnitt kann man daher sagen, daß bei den praktisch vorliegenden Fällen b_1 ungefähr ein Drittel der Plattendicke h ausmachen wird. Ist b größer als b_1, so ist freilich die Biegungsspannung für die Bruchgefahr maßgebend, aber sie wird dann nach Gl. (119) kleiner als für $b = b_1$, und wir haben daher sicherlich keinen Bruch zu befürchten, wenn er bei $b = b_1$ ausgeschlossen ist oder wenn bei diesem oder einem noch kleineren Werte von b die Druckspannung σ_x die Gefahrgrenze nicht überschreitet.

Nun ist freilich bei vielen Körpern, namentlich bei allen steinartigen Massen die Druckfestigkeit weit größer als die Zugfestigkeit. Bei ihnen kann daher, auch bei einem Werte von b, der kleiner ist als b_1, die Bruchgefahr immer noch von den Biegungsspannungen $\sigma_{\max}$ abhängen, obschon sie nicht so groß sind, wie σ_x. Es ist daher von Wichtigkeit, daß sich ein ganz ähnlicher Schluß wie für die Druckspannungen σ_x auch für die Schubspannungen τ_{rx} ziehen läßt.

Für die Längeneinheit des kreisförmigen Schnittes, den man mit dem Halbmesser b um die Last P herumlegen kann, wird eine Schubkraft übertragen, die wir früher mit t_r bezeichneten, und die sich zu

$$t_r = \frac{P}{2\pi b}$$

berechnet. Die Schubkraft t_r kann sich nicht gleichförmig über die ganze Plattendicke h verteilen. Vielmehr muß die Schubspannung τ_{rx} aus bekannten Gründen — ebenso wie die Schubspannung in einem Balkenquerschnitt — an der oberen und an der unteren Begrenzungsfläche der Platte zu Null werden, und sie wird voraussichtlich ungefähr in der Mittelebene ihren größten Wert $\tau_{\max}$ annehmen. Nimmt man zum Zwecke einer Abschätzung an, daß $\tau_{\max}$ ebenso wie bei dem auf Biegung beanspruchten Balken von rechteckigem Querschnitt das $1\frac{1}{2}$-fache des für die ganze Fläche berechneten Durchschnittswertes ausmacht, so erhält man aus der vorhergehenden Gleichung

$$\tau_{\max} = \frac{3}{4} \cdot \frac{P}{\pi b h} \quad \ldots \ldots \ldots \quad (120)$$

Setzt man hierin b gleich dem vorher berechneten b_1, also $h = 3\,b_1$ ein, so folgt $\tau_{\max}$ gleich einem Viertel von σ_x, also auch gleich einem Viertel der größten Biegungsspannung der Platte. Sobald man aber b dann noch weiter abnehmen läßt, wächst auch $\tau_{\max}$ weit schneller an als die Biegungsspannung $\sigma_{\max}$ von Gl. (119). Wenn man das Verhältnis zwischen der zulässigen Schub- und der zulässigen Zugspannung des Baustoffes kennt, kann man in derselben Weise wie vorher einen Halbmesser b_2 der Belastungsfläche berechnen, bei dem die Bruchgefahr durch die Schubspannungen nach Gl. (120) ebenso groß ist wie die Bruchgefahr durch die Biegungsspannungen nach Gl. (119). Verkleinert man hierauf b noch weiter über b_2 hinaus, um sich dem Grenzfalle der Einzellast zu nähern, so überwiegt wiederum die Bruchgefahr, die von den Schubspannungen herrührt, jene, die den Biegungsspannungen entspricht, d. h. es ist auch in diesem Falle gar nicht nötig, die Platte auf Biegungsfestigkeit zu berechnen, da man von vornherein sicher sein kann, daß sie durch die Einzellast nicht überanstrengt wird, wenn sie der Beanspruchung auf Druckspannung σ_x und auf Schubspannung $\tau_{\max}$ zu widerstehen vermag.

Bei dieser Überlegung ist zu beachten, daß zwischen den Schubspannungen, die ein Stoff zu übertragen vermag und den Zugspannungen, die der Gefahrgrenze entsprechen, niemals ein so erheblicher Unterschied bestehen kann, wie zwischen diesen und den zulässigen Druckspannungen, weil eben in dem durch $\tau_{\max}$ beschriebenen Spannungszustande auch schon Zugspannungen mit enthalten sind von derselben Größe wie $\tau_{\max}$ selbst.

Man kann dem Ergebnisse der vorhergehenden Überlegungen einen sinnfälligen Ausdruck geben, indem man sagt, daß eine gewöhnliche Fensterscheibe infolge einer als Einzellast anzusehenden Biegungsbelastung überhaupt nicht durch Biegung zum Bruch gebracht werden kann, sondern daß sie erst zerbricht, wenn die Last so groß geworden ist, um entweder die Druckfestigkeit an der Lastangriffstelle oder die Schubfestigkeit in ihrer unmittelbaren Nachbarschaft zu überwinden. Erst nachdem der Bruch auf diese Weise eingeleitet ist, kann er sich nachher weiterhin in derselben Weise wie ein Biegungsbruch ausbreiten. Will man die Scheibe ausschließlich durch Biegung zum Bruch bringen, so muß man die Last über eine etwas größere Fläche verteilen, deren Durchmesser einen nicht allzu kleinen Bruchteil der Plattendicke h ausmachen darf, bei einer gewöhnlichen Fensterscheibe also etwa ein Millimeter oder nicht viel weniger.

Freilich bezogen sich die vorausgehenden Betrachtungen zunächst nur auf eine kreisförmige Platte, die in der Mitte belastet ist, während bei der Fensterscheibe diese Beschränkung stillschweigend weggelassen wurde. Aber man bedenke, daß die Gültigkeit der für die kreisförmige Platte abgeleiteten Schlüsse ganz unabhängig ist vom Durchmesser der Platte, wenn dieser nur als groß gegenüber der Plattendicke angesehen werden kann, und daß die Bruchgefahr sowohl als die größten Biegungsspannungen nur in der Nachbarschaft der belasteten Stelle auftreten. Unter solchen Umständen läßt sich voraussehen, daß auch die Gestalt der äußeren Umgrenzung der Platte keinen entscheidenden Einfluß auf die Bruchgefahr ausüben kann, falls die Abmessungen in der Plattenebene so groß sind gegenüber der Dicke wie bei einer gewöhnlichen Fensterscheibe, und wenn ferner als selbstverständlich angesehen werden kann, daß die Einzellast nicht in der Nähe des Umfangs, sondern ungefähr in der Plattenmitte aufgebracht werden soll.

Eine Voraussetzung muß aber noch einmal ausdrücklich hervorgehoben werden, nämlich die, daß die Belastung der Platte nur in der Einzellast bestehen darf. Kommen dagegen noch weitere Lasten dazu, so liegt die Frage ganz anders. Man betrachte z. B. den Fall, daß eine kreisförmige Platte eine gleichförmig verteilte Last und außerdem noch eine Einzellast in der Mitte trägt. Dann überdecken sich in der Mitte die Spannungen aus beiden Ursachen, und der Biegungsbruch kann eintreten, lange bevor die durch die Einzellast hervorgerufenen Druckspannungen σ_x oder die Schubspannungen τ_{rx} bei der Verkleinerung des Halbmessers b der Druckfläche die Gefahrgrenze erreicht haben. Ebenso ist es, wenn eine Platte eine Anzahl von Einzellasten aufzunehmen hat. Um in solchen Fällen die Frage nach der Bruchgefahr beantworten zu können, ist es nötig, eine zutreffende Formel für die Biegungsspannungen aufzustellen, die durch die Einzellast für sich hervorgebracht werden. Um die Lösung dieser grundlegenden Frage kommen wir daher durch die vorausgehenden Erörterungen doch nicht herum.

Um sie vorzubereiten, berechnen wir zunächst die Spannungen σ_r und σ_t im äußeren unbelasteten Teile einer kreisförmigen Platte, wenn sich die Last P über eine kleine, um die Mitte herumliegende Kreisfläche vom Halbmesser b verteilt. Nach den Gl. (95) kann dies auf Grund des in Gl. (101) von § 27 aufgestellten Ausdrucks für $\xi_{0,1}$ leicht geschehen, nachdem man darin $p_1 = 0$ gesetzt hat. Nach Umrechnen von G auf E usf. und mit $x = \frac{h}{2}$ erhält man

$$\left.\begin{aligned} \sigma_r &= \frac{3P}{8m\pi h^2}\left(4(m+1)\lg\frac{a}{r} + (m-1)\frac{b^2}{a^2}\cdot\frac{a^2-r^2}{r^2}\right) \\ \sigma_t &= \frac{3P}{8m\pi h^2}\left(4(m+1)\lg\frac{a}{r} + 4(m-1) - (m-1)\frac{b^2}{a^2}\cdot\frac{a^2+r^2}{r^2}\right) \end{aligned}\right\} \quad (121)$$

Diese Gleichungen gelten auch noch bis an die Grenze des belasteten Gebietes hin und liefern dort, also für $r = b$

$$\left.\begin{aligned} \sigma_r' &= \frac{3P}{8m\pi h^2}\left(4(m+1)\lg\frac{a}{b} + (m-1)\frac{a^2-b^2}{a^2}\right) \\ \sigma_t' &= \frac{3P}{8m\pi h^2}\left(4(m+1)\lg\frac{a}{b} + (m-1)\frac{3a^2-b^2}{a^2}\right) \end{aligned}\right\} \quad . \; . \; (122)$$

was mit den Werten übereinstimmt, die sich an dieser Stelle aus den für den inneren Plattenteil aufgestellten Gl. (104) ergeben.

Aus den Gl. (121) folgt, daß bei zwei Platten von verschiedenen Halbmessern a und a', aber derselben Plattendicke h unter der gleichen Belastung P die Spannungen σ_r und σ_t an allen gleich gelegenen Stellen, nämlich in allen Abständen r und r', die gleiche Bruchteile von a und a' ausmachen, von derselben Größe sind, falls man nur auch die Halbmesser b und b' der Lastübertragungsfläche im gleichen Verhältnisse zueinander wählt wie a und a'. Es ist daher in der Tat auch im äußeren Plattenteile die durch eine Einzellast in der Mitte hervorgerufene Biegungsbeanspruchung unabhängig von der Größe der Platte, wobei man solche Stellen beider Platten miteinander zu vergleichen hat, deren Abstände von der Mitte denselben Bruchteil des Halbmessers ausmachen.

Setzt man b sehr klein gegen a voraus, wie es dem Begriffe der Einzellast entspricht, so vereinfachen sich die Gl. (121) erheblich für alle Stellen der Platte, die nicht in der Nachbarschaft der belasteten Stelle liegen. Man kann dann näherungsweise setzen

$$\left.\begin{aligned}\sigma_r &= \frac{3\,P}{2\,m\,\pi\,h^2}(m+1)\lg\frac{a}{r}\\ \sigma_t &= \frac{3\,P}{2\,m\,\pi\,h^2}\left((m+1)\lg\frac{a}{r}+m-1\right)\end{aligned}\right\} \quad . \; . \; . \quad (123)$$

Die Hauptspannung σ_t übertrifft hiernach überall σ_r um einen Betrag, den sie auch am Plattenumfange behält, wo σ_r zu Null wird. Die Hauptspannung σ_t kann daher als die eigentliche Biegungsspannung angesehen werden. An der Stelle, für die $r = \frac{a}{2{,}718}$ ist, wird $\lg\frac{a}{r} = 1$ und σ_t geht über in

$$\frac{3\,P}{\pi\,h^2},$$

also in den Betrag, den man für die Biegungsspannung nach dem üblichen Näherungsverfahren findet (vgl. Bd. III der »Vorlesungen«, Gl. (192). Mit $m = 4$ vermindert sich von da ab bis zum Plattenrande hin σ_t auf $^3/_8$ dieses Wertes, während nach innen hin σ_t zunimmt, bis es an der Grenze der belasteten Fläche den in Gl. (122) angegebenen Wert σ'_t erreicht.

Wir kommen nun zu den Spannungen im mittleren Plattenteile. Solange b noch so groß ist, daß die Druckspannungen σ_x an der Lastübertragungsstelle sowie die Schubspannungen τ_{rx} klein sind gegen die Biegungsspannungen σ_r und σ_t und daher gegen sie vernachlässigt werden dürfen, ist man berechtigt, σ_r und σ_t nach den Gl. (104) von § 27 zu berechnen. Sobald aber diese Voraussetzung nicht mehr erfüllt ist, verliert die Differentialgleichung der elastischen Fläche ihre Gültigkeit und mit ihr auch alle Folgerungen, die daraus gezogen wurden. Schon die ersten Ableitungen in § 17, die Gl. (2) und (3) versagen, wenn die in der Richtung der Plattendicke h gezogenen Strecken merklich gekrümmt werden und der ursprünglich rechte Winkel zwischen diesen Strecken und der Mittelebene durch große Schubspannungen τ_{rx} um einen Betrag geändert wird, der keineswegs mehr im Vergleiche zu den übrigen Formänderungen vernachlässigt werden darf.

Erst in einigem Abstand von der Lastangriffsstelle ist die Schubspannung wieder so klein geworden, daß man ihre Wirkung ebenso wie die von σ_x nicht mehr zu beachten braucht, und von da ab kann man dann die vorher aufgestellten Formeln benutzen, insbesondere die Gl. (122), wenn man darin unter b einen nicht weiter verkleinerbaren Abstand vom Angriffspunkte der Einzellast versteht, von dem ab die gewöhnliche Plattentheorie anwendbar erscheint. Für alles, was innerhalb dieses Kreises b geschieht, kann man dagegen von dieser Theorie keinen Aufschluß erwarten; man muß sich vielmehr nach ganz anderen Hilfsmitteln umsehen, um den im inneren Teile auftretenden Spannungszustand zu untersuchen.

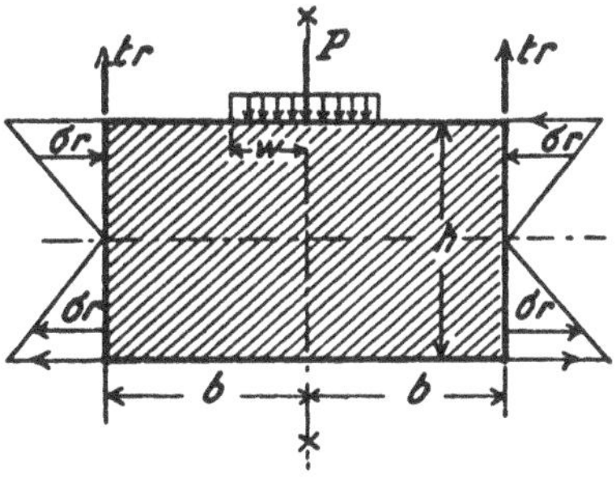

Abb. 25.

Wie dies zu machen ist, kann aber nicht zweifelhaft sein. Man denke sich aus der Platte in der Mitte einen Kreiszylinder vom Halbmesser b herausgeschnitten, wie er in Abb. 25 in einem durch die Achse gelegten Schnitte dargestellt ist. In der Mitte verteilt sich über eine Kreisfläche vom Halbmesser w die Last P gleichförmig. Um sich dem Grenzfalle zu nähern, kann man sich nachher w noch beliebig verkleinert denken, wenn man dies für wünschenswert hält. Auf der Mantelfläche des Zylinders greifen die Normalspannungen σ_r an, die für $x = \frac{h}{2}$ die in den Gl. (122) angegebenen Werte annehmen und die den Abständen x proportional sind. Außerdem wirken daran noch Schubspannungen, die sich nach irgendeinem Gesetze über die Höhe h verteilen mögen und deren Gesamtbetrag t_r für die Längeneinheit des Grundrißkreises leicht angegeben werden kann.

Alle jetzt aufgezählten Kräfte sind äußere Kräfte an dem zylindrischen Körper, den wir für sich, losgelöst aus der ganzen Platte, untersuchen können. Diese als Lasten an dem Zylinder auftretenden

Kräfte sind auch bereits bekannt, wenn man an diese Untersuchung herantritt. Wir haben demnach hier einen Umdrehungskörper mit axial-symmetrischer Belastung vor uns, und wenn man sich die Sache von dieser Seite her ansieht, ist ohne weiteres klar, daß besonders große Spannungen σ_r und σ_t, wie sie die fälschlich angewendete gewöhnliche Plattentheorie sogar mit dem Grenzwerte ∞ für $w = 0$ selbst in den weiter vom Angriffspunkte nach abwärts hin liegenden Teilen des Zylinders liefert, durchaus nicht zu erwarten sind.

Die Untersuchung selbst, von der die endgültige Lösung der Frage abhängt, ist durch diese Bemerkungen auf ein ganz anderes Gebiet hinübergeleitet worden. Sie gehört gar nicht mehr zur Plattentheorie, sondern zur Theorie der Umdrehungskörper mit axial-symmetrischer Belastung, die in diesem Buche an anderer Stelle für sich behandelt wird, und ist mit deren Hilfsmitteln durchzuführen.[1])

Schätzungsweise wird man $b = h$ setzen dürfen. Außerdem wird man erwarten dürfen, daß die größte Zugspannung in der Plattenmitte nicht allzuviel größer ausfallen kann als die Spannung σ_r, die am Umfange des Zylinders vom Halbmesser $b = h$ als äußere Kraft in der Höhe $x = \frac{h}{2}$ anzubringen ist. Diese folgt aus den Gl. (122) mit $b = h$, und die so berechnete Spannung σ'_r kann vorläufig als eine für die praktische Verwendung geeignete Näherungsformel für die größte durch die Einzellast P hervorgerufene Biegungsspannung angesehen werden.

Dieses Berechnungsverfahren war schon in den älteren Auflagen von Band III der »Vorlesungen« empfohlen worden, wenn auch nicht mit der ihm hier gegebenen ausführlichen Begründung. Daß es sich beim Vergleiche mit Beobachtungsergebnissen nicht schlecht bewährt, scheint aus den Versuchen mit Fensterglasscheiben hervorzugehen, über die im 33. Hefte des Münchener Laboratoriums berichtet ist. Freilich sind diese Versuche insofern nicht ganz einwandfrei, als bei ihnen nicht darauf geachtet wurde, die Last über eine Fläche zu verteilen, die hinreichend groß gewesen wäre, um die Gefahr eines Bruches durch die Druckspannung σ_x oder die Schubspannungen τ_{rx} mit Sicherheit auszuschließen, und es ist daher wohl möglich, daß der Bruch wenigstens in manchen Fällen durch diese Spannungen und nicht durch die Biegungsspannungen herbeigeführt wurde. Damit würden die betreffenden Zahlen ihre Beweiskraft verlieren, und es erscheint daher erwünscht, die Versuche später noch einmal zu wiederholen und dabei ausdrücklich

---

[1]) Nadai behandelt in einer Arbeit »Die Biegungsbeanspruchung von Platten durch Einzelkräfte«, Schweizer Bauzeitung 1920, Nr. 23, das »Kernstück« der Platte und gibt die Lösung in Besselschen Funktionen. Der Biegungspfeil wird darnach für eine Einzellast größer als ihn die gewöhnlichen Formeln ergeben.

festzustellen, welchen Einfluß es hat, wenn der Halbmesser der Lastübertragungsfläche von $b = h$ ab stufenweise weiter verkleinert wird. Immerhin läßt sich auf Grund der jetzt schon vorliegenden Beobachtungsergebnisse als sehr wahrscheinlich bezeichnen, daß sich die aufgestellte Näherungsregel für die Spannungsberechnung auch weiterhin bewähren wird. Sie soll deshalb noch einmal in etwas weiter ausgerechneter Form angeschrieben werden. Mit $m = 4$, $b = h$, Vernachlässigung von b^2 gegen a^2 und nach zahlenmäßigem Ausrechnen gehen die Gl. (122) über in

$$\left.\begin{aligned} \sigma_r' &= \frac{P}{h^2}\left(0{,}60 \lg \frac{a}{h} + 0{,}09\right) \\ \sigma_t' &= \frac{P}{h^2}\left(0{,}60 \lg \frac{a}{h} + 0{,}27\right) \end{aligned}\right\} \quad \ldots\ldots \quad (124)$$

Da σ'_t etwas größer ist als σ'_r, ist es als maßgebend für den Bruch anzusehen. Der Unterschied ist aber nicht erheblich.

An dieser Stelle muß noch erwähnt werden, daß in der schon einmal angeführten Darmstädter Doktorarbeit von H. Hencky auch schon ein ähnliches Verfahren für die Spannungsberechnung angewendet wurde, wie es hier im Anschlusse an Abb. 25 in Aussicht genommen ist. Herr Hencky stützt sich nämlich auf die von Boussinesq gegebene Lösung der Spannungsaufgabe für den Fall, daß ein Körper von größerer Ausdehnung auf einer ebenen Begrenzungsfläche einen Druck durch eine Einzellast erfährt und überträgt dieses Ergebnis, wenn auch mit einer gewissen Willkür, aber doch in annehmbarer Weise auf die in der gleichen Weise belastete Platte. Er benützt hierauf seine Überlegung dazu, um an Stelle der Einzellast eine stetige Lastverteilung zu setzen, die ihm gleichwertig mit jener erscheint. Und zwar verteilt er die Last über einen Kreis vom Halbmesser $b = h$, so jedoch, daß der Druck bei $r = b$ gleich Null ist und proportional den Ordinaten eines Kegels nach der Mitte hin ansteigt. Für die so ermittelte, an die Stelle der Einzellast tretende Lastverteilung rechnet er hierauf weiter nach der gewöhnlichen Plattentheorie, die er bis zur Mitte hin als gültig ansieht. Hierin können wir ihm aus den schon ausführlich besprochenen Gründen nicht folgen; sonst aber ist dem Gedankengang im wesentlichen beizupflichten, und die Ergebnisse weichen auch nicht allzuviel von den hier erhaltenen ab.

Die Formeln (124) beziehen sich zunächst auf den Fall, daß die Last in der Mitte der kreisförmigen Platte angreift. Aber da sie ohnehin nur eine ungefähre Abschätzung liefern, braucht man auf der Erfüllung der genannten Bedingung nicht streng zu bestehen, denn es kann offenbar für die Biegungsspannungen nicht viel ausmachen, wenn die Last auch etwas aus der Mitte herausgerückt ist. Man kann dem dadurch einigermaßen Rechnung tragen, daß man in der Formel a nicht mehr als den Halbmesser der Platte, sondern als den kleinsten Abstand vom Plattenumfang ansieht. Natürlich setzt dies aber voraus, daß der Angriffspunkt nicht allzu weit von der Mitte entfernt sein darf (also vielleicht nicht mehr als höchstens um die Hälfte des Halbmessers der Platte).

Ebenso kann es auch auf die besondere Gestalt des Plattenumrisses nicht allzuviel ankommen, und man wird z. B. nicht weit fehlgehen, wenn man die Biegungsbeanspruchung einer quadratischen Platte durch eine Einzellast in der Mitte als gerade so hoch einschätzt wie die einer kreisförmigen Platte, die man aus der quadratischen Platte durch Abschneiden der Eckzipfel erhalten kann.

§ 31. Biegung durch zwei oder mehr Einzellasten; Platte mit zahlreichen Stützen.

Für die Zwecke der praktischen Anwendung kann es nötig werden, das im vorigen Paragraphen bereits gehandhabte Abschätzungsverfahren auch noch auf andere Fälle zu übertragen, bei denen der Versuch einer irgendwie strenger begründeten Lösung aussichtslos erscheint. Wie dies geschehen kann, möge jetzt noch besprochen werden.

Die Platte soll zwei Einzellasten tragen, deren Abstand voneinander erheblich größer ist als die Plattendicke h. Dabei sollen aber beide Lasten immerhin noch im mittleren Teile der Platte liegen, also nicht zu nahe an den Rand herankommen. Unter diesen Umständen dürfen wir annehmen, daß die Biegungsbeanspruchung nicht wesentlich von der besonderen Gestalt des Plattenumrisses abhängt, wenn sie nur nicht zu sehr von der kreisförmigen oder quadratischen Gestalt abweicht. Man wird auch einen bestimmten Kreishalbmesser a schätzungsweise angeben können, der die Größe der Platte ungefähr beschreibt.

Die Lasten bezeichnen wir mit P_1 und P_2 und ihren Abstand voneinander mit l. Dann bringt P_1 an der Angriffstelle von P_2 eine Biegungsbeanspruchung der Platte hervor, für die man nach den Gl. (123) mit $m = 4$ nach weiterer Ausrechnung

$$\sigma_{r,1} = 0{,}60 \frac{P_1}{h^2} \lg \frac{a}{l} \; ; \; \sigma_{t,1} = \frac{P_1}{h^2} \left(0{,}60 \lg \frac{a}{l} + 0{,}36\right)$$

erhält. Dazu kommen die durch die Last P_2 selbst in der unmittelbaren Nähe der Lastangriffsstelle hervorgerufenen Spannungen, die man aus den Gl. (124) entnehmen kann, nämlich

$$\sigma_{r,2}' = \frac{P_2}{h^2} \left(0{,}60 \lg \frac{a}{h} + 0{,}09\right)$$

$$\sigma'_{t,2} = \frac{P_2}{h^2} \left(0{,}60 \lg \frac{a}{h} + 0{,}27\right).$$

An dem Punkte des Kreisumfanges vom Halbmesser h, der in der Richtung von l liegt, fallen die Hauptrichtungen der beiden durch diese Formeln beschriebenen Spannungszustände miteinander zusammen. Die resultierenden Hauptspannungen findet man daher durch einfache Summierung, und da in beiden Fällen σ_t größer ist als σ_r, folgt als größte Biegungsspannung an der Angriffsstelle von P_2

$$\sigma_{\max,2} = \frac{P_1}{h^2}\left(0{,}60 \lg \frac{a}{b} + 0{,}36\right) + \frac{P_2}{h^2}\left(0{,}60 \lg \frac{a}{h} + 0{,}27\right) \qquad (125)$$

Das ist zugleich die größte überhaupt an irgendeiner Stelle vorkommende Spannung, wenn P_2 größer als P_1 ist. Sind beide Lasten einander gleich, so kann man dafür auch schreiben

$$\sigma_{\max} = \frac{P}{h^2}\left(0{,}60 \lg \frac{a^2}{l h} + 0{,}63\right).$$

Ganz ähnlich kann man auch verfahren, wenn drei oder noch mehr Einzellasten zu berücksichtigen sind. Man muß dann, wie es vorher geschehen war, zuerst die von den Lasten P_1 und P_2 an der Angriffsstelle von P_3 hervorgerufenen Spannungen nach den Gl. (123) berechnen und hierauf den durch das Zusammenwirken beider Spannungszustände mit verschiedenen Hauptrichtungen hervorgerufenen resultierenden Spannungszustand durch eine besondere einfache Betrachtung ableiten. Die Hauptrichtungen dieses resultierenden Spannungszustandes fallen an irgendeiner Stelle des um die Angriffsstelle von P_3 gelegten Kreises vom Halbmesser h mit den Hauptrichtungen des von P_3 selbst hervorgebrachten Spannungszustandes zusammen, und an dieser Stelle, auf deren besondere Lage es nicht ankommt, tritt die größte in der Nachbarschaft von P_3 vorkommende Biegungsspannung auf. Man braucht daher nur die von P_3 herrührende und nach den Gl. (124) berechneten Hauptspannungen zu denen des vorher festgestellten resultierenden Spannungszustandes hinzuzuzählen, womit die Aufgabe gelöst ist.

Dasselbe Verfahren läßt sich offenbar auch auf noch mehr Einzellasten übertragen. Sind die Einzellasten sehr zahlreich, so hilft man sich am besten damit, daß man sie sich für die Spannungsberechnung durch eine stetig verteilte Last ersetzt denkt, für die man die Spannung etwa nach der Art der in § 22 besprochenen Näherungsverfahren oder auch nach einem noch einfacheren Abschätzungsverfahren, wie es in § 19 vorkam, genau genug ermitteln kann, worauf man noch die in der Nähe der Lastangriffsstelle einer bestimmten Einzellast hervorgerufene Spannungserhöhung nach den Gl. (124) hinzufügt.

Ein Fall, der nicht selten vorkommt, möge an dieser Stelle auch noch besprochen werden, obschon er sich von den vorigen erheblich unterscheidet. Eine Platte von großer Ausdehnung soll eine gleichförmig verteilte Belastung tragen und in zahlreichen Stützpunkten aufgelagert sein, die nach einem Quadratnetze über die Fläche verteilt sein mögen. Abb. 26 zeigt einen Teil der Platte, und die Stützpunkte sind darin durch kleine Kreise angegeben. Alle quadratischen Felder, die nicht gerade in der Nähe des in der Abbildung weggelassenen Plattenrandes gelegen sind, befinden sich in der gleichen Lage wie das in der Abbildung durch eine Schraffierung hervorgehobene. Durch die Mitte dieses Feldes sind die Y- und die Z-Achse gezogen. Die auf ein Feld treffende Belastung ist gleich $4\,a^2 p$ und ebenso groß auch der Auflagerdruck auf jeder Stütze.

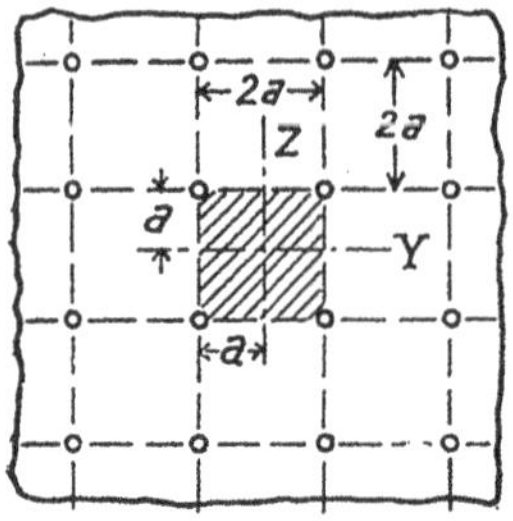

Abb. 26.

Zur Berechnung des Biegungspfeiles und auch der Biegungsspannungen von den weiter ab von den Stützpunkten gelegenen Stellen genügt es, einen einfachen Ansatz für die Gestalt der elastischen Fläche zu wählen, der den wichtigsten geometrischen Bedingungen entspricht. Ein solcher Ansatz ist

$$\xi_0 = \frac{3f}{8}\left(\cos\frac{\pi y}{2a} + \frac{1}{3}\cos 3\frac{\pi y}{2a} + \cos\frac{\pi z}{2a} + \frac{1}{3}\cos 3\frac{\pi z}{2a}\right) \quad (126)$$

worin f den Biegungspfeil in der Feldmitte bedeutet. An den Stützen wird hiernach ξ_0, wie es sein muß, zu Null, und außerdem wird für $y = \pm a$ oder $z = \pm a$, also für die Feldgrenzen

$$\frac{\partial \xi_0}{\partial y} = 0 \quad \text{oder} \quad \frac{\partial \xi_0}{\partial z} = 0,$$

was wegen des stetigen Anschlusses an die Nachbarfelder gefordert werden muß.

Man muß nun, wie es früher bei der Behandlung der rechteckigen Platte wiederholt geschehen ist, einen Ausdruck für die aufgespeicherte Formänderungsarbeit A bilden und aus dem Vergleiche mit der Arbeit der Lasten den Biegungspfeil f berechnen. Man findet zunächst

$$\int\left(\frac{\partial^2 \xi_0}{\partial y^2}\right)^2 dF = \int\left(\frac{\partial^2 \xi_0}{\partial z^2}\right)^2 dF = \frac{45 f^2 \pi^4}{256\, a^2};$$

$$\int \frac{\partial^2 \xi_0}{\partial y^2}\cdot\frac{\partial^2 \xi_0}{\partial z^2}\, dF = \frac{f^2 \pi^2}{16\, a^2}; \qquad \frac{\partial^2 \xi_0}{\partial y\, \partial z} = 0,$$

und wenn man diese Werte in Gl. (7) von § 17 einsetzt, erhält man

$$A = \frac{G h^3}{12(m-1)}\cdot\frac{f^2 \pi^2}{8\, a^2}\left(m\,\frac{45\,\pi^2}{16} + 1\right)$$

Anderseits erhält man für die von den Lasten geleistete Arbeit

$$\frac{1}{2}\int p\,\xi_0\,dF = p\,f\cdot\frac{8\,a^2}{3\,\pi},$$

und die Gleichsetzung beider Werte liefert für f die Formel

$$f = \frac{256\,(m-1)}{\pi^3\left(m\,\frac{45\,\pi^2}{16}+1\right)}\cdot\frac{p\,a^4}{G\,h^3}.$$

Setzt man $m = 4$ und rechnet weiter aus, so geht sie über in

$$f = 0{,}55\,\frac{p\,a^4}{E h^3} \quad . \quad . \quad . \quad . \quad . \quad . \quad . \quad . \quad (127)$$

Der Biegungspfeil wird also in diesem Falle, wie der Vergleich mit Gl. (21) lehrt, erheblich kleiner als bei einer quadratischen Platte, die ein einziges Feld überdeckt, aber längs der Kanten überall unterstützt ist. Wird aber die quadratische Platte am Rande nicht nur unterstützt sondern auch eingespannt, so wird der Biegungspfeil, wie aus Gl. (36) hervorgeht, weniger als halb so groß als im hier vorliegenden Falle.

Wir können jetzt auch die Biegungsspannungen nach den Gl. (4) von § 17 berechnen. Man erhält für $x = \frac{h}{2}$

$$\left.\begin{aligned}
\sigma_y &= \frac{G\,h}{m-1}\cdot\frac{3\,f}{8}\cdot\left(\frac{\pi}{2\,a}\right)^2\left\{m\cos\frac{\pi\,y}{2\,a}+\right.\\
&\qquad\left.+\,3\,m\cos 3\,\frac{\pi\,y}{2\,a}+\cos\frac{\pi\,z}{2\,a}+3\cos 3\,\frac{\pi\,z}{2\,a}\right\}\\
\sigma_z &= \frac{G\,h}{m-1}\cdot\frac{3\,f}{8}\cdot\left(\frac{\pi}{2\,a}\right)^2\left\{m\cos\frac{\pi\,z}{2\,a}+\right.\\
&\qquad\left.+\,3\,m\cos 3\,\frac{\pi\,z}{2\,a}+\cos\frac{\pi\,y}{2\,a}+3\cos 3\,\frac{\pi\,y}{2\,a}\right\}\\
\tau_{yz} &= 0
\end{aligned}\right\} \quad . \quad . \quad (128)$$

Die größte Biegungsspannung in der Plattenmitte, die wir wieder mit $\sigma_{\max}$ bezeichnen wollen, folgt daraus nach Einsetzen von f aus Gl. (127) und Ausführung der Zahlenrechnung

$$\sigma_{\max} = 1{,}36\,p\,\frac{a^2}{h^2} \quad . \quad . \quad . \quad . \quad . \quad . \quad . \quad . \quad (129)$$

Über den Auflagern werden die Biegungsspannungen nach den Gl. (128) zu Null. Aber wir wissen schon, daß ein solcher Ansatz, wie wir ihn hier gewählt haben, in der Nähe einer Einzelkraft, sei es nun einer Last oder einer Auflagerkraft, für die Berechnung der Biegungsspannungen nicht verwendet werden darf. Dagegen kann an diesen Stellen die größte Spannung die wir σ'_{max} nennen wollen nach den für solche Fälle aufgestellten Näherungsformeln (124) ohne weiteres berechnet werden. Mit $P = 4\,a^2\,p$ erhalten wir daraus

$$\sigma_{max}' = p\,\frac{a^2}{h^2}\left(2{,}40\,\lg\frac{a}{h} + 1{,}08\right). \quad . \quad . \quad . \quad . \qquad (130)$$

Das ist auf jeden Fall bedeutend mehr als σ_{max} in der Plattenmitte, und daraus folgt, daß die größte Bruchgefahr über den Stützen vorliegt und die Festigkeitsberechnung der Platte daher nach Gl. (130) zu erfolgen hat.[1])

§ 32. Die elastische Fläche einer Kreisplatte mit exzentrischer Einzellast.

Eine kreisförmige Platte vom Halbmesser a, die am Umfange entweder eingespannt sein kann oder auch frei aufliegen darf, trage an irgendeiner Stelle im Abstande p von der Mitte (vgl. Abb. 27) eine Einzellast P. Man soll die Gestalt der elastischen Fläche angeben, zu der die Mittelebene der Platte durch diese Belastung verbogen wird. Für diese Aufgabe kann man eine strenge Lösung aus der Biegungsgleichung ableiten, wie Clebsch schon im Jahre 1862 für den Fall der am Rande eingespannten Platte gezeigt hat. Bei der Ausrechnung ist Clebsch allerdings ein unbedeutender Fehler unterlaufen, der die unmittelbare Anwendung seiner Formeln verbietet. Eine Verbesserung des Fehlers und eine Übertragung der Lösung von Clebsch auf den Fall der am Rande frei aufliegenden Platte kann man in einer Abhandlung von A. Föppl in den Sitzungsberichten der Bayerischen Akademie der Wissenschaften, Jahrg. 1912, S. 155, finden. Wir begnügen uns hier damit, einen Auszug aus dieser Abhandlung zu geben.

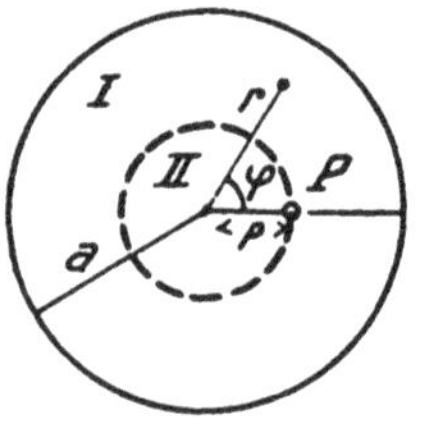

Abb. 27.

Die in § 26 abgeleitete Differentialgleichung (87) der elastischen Fläche in Polarkoordinaten läßt sich schreiben

$$K\left(\frac{\partial^2}{\partial r^2} + \frac{1}{r}\,\frac{\partial}{\partial r} + \frac{1}{r^2}\,\frac{\partial^2}{\partial \varphi^2}\right)^2 \zeta_0 = p \quad . \quad . \quad . \quad . \qquad (131)$$

wenn K zur Abkürzung für den die Biegungssteifigkeit der Platte beschreibenden konstanten Ausdruck

$$K = \frac{m^2\,E\,h^3}{12\,(m^2 - 1)} = \frac{N}{2} \quad . \quad . \quad . \quad . \quad . \quad . \quad . \qquad (132)$$

[1]) Eine Lösung des »Pilzdeckenproblems« durch Fouriersche Reihen siehe bei Lewe, »Der Bauingenieur«, Bd. 1, S. 632.

gesetzt und unter p hier die auf die Flächeneinheit der Platte im Punkte $r\varphi$ kommende Belastung verstanden wird. In unserem Falle ist p überall gleich Null zu setzen mit Ausnahme der Angriffstelle der Last P.

Jedenfalls muß ξ_0 eine periodische Funktion des Richtungswinkels φ sein, da man auf dieselbe Stelle und hiermit auf dasselbe ξ_0 zurückkommt, wenn man φ um 2π wachsen läßt. Außerdem muß ξ_0 auch eine gerade Funktion von φ sein, da die elastische Fläche offenbar eine durch den Lastangriffspunkt gehende Symmetrieebene hat und ξ_0 daher für $+\varphi$ und $-\varphi$ denselben Wert annehmen muß. Eine Fouriersche Reihe zur Darstellung der Abhängigkeit der Ordinate ξ_0 von φ kann also nur Kosinusglieder enthalten, und wir setzen daher

$$\xi_0 = R_0 + R_1 \cos\varphi + \ldots . + R_n \cos n\varphi + \ldots \quad (133)$$

Die Koeffizienten R in dieser Entwicklung sind Funktionen von r, die wir zunächst so bestimmen, daß ξ_0 der Differentialgleichung

$$\left(\frac{\partial^2}{\partial r^2} + \frac{1}{r}\frac{\partial}{\partial r} + \frac{1}{r^2}\frac{\partial^2}{\partial \varphi^2}\right)^2 \xi_0 = 0 \quad \ldots . \quad (134)$$

genügt. Durch Einsetzen der für ξ_0 angeschriebenen Reihe geht diese Gleichung über in

$$\left(\frac{d^2}{dr^2} + \frac{1}{r}\frac{d}{dr}\right)^2 R_0 + \cos\varphi\left(\frac{d^2}{dr^2} + \frac{1}{r}\frac{d}{dr} - \frac{1}{r^2}\right)^2 R_1 + \ldots .$$
$$+ \cos n\varphi\left(\frac{d^2}{dr^2} + \frac{1}{r}\frac{d}{dr} - \frac{n^2}{r^2}\right)^2 R_n + \ldots . = 0$$

Für ein gegebenes r muß diese Gleichung bei jedem Werte von φ erfüllt sein. Sie zerfällt daher in eine Reihe von gewöhnlichen Differentialgleichungen, denen die Funktionen R einzeln für sich genügen müssen. Für irgendein R_n lautet diese Gleichung

$$\left(\frac{d^2}{dr^2} + \frac{1}{r}\frac{d}{dr} - \frac{n^2}{r^2}\right)^2 R_n = 0 \quad \ldots \quad (135)$$

Diese Gleichungen kann man sofort integrieren. Wenn n irgendeine ganze Zahl mit Ausnahme von $n = 0$ und $n = 1$ ist, lautet die Lösung

$$R_n = b_{1n} r^n + b_{2n} r^{-n} + b_{3n} r^{n+2} + b_{4n} r^{-n+2} \quad \ldots \quad (136)$$

wovon man sich durch Einsetzen des Ausdrucks in die Differentialgleichung leicht überzeugen kann. Die b_{1n} bis b_{4n} sind die zur allgemeinen Lösung der Differentialgleichung vierter Ordnung gehörigen willkürlichen Konstanten. In den Fällen $n = 0$ und $n = 1$ versagt diese Lösung.

Für $n = 0$ ist aber die Lösung schon aus § 27 bekannt, und für $n = 1$ läßt sie sich auch leicht finden, nämlich

$$\left.\begin{aligned} R_0 &= c_1 r^2 \lg r + c_2 r^2 + c_3 \lg r + c_4 \\ R_1 &= k_1 r + \frac{k_2}{r} + k_3 r^3 + k_4 r \lg r \end{aligned}\right\} \quad . \quad . \quad . \quad . \quad (137)$$

worin die c und k neu eingeführte willkürliche Integrationskonstanten sind.

Die in diesen Formeln ausgesprochene Lösung der Differentialgleichung (134) reicht in ihrer allgemeinen Form weit über den Fall hinaus, auf den wir sie an dieser Stelle anzuwenden beabsichtigen. Sie gilt nämlich für jedes Stück der elastischen Fläche einer Platte, das unbelastet ist, unter der Voraussetzung, daß die elastische Fläche eine Symmetrieebene hat, auf der der Koordinatenanfangspunkt und die Richtung des Anfangsstrahles $\varphi = 0$ angenommen ist, gleichgültig wie der Umriß aussieht und wie die Platte sonst belastet und gestützt ist. Wir werden auch in der Tat im nächsten Paragraphen noch eine weitere Anwendung davon machen. Die einzige Schwierigkeit besteht nur darin, die in der Lösung vorkommenden Festwerte den im einzelnen Falle vorgeschriebenen Grenzbedingungen anzupassen.

Hierbei ist zu bedenken, daß in unserem Falle die durch die Gl. (133) bis (137) angegebene Lösung nicht etwa in der gleichen Weise für die ganze Platte gültig sein kann, da ja die Platte an einer Stelle eine Last trägt. Wir müssen vielmehr die ganze Fläche durch einen Schnitt in zwei Teile zerlegen, so daß der Angriffspunkt von P auf der Grenzlinie liegt. Das Innere jedes dieser beiden Teile ist dann unbelastet, und wir können auf jeden Teil die vorher abgeleiteten Formeln anwenden, wobei jedoch die Integrationskonstanten für den einen Teil anders ausfallen als für den anderen. Die Trennungslinie kann dabei noch in verschiedener Weise gezogen werden. Wir wollen dafür den in Abb. 27 eingetragenen Kreis vom Halbmesser $r = p$ wählen, der die Platte in einen äußeren Teil I und einen inneren Teil II scheidet. Für die Integrationskonstanten im äußeren Teile wollen wir an den in den Gl. (136) und (137) eingeführten Bezeichnungen festhalten, während die im inneren Teile davon durch einen oben angefügten Strich unterschieden werden sollen. Das Verfahren, das wir zur Bestimmung dieser verschiedenen Konstanten einzuhalten haben, entspricht im großen Ganzen dem schon von den Anfangsgründen der Festigkeitslehre her bekannten bei der Ermittelung der Gestalt der elastischen Linie eines Stabes, der eine Einzellast trägt. Auch in diesem Falle zerlegt man die elastische Linie in zwei Äste, die im Angriffspunkte der Last zusammenstoßen. Für jeden Ast gilt dieselbe allgemeine Lösung der Differentialgleichung der elastischen Linie, nur mit anderen Konstanten, die aus den Grenzbedingungen an den Stabenden und aus den Übergangsbedingungen zwischen beiden Ästen zu ermitteln sind. Das ist auch bei der Platte nicht anders, wenn auch die Durchführung der Rechnung natürlich weit umständlicher ist.

In der Plattenmitte, also bei $r = 0$, darf ξ_0 nicht unendlich groß werden, ebensowenig der erste und der zweite Differentialquotient von ξ_0 nach r, und man hat daher von vornherein in den allgemeinen Ausdrücken für R'_0 R'_1 und irgendein R'_n die logarithmischen Glieder und die Glieder mit negativen Exponenten von r zu streichen. Aus solchen Erwägungen folgt, daß sich die Funktionen R' für den inneren Teil der Platte vereinfachen lassen zu

$$\begin{aligned} R_0' &= c_2' r^2 + c_4' \\ R_1' &= k_1' r + k_3' r^3 \\ R_n' &= b_{1n}' r^n + b_{3n}' r^{n+2} \end{aligned}$$

An der Grenzlinie zwischen beiden Plattenteilen muß man bei beliebig gewählten φ beiderseits zu den gleichen Werten von ξ_0, von $\frac{\partial \xi_0}{\partial r}$ und $\frac{\partial^2 \xi_0}{\partial r^2}$ gelangen. Dagegen wird $\frac{\partial^3 \xi_0}{\partial r^3}$ unstetig in der Nähe der belasteten Stelle. Hieraus und aus den Bedingungen am äußeren Rande lassen sich alsdann in längerer Rechnung, auf deren Wiedergabe an dieser Stelle verzichtet werden soll, alle Integrationskonstanten bestimmen. Die vollständig fertige Lösung lautet dann für die am Rande eingespannte Platte

$$\left.\begin{aligned} R_0 &= \frac{P}{8K\pi}\left((r^2+p^2)\lg\frac{r}{a} + \frac{(a^2+p^2)(a^2-r^2)}{2a^2}\right) \\ R_0' &= \frac{P}{8K\pi}\left((r^2+p^2)\lg\frac{p}{a} + \frac{(a^2+r^2)(a^2-p^2)}{2a^2}\right) \\ R_1 &= -\frac{Pp^3}{16K\pi}\left(\frac{1}{r} + \frac{2a^2-2p^2}{a^2p^2}r + \frac{p^2-2a^2}{a^4p^2}r^3 - \frac{4r}{p^2}\lg\frac{a}{r}\right) \\ R_1' &= -\frac{Pp^3}{16K\pi}\left(\frac{2a^2-2p^2}{a^2p^2}r + \frac{(a^2-p^2)^2}{a^4p^4}r^3 - \frac{4r}{p^2}\lg\frac{a}{r}\right) \end{aligned}\right\} \quad (138)$$

$$R_n = \frac{Pp^n}{8n(n-1)K\pi}\left[\frac{r^n}{a^{2n}}\left[(n-1)p^2 - na^2 + (n-1)r^2 - \right.\right.$$
$$\left.\left. - \frac{n(n-1)}{n+1}\frac{p^2r^2}{a^2}\right] + \frac{1}{r^n}\left(r^2 - \frac{n-1}{n+1}p^2\right)\right]$$

$$R_n' = \frac{Pp^n}{8n(n-1)K\pi}\left(\frac{r^n}{a^{2n}}\left[(n-1)p^2 - na^2 + \frac{a^{2n}}{p^{2n-2}}\right] + \right.$$
$$\left. + (n-1)\frac{r^{n+2}}{a^{2n}}\left[1 - \frac{n}{n+1}\frac{p^2}{a^2} - \frac{1}{n+1}\left(\frac{a}{p}\right)^{2n}\right]\right)$$

Nach diesen Formeln kann man auch den Biegungspfeil f berechnen, also die Einsenkung ξ_0, die der Angriffspunkt der Last erfährt. Man findet dafür

$$f = \frac{P}{16\,K\pi} \cdot \frac{(a^2 - p^2)^2}{a^2}$$

oder auch, wenn man den Wert von K aus Gl. (132) einsetzt und $m = 4$ annimmt,

$$f = 0{,}246 \frac{P}{E h^3} \cdot \frac{(a^2 - p^2)^2}{a^2} \quad \text{. . . . . (139)}$$

Dieselbe Rechnung läßt sich mit geringen Änderungen auch für die am Rande frei aufliegende kreisförmige Platte wiederholen. Es möge aber genügen, hier nur die Schlußformel für den Biegungspfeil anzuführen. Ein geschlossener Ausdruck läßt sich dafür nicht angeben; man ist vielmehr auf eine Reihenentwicklung angewiesen, die aber schnell genug konvergiert, wenn die Last nicht zu nahe am Plattenrande aufgebracht ist. Bis zur 6. Potenz von p ausgerechnet, tet mit $m = 4$ die Formel für f

$$f = 0{,}492 \frac{P}{E h^3} \left\{ 1{,}3\,a^2 - 1{,}985\,p^2 + 0{,}450 \frac{p^4}{a^2} + 0{,}129 \frac{p^6}{a^4} \right\} \quad (140)$$

Daß die Formel für Lasten, die in der Nähe des Auflagerrandes aufgebracht sind, nicht mehr genau genug ist, geht übrigens auch schon daraus hervor, daß sie nicht, wie es sein müßte, für $p = a$ Null liefert.

In der Abhandlung, der diese Angaben entnommen sind, ist auch eine Näherungsformel für die Biegungsspannungen in der durch eine Einzellast einseitig belasteten Platte abgeleitet. Bei den früher schon einmal erwähnten Festigkeitsversuchen mit Platten aus Fensterglas hat sich diese Näherungsformel aber nicht genügend bewährt, so daß es nicht angezeigt erscheint, sie hier wiederzugeben. — Für den Fall, daß die Last nicht zu nahe am Rande angreift, erscheint es nach den Ergebnissen dieser Versuche zulässig, die Biegungsbeanspruchung durch die Einzellast ebenso hoch einzuschätzen, wie wenn die Last in der Mitte angriffe, also nach den in § 30 dafür abgeleiteten Formeln.[1])

§ 33. Anwendung des vorhergehenden Verfahrens auf die elliptische Platte.

Für die am Rande eingespannte und gleichförmig belastete elliptische Platte kennt man schon seit langem die in § 25 wiedergegebene einfache und zugleich strenge Lösung der Biegungsgleichung.

[1]) Die durch eine Einzellast exzentrisch belastete, eingespannte Kreisplatte ist mit Hilfe von Dipolarkoordinaten von E. Melan in »Der Eisenbau«, 1920, S. 190, behandelt.

Neuerdings ist es Galerkin in der Zeitschr. f. angew. Math. und Mechanik, Bd. 3, 1923, S. 113, gelungen, die Berechnung der frei gelagerten elliptischen Platte auf strenger Grundlage durchzuführen. Wir wollen aber trotzdem das im vorigen Paragraphen verwendete Verfahren auf den Fall der gleichmäßig belasteten, frei aufliegenden elliptischen Platte anzuwenden versuchen.

Bei den Belastungsfällen, um die es sich hier handelt, hat die elastische Fläche der elliptischen Platte zweifellos zwei Symmetrieebenen. Den Ursprung eines Polarkoordinatensystems legen wir auf den Mittelpunkt der Umfangsellipse und den Anfangsstrahl $\varphi = 0$ in eine der beiden Symmetrieebenen. Dann gilt für die Ordinate der elastischen Fläche derselbe Ansatz wie in Gl. (133), nämlich

$$\xi_0 = R_0 + R_1 \cos\varphi + \ldots + R_n \cos n\varphi + \ldots \quad (141)$$

Die R lassen sich ebenso bestimmen, wie es vorher geschehen ist, bis auf R_0. Nehmen wir nämlich an, daß die Platte eine gleichförmig über die ganze Fläche verteilte Belastung zu tragen hat, so ist von ξ_0 nicht mehr die abgekürzte Differentialgleichung (134) zu befriedigen, sondern die ursprüngliche Gl. (131) für ein konstantes p. Hiernach muß R_0 jetzt der Gleichung

$$K\left(\frac{d^2}{dr^2} + \frac{1}{r}\frac{d}{dr}\right)^2 R_0 = p$$

genügen. Das ist dieselbe Differentialgleichung, deren Lösung schon bei der Untersuchung der kreisförmigen Platte mit gleichförmig verteilter Belastung aufgestellt wurde. Aus Gl. (90) können wir diese Lösung unmittelbar entnehmen, nämlich mit Verwendung der hier eingeführten Bezeichnung K

$$R_0 = c_0 + c_1 \lg r + c_2 r^2 + c_3 r^2 \lg r + \frac{p}{64\,K} r^4$$

Da aber für $r = 0$ sowohl ξ_0 als auch der erste und der zweite Differentialquotient von ξ_0 nicht unendlich groß werden können, sind die logarithmischen Glieder zu streichen, und man behält

$$R_0 = c_0 + c_2 r^2 + \frac{p}{64\,K} r^4 \quad (142)$$

Die übrigen R entnimmt man den Gl. (136) und (137), wobei ebenfalls die für $r = 0$ unendlich werdenden Glieder zu unterdrücken sind, so daß man

$$\left.\begin{aligned} R_1 &= k_1 r + k_3 r^3 \\ R_2 &= b_{12} r^2 + b_{32} r^4 + b_{42} \\ R_n &= b_{1n} r^n + b_{3n} r^{n+2} \end{aligned}\right\} \quad (143)$$

behält, wenn in der letzten Zeile n größer ist als 2. Die einzige Schwierigkeit besteht nun darin, alle Konstanten c, k, b so zu ermitteln, daß die Grenzbedingungen am Umfange erfüllt sind. Für die eingespannte Platte ist dies wieder leicht möglich; für die frei aufliegende Platte ist aber eine umständliche Rechnung erforderlich, auf die wir uns jetzt nicht einlassen wollen.

Vielleicht führt aber auch ein glücklicher Versuch zum Ziele. So liegt z. B. von vornherein die Vermutung nahe, daß die Linien gleicher Durchsenkung ξ_0, also die Höhenschichtenlinien der elastischen Fläche zur Umfangsellipse ähnliche und ähnlich liegende Ellipsen sein könnten. Bei der eingespannten Platte haben wir diese Vermutung in der Tat in § 25 bestätigt gefunden. Man kann nun versuchen, ob sie sich auch bei der frei aufliegenden Platte bewährt. Jede der genannten Ellipsen genügt, wie man leicht findet, der Differentialgleichung

$$\frac{dr}{d\varphi} = -r\frac{\sin 2\varphi}{\lambda - \cos 2\varphi}, \quad \text{wo } \lambda = \frac{a^2 + b^2}{a^2 - b^2}$$

ist. Anderseits folgt aber aus Gl. (141) durch Differentiieren nach φ für ein konstantes ξ_0, wenn man die Differentialquotienten der R nach r durch Beifügen eines Striches bezeichnet,

$$(R_0' + R_1' \cos\varphi + \ldots + R_n' \cos n\varphi + \ldots)\frac{dr}{d\varphi} -$$
$$- R_1 \sin\varphi - 2R_2 \sin 2\varphi - \ldots - nR_n \sin n\varphi - \ldots = 0$$

und wenn man $\frac{dr}{d\varphi}$ aus der vorigen Gleichung einsetzt, muß daher, falls die Vermutung zutreffen soll, in jedem Punkte der Platte die folgende Gleichung

$$r \sin 2\varphi (R_0' + R_1' \cos\varphi + \ldots + R_n' \cos n\varphi + \ldots) +$$
$$+ (\lambda - \cos 2\varphi)(R_1 \sin\varphi + 2R_2 \sin 2\varphi + \ldots + nR_n \sin n\varphi + \ldots) = 0$$

identisch erfüllt sein. Diese Bedingung genügt, um alle in den R vorkommenden Konstanten bis auf c_0 und c_2 zu ermitteln. Man behält dann

$$\xi_0 = c_0 + c_2 r^2 + \frac{p}{64K} r^4 - \left(\frac{c_2}{\lambda} r^2 + \frac{4\lambda}{1 + 2\lambda^2} \cdot \frac{p}{64K} r^4\right) \cos 2\varphi +$$
$$+ \frac{1}{1 + 2\lambda^2} \cdot \frac{p}{64K} r^4 \cos 4\varphi \quad \ldots \ldots \quad (144)$$

Zur Bestimmung von c_0 und c_2 steht zunächst die Bedingung zu Gebote, daß ξ_0 am Umfange zu Null werden muß. Setzt man $\varphi = 0$ und $r = a$ ein, so muß demnach $\xi_0 = 0$ herauskommen. Das liefert die Gleichung

$$c_0 + \frac{\lambda - 1}{\lambda} a^2 c_2 + 2 \frac{(\lambda - 1)^2}{1 + 2\lambda^2} \cdot \frac{p a^4}{64 K} = 0,$$

und wenn sie erfüllt ist, wird auch in der Tat nicht nur an der zunächst ins Auge gefaßten Stelle, sondern am ganzen Umfange ξ_0 zu Null.

Bei der eingespannten Platte muß außerdem an der Stelle $\varphi = 0$ und $r = a$ auch der Differentialquotient $\frac{\partial \xi_0}{\partial r}$ zu Null werden, und hieraus folgt

$$c_2 = -4 \frac{\lambda(\lambda - 1)}{1 + 2\lambda^2} \cdot \frac{p a^2}{64 K}.$$

Die Bedingung, von der wir uns bei der Aufstellung der Lösung leiten ließen, daß die Linien gleicher Durchbiegung ξ_0 zueinander ähnlich liegende Ellipsen sein sollten, bringt es mit sich, daß nach dieser Bestimmung von c_2 für einen einzigen Punkt des Umfangs die Forderung, daß die Platte eingespannt sein soll, auch an allen übrigen Stellen des Umfangs erfüllt ist.

Auch c_0, das mit dem Biegungspfeil f übereinstimmt, läßt sich nun aus der vorhergehenden Gleichung berechnen, und man findet dafür

$$f = \frac{p a^4}{32 K} \cdot \frac{(\lambda - 1)^2}{1 - 2\lambda^2},$$

was nach Einsetzen von K und λ genau mit der schon in § 25 auf anderem Wege abgeleiteten Formel (77) für den Biegungspfeil der eingespannten elliptischen Platte übereinstimmt.

Nun könnte man versuchen, in derselben Weise für die frei aufliegende Platte c_2 so zu bestimmen, daß an der Stelle $\varphi = 0$, $r = a$ die Biegungsspannungen σ_r zu Null werden. Das ist auch leicht durchführbar, und man findet aus dieser Bedingung

$$c_2 = -\frac{p a^2}{16 K} \cdot \frac{\lambda(\lambda - 1)}{1 + 2\lambda^2} \cdot \frac{3m(\lambda - 1) + \lambda + 1}{m(\lambda - 1) + \lambda - 1}.$$

Aber wenn man nun erwartet, daß mit diesem Werte von c_2 auch an allen übrigen Punkten des Umfangs die Normalspannungen σ_n in der Richtung der Normalen zum Umfange verschwinden sollten, findet man sich enttäuscht. Man hat vielmehr eine Lösung vor sich, bei der nur an einer Stelle das Einspannmoment verschwindet, während ihr sonst überall eine teilweise Einspannung entspricht. Nur bei der kreisförmigen Platte ist dies aus leicht verständlichen Gründen anders, und nur für sie ist daher die soeben aufgestellte Lösung brauchbar.

Damit ist der Versuch mißlungen und zugleich der Beweis erbracht, daß die Höhenschichtenlinien der elastischen Fläche bei der freiaufliegenden elliptischen Platte keine ähnlich liegenden Ellipsen sein können. So weit haben wir die Rechnung selbst durchgeführt und sie dann abgebrochen. Will man sie fortsetzen, so könnte man etwa die allgemeinere Vermutung prüfen, daß die Höhenschichtenlinien zwar immer noch Ellipsen sein könnten, aber keine ähnlichen mehr, so daß die vorher mit λ bezeichnete Verhältniszahl von einer zur anderen wechselt. Sollte sich auch diese Vermutung als irrig erweisen, so müßte man sich dazu entschließen, von vornherein die allgemeine Bedingung einzuführen, daß in allen Punkten des Umfangs σ_n zu Null werden muß. Ob es gelingen wird, auf einem dieser Wege zu einer strengen Lösung der Aufgabe zu gelangen, ist freilich zweifelhaft.

Anmerkung. Bei diesen Betrachtungen haben wir uns ausschließlich von dem Bestreben leiten lassen, eine strenge Lösung zu finden. Eine solche ist, wenn man sie haben kann, freilich stets einer angenäherten Lösung vorzuziehen. Aber man darf dabei nicht vergessen, daß für praktische Zwecke eine sonst gut begründete Näherungslösung, wie sie etwa auf Grund des Prinzips der virtuellen Geschwindigkeiten abgeleitet werden kann, fast dieselben Dienste tut.

Um eine möglichst einfache Näherungsformel für die Biegungsspan nung oder für den Biegungspfeil einer gleichförmig belasteten elliptischen Platte mit freier Auflagerung abzuleiten, kann man sich darauf stützen, daß die Ellipse zwischen zwei Grenzfällen liegt, für die man eine strenge Lösung bereits kennt. Der eine Grenzfall ist die kreisförmige Platte, der andere der Plattenstreifen, den man erhält, wenn man die eine Halbachse der Ellipse gegenüber der anderen unendlich groß werden läßt. In dem im Endlichen liegenden mittleren Teile dieser langgestreckten Ellipse, auf den es bei der Verwendung der Lösung allein ankommen kann, läßt sich die elastische Fläche als eine Zylinderfläche ansehen, d. h. die Formänderung vollzieht sich nach demselben Gesetz wie bei einem gleichförmig belasteten Balken, und auch die Biegungsspanung läßt sich (abgesehen von dem praktisch ziemlich bedeutungslosen Faktor $\frac{m^2}{m^2-1}$, der wegen der behinderten Querdehnung hereinkommt) nach derselben Formel berechnen wie für einen Balken.

Nach der Balkenformel findet man die Biegungsspannung, wenn die kleine Halbachse der Ellipse mit b und die Belastung für die Flächeneinheit mit p bezeichnet wird,

$$\sigma = 3p\frac{b^2}{h^2}$$

während nach der Näherungstheorie für die kreisförmige Platte

$$\sigma = p\frac{b^2}{h^2}$$

gesetzt werden kann. Bei einem beliebigen Verhältnisse der Halbachsen a und b findet man durch einfache Einschaltung den Zwischenwert

$$\sigma = \frac{3a-2b}{a}p\frac{b^2}{h^2} \quad \dots\dots\dots\dots \quad (145)$$

der immerhin als ungefähre Schätzung für die Beanspruchung der elliptischen Platte verwendet werden kann. — Diese Näherungsformel wurde bereits in den letzten Auflagen von Band III der »Vorlesungen« vorgeschlagen und auch durch Hinweise auf Versuchsergebnisse etwas näher begründet.

§ 34. Platten von außergewöhnlicher Gestalt.

Über Platten, die weder rechteckig noch kreisförmig oder elliptisch sind, ist bisher nur wenig veröffentlicht worden. Es läßt sich jedoch annehmen, daß sich bei weiterem Fortschreiten der Eisenbetonbauweise und auch sonst vielleicht bei der Herstellung größerer Gefäße (z. B. von Schiffskörpern) gelegentlich ein Bedürfnis nach einer ungefähren Näherungstheorie für Platten von ungewöhnlicher Form oder auch von ungewöhnlicher Art der Auflagerung einstellen wird, weshalb hier noch mit einigen Worten darauf eingegangen werden mag.

Für eine Platte von der Gestalt eines gleichschenkelig rechtwinkeligen Dreiecks, die am ganzen Rande frei aufliegt und eine gleichförmig verteilte Belastung p zu tragen hat, wurde von A. Nadai in der schon früher angeführten Abhandlung in der Z. d. V. D. Ing. 1914 eine gut begründete Näherungslösung aufgestellt, wonach die größte in ihr auftretende Biegungsspannung

$$\sigma_{\max} = 0{,}147 \frac{a^2}{h^2} p \quad \ldots \ldots \quad (146)$$

zu setzen ist, wenn a die Länge einer Kathete bedeutet. Für die größte Durchbiegung erhält Nadai

$$f = 0{,}00068 \frac{12(m^2 - 1)}{m^2} \cdot \frac{p a^4}{E h^3} = 0{,}0077 \frac{p a^4}{E h^3} \quad \ldots \quad (147)$$

wenn zuletzt $m = 4$ gesetzt und auf zwei zählende Stellen abgerundet wird.

In derselben Abhandlung sind auch einige wichtige Belastungsfälle für einen Plattenstreifen erledigt. In Abb. 28 ist im Grundriß ein Plattenstreifen gezeichnet, der sich nach beiden Seiten der Y-Achse hin ins Unendliche erstrecken mag, und der an den beiden Rändern $z = \pm b$ frei aufliegend unterstützt ist. Der Streifen soll einen in die XZ-Ebene fallende Blastung P tragen, die sich über die ganze Breite von $z = -b$ bis $z = +b$ gleichförmig verteilen soll. Ein solcher Belastungsfall liegt z. B. vor, wenn eine langgestreckte Eisenbetondecke an einer Stelle das Gewicht einer quer dazu verlaufenden Mauer zu tragen hat. Die Ordinate ξ_0 der elastischen Fläche wird für diesen Belastungsfall nach der Lösung

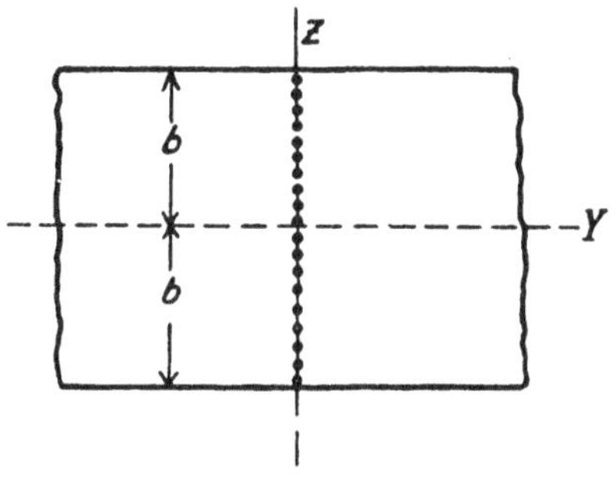

Abb. 28.

von Nadai gegeben durch den nur für positive Werte von y gültigen Ausdruck

$$\xi_0 = \frac{48\,(m^2 - 1)}{\pi^4\,m^2} \cdot \frac{P\,b^2}{E\,h^3} \cdot \Sigma\,(-1)^{\frac{n-1}{2}} \cdot$$

$$\cdot \frac{1}{n^4}\,e^{-n\frac{\pi y}{2b}}\left(1 + n\,\frac{\pi y}{2b}\right)\cos n\,\frac{\pi z}{2b} \quad \ldots \ldots \quad (148)$$

in dem sich die Summe auf alle ungeraden Zahlen n von 1 bis ∞ erstreckt. Auf der negativen Seite der Y-Achse wiederholen sich der Symmetrie wegen dieselben Werte von ξ_0 wie auf der positiven Seite. Durch Ausführung der Differentiationen überzeugt man sich leicht, daß ξ_0 der Biegungsgleichung für die unbelastete Platte

$$\nabla^2\,\nabla^2\,\xi_0 = 0$$

genügt. Ferner wird ξ_0 zu Null für $z = \pm\,b$, und auch die zweiten Differentialquotienten von ξ_0 nach y sowohl als nach z verschwinden wegen des Kosinusfaktors an den Plattenrändern, wie es bei der freien Auflagerung sein muß. Endlich läßt sich die Schubkraft t_v in einem parallel zur Z-Achse durch die Platte geführten Schnitte nach Gl. (70)

$$t_v = \frac{m^2\,E\,h^3}{12\,(m^2 - 1)}\left(\frac{\partial^3\,\xi_0}{\partial\,y^3} + \frac{\partial^3\,\xi_0}{\partial\,y\,\partial\,z^2}\right)$$

berechnen. Führt man dies aus und setzt nachträglich $y = 0$, so erhält man zunächst

$$(t_v)_{v-0} = \frac{P}{\pi\,b}\,\Sigma\,(-1)^{\frac{n-1}{2}}\,\frac{1}{n}\,\cos n\,\frac{\pi z}{2b}.$$

Auf Grund einer bekannten Reihenformel, nach der für jeden spitzen Winkel α

$$\cos \alpha - \frac{1}{3}\,\cos 3\,\alpha + \frac{1}{5}\,\cos 5\,\alpha - \frac{1}{7}\,\cos 7\,\alpha + \ldots = \frac{\pi}{4}$$

ist, läßt sich dies aber vereinfachen zu

$$(t_v)_{v-0} = \frac{P}{4\,b}.$$

Das ist unabhängig von z, und die Summe der über die ganze Plattenbreite verteilten Schubkraft beträgt daher $\frac{1}{2}\,P$. Auf der Seite der negativen y wiederholt sich alles spiegelbildlich, und dort wird also auch eine im gleichen Sinn gehende Schubkraft $\frac{1}{2}\,P$ aufgenommen, die zusammen mit der vorigen der Last P das Gleichgewicht hält. Außerdem zeigt sich auch noch, daß $\frac{\partial\,\xi_0}{\partial\,y}$ für $y = 0$ überall zu

Null wird. Es sind daher alle Bedingungen erfüllt, und Gl. (148) bildet somit eine strenge Lösung der gestellten Aufgabe.

Der Biegungspfeil f an der Stelle $y = 0$, $z = 0$ berechnet sich hieraus mit $m = 4$ zu

$$f = 0{,}081 \cdot \frac{6\,(m^2 - 1)}{m^2} \cdot \frac{P b^2}{E h^3} = 0{,}456 \frac{P b^2}{E h^3} \quad . \quad . \quad . \quad (149)$$

und für die Biegungsspannung σ_{max} an der gleichen Stelle erhält man

$$\sigma_{max} = 0{,}74 \frac{P}{h^2} \quad . \quad . \quad . \quad . \quad . \quad . \quad . \quad (150)$$

also bei gegebenem P unabhängig von der Spannweite $2b$. Der Grund für diese Unabhängigkeit der Tragfähigkeit der Platte von der Spannweite besteht darin, daß bei einer größeren Spannweite auch größere Teile des Streifens in der Richtung der Y-Achse in Mitleidenschaft gezogen werden und daher mittragen helfen. Es verhält sich damit ähnlich wie mit der Tragfähigkeit einer kreisförmigen Platte gegenüber einer gleichförmig über die ganze Fläche verteilten Last P, die ebenfalls unabhängig ist vom Durchmesser der Platte, falls nur die ganze Last in allen Fällen die gleiche bleibt.

Auch sonst kommen in der Arbeit von Nadai noch einige beachtenswerte Belastungsfälle vor. Die Arbeit gehört überhaupt zu den besten, die über diesen Gegenstand jemals geschrieben wurden. Sie legt nur vielleicht zuviel Gewicht auf die strengen Lösungen, während unserer Ansicht nach ein Fortschritt der Plattentheorie hauptsächlich nach der Richtung möglichst einfach gebauter Näherungslösungen anzustreben wäre, die sich ohne besondere Schwierigkeit auf möglichst verschiedene, praktisch vorkommende Fälle anwenden lassen müßten. Hier ist noch viel Spielraum für gut verwendungsfähige und nicht zu schwierige Doktoringenieur-Arbeiten offen.

Ein Beispiel wenigstens möge noch genannt werden, für das bisher, wie es scheint, noch keine brauchbare Lösung aufgestellt wurde, nämlich eine durchbrochene Platte ungefähr von der in Abb. 29 angegebenen Gestalt, wie sie so oder ähnlich bei Treppenpodesten in Eisenbeton vorkommen kann. Die einspringenden Ecken würde man jedenfalls auszurunden haben, weil sonst zu große Spannungen an diesen Stellen zu erwarten wären. Die Last würde man etwa gleichförmig verteilt oder auch so anzunehmen haben, wie sie bei bestimmten Bauausführungen zu erwarten ist. Ähnliche Beispiele, für die eine einigermaßen zuverlässige Berechnung erst noch aufzustellen ist, wird jeder Eisenbetoningenieur aus seinen Berufserfahrungen ohne weiteres anführen können.

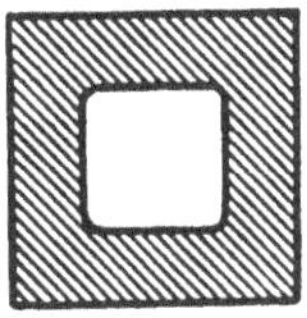
Abb. 29.

§ 35. Dünne Platten mit großer Ausbiegung.

Wir kommen jetzt auf eine Bemerkung zurück, die schon in den einleitenden Betrachtungen von § 17 gemacht worden ist. Damals entschieden wir uns dafür, Platten von so großer Biegungssteifigkeit vorauszusetzen, daß die Einsenkungen ξ_0 als sehr klein gegenüber der Plattendicke h angesehen und dieser gegenüber vernachlässigt werden dürften. An dieser Voraussetzung ist bisher stets festgehalten worden. Jetzt dagegen soll der damals auch schon angeführte andere Grenzfall einer sehr dünnen Platte ins Auge gefaßt werden, bei dem ξ_0 erheblich größer wird als h, so daß es zulässig erscheint, im Gegensatze zu vorher h gegenüber ξ_0 zu vernachlässigen. Anstatt dessen kann man auch sagen, daß die dünne Platte als eine vollkommen biegsame Haut behandelt werden soll, so etwa wie man einen Telegraphendraht bei größerer Spannweite als ein vollkommen biegsames Seil ansieht.

Hiermit fallen alle in § 17 aufgestellten Formeln, die den Ausgangspunkt der weiteren Untersuchungen gebildet hatten, in sich zusammen, und wir haben sie durch andere zu ersetzen. Wenn nämlich h als verschwindend klein betrachtet werden kann, gilt dies auch von dem in den Gl. (2), (3) und (4) auftretenden Abstande x von der Mittelfläche. Die davon abhängigen Werte von η, ζ oder ε_y oder σ_y usf. köuenu nunmehr umgekehrt als klein vernachlässigt werden gegenüber den früher außer Betracht gebliebenen, jetzt aber in den Vordergrund tretenden Größen der gleichen Art, die auf andere Ursachen zurückzuführen sind. Auch Gl. (1), die $\eta_0 = \zeta_0 = 0$ ansetzte, weil etwaige Verschiebungskomponenten von Punkten der Mittelfläche der Platte in diesen Richtungen gegenüber den durch die Gl. (2) ausgedrückten Verschiebungen η, ζ von anderen Punkten als bedeutungslos erschienen, kann nicht mehr aufrechterhalten werden.

Dagegen dürfen wir bei den dünnen Platten annehmen, daß zwischen den Verschiebungskomponenten $\xi\ \eta\ \zeta$ für die auf derselben Normalen zur Mittelfläche liegenden Punkte kein Unterschied mehr gemacht zu werden braucht. Es ist daher auch überflüssig, zwischen ξ und ξ_0 oder η und η_0 noch weiterhin zu unterscheiden; wir haben vielmehr $\xi\ \eta\ \zeta$ nur noch als Funktionen von y und z und nicht mehr von x anzusehen.

Von vornherein ist zu erwarten, daß die Verschiebungskomponenten $\eta\ \zeta$ nur sehr klein gegenüber ξ sein können. Wir dürfen sie aber bei der Berechnung der elastischen Dehnungen und der Formänderungsarbeit trotzdem nicht vernachlässigen, da selbst sehr kleine Verschiebungen parallel zur Plattenebene von größerem Einflusse auf diese Größen sein können als große Ausbiegungen ξ. Der Einfluß der Ausbiegungen ξ auf die elastischen Dehnungen besteht nämlich bei den dünnen Platten nur noch in dem Unterschiede zwischen der Bogenlänge nach der Ausbiegung und der ursprünglich geraden Strecke. Abb. 30 zeigt ein Stück eines in der Richtung der XY-Ebene durch die Platte gelegten Schnittes, in dem man sich die Plattendicke durch die Strichdicke der Ausbiegungslinie dargestellt zu denken hat. Wenn keine Verschiebungen $\eta\,\zeta$ vorkämen, ginge das mit dy bezeichnete Längenelement des Schnittes durch die Mittelebene der Platte durch die Formänderung über in das Bogenelement ds des Schnittes durch die elastische Fläche. Die elastische Dehnung in der Y-Richtung wäre dann ausschließlich bedingt durch den Längenunterschied zwischen ds und dy, und man hätte

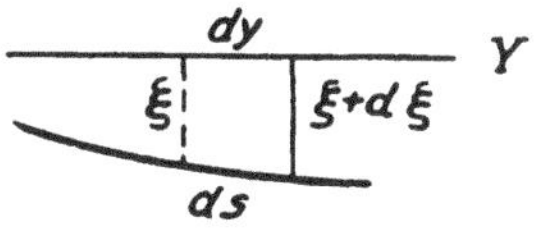

Abb. 30.

$$\varepsilon_y = \frac{ds - dy}{dy} = \sqrt{1 + \left(\frac{\partial \xi}{\partial y}\right)^2} - 1.$$

Nun ist zwar ξ als groß gegenüber der Plattendicke h vorausgesetzt, aber doch immer noch als klein gegenüber den Abmessungen der Platte in ihrer eigenen Ebene. Daher ist $\frac{\partial \xi}{\partial y}$ als ein kleiner Bruch anzusehen, und es genügt daher, beim Ausziehen der Quadratwurzel nur die beiden ersten Glieder der daraus hervorgehenden Reihenentwicklung beizubehalten. Damit erhält man

$$\varepsilon_y = \frac{1}{2}\left(\frac{\partial \xi}{\partial y}\right)^2.$$

Aber da $\frac{\partial \xi}{\partial y}$ an sich klein ist und ε_y von dem Quadrate dieser kleinen Größe abhängt, erkennt man die Richtigkeit der vorher aufgestellten Behauptung, daß selbst im Verhältnisse zur Plattendicke schon recht große Ausbiegungen ξ doch nicht zu so großen Dehnungen ε führen können, daß sich ihnen gegenüber der Einfluß der an sich weit kleineren Verschiebungskomponenten η und ζ vernachlässigen ließe. Im ganzen ist daher

$$\left.\begin{aligned} \varepsilon_y &= \frac{1}{2}\left(\frac{\partial \xi}{\partial y}\right)^2 + \frac{\partial \eta}{\partial y} \\ \varepsilon_z &= \frac{1}{2}\left(\frac{\partial \xi}{\partial z}\right)^2 + \frac{\partial \zeta}{\partial z} \end{aligned}\right\} \quad \ldots\ldots\ldots \quad (151)$$

Die Dehnung in der dritten Richtung ε_x wird dadurch bestimmt, daß der Spannungszustand in der Platte an jeder Stelle als ein ebener anzusehen und daher, wie auch schon in § 17,

$$\varepsilon_x = -\frac{1}{m-1}(\varepsilon_y + \varepsilon_z)$$

zu setzen ist. Zur Beschreibung der Formänderung fehlt nur noch die Winkeländerung γ_{yz} zwischen zwei ursprünglich senkrecht zueinander stehenden Längenelementen dy und dz. Diese rührt ebenfalls zum Teile von den Senkungen ξ und andernteils von den Verschiebungen $\eta\zeta$ her. Um den ersten Anteil zu berechnen, betrachte man die axonometrische Zeichnung in Abb. 31. In ihr gehen vom Punkte 1 aus die in der Mittelebene der Platte enthaltenen Strecken dy und dz nach den Punkten 2 und 3, und zwar senkrecht zueinander. Bei der Formänderung verschiebt sich der Punkt 1 nach abwärts um eine Strecke ξ, die in der Zeichnung weggelassen ist. Auch bei den Punkten 2 und 3 ist ein ebenso großer Teil der ganzen Senkung ξ weggelassen, und nur die Unterschiede gegenüber der Senkung von 1 sind angegeben, da sie allein zu einer Gestaltänderung des Dreiecks 1 2 3 führen. Das Dreieck 1 4 5 ist nun im allgemeinen nicht mehr rechtwinkelig. Der Winkel bei 1 ist vielmehr $= \frac{\pi}{2} - \gamma$ zu setzen, und zwar mit dieser Vorzeichenwahl der Winkeländerung γ, weil nach unseren sonstigen Vorzeichenfestsetzungen eine positive Schubspannung τ_{yz} eine Verminderung des ursprünglich rechten Winkels zwischen den in den positiven Achsenrichtungen gezogenen Strecken dy und dz zur Folge hat.

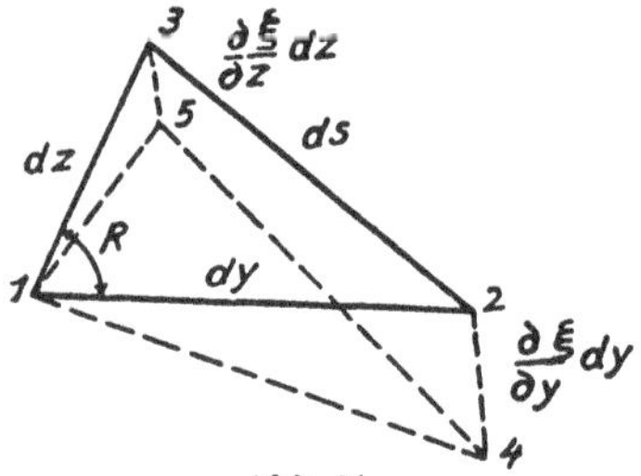

Abb. 31.

Auf das Dreieck 1, 4, 5 wenden wir den Kosinussatz an und erhalten die Gleichung

$$ds^2 + \left(\frac{\partial \xi}{\partial y} dy - \frac{\partial \xi}{\partial z} dz\right)^2 = dy^2 + \left(\frac{\partial \xi}{\partial y} dy\right)^2 + \\ + dz^2 + \left(\frac{\partial \xi}{\partial z} dz\right)^2 - 2\, dy\, dz \cos\left(\frac{\pi}{2} - \gamma\right).$$

Im letzten Gliede der Gleichung braucht nämlich auf die Unterschiede zwischen den Seitenlängen 1, 4 und 1, 5 und den Strecken dy und dz nicht mehr geachtet zu werden, da sie nur zu Gliedern führen würden, die von höherer Ordnung klein wären. Ferner genügt es, da γ jedenfalls nur ein sehr kleiner Winkel ist,

$$\cos\left(\frac{\pi}{2} - \gamma\right) = \sin\gamma = \gamma$$

zu setzen. Dann liefert die Auflösung der vorausgehenden Gleichung nach Wegheben der beiderseits miteinander übereinstimmenden Glieder

$$\gamma = \frac{\partial \xi}{\partial y} \frac{\partial \xi}{\partial z}.$$

Der andere Anteil der Winkeländerung γ_{yz} ergibt sich aus derselben Überlegung wie schon in § 2 bei der Ableitung von Gl. (23). Im ganzen wird demnach

$$\gamma_{yz} = \frac{\partial \xi}{\partial y}\frac{\partial \xi}{\partial z} + \frac{\partial \eta}{\partial z} + \frac{\partial \zeta}{\partial y} \quad . \quad . \quad . \quad . \quad . \quad (152)$$

Auch für die mit diesen Formänderungen verbundenen Spannungen kann man sofort entsprechende Formeln anschreiben. Nach den Gl. (34) von § 2 gilt für den hier vorliegenden zweiachsigen Spannungszustand

$$\sigma_y = \frac{2G}{m-1}(m\,\varepsilon_y + \varepsilon_z); \qquad \sigma_z = \frac{2G}{m-1}(m\,\varepsilon_z + \varepsilon_y); \quad \tau_{yz} = G\gamma_{yz} \quad (153)$$

worauf man noch die sich aus den Gl. (151) und (152) ergebenden Werte der ε und γ einsetzen kann.

Ferner läßt sich die bezogene Formänderungsarbeit A für den zweiachsigen Spannungszustand in der Gestalt

$$\mathsf{A} = G\left(\frac{m}{m-1}(\varepsilon_y^2 + \varepsilon_z^2) + \frac{2}{m-1}\varepsilon_y\,\varepsilon_z + \frac{1}{2}\gamma_{yz}^2\right)$$

anschreiben, und hiermit erhält man auch die Formänderungsarbeit für die ganze Platte, da die ε und γ hier unabhängig von x sind, durch Ausführung des Oberflächenintegrals

$$A = \frac{Gh}{m-1}\int\!\!\int\left\{m(\varepsilon_y^2 + \varepsilon_z^2) + 2\,\varepsilon_y\,\varepsilon_z + \frac{m-1}{2}\gamma_{yz}^2\right\}dF \quad (154)$$

über die ganze Plattenfläche.

Wir sind damit in den Stand gesetzt, die weitere Behandlung der Aufgabe auf das Prinzip der virtuellen Geschwindigkeiten zu stützen. Und zwar steht uns bei diesem Ausgangspunkte noch die Wahl offen, entweder eine möglichst einfach gestaltete Näherungstheorie aufzustellen oder auch eine strengere Lösung anzustreben. Zunächst wollen wir uns für den zweiten Weg entscheiden, weil der Zwang, zu einer Näherungslösung greifen zu müssen, erst aus der Erkenntnis der Schwierigkeiten, die sich einer strengen Lösung entgegenstellen, deutlich genug hervortritt.

Nach dem Prinzip der virtuellen Geschwindigkeiten muß für jede Variation, die wir mit den Verschiebungsgrößen $\xi\ \eta\ \zeta$ vorzunehmen berechtigt sind, die Gleichung

$$\Sigma\,\mathfrak{P}\,\delta\mathfrak{s} - \delta A = 0$$

erfüllt sein. Wir wollen zuerst eine Variation ins Auge fassen, bei der sich ξ und ζ überhaupt nicht ändern, sondern nur η um einen Betrag

$\delta\eta$, der als eine sonst beliebige Funktion von y und z angenommen werden kann, die stetig ist und die Grenzbedingungen am Plattenrande ($\delta\eta = 0$) erfüllt. Bei dieser Formänderung leisten die Lasten $\mathfrak{P}$ keine Arbeit, und für sie muß daher

$$\delta A = 0$$

sein. Nach den Gl. (151) und (152) wird aber in diesem Falle

$$\delta \varepsilon_y = \frac{\partial \delta \eta}{\partial y}; \qquad \delta \varepsilon_z = 0; \qquad \delta \gamma_{yz} = \frac{\partial \delta \eta}{\partial z}$$

und daher erhält man aus Gl. (154) nach Ausführung der Variation

$$\int \left\{ 2 (m \varepsilon_y + \varepsilon_z) \frac{\partial \delta \eta}{\partial y} + (m - 1) \gamma_{yz} \frac{\partial \delta \eta}{\partial z} \right\} dF = 0.$$

Diesen Ausdruck hat man in derselben Weise, wie es bereits in § 13 bei der Ableitung der Differentialgleichung der steifen Platte geschehen ist, durch eine partielle Integration umzuformen, wobei zu beachten ist, daß $\delta\eta$ am Umfange der Platte überall verschwindet. Damit geht die Gleichung über in

$$\int \delta \eta \left\{ 2 \frac{\partial}{\partial y} (m \varepsilon_y + \varepsilon_z) + (m - 1) \frac{\partial \gamma_{yz}}{\partial z} \right\} dF = 0$$

und damit sie für jede willkürliche Variation $\delta\eta$ erfüllt sein kann, muß an jeder Stelle der Wert in der geschweiften Klammer zu Null werden. Man hat also

$$2 \frac{\partial}{\partial y} (m \varepsilon_y + \varepsilon_z) + (m - 1) \frac{\partial \gamma_{yz}}{\partial z} = 0 \quad . \quad . \quad . \quad . \quad (155)$$

wofür man wegen der Gl. (153) auch

$$\frac{\partial \sigma_y}{\partial y} + \frac{\partial \tau_{yz}}{\partial z} = 0 \quad . \quad . \quad . \quad . \quad . \quad . \quad . \quad . \quad (156)$$

schreiben kann. Das ist einfach die Gleichgewichtsbedingung gegen Verschieben in der Y-Richtung für die an einem Plattenelemente angreifenden Spannungen, die man natürlich auch unmittelbar hätte ableiten können.

Für die Z-Richtung gilt natürlich dasselbe wie für die Y-Richtung, und man kann daher die weiteren Gleichungen

$$2 \frac{\partial}{\partial z} (m \varepsilon_z + \varepsilon_y) + (m - 1) \frac{\partial \gamma_{yz}}{\partial y} = 0 \text{ oder } \frac{\partial \sigma_z}{\partial z} + \frac{\partial \tau_{yz}}{\partial y} = 0 \quad (157)$$

hinzufügen.

Weiterhin betrachten wir eine virtuelle Verschiebung, bei der sich nur ξ um $\delta\xi$ ändert. Die zugehörigen Variationen der ε und γ sind

$$\delta\varepsilon_y = \frac{\partial\xi}{\partial y}\cdot\frac{\partial\delta\xi}{\partial y}; \qquad \delta\varepsilon_z = \frac{\partial\xi}{\partial z}\cdot\frac{\partial\delta\xi}{\partial z}; \qquad \delta\gamma_{yz} = \frac{\partial\xi}{\partial y}\,\frac{\partial\delta\xi}{\partial z} + \frac{\partial\xi}{\partial z}\cdot\frac{\partial\delta\xi}{\partial y}$$

und wenn man dies beachtet, erhält man aus Gl. (154)

$$\delta A = \frac{G h}{m-1}\int\left\{2\,(m\,\varepsilon_y + \varepsilon_z)\,\frac{\partial\xi}{\partial y}\cdot\frac{\partial\delta\xi}{\partial y} + 2\,(m\,\varepsilon_z + \varepsilon_y)\,\frac{\partial\xi}{\partial z}\cdot\frac{\partial\delta\xi}{\partial z} + \right.$$
$$\left. + (m-1)\,\gamma_{yz}\left(\frac{\partial\xi}{\partial y}\,\frac{\partial\delta\xi}{\partial z} + \frac{\partial\xi}{\partial z}\cdot\frac{\partial\delta\xi}{\partial y}\right)\right\} dF.$$

Auch hiermit ist in derselben Weise wie vorher eine partielle Integration vorzunehmen, wodurch die Gleichung übergeht in

$$\delta A = -\frac{G h}{m-1}\int\delta\xi\left\{2\,\frac{\partial}{\partial y}\left((m\,\varepsilon_y + \varepsilon_z)\,\frac{\partial\xi}{\partial y}\right) + \right.$$
$$\left. + 2\,\frac{\partial}{\partial z}\left((m\,\varepsilon_z + \varepsilon_y)\,\frac{\partial\xi}{\partial z}\right) + (m-1)\left[\frac{\partial}{\partial z}\left(\gamma_{yz}\,\frac{\partial\xi}{\partial y}\right) + \frac{\partial}{\partial y}\left(\gamma_{yz}\,\frac{\partial\xi}{\partial z}\right)\right]\right\} dF.$$

Für die Arbeit der Lasten erhält man bei dieser virtuellen Verschiebung

$$\Sigma\,\mathfrak{P}\,\delta\mathfrak{s} = \int\delta\xi\,p\,dF$$

und damit die Gleichung des Prinzips der virtuellen Geschwindigkeiten für jede willkürliche Wahl der Variation $\delta\xi$ erfüllt sein kann, muß an jeder Stelle der Platte die Gleichung

$$p + \frac{G h}{m-1}\left\{2\,\frac{\partial}{\partial y}\left((m\,\varepsilon_y + \varepsilon_z)\,\frac{\partial\xi}{\partial y}\right) + 2\,\frac{\partial}{\partial z}\left((m\,\varepsilon_z + \varepsilon_y)\,\frac{\partial\xi}{\partial z}\right) + \right.$$
$$\left. + (m-1)\left[\frac{\partial}{\partial z}\left(\gamma_{yz}\,\frac{\partial\xi}{\partial y}\right) + \frac{\partial}{\partial y}\left(\gamma_{yz}\,\frac{\partial\xi}{\partial z}\right)\right]\right\} = 0$$

bestehen. Auch diese Gleichung läßt sich so umschreiben, daß an Stelle der Formänderungsgrößen die Spannungen darin vorkommen, nämlich mit Rücksicht auf die Gl. (153) in der Form

$$\frac{p}{h} + \frac{\partial}{\partial y}\left(\sigma_y\,\frac{\partial\xi}{\partial y}\right) + \frac{\partial}{\partial z}\left(\sigma_z\,\frac{\partial\xi}{\partial z}\right) + \frac{\partial}{\partial z}\left(\tau_{yz}\,\frac{\partial\xi}{\partial y}\right) + \frac{\partial}{\partial y}\left(\tau_{yz}\,\frac{\partial\xi}{\partial z}\right) = 0$$

und sie hätte in dieser Form auch unmittelbar aus dem Gleichgewicht eines Plattenelementes gegen Verschieben in der X-Richtung abgeleitet werden können. In Band V der »Vorlesungen« wurde in der Tat dieser Weg eingeschlagen.

Führt man die Differentiationen aus und beachtet dabei die Gl. (155) bis (157), so geht die letzte Gleichung über in

$$\sigma_y \frac{\partial^2 \xi}{\partial y^2} + \sigma_z \frac{\partial^2 \xi}{\partial z^2} + 2\,\tau_{yz} \frac{\partial^2 \xi}{\partial y\,\partial z} + \frac{p}{h} = 0 \quad . \quad . \quad . \quad (158)$$

Eine weitere Vereinfachung wird herbeigeführt, wenn man die Spannungen des ebenen Spannungszustandes nach dem im nächsten Abschnitt näher zu besprechenden Verfahren in einer Spannungsfunktion F ausdrückt, so nämlich, daß

$$\sigma_y = \frac{\partial^2 F}{\partial z^2}; \qquad \sigma_z = \frac{\partial^2 F}{\partial y^2}; \qquad \tau_{yz} = -\frac{\partial^2 F}{\partial y\,\partial z} \quad . \quad . \quad . \quad (159)$$

gesetzt wird, womit den Gl. (156) und (157) genügt wird. Die so entstehende Gleichung

$$\frac{\partial^2 F}{\partial y^2} \cdot \frac{\partial^2 \xi}{\partial z^2} + \frac{\partial^2 F}{\partial z^2} \cdot \frac{\partial^2 \xi}{\partial y^2} - 2\,\frac{\partial^2 F}{\partial y\,\partial z} \cdot \frac{\partial^2 \xi}{\partial y\,\partial z} + \frac{p}{h} = 0 \quad . \quad (160)$$

enthält wenigstens nur noch zwei unbekannte Funktionen von y und z. Um die Lösung der Aufgabe von dem gewählten Ausgangspunkte aus überhaupt möglich erscheinen zu lassen, braucht man aber jedenfalls noch eine zweite Gleichung zwischen denselben beiden Unbekannten F und ξ. Um diese zu erhalten, differentiiere man Gl. (152) nach y und nach z, ferner die erste der Gl. (151) zweimal nach z und die zweite zweimal nach y. Durch Subtraktion entsteht dann zunächst

$$\frac{\partial^2 \gamma_{yz}}{\partial y\,\partial z} - \frac{\partial^2 \varepsilon_y}{\partial z^2} - \frac{\partial^2 \varepsilon_z}{\partial y^2} = \frac{\partial^2 \xi}{\partial y^2} \cdot \frac{\partial^2 \xi}{\partial z^2} - \left(\frac{\partial^2 \xi}{\partial y\,\partial z}\right)^2.$$

Drückt man hierauf die ε und γ nach dem Elastizitätsgesetze in den Spannungskomponenten σ und τ aus und diese wieder nach den Gl. (159) in der Spannungsfunktion F, so geht die vorstehende Gleichung nach einfacher Umformung über in

$$\frac{\partial^4 F}{\partial y^4} + 2\,\frac{\partial^4 F}{\partial y^2\,\partial z^2} + \frac{\partial^4 F}{\partial z^4} + E\left(\frac{\partial^2 \xi}{\partial y^2} \cdot \frac{\partial^2 \xi}{\partial z^2} - \left[\frac{\partial^2 \xi}{\partial y\,\partial z}\right]^2\right) = 0 \quad (161)$$

womit man zu der verlangten zweiten Gleichung zwischen den Funktionen F und ξ gelangt ist.

Die beiden Gl. (160) und (161), auf deren Integration die Lösung unserer Aufgabe jetzt zurückgeführt ist, zeigen zwar eine bemerkenswerte Regelmäßigkeit im Aufbau, und es erscheint daher nicht ausgeschlossen, durch einen geschickten Griff auf die eine oder andere Art zu brauchbaren partikulären Lösungen zu gelangen. Allzuviel Hoffnungen wird man aber darauf nicht setzen dürfen; von einzelnen

Fällen abgesehen, die eine Vereinfachung zulassen, wird man vielmehr auf eine strenge Lösung verzichten müssen.[1])

Eine Vereinfachung, die eine strenge Lösung ermöglicht, liegt besonders im mittleren Teile eines lang hin ausgedehnten Plattenstreifens vor, der eine gleichförmig über die ganze Fläche verteilte Last p trägt. Der Streifen möge sich, wie schon in Abb. 28, S. 213, gezeichnet, in der Richtung der Y-Achse nach beiden Seiten hin ins Unendliche erstrecken. In diesem Falle sind sowohl der Spannungszustand als der Formänderungszustand als unabhängig von y anzusehen, und man hat daher

$$\eta = 0, \quad \frac{\partial \xi}{\partial y} = 0, \quad \frac{\partial \zeta}{\partial y} = 0, \quad \tau_{yz} = 0, \quad \frac{\partial \sigma_y}{\partial y} = 0, \quad \frac{\partial \sigma_z}{\partial y} = 0$$

zu setzen, woraus sofort nach Gl. (157) hervorgeht, daß σ_z eine Konstante ist. Aus Gl. (158) oder auch aus Gl. (160) folgt dann

$$\sigma_z \frac{\partial^2 \xi}{\partial z^2} + \frac{p}{h} = 0,$$

woraus hervorgeht, daß die elastische Fläche in diesem Falle einen parabolischen Zylinder bildet. Auch die Größe der Durchbiegung und die Spannung σ_z läßt sich hierauf leicht weiter berechnen, wie dies in Band V der »Vorlesungen«, auf den hier verwiesen werden möge, bereits geschehen ist.

Außer diesem einfachsten Falle hat man eine strenge Lösung unserer Aufgabe bisher nur noch für den Fall der kreisförmigen Platte ausfindig gemacht, die wir im nächsten Paragraphen besprechen wollen.

§ 36. Die kreisförmige Haut mit gleichförmig verteilter Belastung.

In der Überschrift haben wir die dünne Platte zur Abwechselung als eine »Haut« bezeichnet, was dazu dienen mag, den hier überall zugrunde liegenden Begriff der »unendlich dünnen« Platte oder, wie man dafür auch sagt, der »Platte mit verschwindender Biegungssteifigkeit« anschaulich zum Ausdruck zu bringen.

Um die Aufgabe für den Sonderfall der kreisförmigen Platte zu lösen, hat man zunächst die Gleichungen des vorigen Paragraphen in Polarkoordinaten umzuschreiben, was nach der schon in § 26 gegebenen Anleitung leicht geschehen kann. Dabei ist zu beachten, daß jeder Durchmesserschnitt eine Symmetrieebene bildet, und alle Spannungs-

---

[1]) Für die rechteckige Haut hat H. Hencky eine Lösung gegeben in »Die Berechnung dünner rechteckiger Platten mit verschwindender Biegungssteifigkeit«, Zeitschrift f. angew. Math. u. Mechanik, Bd. 1, S. 81 und S. 423.

und Formänderungsgrößen unabhängig von dem die Schnittrichtung bestimmenden Winkel φ sind.

Zunächst hat man an Stelle der Gl. (159)

$$\sigma_r = \frac{1}{r}\frac{dF}{dr}; \quad \sigma_t = \frac{d^2F}{dr^2}; \quad \tau_{rt} = 0 \quad . \; . \; . \quad (162)$$

während die Gl. (160) und (161) übergehen in

$$\frac{1}{r}\frac{dF}{dr}\cdot\frac{d^2\xi}{dr^2} + \frac{1}{r}\frac{d\xi}{dr}\frac{d^2F}{dr^2} + \frac{p}{h} = 0$$

$$\left(\frac{d^2}{dr^2} + \frac{1}{r}\frac{d}{dr}\right)^2 F + E\cdot\frac{1}{r}\cdot\frac{d\xi}{dr}\cdot\frac{d^2\xi}{dr^2} = 0$$

Für die erste dieser Gleichungen kann man einfacher

$$\frac{d}{dr}\left(\frac{dF}{dr}\cdot\frac{d\xi}{dr}\right) + \frac{pr}{h} = 0$$

schreiben, und durch eine Integration folgt daraus

$$\frac{dF}{dr}\cdot\frac{d\xi}{dr} + \frac{pr^2}{2h} = C_1.$$

Die Integrationskonstante C_1 ist aber gleich Null zu setzen, da für $r = 0$ auch $\frac{d\xi}{dr}$ zu Null werden muß. Man behält daher

$$\frac{d\xi}{dr} = -\frac{pr^2}{2h\frac{dF}{dr}}$$

als Ersatz von Gl. (160). Auch die an Stelle von Gl. (161) getretene Differentialgleichung läßt sich nach Multiplikation mit r einmal integrieren und liefert

$$r\frac{d}{dr}\left(\frac{d^2}{dr^2} + \frac{1}{r}\frac{d}{dr}\right)F + \frac{E}{2}\left(\frac{d\xi}{dr}\right)^2 = C_2.$$

Die Integrationskonstante C_2 ist ebenfalls wegen der Bedingung in der Plattenmitte gleich Null zu setzen. Für den Zweck der weiteren Verwendung ist es bequemer, von der Spannungsfunktion F wieder auf die Spannungskomponenten σ_r und σ_t zurückzugehen. Die beiden letzten Gleichungen lauten dann

$$\frac{d\xi}{dr} = -\frac{pr}{2h\sigma_r} \quad . \; . \; . \; . \; . \; . \; . \; . \quad (163)$$

$$r\frac{d}{dr}(\sigma_r + \sigma_t) + \frac{E}{2}\left(\frac{\partial\xi}{dr}\right)^2 = 0 \quad . \; . \; . \; . \quad (164)$$

Diesen Gleichungen und auch den vorgeschriebenen Randbedingungen kann man, wie H. Hencky in seiner Abhandlung »Über den Spannungszustand in kreisrunden Platten mit verschwindender Biegungssteifigkeit« in der Zeitschr. f. Math. u. Physik, Bd. 63, S. 311, 1915, gezeigt hat, durch die folgenden konvergenten Reihenentwicklungen genügen

$$\left.\begin{aligned}\sigma_r &= \frac{1}{4}\sqrt[3]{E p^2 \frac{a^2}{h^2}}\left\{B_0 + B_2\left(\frac{r}{a}\right)^2 + B_4\left(\frac{r}{a}\right)^4 + \dots\dots\right\}\\ \sigma_t &= \frac{1}{4}\sqrt[3]{E p^2 \frac{a^2}{h^2}}\left\{B_0 + 3\,B_2\left(\frac{r}{a}\right)^2 + 5\,B_4\left(\frac{r}{a}\right)^4 + \dots\right\}\\ \xi &= a\sqrt[3]{\frac{p\,a}{E h}}\left\{\sum_0^n A_x - \left(\frac{r}{a}\right)^2\left[A_0 + A_2\left(\frac{r}{a}\right)^2 + A_4\left(\frac{r}{a}\right)^4 + \dots\right]\right\}\end{aligned}\right\} \quad (165)$$

Die zweite dieser Gleichungen folgt aus der ersten durch die Bedingung, daß sich σ_r und σ_t beide in derselben Spannungsfunktion F müssen ausdrücken lassen, und beide Gleichungen ließen sich auch in leicht ersichtlicher Weise durch eine einzige für F ersetzen. Unter a ist der Kreishalbmesser zu verstehen und für $r = a$ muß ξ zu Null werden, was augenscheinlich erfüllt ist. Die Beiwerte A und B in den Reihen lassen sich durch Einsetzen der Ausdrücke (165) in die Differentialgleichungen (163) und (164) ermitteln, die dadurch identisch erfüllt werden müssen.

Hencky führt diese ziemlich umständliche Rechnung aus und findet zunächst

$$B_2 = -\frac{1}{B_0^2}; \quad B_4 = -\frac{2}{3\,B_0^5}; \quad B_6 = -\frac{13}{18\,B_0^8} \text{ usf.}$$

Der noch unbestimmt bleibende Beiwert B_0 folgt schließlich aus der Grenzbedingung, daß am Rande die Dehnung ε_t zu Null werden muß. Um zu einem einfachen Ergebnisse zu gelangen, setzt Hencky in der sich hieraus ergebenden Bedingungsgleichung die Querdehnungszahl $m = \frac{10}{3}$ und findet dann auf drei Dezimalen genau

$$B_0 = 1{,}713.$$

Für die Beiwerte A erhält er in derselben Weise

$$A_0 = \frac{1}{B_0}; \quad A_2 = \frac{1}{2\,B_0^4}; \quad A_4 = \frac{5}{9\,B_0^7}; \quad A_6 = \frac{55}{72\,B_0^{10}} \text{ usf.}$$

Hiermit ist die Aufgabe im wesentlichen gelöst. Der Verfasser berechnet dann noch für die Annahme $m = \frac{10}{3}$ die Spannung σ_m in der Plattenmitte, die Spannung σ_a am Rande und den Biegungspfeil f und erhält dafür die bequem anwendbaren Formeln

$$\sigma_m = 0{,}423 \sqrt[3]{E p^2 \frac{a^2}{h^2}}; \qquad \sigma_a = 0{,}328 \sqrt[3]{E p^2 \frac{a^2}{h^2}}; \qquad f = 0{,}662\, a \sqrt[3]{\frac{p a}{E h}} \quad (166)$$

Es liegt nahe, diese besser begründeten Formeln mit den auf einer sehr einfachen Überlegung beruhenden Näherungsformeln zu vergleichen, die schon in den ersten Auflagen von Band III der »Vorlesungen« in Gestalt der Lösung einer Aufgabe abgeleitet worden waren. In der 7. Auflage findet man sie bei der Lösung von Aufgabe 53 auf S. 325. Wenn man diese Näherungsformeln in derselben Weise anschreibt, lauten sie

$$\sigma = 0{,}347 \sqrt[3]{E p^2 \frac{a^2}{h^2}}; \qquad f = 0{,}721\, a \sqrt[3]{\frac{p a}{E h}}.$$

Zwischen σ_m und σ_a ist dort nicht unterschieden und unter σ ein mittlerer Wert für die Spannung der Haut zu verstehen. Der Biegungspfeil f wurde zwar damals um etwa 9% zu hoch gefunden; aber für den Zweck der praktischen Anwendung, an den dort gedacht war, will das nicht viel sagen. Der Vergleich lehrt daher an einem schlagenden Beispiele, wie man oft mit den einfachsten Ansätzen, wenn sie sich nur sonst den Verhältnissen gut anpassen, zu recht brauchbaren Näherungslösungen geführt werden kann, selbst in Fällen, bei denen es eines großen Aufwandes an Gedanken- und Rechenarbeit bedarf, um zu einer strenger begründeten Lösung zu gelangen, falls dies überhaupt gelingt.

§ 37. Näherungslösung für die rechteckige Haut.

Zur Ableitung einer Näherungslösung gehen wir auf die Gl. (154) für die aufgespeicherte Formänderungsarbeit zurück, nämlich

$$A = \frac{G h}{m-1} \int \left\{ m (\varepsilon_y^2 + \varepsilon_z^2) + 2 \varepsilon_y \varepsilon_z + \frac{m-1}{2} \gamma_{yz}^2 \right\} d F$$

und wählen für die ε und γ annehmbare Ausdrücke, die den wichtigsten geometrischen Bedingungen genügen und in denen unbestimmt bleibende Beiwerte vorkommen. Hierauf werden diese Beiwerte nach dem früher schon wiederholt benutzten Verfahren auf Grund des Prinzips der virtuellen Geschwindigkeiten derart ermittelt, daß sich die durch die ε und γ beschriebene Formänderung der tatsächlich zu erwartenden so eng anschließt, als es auf Grund des gewählten Ansatzes überhaupt noch möglich erscheint.

Wir greifen für die Durchbiegung der Platte zu dem nächstliegenden Ansatze, der sich früher auch bei der steifen Platte schon bewährt hat und setzen

$$\xi = f \cos \frac{\pi y}{2a} \cos \frac{\pi z}{2b} \quad \ldots \ldots \quad (167)$$

während für die Verschiebungskomponenten η und ζ die folgenden Annahmen

$$\left.\begin{aligned} \eta &= c_1 \sin 2 \frac{\pi y}{2a} \cos \frac{\pi z}{2b} \\ \zeta &= c_2 \sin 2 \frac{\pi z}{2b} \cos \frac{\pi y}{2a} \end{aligned}\right\} \quad \ldots \ldots \quad (168)$$

als zweckmäßig erscheinen. Sie genügen nämlich mit möglichst einfachen Mitteln den Bedingungen, daß die Verschiebungen parallel zur Plattenebene sowohl an den Rändern als in dem mit der Plattenmitte zusammenfallenden Ursprunge verschwinden müssen.

Für die ε und γ erhält man hiermit nach den Gl. (151) und (152) die folgenden Ausdrücke

$$\left.\begin{aligned} \varepsilon_y &= \frac{f^2 \pi^2}{8 a^2} \sin^2 \frac{\pi y}{2a} \cos^2 \frac{\pi z}{2b} + c_1 \cdot 2 \frac{\pi}{2a} \cos 2 \frac{\pi y}{2a} \cos \frac{\pi z}{2b} \\ \varepsilon_z &= \frac{f^2 \pi^2}{8 b^2} \cos^2 \frac{\pi y}{2a} \sin^2 \frac{\pi z}{2b} + c_2 \cdot 2 \frac{\pi}{2b} \cos \frac{\pi y}{2a} \cos 2 \frac{\pi z}{2b} \\ \gamma_{yz} &= \frac{f^2 \pi^2}{16ab} \sin 2 \frac{\pi y}{2a} \sin 2 \frac{\pi z}{2b} - c_1 \frac{\pi}{2b} \sin 2 \frac{\pi y}{2a} \sin \frac{\pi z}{2b} - \\ &\qquad - c_2 \frac{\pi}{2a} \sin \frac{\pi y}{2a} \sin 2 \frac{\pi z}{2b} \end{aligned}\right\} \quad (169)$$

Diese Ausdrücke sind in die Formel für A einzusetzen, worauf die Integration über die Rechteckfläche auszuführen ist. Das macht eine längere Rechnung erforderlich, die zwar an sich nicht schwierig ist, bei der es aber darauf ankommt, jeden Fehler mit Sicherheit auszuschließen. Zu diesem Zwecke und um die Rechnung leicht nachprüfen zu können, macht man sich am besten zuerst eine Zusammenstellung der Integralformeln, auf die man sich dabei stützen muß, nämlich

$$\int_0^a \sin^2 \frac{\pi y}{2a} dy = \int_0^a \cos^2 \frac{\pi y}{2a} dy = \int_0^a \sin^2 2 \frac{\pi y}{2a} dy = \int_0^a \cos^2 2 \frac{\pi y}{2a} dy = \frac{a}{2}$$

$$\int_0^a \sin^4 \frac{\pi y}{2a} dy = \int_0^a \cos^4 \frac{\pi y}{2a} dy = \frac{3a}{8}$$

$$\int_0^a \sin^2\frac{\pi y}{2a}\cos^2\frac{\pi y}{2a}\,dy = \frac{a}{8}$$

$$\int_0^a \sin^2\frac{\pi y}{2a}\cos 2\frac{\pi y}{2a}\,dy = -\frac{a}{4}; \quad \int_0^a \cos^2\frac{\pi y}{2a}\cos 2\frac{\pi y}{2a}\,dy = +\frac{a}{4}$$

$$\int_0^a \sin^2\frac{\pi y}{2a}\cos\frac{\pi y}{2a}\,dy = \int_0^a \cos\frac{\pi y}{2a}\cos 2\frac{\pi y}{2a}\,dy = \frac{2a}{3\pi}$$

$$\int_0^a \cos^3\frac{\pi y}{2a}\,dy = \int_0^a \sin\frac{\pi y}{2a}\sin 2\frac{\pi y}{2a}\,dy = \frac{4a}{3\pi}.$$

Diese Formeln sind auch bei Vertauschung von y mit z und a mit b zur Ausführung der Integrationen nach z sofort anwendbar. Mit ihrer Hilfe erhält man zunächst

$$\int \varepsilon_y^2\,dF = \frac{9\pi^4}{1024}\cdot\frac{b}{a^3}f^4 - \frac{\pi^2 b}{3a^2}c_1 f^2 + \pi^2\frac{b}{a}c_1^2$$

$$\int \varepsilon_y\varepsilon_z\,dF = \frac{\pi^4}{1024\,ab}f^4 + \frac{\pi^2}{12\,b}c_1 f^2 + \frac{\pi^2}{12\,a}c_2 f^2 + \frac{16}{9}c_1 c_2$$

$$\int \gamma_{yz}^2\,dF = \frac{\pi^4}{256\,ab}f^4 - \frac{\pi^2}{6b}c_1 f^2 - \frac{\pi^2}{6a}c_2 f^2 + \frac{\pi^2 a}{4b}c_1^2 + \frac{\pi^2 b}{4a}c_2^2 + \frac{32}{9}c_1 c_2.$$

Hiermit findet man schließlich auch die ganze Formänderungsarbeit A, nämlich

$$A = \frac{Gh}{m-1}\left\{\frac{f^4\pi^4}{1024\,ab}\cdot m\left(9\frac{a^2}{b^2}+9\frac{b^2}{a^2}+2\right) - \frac{c_1 f^2\pi^2}{6}\left(2m\frac{b}{a^2}+\frac{m-3}{2b}\right) - \right.$$
$$- \frac{c_2 f^2\pi^2}{6}\left(2m\frac{a}{b^2}+\frac{m-3}{2a}\right) + c_1^2\pi^2\left(m\frac{b}{a}+\frac{m-1}{8}\frac{a}{b}\right) +$$
$$\left. + c_2^2\pi^2\left(m\frac{a}{b}+\frac{m-1}{8}\frac{b}{a}\right) + \frac{16(m+1)}{9}c_1 c_2\right\} \quad . \; . \; . \; . \quad (170)$$

Von hier ab wollen wir uns für die weitere Ausrechnung damit begnügen, eine quadratische Gestalt der Haut vorauszusetzen. Dann wird nicht nur $b = a$, sondern auch $c_2 = c_1$, wofür wir kürzer c schreiben können. Außerdem setzen wir $m = 4$. Der Ausdruck für A vereinfacht sich dann erheblich, nämlich zu

$$A = \frac{Gh}{m-1}\left\{\frac{5\pi^4}{64}\frac{f^4}{a^2} - \frac{17\pi^2}{6}\cdot\frac{cf^2}{a} + c^2\left(\frac{35\pi^2}{4}+\frac{80}{9}\right)\right\}. \quad (171)$$

Eine virtuelle Gestaltänderung der elastischen Fläche, bei der sich c um δc ändert, während f unverändert bleibt, führt zu keiner Arbeitsleistung der Lasten. Das zugehörige δA muß daher Null sein, d. h. es ist

$$\frac{\partial A}{\partial c} = 0$$

zu setzen, und daraus folgt

$$c = \frac{f^2}{a} \cdot \frac{17\pi^2}{12\left(\frac{35\pi^2}{4} + \frac{80}{9}\right)} = 0{,}147\frac{f^2}{a} \quad . \quad . \quad . \quad . \quad (172)$$

Dagegen wird bei einer virtuellen Gestaltänderung, die f um δf ändert, während c unverändert bleibt, eine Arbeit der Lasten geleistet, die sich zu

$$\Sigma\, \mathfrak{P}\, \delta \mathfrak{s} = p\, \delta f \int \cos\frac{\pi y}{2a} \cos\frac{\pi z}{2a}\, dF = p\, \delta f \cdot \frac{16\, a^2}{\pi^2}$$

berechnet. Die Gleichung des Prinzips der virtuellen Geschwindigkeiten liefert daher die Bedingung

$$p\frac{16\, a^2}{\pi^2} - \frac{G h}{m-1}\left(\frac{5\pi^4}{16}\frac{f^3}{a^2} - \frac{17\pi^2}{3}\frac{c f}{a}\right) = 0 \quad . \quad . \quad (173)$$

Setzt man hier c aus Gl. (172) ein und löst nach f auf, so erhält man

$$f = 0{,}802\, a \sqrt[3]{\frac{p a}{E h}} \quad . \quad . \quad . \quad . \quad . \quad . \quad . \quad . \quad (174)$$

Der Beiwert 0,802 ist nicht allzuviel von dem Beiwerte 0,662 verschieden, der in der Formel für die kreisförmige Platte in den Gl. (166) vorkam. Hiernach baucht sich die quadratische Haut unter sonst gleichen Umständen etwas, aber nicht viel mehr aus als die kreisförmige Haut, die man aus ihr durch Wegschneiden der Eckzipfel oder überhaupt durch Festhalten längs des eingeschriebenen Kreises gewinnen kann. Ein solches Ergebnis war ja auch von vornherein zu erwarten.

Auch die Spannungen kann man nun leicht nach den Gleichungen (169) in Verbindung mit den Gl. (153) berechnen. Es wird genügen, wenn wir die Spannung σ_m in der Mitte berechnen, da sie dort voraussichtlich am größten ausfällt. In der Mitte wird nach den Gl. (169) für die quadratische Haut

$$\varepsilon_y = \varepsilon_z = \frac{\pi}{a} c = 0{,}462\frac{f^2}{a}$$

und nach den Gl. (153)

$$\sigma_m = \frac{2G(m+1)}{m-1} \, 0{,}462 \frac{f^2}{a^2} = 0{,}616 \frac{f^2 E}{a^2} = 0{,}396 \sqrt[3]{p^2 E \frac{a^2}{h^2}} \qquad (175)$$

Diese Spannung ist ein wenig kleiner als die in den Gl. (166) für die kreisförmige Platte vom Halbmesser a angeschriebene Spannung σ_m. Auch dies ließ sich erwarten, denn wenn sich die Haut unter der gleichen Last etwas mehr ausbaucht, wirkt dies auf eine Verminderung der Spannung hin. Diese Übereinstimmung mit den Henckyschen Formeln ist uns zugleich willkommen als eine Bestätigung dafür, daß sich in den vorausgehenden Rechnungen kein Rechenfehler eingeschlichen hat.

Für die nicht quadratische rechteckige Platte kann man natürlich auf Grund des Ausdruckes für die Formänderungsarbeit in Gl. (170) die Rechnung in derselben Weise durchführen. Sie wird nur etwas länger, und wir wollen daher jetzt darauf verzichten.

§ 38. Die mittelstarke Platte.

Als »mittelstark« bezeichnen wir eine Platte von solcher Biegungssteifigkeit, daß die Ausbiegungen ξ_0, die sie unter den gegebenen Lasten erfährt, von gleicher Größenordnung mit der Plattendicke h sind. Eine solche Platte entspricht daher dem allgemeineren Falle, der zwischen den beiden vorher für sich behandelten Grenzfällen liegt und bei denen entweder ξ_0 gegen h oder umgekehrt h gegen ξ_0 vernachlässigt wurde.

Der Widerstand gegen Ausbauchen, den eine mittelstarke Platte einer gleichförmig über die ganze Fläche nach Art eines Flüssigkeitsdruckes verteilten Belastung entgegensetzt, besteht aus zwei gleich wichtigen Teilen, von denen keiner gegen den anderen vernachlässigt werden darf. Der eine Teil rührt von der Biegungssteifigkeit der Platte her und ihm entspricht eine Verteilung von Biegungsspannungen, die mit dem Abstande von der elastischen Fläche wachsen und die daher ihre größten Werte auf den beiden parallelen Begrenzungsflächen der Platte annehmen. Der andere Teil ist von der Art des Widerstandes, den eine vollkommen biegsame Haut der Belastung entgegensetzt, und er führt zu Spannungen, die sich an jeder Stelle gleichmäßig über die ganze Plattendicke h verteilen. Im ganzen kommt daher in der mittelstarken Platte ein Spannungszustand heraus, der sich als eine Übereinanderlagerung der vorher einzeln angeführten Spannungszustände ansehen läßt.

Auf dieser Überlegung beruht auch die Berechnung, die sich auf Grund des Vorausgegangenen sehr einfach durchführen läßt. Wir zeigen dies an dem Beispiele der quadratischen Platte. Die Quadratseite sei wieder wie in den früheren Fällen mit $2a$ bezeichnet und der Biegungspfeil mit f. Wenn die Platte sehr steif wäre, könnte man nach Gl. (21) von § 19

$$f = 0{,}75 \frac{a^4 p_1}{E h^3}$$

setzen, wobei jetzt nur p_1 an Stelle von p geschrieben ist. Nach p_1 aufgelöst liefert dies

$$p_1 = \frac{4 E h^3 f}{3 a^4}.$$

Wäre die Platte umgekehrt von verschwindender Biegungssteifigkeit, so hätte man nach Gl. (174)

$$f = 0{,}802\, a \sqrt[3]{\frac{p_2 a}{E h}}$$

zu setzen, wenn p_2 an Stelle von p geschrieben wird. Nach p_2 aufgelöst ergibt sich daraus

$$p_2 = 1{,}94 \frac{E h f^3}{a^4}.$$

Wirken nun beide Widerstandsmöglichkeiten zusammen, so vermag die Platte einem Flüssigkeitsdrucke p zu widerstehen, der sich aus p_1 und p_2 zusammensetzt, und man hat daher

$$p = \frac{E h f}{a^4} (1{,}33\, h^2 + 1{,}94\, f^2) \quad . \quad . \quad . \quad . \quad . \quad (176)$$

Nun wird in der Regel p gegeben sein, und man wünscht, den dadurch hervorgerufenen Biegungspfeil f zu berechnen. Das geschieht durch Auflösen der kubischen Gl. (176) nach f, was am besten im einzelnen Falle durch Probieren oder durch eine der bekannten Näherungsmethoden geschieht.

Nachdem f berechnet ist, findet man auch die größten in der Platte vorkommenden Biegungsspannungen σ_b nach den in § 22 aufgestellten Formeln, nämlich

$$\sigma_b = \frac{\pi^2}{4} \cdot \frac{G(m+1)}{m-1} \cdot \frac{h f}{a^2} = 1{,}64 \frac{E h f}{a^2}$$

und ebenso die Hautspannungen σ_h nach Gl. (175)

$$\sigma_h = 0{,}62 \frac{f^2 E}{a^2}.$$

An der meist gefährdeten Stelle in der Mitte der Platte addieren sich σ_b und σ_h und man erhält

$$\sigma_{\max} = \frac{E f}{a^2} (1{,}64\, h + 0{,}62\, f) \quad . \quad . \quad . \quad . \quad . \quad (177)$$

womit die Aufgabe als gelöst betrachtet werden kann.

Die größte Spannung $\sigma_{\max}$ ist eine nach allen Seiten hin gleichgroße Zugspannung auf der Außenseite der Plattenwölbung. Auf der Innenseite hat man eine Druckspannung vom Betrage $\sigma_b - \sigma_h$, vorausgesetzt, daß $\sigma_b > \sigma_h$ ist. Sonst treten überall nur Zugspannungen auf.

Zur Begründung der vorhergehenden Berechnung möge noch darauf hingewiesen werden, daß die Näherungstheorie der steifen rechteckigen Platte in § 19 von demselben Ansatze für ξ_0 in Gl. (14) ausging, wie er auch in § 37, Gl. (167) für die biegsame Haut gewählt wurde. Es ist daher zulässig, beide Ansätze ohne weiteres miteinander zu verschmelzen, da sie sich in keiner Weise widersprechen, und das Gesamtergebnis sofort aus der Summierung der Einzelwerte abzuleiten.

§ 38a. Einige neuere Arbeiten über die rechteckige Platte.

Wir gehen von der Plattengleichung (12) S. 133 aus, die wir mittels der als »Plattensteifigkeit« bezeichneten Abkürzung

$$N = \frac{E h^3 m^2}{12 (m^2 - 1)} = \frac{G h^3 m}{6 (m - 1)}$$

folgendermaßen schreiben können:

$$\frac{\partial^4 \xi}{\partial y^4} + 2 \frac{\partial^4 \xi}{\partial y^2 \partial z^2} + \frac{\partial^4 \xi}{\partial z^4} = \frac{p}{N}$$

oder

$$\nabla^2 \nabla^2 \xi = \frac{p}{N} \quad \text{. . . . .} \quad (178)$$

Der Index 0 an ξ ist der einfacheren Schreibweise wegen fortgelassen worden.

Den Spannungszustand der Platte wollen wir hier nicht durch die Spannungen σ_y, σ_z, τ_{yz} nach den Gl. (4) S. 128 wiedergeben, sondern gleich durch die Biegungsmomente

$$\left.\begin{aligned} M_y &= \int_{-\frac{h}{2}}^{+\frac{h}{2}} \sigma_y \, x \, d x = - N \left(\frac{\partial^2 \xi}{\partial y^2} + \frac{1}{m} \frac{\partial^2 \xi}{\partial z^2} \right) \\ M_z &= \int_{-\frac{h}{2}}^{+\frac{h}{2}} \sigma_z \, x \, d x = - N \left(\frac{\partial^2 \xi}{\partial z^2} + \frac{1}{m} \frac{\partial^2 \xi}{\partial y^2} \right) \end{aligned}\right\} \quad \text{. . .} \quad (179)$$

und das Torsionsmoment

$$T = \int_{-\frac{h}{2}}^{+\frac{h}{2}} \tau_{yz} \, x \, d x = - \frac{m-1}{m} N \frac{\partial^2 \xi}{\partial y \, \partial z} \quad \text{. . .} \quad (180)$$

bestimmen. Diese Spannungsmomente sind auf die Längeneinheit in der Plattenmittelfläche bezogen.

In Abb. 31a sind die Spannungsmomente an einem Plattenelement, dessen zwei rechtwinkelige Seiten parallel zur y- und z-Achse verlaufen, eingetragen. Für einen beliebigen Schnitt n senkrecht zur Plattenmittelfläche haben die Vektoren der Spannungsmomente die in die Abb. 31a eingetragene Richtung.

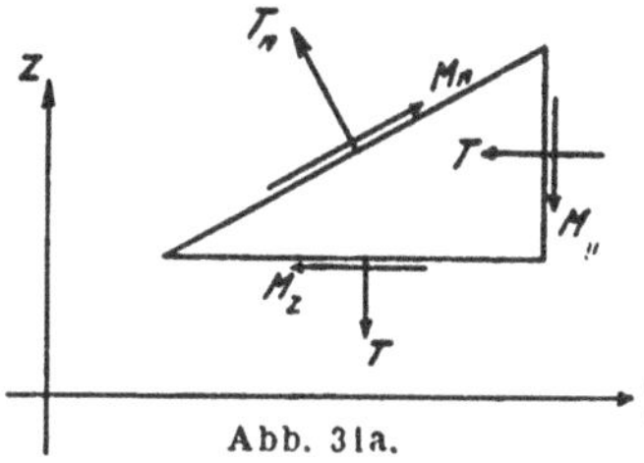

Abb. 31a.

Außer den Schubspannungen, die parallel zur Plattenmittelfläche verlaufen und zu den Torsionsmomenten T und T_n Veranlassung geben, wollen wir jetzt auch die Schubspannungen senkrecht zur Plattenmittelfläche in Betracht ziehen. Diese waren bisher ausdrücklich in § 17 vernachlässigt worden. Ebenso wie bei den Spannungsmomenten bilden wir gleich die Resultierende dieser Schubspannungen. Die auf die Längeneinheit in der Plattenmittelfläche bezogene Resultierende dieser Schubspannungen nennen wir **Schubkraft**; für die Normalschnitte senkrecht zur y- bzw. z-Achse seien die Schubkräfte mit p_y bzw. p_z bezeichnet. Ihre Größe folgt aus dem Gleichgewicht eines rechtwinkeligen Plattenelementes $dy \cdot dz$ gegen Drehen um Parallele zur y- bzw. z-Achse:

$$\frac{\partial M_y}{\partial y} d y d z + \frac{\partial T}{\partial z} d y d z = p_y d y d z$$

$$\frac{\partial M_z}{\partial z} d y d z + \frac{\partial T}{\partial y} d y d z = p_z d y d z$$

oder nach Einsetzen der Werte von M_y, M_z, T aus den Gl. (179) und (180):

$$\left.\begin{aligned} p_y &= -N \frac{\partial}{\partial y} (\nabla^2 \xi) \\ p_z &= -N \frac{\partial}{\partial z} (\nabla^2 \xi) \end{aligned}\right\} \quad . \quad . \quad . \quad . \quad . \quad (181)$$

Die Auflagerkräfte am Rand der Platte für $y = \pm a$ und $z = \pm b$ werden aus diesen Werten von p_y und p_z erhalten, wozu noch Ausdrücke hinzutreten, die von der Änderung des Torsionsmomentes T längs des Randes abhängen, indem die parallel zur Plattenmittelfläche verlaufenden Schubspannungen der Torsionsmomente T durch statisch und elastisch gleichwertige Schubspannungen senkrecht zur Plattenmittelfläche ersetzt werden, wie dies in § 23 ausführlich behandelt worden ist. Die **Auflagerkräfte** längs des Randes kann man daher folgendermaßen angeben:

$$\left.\begin{aligned} p_y' &= p_y + \frac{\partial T}{\partial z} = -N\left(\frac{\partial^3 \xi}{\partial y^3} + \frac{2m-1}{m} \cdot \frac{\partial^3 \xi}{\partial y\, \partial z^2}\right) \\ p_z' &= p_z + \frac{\partial T}{\partial y} = -N\left(\frac{\partial^3 \xi}{\partial z^3} + \frac{2m-1}{m} \cdot \frac{\partial^3 \xi}{\partial z\, \partial y^2}\right) \end{aligned}\right\} \quad . \quad (182)$$

Damit sind alle Spannungsgrößen, die zur Beschreibung des Spannungszustandes erforderlich sind, in Abhängigkeit von ξ zusammengestellt. Wir wollen nun kurz auf einige bisher nicht behandelte einfache Lösungen der Plattengleichung (178) eingehen.

Eine besonders einfache Lösung der Plattengleichung mit $p = 0$ stellt das hyperbolische Paraboloid

$$\xi = c \cdot y\, z$$

dar. Durch Einsetzen findet man sofort

$$M_y = M_z = 0; \; T = -\frac{m-1}{m} N \cdot c \text{ und } p_y = p_z = p_y' = p_z' = 0.$$

Der Spannungszustand ist ein Fall reiner Schubbeanspruchung. Die einzigen Lasten greifen an den 4 Ecken des Rechteckes an, und zwar sind es abwechselnd entgegengesetzt gerichtete, gleich große Kräfte, die senkrecht zur Plattenmittelfläche stehen. N a d a i hat in seiner Dissertation diesen Belastungsfall experimentell untersucht und mit den Ergebnissen der Rechnung verglichen. Es zeigte sich für Flußeisen gute Übereinstimmung zwischen Theorie und Experiment, so daß die übliche Theorie der Platten vollauf bestätigt wurde, solange die Plattendicke einerseits nicht zu dick und anderseits nicht zu dünn genommen wurde.

Bei der gleichmäßig belasteten, frei aufliegenden, rechteckigen Platte kann man eine Lösung der Plattengleichung finden, indem man zunächst eine partikuläre Lösung der Gleichung angibt, die zwar die Bedingung der gleichmäßigen Belastung erfüllt, dagegen noch nicht den Randbedingungen genügt. Letztere kann man durch Überlagerung einer Lösung der homogenen Plattengleichung mit $p = 0$ befriedigen. Das partikuläre Integral der Plattengleichung lautet für den Fall gleichmäßiger Lastverteilung $p = \text{const}$:

$$(\xi)_{\mathrm{I}} = \frac{p}{48\, N}\,(y^4 + z^4).$$

Man überzeugt sich leicht, daß dies eine Lösung der Plattengleichung darstellt und daß anderseits die Randbedingungen

$$\text{für } y = \pm a\colon \quad \xi = 0 \text{ und } M_y = 0$$

$$\text{für } z = \pm b\colon \quad \xi = 0 \text{ und } M_z = 0$$

nicht befriedigt sind. Durch die folgende Lösung der homogenen Gleichung

$$(\xi)_{II} = \frac{m p}{48(m-1) N}\left[\frac{1}{m}(y^4 + z^4) - \right.$$
$$\left. - 6\left(a^2 - \frac{b^2}{m}\right) y^2 - 6\left(b^2 - \frac{a^2}{m}\right) z^2 - 6 \frac{y^2 z^2}{m}\right]$$

werden zusammen mit ξ_I die Randbedingungen $M_y = 0$ bzw. $M_z = 0$ erfüllt; dagegen noch nicht die Bedingung $\xi = 0$.

Um schließlich diese letzte Bedingung zu erfüllen, setzt man als weitere Lösungen der homogenen Gleichung

$$(\xi)_{III} = \frac{16 a^4}{\pi^4} \Sigma Z_n \cos \frac{n \pi y}{2a} \text{ und } (\xi)_{IV} = \frac{16 a^4}{\pi^4} \Sigma Y_n \cos \frac{n \pi z}{2b},$$

worin Y und Z Funktionen von y bzw. z allein sind, deren Form durch Einsetzen in die Biegungsgleichung $\nabla^2\nabla^2\xi = 0$ gewonnen werden, wobei die darin noch auftretenden Festwerte so zu bestimmen sind, daß

$$\xi = (\xi)_I + (\xi)_{II} + (\xi)_{III} + (\xi)_{IV}$$

sämtliche Grenzbedingungen befriedigen. Im vorliegenden Fall ergibt sich daraus:

$$Y_n = C_n \cosh \frac{n \pi y}{2a} + D_n \frac{\pi y}{2a} \cdot \sinh \frac{n \pi y}{2a}$$

$$Z_n = A_n \cosh \frac{n \pi z}{2b} + B_n \frac{\pi z}{2b} \cdot \sinh \frac{n \pi z}{2b}.$$

Die Festwerte sind:

$$A_n = (-1)^{\frac{n+1}{2}} \cdot \frac{\frac{2m}{m-1} + \frac{n \pi b}{2a} \mathfrak{Tg} \frac{n \pi b}{2a}}{\pi n^5 \mathfrak{Cof} \frac{n \pi b}{2a}} \cdot \frac{p}{N}$$

$$B_n = \frac{(-1)^{\frac{n-1}{2}}}{\pi n^4 \mathfrak{Cof} \frac{n \pi b}{2a}} \cdot \frac{p}{N}$$

$$C_n = (-1)^{\frac{n+1}{2}} \cdot \frac{\frac{2m}{m-1} + \frac{n \pi a}{2b} \mathfrak{Tg} \frac{n \pi a}{2b}}{\pi n^5 \mathfrak{Cof} \frac{n \pi a}{2b}} \cdot \frac{p b^4}{N a^4}$$

$$D_n = \frac{(-1)^{\frac{n-1}{2}}}{\pi n^4 \mathfrak{Cof} \frac{n \pi a}{2b}} \cdot \frac{p}{N} \frac{b^3}{a^3}.$$

Dabei sind unter $n = 1, 3, 5 \ldots$ die ungeraden ganzen Zahlen verstanden.

Der Wert dieser Darstellung gegenüber den Doppelreihen von § 23 besteht in der vorzüglichen Konvergenz der hier auftretenden Reihen. Es genügt schon, die Reihen nach dem zweiten Glied abzubrechen, um den Formänderungszustand bis auf weniger als 1% genau angeben zu können und auch für den Spannungszustand eine in jeder Beziehung brauchbare Lösung zu erhalten. Besonders zu beachten ist, daß infolge der vorgeschriebenen Randbedingung $\xi = 0$ die Auflagerkräfte in der Nähe der 4 Ecken negativ werden; d. h. die Ecken müssen etwa durch Festschrauben am Aufbiegen gehindert werden.

Wie die gleichmäßig belastete rechteckige Platte kann die durch eine Einzellast P in der Mitte beanspruchte rechteckige Platte behandelt werden. Man geht von der Grundlösung

$$(\xi)_{\mathrm{I}} = \frac{P}{16\pi N}(a^2+b^2)\left[\frac{y^2+z^2}{a^2+b^2}\left(\log\frac{y^2+z^2}{a^2+b^2}-2\right)+2\right]$$

aus und überlagert ihr Lösungen der homogenen Plattengleichung zur Erfüllung der Randbedingungen. Die näheren Ausführungen, auf die wir hier nicht näher einzugehen brauchen, findet man in der schon erwähnten Dissertation von H. Hencky.

Aus der Form der Lösung $(\xi)_{\mathrm{I}}$ folgt, daß sie in der unmittelbaren Nähe der Lastangriffsstelle nicht zu brauchen ist. Wir haben dementsprechend in § 30 das in der Umgebung der Lastangriffsstelle gelegene Kernstück der Platte gesondert behandelt. Setzt man den obigen Wert von $(\xi)_{\mathrm{I}}$ in die Ausdrücke für p_y und p_z ein, so ergibt sich

$$p_y = -\frac{P}{2\pi}\frac{y}{y^2+z^2}$$

$$p_z = -\frac{P}{2\pi}\frac{z}{y^2+z^2}.$$

Legt man um den Angriffspunkt der Last als Mittelpunkt einen Kreis vom Radius r, so errechnet sich die Schubkraft p_r in dem dadurch bestimmten zylindrischen Schnitt aus p_y und p_z zu

$$p_r = -\frac{P}{2\pi r}.$$

Diese Gleichung bringt das Gleichgewicht zwischen der Last P und den Schubkräften im Kreisschnitt r zum Ausdruck. Greift die Last nicht im Mittelpunkt $y = 0$, $z = 0$ der Platte an, sondern in einem beliebigen Punkt mit den Koordinaten y_0, z_0, so kann man auch von obiger Grundlösung ausgehen, wobei man nur $y - y_0$ und $z - z_0$ an Stelle von y und z zu setzen hat.

Einen anderen Weg, um eine rechteckige Platte mit beliebiger Einzellast zu berechnen, hat Nadai in der Zeitschrift »Der Bauingenieur« 1921, S. 11 und S. 299, eingeschlagen. Er geht von der eben angegebenen Singularität an der Lastangriffsstelle aus. Wegen

$$p_y = -N\frac{\partial}{\partial y}(\nabla^2 \xi);\; p_z = -N\frac{\partial}{\partial z}(\nabla^2 \xi) \text{ oder } p_r = -N\frac{\partial}{\partial r}(\nabla^2 \xi)$$

ergibt sich

$$\nabla^2 \xi = \frac{P}{2\pi N}\lg r + \text{const.}$$

Damit ist die Aufgabe auf eine in der Potentialtheorie behandelte Fragestellung zurückgeführt. Setzt man noch

$$\nabla^2 \xi = 2\,g,$$

so muß g im ganzen Bereich der Platte der Laplaceschen Gleichung

$$\nabla^2 g = 0$$

genügen und an der Stelle $y = y_0$, $z = z_0$ logarithmisch unendlich werden. Für den Fall geradlinig gestützter Seiten, den Nadai zuerst behandelt hat, drücken sich die Randbedingungen durch $\xi = 0$ und $\nabla^2 \xi = 2\,g = 0$ aus. Die letztere Bedingung folgt daraus, daß längs des ganzen Randes die Momentensumme $M_y + M_z = 0$ ist, da geradlinige Stützung des Randes vorausgesetzt wird, so daß keine Verwölbung und damit auch keine Biegungsmomente am Umfang möglich sind.

Die Funktion g ist damit bestimmt und läßt sich zunächst für einen unendlich langen Plattenstreifen von der Breite 2a in besonders eleganter Weise mit Hilfe konformer Abbildung angeben. Der Zusammenhang zwischen dem Plattenstreifen und der endlichen Platte von den Abmessungen 2a, 2b wird durch wiederholte Spiegelung an der Rechteckseite 2a gewonnen, so daß der Spannungs- und Formänderungszustand bei der endlichen Platte aus dem unendlichen Plattenstreifen mit abwechselnd positiven und negativen Lasten P, die spiegelbildlich gelegen sind, abgeleitet werden kann.

Nadai hat diese Rechnungen in der zweiten der oben genannten Arbeiten auch auf den Fall der eingespannten Platte ausgedehnt, wozu allerdings ein größerer Aufwand von mathematischen Überlegungen erforderlich ist. Einfacher behandelt Timoschenko diese Aufgaben in den Arbeiten »Über die Biegung der allseitig unterstützten rechteckigen Platte unter Wirkung einer Einzellast« und »Über die Biegung der rechteckigen Platte durch Einzellast« in der Zeitschrift »Der Bauingenieur«, 3. Jahrg., 1922, S. 51.

In der ersten Arbeit zeigt Timoschenko, daß sich sowohl der durch eine Einzellast belastete Plattenstreifen wie die rechteckige Platte in einfacher Weise durch einen Reihenansatz lösen läßt. In der zweiten Arbeit dehnt er seine Rechnungen auf den Fall aus, daß zwei gegenüberliegende Seiten der Platte eingespannt sind. Die Durchbiegung ξ setzt er dabei aus zwei Teilen zusammen, von denen der erste der Durchbiegung bei frei und geradlinig gestützten Seiten entspricht, während der zweite den Einfluß der Einspannung wiedergibt und durch eine rasch konvergierende Reihe zur Darstellung gebracht werden kann.

Einen ganz neuen Weg zur Berechnung rechteckiger Platten hat H. Marcus in mehreren im Armierten Beton, Band 12, 1919, erschienenen Arbeiten eingeschlagen. Da seine Gedankengänge gerade für den Ingenieur, der sich mit Plattenberechnungen beschäftigen muß, leicht verständlich sind, weil sie eine folgerichtige Übertragung der Biegungslehre des Balkens auf die Platte darstellen, so wollen wir hier auf den Grundgedanken der Marcusschen Arbeit eingehen. Der Ausgangspunkt ist wieder die Plattengleichung (178).

Bilden wir nach der Gl. (179) die Summe der Biegungsmomente an jeder Stelle, so ergibt sich

$$M_y + M_z = -N \frac{m+1}{m} \nabla^2 \xi.$$

$M = \frac{m}{m+1}(M_y + M_z)$ heiße die »Momentensumme«. Damit zerfällt die Plattengleichung, die eine Differentialgleichung 4. Ordnung darstellt, in die folgenden beiden Differentialgleichung 2. Ordnung.

$$\nabla^2 M = -p \quad . \quad . \quad . \quad . \quad . \quad . \quad . \quad . \quad (183\,\mathrm{a})$$

$$N \cdot \nabla^2 \xi = -M \quad . \quad . \quad . \quad . \quad . \quad . \quad . \quad . \quad (183\,\mathrm{b})$$

Der Zusammenhang mit der Biegungslehre beim Balken ist sofort zu erkennen, wenn man statt der Momentensumme das Biegungsmoment des Balkens, statt der Plattensteifigkeit N die Biegungssteifigkeit $E\Theta$ des Balkens, statt der Lastintensität $p \frac{\mathrm{kg}}{\mathrm{cm}^2}$ der Platte die Lastintensität $p \frac{\mathrm{kg}}{\mathrm{cm}}$ des Balkens und schließlich statt $\nabla^2 \xi$ den zweiten Differentialquotienten $\frac{d^2}{d x^2}$ der Durchsenkung des Balkens einsetzt.

Bei der Mohrschen Konstruktion der elastischen Linie des Balkens wird ein entsprechend belastetes Seil zu Hilfe genommen, wobei der Vergleich auf Grund der Übereinstimmung zwischen den Differentialgleichungen der Seilkurve und der elastischen Linie gewonnen wird. Dementsprechend läßt sich auch bei der Platte ein rein statisches Gebilde zum Vergleich heranziehen, und zwar eine eben ausgespannte, völlig biegsame Membran, die die Gestalt der Plattenmittelfläche besitzt. Wird eine derartige Membran, wie z. B. eine Seifenhaut, einseitig durch $p \frac{\text{kg}}{\text{cm}^2}$ belastet, so genügen die kleinen Durchbiegungen ξ der Differentialgleichung[1])

$$\nabla^2 \xi = -\frac{p}{S} \quad \ldots \ldots \ldots \quad (184)$$

worin S die in der ganzen Membran konstante Spannung bedeutet, entsprechend dem konstanten Horizontalzug beim Seil.

Durch Vergleich der letzten Differentialgleichung mit den beiden Differentialgleichungen (183) kann man demnach die folgenden beiden Sätze aussprechen:

1. Satz: Die mit dem Überdruck p belastete und durch die Oberflächenspannung $S = 1$ beanspruchte Membran stellt bis auf einen Dimensionsfaktor die Momentenfläche der ebenso belasteten Platte dar.

2. Satz: Die mit den elastischen Gewichten $p = \frac{M}{N}$ belastete und durch die Oberflächenspannung $S = 1$ beanspruchte Membran stellt die elastische Fläche der Platte dar.

Mit diesen beiden Sätzen ist die Übertragung des Mohrschen Satzes über die elastische Linie des Balkens auf die elastische Fläche der Platte vollkommen durchgeführt.

Besonders einfach sind die Verhältnisse, wenn die beiden Gleichungen (183) unabhängig voneinander gelöst werden können. Dies trifft bei der ringsum frei aufliegenden rechteckigen Platte zu; denn in diesem Fall ist längs des ganzen Randes die Momentensumme $M = 0$, so daß sich die Gleichung

$$\nabla^2 M = -p$$

mit der Randbedingung $M = 0$ lösen läßt. Dieser Auflagerung der Platte entspricht der beiderseits gestützte Balken, so daß man die Bezeichnung statisch bestimmte Lagerung von der Balkenaufgabe auf die Plattenaufgabe übertragen kann. Bei statisch unbestimmten Auflagerbedingungen, wie bei ganz oder teilweise eingespannten Rändern sind die beiden Gl. (183) durch die Randbedingungen miteinander verknüpft. Die Momentensumme M kann man als die statisch unbestimmte Größe ansehen.

Die Spaltung der Differentialgleichung vierter Ordnung in zwei Differentialgleichungen zweiter Ordnung, wie sie nach Marcus durchgeführt wurde, eignet sich besonders gut zum Rechnen mit Differenzen. Auch hierzu besteht mit der Balkenbiegung eine Analogie. Bei der Konstruktion der elastischen Linie des Balkens wird bekanntlich die etwa stetig gegebene Lastverteilung p in Einzellasten aufgeteilt, die man in der Regel in gleichen Abständen voneinander annimmt, und zu diesen Lasten das Seilpolygon konstruiert. Ebenso kann man die Be-

---

[1]) Die Ableitung dieser Differentialgleichung ist in Band II, S. 87, zu finden.

lastung der Platte in Einzellasten aufteilen, die man an den Knotenpunkten eines rechtwinkeligen Netzes angreifen läßt, das an Stelle der Membran angenommen werden kann. Je dichter die Knotenpunkte des Netzes oder Gewebes liegen, desto mehr nähert man sich der belasteten Membran. Das Näherungsverfahren besteht darin, daß man zunächst ein sehr weitmaschiges Netz verwendet. Die Differentialgleichung (183a) läßt sich in einen entsprechenden Satz von Differenzengleichungen umschreiben, deren Zahl mit der Anzahl der inneren Knotenpunkte des Gewebes übereinstimmt. Man löst die Differenzengleichungen, die alle vom ersten Grad sind, auf und setzt die für die verschiedenen Netzpunkte gefundenen Werte von M in die Gl. (183b) ein, die man auch in Differenzengleichungen umzuschreiben hat. Die Lösung dieser einfachen Gleichungen gibt die Durchbiegungen ξ an den Punkten des Netzes.

Besonders einfach gestaltet sich die Rechnung im Falle der statisch bestimmten Lagerung. Schwieriger liegen die Verhältnisse bei statisch unbestimmter Lagerung, da in diesem Fall die Werte von M am Rand nicht bekannt sind, so daß der erste Satz von Differenzengleichungen die statisch unbestimmten Randwerte von M enthält, die sich erst aus dem zweiten Satz von Differenzengleichungen bestimmen wegen der oben erwähnten Verknüpfung der Gl. (183). Immerhin kommt man aber auch in diesem Fall mit nicht zu großen Zahlenrechnungen zum Ziel, zumal wenn man sich mit nur wenigen Netzpunkten des Gewebes begnügt.

Die Brauchbarkeit des Verfahrens wollen wir an einem einfachen Beispiel erproben. Es handle sich um die Berechnung einer gleichmäßig belasteten quadratischen Platte von der Seitenlänge 2a, die allseitig geradlinig ohne Einspannung aufliegen soll. Als Netze wählen wir quadratische Netze mit der Maschenweite ε. Wir schreiben die Gl. (183) in Differenzengleichungen um. Dabei ist zu beachten, daß allgemein für einen Knotenpunkt mit den Kennziffern m, n gilt:

$$\frac{\partial^2 M}{\partial y^2} = \frac{\dfrac{M_{m,n+1} - M_{m,n}}{\varepsilon} - \dfrac{M_{m,n} - M_{m,n-1}}{\varepsilon}}{\varepsilon} = \frac{M_{m,n-1} - 2\,M_{m,n} + M_{m,n+1}}{\varepsilon^2}$$

$$\frac{\partial^2 M}{\partial z^2} = \frac{\dfrac{M_{m+1,n} - M_{m,n}}{\varepsilon} - \dfrac{M_{m,n} - M_{m-1,n}}{\varepsilon}}{\varepsilon} = \frac{M_{m-1,n} - 2\,M_{m,n} + M_{m+1,n}}{\varepsilon^2}$$

$$\nabla^2 M = \frac{M_{m,n-1} + M_{m,n+1} + M_{m-1,n} + M_{m+1,n} - 4\,M_{mn}}{\varepsilon^2}$$

und entsprechend

$$\nabla^2 \xi = \frac{\xi_{m,n-1} + \xi_{m,n+1} + \xi_{m-1,n} + \xi_{m+1,n} - 4\,\xi_{mn}}{\varepsilon^2}.$$

Als erste Annäherung wählen wir ein Netz mit nur einem inneren Knotenpunkt nach Abb. 31b, so daß die Maschenweite $\varepsilon = a$ ist.

Die Werte von M an den Randstellen 0 sind Null; ebenso die Randwerte von ξ. Für den Mittelpunkt 1 berechnet sich M_1 aus Gl. (183a):

$$-4\frac{M_1}{\varepsilon^2} = -p$$

zu

$$M_1 = \frac{p\,a^2}{4}$$

und ξ_1 aus Gl. (183b)

$$-N \cdot \frac{4\,\xi_1}{\varepsilon^2} = -\frac{p\,a^2}{4}$$

zu

$$\xi_1 = \frac{1}{16}\frac{p\,a^4}{N}.$$

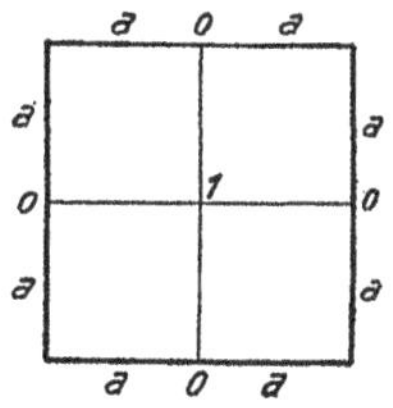

Abb. 31 b.

In zweiter Annäherung verwenden wir ein Netz mit der Maschenweite $\varepsilon = \frac{a}{2}$ nach Abb. 31c. Unbekannt sind hier aus Symmetriegründen nur die Werte von M und ξ an den Knotenpunkten 1, 2, 3. Der Gl. (183a) entspricht der folgende Satz von Differenzengleichungen:

$$2\,M_2 - 4\,M_1 = -\frac{a^2 p}{4}$$

$$2\,M_1 + M_3 - 4\,M_2 = -\frac{a^2 p}{4}$$

$$M_2 - M_3 = -\frac{a^2 p}{10},$$

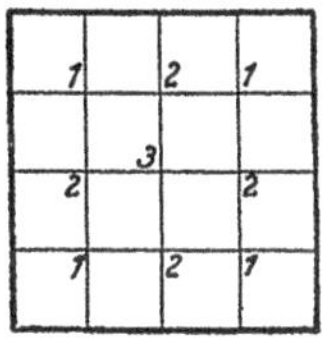

Abb. 31 c.

aus denen sich

$$M_1 = \frac{11}{64}p\,a^2; \quad M_2 = \frac{7}{32}p\,a^2; \quad M_3 = \frac{9}{32}p\,a^2$$

berechnen. An Stelle von Gl. (183b) treten die folgenden Differenzengleichungen:

$$2\,\xi_2 - 4\,\xi_1 = -22\,\alpha$$

$$2\,\xi_1 + \xi_3 - 4\,\xi_2 = -28\,\alpha$$

$$\xi_2 - \xi_4 = -\ 9\,\alpha,$$

wobei zur Abkürzung

$$\frac{p\,a^4\,\varepsilon^2}{128\,N} = \frac{p\,a^4}{32 \cdot 16\,N} = \alpha$$

gesetzt ist. Die einfache Ausrechnung ergibt

$$\xi_1 = \frac{35}{2} a; \quad \xi_2 = 24\, a; \quad \xi_3 = 33\, a = \frac{33}{32 \cdot 16} \frac{p a^4}{N}.$$

Vergleicht man den Wert der Durchbiegung in der Mitte bei der ersten und zweiten Näherung miteinander, so ergibt sich sehr gute Übereinstimmung, so daß schon die einfache erste Näherung den Biegungspfeil in der Mitte befriedigend wiedergibt. Der Wert von ξ_3 weicht von dem genauen Wert, den man nach der strengen Theorie berechnen kann, nur um 0,5% ab, woraus sich die Brauchbarkeit des Verfahrens zu numerischen Berechnungen ergibt. Die Spannungen werden nach den Formeln (179) und (180) berechnet, worin man nur die Differentialquotienten durch Differenzenquotienten zu ersetzen braucht. Auch der Spannungszustand läßt sich mit Hilfe der gefundenen Näherung für ξ mit einer für praktische Bedürfnisse hinreichenden Genauigkeit angeben.

Man übersieht bei dem behandelten Beispiel leicht, wie es sich abändert für den Fall, daß die quadratische Platte ungleichmäßig belastet ist. Auf die einzelnen Knotenpunkte treffen dann verschiedene, aber bekannte Lasten. Die Berechnung bedeutet keine nennenswerte Erschwerung gegenüber dem Fall gleichmäßiger Belastung. Handelt es sich um eine rechteckige Platte, deren Ränder frei aufliegen, so ist die Rechnung in der Weise abzuändern, daß man eine rechteckige Mascheneinteilung zugrunde legt. Auch dies bedeutet keine erhebliche Erweiterung der Rechnung gegenüber dem behandelten Beispiel, solange die Randbedingung die gleiche bleibt. Schwieriger wird die Berechnung der Platten nach dem hier behandelten Verfahren erst, wenn die Auflagerung keine statisch bestimmte mehr ist. In diesen Fällen gehört eine gewisse Übung im Rechnen mit Differenzen dazu, um die Aufgabe in kurzer Zeit lösen zu können.

Das Verfahren eignet sich auch für Einzellasten; nur ist es hierbei zweckmäßig, in der Nähe der Einzellast die Mascheneinteilung eng zu wählen. Am raschesten kommt man dabei zum Ziel, indem man in ein Netz mit großer Mascheneinteilung, das die ganze Platte überspannt, in der Umgebung der Last ein Netz mit geringerer Mascheneinteilung ausspannt. Schließlich sei darauf hingewiesen, daß sich das Verfahren auch für anders gestaltete Platten anwenden läßt; so verwendet man bei einer dreieckigen Platte ein Dreiecksnetz mit entsprechender Mascheneinteilung. Auch für diesen Fall findet man in der oben erwähnten Arbeit von Marcus ein Beispiel durchgerechnet. Zusammenfassend läßt sich sagen, daß das Verfahren von Marcus wohl allen anderen Näherungsverfahren überlegen sein dürfte, solange es sich um freie Lagerung der Ränder handelt.

Zum Schluß sei noch auf eine neuere Arbeit von Prof. B. Biezeno und J. Koch in Delft hingewiesen: »Over een nieuwe methode ter berekening van vlakke platen, met toepassing op eenige voor de techniek belangrijke belastingsgevallen«, abgedruckt in »De Ingenieur«, Delft, Januar 1923. Der Gedankengang, der diesem neuen Näherungsverfahren zugrunde liegt, ist folgender: Man suche einige, möglichst einfache Funktionen F_1, F_2, ... F_n von y und z, von denen jede für sich den Bedingungen am Rand der Platte genügt, und bestimme in der Summe

$$\bar{\xi} = \sum_1^n c_i \cdot F_i$$

die Festwerte c_i dadurch, daß $\bar{\xi}$ möglichst genau die Durchbiegung der Platte darstellt. Dabei wird zur Bestimmung der Festwerte c_i nicht von dem Satz über das Minimum der Formänderungsarbeit Gebrauch gemacht, sondern die c_i ergeben sich aus der Forderung, daß in jedem von n Feldern, in die die ganze Platte eingeteilt wird, die wirkliche Belastung und die durch Einsetzen von $\bar{\xi}$ in die Plattengleichung (178) sich ergebende Gesamtbelastung des einzelnen Feldes übereinstimmen. Aus dieser Bedingung ergeben sich n lineare Gleichungen zur Berechnung der Konstanten c_i. Die in der Arbeit berechneten Beispiele zeigen überraschend gute Resultate, die ohne zu große Rechenarbeit gewonnen worden sind. Das Verfahren hat gewisse Ähnlichkeit mit dem in § 24 besprochenen Näherungsverfahren von Simic.

Vierter Abschnitt.

Die Scheiben.

§ 39. Der ebene Spannungs- und Formänderungszustand.

Ein plattenförmiger Körper wird in der Festigkeitslehre nur dann als eine Platte bezeichnet, wenn er durch die an ihm angreifenden Kräfte auf Biegung beansprucht wird, so nämlich, daß die Mittelebene dadurch gekrümmt wird. Dagegen heißt er eine Scheibe, wenn die Kräfte in der Mittelebene angreifen und die Formänderung keine Krümmung der Mittelebene in sich schließt. Dabei werden freilich die im spannungslosen Zustand zur Mittelebene parallelen ebenen Begrenzungsflächen der Scheibe im allgemeinen eine Krümmung erfahren, infolge der von Ort zu Ort wechselnden Spannungen parallel zur Mittelebene und der damit verbundenen Querdehnungen senkrecht dazu.

Um zum Ausdruck zu bringen, daß im vorliegenden Fall alle auftretenden Spannungen parallel zu einer Ebene liegen, sprechen wir vom ebenen Spannungszustand. Legen wir die YZ-Ebene des Koordinatensystems parallel dieser Ebene, so sind die Bedingungen für den ebenen Spannungszustand

$$\sigma_x = \tau_{xy} = \tau_{xz} = 0 \quad \ldots \ldots \ldots \quad (1)$$

Anderseits spielt aber auch der Fall eine Rolle, daß sämtliche auftretenden Verschiebungen parallel einer Ebene verlaufen. In diesem Falle spricht man vom ebenen Formänderungszustand. Während beim ebenen Spannungszustand im allgemeinen auch Verschiebungen senkrecht zur Ebene der Spannungen auftreten, so sind anderseits beim ebenen Formänderungszustand senkrecht zur Ebene der Formänderungen Spannungen erforderlich, um die rein ebene Formänderung zu erzwingen.

Die Unterscheidung zwischen ebenem Spannungs- und ebenem Formänderungszustand tritt an Hand von Beispielen deutlicher hervor; ein scheibenförmiger Körper, bei dem die angreifenden Kräfte sämtlich in der Mittelebene der Scheibe liegen, bildet ein einfaches Beispiel eines ebenen Spannungszustandes. Als Scheibe in diesem Sinne läßt sich z. B. ein belasteter Balken ansehen, dessen Dicke senkrecht zur Ebene der Lasten klein ist gegenüber der Spannweite. Die Biegungstheorie solcher Balken gehört demnach in diesen Abschnitt.

Bei vielen Aufgaben der Festigkeitslehre handelt es sich um die Untersuchung der Spannungen in zylindrischen Körpern, die entlang der Erzeugenden des Zylinders gleichmäßig belastet sind. Sieht man von den Enden ab, so kann man sich auf die Spannungsuntersuchung einer Scheibe beschränken, die aus dem mittleren Teil des Zylinders durch zwei nahe benachbarte Querschnitte herausgeschnitten zu denken ist. Bei Aufgaben dieser Art wird man der Wirklichkeit näher kommen, wenn man den ebenen Formänderungszustand voraussetzt, da die parallelen Ebenen der Scheiben wegen ihres Zusammenhanges mit dem übrigen Körper beim Aufbringen der Belastung nicht so leicht seitlich ausweichen können, als wenn die Scheibe ein selbständiger Körper wäre. Beispiele für solche Aufgaben bilden die Spannungsverteilung in Tonnengewölben oder in Staumauern, soweit sie auf große geradlinige Strecken hin den gleichen Bedingungen unterworfen sind. Ferner gehört hierher die Untersuchung der Spannungen in einer Walze, die auf einer horizontalen Ebene ruht und eine gleichmäßig längs der Erzeugenden verteilte Last trägt.

Um die Bedingungen für den ebenen Formänderungszustand in Formeln zu kleiden, legen wir die YZ-Ebene parallel der Ebene der Formänderung, so daß die X-Achse mit der Erzeugenden des zylindrischen Körpers parallel zu liegen kommt. Die Unabhängigkeit der Verschiebungen η und ζ von x sowie der Verschiebung ξ von y und z drückt sich aus in

$$\frac{\partial \eta}{\partial x} = 0; \quad \frac{\partial \zeta}{\partial x} = 0; \quad \frac{\partial \xi}{\partial y} = 0; \quad \frac{\partial \xi}{\partial z} = 0. \quad . \quad . \quad . \quad (2)$$

Die Verschiebung ξ parallel der X-Achse wird im allgemeinen noch von x abhängen und die Größe der Verschiebung der Querschnittsebenen als Ganzes kennzeichnen. Da wir uns aber nur eine dünne Scheibe aus dem zylindrischen Körper herausgeschnitten denken, so genügt es, eine lineare Abhängigkeit der Verschiebung ξ von x anzunehmen, so daß zu den Bedingungen (2) für den ebenen Formänderungszustand noch

$$\frac{\partial \xi}{\partial x} = k \quad . \quad . \quad . \quad . \quad . \quad . \quad . \quad . \quad . \quad (3)$$

hinzutritt, wobei k eine Konstante bedeutet.

Aus den beiden ersten Gl. (2) und aus Gl. (3) folgt

$$\frac{\partial e}{\partial x} = 0, \quad . \quad . \quad . \quad . \quad . \quad . \quad . \quad . \quad . \quad (4)$$

wenn wieder mit e die kubische Ausdehnung

$$e = \frac{\partial \eta}{\partial y} + \frac{\partial \zeta}{\partial z} + k \quad \ldots \ldots \ldots \quad (5)$$

bezeichnet wird.

Beim ebenen Formänderungszustand werden die Spannungen parallel der Zylinderachse im allgemeinen nicht verschwinden, wie aus der ersten der Gl. (34) § 2, nämlich

$$\sigma_x = 2G\left(\frac{\partial \xi}{\partial x} + \frac{e}{m-2}\right)$$

hervorgeht, wenn für $\frac{\partial \xi}{\partial x}$ und e die Werte aus Gl. (3) und (5) eingesetzt werden; denn e ist im allgemeinen eine Funktion von y und z. Dagegen folgt aus den Gl. (34) § 2 wegen der Bedingungen (2)

$$\tau_{xy} = \tau_{xz} = 0 \quad \ldots \ldots \ldots \quad (6)$$

so daß σ_x eine Hauptspannung ist, deren Wert ebenso wie die Werte der übrigen Spannungen nur von den Querschnittskoordinaten y und z abhängt.

§ 40. Einführung der Airyschen Spannungsfunktion.

Wir wollen nun dazu übergehen, für den im vorigen Paragraphen besprochenen ebenen Formänderungszustand die elastischen Grundgleichungen aufzustellen. Wir gehen von den Gl. (21) § 2 aus, die für den allgemeinen dreiachsigen Spannungszustand die Bedingungen des Gleichgewichts am Volumenelement ausdrücken. Nehmen wir an, daß von Massenkräften nur das Eigengewicht von der Größe c, und zwar in Richtung der Y-Achse angreift, so ist die erste der Gl. (21) § 2, die das Gleichgewicht gegen Verschieben des Volumenelementes in Richtung der X-Achse ausspricht, wegen der Gl. (6) und, da σ_x von x unabhängig ist, von selbst befriedigt, während die beiden anderen sich vereinfachen zu

$$\left.\begin{aligned} \frac{\partial \sigma_y}{\partial y} + \frac{\partial \tau_{yz}}{\partial z} + c &= 0 \\ \frac{\partial \sigma_z}{\partial z} + \frac{\partial \tau_{yz}}{\partial y} &= 0 \end{aligned}\right\} \quad \ldots \ldots \quad (7)$$

Diese beiden Gleichungen zwischen den drei unbekannten Spannungskomponenten σ_y, σ_z und τ_{yz} können dadurch erfüllt werden, daß man die Spannungen den zweiten Differentialquotienten einer zunächst noch beliebigen Funktion F von y und z in folgender Weise gleichsetzt:

$$\sigma_y = C\frac{\partial^2 F}{\partial z^2}; \quad \sigma_z = C\frac{\partial^2 F}{\partial y^2}; \quad \tau_{yz} = -C\frac{\partial^2 F}{\partial y \partial z} - cz, \quad (8)$$

wie man sich durch Einsetzen in die Gl. (7) überzeugt. Dabei bedeutet C eine beliebige Konstante.

Die Funktion F wird nach ihrem Entdecker als Airysche Spannungsfunktion bezeichnet. Maxwell hat auf die Bedeutung dieser Funktion zur Lösung ebener Spannungsaufgaben erneut hingewiesen, und in Deutschland hat sie als erster F. Klein eingeführt.

Die statische Unbestimmtheit des durch die Gl. (7) gekennzeichneten Spannungszustandes drückt sich bei der Einführung der Spannungsfunktion dadurch aus, daß jede beliebige Funktion F von y und z die Gl. (7) befriedigt, sofern sie nur zweimal nach den Unabhängigen y und z differentiiert werden kann. Da die Beziehungen zwischen Spannungen und Formänderung, wie wir in § 2 sahen, die Spannungsaufgabe erst zu einer eindeutigen machen, so werden wir durch Einführen der Spannungsfunktion in diese Beziehungen eine Bestimmungsgleichung für F erhalten müssen.

Zu diesem Zweck leiten wir mit Hilfe der Gl. (36) § 2 eine Differentialgleichung für die räumliche Ausdehnung e ab, die auch allgemeine Gültigkeit für einen beliebigen dreiachsigen Spannungszustand besitzt. Differentiiert man die erste der Gl. (36) § 2 nach x, die zweite nach y und die dritte nach z und addiert sie, so erhält man mit Berücksichtigung der vierten Gl. (36) § 2

$$\frac{2m-2}{m-2}\nabla^2 e + \frac{1}{G}\left(\frac{\partial X}{\partial x} + \frac{\partial Y}{\partial y} + \frac{\partial Z}{\partial z}\right) = 0.$$

Wir wollen annehmen, daß die Massenkraft nur vom Eigengewicht herrührt; dann verschwinden die Ableitungen der Kraftkomponenten, da wir das Kraftfeld der Schwere bei allen Festigkeitsaufgaben als homogen ansehen dürfen, und die letzte Gleichung geht über in

$$\nabla^2 e = 0. \quad \ldots \ldots \ldots \quad (9)$$

Durch Addition der drei ersten Gl. (34) § 2 erhält man die folgende Beziehung zwischen e und der Summe der drei Normalspannungen in jedem Punkt:

$$\sigma_x + \sigma_y + \sigma_z = G\,\frac{2m+2}{m-2}\,e\,. \quad \ldots \ldots \quad (10)$$

Wegen der Gl. (9) folgt daher

$$\nabla^2(\sigma_x + \sigma_y + \sigma_z) = 0. \quad \ldots \ldots \quad (11)$$

Diese allgemein gültige Differentialgleichung vereinfacht sich in unserem Fall des ebenen Formänderungszustandes zunächst dadurch, daß

$$\nabla^2 \sigma_x = 0$$

ist, wie aus der ersten Gl. (34) § 2 mit Benützung der Gl. (3) und (9) hervorgeht. Beachtet man außerdem, daß die Spannungen σ_y und σ_z jetzt nur noch von den Querschnittskoordinaten y und z abhängen, so erhält man an Stelle von Gl. (11)

$$\nabla_1^2 (\sigma_y + \sigma_z) = 0, \qquad \qquad (12)$$

wobei

$$\nabla_1^2 = \frac{\partial^2}{\partial y^2} + \frac{\partial^2}{\partial z^2} \qquad \qquad (13)$$

gesetzt ist. Durch Einsetzen der Spannungsfunktion nach Gl. (8) ergibt sich daraus

$$\left(\frac{\partial^2}{\partial y^2} + \frac{\partial^2}{\partial z^2}\right)\left(\frac{\partial^2 F}{\partial y^2} + \frac{\partial^2 F}{\partial z^2}\right) = 0$$

oder

$$\frac{\partial^4 F}{\partial y^4} + 2\frac{\partial^4 F}{\partial y^2 \partial z^2} + \frac{\partial^4 F}{\partial z^4} = 0. \qquad \qquad (14)$$

Damit ist die gesuchte Bedingungsgleichung für F gefunden. Sie ist eine partielle Differentialgleichung vierter Ordnung, und die allgemeinste Aufgabe des ebenen Formänderungszustandes läuft auf die Integration dieser Differentialgleichung hinaus, wobei es noch erforderlich ist, die Randbedingungen, die durch die angreifenden Kräfte bestimmt sind, in solche für die Spannungsfunktion F umzusetzen.

Zuvor sei aber noch auf die vollständige Übereinstimmung der Gl. (14) mit der Differentialgleichung für die gebogene Platte, an der nur am Rande Kräfte oder Kräftepaare angreifen, hingewiesen. In der Tat geht Gl. (12) § 18 in Gl. (14) über, wenn man die rechte Seite, die nur von der Belastung der Platte abhängt, Null setzt. Diese Übereinstimmung läßt sich dazu benützen, um die Spannungsfunktion auf experimentellem Weg zu bestimmen, indem man ein Blech von derselben Gestalt wie die Scheibe unter entsprechenden Randbedingungen verbiegt. Die Ausbiegung des Bleches an jeder Stelle gibt uns gleichzeitig den Wert der Spannungsfunktion und die zweiten Differentialquotienten der verbogenen Fläche, d. h. im wesentlichen die Krümmung, geben uns die Spannungen nach den Formeln (8).

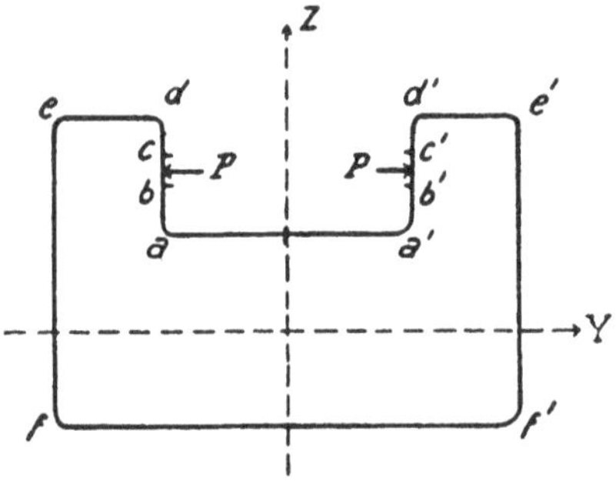

Abb. 32.

Ein Versuch dieser Art ist von K. Wieghardt in einer Arbeit »Über ein neues Verfahren, verwickelte Spannungsverteilungen in elastischen Körpern auf experimentellem Wege zu finden« (Berlin 1908) beschrieben worden. Er untersucht den Spannungszustand einer Scheibe wie in Abb. 32 gezeichnet, die durch zwei entgegengesetzt gerichtete Kräfte P in ihrer Ebene beansprucht wird. Diese Aufgabe ist von praktischer Bedeutung, da bei manchen Maschinenteilen eine derartige Beanspruchung auftritt, die, wie C. Bach durch Versuche gezeigt hat, an den Ecken a und a' nach der üblichen Berechnung stark unterschätzte Spannungen hervorruft, die leicht zu Rissen und Brüchen führen können.

Die Randbedingungen für die durch Abb. 32 gekennzeichnete Spannungsaufgabe sind folgende:

a) $\tau = 0$ längs des ganzen Randes,

b) $\sigma_z = 0$ längs aller Begrenzungen parallel der Y-Achse,

c) $\sigma_y = 0$ längs aller Begrenzungen parallel der Z-Achse mit Ausnahme der kleinen Strecken $b\,c$ und $b'\,c'$. Hier gilt:

$$-P = \int_b^c \sigma_y\,dz = \int_{b'}^{c'} \sigma_y\,dz.$$

Dabei ist die Art der Verteilung der Spannungen σ_y und damit auch der Kraft P über die kleinen Strecken $b\,c$ und $b'\,c'$ unwesentlich. Die Lösung der Spannungsaufgabe würde die Bestimmung der Spannungsfunktion F nach Gl. (14) verlangen, wobei wir die Randbedingungen für F aus den Bedingungen a, b, c, für die Spannungen am Rande unter Beachtung der Gl. (8) entnehmen müssen. Wegen der Bedingungen a) und b) muß $\frac{\partial F}{\partial y}$ längs des ganzen Randes einen konstanten Wert besitzen, den wir gleich Null setzen können, da es auf den Wert der Konstanten nicht ankommt. Das gleiche gilt für $\frac{\partial F}{\partial z}$ wegen der Bedingungen a) und c) für die Begrenzung $c\,d\,e\,f\,f'\,e'\,d'\,c'$. Beim Übergang über die Stelle $b\,c$, wo die Kraft P angreift, macht dagegen $\frac{\partial F}{\partial z}$ einen Sprung, der wegen

$$-P = \int_b^c \sigma_y\,dz = C\int_b^c \frac{\partial^2 F}{\partial z^2}\,dz = C\left[\left(\frac{\partial F}{\partial z}\right)_c - \left(\frac{\partial F}{\partial z}\right)_b\right]$$

durch $-\frac{P}{C}$ gegeben ist. Den gleichen Sprung, nur im entgegengesetzten Sinn, macht $\frac{\partial F}{\partial z}$ beim Übergang über die Angriffsstelle der zweiten Kraft von c' nach b', so daß $\frac{\partial F}{\partial z}$ längs der Begrenzung $b\,a\,a'\,b'$ den konstanten Wert $\frac{P}{C}$ besitzt, während es auf der Begrenzung $c\,d\,e\,f\,f'\,e'\,d'\,c'$ den Wert Null hat. Wie sich $\frac{\partial F}{\partial z}$ längs der kleinen Strecken $b\,c$ und $b'\,c'$ verhält, hängt von der Art der Verteilung der Kraft P auf diese

Strecken ab, ist aber unwesentlich, solange wir annehmen können, daß bc und $b'c'$ klein sind.

Bei der entsprechenden Biegungsaufgabe hat F die Bedeutung der Ausbiegung, und die angegebenen Randbedingungen für $\frac{\partial F}{\partial y}$ und $\frac{\partial F}{\partial z}$ bedeuten für den Biegungsvorgang, wie leicht einzusehen ist, daß das Blech, das gemäß der Abb. 32 ausgeschnitten sein muß, längs des Randes $c\,d\,e\,f\,f'\,e'\,d'\,c'$ in einer Ebene, etwa der ursprünglichen Ebene des Bleches eingespannt ist, während der Rand $b\,a\,a'\,b'$ in einer anderen, gegen die erste um einen beliebigen kleinen Winkel geneigten Ebene gleichfalls fest eingespannt ist. Die beiden Ebenen schneiden sich in der Verbindungslinie der Mitten der beiden Strecken $b\,c$ und $b'c'$.

Die unter den angegebenen Randbedingungen erfolgte Ausbiegung des Bleches wurde auf optischem Weg gemessen und damit gleichzeitig die Spannungsfunktion F für die entsprechende Spannungsaufgabe gefunden, deren Lösung auf analytischem Wege große Schwierigkeiten bereiten würde. Es ergab sich in Übereinstimmung mit den Versuchen von C. Bach, daß in den Ecken a und a', wo bei den Versuchen zuerst Risse auftraten, die stärkste Beanspruchung des Materials erfolgt.

Wir haben an dem eben besprochenen Beispiel kennen gelernt, wie sich aus den am Rand gegebenen Kräften die Randbedingungen für die Spannungsfunktion ergeben. Es soll dieser Übergang von den Grenzbedingungen für die Kräfte auf die für die Spannungsfunktion noch im allgemeinen Fall bei beliebig am Rand vorgegebenen Kräften durchgeführt werden.

In Abb. 33 ist ein Stück der Begrenzung unserer Scheibe gezeichnet. Die am Randelement $A\,B = ds$ angreifenden, auf die Längeneinheit bezogenen äußeren Kräfte sind in ihre rechtwinkeligen Komponenten p_y und p_z zerlegt. Die am Scheibenelement übertragenen Spannungen σ_y, σ_z und τ sind nach den in § 1 festgelegten Regeln in positiver Richtung eingetragen. Bedenkt man, daß beim Fortschreiten entlang des Randes um ds im positiven Sinn von A nach B die Komponenten von ds gleich $-dy$ und dz sind, so drückt sich die Gleichgewichtsbedingung gegen Verschieben in der Y-Richtung folgendermaßen aus:

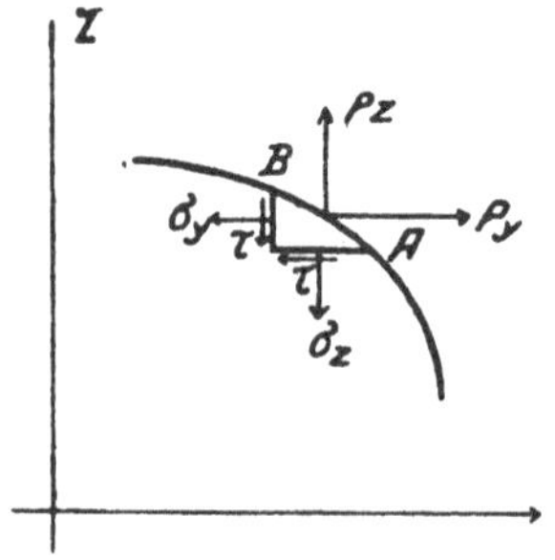

Abb. 33.

$$p_y\,ds = \sigma_y\,dz - \tau\,dy$$

Durch Division mit ds geht daraus die erste der beiden folgenden Gleichungen hervor

$$\left.\begin{aligned} p_y &= \sigma_y \frac{dz}{ds} - \tau \frac{dy}{ds} \\ p_z &= -\sigma_z \frac{dy}{ds} + \tau \frac{dz}{ds} \end{aligned}\right\} \quad \ldots\ldots\ldots \quad (15)$$

Die zweite Gleichung drückt entsprechend das Gleichgewicht gegen Verschieben in der Z-Richtung aus. Insbesondere folgt aus den Gl. (15), wenn links Null steht, d. h. für Randpunkte, an denen keine äußeren Kräfte angreifen,

$$\sigma_y \cdot \sigma_z = \tau^2. \quad \ldots\ldots\ldots \quad (16)$$

Durch Einführen der Spannungsfunktion gehen die Gl. (15) über in

$$\left.\begin{aligned} p_y &= C\left(\frac{\partial^2 F}{\partial z^2}\frac{dz}{ds} + \frac{\partial^2 F}{\partial y \partial z}\frac{dy}{ds}\right) \\ p_z &= -C\left(\frac{\partial^2 F}{\partial y^2}\frac{dy}{ds} + \frac{\partial^2 F}{\partial y \partial z}\frac{dz}{ds}\right) \end{aligned}\right\}, \quad \ldots\ldots \quad (17)$$

wobei zur Vereinfachung der Formeln die Konstante c, die in den Gl. (7) und (8) auftritt und von der Berücksichtigung des Eigengewichts herrührt, gleich Null gesetzt ist.

Die Kraftkomponenten p_y und p_z sind auf dem Rand gegebene Funktionen, als deren unabhängige Variable passend die Länge der von einem bestimmten Randpunkte aus gemessenen Umgrenzung betrachtet werden kann, so daß man an Stelle von p_y und p_z auch die folgenden längs des Randes genommenen Integrale als gegebene Funktionen ansehen kann:

$$\int_0^s p_y\, ds \text{ und } \int_0^s p_z\, ds.$$

Durch Integration der Gl. (17) nach s erhält man

$$\left.\begin{aligned} \int_0^s p_y\, ds &= C\left[\left(\frac{\partial F}{\partial z}\right)_s - \left(\frac{\partial F}{\partial z}\right)_0\right] \\ \int_0^s p_z\, ds &= -C\left[\left(\frac{\partial F}{\partial y}\right)_s - \left(\frac{\partial F}{\partial y}\right)_0\right] \end{aligned}\right\}, \quad \ldots\ldots \quad (18)$$

worin $C\left(\frac{\partial F}{\partial y}\right)_0$ und $C\left(\frac{\partial F}{\partial z}\right)_0$ Integrationskonstante sind, die von der Wahl des Anfangspunktes auf dem Rand abhängen und die wir bzw.

mit c_1 und c_2 bezeichnen wollen. Aus den Gl. (18) erhält man dann

$$\left.\begin{aligned} C\cdot\left(\frac{\partial F}{\partial y}\right)_s &= -\int_0^s p_z\, ds + c_1 \\ C\cdot\left(\frac{\partial F}{\partial z}\right)_s &= \int_0^s p_y\, ds + c_2 \end{aligned}\right\} \quad \ldots\ldots \quad (19)$$

Die ersten Ableitungen der Spannungsfunktion F nach y und z sind demnach bis auf unwesentliche Konstante längs der Begrenzung der Scheibe als gegebene Funktionen von y und z bzw. von s anzusehen. Die Lösung für jeden ebenen Formänderungszustand läuft also auf die Integration der Differentialgleichung (14) unter den Randbedingungen (19) hinaus. Da mit $\frac{\partial F}{\partial y}$ und $\frac{\partial F}{\partial z}$ längs des Randes auch F und die Ableitung $\frac{\partial F}{\partial n}$ nach der Normalen zum Rand als gegeben zu betrachten sind, so ist die Spannungsaufgabe auf die Integration der Differentialgleichung (14) unter vorgegebenen Werten der Funktion am Rande sowie ihrer normalen Ableitungen zurückgeführt.

Die allgemeine Lösung der Differentialgleichung (14) ist bekannt Sie läßt sich z. B. in folgender Form angeben:

$$F = f_1(y + i_1 z) + f_2(y - i z) + (y^2 + z^2)\,[f_3(y + i z) + f_4(y - i z)],$$

worin die f beliebige Funktionen sein können und i die imaginäre Einheit bedeutet. Sowohl der reelle als der imaginäre Bestandteil von F genügt für sich der Differentialgleichung (14). Die Schwierigkeit der Lösung einer bestimmten Aufgabe besteht darin, die allgemeine Lösung der Differentialgleichung vorgegebenen Randwerten anzupassen. Um sich überhaupt Bilder von der Art der Spannungsverteilung in Scheiben zu machen, ist es zweckmäßig, eine bestimmte Lösung der Differentialgleichung (14), etwa durch bestimmte Wahl der Funktionen f herauszugreifen und mit Hilfe der Gl. (8) die zugehörige Spannungsverteilung sowie die Kräfte am Rande, die diesem Spannungszustand entsprechen, zu bestimmen. Wir werden auf die Berechnung spezieller Beispiele noch zurückkommen.

Die Spannungsfunktion gestattet ein anschauliches graphisches Bild des Spannungszustandes durch Zeichnen der Kurven

$$\left.\begin{aligned} \frac{\partial F}{\partial y} &= \text{const} \\ \frac{\partial F}{\partial z} &= \text{const} \end{aligned}\right\} \quad \ldots\ldots\ldots \quad (20)$$

für eine um gleiche Beträge wachsende Wertefolge der Konstanten.

Entlang einer Kurve, auf der $\frac{\partial F}{\partial y}$ den gleichen Wert beibehält, gilt

$$d\left(\frac{\partial F}{\partial y}\right) = \frac{\partial^2 F}{\partial y^2} dy + \frac{\partial^2 F}{\partial y \partial z} dz = 0,$$

woraus wegen Gl. (8) folgt

$$\frac{dz}{dy} = \frac{\sigma_z}{\tau} = \operatorname{tg} \varphi,$$

d. h. die längs eines Schnittes parallel der Y-Achse übertragene resultierende Spannung mit den Komponenten σ_z und τ geht in jedem Punkt in Richtung der Tangente an die Kurve $\frac{\partial F}{\partial y} = \text{const}$. Bildet man die Ableitung von $\frac{\partial F}{\partial y}$ in Richtung der Normalen n zur Kurve (siehe Abb. 34), so ist

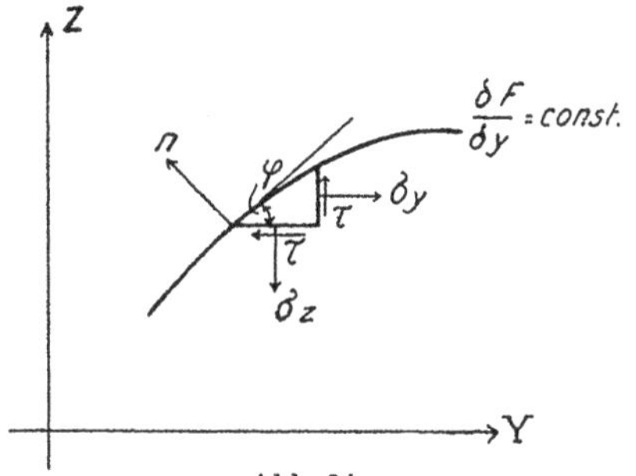

Abb. 34.

$$\frac{d}{dn}\left(\frac{\partial F}{\partial y}\right) = -\frac{\partial^2 F}{\partial y^2} \sin \varphi + \frac{\partial^2 F}{\partial y \partial z} \cos \varphi = -\sigma_z \sin \varphi - \tau \cos \varphi.$$

Für die rechte Seite dieser Gleichung kann man auch wegen $\operatorname{tg} \varphi = \frac{\sigma_z}{\tau}$ schreiben:

$$-\sqrt{\sigma_z^2 + \tau^2}.$$

Das Gefälle von $\frac{\partial F}{\partial y}$ in Richtung senkrecht zur Kurve $\frac{\partial F}{\partial y} = \text{const}$ gibt uns demnach den Wert der im Schnitt parallel zur y-Achse übertragenen resultierenden Spannung, so daß die Größe dieser Resultierenden umgekehrt proportional dem Abstand zweier benachbarter Kurven $\frac{\partial F}{\partial y} = \text{const}$ ist, die zu zwei verschiedenen Werten der Konstanten gehören. Die Kurvenschar, die einer um gleiche Beträge wachsenden Wertefolge der Konstanten entspricht, liefert demnach ein anschauliches Bild der in Schnitten parallel zur y-Achse übertragenen resultierenden Spannung nach Richtung und Größe in jedem Punkt. Das gleiche läßt sich für die Kurven, auf denen $\frac{\partial F}{\partial z}$ konstant ist, beweisen; nur mit dem Unterschied, daß es sich hierbei um die in Schnitten parallel der z-Achse resultierende Spannung aus σ_y und τ handelt, so daß die beiden Kurvenscharen der Gl. (20) ein vollständiges Bild des Spannungszustandes vermitteln.

§ 41. Bemerkungen zur Airyschen Spannungsfunktion.

Schon in § 39 wurde darauf hingewiesen, daß zur Ermöglichung des ebenen Formänderungszustandes, wie er im vorigen Paragraphen bei Ableitung der Spannungsfunktion vorausgesetzt wurde, im allgemeinen Kräfte senkrecht zur Ebene der Verschiebungen erforderlich sind. Um diese Spannungen σ_x zu berechnen, bilden wir mittels der Gl. (34) § 2

$$\sigma_y + \sigma_z = 2G\left(\frac{\partial \eta}{\partial y} + \frac{\partial \zeta}{\partial z} + \frac{2e}{m-2}\right),$$

wofür man wegen Gl. (5) auch schreiben kann

$$\sigma_y + \sigma_z = 2G\left(e\frac{m}{m-2} - k\right).$$

Daraus berechnet sich

$$e = \frac{m-2}{m}\left(k + \frac{\sigma_y + \sigma_z}{2G}\right).$$

Mit diesem Wert für die kubische Ausdehnung erhält man aus der ersten der Gl. (34) § 2

$$\sigma_x = \frac{1}{m}(\sigma_y + \sigma_z) + \frac{m+1}{m} \cdot 2Gk \quad \ldots \ldots \quad (21)$$

oder mit Benützung der Spannungsfunktion

$$\sigma_x = \frac{1}{m}\left(\frac{\partial^2 F}{\partial y^2} + \frac{\partial^2 F}{\partial z^2}\right) + \frac{m+1}{m} \cdot 2Gk. \quad \ldots \quad (22)$$

Da beim ebenen Formänderungszustand σ_x von x unabhängig ist, so muß an den Endquerschnitten unseres zylindrischen Körpers eine nach Gl. (22) gegebene Verteilung äußerer Kräfte über den Querschnitt angebracht werden, um die ebene Formänderung zu ermöglichen.

Nur für spezielle Spannungszustände, bei denen

$$\sigma_y + \sigma_z = \frac{\partial^2 F}{\partial y^2} + \frac{\partial^2 F}{\partial z^2} = \text{const},$$

läßt sich die Konstante k so bestimmen, daß σ_x nach Gl. (22) überall Null ist. In diesem, und zwar nur in diesem Fall deckt sich der ebene Formänderungszustand mit dem ebenen Spannungszustand. Wir werden nachher zeigen, daß sich dieser besonders einfache Spannungszustand mit entsprechend einfachen Hilfsmitteln behandeln läßt.

Aus Gl. (22) ersieht man, daß der durch die Gl. (1) gekennzeichnete ebene Spannungszustand im allgemeinen mit einer Verkrümmung der parallel zur Spannungsebene gehenden »Breitschnitte« verbunden sein muß. Die Art der Verkrümmung ließe sich aus Gl. (22) mit $\sigma_x = 0$ berechnen, indem man k daraus bestimmt und dafür wieder $\frac{\partial \xi}{\partial x}$ einsetzt, das wohl für den ebenen Formänderungszustand, nicht aber für den ebenen Spannungszustand konstant ist. Die Benützung der Gl. (22) auch für den ebenen Spannungszustand ist aber nur zulässig unter der Voraussetzung, daß sich ebenso wie beim ebenen Formänderungszustand eine Airysche Spannungsfunktion gemäß der Gl. (8) einführen läßt.

Um hierfür den Beweis zu erbringen, setzen wir die Bedingungsgleichungen (1) für den ebenen Spannungszustand durch Einsetzen in die Gl. (34) § 2 in folgende Bedingungen für die Verschiebungsgrößen um:

$$e = -(m-2)\frac{\partial \xi}{\partial x} \quad \ldots \ldots \ldots \quad (23)$$

und

$$\left.\begin{aligned} \frac{\partial \xi}{\partial y} + \frac{\partial \eta}{\partial x} = 0 \\ \frac{\partial \xi}{\partial z} + \frac{\partial \zeta}{\partial x} = 0 \end{aligned}\right\} \quad \ldots \ldots \ldots \quad (24)$$

Gl. (9) geht wegen Gl. (23) über in

$$\left(\frac{\partial^2}{\partial x^2} + \frac{\partial^2}{\partial y^2} + \frac{\partial^2}{\partial z^2}\right)\frac{\partial \xi}{\partial x} = 0, \quad \ldots \ldots \quad (25)$$

mit deren Hilfe aus der ersten der Gl. (36) § 2 durch Differentation nach x folgt

$$\frac{\partial^2 e}{\partial x^2} = 0 \quad \ldots \ldots \ldots \ldots \quad (26)$$

oder wegen Gl. (23)

$$\frac{\partial^3 \xi}{\partial x^3} = 0,$$

so daß sich Gl. (25) vereinfacht zu

$$\left(\frac{\partial^2}{\partial y^2} + \frac{\partial^2}{\partial z^2}\right)\frac{\partial \xi}{\partial x} = 0.$$

Benützt man die beiden Gl. (24), so läßt sich für die letzte Gleichung auch schreiben

$$\frac{\partial^2}{\partial x^2}\left(\frac{\partial \eta}{\partial y} + \frac{\partial \zeta}{\partial z}\right) = 0. \quad \ldots \ldots \quad (27)$$

Die für den allgemeinsten dreiachsigen Spannungszustand gültige Gl. (11) läßt sich im Fall des ebenen Spannungszustandes wegen Verschwindens der Spannungen σ_x zunächst folgendermaßen vereinfachen:

$$\nabla^2 (\sigma_y + \sigma_z) = 0, \quad \ldots \ldots \ldots \quad (28)$$

wobei

$$\sigma_y + \sigma_z = 2\,G \left(\frac{\partial \eta}{\partial y} + \frac{\partial \zeta}{\partial z} + \frac{2\,e}{m-2} \right)$$

ist. Wegen der Gl. (26) und (27) ist aber

$$\frac{\partial^2}{\partial x^2} (\sigma_y + \sigma_z) = 2\,G \left\{ \frac{\partial^2}{\partial x^2} \left(\frac{\partial \eta}{\partial y} + \frac{\partial \zeta}{\partial z} \right) + \frac{2}{m-2} \cdot \frac{\partial^2 e}{\partial x^2} \right\} = 0,$$

so daß in Gl. (28)

$$\left(\frac{\partial^2}{\partial y^2} + \frac{\partial^2}{\partial z^2} \right) (\sigma_y + \sigma_z) = 0 \quad \ldots \ldots \quad (29)$$

übrig bleibt, d. h. dieselbe Gl. (12), wie wir sie beim ebenen Formänderungszustand abgeleitet hatten.

Da die Gl. (7), die die Gleichgewichtsbedingungen beim ebenen Formänderungszustand ausdrücken, auch für den ebenen Spannungszustand Gültigkeit haben, wie aus den Gl. (21) § 2 sofort hervorgeht, so läßt sich auch die Einführung der Airyschen Spannungsfunktion nach Ansatz (8) unverändert übernehmen. Damit geht aber Gl. (29) in die Differentialgleichung (14) über, die also in gleicher Weise sowohl für den ebenen Formänderungszustand als für den ebenen Spannungszustand die Bedingungsgleichung für die Spannungsfunktion darstellt.

Nachdem dieser Nachweis erbracht ist, können wir aus Gl. (22) den Wert von $\frac{\partial \xi}{\partial x}$ für den ebenen Spannungszustand berechnen, indem wir $\sigma_x = 0$ und für k, das jetzt nicht mehr konstant ist, $\frac{\partial \xi}{\partial x}$ setzen. Wir erhalten

$$\frac{\partial \xi}{\partial x} = -\frac{1}{2\,G\,(m+1)} \cdot \left(\frac{\partial^2 F}{\partial y^2} + \frac{\partial^2 F}{\partial z^2} \right). \quad \ldots \quad (30)$$

Solange nicht der spezielle Spannungszustand herrscht, wo in jedem Punkt die Summe der Normalspannungen den gleichen Wert hat, ist $\frac{\partial \xi}{\partial x}$ eine Funktion von y und z und liefert die Verzerrung in Richtung senkrecht zur Scheibe und damit die Verkrümmung der Schnitte parallel zur Mittelebene der Scheibe, die wir als Breitschnitte bezeichnet haben.

Auf eine bemerkenswerte Eigenschaft des ebenen Formänderungs- und Spannungszustandes sei hier noch hingewiesen, die sich aus den Formeln (8) und (14) zu erkennen gibt, indem in beiden die elastischen Konstanten E, G und m überhaupt nicht auftreten. Wir haben also hier den Fall vor uns, den wir schon in § 3 besprochen haben, daß es auf den Wert der Poissonschen Konstanten m überhaupt nicht ankommt, wenigstens soweit die Spannungen σ_y, σ_z und τ in Frage kommen. Aus den Gl. (22) und (30) sieht man dagegen, daß der Wert der Spannung σ_x senkrecht zur Ebene der Formänderung bzw. der Wert der Verzerrung $\frac{\partial \xi}{\partial x}$ senkrecht zur Ebene der Spannungen von der Poissonschen Konstante m abhängig ist.

Auf den speziellen Spannungszustand, bei dem die algebraische Summe der beiden Normalspannungen $\sigma_y + \sigma_z$ für jeden Punkt des Breitschnittes der Scheibe den gleichen Wert besitzt, wollen wir an dieser Stelle noch eingehen. Wir sahen schon, daß für diesen Fall der Unterschied zwischen ebenem Formänderungs- und ebenem Spannungszustand wegfällt, indem auch ohne Anbringen von Kräften senkrecht zum Breitschnitt die rein ebene Deformation gewährleistet ist. Da sich zeigt, daß ein dreiachsiger Spannungszustand, für den an jeder Stelle

$$\sigma_x + \sigma_y + \sigma_z = \text{const} \quad . \quad . \quad . \quad . \quad . \quad . \quad . \quad (31)$$

gilt, sich ebenso einfach wie der entsprechende ebene Spannungszustand erledigen läßt, wollen wir die Rechnung gleich für diesen Fall, also unter Zugrundelegen der Gl. (31) durchführen. Wegen Gl. (10) hat infolgedessen auch die kubische Ausdehnung an jeder Stelle den gleichen Wert, den wir mit C bezeichnen wollen, also

$$e = \frac{\partial \xi}{\partial x} + \frac{\partial \eta}{\partial y} + \frac{\partial \zeta}{\partial z} = C. \quad . \quad . \quad . \quad . \quad . \quad . \quad (32)$$

Wir machen nun den Ansatz, daß sich die Verschiebungen von einem Potential V ableiten lassen, derart, daß

$$\xi = \frac{\partial V}{\partial x}; \qquad \eta = \frac{\partial V}{\partial y}; \qquad \zeta = \frac{\partial V}{\partial z} \quad . \quad . \quad . \quad . \quad . \quad (33)$$

ist.

Es fragt sich, ob wir mit diesem Ansatz die Elastizitätsgleichungen befriedigen können. Durch Einsetzen der Gl. (33) in Gl. (32) geht diese über in

$$\nabla^2 V = C. \quad . \quad . \quad . \quad . \quad . \quad . \quad . \quad . \quad . \quad (34)$$

Die Gl. (34) § 2, die die Beziehungen zwischen Spannungen und Dehnungen festlegen, gehen mittels der Gl. (33) über in

$$\left.\begin{aligned} \sigma_x &= 2G\frac{\partial^2 V}{\partial x^2} + c & \tau_{xy} &= 2G\frac{\partial^2 V}{\partial x \partial y} \\ \sigma_y &= 2G\frac{\partial^2 V}{\partial y^2} + c & \tau_{yz} &= 2G\frac{\partial^2 V}{\partial y \partial z} \\ \sigma_z &= 2G\frac{\partial^2 V}{\partial z^2} + c & \tau_{zx} &= 2G\frac{\partial^2 V}{\partial z \partial x} \end{aligned}\right\} \quad . \quad . \quad . \quad (35)$$

wobei

$$c = \frac{2G}{m-2} C \quad . \quad . \quad . \quad . \quad . \quad . \quad . \quad . \quad . \quad . \quad (36)$$

zu setzen ist.

Führt man diese Werte für die Spannungen in die Bedingungsgleichungen (21) § 2 für das Gleichgewicht am Volumenelement ein, so erhält man

$$\begin{aligned} 2G\frac{\partial}{\partial x}(\nabla^2 V) + X &= 0 \\ 2G\frac{\partial}{\partial y}(\nabla^2 V) + Y &= 0 \\ 2G\frac{\partial}{\partial z}(\nabla^2 V) + Z &= 0. \end{aligned} \quad . \quad . \quad . \quad . \quad . \quad . \quad . \quad (37)$$

Wegen Gl. (34) verschwindet aber der erste Ausdruck in jeder dieser Gleichungen, so daß die Gl. (37) für den Fall, daß die Massenkraft verschwindet oder vernachlässigt werden kann, befriedigt sind. Da die Vernachlässigung der Massenkraft, d. h. des Gewichtes bei den meisten Aufgaben der Festigkeitslehre zulässig ist, so können wir die Gleichgewichtsbedingungen (37) durch unseren Ansatz (33) erfüllen, womit die Richtigkeit dieses Ansatzes erwiesen ist.

Die Untersuchung des durch Gl. (31) oder (32) bestimmten speziellen Spannungszustandes läuft demnach auf die Integration der Differentialgleichung (34), der Hauptgleichung der Potentialtheorie, hinaus.

Um schließlich noch festzustellen, unter welchen Grenzbedingungen dieser spezielle Spannungszustand eintritt, denken wir uns durch Parallelebenen zu den Koordinatenebenen eine unendlich kleine körperliche Ecke an der Oberfläche herausgeschnitten mit der äußeren Normalen n; werden die Komponenten der äußeren Kraft $\mathfrak{P}$, die auf die Einheit der Oberfläche wirkt, mit p_x, p_y, p_z bezeichnet, so gehen die Gl. (4) § 1, die das Gleichgewicht am Tetraeder ausdrücken, über in

$$\left.\begin{aligned} p_x &= \sigma_x \cos(n\,x) + \tau_{xy} \cos(n\,y) + \tau_{xz} \cos(n\,z) \\ p_y &= \sigma_y \cos(n\,y) + \tau_{yz} \cos(n\,z) + \tau_{yx} \cos(n\,x) \\ p_z &= \sigma_z \cos(n\,z) + \tau_{zx} \cos(n\,x) + \tau_{zy} \cos(n\,y) \end{aligned}\right\} . \quad . \quad . \quad (38)$$

In diesen Gleichungen drücken wir die Spannungen nach den Gl. (35) durch das Potential V aus, wodurch die erste der Gl. (38) übergeht in

$$p_x = 2G\left\{\frac{\partial^2 V}{\partial x^2}\cos(n\,x) + \frac{\partial^2 V}{\partial x \partial y}\cos(n\,y) + \frac{\partial^2 V}{\partial x \partial z}\cos(n\,z)\right\} + c\cos(n\,x),$$

wofür man auch schreiben kann

$$p_x = 2G\,\frac{\partial}{\partial x}\left(\frac{\partial V}{\partial n}\right) + c \cdot \cos(n\,x).$$

Entsprechend lassen sich die beiden anderen Gl. (38) umformen, so daß sich die Komponenten der äußeren Kraft darstellen lassen durch

$$
\left.
\begin{aligned}
p_x &= 2\,G\,\frac{\partial}{\partial x}\left(\frac{\partial V}{\partial n}\right) + c\cos(n\,x) \\
p_y &= 2\,G\,\frac{\partial}{\partial y}\left(\frac{\partial V}{\partial n}\right) + c\cos(n\,y) \\
p_z &= 2\,G\,\frac{\partial}{\partial z}\left(\frac{\partial V}{\partial n}\right) + c\cos(n\,z)
\end{aligned}
\right\} \quad \cdots \cdots (39)
$$

oder als Vektorgleichung geschrieben

$$
\mathfrak{P} = 2\,G\cdot\operatorname{grad}\left(\frac{\partial V}{\partial n}\right) + \mathfrak{C}_n. \quad \cdots \cdots (40)
$$

Dabei bedeutet $\mathfrak{C}_n$ eine in Richtung der Normalen zur Oberfläche wirkende Kraft, die an jeder Stelle den konstanten Wert c besitzt. Eine solche Oberflächenbedingung besteht bei allseits gleichem Flüssigkeitsdruck. Daß bei einer solchen Oberflächenbedingung die Voraussetzungen für den speziellen Spannungszustand gegeben sind, geht daraus hervor, daß dabei jedes Volumenelement des betreffenden Körpers die gleiche räumliche Dehnung bzw. Zusammenziehung erfährt, so daß Gl. (32) erfüllt ist.

Sehen wir von diesem Flüssigkeitsdruck ab, den wir nachträglich immer noch superponieren können, so vereinfachen sich die Gl. (32), (34), (35), (39) und (40), indem man c, C und $\mathfrak{C}_n$ sämtlich gleich Null zu setzen hat.

Gl. (40) läßt sich dann mittels

$$
\frac{\partial V}{\partial n} = \frac{1}{2\,G}\cdot Q \quad \cdots \cdots \cdots (41)
$$

folgendermaßen schreiben

$$
\mathfrak{P} = \operatorname{grad} Q \quad \cdots \cdots \cdots (42)
$$

d. h. die Bedingung für das Zustandekommen unseres speziellen einfachen Spannungszustandes läßt sich dahin aussprechen, daß die Oberflächenkräfte sich von einem Potential ableiten lassen. Unter dieser Voraussetzung läuft die Lösung der Elastizitätsaufgabe auf die Integration der Potentialgleichung

$$
\nabla^2 V = 0 \quad \cdots \cdots \cdots (43)
$$

hinaus, wobei an der Oberfläche des Körpers die Grenzbedingungen (41) und (42) zu erfüllen sind.

In der Technik spielt diese Art der Belastung, wo sich die Oberflächenkräfte von einem Potential ableiten lassen, keine sehr große Rolle, dagegen kommt der Fall allseitig gleichen Flüssigkeitsdruckes namentlich bei Festigkeitsuntersuchungen von Rohren und Kesseln öfters vor. Die Frage nach dem elastischen Verhalten der Körper unter solchen Oberflächenbedingungen läßt sich also stets verhältnismäßig einfach erledigen. Handelt es sich insbesondere um einen ebenen Spannungszustand, so können wir von vornherein die Erhaltung der Ebenen der Breitenschnitte nach der strengen Theorie voraussagen.

§ 42. Einfaches Beispiel zur Airyschen Spannungsfunktion.

Den Fall eines ebenen Spannungszustandes haben wir vor uns, wenn wir die Beanspruchung eines Balkens zu untersuchen haben, der beliebig belastet ist, wenn nur die Dicke des Balkens senkrecht zur Ebene der Lasten gering ist im Verhältnis zur Länge, so daß man den Balken als Scheibe ansehen kann. Dagegen darf die in die Scheibenebene fallende Höhe des Balkens in einem beliebigen Verhältnisse zur Spannweite stehen.

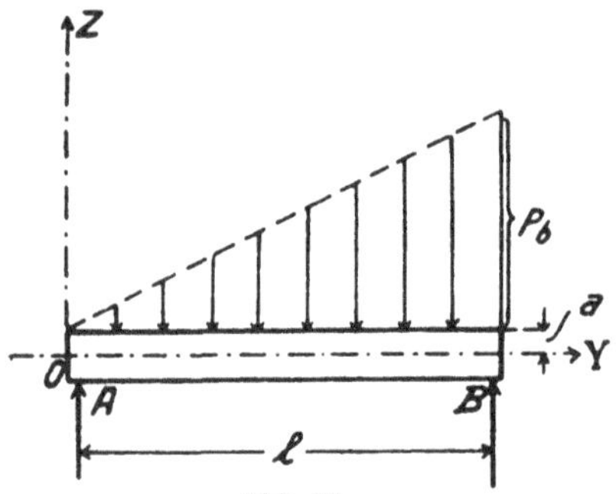

Abb. 35.

Unter diesen Voraussetzungen wollen wir die Spannungen in einem Balken berechnen, der eine proportional mit dem Abstand vom linken Ende wachsende Belastung tragen soll. Die Belastungsfläche ist im vorliegenden Fall das in die Abb. 35 eingezeichnete Dreieck, das die Größe der Belastung an jeder Stelle angibt. Die auf die Längeneinheit bezogene Last p wächst proportional mit y, so daß

$$p = a \cdot y,$$

mit

$$a = \frac{p_b}{l} \quad \ldots \ldots \ldots \ldots \quad (44)$$

ist. Die Gesamtlast des Balkens ist gleich dem Inhalt der Belastungsfläche; also gleich

$$\frac{1}{2} p_b \cdot l. \quad \ldots \ldots \ldots \ldots \quad (45)$$

Dabei ist die als klein anzusehende Dicke des Balkens senkrecht zur Zeichenebene gleich Eins gesetzt. Da die Resultierende der Gesamtlast im Schwerpunkt der Belastungsfläche angreifend zu denken ist, verteilt sie sich auf die beiden Auflager im Verhältnis 1 : 2, so daß sich die beiden Auflagerdrücke A und B am linken bzw. rechten Balkenende berechnen zu

$$\left.\begin{aligned} A &= \frac{1}{6} p_b l \\ B &= \frac{1}{3} p_b l \end{aligned}\right\} \quad \ldots \ldots \ldots \ldots \quad (46)$$

Als Grenzbedingungen sind für die Spannungen vorgeschrieben $\tau_{yz} = 0$ für $z = \pm a$; ferner $\sigma_z = 0$ für $z = -a$ und $\sigma_z = -p$ für $z = a$. An den beiden Balkenenden wird man verlangen müssen, daß die Spannungen an der Oberfläche den Auflagerdrücken A und B das Gleichgewicht halten. Da aber die Art der Übertragung der Auflagerdrücke selbst nicht näher bekannt ist, so muß man sich damit begnügen, an den Enden den statischen Bedingungen der Aufgabe gerecht zu werden, ohne zu verlangen, daß sich dort die berechnete Spannungsverteilung mit der wirklichen genau deckt. Für die Stellen, die weiter von den Auflagern entfernt liegen, ist dagegen die Art der Übertragüng der Auflagerdrücke nicht von Bedeutung, so daß man für den mittleren Teil des Balkens die richtige Spannungsverteilung erwarten darf. Die damit zum Ausdruck gebrachte »elastische Gleichwertigkeit statisch gleichwertiger Lastensysteme« wenigstens in einiger Entfernung von den Angriffsstellen der Lasten hat ganz allgemein zuerst St. Venant ausgesprochen und wird nach ihm als St. Venantsches Prinzip bezeichnet.

Die Spannungsfunktion für unsere Aufgabe lautet folgendermaßen:

$$F = \frac{\alpha}{4a^3}\left[\frac{1}{6} y^3 z^3 - \frac{1}{10} y z^5 - \frac{1}{2} a^2 y^3 z + \left(\frac{a^2}{5} - \frac{l^2}{6}\right) y z^3 + \right.$$
$$\left. + \left(-\frac{a^4}{10} + \frac{a^2 l^2}{2}\right) y z - \frac{a^3}{3} y^3\right] \quad . \quad . \quad . \quad . \quad . \quad (47)$$

Um den Nachweis zu erbringen, daß diese Funktion allen Bedingungen genügt, leiten wir durch Differentiation die Spannungen ab:

$$\left.\begin{aligned}
\sigma_y &= \frac{\partial^2 F}{\partial z^2} = \frac{\alpha}{4a^3}\left[y^3 z - 2 y z^3 + \left(\frac{6}{5} a^2 - l^2\right) y z\right] = \\
&= \frac{\alpha}{4a^3} y z \left[y^2 - 2 z^2 + \frac{6}{5} a^2 - l^2\right] \\
\sigma_z &= \frac{\partial^2 F}{\partial y^2} = \frac{\alpha}{4a^3}\left[y z^3 - 3 a^2 y z - 2 a^3 y\right] = \\
&= \frac{\alpha}{4a^3} y \left[z^3 - 3 a^2 z - 2 a^3\right] \\
\tau_{yz} &= -\frac{\partial^2 F}{\partial y \partial z} = -\frac{\alpha}{4a^3}\left[\frac{3}{2} y^2 z^2 - \frac{1}{2} z^4 - \frac{3}{2} a^2 y^2 + \right. \\
&\quad \left. + \left(\frac{3}{5} a^2 - \frac{l^2}{2}\right) z^2 - \frac{a^4}{10} + \frac{a^2 l^2}{2}\right] \\
&= -\frac{\alpha}{4a^3}\left[(z^2 - a^2)\left(\frac{3}{2} y^2 + \frac{3}{5} a^2 - \frac{l^2}{2}\right) - \right. \\
&\quad \left. - \frac{1}{2}(z^4 - a^4)\right]
\end{aligned}\right\} \quad . \quad (48)$$

Daraus ergibt sich ferner:

$$\frac{\partial^4 F}{\partial z^4} = \frac{\alpha}{4a^3}(-12\,y\,z); \qquad \frac{\partial^4 F}{\partial y^4} = 0; \qquad \frac{\partial^4 F}{\partial y^2 \partial z^2} = \frac{\alpha}{4a^3}\cdot 6\,y\,z,$$

so daß die Differentialgleichung

$$\frac{\partial^4 F}{\partial y^4} + 2\frac{\partial^4 F}{\partial y^2 \partial z^2} + \frac{\partial^4 F}{\partial z^4} = 0$$

in der Tat durch den Ansatz (47) erfüllt wird. Auch die Grenzbedingungen für die Spannungen sind die vorgeschriebenen; denn für $z = \pm a$ wird $\tau_{yz} = 0$, während σ_z für $z = -a$ zu Null wird und für $z = +a$ den vorgeschriebenen Wert $-\alpha y = -p$ annimmt. Wir müssen noch untersuchen, ob die Spannungen an den beiden Balkenenden den durch die Gl. (46) bestimmten Auflagerdrücken das Gleichgewicht halten. Wir bilden zu dem Zweck für die Endquerschnitte $y = 0$ und $y = l$

$$\int_{-a}^{+a} \tau_{yz}\, dz.$$

An der Stelle $y = 0$ wird aus diesem Integral

$$-\frac{\alpha}{4a^3}\left[-\frac{a^5}{5} + \left(\frac{3}{5}a^2 - \frac{l^2}{2}\right)\frac{2a^3}{3} + \left(\frac{a^2 l^2}{2} - \frac{a^4}{10}\right)\cdot 2a\right] = -\frac{p_b l}{6}$$

und an der Stelle $y = l$:

$$-\frac{\alpha}{4a^3}\left[l^2 a^3 - \frac{a^5}{5} + \left(\frac{3}{5}a^2 - \frac{l^2}{2}\right)\frac{2a^3}{3} - \left(\frac{3}{2}a^2 l^2 + \right.\right.$$
$$\left.\left. + \frac{a^4}{10} - \frac{a^2 l^2}{2}\right)\cdot 2a\right] = \frac{p_b l}{3}.$$

Wenn man noch bedenkt, daß die in den beiden Endquerschnitten übertragenen Schubspannungen mit verschiedenen Vorzeichen zu nehmen sind, da die äußeren Normalen der beiden Querschnitte entgegengesetzt gerichtet sind, so lehrt der Vergleich mit den Werten der Auflagerdrücke nach Gl. (46), daß die Spannungen mit diesen im Gleichgewicht stehen. Der Wert der Spannung σ_y im Querschnitt $y = 0$ ist Null, da y im Ausdruck für σ_y als Faktor auftritt. Dagegen gilt dies nicht mehr für den anderen Endquerschnitt; denn für $y = l$ erhält man

$$\sigma_y = \frac{\alpha}{4a^3}\, l\, z\left(\frac{6}{5}a^2 - 2z^2\right)$$

d. h. eine über den Querschnitt mit z veränderliche Spannungsverteilung. Da im Endquerschnitt keine äußeren Kräfte angebracht sind, die diesen Spannungen das Gleichgewicht halten könnten, so entspricht diese Spannungsverteilung nicht den wirklichen Verhältnissen.

Die Spannungsverteilung σ_y im Endquerschnitt führt aber zu keiner Resultierenden und zu keinem resultierenden Kräftepaar, wie sofort zu sehen ist, wenn man die beiden Integrale

$$\int_{-a}^{+a} \sigma_y \, d z \text{ und } \int_{-a}^{+a} \sigma_y \, z \, d z$$

für den Endquerschnitt $y = l$ bildet, die beide den Wert Null haben. Demnach ist den statischen Bedingungen der Aufgabe an den Endquerschnitten auch Rechnung getragen, so daß wir in einigem Abstand vom rechten Endquerschnitt unsere Darstellung der Spannungsverteilung im Balken als streng gültig ansehen dürfen.

Der Ausdruck für die Spannung σ_y zeigt, daß die Normalspannung im Querschnitt des Balkens nicht dem Geradliniergesetz gehorcht, das zum Ausgangspunkt für die einfache Theorie der Balkenbiegung genommen wird. Nach dem Geradliniengesetz müßte die Spannung σ_y linear von der Querschnittskoordinate z abhängen. Tatsächlich tritt aber noch ein Glied mit z^3 hinzu. Betrachten wir insbesondere den Querschnitt, in dem das größte Biegungsmoment bei der angegebenen Belastung übertragen wird, um ein Bild von der Größe der Abweichung vom Geradliniengesetz zu erhalten. Aus einfachen statischen Betrachtungen ergibt sich als Abszisse dieses Querschnittes

$$y = \frac{l}{\sqrt{3}}$$

und damit

$$\sigma_y = - \frac{p_b}{2\sqrt{3}\,a^3} \, z \left(\frac{l^2}{3} + z^2 - \frac{3}{5} a^2 \right). \quad . \quad . \quad . \quad . \quad (49)$$

Da z^2 höchstens den Wert a^2, nämlich für die äußersten Fasern des Balkens, annehmen kann, so läßt sich für Balken, deren Längenausdehnung das Vielfache der Höhe beträgt, z^2 gegenüber $\frac{l^2}{3}$ vernachlässigen. Ist z. B. die Länge des Balkens dem Fünffachen der Höhe gleich, so nimmt z^2 für die äußersten Fasern den Wert $\frac{l^2}{100}$ an, d. h. die Abweichung von der Tangente im Punkt $z = 0$ der durch Gl. (49) gegebenen Kurve dritter Ordnung für σ_z, beträgt etwa 3%. Bei einer Balkenlänge, die nur das Doppelte der Höhe beträgt, ist der Einfluß des Gliedes mit z^3 wesentlich größer; er macht über 18% des ganzen Wertes von σ_y aus. Freilich ist in diesem Falle auch die Gültigkeit des St. Venantschen Prinzips nicht mehr gesichert. Immerhin folgt aus unseren Ergebnissen, daß bei Anwendung des Geradliniengesetzes besonders bei Balken, die bezüglich ihrer Gestalt, ihrer Belastung und Stützung von den gewöhnlich vorkommenden Fällen abweichen, besondere Vorsicht geboten ist.

Von dem Balken, der eine von links nach rechts gleichmäßig wachsende Belastung trägt, kann man durch Hinzufügen einer von rechts nach links in gleicher Weise ansteigenden Belastung zu dem gleichmäßig belasteten Balken übergehen. Die zugehörige Spannungsfunktion wird aus Gl. (47) gewonnen durch Hinzufügen eines zweiten Gliedes, das ebenso gebaut ist wie die rechte Seite von Gl. (47), nur daß an Stelle von y jetzt $l - y$ zu setzen ist. Dasselbe gilt von den zweiten Differentialquotienten der Spannungsfunktion, d. h. von den Spannungen selbst, die aus den Gl. (48) durch Hinzufügen je eines zweiten Gliedes hervorgehen, bei dem $l - y$ an Stelle von y steht. Dabei ist zu beachten, daß diese zweiten Glieder bei den Normalspannungen σ_y und σ_z additiv hinzutreten, während beim gemischten Differentialquotienten, also bei der Schubspannung τ_{yz}, das zweite Glied das entgegengesetzte Vorzeichen wie das erste Glied erhält.

Bezeichnen wir die gleichmäßige Belastung des Balkens auf die Längeneinheit bezogen mit p, so können wir an Stelle von α schreiben

$$\alpha = \frac{p}{l}.$$

Aus den Gl. (48) erhält man dann für den gleichmäßig belasteten Balken

$$\sigma_y = \frac{p}{4\,a^3}\,z\left[3\,y^2 - 3\,y\,l - 2\,z^2 + \frac{6}{5}\,a^2\right]$$

$$\sigma_z = \frac{p}{4\,a^3}\left[z^3 - 3\,a^2 z - 2\,a^3\right]$$

$$\tau_{yz} = \frac{p}{4\,a^3}\left(\frac{l}{2} - y\right)(3\,z^2 - 3\,a^2).$$

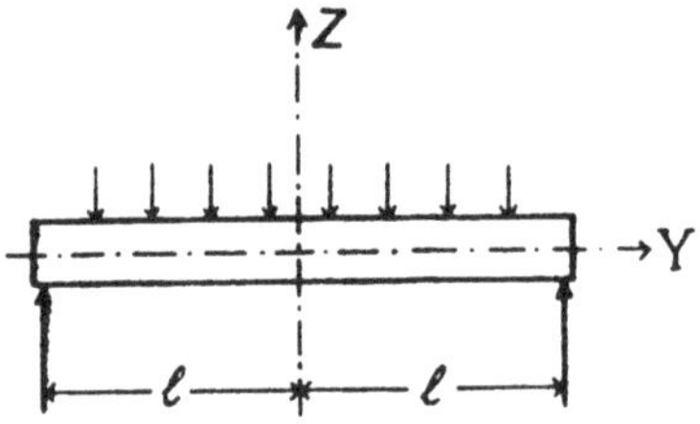

Abb. 36.

Nimmt man noch eine Parallelverschiebung der Z-Achse vor, so daß sie durch die Mitte des Balkens geht, und setzt für die ganze Länge des Balkens $2\,l$ (siehe Abb. 36), so gehen die vorhergehenden Formeln für die Spannungen in die folgenden über:

$$\left.\begin{aligned}
\sigma_y &= \frac{p}{4\,a^3}\left(3\,y^2 z - 2\,z^3 - 3\,l^2 z + \frac{6}{5}\,a^2 z\right)\\
\sigma_z &= \frac{p}{4\,a^3}(z^3 - 3\,a^2 z - 2\,a^3)\\
\tau_{yz} &= -\frac{p}{4\,a^3}\,y\,(3\,z^2 - 3\,a^2)
\end{aligned}\right\} \quad . \quad . \quad . \quad . \quad (50)$$

Daß diese Werte für die Spannungen den Randbedingungen unserer Aufgabe genügen müssen, geht aus der Art, wie sie gewonnen worden sind, einwandfrei hervor, da die Grenzbedingungen für die gleichmäßig mit dem Abstand vom Balkenende wachsende Belastung, wie wir oben nachweisen konnten, erfüllt sind.

Wir wollen mit Hilfe der ersten der Gl. (50) die Abweichungen vom Geradliniengesetz der Normalspannungen bei gleichmäßiger Belastung des Balkens untersuchen und wählen zu dem Zweck wieder den Querschnitt, in dem das größte Biegungsmoment übertragen wird. Das ist im Fall der gleichmäßigen Belastung der mittlere Querschnitt des Balkens. Für $y = 0$ geht aus der ersten Gl. (50) hervor

$$\sigma_y = -\frac{p}{4a^3} z\left(2z^2 + 3l^2 - \frac{6}{5}a^2\right). \quad \ldots \quad (51)$$

Berechnet man in diesem Fall den Einfluß des Gliedes mit z^3 für die beiden Fälle, daß die Balkenlänge das Fünffache bzw. das Doppelte der Höhe beträgt, so ergeben sich ähnliche Verhältnisse, wie wir sie beim Balken mit gleichmäßig wachsender Belastung gefunden haben. Im ersteren Fall macht die Abweichung vom Geradliniengesetz etwas weniger als 3% aus, im letzteren Fall beträgt sie nahezu 17%. Diese Werte liefern uns eine Bestätigung dafür, daß die Proportionalität zwischen den Spannungen und den Abständen von der Nullinie nur angenähert gilt und um so weniger, je mehr sich die Gestalt des Balkens von den gewöhnlich vorkommenden unterscheidet.

Bemerkenswert ist, daß die Verteilung der Schubspannungen τ_{yz} über den Querschnitt auch nach den Gl. (50) der strengen Theorie dasselbe parabolische Gesetz befolgt, auf das man auch in der üblichen Näherungstheorie geführt wird.

Wir wollen noch die Gestaltsänderung des Balkens in Richtung senkrecht zur Ebene der Lasten untersuchen. Da wir die Dicke des Balkens, die wir als klein vorausgesetzt haben, gleich Eins angenommen haben, so gibt uns Gl. (30) unmittelbar die Änderung der Dicke an jeder Stelle. Führen wir die Spannungen an Stelle der Spannungsfunktion ein, so lautet sie

$$\frac{\partial \xi}{\partial x} = -\frac{1}{2G(m+1)}(\sigma_y + \sigma_z). \quad \ldots \quad (52)$$

Daraus läßt sich entnehmen, daß die Abweichungen vom ursprünglich rechteckigen Querschnitt am größten in den äußeren Fasern für $z = \pm a$ sind, und zwar an der Druckseite für $z = +a$ positiv, da σ_y und σ_z hier negativ sind, und an der Zugseite für $z = -a$ negativ, da σ_y hier positiv ist, während σ_z den Wert Null hat. Ferner sieht man daraus, daß die Gestaltänderung der Querschnitte verschieden ist und den größten Wert für denjenigen Querschnitt annimmt, in dem die größten Spannungen auftreten. Da die Normalspannungen σ_y und σ_z in den beiden besprochenen Belastungsfällen in z vom dritten Grade abhängen, so gehen die ursprünglich zur z-Achse parallelen Seiten der Querschnitte in Kurven dritter Ordnung über, die um so mehr von der Geraden abweichen, je größer der Einfluß des Gliedes mit z^3 ist.

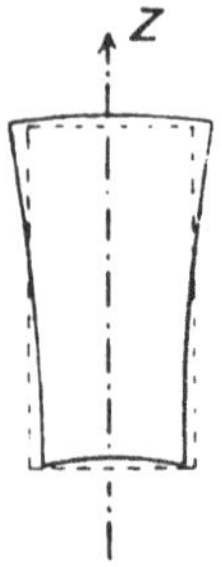

Abb. 37.

Abb. 37 zeigt in schematischer Darstellung die Gestalt des Querschnittes des belasteten Balkens, wobei der ursprünglich rechteckige Querschnitt gestrichelt eingezeichnet ist. Zugleich erkennt man aus der Abbildung, in welchem Sinn sich die oberen und unteren, ursprünglich horizontalen Begrenzungen des Balkens unter dem Einfluß der Lasten wölben. Die Querschnittskurven dieser Wölbungen sind Parabelbögen, deren Gleichung gewonnen werden kann, indem man mit Hilfe von Gl. (52), in die die Werte von σ_y und σ_z für den gleichmäßig belasteten Balken einzutragen sind, den Wert von ζ aus der zweiten Gl. (24) berechnet. In gleicher Weise hätte man beim Balken mit geradlinig ansteigender Belastung zu verfahren und würde auch Parabelbögen als obere und untere Begrenzungskurve der Querschnitte erhalten.

Anmerkung: Die besprochenen Belastungsfälle des Balkens sind der beachtenswerten Göttinger Dissertation von A. Timpe (1905) entnommen. Es war nur erforderlich, beim Balken mit gleichmäßig wachsender Belastung in dem dort angegebenen Ausdruck für die Spannungsfunktion zwei weitere Glieder aufzunehmen, damit die statischen Bedingungen der Aufgabe befriedigt werden. Entsprechend mußte beim gleichmäßig belasteten Balken ein weiteres Glied in der Spannungsfunktion hinzugefügt werden.

§ 43. Lösung ebener Spannungsaufgaben mit Hilfe komplexer Funktionen.

Neben dem in den letzten Paragraphen besprochenen Verfahren, mittels der Spannungsfunktion ebene Spannungs- und Formänderungsaufgaben zu lösen, empfiehlt sich für eine Reihe von Aufgaben ein anderes Verfahren, das in diesem Paragraphen dargestellt werden soll, und das wir mit Rücksicht auf die dabei zur Anwendung kommenden Sätze aus der Theorie der komplexen Funktionen als das Verfahren der komplexen Integration ebener Spannungsaufgaben bezeichnen wollen. Es eignet sich besonders für Aufgaben, in denen eine oder mehrere Einzelkräfte als äußere Lasten an Körpern angreifen, die in gewissen Richtungen parallel zur Ebene der Spannungen so ausgedehnt sind, daß sie nahezu als unendlich groß nach den betreffenden Richtungen angesehen werden können.

Zur Ableitung und zum Verständnis des Verfahrens der komplexen Integration ebener Spannungsaufgaben sind die einfachsten grundlegenden Sätze aus der Theorie komplexer Funktionen erforderlich. Da wir diese Sätze nicht von jedem Leser dieses Buches voraussetzen können, so sollen sie hier, soweit sie unbedingt nötig sind, kurz zusammengefaßt werden, wobei gleich darauf hingewiesen werden soll, daß diese Sätze auch in anderen Teilen der Mechanik, vor allen Dingen in der Hydrodynamik, mit Vorteil verwendet werden können, so daß die Funktionentheorie allgemein für die Behandlung ebener Probleme in der Mechanik von großer Bedeutung ist.

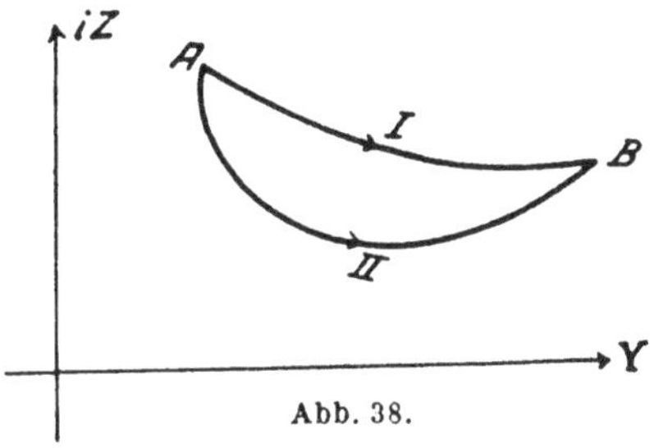

Abb. 38.

Bezeichnen wir die komplexe Variable $y + i z$ mit a, so ist $f(a)$ eine komplexe Funktion, der für jeden Wert der Variablen a in der Gaußschen Ebene (siehe Abb. 38) ein bestimmter reeller φ und ein bestimmter imaginärer Bestandteil ψ zukommt, so daß

$$f(a) = \varphi(y z) + i \psi(y z) \quad \ldots \ldots \quad (53)$$

ist. Die notwendigen und hinreichenden Bedingungen dafür, daß die Funktionen $\varphi(yz)$ und $\psi(yz)$ Real- und Imaginärteil einer komplexen analytischen Funktion darstellen, sind die folgenden nach Cauchy-Riemann benannten Differentialgleichungen:

$$\left.\begin{aligned} \frac{\partial \varphi}{\partial y} &= \frac{\partial \psi}{\partial z} \\ \frac{\partial \varphi}{\partial z} &= -\frac{\partial \psi}{\partial y} \end{aligned}\right\} \quad \ldots \ldots \quad (54)$$

aus denen sofort folgt:

$$\left.\begin{aligned} \frac{\partial^2 \varphi}{\partial y^2} + \frac{\partial^2 \varphi}{\partial z^2} &= 0 \\ \frac{\partial^2 \psi}{\partial y^2} + \frac{\partial^2 \psi}{\partial z^2} &= 0 \end{aligned}\right\} \quad \ldots \ldots \quad (55)$$

Die beiden Funktionen φ und ψ werden konjugierte harmonische Funktionen genannt.

Durch Differentiation einer analytischen Funktion der komplexen Variablen a erhält man wieder eine analytische komplexe Funktion; dabei ist die Richtung, in der man differentiiert, d. h. in der sich die Unabhängige a ändert, gleichgültig. Die Regeln der Differentiation sind die gleichen wie bei der entsprechenden Funktion einer reellen Veränderlichen.

Wie bei der Differentiation die Richtung, in der differentiiert wird, auf den Wert des Differentialquotienten ohne Einfluß ist, so ist bei der Integration der Wert des Integrals nur von den Grenzen und nicht vom Weg abhängig. Statt längs des Weges I (siehe Abb. 38) von A nach B zu integrieren, kann man auch längs des Weges II integrieren, ohne daß sich der Wert des Integrals ändert, sofern in dem durch die beiden Wege I und II abgegrenzten Bezirk die Funktion, über die integriert wird, keine singuläre Stelle besitzt, d. h. nicht unbestimmt oder unendlich wird. Daraus folgt auch, daß das Integral über einen geschlossenen Weg, der im Innern keine singuläre Stelle der Funktion enthält, zu Null wird. Auch die komplexe Integration einer analytischen Funktion liefert wieder eine analytische Funktion. Durch Integration der durch Gl. (53) gegebenen analytischen Funktion $f(\alpha)$ erhält man als Funktion der oberen Grenze

$$F(\alpha) = \Phi(y z) + i \Psi(y z) = \int f(\alpha)\, d\alpha \quad . \quad . \quad . \quad . \quad (56)$$

und es ist nachzuweisen, daß auch $F(\alpha)$ eine analytische Funktion ist.

Die Bedingung, daß $\varphi(yz) + i\,\psi(yz)$ eine komplexe analytische Funktion ist, steckt in der Voraussetzung, daß das Integral vom Weg unabhängig ist und eine Funktion der oberen Grenze darstellt. Wie sich zeigen läßt, ist diese Bedingung gleichbedeutend mit den Cauchy-Riemannschen Bedingungen, die durch die Gl. (54) ausgedrückt werden.

Da $f(\alpha)$ durch Differentiation von $F(\alpha)$ nach α erhalten wird, wobei die Richtung, in der differentiiert wird, auf das Resultat ohne Einfluß ist, so erhält man durch Gleichsetzen der Differentialquotienten nach den Richtungen der Koordinatenachsen:

$$\frac{\partial \Phi}{\partial y} + i \frac{\partial \Psi}{\partial y} = \frac{1}{i}\left(\frac{\partial \Phi}{\partial z} + i \frac{\partial \Psi}{\partial z}\right) = \varphi + i\,\psi,$$

woraus die Cauchy-Riemannschen Bedingungen

$$\left.\begin{aligned} \frac{\partial \Phi}{\partial y} &= \frac{\partial \Psi}{\partial z} = \varphi \\ \frac{\partial \Phi}{\partial z} &= -\frac{\partial \Psi}{\partial y} = -\psi \end{aligned}\right\} \quad . \quad . \quad . \quad . \quad . \quad . \quad . \quad . \quad (57)$$

hervorgehen, wodurch bewiesen ist, daß auch $F(\alpha)$ eine analytische Funktion ist.

Schließlich müssen wir uns noch mit den einfachsten Singularitäten, die in der Funktionentheorie vorkommen, beschäftigen. Als singuläre Stellen werden solche Werte der Unabhängigen α bezeichnet, für die die Funktion $f(\alpha)$ unbestimmt oder unendlich wird. Unter den verschiedenen Arten der Singularitäten spielen die sogen. Pole, an denen die Funktion unendlich wird, wie $\frac{1}{a}$ oder $\frac{1}{a^2}$ usw. für $a = 0$, die wichtigste Rolle. Die Singularitäten dienen dazu, die Funktionen in Klassen einzuteilen. So sind die Funktionen, die nur endlich viele Pole als Singularitäten besitzen, die rationalen Funktionen. Durch Angabe sämtlicher Pole ist die rationale Funktion bis auf Konstante bestimmt. Die Ordnungszahl des Poles gibt an, von welchem Grad die Funktion für den betreffenden Wert von a unendlich wird; so z. B. hat die Funktion $\frac{1}{(a - a)^2}$ an der Stelle $a = a$ einen Pol zweiter Ordnung. Wir haben uns hauptsächlich mit der Funktion $\frac{1}{a}$ zu beschäftigen, die im Nullpunkt einen Pol erster Ordnung besitzt und sich sonst in der ganzen Gaußschen Ebene regulär verhält. Durch diese Bedingungen ist die Funktion $\frac{1}{a}$ bis auf Konstante eindeutig bestimmt.

Aus der Klasse der rationalen Funktionen, die als Singularitäten nur endlich viele Pole besitzen, geht die Klasse der ganzen transzendenten Funktionen hervor, indem man als Singularitäten auch wieder nur Pole, aber in unendlicher Zahl zuläßt. Dabei sollen in jedem endlichen Gebiet nur endlich viele liegen, so daß die Verdichtungsstelle der Pole im unendlich fernen Punkt zu liegen kommt. Beispiele solcher Funktionen sind $\frac{1}{\sin a}$ $\frac{1}{\cos a}$ und $\operatorname{tg} a$. Da sich $\sin a$ in der nächsten Umgebung einer Nullstelle wie der Abstand von der Nullstelle verhält, so entsprechen den Nullstellen von $\sin a$ Pole erster Ordnung von $\frac{1}{\sin a}$. Da $\sin a$ nur auf der reellen y-Achse für

$$y = 0, \ \pm \pi, \ \pm 2\pi \ \text{usw.}$$

Nullstellen besitzt, so sind diese Stellen die einzigen in der ganzen Gaußschen Ebene, in denen $\frac{1}{\sin a}$ sich singulär verhält, während es sonst überall regulär analytisch ist. Die Funktion hat demnach in jedem endlichen Gebiet nur endlich viele Pole, insgesamt jedoch unendlich viele, deren Verdichtungsstelle im unendlich fernen Punkt liegt. Das gleiche gilt von $\frac{1}{\cos a}$ und von $\operatorname{tg} a$.

Diese Darlegungen genügen, um die Funktionentheorie auf unser Problem des ebenen Spannungszustandes anwenden zu können.

Wir setzen den allgemeinsten ebenen Spannungszustand voraus, wie er durch die Gl. (1) für die Spannungen oder die entsprechenden Gl. (23) und (24) für die Formänderungsgrößen festgelegt worden ist. Die beiden letzten Gl. (36) § 2 lauten unter der schon früher vorausgesetzten Annahme, daß das Eigengewicht von der Größe c in der Richtung der positiven y-Achse wirkt, folgendermaßen:

$$\left.\begin{aligned}\frac{\partial^2 \eta}{\partial x^2}+\frac{\partial^2 \eta}{\partial y^2}+\frac{\partial^2 \eta}{\partial z^2}+\frac{m}{m-2}\frac{\partial e}{\partial y}+\frac{c}{G}=0\\ \frac{\partial^2 \zeta}{\partial x^2}+\frac{\partial^2 \zeta}{\partial y^2}+\frac{\partial^2 \zeta}{\partial z^2}+\frac{m}{m-2}\frac{\partial e}{\partial z}=0\end{aligned}\right\} \quad . \quad . \quad . \qquad (58)$$

Aus den Gl. (23) und (24) von § 41 folgt

$$\frac{\partial^2 \eta}{\partial x^2}=-\frac{\partial^2 \xi}{\partial x \partial y}=\frac{1}{m-2}\frac{\partial e}{\partial y}$$
$$\frac{\partial^2 \zeta}{\partial x^2}=-\frac{\partial^2 \xi}{\partial x \partial z}=\frac{1}{m-2}\frac{\partial e}{\partial z}.$$

Setzt man diese Werte von $\frac{\partial^2 \eta}{\partial x^2}$ und $\frac{\partial^2 \zeta}{\partial x^2}$ in die Gl. (58) ein und beachtet, daß

$$e=\frac{\partial \xi}{\partial x}+\frac{\partial \eta}{\partial y}+\frac{\partial \zeta}{\partial z}=-(m-2)\frac{\partial \xi}{\partial x} \quad . \quad . \quad . \quad . \qquad (59)$$

ist, so lassen sich die Gl. (58) umformen in

$$\left.\begin{aligned}\frac{2m}{m-1}\frac{\partial}{\partial y}\left(\frac{\partial \eta}{\partial y}+\frac{\partial \zeta}{\partial z}+\frac{m-1}{2mG}c\,y\right)+\frac{\partial}{\partial z}\left(\frac{\partial \eta}{\partial z}-\frac{\partial \zeta}{\partial y}\right)=0\\ -\frac{\partial}{\partial y}\left(\frac{\partial \eta}{\partial z}-\frac{\partial \zeta}{\partial y}\right)+\frac{2m}{m-1}\frac{\partial}{\partial z}\left(\frac{\partial \eta}{\partial y}+\frac{\partial \zeta}{\partial z}+\frac{m-1}{2mG}c\,y\right)=0\end{aligned}\right\}. \qquad (60)$$

Durch Ausdifferentiieren überzeugt man sich leicht, daß die Gl. (60) mit den Gl. (58) identisch sind, wenn man noch bedenkt, daß wegen Gl. (59)

$$\frac{\partial \eta}{\partial y}+\frac{\partial \zeta}{\partial z}=\frac{m-1}{m-2}\cdot e \quad . \quad . \quad . \quad . \quad . \quad . \qquad (61)$$

ist. Setzt man in den Gl. (60)

$$\left.\begin{aligned}\varphi&=\frac{2m}{m-1}\left(\frac{\partial \eta}{\partial y}+\frac{\partial \zeta}{\partial z}\right)+\frac{c}{G}y\\ \psi&=\frac{\partial \zeta}{\partial y}-\frac{\partial \eta}{\partial z}\end{aligned}\right\}, \quad . \quad . \quad . \quad . \qquad (62)$$

so gehen sie in die Cauchy-Riemannschen Differentialgleichungen (54) über, so daß

$$f(a)=\frac{2m}{m-1}\left(\frac{\partial \eta}{\partial y}+\frac{\partial \zeta}{\partial z}\right)+\frac{c}{G}y+i\left(\frac{\partial \zeta}{\partial y}-\frac{\partial \eta}{\partial z}\right) \quad . \qquad (63)$$

eine analytische Funktion der komplexen Variablen $a=y+iz$ darstellt.

Der Realteil der Funktion $f(a)$ ist bis auf einen konstanten Faktor die algebraische Summe $\sigma_y + \sigma_z$ der beiden Normalspannungen in jedem Punkt, wie aus den Gl. (10) und (61) hervorgeht, während der Imaginärteil die Verdrehung in jedem Punkte angibt. Da sowohl Real- wie Imaginärteil nur an Angriffspunkten von Kräften unendlich werden kann, so läßt sich für einen in der yz-Ebene unendlich ausgedehnten Körper, in dessen Innern Kräfte parallel der yz-Ebene angreifen, $f(a)$ bestimmen, wenn die Art der Singularitäten der Angriffspunkte der Kräfte bekannt sind.

Nehmen wir an, durch geeignete Wahl der Singularität von $f(a)$ seien $\varphi(yz)$ und $\psi(yz)$ gefunden, so bleibt noch die Bestimmung der Verschiebungskomponenten η, ζ bzw. der Spannungskomponenten σ_y, σ_z, τ_{yz}. Geben wir den Gl. (62) die Form

$$\left.\begin{aligned}\frac{\partial \eta}{\partial y}+\frac{\partial \zeta}{\partial z}&=\frac{m-1}{2m}\varphi-\frac{m-1}{2m}\frac{c}{G}y\\ \frac{\partial \zeta}{\partial y}-\frac{\partial \eta}{\partial z}&=\psi\end{aligned}\right\}, \quad . \; . \; . \; . \quad (64)$$

so sieht man, daß bei verschwindenden rechten Seiten der Gl. (64) wieder die Cauchy-Riemannschen Bedingungen für die komplexe Funktion $\zeta' + i\eta'$ stehen bleiben würden, wenn durch die Striche an η und ζ dieser Teil der Lösung von η und ζ bezeichnet wird. Die allgemeine Lösung für η und ζ setzt sich demnach aus partikulären Integralen der Gl. (64) und dem Real- bzw. Imaginärteil von $\zeta' + i\eta'$ zusammen. Partikuläre Integrale der Gl. (64) lassen sich aber dadurch angeben, daß die rechten Seiten der beiden Gleichungen wesentlich nur aus den beiden konjugierten Funktionen φ und ψ bestehen. Führen wir durch Integration der Gl. (63) die neue analytische Funktion

$$F(a) = \Phi(yz) + i\Psi(yz) = \int f(a)\, da \quad . \; . \; . \; . \quad (65)$$

ein, woraus nach den Gl. (56) und (57) folgt

$$\left.\begin{aligned}\frac{\partial \Phi}{\partial y}&=\frac{\partial \Psi}{\partial z}=\varphi\\ \frac{\partial \Phi}{\partial z}&=-\frac{\partial \Psi}{\partial y}=-\psi\end{aligned}\right\}, \quad . \; . \; . \; . \; . \; . \quad (66)$$

so läßt sich für η und ζ folgende Darstellung geben:

$$\left.\begin{aligned}\eta&=-\frac{m+1}{4m}z\psi+\frac{1}{2}\Phi-\frac{m-1}{4m}\frac{c}{G}z^2+\eta'\\ \zeta&=-\frac{m+1}{4m}z\varphi+\frac{m-1}{4m}\Psi-\frac{m-1}{2m}\frac{c}{G}yz+\zeta'\end{aligned}\right\}, \quad . \quad (67)$$

die den Bedingungen (64) genügt, wie sich durch Ausdifferentiieren mit Benützung der Gl. (66) zeigen läßt. Da η' und ζ' den Gl. (64) mit verschwindenden rechten Seiten genügen, so lassen sie sich von einem Potential V ableiten, so daß

$$\eta' = \frac{\partial V}{\partial y}; \quad \zeta' = \frac{\partial V}{\partial z}$$

ist. Der zu den Verschiebungen η' und ζ' gehörige Spannungszustand ist demnach von der speziellen Art, wie er am Schluß von § 41 untersucht worden ist, wo an jeder Stelle die algebraische Summe der beiden Normalspannungen Null ist. Die Gl. (67) liefern uns demnach bei gegebener analytischer Funktion $f(\alpha)$ die Werte der Verschiebungen η und ζ und damit den zugehörigen Spannungszustand bis auf einen solchen spezieller Art, der dem gefundenen Spannungszustand überlagert werden kann, wenn es die Bedingungen der Aufgabe verlangen.

Die Anwendungen und Beispiele der folgenden Paragraphen werden die vorstehenden allgemeinen Entwicklungen erst in das richtige Licht stellen. Es sei darauf hingewiesen, daß sich eine ähnliche Darstellung, wie sie in diesem Paragraphen gegeben worden ist, im Lehrbuch der Elastizität von Love, deutsch von A. Timpe, Teubner 1907, befindet.

§ 44. Einzelkraft in der unendlich ausgedehnten Ebene.

Wir denken uns ein großes ebenes Blech, das wir nahezu als unendlich ausgedehnt ansehen dürfen. Im Inneren wirke an einer Stelle eine Kraft parallel zur Ebene des Bleches, die in dem vorher spannungslosen Blech einen ebenen Spannungszustand hervorruft. Die anderen dieser Kraft das Gleichgewicht haltenden äußeren Kräfte sollen im Unendlichen liegen, so daß sie für den Spannungszustand im Endlichen, den wir untersuchen wollen, bedeutungslos sind. Wir brauchen uns demnach nur um die im Endlichen gelegene äußere Kraft zu bekümmern, deren Angriffspunkt der Anfangspunkt unseres in der Ebene des Bleches gelegenen Koordinatensystems $\alpha = y + iz$ sein soll. Über die Größe und Richtung der Kraft wollen wir zunächst nichts ausmachen. Es braucht auch gar keine Einzelkraft zu sein. Es könnte sich z. B. um ein Kräftepaar mit verschwindend kleinem Hebelarm und unendlich großen Kräften handeln, die zu einem endlichen Wert des Momentes führen. Statt der Einzelkraft könnte man sich auch einen nach allen vom Nullpunkt ausgehenden Richtungen gleichmäßigen Druck denken. Allgemein gesprochen haben wir im Anfangspunkt des Koordinatensystems die Ursache einer Störung des spannungslosen Zustandes oder, wie wir auch sagen können, eine singuläre Stelle.

Es ist die einzige Singularität in der ganzen Ebene. Wir wollen annehmen, es handle sich um einen Pol erster Ordnung; dann ist die Funktion $f(\alpha)$ in Gl. (63)

$$f(\alpha) = \frac{A}{\alpha}, \quad . \quad . \quad . \quad (68)$$

wobei A eine Konstante bedeutet. Führen wir Polarkoordinaten r, ϑ (siehe Abb. 39) ein, so ergibt sich daraus

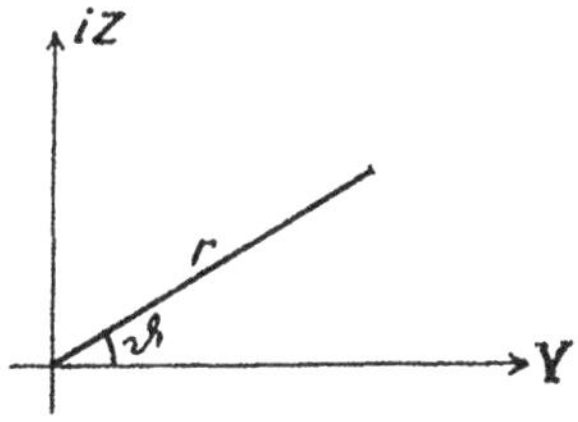

Abb. 39.

$$f(\alpha) = \varphi + i\,\psi = \frac{A}{r}\cos\vartheta - i\frac{A}{r}\sin\vartheta\,. \quad (69)$$

und aus Gl. (65) wird

$$F(\alpha) = \Phi + i\,\Psi = \int \frac{A}{\alpha}\,d\,\alpha = A\lg\alpha,$$

so daß bei Einführen von Polarkoordinaten $\alpha = r e^{i\vartheta}$

$$\left.\begin{aligned} \Phi &= A\cdot\lg r \\ \Psi &= A\cdot\vartheta \end{aligned}\right\} \quad . \quad . \quad . \quad . \quad . \quad . \quad . \quad . \quad (70)$$

folgt.

Die Verschiebungen η und ζ werden aus den Gl. (67) gewonnen. Dabei soll das Eigengewicht, das bisher mit berücksichtigt worden ist, von nun ab vernachlässigt werden, da es in der Regel gegenüber den Wirkungen der äußeren Kräfte nicht in Betracht kommt. Mit den aus den Gl. (69) und (70) zu entnehmenden Werten von φ und ψ, Φ und Ψ ergibt sich

$$\left.\begin{aligned} \eta &= \frac{m+1}{4m}A\cdot\sin^2\vartheta + \frac{A}{2}\lg r + \eta' \\ \zeta &= -\frac{m+1}{4m}A\cdot\sin\vartheta\cos\vartheta + \frac{m-1}{4m}A\cdot\vartheta + \zeta' \end{aligned}\right\} \quad . \quad . \quad . \quad (71)$$

Dabei sind beim Übergang zu Polarkoordinaten für y und z die entsprechenden Ausdrücke

$$y = r\cos\vartheta; \qquad z = r\sin\vartheta$$

gesetzt worden, aus denen die Ableitungen nach y und z, die wir sofort brauchen, sich folgendermaßen ergeben:

$$\left.\begin{aligned} \frac{\partial r}{\partial y} &= \cos\vartheta; & \frac{\partial r}{\partial z} &= \sin\vartheta \\ \frac{\partial\vartheta}{\partial y} &= -\frac{\sin\vartheta}{r}; & \frac{\partial\vartheta}{\partial z} &= \frac{\cos\vartheta}{r} \end{aligned}\right\} \quad . \quad . \quad . \quad . \quad . \quad (72)$$

Unter Berücksichtigung dieser Beziehungen erhält man die Differentialquotienten von η und ζ nach y und z aus den Gl. (71):

$$\left.\begin{aligned}
\frac{\partial \eta}{\partial y} &= -\frac{m+1}{2m} A \frac{\sin^2 \vartheta \cos \vartheta}{r} + A \frac{\cos \vartheta}{2r} + \frac{\partial \eta'}{\partial y} \\
\frac{\partial \zeta}{\partial z} &= -\frac{m+1}{4m} A \cdot \frac{\cos 2\vartheta \cos \vartheta}{r} + \frac{m-1}{4m} A \frac{\cos \vartheta}{r} + \frac{\partial \zeta'}{\partial z} \\
\frac{\partial \eta}{\partial z} &= \frac{m+1}{2m} A \cdot \frac{\sin \vartheta \cos^2 \vartheta}{r} + A \frac{\sin \vartheta}{2r} + \frac{\partial \eta'}{\partial z} \\
\frac{\partial \zeta}{\partial y} &= \frac{m+1}{4m} A \frac{\cos 2\vartheta \sin \vartheta}{r} - \frac{m-1}{4m} A \frac{\sin \vartheta}{r} + \frac{\partial \zeta'}{\partial y}
\end{aligned}\right\} \quad (73)$$

Durch Addition der ersten beiden Gleichungen und Subtraktion der letzten beiden erhält man

$$\left.\begin{aligned}
\frac{\partial \eta}{\partial y} + \frac{\partial \zeta}{\partial z} &= \frac{m-1}{2m} A \frac{\cos \vartheta}{r} = \frac{m-1}{2m} \varphi \\
\frac{\partial \zeta}{\partial y} - \frac{\partial \eta}{\partial z} &= A \frac{\sin \vartheta}{r} = \psi
\end{aligned}\right\} \quad . \; . \; . \quad (74)$$

wie es auch sein muß, da die Gl. (67) die Gl. (64) befriedigen, wie wir früher sahen.

Der Übergang zu den Spannungen ist nur noch ein Schritt. Zu diesem Zweck setzen wir die durch die Gl. (73) gegebenen Ausdrücke für die Differentialquotienten der Verschiebungskomponenten in die Gl. (34) § 2 ein. Die kubische Ausdehnung e berechnet sich nach den Gl. (61) und (74) zu

$$e = \frac{m-2}{2m} A \frac{\cos \vartheta}{r} \quad . \; . \; . \; . \; . \; . \; . \; . \quad (75)$$

Damit erhält man folgende Werte für die Spannungen:

$$\left.\begin{aligned}
\sigma_y &= 2G \frac{m+1}{2m} A \frac{\cos^3 \vartheta}{r} + 2G \frac{\partial \eta'}{\partial y} \\
\sigma_z &= 2G \frac{m+1}{2m} A \frac{\cos \vartheta \sin^2 \vartheta}{r} + 2G \frac{\partial \zeta'}{\partial z} \\
\tau_{yz} &= 2G \frac{m+1}{2m} A \frac{\sin \vartheta \cos^2 \vartheta}{r} + G \left(\frac{\partial \eta'}{\partial z} + \frac{\partial \zeta'}{\partial y} \right)
\end{aligned}\right\} \quad . \quad (76)$$

Um die Spannungen an jeder Stelle zu erhalten, müssen wir uns noch über η' und ζ' Klarheit verschaffen. Zu diesem Zweck betrachten wir die Gl. (71), die uns die Werte der Verschiebungskomponenten η und ζ liefern. Da der im Ausdruck für ζ auftretende Winkel ϑ unendlich vieldeutig ist, so würden wir gar keine eindeutigen Werte für

ζ erhalten. Durch geeignete Wahl von ζ' kann aber ϑ zum Verschwinden gebracht werden; man muß zu dem Zweck nur

$$\zeta' = -\frac{m-1}{4m} A \vartheta \quad \ldots \ldots \ldots (77a)$$

setzen.

Da $\zeta' + i\eta'$ eine komplexe analytische Funktion sein muß, so ist damit auch der Wert von η' gegeben zu

$$\eta' = \frac{m-1}{4m} A \lg r, \quad \ldots \ldots \ldots (77b)$$

so daß

$$\zeta' + i\eta' = i\frac{m-1}{4m} A (\lg r + i\vartheta) = i\frac{m-1}{4m} A \lg a \quad . \; . \quad (78)$$

wird. An Stelle der Gl. (71) erhält man für die Verschiebungen

$$\left.\begin{aligned} \eta &= \frac{m+1}{4m} A \sin^2\vartheta + \frac{3m-1}{4m} \cdot A \lg r \\ \zeta &= -\frac{m+1}{4m} A \sin\vartheta \cos\vartheta \end{aligned}\right\} \quad . \; . \; . \quad (79)$$

und die Werte der Spannungen gehen aus den Gl. (76) hervor, indem man die aus den Gl. (77a) und (77b) folgenden Ableitungen von η' und ζ' nach y und z einsetzt:

$$\left.\begin{aligned} \sigma_y &= 2G\frac{m+1}{2m} \cdot A\frac{\cos^3\vartheta}{r} + 2G\frac{m-1}{4m} A\frac{\cos\vartheta}{r} \\ \sigma_z &= 2G\frac{m+1}{2m} A\frac{\cos\vartheta\sin^2\vartheta}{r} - 2G\frac{m-1}{4m} A\frac{\cos\vartheta}{r} \\ \tau_{yz} &= 2G\frac{m+1}{2m} A\frac{\sin\vartheta\cos^2\vartheta}{r} + 2G\frac{m-1}{4m} A\frac{\sin\vartheta}{r} \end{aligned}\right\} \quad . \quad (80)$$

Damit sind die Spannungen in jedem Punkt bis auf den konstanten Faktor A, der von der Größe der im Nullpunkt angreifenden Kraft abhängt, eindeutig festgelegt. Sie sind wegen des Faktors $\frac{1}{r}$ im Unendlichen Null und wachsen bei Annäherung an den Nullpunkt längs eines Strahles durch den Nullpunkt wie $\frac{1}{r}$.

Um die singuläre Stelle ihrer mechanischen Bedeutung nach näher zu untersuchen, legen wir einen Kreis mit Radius r um den Nullpunkt und berechnen die Resultierende der am Umfang des Kreises übertragenen Spannungen, die mit der im Nullpunkt angreifenden äußeren Kraft im Gleichgewicht stehen muß. Dasselbe gilt auch noch, wenn wir r unbegrenzt abnehmen lassen, so daß die mit r multiplizierten Glieder in dem Ausdruck für die resultierende Spannung gegenüber den von r freien Gliedern vernachlässigt werden können. Bezeichnet man die Komponenten der Resultierenden aus allen am Umfang des Kreises angreifenden Spannungen mit Y und Z, so ist

$$\left.\begin{aligned} Y &= \int_0^{2\pi} (\sigma_y \cos\vartheta + \tau_{yz} \sin\vartheta)\, r\, d\vartheta \\ Z &= \int_0^{2\pi} (\sigma_z \sin\vartheta + \tau_{yz} \cos\vartheta)\, r\, d\vartheta \end{aligned}\right\} \quad . \quad . \quad . \quad . \quad . \quad (81\text{a})$$

und das Drehmoment M, das die Spannungen längs des Kreises vom Radius r ausüben, berechnet sich zu

$$M = r^2 \cdot \int_0^{2\pi} (\sigma_y \cos\vartheta \sin\vartheta + \tau_{yz} \sin^2\vartheta - \sigma_z \sin\vartheta \cos\vartheta - \tau_{yz} \cos^2\vartheta)\, d\vartheta \,. (81\text{b})$$

Da die Spannungen bei abnehmendem Wert von r nur wie $\frac{1}{r}$ unendlich werden, so verschwindet der Wert des Momentes wegen des Faktors r^2. Aber auch für endliche Werte von r verschwindet das Moment, wie man sich durch Einsetzen der Werte für die Spannungen aus den Gl. (80) sofort überzeugen kann. Da die Integration über einen vollen Umlauf von 0 bis 2π erfolgt, so sind die Integrale über die einzelnen Summanden nur dann von Null verschieden, wenn das Integral die Winkelfunktionen nur in gerader Potenz enthält. Das ist aber bei keinem der acht Summanden, die man durch Einsetzen der Spannungswerte aus den Gl. (80) in Gl. (81 b) erhält, erfüllt. Verfährt man ebenso mit den Resultierenden Y und Z, so findet man sofort, daß Z verschwindet, während Y einen endlichen Wert annimmt, da die Winkelfunktionen in gerader Potenz auftreten und der Radius r herausfällt. Der Wert von Y ist

$$Y = 2G\frac{m+1}{2m} A \int_0^{2\pi} \cos^4\vartheta\, d\vartheta + 2G\frac{m-1}{4m} A \int_0^{2\pi} \cos^2\vartheta\, d\vartheta$$

$$+ 2G\frac{m+1}{2m} A \int_0^{2\pi} \sin^2\vartheta \cos^2\vartheta\, d\vartheta + 2G\frac{m-1}{4m} A \int_0^{2\pi} \sin^2\vartheta\, d\vartheta .$$

Beachtet man, daß

$$\int_0^{2\pi} \sin^2\vartheta\, d\vartheta = \int_0^{2\pi} \cos^2\vartheta\, d\vartheta = \pi$$

$$\int^{2\pi} \cos^4\vartheta\, d\vartheta = \frac{3}{4}\pi$$

$$\int_0^{2\pi} \sin^2 \vartheta \cos^2 \vartheta \, d\vartheta = \frac{\pi}{4}$$

ist, so erhält man

$$Y = P = 2\pi G \cdot A. \quad \ldots \ldots \quad (82)$$

Da die Spannungen am Kreisumfang mit der äußeren Kraft, die im Nullpunkt angreift, im Gleichgewicht stehen müssen, so ergibt sich als Ursache für den oben untersuchten Spannungszustand eine Einzelkraft in Richtung der negativen y-Achse vom Betrag $2\pi G \cdot A$, so daß damit gleichzeitig die Bedeutung der Konstanten A geklärt ist.

Da die komplexe Funktion $f(\alpha)$, wie aus den vorstehenden Entwicklungen hervorgeht, den zugehörigen ebenen Spannungszustand eindeutig festlegt, so wollen wir sie in Analogie zur Airyschen Spannungsfunktion als komplexe Spannungsfunktion bezeichnen.

§ 45. Belastung der unendlichen Scheibe durch ein Zug- oder Druckpaar.

Aus der Mechanik des starren Körpers stammt der Begriff des Kräftepaares, der aber in der Festigkeitslehre nur mit Vorsicht verwendet werden darf, nämlich immer nur dann, wenn die allgemeinen Gleichgewichtsbedingungen für alle an einem Körper oder Körperstück angreifenden äußeren Kräfte aufgestellt werden sollen. Darüber hinaus läßt sich der Begriff des Kräftepaares beim elastischen Körper nicht verwenden, weil bei diesem der Satz von der Zulässigkeit der Verschiebung des Angriffspunktes einer Kraft nicht mehr gültig ist.

In Abb. 40 seien $\mathfrak{P}_1$ und $\mathfrak{P}_2$ die beiden Kräfte, die am starren Körper zu einem Kräftepaar zusammengefaßt werden könnten. Wir zerlegen $\mathfrak{P}_1$ am Angriffspunkt A in die Komponenten $\mathfrak{P}_1'$ und $\mathfrak{P}_1''$ längs der Verbindungslinie AB und senkrecht dazu und ebenso $\mathfrak{P}_2$. Hierauf fassen wir $\mathfrak{P}_1'$ und $\mathfrak{P}_2'$ zu einer Einheit zusammen und sagen, daß sie ein Zugpaar oder bei umgekehrten Pfeilen ein Druckpaar miteinander bilden, das zwar am starren Körper bedeutungslos wäre, das aber am elastischen Körper eine Belastung bildet, für die wir die Formänderungen und Spannungen zu berechnen haben. Auch die anderen Komponenten $\mathfrak{P}_1''$ und $\mathfrak{P}_2''$, die am starren Körper ein dem ursprünglich gegebenen gleichwertiges Kräftepaar miteinander bilden,

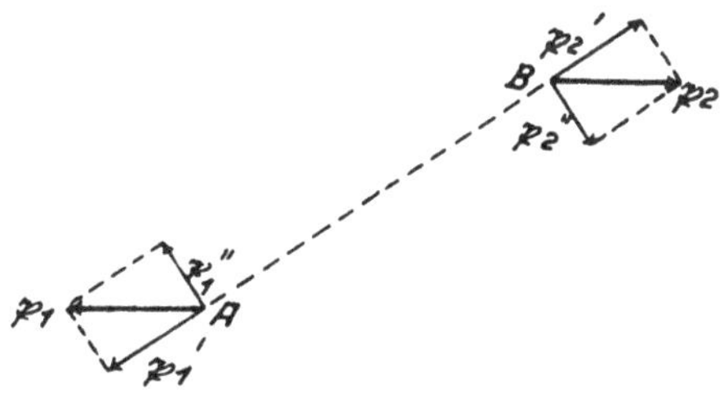

Abb. 40.

fassen wir zusammen und nennen sie ein Drehpaar, das als Last am elastischen Körper aufgefaßt ebenfalls bestimmte Formänderungen und Spannungen hervorruft. Statt Zug- oder Druckpaar werden wir auch gelegentlich, um beide Fälle in einem Wort zusammenzufassen, Längspaar sagen, da beide Kräfte längs der Verbindungslinie ihrer Angriffspunkte wirken, im Gegensatz zum Drehpaar, das wir entsprechend auch als Querpaar bezeichnen können.

Am elastischen Körper ist demnach jedes als Lastgruppe vorkommende Kräftepaar auf das Zusammenwirken eines Zug- oder Druckpaares mit einem Drehpaar zurückzuführen. Nach dem allgemeinen Superpositionsgesetz findet man die durch das Kräftepaar hervorgebrachten Wirkungen aus jenen, die durch das Längspaar und durch das Drehpaar für sich hervorgebracht werden.

Ein System von Lasten, das im Gleichgewicht steht, läßt sich immer auf eine Gruppe von Zug- bzw. Druckpaaren zurückführen, wie aus folgender Überlegung hervorgeht. Es seien 1, 2, 3 . . . n (siehe Abb. 41) die Angriffspunkte von Lasten $\mathfrak{P}_1$, $\mathfrak{P}_2$, $\mathfrak{P}_3$ . . . $\mathfrak{P}_n$ in der Ebene, die miteinander im Gleichgewicht stehen sollen. Dann wähle man irgend zwei Angriffspunkte der Lasten, z. B. 1 und 2, aus und zerlege jede der übrigen Kräfte in zwei Komponenten, die in Richtung nach den Angriffspunkten der Lasten 1 und 2 laufen. Diese Komponenten von $\mathfrak{P}_k$ nach den Angriffspunkten 1 bzw. 2 seien mit $\mathfrak{P}_{k1}$ bzw. $\mathfrak{P}_{k2}$ bezeichnet. In den Angriffspunkten 1 und 2 denkt man sich gleichgroße, entgegengesetzt gerichtete Kräfte $\mathfrak{P}_{1k}$ bzw. $\mathfrak{P}_{2k}$ angebracht, so daß $\mathfrak{P}_{k1}$ und $\mathfrak{P}_{1k}$ für sich ein Längspaar bilden. Das gleiche gilt von den Kräften $\mathfrak{P}_{k2}$ und $\mathfrak{P}_{2k}$. Die Resultierende der im Punkte 1 angebrachten Kräfte $\mathfrak{P}_{13}$, $\mathfrak{P}_{14}$ usw. muß wegen der Gleichgewichtsbedingungen entweder mit $\mathfrak{P}_1$ zusammenfallen oder sich von $\mathfrak{P}_1$ um eine Kraft unterscheiden, die längs der Verbindungslinie 1 —2 wirkt, und mit der Resultierenden der am Punkt 2 in gleicher Weise zusammengefaßten Kräfte $\mathfrak{P}_2$ bzw. $\mathfrak{P}_{23}$, $\mathfrak{P}_{24}$ usw. ein Längspaar bildet, so daß sich die sämtlichen n Kräfte der Ebene auf insgesamt $2n$—3 Längspaare zusammenfassen lassen.

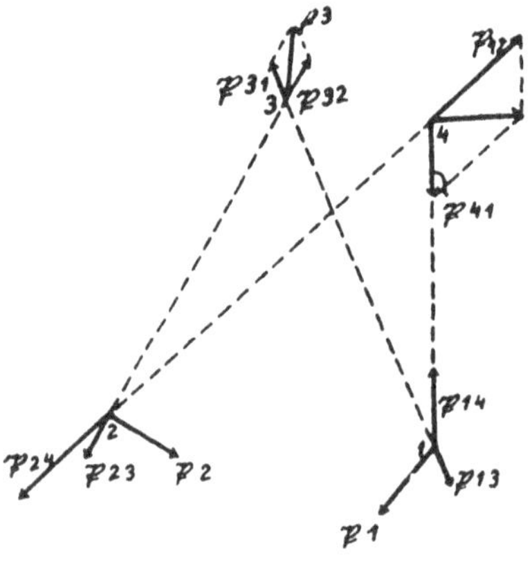

Abb. 41.

Es genügt demnach, die Spannungsverteilung eines Zug- bzw. Druckpaares in der unendlichen Ebene zu untersuchen. Durch Überlagerung mehrerer solcher Paare erhält man dann den Spannungszustand, der durch eine beliebige im Gleichgewicht stehende Gruppe von Lasten herbeigeführt wird.

Die im vorigen Paragraphen gegebene Darstellung des Spannungszustandes, der zu einer Einzelkraft im Nullpunkt in Richtung der negativen y-Achse gehört, läßt sich ohne weiteres auf mehrere Kräfte anwenden. Zunächst sieht man, daß bei Änderung des Vorzeichens der komplexen Spannungsfunktion in

$$f(\alpha) = -\frac{A}{\alpha} \quad . \; . \; . \; . \; . \; . \; . \; . \; . \quad (86)$$

die Verschiebungs- und Spannungsgrößen sämtliche auch das Vorzeichen wechseln und damit auch die Resultierende aus allen am Umfang eines Kreises um den Nullpunkt angreifenden Spannungen. Der Spannungszustand rührt also von einer in Richtung der positiven y-Achse wirkenden Kraft her von dem durch Gl. (82) gegebenen Betrag.

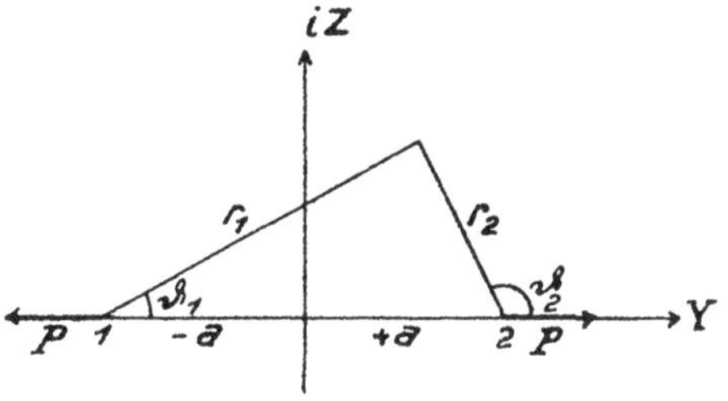

Abb. 42.

Ein Zugpaar mit den Angriffspunkten $-a$ und $+a$ auf der y-Achse (siehe Abb. 42) hat demnach als komplexe Spannungsfunktion

$$f(\alpha) = \frac{A}{\alpha + a} - \frac{A}{\alpha - a} = \frac{A}{r_1 e^{i\vartheta_1}} - \frac{A}{r_2 e^{i\vartheta_2}}$$

$$= \left(\frac{A}{r_1}\cos\vartheta_1 - \frac{A}{r_2}\cos\vartheta_2\right) - i\left(\frac{A}{r_1}\sin\vartheta_1 - \frac{A}{r_2}\sin\vartheta_2\right). \quad . \; . \; . \quad (87)$$

Die komplexe Spannungsfunktion für das entsprechende Druckpaar würde daraus durch Wechsel des Vorzeichens von $f(\alpha)$ hervorgehen.

Die Spannungsverteilung, die vom Zugpaar herrührt, folgt unmittelbar aus den Gl. (80) zu:

$$\left.\begin{aligned}
\sigma_y &= 2G\frac{m+1}{2m}A\left(\frac{\cos^3\vartheta_1}{r_1} - \frac{\cos^3\vartheta_2}{r_2}\right) \\
&\qquad + 2G\frac{m-1}{4m}A\left(\frac{\cos\vartheta_1}{r_1} - \frac{\cos\vartheta_2}{r_2}\right) \\
\sigma_z &= 2G\frac{m+1}{2m}A\left(\frac{\cos\vartheta_1\sin^2\vartheta_1}{r_1} - \frac{\cos\vartheta_2\sin^2\vartheta_2}{r_2}\right) - \\
&\qquad - 2G\frac{m-1}{4m}A\left(\frac{\cos\vartheta_1}{r_1} - \frac{\cos\vartheta_2}{r_2}\right) \\
\tau_{yz} &= 2G\frac{m+1}{2m}A\left(\frac{\sin\vartheta_1\cos^2\vartheta_1}{r_1} - \frac{\sin\vartheta_2\cos^2\vartheta_2}{r_2}\right) + \\
&\qquad + 2G\frac{m-1}{4m}A\left(\frac{\sin\vartheta_1}{r_1} - \frac{\sin\vartheta_2}{r_2}\right)
\end{aligned}\right\} \quad . \; . \; . \quad (88)$$

In den Punkten der z-Achse verschwinden die Schubspannungen, da hier $r_2 = r_1$ und $\vartheta_2 = 180^0 - \vartheta_1$ ist, so daß

$$\cos\vartheta_2 = -\cos\vartheta_1 \text{ und } \sin\vartheta_2 = \sin\vartheta_1$$

wird. Dagegen addieren sich die Normalspannungen σ_y und σ_z. Dasselbe gilt für ein Druckpaar. Hätte dagegen die Kraft im Punkt 2 die umgekehrte Richtung, wäre also gleichgerichtet der Kraft in Punkt 1, so würden sich die den beiden Kräften entsprechenden komplexen Spannungsfunktionen in Gl. (87) addieren, und in den Gl. (88) für die Spannungen würden in den Klammern an Stelle der Minuszeichen Pluszeichen zu stehen kommen. In diesem Fall verschwinden die Normalspannungen σ_y und σ_z längs der z-Achse, während sich die Schubspannungen verstärken.

Die Verschiebungen, die von dem Zugpaar in der unendlichen Ebene hervorgerufen werden, ergeben sich aus den Gl. (79) zu

$$\left.\begin{aligned} \eta &= \frac{m+1}{4m} A\,(\sin^2\vartheta_1 - \sin^2\vartheta_2) + \frac{3m-1}{4m} A \lg \frac{r_1}{r_2} \\ \zeta &= -\frac{m+1}{4m} A\,(\sin\vartheta_1\cos\vartheta_1 - \sin\vartheta_2\cos\vartheta_2) \end{aligned}\right\} \quad . \quad . \quad (88\text{a})$$

Um daraus die Verlängerung $\triangle l$ des ursprünglichen Abstandes l der Angriffspunkte des Zugpaares zu berechnen, ist zu beachten, daß im Ausdrucke für η längs der y-Achse nur das logarithmische Glied stehen bleibt, das außerdem im Nullpunkt verschwindet, so daß der Nullpunkt überhaupt keine Verschiebung erfährt. Für die Angriffspunkte der Kräfte wird r_1 bzw. r_2 Null, so daß der Logarithmus dort keinen Sinn hat. Es genügt aber auch, die Verschiebungen der Punkte in der Nachbarschaft der Angriffspunkte der Kräfte zu bestimmen, zumal beim wirklichen Versuch die äußere Kraft nicht an einem einzigen Punkt angreift, sondern über eine Fläche verteilt ist. Für zwei Punkte, deren Abstand vom Angriffspunkt der Kraft 1 etwa $\frac{l}{10}$ beiderseits auf der y-Achse beträgt, wobei $l = 2a$ der Abstand beider Angriffspunkte sein soll, ist die Verschiebung nach Gl. (88a)

$$\eta_1' = \frac{3m-1}{4m} A \lg \frac{1}{11} \text{ bzw. } \eta_1'' = \frac{3m-1}{4m} A \lg \frac{1}{9},$$

im Mittel demnach

$$\eta_1 = \frac{3m-1}{4m} A \lg \frac{1}{10}.$$

Ebenso erhält man für entsprechende Punkte beiderseits des Angriffspunktes der Last 2 im Mittel

$$\eta_2 = -\frac{3m-1}{4m} A \lg \frac{1}{10},$$

so daß sich mit diesen Werten die Verlängerung zu

$$(\triangle l)_1 = -\eta_1 + \eta_2 = \frac{3m-1}{2m} \cdot 2{,}303 \frac{P}{2\pi G}$$

ergibt.

Bezeichnen wir die Dicke des Bleches, die wir bisher gleich eins gesetzt haben, mit h und verstehen unter P die ganze Kraft, die sich über die ganze Dicke von h cm gleichmäßig verteilen soll, so ist an Stelle von P in der letzten Formel $\frac{P}{h}$ einzusetzen. Mit dem Wert der Verhältniszahl $m = \frac{10}{3}$ ergibt sich demnach

$$(\triangle l)_1 = 0{,}59 \cdot \frac{P}{G \cdot h}.$$

Würden wir ebenso das Mittel der Verschiebung zweier Punkte zu beiden Seiten der Angriffspunkte der Kräfte im Abstand $\frac{l}{100}$ berechnen, so würde sich die Längenänderung ergeben zu

$$(\triangle l)_2 = 2 \cdot 0{,}59 \cdot \frac{P}{G h} = 1{,}18 \cdot \frac{P}{G h}.$$

Bemerkenswert ist, daß die Werte für $(\Delta l)_1$ und $(\Delta l)_2$ vom Abstand l der beiden Angriffspunkte unabhängig sind, während bekanntlich beim gewöhnlichen Zugstab die Längenänderung proportional der Länge l des Stabes durch die Formel

$$\triangle l = l \frac{P}{EF} = l \frac{m}{2(m+1)} \frac{\cdot P}{G h b} = 0{,}385\, l \frac{P}{G h b}$$

gegeben ist, wobei $F = h \cdot b$ den Querschnitt des Stabes bedeutet und für m der Wert $\frac{10}{3}$ eingesetzt worden ist.

Um über die Größenordnung ein Bild zu bekommen, setzen wir $P = 2000$ kg, $h = 1$ cm, und für den Elastizitätsmodul $G = 840000 \frac{\text{kg}}{\text{cm}^2}$ wie er für Flußeisen üblich ist. Damit wird

$$(\triangle l)_1 = 1{,}4 \cdot 10^{-3}\,\text{cm} \quad \text{und} \quad (\triangle l)_2 = 2{,}8 \cdot 10^{-3}\,\text{cm}.$$

Je mehr die Kräfte an einer Stelle konzentriert sind, desto größer werden die Verschiebungen in der unmittelbaren Umgebung der betreffenden Stellen und damit auch um so größer die Längenänderung des Abstandes beider Angriffspunkte.

Wir wollen den Fall zweier entgegengesetzt gerichteter Kräfte verallgemeinern und annehmen, daß längs der ganzen y-Achse von

$-\infty$ bis $+\infty$ im Abstand $2a$ äußere Kräfte von gleicher Größe und abwechselndem Vorzeichen angebracht sind, von denen die in Abb. 42 eingezeichneten nur die beiden dem Nullpunkt zunächst liegenden Kräfte darstellen. An Stelle von Gl. (87) tritt jetzt für die komplexe Spannungsfunktion eine unendliche Summe:

$$f(\alpha) = \sum_{-\infty}^{+\infty} \frac{A(-1)^p}{\alpha + (2p+1)a}, \quad \ldots \ldots \quad (89)$$

wie man sich sofort überzeugen kann, wenn man einzelne Summanden dieser Summe durch Wahl von p berechnet; so z. B. liefern die beiden Summanden, die zu $p = 0$ und $p = -1$ gehören, die zu den beiden in Abb. 42 gezeichneten Kräften gehörende komplexe Spannungsfunktion der Gl. (87). Die durch Gl. (89) gegebene komplexe Spannungsfunktion ist eine ganze transzendente Funktion, da sie als Singularitäten nur Pole besitzt, deren Zahl für jedes endliche Gebiet endlich bleibt und die nur im unendlich fernen Punkt eine Verdichtungsstelle ihrer Pole aufweist. Da die Pole alle von erster Ordnung sind und periodisch in bestimmten Abständen wiederkehren, liegt es nahe, die Funktion durch eine trigonometrische Funktion darzustellen. In der Tat läßt sich statt der Gl. (89) auch schreiben

$$f(\alpha) = C \cdot \frac{A}{\cos \frac{\pi}{2a} \alpha} \quad \ldots \ldots \ldots \quad (90)$$

da die rechte Seite dieser Gleichung genau die gleichen Singularitäten wie die rechte Seite von Gl. (89) besitzt. Damit ist aber die Identität der beiden Funktionen bis auf den konstanten Faktor C festgestellt. Dieser Faktor läßt sich bestimmen, indem man für α in Gl. (89) und (90) einen bestimmten Wert, z. B. $\alpha = 0$, einsetzt, so daß

$$C = \sum_{-\infty}^{+\infty} \frac{(-1)^p}{(2p+1)a}$$

wird.

Da zu jedem Summanden in dieser Summe, der zu einem negativen Wert von p gehört, ein gleichgroßer mit dem gleichen Vorzeichen versehener Summand hinzutritt, der von einem positiven p herrührt, so läßt sich für C auch die folgende Darstellung geben

$$C = \frac{2}{a}\left(1 - \frac{1}{3} + \frac{1}{5} - \frac{1}{7} + \frac{1}{9} - + \ldots\right).$$

Der Klammerausdruck konvergiert zu $\frac{\pi}{4}$, so daß

$$f(\alpha) = \frac{A \cdot \pi}{2a \cos\left(\frac{\pi}{2a}\alpha\right)} \quad \ldots \ldots \ldots \quad (91)$$

ist. Damit ist die komplexe Spannungsfunktion für die angegebene Belastung des Körpers gefunden. Die Berechnung des Spannungszustandes macht keine weiteren Schwierigkeiten, zumal sich auch das in den Formeln auftretende Integral von $f(\alpha)$ in endlicher Form angeben läßt, nämlich

$$\int \frac{d\alpha}{\cos\alpha} = -\lg \operatorname{tg} \frac{1}{2}\left(\frac{\pi}{2} - \alpha\right).$$

Die weitere Berechnung soll hier nicht durchgeführt werden. Es sei nur darauf hingewiesen, daß sich in Streifen parallel der z-Achse von der Breite $4a$ immer wieder der gleiche Spannungszustand wiederholt, so daß das Auftreten einfach periodischer Funktionen von der gleichen Periode in den Formeln für die komplexe Spannungsfunktion und damit auch für die Verschiebungs- und Spannungsgrößen das Natürliche ist, wie es auch tatsächlich der Fall ist.

Wären die Kräfte längs der y-Achse alle im gleichen Sinn im Abstand $2a$ angebracht, so hätte der Streifen parallel der z-Achse die Breite $2a$, und die komplexe Funktion $f(\alpha)$ wäre bis auf eine Konstante gleich $\operatorname{tg}\alpha$. Überhaupt macht die Berechnung des ebenen Spannungszustandes, der von irgendeinem System von Lasten herrührt, keine prinzipiellen Schwierigkeiten mehr, solange der Körper in der Ebene als unendlich ausgedehnt angesehen werden kann.

Die durch Gl. (87) gegebene komplexe Spannungsfunktion behält selbstverständlich auch noch Gültigkeit für den Fall, daß a nicht mehr reell ist, wie in Abb. 42 angenommen, sondern eine komplexe Größe

$$a = a_0 \cdot e^{i\vartheta_0}$$

bedeutet (siehe Abb. 43). Die Ausdrücke für die Spannungen, die durch die Gl. (88) gegeben sind, bleiben die gleichen, wenn man darin unter ϑ_1 bzw. ϑ_2 die Winkel der Radienvektoren von den Angriffspunkten der Kräfte nach dem Aufpunkt A mit der positiven y-Achse versteht, wie in Abb. 43 eingetragen.

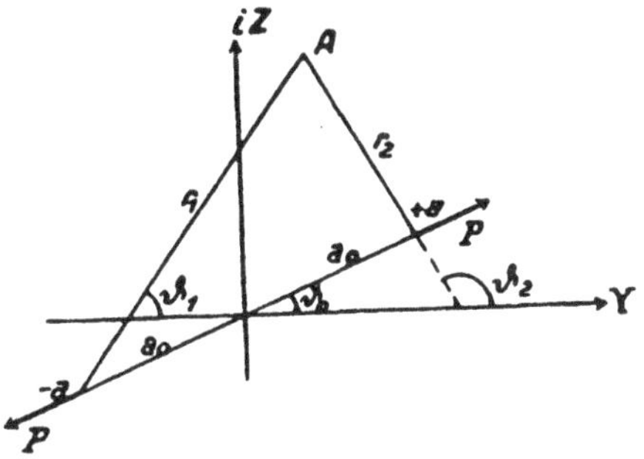

Abb. 43.

Würden wir an Stelle der Konstanten A in Gl. (87) $A' = \frac{A}{2a}$ setzen, so würde in Gl. (82), die uns die Größe der in den Punkten 1 und 2 angreifenden Kräfte gibt, an Stelle von P stehen $2a\,P$, d. h. die Größe der in den Angriffspunkten wirkenden äußeren Kräfte multipliziert mit dem Abstand der beiden Angriffspunkte. Die Größe $2a\,P$ wollen wir als das Moment des Zugpaares bezeichnen. Dadurch, daß a auch komplexe Werte annehmen kann, ist im Ausdrucke für das Moment des Zugpaares

$$M = 2\,a\,P \quad . \quad . \quad . \quad . \quad . \quad . \quad . \quad . \quad . \quad . \quad (92)$$

zugleich die Richtung, in der das Zugpaar wirkt, enthalten. Die zum Moment gehörige komplexe Spannungsfunktion lautet wegen Gl. (87)

$$f(\mathfrak{a}) = A' \frac{\dfrac{1}{\mathfrak{a} + a} - \dfrac{1}{\mathfrak{a} - a}}{2\,a} \quad . \quad . \quad . \quad . \quad . \quad . \quad (93a)$$

Lassen wir die Angriffspunkte der beiden Kräfte längs ihrer Verbindungslinie einander immer näher rücken, so wird die rechte Seite der letzten Gleichung für $\lim 2a = 0$ der Differentialquotient von $\dfrac{A'}{\mathfrak{a}}$ nach a. Das zugehörige Moment des Zugpaares wollen wir in Anlehnung an den bei der Lehre vom Magnetismus üblichen Sprachgebrauch als Dipol bezeichnen, so daß die zu einem Dipol im Mittelpunkt des Koordinatensystems gehörige komplexe Spannungsfunktion gegeben ist durch

$$f(\mathfrak{a}) = \frac{d}{d\,\mathfrak{a}}\left(\frac{A'}{\mathfrak{a}}\right) = -A'\,\frac{1}{\mathfrak{a}^2} \quad . \quad . \quad . \quad . \quad . \quad . \quad (93b)$$

Da der Wert des Differentialquotienten einer komplexen analytischen Funktion von der Richtung, in der differentiiert wird, unabhängig ist, so gilt Gl. (93b) unabhängig von der Richtung des Dipols. Die Richtung ist in der Konstanten A' enthalten, die nach dem oben Gesagten die gleiche Richtung wie das Moment des Zugpaares hat und durch die Beziehung

$$A' = \frac{M}{2\,\pi\,G} = \frac{2\,a\,P}{2\,\pi\,G} \quad . \quad . \quad . \quad . \quad . \quad . \quad . \quad . \quad (93c)$$

gegeben ist. Wir wollen dabei annehmen, daß M endlich bleibt auch bei unbegrenzt abnehmendem a, was dadurch möglich wird, daß gleichzeitig die Kraft P unbegrenzt wächst. Die komplexe Spannungsfunktion eines Dipoles im Nullpunkt, der sich in gleicher Weise aus einem Druckpaar ableiten läßt, wie es oben fürs Zugpaar geschehen ist, geht aus Gl. (93b) durch Wechsel des Vorzeichens der komplexen Spannungsfunktion hervor, so daß für ihn gilt

$$f(\mathfrak{a}) = \frac{A'}{\mathfrak{a}^2} \quad . \quad . \quad . \quad . \quad . \quad . \quad . \quad . \quad . \quad (94)$$

Um die zugehörige Spannungsverteilung in der Ebene zu erhalten, die von einem Dipol im Nullpunkt herrührt, führen wir mittels der durch Gl. (94) gegebenen komplexen Spannungsfunktion dieselben Rechnungen durch, wie wir sie im Anschluß an Gl. (68) für einen einfachen Pol im Nullpunkt angestellt haben.

Aus

$$f(a) = \varphi + i\psi = \frac{A'}{r^2}\cos 2\vartheta - i\frac{A'}{r^2}\sin 2\vartheta$$

folgt

$$F(a) = \Phi + i\Psi = \int \frac{A'}{a^2}\,d\,a = -\frac{A'}{a} = -\frac{A'}{r}\cos\vartheta + i\frac{A'}{r}\sin\vartheta$$

und mit diesen Werten von φ und ψ, Φ und Ψ erhalten wir aus den Gl. (67) die Verschiebungsgrößen

$$\left.\begin{aligned} \eta &= \frac{m+1}{4m}A'\frac{\sin 2\vartheta\cdot\sin\vartheta}{r} - \frac{A'}{2}\frac{\cos\vartheta}{r} + \eta' \\ \zeta &= -\frac{m+1}{4m}A'\frac{\cos 2\vartheta\sin\vartheta}{r} + \frac{m-1}{4m}A'\frac{\sin\vartheta}{r} + \zeta' \end{aligned}\right\} \quad . \quad (95)$$

Vergleichen wir diese Ausdrücke für die Verschiebungskomponenten mit den entsprechenden Gl. (71) beim einfachen Pol, so fallen hier die Bedenken weg, die wir bei den Gl. (71) hatten wegen des Auftretens von ϑ im Ausdruck für ζ. Die Gl. (95) liefern uns Verschiebungen, die bei wachsendem r unbegrenzt abnehmen, wie es sein muß. Da auch die Eindeutigkeit der Lösung in jedem Punkt der Ebene gegeben ist, so braucht man hier nicht wie bei den Gl. (71) die Größen η' und ζ' zu Hilfe zu nehmen, um die Eindeutigkeit sicherzustellen. Wir können daher die Größen η' und ζ' fürs weitere weglassen.

Aus den Gl. (95) ergeben sich mittels der Differentialquotienten von η und ζ nach y und z die Ausdrücke für die Spannungen. Das Resultat dieser einfachen Ausrechnungen ist folgendes:

$$\left.\begin{aligned} \sigma_y &= 2G\frac{m+1}{2m}A'\cdot\frac{\cos^2\vartheta\cdot\cos 2\vartheta - \frac{1}{2}\sin^2 2\vartheta}{r^2} \\ \sigma_z &= 2G\frac{m+1}{2m}A'\cdot\frac{\sin^2\vartheta\cos 2\vartheta + \frac{1}{2}\sin^2 2\vartheta}{r^2} \\ \tau_{yz} &= 2G\frac{m+1}{2m}A'\cdot\frac{\sin 2\vartheta\cdot\cos 2\vartheta}{r^2} \end{aligned}\right\} \quad . \quad . \quad (96)$$

Damit die Konstante A' in diesen Gleichungen reell ist, denken wir uns die Richtung der y-Achse in die Richtung des Dipoles gelegt, so daß der Winkel ϑ_0 in Abb. 43 verschwindet.

Aus den Gl. (96) geht hervor, daß längs der y-Achse, also für $\vartheta = 0$ und $\vartheta = \pi$, die Spannungen σ_z und τ_{yz} verschwinden, während σ_y den Wert

$$\sigma_y = 2G\frac{m+1}{2m}\cdot\frac{A'}{r^2}$$

annimmt. Da dieser Wert positiv ist, haben wir längs der y-Achse Zug in Richtung der Achse. Da der Dipol zu einem Druckpaar gehört, war dieses Ergebnis zu erwarten. Umgekehrt ist die Spannungsverteilung längs der z-Achse. Hier verschwinden σ_y und τ_{yz}, wie aus den Gl. (96) hervorgeht, und die Normalspannung σ_z nimmt den Wert

$$\sigma_z = -2G\frac{m+1}{2m}\cdot\frac{A'}{r^2}$$

an, d. h. längs der z-Achse herrscht Druck. Für den Fall, daß der Dipol zu einem Zugpaar gehören würde, würden sich die Vorzeichen der Spannungen in den Gl. (96) umkehren, und längs der y-Achse würde Druck und längs der z-Achse Zug von der angegebenen Stärke herrschen.

Die Gl. (96) liefern uns auch die Spannungen eines Zug- oder Druckpaares in großer Entfernung von den Lasten, wenn nur der Abstand vom betreffenden Längspaar so groß ist, daß die Entfernung der beiden Angriffspunkte der äußeren Kräfte demgegenüber vernachlässigt werden kann. Die Gl. (88) gehen demnach für große Entfernung vom Nullpunkt des Koordinatensystems in die Gl. (96) über, wobei nur zu beachten ist, daß erstere die Spannungsverteilung eines Zugpaares, letztere dagegen die eines Druckpaares darstellen. Wesentlich ist dabei, daß die Spannungen in der Nachbarschaft des Zugpaares umgekehrt mit der ersten Potenz des Abstandes von den Angriffspunkten der äußeren Kräfte abnehmen, während diese Abnahme für größere Entfernung vom Zugpaar umgekehrt proportional mit dem Quadrat des Abstandes erfolgt.

Wir können dieses Resultat dazu verwenden, um uns über den Geltungsbereich des St. Venantschen Prinzipes von der »elastischen Gleichwertigkeit statisch gleichwertiger Lastensysteme« ein Bild zu machen, wenigstens für den Fall der unendlich ausgedehnten Ebene.

Dieses Prinzip wird vor allen Dingen angewendet, um ein System äußerer Lasten, die in einem kleinen Bezirk des Körpers angreifen, durch deren Resultierende zu ersetzen. Für das elastische Verhalten des Körpers in einiger Entfernung von den Lasten soll der Unterschied zwischen der Wirkung der wirklichen Lasten und der ihrer Resultierenden vernachlässigt werden können. Es fehlt in der Aussage dieses Prinzipes eine Angabe, wie groß die Entfernung mindestens genommen werden muß, um diesen Unterschied unter ein bestimmtes Maß zu halten. Wir können uns über die Größenordnung dieses Fehlers beim ebenen Spannungszustand der unendlichen Ebene ein Bild machen, wobei wir allerdings nur den ungünstigsten Fall mit Sicherheit behandeln können. Dieser trifft nämlich dann zu, wenn wir willkürlich ein Zug- oder Druckpaar mit geringem Abstand der Angriffspunkte der Kräfte am Körper anbringen. Statisch ist jedes Längspaar zu vernachlässigen, da die Kräfte auf der gleichen Geraden im entgegengesetzten

Sinn wirken und gleich groß sind. Infolgedessen müßte nach dem St. Venantschen Prinzip in einiger Entfernung vom Längspaar ein nahezu spannungsloser Zustand herrschen. Über die Abnahme der Spannungen mit wachsendem r gibt Gl. (96) Aufschluß. Da A' den Abstand $2a$ der Angriffspunkte des Längspaares als Faktor enthält, so nehmen die Spannungen beim Fortschreiten längs eines Strahles durch den Nullpunkt bis auf einen konstanten Faktor wie $\frac{2a}{r^2}$ ab.

Wird eine Gruppe von Kräften, die auf einem verhältnismäßig kleinen Bereich des Körpers angreifen, durch eine zweite, der ersten statisch gleichwertigen Gruppe von Kräften, ersetzt, so ist der Unterschied der zu beiden Kräftegruppen gehörenden Spannungsverteilung gegeben durch die Spannungen, die durch Überlagerung der Spannungszustände erhalten werden, die den beiden Kräftegruppen zukommen, wenn bei einer von beiden Gruppen das Vorzeichen ihrer sämtlichen Kräfte geändert wird. Diese beiden Gruppen bilden aber dann ein Gleichgewichtssystem von Kräften, das wir, wie oben gezeigt worden ist, auf lauter Längspaare zurückführen können. Jedes von ihnen nimmt aber mit wachsender Entfernung von dem kleinen Bezirk wie $\frac{2a}{r^2}$ ab.

Die Abnahme wie $\frac{2a}{r^2}$ ist aber nur die ungünstigste, die eintreten kann. Wenn sich z. B. die Zug- und Druckpaare so zusammenfassen lassen, daß je ein Zugpaar und ein Druckpaar von nahezu dem gleichen Moment zusammen genommen werden können, so geben diese beiden Längspaare für große Entfernung die Spannungsverteilung eines Poles dritter Ordnung, dessen komplexe Spannungsfunktion durch

$$\frac{A''}{\alpha^3}$$

gegeben ist, wobei

$$A'' = A' \cdot 2b$$

noch von dem Abstand $2b$ der beiden Dipole abhängt. In diesem Falle erfolgt die Abnahme der Spannungen proportional mit $\frac{2a \cdot 2b}{r^3}$. Man erkennt daraus, daß das Gesetz, nach dem der Unterschied zwischen den Spannungen der beiden statisch gleichwertigen Kräftesysteme mit der Entfernung von den Angriffsstellen der Lasten abnimmt, wesentlich von der Verteilung der Kräfte der beiden Lastgruppen abhängt; ungünstigstenfalls erfolgt die Abnahme mit dem Quadrat des Abstandes von der Angriffsstelle der Lasten.

§ 46. Belastung der unendlichen Scheibe durch ein Drehpaar.

In § 44 wurde die Spannungsverteilung, die zu einer im Nullpunkt angreifenden Einzellast gehört, abgeleitet. Dabei ergab sich, daß die komplexe Spannungsfunktion $\frac{A}{a}$ einer in Richtung der negativen y-Achse wirkenden Kraft P von dem durch Gl. (82) gegebenen Betrag entspricht. Wir fanden ferner, daß beim Wechsel des Vorzeichens der komplexen Spannungsfunktion sich auch die Richtung der zugehörigen äußeren Kraft umkehrt, so daß $-\frac{A}{a}$ einer äußeren Kraft in Richtung der positiven y-Achse entspricht. Um die komplexe Spannungsfunktion für eine im Nullpunkt unter beliebigem Winkel ϑ_0 gegen die Richtung der positiven y-Achse angreifende Kraft zu finden, führt man ein neues um ϑ_0 gegen das erste gedrehtes Koordinatensystem ein, dessen Variable a' mit a durch die Beziehung

$$a' = a \cdot e^{-i\vartheta_0}$$

zusammenhängt, so daß aus der komplexen Spannungsfunktion $-\frac{A}{a'}$ einer in Richtung der positiven y'-Achse wirkenden Kraft beim Übergang auf das alte Koordinatensystem

$$f(a) = -\frac{A}{a} e^{i\vartheta_0} \quad \ldots \ldots \ldots \quad (97)$$

wird. Für $\vartheta_0 = 0$ und $\vartheta_0 = \pi$ erhält man daraus die durch die Gl. (86) bzw. (68) gegebenen Ausdrücke der komplexen Spannungsfunktion für die in Richtung der positiven bzw. negativen y-Achse wirkenden Kraft. Aus Gl. (97) geht ferner hervor, daß

$$f(a) = i\frac{A}{a} \quad \ldots \ldots \ldots \quad (98)$$

die komplexe Spannungsfunktion einer in Richtung der negativen z-Achse wirkenden Kraft darstellt und die gleiche mit dem negativen Vorzeichen versehene komplexe Spannungsfunktion zu einer in Richtung der positiven z-Achse wirkenden äußeren Last von gleichem Betrag gehört.

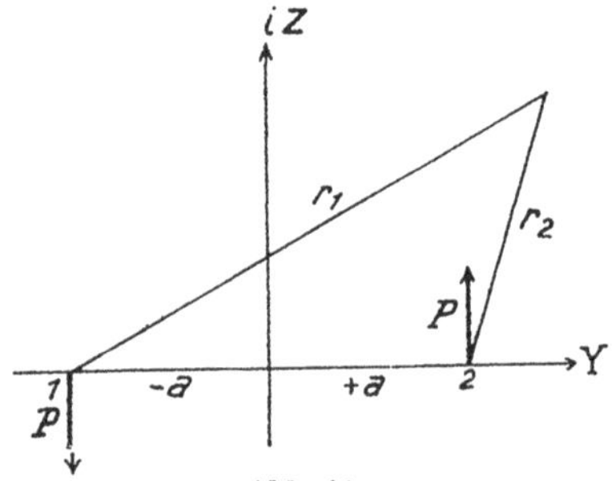

Abb. 44.

Die komplexe Spannungsfunktion eines Drehpaares, dessen Komponenten auf der y-Achse im Abstand $+a$ und $-a$ vom Nullpunkt angreifen und im entgegengesetzten Sinn des Uhrzeigers drehen, wie aus Abb. 44 zu entnehmen ist, lautet

$$f(\alpha) = i\frac{A}{\alpha + a} - i\frac{A}{\alpha - a} = i\frac{A}{r_1 e^{i\vartheta_1}} - i\frac{A}{r_2 e^{i\vartheta_2}}$$
$$= \left(\frac{A}{r_1}\sin\vartheta_1 - \frac{A}{r_2}\sin\vartheta_2\right) + i\left(\frac{A}{r_1}\cos\vartheta_1 - \frac{A}{r_2}\cos\vartheta_2\right). \quad . \quad . \quad (99)$$

Der zugehörige Spannungszustand geht aus den Gl. (88) für die Spannungsverteilung bei einem Zugpaar hervor, indem man in den dortigen Formeln statt ϑ_1 und ϑ_2 bzw. $\vartheta_1 - 90^0$ und $\vartheta_2 - 90^0$ einsetzt, oder, was auf dasselbe hinausläuft, indem man statt sin überall — cos schreibt und statt cos überall + sin. Die Spannungen, die zu dem besprochenen Drehpaar gehören, ergeben sich demnach zu:

$$\left.\begin{aligned}
\sigma_y &= 2G\frac{m+1}{2m}A\left(\frac{\sin^3\vartheta_1}{r_1} - \frac{\sin^3\vartheta_2}{r_2}\right) + \\
&\qquad + 2G\frac{m-1}{4m}A\left(\frac{\sin\vartheta_1}{r_1} - \frac{\sin\vartheta_2}{r_2}\right) \\
\sigma_z &= 2G\frac{m+1}{2m}A\left(\frac{\sin\vartheta_1\cos^2\vartheta_1}{r_1} - \frac{\sin\vartheta_2\cos^2\vartheta_2}{r_2}\right) - \\
&\qquad - 2G\frac{m-1}{4m}A\left(\frac{\sin\vartheta_1}{r_1} - \frac{\sin\vartheta_2}{r_2}\right) \\
\tau_{yz} &= -2G\frac{m+1}{2m}A\left(\frac{\cos\vartheta_1\sin^2\vartheta_1}{r_1} - \frac{\cos\vartheta_2\sin^2\vartheta_2}{r_2}\right) + \\
&\qquad - 2G\frac{m-1}{4m}A\left(\frac{\cos\vartheta_1}{r_1} - \frac{\cos\vartheta_2}{r_2}\right)
\end{aligned}\right\} \quad . \quad . \quad (100)$$

Daraus geht hervor, daß längs der ganzen y-Achse wegen

$$\sin\vartheta_1 = \sin\vartheta_2 = 0$$

die Normalspannungen zu Null werden, während die Schubspannung für die Punkte außerhalb des Drehpaares den Wert

$$\tau_{yz} = -2G\frac{m-1}{4m}A\left(\frac{1}{r_1} - \frac{1}{r_2}\right)$$

und innerhalb des Drehpaares den Wert

$$\tau_{yz} = -2G\frac{m-1}{4m}A\left(\frac{1}{r_1} + \frac{1}{r_2}\right)$$

annimmt.

Wäre die Kraft im Punkt 2 gleich gerichtet mit der im Punkt 1, so würden sich die den beiden Kräften entsprechenden komplexen Spannungsfunktionen in Gl. (99) addieren, und die Spannungsverteilung in der ganzen Ebene würde aus den Gl. (100) hervorgehen, indem man statt der Minuszeichen in den Klammern überall Pluszeichen setzte.

Nehmen wir wieder ähnlich wie in § 45 beim Zugpaar eine Verallgemeinerung des Drehpaares vor und denken uns längs der ganzen y-Achse von $-\infty$ bis $+\infty$ in aufeinanderfolgenden Abständen $2a$ abwechselnd entgegengesetzt gerichtete gleichgroße Kräfte parallel der z-Achse angebracht, von denen die beiden dem Nullpunkt zunächst liegenden Kräfte durch Abb. 44 dargestellt sein sollen, so ergibt sich die komplexe Spannungsfunktion aus Gl. (89) durch Multiplikation mit i, so daß daraus durch die gleichen Umformungen, wie sie im Anschluß an Gl. (89) vorgenommen worden sind, die folgende Form gewonnen werden kann:

$$f(\mathfrak{a}) = i \frac{A\pi}{2a\cos\left(\frac{\pi}{2a}\mathfrak{a}\right)} \quad \ldots \ldots \quad (101)$$

Wären die Kräfte sämtlich gleichgerichtet parallel der z-Achse, so würde sich die zugehörige komplexe Spannungsfunktion proportional mit $\operatorname{tg}\left(\frac{\pi}{a}\mathfrak{a}\right)$ ergeben. Die Spannungsverteilung aus der gegebenen komplexen Spannungsfunktion zu berechnen, macht keine Schwierigkeit.

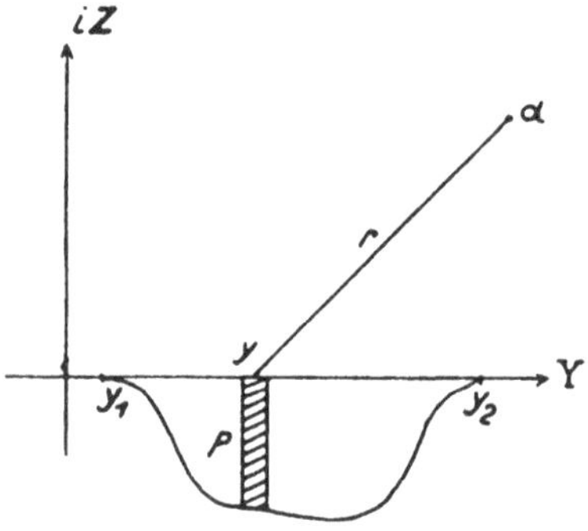

Abb. 45.

Wir wollen noch den Fall besprechen, daß sich die äußere Last über ein größeres Stück einer Geraden verteilt, so daß sie nicht durch eine einzelne resultierende Kraft ersetzt werden kann. Wählen wir als y-Achse diese Gerade, so soll die Last senkrecht zur y-Achse wirken und ihre Größe und Richtung durch die Ordinate p der in Abb. 45 eingezeichneten Kurve dargestellt werden. Das durch Schraffieren hervorgehobene Lastelement trägt zur komplexen Spannungsfunktion nach Gl. (98) den Anteil

$$i \frac{B}{\mathfrak{a} - y} dy$$

bei, wenn

$$B = \frac{p}{2\pi G} \quad \ldots \ldots \quad (162)$$

gesetzt wird. Durch Integration über die ganze Lastfläche, die sich zwischen den Grenzen y_1 und y_2 erstrecken soll, erhält man die komplexe Spannungsfunktion

$$f(\mathfrak{a}) = i \int_{y_1}^{y_2} \frac{B}{\mathfrak{a} - y} dy \quad \ldots \ldots \quad (103)$$

Im allgemeinen ist p und damit auch B eine Funktion von y. Unter der Annahme einer konstanten Last p_0 zwischen den Grenzen y_1 und y_2 erhält man als komplexe Spannungsfunktion

$$f(a) = i B_0 \cdot \lg \frac{a - y_1}{a - y_2} \quad \ldots \ldots \quad (104)$$

Auch der zu dieser komplexen Spannungsfunktion gehörende Spannungszustand läßt sich ohne Schwierigkeit nach den allgemeinen Formeln von § 43 ableiten, worauf aber hier nicht näher eingegangen werden soll.

Statt daß sich die äußeren Lasten längs einer Geraden verteilen, können sie auch längs einer beliebigen Kurve in der unendlichen Ebene wirken, ohne daß sich für die Aufstellung der zugehörigen komplexen Spannungsfunktion eine wesentliche Schwierigkeit ergeben würde. Wir wollen noch den Fall betrachten, daß die äußeren Kräfte sich gleichmäßig über den Umfang eines Kreises vom Radius r_0 um den Nullpunkt verteilen, wie in Abb. 46 angegeben ist. Wird die auf die Längeneinheit bezogene äußere Last p genannt, so daß die am Längenelement $r_0 d\vartheta$ der Kreislinie übertragene äußere Kraft $p r_0 d\vartheta$ ist, so ist der Beitrag, den diese Kraft zur komplexen Spannungsfunktion liefert, nach Gl. (97)

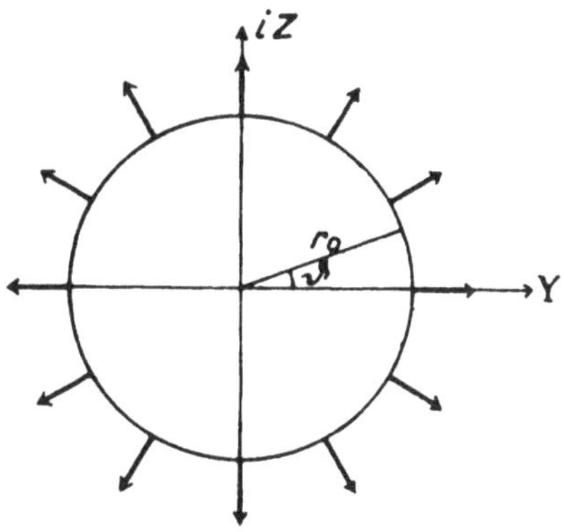

Abb. 46.

$$-\frac{p}{2\pi G} \cdot \frac{r_0 \, d\vartheta}{a - r_0 e^{i\vartheta}} e^{i\vartheta}$$

und durch Integration ergibt sich die Spannungsfunktion

$$f(a) = -\frac{1}{2\pi G} \int_0^{2\pi} \frac{p \cdot r_0 \cdot e^{i\vartheta} d\vartheta}{a - r_0 e^{i\vartheta}},$$

die für den Fall, daß p überall den konstanten Wert p_0 hat, übergeht in

$$f(a) = -\frac{p_0}{2\pi G} \cdot \int_0^{2\pi} \frac{e^{i\vartheta} r_0 d\vartheta}{a - r_0 e^{i\vartheta}} = i \frac{p_0}{2\pi G} \int \frac{d\beta}{a - \beta}$$

wobei $\beta = r_0 e^{i\vartheta}$ gesetzt ist, und das Integral nach wie vor über den ganzen Kreis sich erstreckt. Liegt a außerhalb des Kreises, so befindet sich im Inneren des Kreises keine Singularität der Funktion $\frac{1}{\alpha - \beta}$; infolgedessen ist das Integral Null, und die komplexe Funktion nimmt für alle Punkte außerhalb des Kreises den Wert Null an.

Liegt dagegen α im Innern des Kreises, so hat das Integral nicht mehr den Wert Null, da der Integrationsweg eine Singularität umschließt. Die unbestimmte Ausführung der Integration liefert den Wert $-\lg(\alpha - \beta)$, der sich bei einem vollen Umfang um $-2i\pi$ ändert, so daß $-2i\pi$ der Wert des Integrales ist, wenn α irgendwo im Innern des Kreises liegt. Für alle Punkte innerhalb des Kreises nimmt daher die komplexe Spannungsfunktion den Wert

$$f(\alpha) = \frac{p_0}{G}$$

an. Mit der komplexen Spannungsfunktion wird auch die kubische Dehnung e und damit auch die algebraische Summe der beiden Normalspannungen $\sigma_y + \sigma_z$ außerhalb des Kreises Null und innerhalb des Kreises auch konstant, und zwar gleich

$$\sigma_y + \sigma_z = \frac{m+1}{m} p_0,$$

wie aus Gl. (10) mit $\sigma_x = 0$ in Verbindung mit Gl. (61) hervorgeht. Wir haben es demnach hier wieder mit der speziellen Art des Spannungszustandes zu tun, dessen Verschiebungs- und Spannungsgrößen sich nach den Gl. (33) und (35) § 41 von einem Potential ableiten lassen.

Um die Spannungsverteilung anzugeben, könnte man von dem Potential ausgehen, das in diesem Fall des ebenen Zustandes proportional mit dem Logarithmus des Abstandes von den Lasten geht, woraus durch zweimalige Differentiation die Spannungen gewonnen werden, die also umgekehrt proportional dem Quadrat des Abstandes von den Lasten abnehmen. Statt dessen wollen wir einen noch einfacheren Weg beschreiten und das Gleichgewicht an einem Volumenelement untersuchen, das, wie in Abb. 47 angegeben, durch zwei unter dem Winkel $d\vartheta$ geneigte Gerade durch den Anfangspunkt sowie durch zwei konzentrische Kreise um den Anfangspunkt mit den Radien r und $r + dr$ herausgeschnitten worden ist. Dabei wollen wir zunächst annehmen, daß das betreffende Element außerhalb des Kreises liegt, auf dem die äußeren Lasten angreifen. Dem auf die Längeneinheit bezogenen Druck p auf der Seiten-

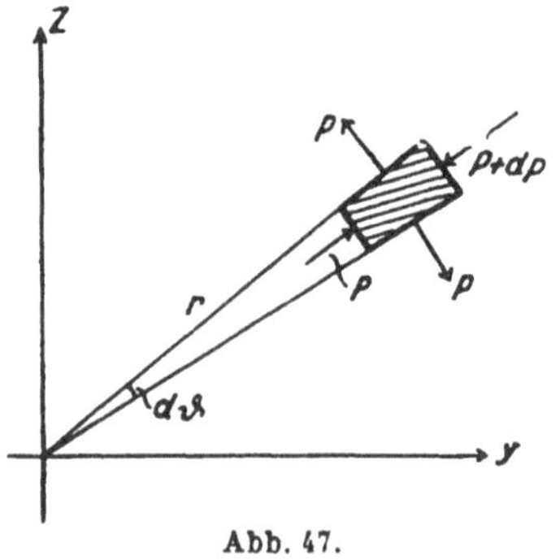

Abb. 47.

fläche $r d\vartheta$ steht ein Druck $p + dp$ auf der Seitenfläche $(r + dr)\, d\vartheta$ gegenüber. Auf den beiden anderen Seitenflächen herrscht Zug von der Größe p, da die Summe der Normalspannungen Null sein muß. Aus Symmetriegründen können auf den Seitenflächen keine Schubspannungen übertragen werden. Die Gleichgewichtsbedingung lautet:

$$p\, r\, d\vartheta - (p + d\,p)(r + d\,r)\, d\,\vartheta - p\, d\,r\, d\,\vartheta = 0,$$

woraus durch Division mit $d\vartheta$ und Vernachlässigung des unendlich kleinen Gliedes zweiter Ordnung

$$r\, d\,p = -2\,p\,d\,r$$

hervorgeht. Durch Integration erhält man daraus

$$p = \frac{C}{r^2},$$

wobei sich die Konstante C durch Einsetzen der Werte von p und r für die Angriffsstelle der äußeren Lasten zu

$$C = p_0\, r_0^2$$

ergibt, so daß

$$p = p_0 \left(\frac{r_0}{r}\right)^2$$

das Gesetz der Abnahme der Spannungen

$$\sigma_r = p \text{ und } \sigma_\vartheta = -p$$

nach außen angibt.

Nehmen wir an, daß die äußeren Lasten nicht radial, sondern tangential am Umfang des Kreises von Radius r_0 angreifen, wie in Abb. 48 angegeben, so wird die zugehörige komplexe Spannungsfunktion durch Multiplikation mit i aus der obigen komplexen Spannungsfunktion erhalten zu

$$f(a) = -\frac{p_0}{2\pi G}\int \frac{d\beta}{a-\beta},$$

wobei wieder das Integral über den Umfang des Kreises $\beta = r_0 e^{i\vartheta}$ zu erstrecken ist. Für Punkte außerhalb des Kreises wird die Spannungsfunktion wieder zu Null, und eine ähnliche Betrachtung, wie wir sie oben am Volumenelement angestellt haben, liefert das Gesetz, nach dem die Schubspannungen τ in Radialschnitten mit dem Abstand abnehmen, zu

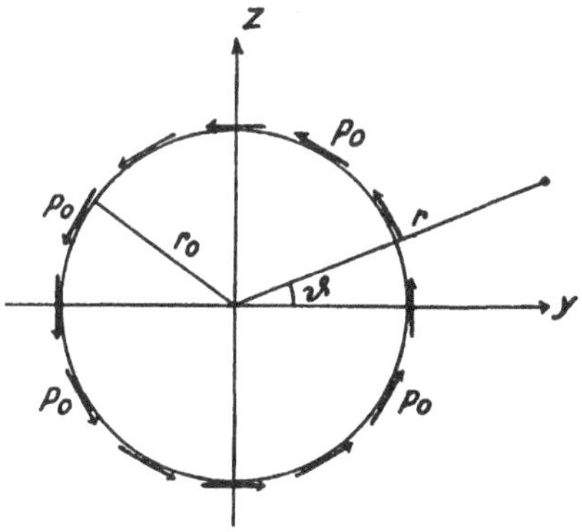

Abb. 48.

$$\tau = p_0 \left(\frac{r_0}{r}\right)^2,$$

d. h. es gilt hier das gleiche Gesetz für die Abnahme der Schubspannungen wie im obigen Beispiel für die Normalspannungen. Die beiden Belastungsfälle bilden überhaupt an jeder Stelle den gleichen Spannungszustand aus, nur daß der eine um 45° an jeder Stelle gegen den anderen verdreht ist. Während im ersten Fall in den Schnitten des Polarkoordinatensystems nur Normalspannungen und keine Schubspannungen übertragen werden, treten im zweiten Fall in diesen Schnitten nur Schubspannungen auf, die an jeder Stelle ebenso groß sind wie die Normalspannungen im ersten Fall. In senkrechten Schnitten, die um 45° gegen die ersten geneigt sind, bestehen dagegen im ersten Belastungsfalle reine Schubspannungen und im zweiten Belastungsfalle nur Normalspannungen von der gleichen Größe, so daß in der Tat die beiden Spannungszustände an jeder Stelle genau die gleichen sind bis auf eine Verdrehung um 45°. Beide Fälle sind Beispiele von Spannungszuständen, die man als reine Schubbeanspruchung bezeichnet.

Der Fall, daß die Spannungen normal zum Umfang des Kreises stehen, läßt sich auf die Frage nach den Spannungen in einem ausgedehnten Blech anwenden, das an einer Stelle im Innern stark erhitzt wird. Ein solcher »Wärmepol« hat auf die Spannungsverteilung die gleiche Wirkung wie die Normalspannungen am Umfange eines entsprechenden Kreises. Der zweite Fall, daß die äußeren Kräfte tangential am Umfang des Kreises angreifen, hat z. B. praktische Bedeutung, wenn nach den Spannungen in einem ausgedehnten Blech gefragt wird, in dem ein Bolzen vom Radius r_0 ein Drehmoment aufzunehmen hat. Die Reibungskräfte am Umfang des Bolzens sind für das Blech die äußeren Lasten p_0, die man als gleichmäßig verteilt am Umfang des Kreises vom Radius r_0 annehmen kann.

Um sich schließlich noch Rechenschaft über die Verschiebungen der einzelnen Stellen des Bleches in den beiden Belastungsfällen zu geben, benützen wir zweckmäßig das Potential, das zu diesen speziellen Spannungszuständen gehört und das leicht aus den Werten für die Spannungen abgeleitet werden kann. Bis auf unwesentliche Größen ist das Potential V_1 für den ersten Belastungsfall und V_2 für den zweiten Belastungsfall gegeben durch

$$V_1 = -\frac{p_0 r_0^2}{2G} \lg r$$

$$V_2 = -\frac{p_0 r_0^2}{2G} \vartheta,$$

so daß die beiden Potentiale konjugierte Funktionen sind, da sie Real- und Imaginärteil von

$$-\frac{p_0 r_0^2}{2G} \lg a$$

sind, wenn darin $a = re^{i\vartheta}$ gesetzt wird.

Die Verschiebungen werden aus den Potentialen durch einmalige Differentiation nach der betreffenden Richtung gewonnen. Werden die Verschiebungen in Richtung des Radius mit ϱ und senkrecht dazu mit λ bezeichnet, so ergibt sich für den ersten Belastungsfall:

$$\varrho_1 = \frac{\partial V_1}{\partial r} = -\frac{p_0 r_0^2}{2G} \cdot \frac{1}{r}; \qquad \lambda_1 = \frac{\partial V_1}{r \partial \vartheta} = 0$$

und für den zweiten Belastungsfall:

$$\varrho_2 = \frac{\partial V_2}{\partial r} = 0; \qquad \lambda_2 = \frac{\partial V_2}{r \partial \vartheta} = -\frac{p_0 r_0^2}{2G} \cdot \frac{1}{r}.$$

Die Verschiebungsgrößen nehmen also umgekehrt proportional mit der Entfernung vom Nullpunkt ab.

Kehren wir nach diesen Abschweifungen zur Besprechung des Drehpaares zurück. Ebenso wie beim Längspaar können wir auch beim Querpaar den Abstand der Angriffspunkte beider Kräfte immer mehr abnehmen lassen, aber so, daß das Produkt aus diesem Abstand und der Größe der Kräfte endlich bleibt. Wir bekommen auf diese Weise einen Pol, den wir als Drehpol bezeichnen wollen. Die Entwicklungen des vorigen Paragraphen über den Dipol können für den Drehpol unverändert übernommen werden, wenn wir nur die komplexe Spannungsfunktion des Dipoles mit i multiplizieren, so daß an Stelle von Gl. (94) für die komplexe Spannungsfunktion des Drehpoles folgt

$$f(a) = i \frac{A'}{a^2}. \qquad (105)$$

Die zugehörige Spannungsverteilung ist durch die Gl. (96) gegeben, wenn man darin die Sinus und Kosinus miteinander vertauscht und das Vorzeichen der Schubspannungen τ_{yz} ändert.

Mit diesen Betrachtungen ist die Frage nach dem Spannungszustand, den irgendwelche Kräfte in der unendlich ausgedehnten Ebene hervorrufen, als erledigt zu betrachten. Wir werden im folgenden Paragraphen sehen, wie sich der Einfluß von Begrenzungen des Körpers bemerkbar macht, vor allen Dingen, wenn die Lasten selbst auf dem Rande angreifen.

§ 47. Belastung der unendlich ausgedehnten Halbscheibe.

Abb. 49 zeigt uns eine Halbscheibe, die nach der einen Seite durch eine Gerade begrenzt ist, die durch den Nullpunkt des Koordinatensystems unter einem beliebigen Winkel ϑ_0 gegen die positive y-Achse verläuft, während die Scheibe nach der anderen Seite hin als unendlich ausgedehnt angesehen werden soll. Wir nehmen an, daß an der Halbscheibe im Nullpunkt des Koordinatensystems eine äußere Kraft angreift, die einen Spannungszustand hervorruft, dessen komplexe Spannungsfunktion durch Gl. (68) gegeben sein soll. Die im Anschluß an Gl. (68) angestellten Rechnungen zur Bestimmung des Spannungszustandes in der unendlich ausgedehnten Ebene, dessen komplexe Spannungsfunktion im Nullpunkt einen Pol erster Ordnung besitzt, können für unseren Fall der unendlichen Halbebene übernommen werden. Der Winkel ϑ, der in der zweiten der Gl. (71) auftritt, und für die unendlich ausgedehnte Ebene unendlich vieldeutig ist, wird im Fall der Halbebene eindeutig, und zwar läuft er zwischen $-(\pi - \vartheta_0)$ und ϑ_0. Damit kommt das Bedenken, das wir wegen der Eindeutigkeit der Werte von η und ζ gehabt haben, in Wegfall. Infolgedessen brauchen wir auch keinen speziellen Spannungszustand, der den Verschiebungen η' und ζ' entsprechen würde, zu überlagern, um die Eindeutigkeit der Verschiebungsgrößen in jedem Punkt sicherzustellen. Wir dürfen hier

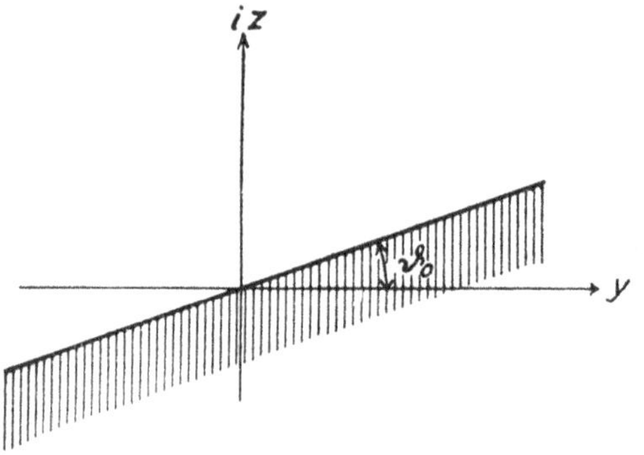

Abb. 49.

$$\eta' = 0 \text{ und } \zeta' = 0$$

setzen und erhalten damit den aus den Gl. (76) folgenden Spannungszustand:

$$\left.\begin{aligned} \sigma_y &= 2G\,\frac{m+1}{2m}\,A\,\frac{\cos^3\vartheta}{r} \\ \sigma_z &= 2G\,\frac{m+1}{2m}\,A\,\frac{\cos\vartheta\sin^2\vartheta}{r} \\ \tau_{yz} &= 2G\,\frac{m+1}{2m}\,A\,\frac{\sin\vartheta\cos^2\vartheta}{r} \end{aligned}\right\} \quad . \; . \; . \; . \; . \quad (106)$$

Klarer überblickt man diesen Spannungszustand durch Einführen von Polarkoordinaten auch für die Spannungen. Werden die Normalspannungen in Richtung des Radius mit σ_r und in Richtung senkrecht zum Radius mit σ_ϑ bezeichnet, ferner die diesen Schnitten entsprechenden Schubspannungen mit $\tau_{r\vartheta}$, so ergibt sich nach einfacher Ausrechnung auf Grund der im ersten Abschnitt besprochenen allgemeinen Eigenschaften eines Spannungszustandes:

$$\left.\begin{aligned} \sigma_r &= 2G\,\frac{m+1}{2m}\,A\,\frac{\cos\vartheta}{r} \\ \sigma_\vartheta &= 0 \\ \tau_{r\vartheta} &= 0 \end{aligned}\right\} \quad . \; . \; . \; . \; . \; . \quad (107)$$

Es treten also in Schnitten, die man vom Nullpunkt aus nach beliebigen Richtungen legen kann, weder Normal- noch Schubspannungen auf, sondern nur Normalspannungen in Schnittflächen senkrecht zum Radius.

Um die Kraft P im Nullpunkt zu bestimmen, die zu der durch die Gl. (107) gegebenen Spannungsverteilung gehört, denken wir uns im Körper um den Nullpunkt einen Halbkreis geschlagen und bilden die Resultierende der dort übertragenen Spannungen. Die y-Komponente dieser Resultierenden ist gegeben durch

$$\int_{-(\pi-\vartheta_0)}^{\vartheta_0} \sigma_r\, r \cos\vartheta\, d\vartheta = G\pi \frac{m+1}{2m} A,$$

während die z-Komponente

$$\int_{-(\pi-\vartheta_0)}^{\vartheta_0} \sigma_r\, r \sin\vartheta\, d\vartheta = 0$$

ist. Da die Resultierende der Spannungen mit der äußeren Kraft P im Gleichgewicht stehen muß, so hat P den Betrag

$$P = G\pi \frac{m+1}{2m} A \quad \ldots\ldots\ldots \quad (108)$$

und geht in Richtung der negativen y-Achse. Aus Gl. (108) läßt sich bei gegebener äußerer Kraft P die Konstante A, die in den Spannungsformeln (106) und (107) auftritt, entnehmen.

Der Winkel ϑ, der im Ausdruck für die Radialspannung σ_r nach Gl. (107) vorkommt, wird demnach von der rückwärtigen Verlängerung der Richtung der äußeren Kraft aus gemessen. Auf einem um den Nullpunkt geschlagenen Halbkreis ist die Radialspannung in dieser Richtung am größten, wie aus Gl. (107) hervorgeht, während die Radialspannung auf dem dazu senkrechten Radius durch den Nullpunkt verschwindet. Ist die äußere Kraft senkrecht zur geradlinigen Begrenzung im Nullpunkt, so bildet sich ein durch Gl. (107) gegebener symmetrischer Spannungszustand aus, wobei die Radialspannungen längs der ganzen Begrenzung des Körpers wegen $\vartheta = \pm 90^0$ verschwinden. Gl. (107) liefert in diesem Fall, da ϑ nur zwischen -90^0 und $+90^0$ liegen kann, nur positive Werte der Radialspannung σ_r, d. h. Zug, wie es auch sein muß, da die äußere Kraft nach außen gekehrt ist. Bei umgekehrten Vorzeichen der äußeren Kraft muß sich auch das Vorzeichen für die Radialspannung umkehren.

Da wir aus den Gl. (107) entnehmen, daß in geradlinigen Schnitten durch den Nullpunkt weder Normal- noch Schubspannungen übertragen werden, so gelten die Gl. (106) und (107) auch für einen mit beliebigem

Öffnungswinkel ausgeschnittenen Keil, an dessen Spitze eine äußere Kraft angreift. Hat der Keil den Öffnungswinkel

$$\vartheta_0 = \vartheta_2 - \vartheta_1,$$

so ergibt sich die Größe der an der Keilspitze wirkenden Kraft, die den durch Gl. (107) dargestellten Spannungszustand hervorruft, wieder dadurch, daß man die Resultierende der auf einem Kreis um den Nullpunkt übertragenen Spannungen bestimmt. Die y-Komponente dieser Resultierenden ist

$$\int_{\vartheta_1}^{\vartheta_2} \sigma_r\, r \cos\vartheta\, d\vartheta = 2G\frac{m+1}{2m}A\int_{\vartheta_1}^{\vartheta_2}\cos^2\vartheta\, d\vartheta =$$

$$= G\frac{m+1}{4m}A\,(\sin 2\vartheta_2 - \sin 2\vartheta_1 + 2\vartheta_0)$$

und die z-Komponente

$$\int_{\vartheta_1}^{\vartheta_2} \sigma_r\, r \sin\vartheta\, d\vartheta = 2G\frac{m+1}{2m}A\int_{\vartheta_1}^{\vartheta_2}\cos\vartheta\sin\vartheta\, d\vartheta =$$

$$= -G\frac{m+1}{4m}A\,(\cos 2\vartheta_2 - \cos 2\vartheta_1).$$

Die y- und z-Komponenten der äußeren Kraft, die wir mit Y und Z bezeichnen wollen, werden daraus durch Wechsel des Vorzeichens gefunden:

$$\left.\begin{aligned} Y &= -G\frac{m+1}{4m}A\,(\sin 2\vartheta_2 - \sin 2\vartheta_1 + 2\vartheta_0) \\ Z &= G\frac{m+1}{4m}A\,(\cos 2\vartheta_2 - \cos 2\vartheta_1) \end{aligned}\right\} \quad . \quad . \quad (109)$$

Für den Fall, daß die Belastung des Keiles in der durch Abb. 50 gekennzeichneten Weise erfolgt, verschwindet die zweite der Gl. (109), so daß

$$\vartheta_2 = -\vartheta_1 = \frac{\vartheta_0}{2}$$

ist, und damit wird die äußere Last

$$P = Y = -G\frac{m+1}{2m}A_1(\sin\vartheta_0 + \vartheta_0), \quad . \quad . \quad (110)$$

woraus für $\vartheta_0 = \pi$ die Gl. (108) für die Belastung der unendlichen Halbebene folgt. In Gl. (110) ist A_1 statt

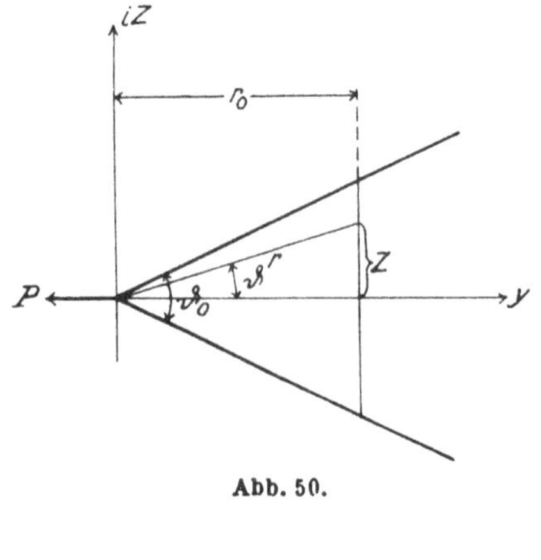

Abb. 50.

A gesetzt, um zum Ausdruck zu bringen, daß die Richtung der Last in die Symmetrielinie des Keiles fällt.

Setzen wir in die Gl. (109)

$$\vartheta_2 = 90^0 + \frac{\vartheta_0}{2} \text{ und } \vartheta_1 = 90^0 - \frac{\vartheta_0}{2}$$

ein, so erhalten wir den durch Abb. 51 wiedergegebenen Belastungsfall, in dem die Last senkrecht zur Symmetrielinie des Keiles angreift; denn aus den Gl. (109) folgt wieder

$$Z = 0,$$

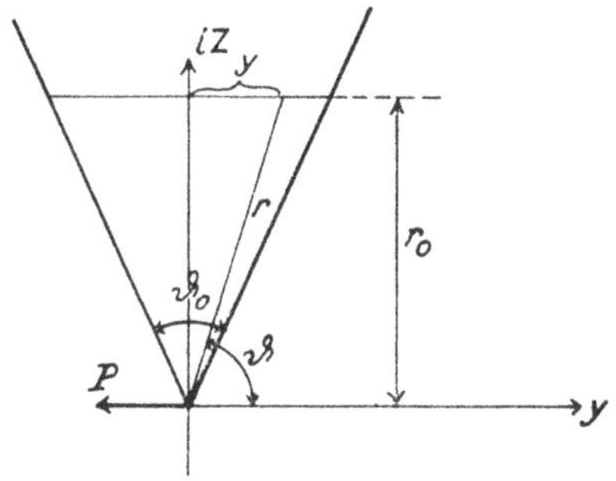

Abb. 51.

und der Wert von Y wird erhalten zu

$$P = Y = -G\frac{m+1}{2m} A_2(-\sin\vartheta_0 + \vartheta_0), \quad . \quad . \quad (111)$$

wobei jetzt für A die Bezeichnung A_2 gesetzt worden ist.

Bei beliebig gegebener Belastung der Keilspitze zerlegt man die Last in ihre Komponenten in Richtung der Symmetrielinie des Keiles und senkrecht dazu und berechnet nach den Gl. (110) und (111) die diesen Komponenten entsprechenden Werte A_1 und A_2, mit denen sich aus den Gl. (106) bzw. (107) der zugehörige Spannungszustand ergibt.

Wir wollen den Spannungszustand für die beiden Komponenten getrennt untersuchen. Im ersten Fall, wo die Last P in die Symmetrieebene des Keiles fällt, berechnet sich die Spannung σ_y aus Gl. (106) durch Einsetzen des Wertes von A_1 aus Gl. (110) unter Benützung der in Abb. 50 eingetragenen Bezeichnungen zu

$$\sigma_y = -\frac{2P}{\sin\vartheta_0 + \vartheta_0} \cdot \frac{r_0^3}{h r^4},$$

wobei mit h die Dicke des Keiles senkrecht zur Ebene der Spannungen bezeichnet wird, die bisher gleich 1 gesetzt worden war. Für Punkte, die auf einem Strahl durch den Scheitel des Winkels liegen, nimmt σ_y umgekehrt mit dem Abstand vom Scheitel ab. Im Scheitelpunkt selbst würde die Spannung unendlich groß werden, wenn die Last in einem Punkte konzentriert wäre. Da die Einzellast aber nur als Resultierende der in Wirklichkeit über einen gewissen Teil der Oberfläche verteilten Lasten aufzufassen ist, so ist die Lösung, die wir oben gegeben haben, nach dem St. Venantschen Prinzip nur in einiger Entfernung vom Scheitel des Keiles zu verwenden.

Betrachten wir die Verteilung der Spannungen σ_y über einen Querschnitt, der im Abstand r_0 vom Scheitel senkrecht zur Symmetrielinie steht, so ist wegen des Faktors r^4 im Nenner der letzten Formel die Spannung im Schnittpunkt des Querschnittes mit der Symmetrielinie am größten und nimmt beiderseits gegen die Kanten des Keiles ab. Vergleicht man die Spannung an der betreffenden Stelle mit einer über den ganzen Querschnitt gleichmäßig verteilten Spannung, so beträgt die Spannungserhöhung bei einem Öffnungswinkel ϑ_0 des Keiles von 30° nur 6%, während sie bei einem Öffnungswinkel von 60° auf 70% ansteigt.

Die Schubspannung im betreffenden Querschnitt beträgt

$$\tau_{yz} = -\frac{2P}{\sin\vartheta_0 + \vartheta_0} \cdot \frac{r_0^2}{h r^4} z.$$

Sie verschwindet an der Symmetrielinie und wächst mit dem Abstand z von der Symmetrielinie, so daß sie an den Kanten des Keiles den maximalen Wert

$$(\tau_{yz})\max = -\frac{2P}{\sin\vartheta_0 + \vartheta_0} \cdot \frac{1}{h r_0} \cdot \sin\frac{\vartheta_0}{2} \cdot \cos^3\frac{\vartheta_0}{2}$$

annimmt, der sich demnach von $(\sigma_y)_{\max}$ durch den Faktor $\sin\frac{\vartheta_0}{2} \cdot \cos^3\frac{\vartheta_0}{2}$ unterscheidet. Für Winkel, deren halbe Öffnungen mehr als 30° betragen, nimmt die Schubspannung gegen die Kanten wieder ab, nachdem sie den Höchstwert auf dem Strahl mit dem Winkel von 30° gegen die Symmetrielinie des Keiles angenommen hat. Wegen des Faktors r_0 im Nenner der letzten Formel gilt auch hier das gleiche wie bei der Normalspannung, nämlich daß sie längs eines Strahles durch den Scheitel des Keiles proportional mit der Entfernung vom Scheitel abnimmt.

Ganz entsprechende Betrachtungen lassen sich für den Fall, daß die Last senkrecht zur Symmetrielinie im Scheitel des Keiles angreift, anstellen. Halten wir uns zu dem Zweck an Abb. 51 und berechnen in einem Querschnitt parallel der y-Achse die Normalspannung σ_z und die Schubspannungen τ_{yz}. Durch Einsetzen der Konstanten A_2 nach Gl. (111) in die Gl. (106) ergibt sich

$$\sigma_z = \frac{2P}{\sin\vartheta_0 - \vartheta_0} \cdot \frac{r_0^2}{h r^4} y$$

$$\tau_{yz} = \frac{2P}{\sin\vartheta_0 - \vartheta_0} \cdot \frac{r_0}{h r^4} y^2.$$

Die Normalspannung hat auf den beiden Seiten der Symmetrielinie verschiedenes Vorzeichen, indem der Keil auf der mit P gleichgerichteten Seite gedrückt und auf der anderen Seite gezogen ist. Gewöhnlich pflegt man in der Festigkeitslehre in solchen Fällen wie dem vorliegenden, wenn die genaue Theorie nicht bekannt ist, ein lineares

Verteilungsgesetz für die Normalspannungen ähnlich wie bei einem auf Biegung beanspruchten Balken anzunehmen. Der Vergleich mit dem durch die letzten Formeln gegebenen genauen Verteilungsgesetz der Spannungen über den Querschnitt zeigt, daß der Faktor von y im Ausdruck für σ_z nicht konstant ist, wie es bei Gültigkeit des linearen Verteilungsgesetzes sein müßte. Vielmehr hat dieser Faktor seinen größten Wert für $r = r_0$ und nimmt mit wachsendem r, d. h. mit Annäherung an die Kanten ab. Gegenüber einer linearen Verteilung der Normalspannung über den Querschnitt sind tatsächlich die inneren Teile des Querschnittes stärker und die äußeren schwächer beansprucht. Die absolut größte Spannung σ_z tritt an den Kanten des Keiles auf, wenigstens solange der halbe Öffnungswinkel des Keiles den Wert von 30^0 nicht überschreitet. Das gleiche gilt für die Schubspannungen, solange der halbe Öffnungswinkel des Keiles unter 45^0 bleibt. Die Kantenspannungen sind gegeben durch

$$\bar{\sigma}_z = \frac{2P}{\sin\vartheta_0 - \vartheta_0} \cdot \frac{1}{h r_0} \cdot \sin\frac{\vartheta_0}{2} \cdot \cos^3\frac{\vartheta_0}{2}$$

$$\bar{\tau}_{yz} = \frac{2P}{\sin\vartheta_0 - \vartheta_0} \cdot \frac{1}{h r_0} \cdot \sin^2\frac{\vartheta_0}{2} \cdot \cos^2\frac{\vartheta_0}{2}.$$

Der Unterschied der Kantenspannung $\bar{\sigma}_z$ gegenüber der Annahme linearer Verteilung ist bei kleinen Öffnungswinkeln unerheblich, wächst aber mit zunehmendem Öffnungswinkel stärker an.

Auch bei dem vorliegenden Belastungsfall nimmt die Normal- und Schubspannung auf einem Strahl durch den Scheitel des Keiles proportional mit dem Abstand vom Scheitel ab, so daß ganz allgemein die größten überhaupt auftretenden Spannungen in der Nähe des Scheitels zu suchen sind.

Die Lösung der Spannungsverteilung in keilförmigen Körpern hat auf einem anderen Weg P. Fillunger gegeben, Zeitschrift für Math. u. Phys., 59. Band, 1911.

Es liegt nahe, die bisher gewonnenen Resultate zu verallgemeinern und mit Hilfe des Verfahrens der komplexen Integration die Spannungsverteilung in irgendwie begrenzten, eben ausgedehnten Körpern, die am Rand ein gegebenes Lastensystem tragen, aufzusuchen. So z. B. könnte man nach dem Spannungszustand in einem unendlich ausgedehnten Streifen fragen, wie er durch Abb. 52 wiedergegeben ist, und der etwa an einer Stelle eine äußere Last P trägt. Würde

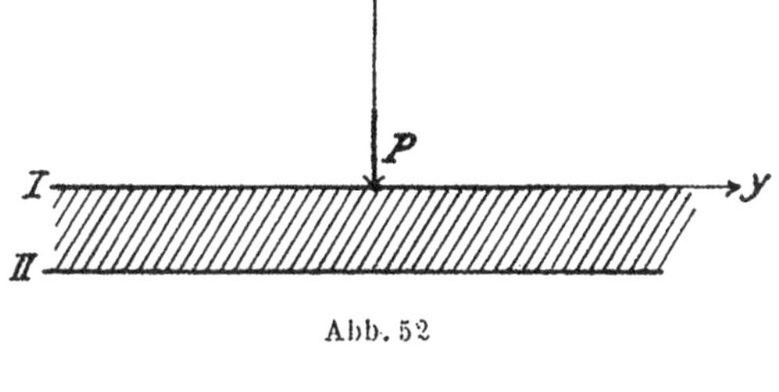

Abb. 52

man die Gl. (106) für die Spannungen in der unendlichen Halbebene anwenden, so würden an der Grenze II des Streifens Spannungen auftreten, die bei dem Fehlen äußerer Kräfte nicht der Wirklichkeit entsprechen würden. Bringt man längs der Grenze II als äußere Lasten die mit dem umgekehrten Vorzeichen genommenen Spannungen an, so erhält man durch Superposition beider Spannungsverteilungen einen Spannungszustand, der die Grenzbedingungen an der Grenze II erfüllt. Dagegen wird durch das Lastensystem längs der Grenze II die Grenzbedingung an der Grenze I nicht mehr erfüllt sein. Man wird versuchen, diese Aufgabe durch Spiegelung an den Grenzen zu lösen. Jedoch soll hier nicht näher darauf eingegangen werden. Wir behalten uns vor, an anderer Stelle darauf zurückzukommen.

§ 48. Airysche Spannungsfunktion in Polarkoordinaten.

Statt die Verschiebungs- und Spannungsgrößen eines ebenen Spannungszustandes durch die rechtwinkeligen Koordinaten y und z zu bestimmen, erscheint es bei vielen Aufgaben zweckmäßig, Polarkoordinaten r und φ einzuführen, wie es auch schon bisher in einzelnen Fällen geschehen ist. Faßt man die Airysche Spannungsfunktion F als Funktion von Polarkoordinaten auf, so ist $\nabla^2 F$ nach § 26 Gl. (86) gegeben durch

$$\nabla^2 F = \frac{\partial^2 F}{\partial r^2} + \frac{1}{r^2}\frac{\partial^2 F}{\partial \varphi^2} + \frac{1}{r}\frac{\partial F}{\partial r}.$$

Da $\nabla^2 F$ gleich der Summe der beiden Normalspannungen in jedem Punkt ist, so können wir setzen

$$\nabla^2 F = \sigma_y + \sigma_z = \sigma_r + \sigma_t,$$

wenn mit σ_r die Normalspannungen in Richtung des Radius r und mit σ_t die senkrecht dazu stehende Normalspannung bezeichnet wird. Da durch Drehung des yz-Koordinatensystems die Richtung von y mit der von r in dem betrachteten Punkt zur Deckung gebracht werden kann, so folgt wegen der Gl. (8) in Verbindung mit dem Ausdruck für $\nabla^2 F$ für Polarkoordinaten:

$$\left.\begin{aligned} \sigma_r &= C\left(\frac{1}{r^2}\frac{\partial^2 F}{\partial \varphi^2} + \frac{1}{r}\frac{\partial F}{\partial r}\right) \\ \sigma_t &= C\,\frac{\partial^2 F}{\partial r^2} \\ \tau &= -C\,\frac{\partial}{\partial r}\left(\frac{1}{r}\frac{\partial F}{\partial \varphi}\right) \end{aligned}\right| \quad . \quad . \quad . \quad . \quad . \quad (112)$$

Dabei ist die Schubspannung τ_{rt}, die in den rechtwinkeligen Schnitten des Polarkoordinatensystems übertragen wird, abkürzend mit τ bezeichnet. Das Eigengewicht ist in den vorliegenden Formeln vernachlässigt. Die Konstante C in den Gl. (112) ist unwesentlich und kann auch gleich Eins gesetzt werden.

Die Differentialgleichung (14) für die Airysche Spannungsfunktion, die man auch schreiben kann

$$\nabla^2 \nabla^2 F = 0,$$

nimmt demnach in Polarkoordinaten die Form an

$$\left(\frac{\partial^2}{\partial r^2} + \frac{1}{r^2}\frac{\partial^2}{\partial \varphi^2} + \frac{1}{r}\frac{\partial}{\partial r}\right)\left(\frac{\partial^2 F}{\partial r^2} + \frac{1}{r^2}\frac{\partial^2 F}{\partial \varphi^2} + \frac{1}{r}\frac{\partial F}{\partial r}\right) = 0. \quad (113)$$

Diese Differentialgleichung vereinfacht sich sehr, wenn aus Symmetriegründen der Spannungszustand von φ unabhängig ist, und damit die Airysche Spannungsfunktion nur von r abhängt. Diese Vereinfachung tritt bei zahlreichen praktischen Aufgaben ein. Die Gl. (113) lautet dann

$$\left(\frac{d^2}{d r^2} + \frac{1}{r}\frac{d}{d r}\right)\left(\frac{d^2 F}{d r^2} + \frac{1}{r}\frac{d F}{d r}\right) = 0. \quad . \quad . \quad . \quad (114)$$

Diese gewöhnliche Differentialgleichung vierter Ordnung besitzt ein allgemeines Integral, das sich in geschlossener Form folgendermaßen darstellen läßt:

$$F = c_0 + c_1 \lg r + c_2 r^2 + c_3 r^2 \lg r. \quad . \quad . \quad . \quad . \quad (115)$$

Durch Einsetzen in die Differentialgleichung überzeugt man sich leicht von der Richtigkeit dieser Lösung, die wegen der vier willkürlich wählbaren Konstanten c_0, c_1, c_2 und c_3 das allgemeine Integral der Differentialgleichung darstellt.

Die zugehörigen Spannungen werden daraus nach den Gl. (112) gewonnen:

$$\left.\begin{aligned} \sigma_r &= C\,\frac{1}{r}\frac{dF}{dr} = C\left(2c_2 + c_3 + \frac{c_1}{r^2} + 2c_3 \lg r\right) \\ \sigma_t &= C\,\frac{d^2 F}{d r^2} = C\left(2c_2 + 3c_3 - \frac{c_1}{r^2} + 2c_3 \lg r\right) \\ \tau &= 0 \end{aligned}\right\} \quad . \quad . \quad (116)$$

Da die Schubspannung in den Schnittlinien des Koordinatensystems überall Null ist, so sind σ_r und σ_t Hauptspannungen, wie auch aus Symmetriegründen zu erwarten war. — In den folgenden Paragraphen werden wir verschiedene Anwendungen der gefundenen Lösung behandeln.

§ 49. Die reine Biegung des krummen Stabes.

Ein Stab von stark gekrümmter Mittellinie soll im spannungslosen Zustand einen Breitschnitt von der Gestalt eines Kreisringsektors, wie er durch Abb. 53 dargestellt wird, besitzen. Die überall konstante Dicke des Stabes sei gering, so daß der Stab als Scheibe aufgefaßt werden darf. An den beiden Endquerschnitten sei der Stab durch Momente M, wie sie in Abb. 53 eingezeichnet sind, belastet. Der dadurch im Stab hervorgerufene Spannungszustand ist unter Benützung eines Polarkoordinatensystems mit 0 als Pol aus Symmetriegründen vom Winkel φ unabhängig, so daß die Spannungskomponenten in den Gl. (116) enthalten sind. Es erübrigt sich nur, die in den Gl. (116) auftretenden Konstanten den vorgegebenen Grenzbedingungen anzupassen.

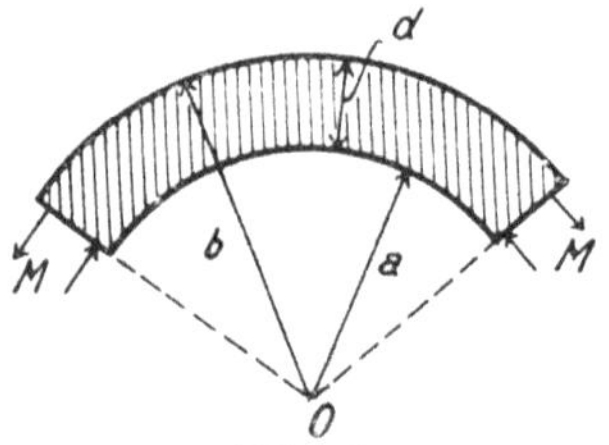

Abb. 53.

Da auf den kreisförmigen Begrenzungsflächen des Stabes äußere Lasten fehlen, so muß σ_r für $r = a$ und $r = b$ verschwinden. Daraus gehen die beiden folgenden Bedingungsgleichungen für die Konstanten hervor:

$$\left.\begin{aligned} 2\,c_2 + c_3 + \frac{c_1}{a^2} + 2\,c_3 \lg a = 0 \\ 2\,c_2 + c_3 + \frac{c_1}{b^2} + 2\,c_3 \lg b = 0 \end{aligned}\right\} \quad . \quad . \quad . \quad . \quad . \quad (117)$$

Damit sind von den drei verfügbaren Konstanten zwei festgelegt, während die dritte aus den Grenzbedingungen an den radialen Begrenzungen des Stabes folgt. Hier müssen die Spannungen σ_t, die sich nach der zweiten der Gl. (116) berechnen lassen, mit dem äußeren Moment M im Gleichgewicht stehen. Daß die Spannungen σ_t in den Endquerschnitten keine resultierende Einzelkraft, sondern nur ein resultierendes Kräftepaar ergeben, geht durch Integration der Spannungen über den Querschnitt hervor. Nach Gl. (116) ist:

$$\int_a^b \sigma_t\, d\,r = C \int_a^b \frac{\partial^2 F}{\partial\, r^2}\, d\,r = C \left[\left(\frac{\partial F}{\partial\, r}\right)_b - \left(\frac{\partial F}{\partial\, r}\right)_a\right]$$

und wegen Gl. (117) verschwindet die rechte Seite dieser Gleichung, so daß in der Tat die Resultierende der Spannungen Null ist. Damit das resultierende Kräftepaar dem äußeren Moment M das Gleichgewicht hält, muß

$$M = \int_a^b r\, \sigma_t\, d\,r$$

sein, woraus durch Einsetzen des Wertes von σ_t aus Gl. (116) die weitere Bedingungsgleichung für die Konstanten folgt:

$$M = C\,(c_2 + c_3)\,(b^2 - a^2) - C\,c_1 \lg \frac{b}{a} + C\,c_3\,(b^2 \lg b - a^2 \lg a). \quad (118)$$

Durch Auflösen der Gl. (117) und (118) nach den Konstanten c erhält man:

$$\left.\begin{aligned} c_1 &= M \cdot \frac{4\,a^2\,b^2 \lg \dfrac{b}{a}}{C\left[(b^2-a^2)^2 - 4\,a^2\,b^2\left(\lg \dfrac{b}{a}\right)^2\right]} \\ c_2 &= M \cdot \frac{b^2 - a^2 + 2\,(b^2 \lg b - a^2 \lg a)}{C\left[(b^2-a^2)^2 - 4\,a^2\,b^2\left(\lg \dfrac{b}{a}\right)^2\right]} \\ c_3 &= M \cdot \frac{2\,(b^2 - a^2)}{C\left[(b^2-a^2)^2 - 4\,a^2\,b^2\left(\lg \dfrac{b}{a}\right)^2\right]} \end{aligned}\right\} \quad . \; . \; . \quad (119)$$

Durch Einsetzen dieser Werte der Konstanten ergeben sich die Spannungen σ_r und σ_t aus den Gl. (116) zu

$$\left.\begin{aligned} \sigma_r &= \frac{4\,M}{N}\left(-\,a^2 \lg \frac{r}{a} - b^2 \lg \frac{b}{r} + \frac{a^2\,b^2}{r^2} \lg \frac{b}{a}\right) \\ \sigma_t &= \frac{4\,M}{N}\left(b^2 - a^2 - a^2 \lg \frac{r}{a} - b^2 \lg \frac{b}{r} - \frac{a^2\,b^2}{r^2} \lg \frac{b}{a}\right) \end{aligned}\right\}, \quad (120)$$

wobei zur Abkürzung

$$N = C\left[(b^2-a^2)^2 - 4\,a^2\,b^2\left(\lg \frac{b}{a}\right)^2\right]$$

gesetzt ist.

An den Begrenzungen des Stabes, wo die Radialspannung σ_r verschwindet, nimmt die Ringspannung σ_t absolut genommen ihre größten Werte an, und zwar

$$\left.\begin{aligned} (\sigma_t)_{r=a} &= \frac{4\,M}{N}\left(b^2 - a^2 - 2\,b^2 \lg \frac{b}{a}\right) \\ (\sigma_t)_{r=b} &= \frac{4\,M}{N}\left(b^2 - a^2 - 2\,a^2 \lg \frac{b}{a}\right) \end{aligned}\right\} \quad . \; . \; . \; . \quad (121)$$

Unter der Annahme, daß sich die beiden Radien a und b nur um eine kleine Größe $d = b - a$ unterscheiden, kann man durch Einführen der ebenfalls kleinen Größe $\varepsilon = r - a$ die Werte von σ_r und σ_t entwickeln, wobei statt $\lg \frac{r}{a}$ nur die ersten Glieder der schnell konvergierenden Reihe

$$\lg \frac{r}{a} = \lg\left(1 + \frac{\varepsilon}{a}\right) = \frac{\varepsilon}{a} - \frac{1}{2}\left(\frac{\varepsilon}{a}\right)^2 + \frac{1}{3}\left(\frac{\varepsilon}{a}\right)^3 - + \ldots$$

benützt werden und ebenso für die übrigen Logarithmen. Damit ergibt sich für σ_t der angenäherte Wert

$$\sigma_t = \frac{8\,M}{N} \cdot d\,(2\,\varepsilon - d), \quad \ldots \ldots \quad (122)$$

wobei für N mit demselben Grad der Annäherung

$$N = C \cdot \frac{4}{3}\, d^4$$

zu setzen ist, so daß

$$\sigma_t = \frac{6\,M}{C\,d^2} \cdot \frac{2\,\varepsilon - d}{d} \quad \ldots \ldots \quad (123)$$

ist. Unter der Voraussetzung, daß d sehr klein ist, läßt sich demnach in erster Annäherung die Verteilung der Spannungen über den Querschnitt des gekrümmten Stabes durch Gl. (123) darstellen, die gleichzeitig die Spannungsverteilung bei einem geraden Stab von rechteckigem Querschnitt nach der üblichen Theorie der Balkenbiegung wiedergibt, wie eine einfache Umformung sofort zeigt. Wenn wir nämlich den Abstand von der neutralen Faser, die durch $\varepsilon = \frac{d}{2}$ gegeben ist, vorübergehend mit y bezeichnen, so geht Gl. (123) über in

$$\sigma_t = \frac{12\,M}{h\,d^3}\, y \quad \ldots \ldots \quad (124)$$

d. h. in die für den geraden Balken mit rechteckigem Querschnitt von der Höhe d und der Breite h aus der einfachen Theorie der Balkenbiegung bekannte Verteilung der Spannungen. Dabei ist beim Übergang von Gl. (123) zu Gl. (124) die Konstante C, die von der Airyschen Spannungsfunktion herrührt, gleich 1 gesetzt, und für die Dicke des Balkens, die bisher der Einheit gleich gesetzt worden war, die Bezeichnung h eingeführt.

Berechnet man nach Gl. (120) σ_r mit dem gleichen Grad der Annäherung, so ergibt sich der Wert Null in Übereinstimmung mit der Annahme, die der einfachen Theorie der Biegung gerader Stäbe zugrunde liegt.

Um die Spannungsverteilung im gekrümmten Stab besser anzunähern, d. h. die Abweichungen vom Geradliniengesetz zu finden, muß man bei den obigen Entwicklungen die nächst höhere Potenz der als klein zu betrachtenden Größen d und ε mit berücksichtigen. Es ändern sich dabei nur die Zähler gegenüber der ersten Entwicklung, und zwar ist das Resultat dieser Rechnung das folgende:

$$\left.\begin{aligned} \sigma_r &= -\frac{6\,M}{h\,a\,d^3}\,\varepsilon\,(d - \varepsilon) \\ \sigma_t &= \frac{6\,M}{h\,d^3}\left\{2\,\varepsilon - d - \frac{1}{3\,a}(6\,\varepsilon^2 - 6\,\varepsilon\,d + d^2)\right\} \end{aligned}\right\} \quad . \; . \quad (125)$$

Daraus entnimmt man, daß die Radialspannungen σ_r, die in erster Annäherung Null waren, sich in zweiter Annäherung nach einem parabolischen Gesetz über den Querschnitt verteilen, so daß der größte Wert auf der Mittellinie des Stabes also für $\varepsilon = \frac{d}{2}$ auftritt, während σ_r an den Kanten verschwindet. Für die Mittellinie wird

$$(\sigma_r)_{\max} = -\frac{3}{2}\frac{M}{h\,d\,a}$$

d. h. um so geringer, je weniger der Stab von einem geraden abweicht.

Der Wert von σ_t nach Gl. (125) unterscheidet sich von dem Wert nach Gl. (123) um die in der geschweiften Klammer stehenden quadratischen Glieder, die demnach die Abweichungen vom Geradliniengesetz für die Spannungen σ_t ausmachen. Setzt man für ε die Werte 0, $\frac{d}{2}$ und d ein, um sich ein Bild von der Art der Abweichung zu machen, so ergibt sich eine Zunahme der Druckspannungen und eine Abnahme der Zugspannungen im Vergleich zum Geradliniengesetz. Gegenüber der ersten Annäherung, wonach die neutrale Faser mit der Mittellinie des krummen Stabes zusammenfällt, ist die neutrale Faser in zweiter Annäherung nach der Seite der Druckspannungen hin verschoben, wie man durch Einsetzen von $\varepsilon = \frac{d}{2}$ in den Wert von σ_t feststellen kann. Die Kantenspannungen berechnen sich aus σ_t nach Gl. (125) durch Einsetzen von $\varepsilon = 0$ bzw. $\varepsilon = d$ zu

$$\left.\begin{aligned}(\sigma_t)_{r=a} &= -\frac{6\,M}{h\,d^2}\left(1+\frac{d}{3\,a}\right)\\ (\sigma_t)_{r=b} &= \frac{6\,M}{h\,d^2}\left(1-\frac{d}{3\,a}\right)\end{aligned}\right\} \quad . \quad . \quad . \quad . \quad (126)$$

Die Lösung ist um so genauer, je kleiner die Höhe d des Stabes im Vergleich zum Krümmungsradius a ist, so daß bei Stäben von gleicher Höhe d und verschiedenem Krümmungsradius die Lösung für die flachen Stäbe genauer als für die stärker gekrümmten ist.

An den Enden des Stabes, wo die äußeren Momente angreifen, wird die errechnete Spannungsverteilung mit der wirklichen nur in rohen Zügen übereinstimmen, da das äußere Moment M im allgemeinen nicht so angreifen wird, wie es die Spannungsverteilung σ_t in den Endquerschnitten nach unseren Formeln verlangen würde. Da aber die berechnete Spannungsverteilung an den Endquerschnitten den statischen Bedingungen der Aufgabe genügt, so darf nach dem St. Venantschen Prinzip in einigem Abstand von den Endquerschnitten die berechnete Spannungsverteilung als richtig angesehen werden. Für sehr kurze krumme Stäbe wird dagegen der Einfluß der Endquerschnitte selbst in der Mitte des Stabes noch bemerkbar sein, so daß für solche Stäbe bei Anwendung der obigen Entwicklungen Vorsicht geboten ist.

Ferner ist zu beachten, daß $\sigma_r + \sigma_t$, wie aus den Gl. (120) hervorgeht, keine Konstante, sondern mit r veränderlich ist, so daß der hier vorausgesetzte ebene Spannungszustand nicht zugleich einen ebenen Formänderungszustand darstellt. Es treten Verschiebungen in Richtung senkrecht zur Scheibenebene auf, und zwar so, daß an Stelle der ursprünglich konstanten Dicke eine Scheibe von veränderlicher Dicke entsteht, die mit wachsendem Radius r abnimmt. In Formeln läßt sich diese Abhängigkeit der Dicke vom Radius darstellen, indem man den Wert von $\sigma_r + \sigma_t$ nach Gl. (120) in die mit Gl. (30) § 41 gleichbedeutende Gleichung

$$\frac{\partial \xi}{\partial x} = -\frac{1}{2G(m+1)}(\sigma_r + \sigma_t)$$

einsetzt. Dabei bedeutet x die Koordinate senkrecht zur Scheibe und ξ die entsprechende Verschiebungskomponente.

Es ist noch die bei der gewöhnlichen Theorie der Biegung krummer Stäbe vorausgesetzte Annahme zu prüfen, daß die Querschnitte bei der Verbiegung eben bleiben. Bei der reinen Biegung des Kreisringsektors, die wir hier betrachten, bleiben die Querschnitte in der Tat eben, wie aus Symmetriegründen hervorgeht, denn würden wir annehmen, der ursprünglich ebene Querschnitt würde bei der Biegung des Stabes in eine krumme Fläche übergehen, so müßte dies in der gleichen Weise für jeden Querschnitt des Stabes gelten, da der Spannungszustand und damit auch der Formänderungszustand nur von r und nicht von φ abhängt. Die Abweichungen der krummen Fläche von der Ebene müßten aber aus Symmetriegründen ebenso groß nach der einen wie nach der anderen Seite dieser Ebene sein, d. h. sie müssen überhaupt verschwinden. Dieselbe Überlegung bleibt auch noch bestehen, wenn die äußere und innere kreisförmige Begrenzung des Kreissektors gleichmäßig verteilte Lasten tragen. Dagegen gilt sie nicht mehr, sobald hinsichtlich der Form des krummen Stabes oder seiner Belastung irgendeine Unsymmetrie besteht, so daß die Spannungen und Formänderungen nicht mehr unabhängig von φ sind. So z. B. ist bei Berechnung der Festigkeit von Haken diese Annahme vom strengen Standpunkt aus nicht berechtigt; dagegen dürfte sie keinen größeren Fehler bedeuten als die bei technischen Festigkeitsberechnungen gewöhnlich gleichzeitig zugrunde gelegte hyperbolische Verteilung der Spannungen σ_t über den Querschnitt.

§ 50. Allgemeinere Lösungen der Gleichung für die Spannungsfunktion im Ringsektor.

Die Differentialgleichung (113) für die Airysche Spannungsfunktion F in Polarkoordinaten wurde bisher nur unter der Voraussetzung angewandt, daß F nur vom Radius r abhängig und unabhängig vom Winkel φ sei. Die Gl. (116) gaben uns die allgemeinen Lösungen für die Werte der Spannungen unter dieser Voraussetzung. Wir wollen nun versuchen, einfache Lösungen der Gl. (113) zu finden, die auch von φ abhängig sind, um mit deren Hilfe allgemeinere Lösungen aufzubauen.

Zu diesem Zweck setzen wir

$$F = A \sin n\varphi \quad . \quad . \quad . \quad . \quad . \quad . \quad . \quad . \quad (127)$$

wobei A eine Funktion von r allein und n irgendeine positive ganze Zahl bedeuten soll. Durch Einsetzen dieses Ansatzes für F in Gl. (113) findet man zunächst

$$\frac{\partial^2 F}{\partial r^2} + \frac{1}{r^2}\frac{\partial^2 F}{\partial \varphi^2} + \frac{1}{r}\frac{\partial F}{\partial r} = \sin n\varphi \left(\frac{d^2 A}{d r^2} - \frac{n^2}{r^2} A + \frac{1}{r}\frac{d A}{d r}\right)$$

und durch nochmalige Anwendung dieser Differentialregel:

$$\sin n\varphi \left(\frac{d^2}{d r^2} - \frac{n^2}{r^2} + \frac{1}{r}\frac{d}{d r}\right)^2 A = 0,$$

so daß A der gewöhnlichen Differentialgleichung

$$\left(\frac{d^2}{d r^2} - \frac{n^2}{r^2} + \frac{1}{r}\frac{d}{d r}\right)^2 A = 0$$

genügen muß. Die allgemeine Lösung dieser Differentialgleichung läßt sich angeben. Wir suchen zu dem Zweck zuerst die Lösung der einfacheren Differentialgleichung

$$\left(\frac{d^2}{d r^2} - \frac{n^2}{r^2} + \frac{1}{r}\frac{d}{d r}\right) B = 0,$$

die gegeben ist durch

$$B = \alpha_1 r^n + \beta_1 r^{-n},$$

wobei α_1 und β_1 Integrationskonstante bezeichnen. Demnach muß A der Differentialgleichung

$$\left(\frac{d^2}{d r^2} - \frac{n^2}{r^2} + \frac{1}{r}\frac{d}{d r}\right) A = \alpha_1 r^n + \beta_1 r^{-n}$$

genügen. Auch die Lösung dieser Differentialgleichung bildet eine Summe von Potenzen von r. Solange n mindestens gleich 2 ist, lautet sie:

$$A = \alpha r^{n+2} + \beta r^{n-2} + \gamma r^n + \delta r^{-n}. \quad . \quad . \quad . \quad . \quad (128)$$

Darin sind α, β, γ und δ Konstante, auf deren Zusammenhang mit den obigen Integrationskonstanten α_1 und β_1 hier nicht näher eingegangen zu werden braucht.

Eine Ausnahme bildet nur der Fall $n = 1$, da in diesem Fall die Faktoren von β und δ in Gl. (128) einander gleich werden, so daß die Lösung in diesem Fall nur drei willkürliche Konstante enthalten würde. Um die allgemeine Lösung für $n = 1$ zu finden, ist daher noch ein weiteres partikuläres Integral erforderlich, das durch $r \cdot \lg r$ gegeben ist, so daß das allgemeine Integral für $n = 1$ lautet:

$$A = \alpha r^3 + \beta r \lg r + \gamma r + \delta r^{-1}. \quad . \quad . \quad . \quad . \quad (129)$$

Die Airysche Spannungsfunktion ist nach Gl. (127) für jedes ganze positive n, das größer als 1 ist,

$$F = (\alpha r^{n+2} + \beta r^{n-2} + \gamma r^n + \delta r^{-n}) \sin n\varphi \quad . \quad . \quad . \quad (130)$$

und für den Fall $n = 1$:

$$F = (\alpha r^3 + \beta r \lg r + \gamma r + \delta r^{-1}) \sin \varphi. \quad . \quad . \quad . \quad (131)$$

Aus den gewonnenen partikulären Integralen der Differentialgleichung (113) lassen sich allgemeinere durch Summation solcher partikulärer Lösungen gewinnen. Zu dem Zweck schreiben wir statt Gl. (127)

$$F_n = A_n \sin n\varphi,$$

wobei statt A_n der Ausdruck für A nach Gl. (128) bzw. (129) und statt F_n der für F nach Gl. (130) bzw. (131) zu denken ist. Da man statt $\sin n\varphi$ auch $\cos n\varphi$ schreiben kann, ohne daß sich in den vorhergehenden Entwicklungen etwas ändern würde, so läßt sich eine allgemeinere Lösung von Gl. (113) durch die Summe über die Einzellösungen in folgender Form darstellen

$$F = c_0 + c_1 \lg r + c_2 r^2 + c_3 r^2 \lg r + \Sigma\,(A_n \sin n\varphi + B_n \cos n\varphi), \quad (132)$$

wobei für B_n die gleichen Formeln (128) und (129) gelten wie für A_n und außerdem der Wert der allgemeinen, von φ unabhängigen Spannungsfunktion nach Gl. (115) hinzugefügt worden ist. Erstreckt man die Summe in Gl. (132) über unendlich viele Glieder, so kann man damit die Spannungsfunktion des Kreisringes bei beliebig vorgegebener Belastung der kreisförmigen und radialen Begrenzungen gewinnen. Es ist zu dem Zweck nur nötig, die an der äußeren und inneren Begrenzung gegebenen Normal- und Tangentialkräfte als Funktion von φ nach dem Fourierschen Lehrsatz zu entwickeln. Durch Einsetzen der Airyschen Spannungsfunktion nach Gl. (132) in die Gl. (112) zur Bestimmung der Spannungskomponenten erhält man für die kreisförmigen Begrenzungen bestimmte Werte für σ_r und τ, die mit den äußeren Lasten im Gleichgewicht stehen müssen. Aus dieser Bedingung bestimmen sich die in den A_n und B_n von Gl. (132) enthaltenen Koeffizienten α, β, γ und δ eindeutig. Entsprechendes gilt für die äußeren Lasten der radialen Begrenzungen des krummen Stabes, die durch die allgemeinen Gleichgewichtsbedingungen mit den übrigen äußeren Kräften in Beziehungen stehen.

Wichtiger als diese allgemeinen Lösungen, die wir soeben angegeben haben, sind einfachere, die zu bestimmten Belastungen des Kreisringes gehören. Eine besonders einfache Lösung erhält man unter Zugrundelegen der Spannungsfunktion nach Gl. (131). Damit ergeben sich die Spannungskomponenten nach Gl. (112) zu

$$\left.\begin{aligned} \sigma_r &= \frac{1}{r^2}\frac{\partial^2 F}{\partial \varphi^2} + \frac{1}{r}\frac{\partial F}{\partial r} = \sin\varphi\left(2\,a\,r + \frac{\beta}{r} - \frac{2\,\delta}{r^3}\right) \\ \sigma_t &= \frac{\partial^2 F}{\partial \varphi^2} = \sin\varphi\left(6\,a\,r + \frac{\beta}{r} + \frac{2\,\delta}{r^3}\right) \\ \tau &= -\frac{\partial}{\partial r}\left(\frac{1}{r}\frac{\partial F}{\partial \varphi}\right) = -\cos\varphi\left(2\,a\,r + \frac{\beta}{r} - \frac{2\,\delta}{r^3}\right) \end{aligned}\right\} \quad . \quad . \quad (133)$$

Da der Faktor von $\sin\varphi$ in σ_r der gleiche ist wie der Faktor von $-\cos\varphi$ im Ausdruck für τ, so erhält man durch Nullsetzen dieses Faktors an den kreisförmigen Begrenzungen $r = a$ und $r = b$ die Beanspruchung eines krummen Balkens, dessen gekrümmte Seitenflächen unbelastet sind. Im Gegensatz zu dem im vorigen Paragraphen untersuchten Fall handelt es sich jetzt aber nicht mehr um die reine Biegung des Balkens. Nehmen wir z. B. an, daß der Kreisringsektor einen Quadranten von $\varphi = 0$ bis $\varphi = \frac{\pi}{2}$ umspannt, so treten im Querschnitt $\varphi = 0$ Schubspannungen τ und keine Normalspannungen σ_t auf, während im Querschnitt $\varphi = \frac{\pi}{2}$ die Schubspannungen verschwinden, dagegen Normalspannungen bestehen, die sich zu einer Resultierenden und einem resultierenden Kräftepaar vereinigen lassen, die mit der Resultierenden der Schubspannungen im ersten Querschnitt im Gleichgewicht stehen.

In Formeln drückt sich das Fehlen äußerer Kräfte an den kreisförmigen Begrenzungen durch die Gleichungen

$$2\,a\,a + \frac{\beta}{a} - \frac{2\,\delta}{a^3} = 0$$

$$2\,a\,b + \frac{\beta}{b} - \frac{2\,\delta}{b^3} = 0$$

aus, wofür man auch schreiben kann

$$\left.\begin{aligned} \frac{\delta}{a} &= -\,a^2\,b^2 \\ \frac{\beta}{a} &= -\,2\,(a^2 + b^2) \end{aligned}\right\} \quad . \quad . \quad . \quad . \quad . \quad . \quad . \quad (134)$$

Damit lassen sich die Gl. (133) folgendermaßen schreiben:

$$\left.\begin{aligned}\sigma_r &= 2\sin\varphi\cdot\alpha\left(r-\frac{a^2+b^2}{r}+\frac{a^2b^2}{r^3}\right)\\ \sigma_t &= 2\sin\varphi\cdot\alpha\left(3r-\frac{a^2+b^2}{r}-\frac{a^2b^2}{r^3}\right)\\ \tau &= -2\cos\varphi\cdot\alpha\left(r-\frac{a^2+b^2}{r}+\frac{a^2b^2}{r^3}\right)\end{aligned}\right\}\quad .\;.\;.\quad (135)$$

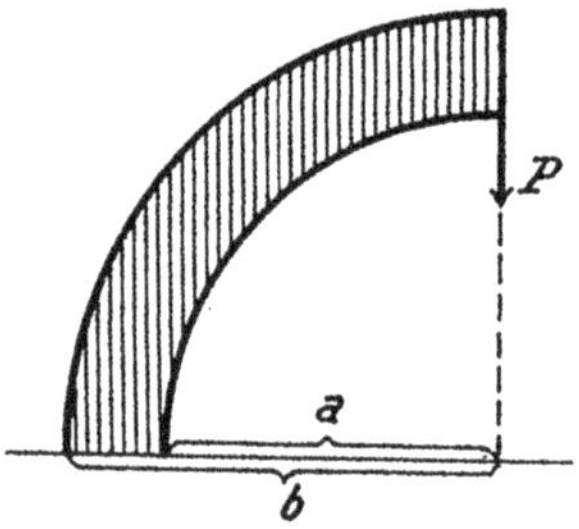

Abb. 54.

Ein solcher Spannungszustand bildet sich in einem Kreisring aus, der nach Art eines Kranes, wie in Abb. 54 angegeben, am äußeren Endes, das durch $\varphi = 0$ bestimmt sein soll, eine Last P trägt, während er an dem anderen Endquerschnitt fest mit einer horizontalen Ebene verbunden ist. Die Größe von P drückt sich in den Formeln (135) durch den Wert α aus, indem für $\varphi = 0$

$$\int_a^b \tau\, dr = P$$

zu setzen ist. Daraus berechnet sich

$$\alpha = \frac{P}{2\left(a^2 - b^2 + (a^2+b^2)\lg\frac{b}{a}\right)}.\quad .\;.\;.\;.\quad (136)$$

Schon in diesem verhältnismäßig sehr einfachen Belastungsfall bleiben die Querschnitte des Balkens nicht mehr eben, da nach Gl. (135) in diesen Schnitten vom Radius r abhängige Schubspannungen τ auftreten, die eine Verbiegung der ursprünglich ebenen Querschnitte hervorrufen.

Es lassen sich noch leicht ähnliche einfache Belastungsfälle angeben, die mit entsprechenden einfachen mathematischen Hilfsmitteln sich erledigen lassen, worauf aber hier nicht näher eingegangen werden soll. Durch Übereinanderlagerung solcher Lösungen erhält man neue Lösungen mit anderen Grenzbedingungen.

§ 51. Der volle Ring.

Für den Fall, daß der in den beiden vorhergehenden Paragraphen zugrunde gelegte Kreisringsektor den ganzen Umfang von 2π umspannt, können die dortigen Entwicklungen selbstverständlich vollständig übernommen werden. Wir haben es dann aber noch nicht mit dem vollen Ring zu tun, sondern mit dem aufgeschnittenen Kreisring. Beim vollen Ring kommen für den Angriff der äußeren Kräfte nur die beiden kreiszylindrischen Begrenzungen in Betracht. Für die Technik sind diese Untersuchungen hauptsächlich bei der Berechnung der Spannungen in einem Rohr von Bedeutung.

Da der volle Kreisring ein zweifach zusammenhängendes Gebiet ist, so treten zu den für den ebenen Spannungszustand allgemein gültigen Entwicklungen, die bisher stets unter der stillschweigenden Voraussetzung des einfachen Zusammenhanges der betrachteten Gebiete abgeleitet worden waren, noch gewisse Bedingungsgleichungen hinzu. Wir wollen diese Bedingungen für den vollen Kreisring nicht unter den allgemeinsten Voraussetzungen ableiten, sondern nur für den einfachsten, aber technisch wichtigsten Belastungsfall, daß das Rohr innen unter einem konstanten Druck p_a und außen gleichfalls unter einem konstanten Druck p_b steht. Da unter dieser Annahme der sich im Kreisring ausbildende Spannungszustand nur von r abhängen kann, unter der Voraussetzung, daß keine Eigenspannungen vorhanden sind oder von ihnen abgesehen werden soll, so gelten die Gl. (116) für die Spannungen. Die drei in den Gl. (116) auftretenden Konstanten müssen den Gleichungen

$$\left.\begin{aligned} C\left(2c_2 + c_3 + \frac{c_1}{a^2} + 2c_3 \lg a\right) &= -p_a \\ C\left(2c_2 + c_3 + \frac{c_1}{b^2} + 2c_3 \lg b\right) &= -p_b \end{aligned}\right\} \quad . \quad . \quad . \quad . \quad (137)$$

genügen, woraus sie sich aber nicht berechnen lassen. Zu ihrer eindeutigen Bestimmung dient eine dritte Gleichung, die aus der Bedingungsgleichung für das zweifach zusammenhängende Gebiet hervorgeht und die sich bei unserem einfachen Belastungsfall auch aus der Überlegung herleiten läßt, daß die Summe der beiden Normalspannungen $\sigma_r + \sigma_t$ überall konstant sein muß. In der Tat haben wir, wie aus den Darlegungen am Ende von § 41 hervorgeht, den dort untersuchten speziellen Spannungszustand vor uns. Aus der Bedingung

$$\sigma_r + \sigma_t = \text{const} \quad . \quad . \quad . \quad . \quad . \quad . \quad . \quad (138)$$

folgt nach den Gl. (116)

$$c_3 = 0,$$

so daß man nach den Gl. (137) erhält:

$$c_1 = \frac{a^2 b^2}{C(b^2 - a^2)}(p_b - p_a); \qquad c_2 = \frac{a^2 p_a - b^2 p_b}{2C(b^2 - a^2)},$$

womit die Gl. (116) übergehen in

$$\left.\begin{aligned} \sigma_r &= \frac{r^2(a^2 p_a - b^2 p_b) + a^2 b^2 (p_b - p_a)}{r^2(b^2 - a^2)} \\ \sigma_t &= \frac{r^2(a^2 p_a - b^2 p_b) - a^2 b^2 (p_b - p_a)}{r^2(b^2 - a^2)} \end{aligned}\right\} \quad . \quad . \quad . \quad (139)$$

Mit $p_b = 0$ und $p_a = p$ erhält man die in der Technik bekannten Formeln für die Spannungen in dickwandigen Röhren:

$$\left.\begin{aligned} \sigma_r &= \frac{r^2 - b^2}{r^2 (b^2 - a^2)} a^2 p \\ \sigma_t &= \frac{r^2 + b^2}{r^2 (b^2 - a^2)} a^2 p \end{aligned}\right\} \quad \ldots \ldots \quad (140)$$

§ 52. Spannungsverteilung in einem durchlochten oder eingekerbten Zugstab.

Eine für die Technik wichtige Frage ist die nach dem Einfluß von Unregelmäßigkeiten auf der Oberfläche oder im Innern eines Körpers auf die Spannungsverteilung, die sich unter dem Einfluß äußerer Lasten ausbildet. Für die experimentelle Untersuchung dieser Frage ist der einfachste Fall der Zugversuch mit durchlochten oder eingekerbten Stäben. Die Versuchsstäbe aus Eisen seion von rechteckigem Querschnitt und in der Mitte durchbohrt, so daß die Achse des zylindrischen Loches senkrecht zur Breitseite und zugleich zur Längsachse des Stabes steht (siehe Abb. 55). Versuche dieser Art sind von E. Preuß (Zeitschrift d. V. d. I. 1912, S. 1780) durchgeführt worden und haben zu dem Ergebnis geführt, daß die Spannung sich nicht gleichmäßig über den geschwächten Querschnitt AB verteilt, wie es der Fall wäre, wenn die Bohrung fehlen würde, sondern, daß eine starke Spannungserhöhung an den Stellen C und D (siehe Abb. 55) und eine Spannungsabnahme an den Stellen A und B gegenüber der gleichmäßigen Spannungsverteilung beobachtet wurde. Die Höchstspannung am Lochrand bei C und D ist 2,1- bis 2,3mal größer als derjenige Wert, den man bei der Annahme gleichmäßiger Verteilung der Spannung über den am meisten geschwächten Querschnitt erhalten würde. Dabei zeigte es sich, daß diese Höchstspannung von der Größe des Durchmessers CD der Bohrung im Vergleich zur Breite AB des Stabes nicht wesentlich abhängt, während die Spannung bei A und B mit wachsendem Lochdurchmesser abnimmt. Diese Ergebnisse haben nur für die rein elastischen Formänderungen Geltung. Inwiefern bei beibenden Formänderungen Abweichungen auftreten, darauf soll später noch hingewiesen werden.

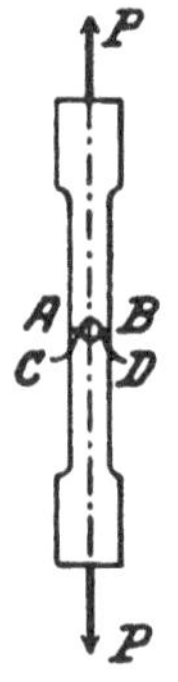

Abb. 55.

Theoretisch lassen sich die Spannungen im gelochten Zugstab unter der Voraussetzung, daß der Stab unendlich breit ist, verhältnismäßig leicht angeben. Statt des Stabes haben wir in diesem Sonderfall ein unendlich ausgedehntes gelochtes Blech, das nach einer Richtung auf Zug beansprucht wird wie vorher der Zugstab. Die Lösung dieser

Aufgabe hat der verstorbene Professor Kirsch gegeben (Zeitschrift d. V. d. I. 1898, S. 797).

Nehmen wir an, daß der Zug von der Größe p auf die Längeneinheit bezogen in Richtung der Y-Achse erfolgt, und führen wir Polar-

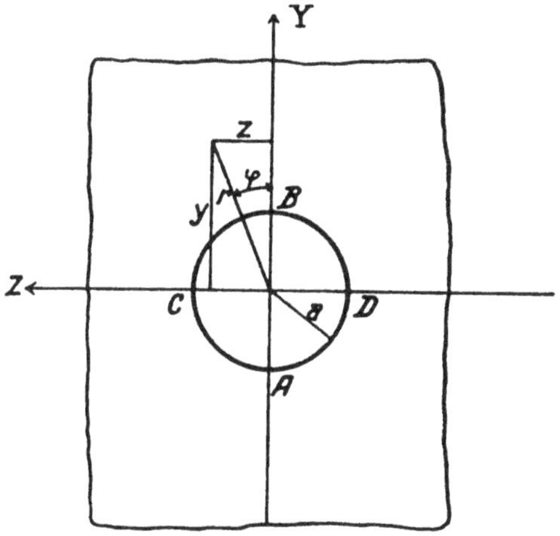

Abb. 56.

koordinaten r, φ ein, deren Pol mit dem Mittelpunkt des kreisförmigen Loches von Radius a zusammenfällt (siehe Abb. 56), so ist die Airysche Spannungsfunktion unserer Aufgabe gegeben durch

$$F = \frac{1}{4} p \left[r^2 - 2 a^2 \lg r - \frac{(r^2 - a^2)^2}{r^2} \cos 2\varphi \right] \quad . \quad . \quad (141)$$

Zum Beweis dafür, daß diese Funktion die richtige Lösung des Problems gibt, bilden wir nach den Gl. (112) die Werte für die Spannungen:

$$\left.\begin{aligned} \sigma_r &= \frac{p}{2}\left[1 - \frac{a^2}{r^2} + \left(1 - \frac{4a^2}{r^2} + \frac{3a^4}{r^4}\right)\cos 2\varphi\right] \\ \sigma_t &= \frac{p}{2}\left[1 + \frac{a^2}{r^2} - \left(1 + \frac{3a^4}{r^4}\right)\cos 2\varphi\right] \\ \tau &= \frac{p}{2}\left[-1 - \frac{2a^2}{r^2} + \frac{3a^4}{r^4}\right]\sin 2\varphi \end{aligned}\right\} \quad . \quad . \quad (142)$$

Daß die Spannungsfunktion F der Differentialgleichung (113) genügt, die man auch in dieser Form

$$\left(\frac{\partial^2}{\partial r^2} + \frac{1}{r^2}\frac{\partial^2}{\partial \varphi^2} + \frac{1}{r}\frac{\partial}{\partial r}\right)(\sigma_r + \sigma_t) = 0$$

schreiben kann, ist leicht einzusehen, wenn man in die letzte Form der Differentialgleichung den Wert von $\sigma_r + \sigma_t$ nach den Gl. (142):

$$\sigma_r + \sigma_t = p\left(1 - 2\frac{a^2}{r^2}\cos 2\varphi\right)$$

einsetzt.

Auch der Nachweis, daß die Gl. (142) die Grenzbedingungen richtig erfüllen, gestaltet sich sehr einfach. Für $r = a$ werden die Ausdrücke für σ_r und τ nach Gl. (142) zu Null, wie es sein muß, und für sehr große Werte von r im Vergleich zu a gehen die Gl. (142) über in

$$\begin{aligned}\sigma_r &= \quad p\cos^2\varphi\\ \sigma_t &= \quad p\sin^2\varphi\\ \tau &= -p\sin\varphi\cos\varphi.\end{aligned}$$

Das sind aber die Werte für die Spannungen in Polarkoordinaten eines einachsigen Spannungszustandes, wo an jeder Stelle Zug in Richtung $\varphi = 0$ von der Größe p herrscht. Damit ist der Beweis für die Richtigkeit des Ansatzes (141) für die Spannungsfunktion erbracht.

Durch Einführen der Verschiebungsgrößen η, ζ läßt sich zeigen, daß der ursprüngliche Kreis vom Radius a in eine nach der y-Achse gestreckte Ellipse übergeht.

Besonders wichtig ist der Wert der Tangentialspannung nach Gl. (142) längs des Lochrandes. Hier ergibt sich die maximale Spannung für $\varphi = \frac{\pi}{2}$, also an den Stellen C und D zu

$$\sigma_{max} = 3\,p. \qquad (143)$$

Damit ist die theoretische Erklärung für die beschriebene, experimentell gefundene starke Spannungserhöhung im gebohrten Zugstab gegeben.

A. Leon hat in mehreren Arbeiten, die in der »Österreichischen Wochenschrift für den öffentlichen Baudienst« 1908, 1909 und 1913 erschienen sind, unter anderen auch Fälle behandelt, wo im Innern des Körpers Höhlungen vorhanden sind. Solche Höhlungen bewirken gleichfalls eine beträchtliche Spannungserhöhung, deren Größe von der Art des Spannungszustandes, dem der Körper unterworfen ist, abhängt[1]).

Auf einen besonders einfachen ebenen Spannungszustand sei hier noch hingewiesen, der durch Überlagerung zweier Spannungszustände von der Art des oben betrachteten entsteht. Das gelochte unendlich

---

[1]) Der Spannungszustand in einem auf Zug oder Druck beanspruchten ausgedehnten Blech, das zwei kreisförmige Löcher enthält, ist von C. Weber in der Zeitschr. f. angew. Math. u. Mech., Band 2, 1922 S. 267 angegeben worden. Die Lösung der Spannungsaufgabe für das elliptische Loch ist gleichzeitig von Th. Pöschl in den Math. Annalen, Band 11, 1921, S. 89 und von K. Wolf in der Zeitschr. f. technische Physik, Band 2, 1921, S. 209 gefunden worden.

ausgedehnte Blech soll sowohl in Richtung der y-Achse als auch in Richtung der z-Achse gezogen sein, und zwar soll in beiden Richtungen in genügender Entfernung vom Loch die Größe des Zuges auf die Längeneinheit bezogen p betragen, so daß im Unendlichen die Spannung an jeder Stelle von der Schnittrichtung unabhängig die Größe p hat, nach Art eines Flüssigkeitsdruckes. Behält man die Bezeichnungen der Abb. 56 bei, so ergibt sich der Spannungszustand aus den Gl. (142) zu

$$\left.\begin{aligned}\sigma_r &= p\left(1-\frac{a^2}{r^2}\right)\\ \sigma_t &= p\left(1+\frac{a^2}{r^2}\right)\\ \tau &= 0\end{aligned}\right\} \quad \ldots\ldots\ldots (142\,\mathrm{a})$$

Die Tangentialspannung ist demnach an jeder Stelle im Endlichen größer als die Radialspannung und erreicht ihren Maximalwert am Lochrand $r = a$, wo

$$\sigma_t = \sigma_{max} = 2\,p$$

wird. Demnach tritt in einem ebenen Spannungszustand, bei dem die Spannung an jeder Stelle von der Schnittrichtung unabhängig ist, durch ein Loch eine Verdoppelung der Spannung gegenüber dem Spannungszustand im ungelochten Blech auf.

Für die Technik ist die Untersuchung des Einflusses von Einkerbungen an der Oberfläche eines Körpers auf die Spannungsverteilung noch wichtiger als der oben besprochene Einfluß von Löchern und Einschlüssen. Auch hier liegen Versuche von E. Preuß (Zeitschr. d. V. d. I. 1913 S. 664) über die Spannungsverteilung in gekerbten Zugstäben vor, die zeigen, daß am Kerbrand eine beträchtliche Spannungserhöhung auftritt, die ungefähr zwischen dem 1,5- bis 2,5fachen des Wertes der Spannung ist, der zu einer gleichmäßigen Verteilung über den Querschnitt gehören würde. Die starke Schwankung der maximalen Spannung rührt von dem großen Einfluß der Art der Kerbung her, indem die maximale bezogene Spannung um so größer ist, je tiefer die Kerbe und je kleiner der Halbmesser des Kerbgrundes ist. Es kann sogar der Fall eintreten, daß die maximale Spannung am Kerbrand bei verschieden dicken Stäben, die aber alle an der Einkerbstelle den gleichen Querschnitt besitzen, trotz gleicher Belastung um so größer wird, je dicker der Stab ist. Man kann sich von dieser Tatsache nach E. Preuß ein anschauliches Bild machen durch Benützung der Spannungslinien, die sich ähnlich verhalten wie Stromlinien, die sich in einem plötzlich verengten Rohr besonders an der Rohrwandung des kleinsten Querschnittes stark zusammendrängen und zu um so größeren Geschwindigkeiten führen, je stärker die Verengung im Vergleich zum normalen Querschnitt ist. Entsprechendes gilt für die Spannungslinien, die sich am Kerbgrund zusammendrängen und dadurch zu einer Spannungserhöhung Veranlassung geben, die um so größer ist, je tiefer die Kerbe im Vergleich zum normalen Querschnitt ist.

Für den Konstrukteur ist aus diesen Betrachtungen von Wichtigkeit die Erklärung für die Notwendigkeit flacher Abrundungen bei Übergängen und, soweit möglich, Vermeiden von Löchern und Einkerbungen.

Zerreißversuche, die an durchlochten Eisenstäben angestellt worden sind, stehen in einem scheinbaren Widerspruch mit den obigen Darlegungen, indem sich gezeigt hat, daß Löcher und Einkerbungen die Größe der Bruchlast nicht wesentlich beeinflussen. Der scheinbare Widerspruch löst sich, wenn man bedenkt, daß es sich bei den Zerreißversuchen um bleibende Formänderungen handelt, während bei den oben beschriebenen Versuchen und theoretischen Erklärungen nur elastische Formänderungen in Betracht gezogen worden sind, bei denen das Hookesche Gesetz angewandt werden konnte.

Beim Überschreiten der Proportionalitätsgrenze des Materials ändern sich die Verhältnisse von Grund auf. An der stärkst beanspruchten Stelle, am Lochrand, findet zuerst die Überschreitung der Proportionalitätsgrenze statt, so daß das Material an dieser Stelle zu fließen beginnt. Aus der Erfahrung zeigt sich ganz allgemein, daß sich beim Fließen des Materials der Spannungszustand ausgleicht, so daß sich bei Fortsetzung des Zugversuches im Fall des gebohrten Zugstabes schließlich die Spannung gleichmäßig über den kleinsten Querschnitt verteilt und somit die Bruchlast ungefähr die gleiche ist wie bei einem ungelochten Zugstab von gleichem Querschnitt. Unter Umständen kann sogar die Verhinderung der Einschnürung des kleinsten Querschnittes zu einer größeren Bruchlast führen, als einem Stab entspricht, dessen Querschnittfläche überall gleich der des gelochten Stabes an seiner schwächsten Stelle ist.

Wenn auch bei langsamer Steigerung der Belastung Löcher und Einkerbungen keine wesentliche Änderung der Bruchlast bewirken, so liegen die Verhältnisse ganz anders, wenn die Lasten stoßweise erfolgen, wie es bei zahlreichen Konstruktionen im Maschinenbau der Fall ist. Da die bleibenden Dehnungen fast ausschließlich in der Umgebung des kleinsten Querschnittes, wo auch der Bruch erfolgt, auftreten, wird die Arbeit der äußeren Kräfte, die zum Bruch nötig ist, durch Löcher oder Einkerbungen bedeutend herabgemindert. Verhältnismäßig kleine Stöße, die für den ungelochten Stab ganz unbedenklich sind, können beim gelochten Stab aus dem angegebenen Grund schon zum Bruch führen. Hierzu trägt noch als weiterer Umstand bei, daß in der kurzen Stoßzeit der günstige Einfluß der bleibenden Formänderung auf die Spannungsverteilung nicht in dem Maß zur Geltung kommen kann, wie bei der oben besprochenen langsamen Steigerung der Lasten.

Über den Einfluß von Kerben bei Schlagversuchen an Stäben gibt eine beachtenswerte Versuchsreihe von E. Preuß (Zeitschr. d. V. d. I. 1914, S. 701) Aufschluß. Es zeigt sich, daß eingekerbte Stäbe nur eine 10- bis 12mal geringere Zahl von Schlägen auszuhalten vermögen als die entsprechenden Stäbe ohne Einkerbungen. Die Tiefe der Kerbe macht sich auch hier in der Weise geltend, daß bei gleichbleibendem kleinsten Querschnitt und Zunahme des normalen Querschnittes die Zahl der zum Bruch führenden Schläge abnimmt.

Der Einfluß von Kerben ist auf die Festigkeit bei stoßweiser Belastung des Körpers ein derart ungünstiger, daß selbst Abnahmestempel unter Umständen die Veranlassung zum Bruch bilden können. Damit erklärt es sich auch, daß Löcher, scharfe Abrundungen oder Sprünge die Widerstandsfähigkeit gegen Stöße bedeutend herabsetzen, während sie sich bei ruhender oder langsam anwachsender Belastung kaum bemerkbar machen.

Bei beständig wechselnder Belastung des Körpers kann die maximale Spannung im Kerbgrund oder am Lochrand so groß sein, daß die Streckgrenze an dieser Stelle überschritten wird, während die übrigen Teile des Körpers noch innerhalb der Proportionalitätsgrenze belastet sind. Durch die unausgesetzt auch der Richtung nach wechselnden bleibenden Dehnungen wird das Material an der betreffenden Stelle allmählich zerstört, und es bilden sich Risse, die schließlich zum Bruch führen. Solche Fälle, wo erst nach längerem Betrieb unerwartet ein Bruch erfolgt, sind in der Technik nicht selten. Die ersten Risse treten an den Stellen auf, wo die Spannungen ihre Höchstwerte haben, deren Größe bei den Überschlagsrechnungen der Praxis häufig nicht ermittelt oder zu gering eingeschätzt werden.

§ 53. Die Walze.

Der Spannungszustand in einer Walze, die zwischen zwei parallelen Platten durch die Last P zusammengedrückt wird (siehe Abb. 57), spielt bei Walzenlagern von Brückenträgern eine große Rolle. Man kann in der Regel den Spannungszustand als einen ebenen auffassen, da die Walze gewöhnlich bedeutend länger ist als ihr Durchmesser und die Last gleichmäßig längs der oberen und unteren Erzeugenden verteilt zu denken ist. Als erster hat diese Aufgabe H. Hertz

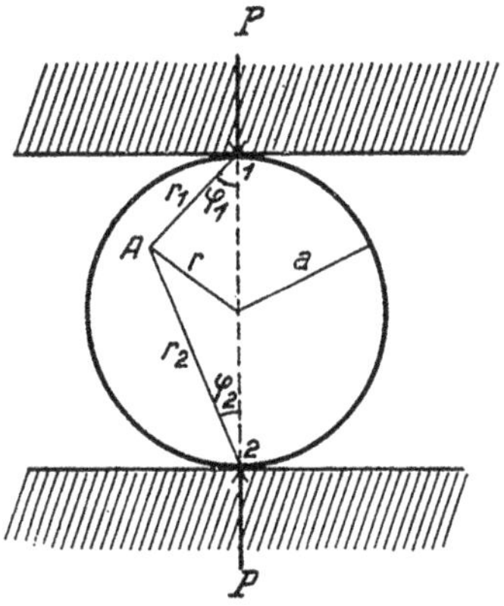

Abb. 57.

in einer kurz gefaßten Abhandlung (Zeitschr. f. Math. u. Physik Bd. 28, 1883) gelöst.

Für Punkte in der Walze, die weit genug von den Angriffsstellen der Lasten entfernt sind, kann man sich die äußeren Lasten, die in Wirklichkeit im Walzenquerschnitt betrachtet längs kleiner Linien verteilt sind, durch die Resultierende ersetzt denken, ohne daß sich dadurch der Spannungszustand wesentlich ändern würde. So sind die äußeren Kräfte P, die an der Walze angreifen, in Abb. 57 eingezeichnet. Mit den aus der Abbildung zu entnehmenden Bezeichnungen lautet die Spannungsfunktion für irgendeinen Punkt A im Innern oder auf der Oberfläche der Walze

$$F = c_1 r^2 - c_2 r_1 \varphi_1 \sin \varphi_1 - c_2 r_2 \varphi_2 \sin \varphi_2, \quad . \quad . \quad . \quad (144)$$

wobei zwischen den Konstanten c_1 und c_2 noch eine Beziehung besteht, die weiter unten abgeleitet wird. Um nachzuweisen, daß F nach Gl. (144) die Spannungsfunktion ist, die unsere Aufgabe löst, müssen wir zeigen, daß sie erstens der Differentialgleichung

$$\left(\frac{\partial^2}{\partial r^2} + \frac{1}{r}\frac{\partial}{\partial r} + \frac{1}{r^2}\frac{\partial^2}{\partial \varphi^2}\right)^2 F = 0 \quad . \quad . \quad . \quad . \quad (145\,\mathrm{a})$$

oder, was auf dasselbe hinausläuft,

$$\left(\frac{\partial^2}{\partial r^2} + \frac{1}{r}\frac{\partial}{\partial r} + \frac{1}{r^2}\frac{\partial^2}{\partial \varphi^2}\right)(\sigma_r + \sigma_t) = 0 \quad . \quad . \quad . \quad (145\,\mathrm{b})$$

genügt, und zweitens die Bedingungen am Rand richtig wiedergibt.

Das erstere läßt sich leicht nachweisen, indem man den Nachweis für jedes der drei Glieder von Gl. (144) erbringt und dabei beachtet, daß die Differentialgleichung (145a) oder (145b) von der Wahl des Polarkoordinatensystems unabhängig ist. Für das erste Glied wählt man zweckmäßig ein Koordinatensystem, dessen Pol in den Mittelpunkt der Walze fällt, während man für das zweite und dritte Glied den Pol in den Punkt 1 bzw. 2 legt. Alsdann zeigt sich leicht durch Einsetzen in die Differentialgleichung (145a), daß jedes der drei Glieder für sich genommen der Differentialgleichung genügt. Einfacher gestaltet sich noch die Rechnung, wenn man von der Differentialgleichung (145b) Gebrauch macht, da man ohnehin die Werte der Spannungen braucht, die sich aus den Gl. (112) berechnen.

Danach ist für das erste Glied der Spannungsfunktion

$$\sigma_r = 2\,c_1; \qquad \sigma_t = 2\,c_1; \qquad \tau = 0\,. \quad . \quad . \quad . \quad . \quad (146)$$

Das bedeutet, da σ_r und σ_t Hauptspannungen von gleicher Größe sind, einen Spannungszustand, bei dem an jeder Stelle und in jeder Richtung die gleiche Zugspannung herrscht, nach Art eines Flüssigkeitsdruckes, nur mit umgekehrten Vorzeichen.

Für den Spannungszustand, der zum zweiten Glied im Ausdruck für die Spannungsfunktion (144) gehört, ergibt sich

$$\sigma_{r_1} = -2\,c_2\,\frac{\cos\varphi_1}{r_1}; \qquad \sigma_{t_1} = 0; \qquad \tau_{r_1 t_1} = 0, \quad . \quad . \quad (147)$$

d. h. in jedem Punkt eine in Richtung des Radiusvektors zum Pol 1 verlaufende Druckspannung nach Art der in § 47 besprochenen Spannungsverteilung, die sich in der unendlichen Halbebene unter der Wirkung einer Einzellast ausbildet. Das gleiche gilt für den durch das dritte Glied in der Spannungsfunktion dargestellten Spannungszustand; man braucht nur den Pol des Koordinatensystems in den Angriffspunkt der Last 2 zu legen und findet dann

$$\sigma_{r_2} = -2\,c_2\,\frac{\cos\varphi_2}{r_2}; \qquad \sigma_{t_2} = 0; \qquad \tau_{r_2 t_2} = 0. \quad . \quad . \quad (148)$$

Um zu zeigen, daß die Randbedingungen durch den gewählten Ansatz (144) für die Spannungsfunktion befriedigt werden, muß die Resultierende aus den durch die Gl. (146), (147) und (148) gegebenen Spannungen an der Oberfläche der Walze verschwinden.

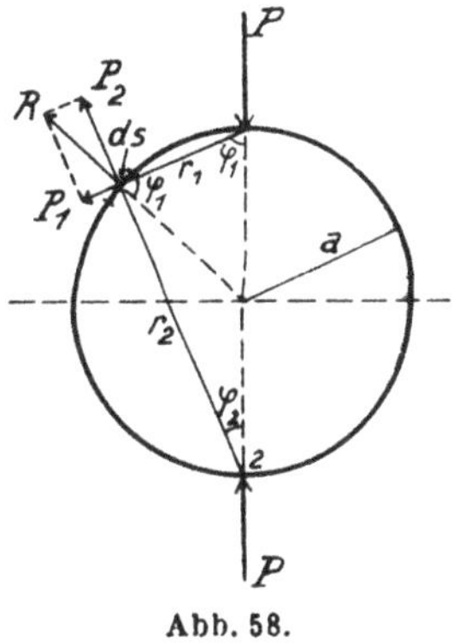

Abb. 58.

Steht das Längenelement ds nicht senkrecht zur Verbindungslinie mit dem Pol 1, so ergibt sich die bezogene Druckspannung aus dem Wert von σ_{r_1} nach Gl. (147) durch Multiplikation mit dem Kosinus des Winkels, den die Normale zum Linienelement mit der Richtung zum Pol 1 einschließt. Das gleiche gilt für den Pol 2. Liegt insbesondere das Linienelement auf dem Umfang des Kreises, für dessen Punkte die Beziehungen

$$r_1 = 2\,a\cos\varphi_1$$
$$r_2 = 2\,a\cos\varphi_2$$

gelten, so ist (siehe Abb. 58)

$$P_1 = 2\,c_2\,\frac{\cos^2\varphi_1}{r_1} = \frac{c_2 r_1}{2\,a^2}; \qquad P_2 = 2\,c_2\,\frac{\cos^2\varphi_2}{r_2} = \frac{c_2 r_2}{2\,a^2}.$$

Die Resultierende R ist

$$R = \sqrt{\left(\frac{c_2 r_1}{2\,a^2}\right)^2 + \left(\frac{c_2 r_2}{2\,a^2}\right)^2} = \frac{c_2}{a},$$

und zwar eine Druckspannung, während nach Gl. (146) auf ds eine Zugspannung von der Größe $2c_1$ entfällt. Da an der Oberfläche keine

Normalspannungen auftreten dürfen, so gilt folgende schon oben angekündigte Beziehung zwischen den Konstanten c_1 und c_2:

$$\frac{c_2}{a} = 2\,c_1. \qquad (149)$$

Schreiben wir noch c an Stelle von c_2 in Gl. (144), so lautet die Spannungsfunktion

$$F = c\left(\frac{r^2}{2\,a} - r_1\varphi_1 \sin\varphi_1 - r_2\varphi_2 \sin\varphi_2\right). \qquad (150)$$

Ganz entsprechend wie eben die Resultierende der beiden Spannungen (147) und (148) am Rand der Walze bestimmt sich ihre Resultierende längs eines horizontalen Durchmessers auf die Längeneinheit bezogen zu

$$\frac{4\,c}{a}\cos^4\varphi_1,$$

so daß die Druckspannung, die an jeder Stelle des horizontalen Querschnittes übertragen wird, gleich ist

$$\sigma = \frac{c}{a}(1 - 4\cos^4\varphi_1) \qquad (151)$$

oder im Abstand y vom Mittelpunkt ausgedrückt:

$$\sigma = \frac{c}{a}\left(1 - \frac{4\,a^4}{(a^2 + y^2)^2}\right). \qquad (152)$$

Sie ist am größten im Mittelpunkt der Walze und nimmt gegen den Rand zu ab. Durch Integration über den ganzen Querschnitt ergibt sich der Wert $-\pi c$, wobei das negative Vorzeichen wegen des negativen Wertes von σ zu stehen kommt. Anderseits ist aber dieser Wert dem von der äußeren Last P herrührenden Druck gleich, also

$$\frac{P}{l} = \pi c \text{ oder } c = \frac{P}{l\pi}, \qquad (153)$$

wenn mit l die Länge der Walze bezeichnet wird.

In Gl. (152) eingesetzt ergibt sich

$$\sigma = \frac{P}{a\,l\pi}\left(1 - \frac{4\,a^4}{(a^2 + y^2)^2}\right). \qquad (154)$$

und der maximale Druck σ_0 in der Mitte ist

$$\sigma_0 = -\frac{3\,P}{a\,l\pi},$$

also $\frac{6}{\pi}$ mal so groß, als wenn die Last $\frac{P}{l}$ gleichmäßig über den Querschnitt verteilt wäre.

In gleicher Weise wie soeben für die Spannungen längs des horizontalen Durchmessers der Walze gezeigt wurde, läßt sich die Spannung, die an einem im Innern der Walze beliebig orientierten Längenelement ds übertragen wird, durch geometrische Addition der drei Einzelspannungen bestimmen. Dabei ist Voraussetzung, daß der betrachtete Punkt weit genug von den Angriffsstellen der Lasten entfernt ist. In der Nähe der Lasten, die auf der sog. Druckfläche wirken, ändern sich die Verhältnisse, da es hier nicht mehr zulässig ist, die äußeren Kräfte durch eine Resultierende zu ersetzen.

Der Druckfläche entspricht im Querschnitt der Walze ein kleiner Bogen, den wir zur Abkürzung als Drucklinie bezeichnen wollen. Die Drucklinie denken wir uns in kleine Elemente db zerlegt mit dem zugehörigen Druck p, so daß das Integral über die ganze Drucklinie

$$\int p\, d\, b = \frac{P}{l}$$

ist. Da pdb bei hinreichend kleinem db wieder als Einzellast aufgefaßt werden kann, so können die obigen Ausführungen dafür in Anspruch genommen werden. Insbesondere ist die Spannungsfunktion

$$F = \frac{p\, d\, b}{\pi}\left(\frac{r^2}{2\,a} - r_1\,\varphi_1 \sin\varphi_1 - r_2\,\varphi_2 \sin\varphi_2\right).$$

Durch Integration über die ganze Drucklinie erhält man daraus

$$F = \frac{1}{\pi}\int\left(\frac{r^2}{2\,a} - r_1\,\varphi_1 \sin\varphi_1 - r_2\,\varphi_2 \sin\varphi_2\right) p\, d\, b. \qquad (155)$$

Darin sind für Punkte in der unmittelbaren Nähe der Drucklinie 1 die Koordinaten r_1, φ_1 veränderlich, während r_2, φ_2 als konstant anzusehen sind, da die auf der Drucklinie 2 übertragenen äußeren Kräfte für die Punkte in der Nachbarschaft der Drucklinie 1 durch ihre Resultierende ersetzt werden können. Das Entsprechende gilt für Punkte in der Nähe der Drucklinie 2. Betrachten wir daher die Spannung, die von der Last 2 in einem in der Nähe der Drucklinie 1 befindlichen Längenelement ds herrührt, so können wir Gl. (148) dafür benützen, wenn wir darin $\varphi_2 = 0$ und $r_2 = 2a$ setzen. Wir erhalten demnach eine Druckspannung von der Größe $-\frac{c_2}{a}$, die sich gegenüber der aus dem ersten Glied der Spannungsfunktion herrührenden Zugspannung $\frac{c_2}{a}$ aufhebt. Die in dem betreffenden Längenelement übertragene Spannung rührt also nur von den in der benachbarten Drucklinie wirkenden äußeren Kräften her. Denken wir uns das Linienelement in horizontaler Lage, so setzt sich die gesamte übertragene Spannung aus lauter Einzelspannungen zusammen, die von den als Einzellasten gedachten äußeren Kräften $p\,d\,b$ herrühren und nach den früheren Entwicklungen durch

$$\frac{2\,p\,d\,b}{\pi} \cdot \frac{\cos^2 \varphi_1}{r_1}$$

gegeben sind. Da wegen des Faktors $\cos^2 \varphi_1$ nur die dem Linienelement nahe benachbarten Teile der Drucklinie wesentlich in Betracht kommen, so kann man für diese kurze Strecke p konstant annehmen, und die Strecke selbst als gerade Linie ansehen. Aus Symmetriegründen heben sich die von den Einzellasten herrührenden Schubspannungen auf, während sich die von symmetrisch zum Linienelement gelegenen Einzellasten stammenden Normalspannungen zu

$$\frac{4\,p\,d\,b}{\pi} \cdot \frac{\cos^3 \varphi_1}{r_1}$$

zusammenfassen lassen, so daß die Gesamtspannung σ_z, die im Linienelement übertragen wird, durch Integration gewonnen wird. Sie beträgt

$$\sigma_z = -\frac{4\,p}{\pi} \int_0^\infty \frac{\cos^3 \varphi_1}{r_1}\, d\,b,$$

wobei das negative Vorzeichen der Druckspannung Rechnung trägt. Durch die Substitution $\cos \varphi_1 = \frac{z}{r_1}$ und $r_1^2 = b^2 + z^2$ geht die letzte Gleichung über in

$$\sigma_z = -\frac{4\,p}{\pi} \int_0^\infty \frac{z^3}{(z^2 + b^2)^2}\, d\,b,$$

worin z bei der Integration als Konstante anzusehen ist. Die Ausführung der Integration liefert

$$\sigma_z = -p,$$

so daß damit auch die vorgeschriebenen Grenzbedingungen an der Drucklinie richtig erfüllt werden.

Um schließlich die Zusammendrückung der Walze zu finden, braucht man eine Angabe über die Größe der Drucklinie, die wir mit $2b_1$ bezeichnen wollen, in ihrer Abhängigkeit von der Last $\frac{P}{l}$, dem Radius der Walze a und der Elastizitätskonstanten E. Da die Ausbildung der Druckfläche nicht von der gesamten Zusammendrückung der Walze, sondern nur von den relativen Verschiebungen in der Nähe der Druckfläche abhängt, so läßt sich b_1 ohne die bisherigen Entwicklungen ableiten, indem man nur den Spannungs- und Formänderungszustand in unmittelbarer Nähe der gedrückten Stelle zugrunde legt. Hertz gewinnt durch einen Grenzübergang aus der elliptischen Druckfläche den Wert von b_1 für die Drucklinie der Walze zu

$$b_1 = 1{,}52 \sqrt{\frac{P\,a}{l\,E}}.$$

Gleichzeitig ergibt sich bei diesem Grenzübergang der in der Mitte der Drucklinie übertragene größte Druck

$$p_0 = 0{,}418 \sqrt{\frac{P\,E}{l\,a}}.$$

Würde man für den Druck p ein parabolisches Verteilungsgesetz längs der Drucklinie voraussetzen, das durch

$$p = \frac{p_0}{b_1^2}(b_1^2 - b^2)$$

bestimmt ist, so würde sich mit dem Hertzschen Wert von b_1 der Zahlenkoeffizient im Wert von p_0 in 0,49 abändern. Der Unterschied kommt praktisch kaum in Frage.

Die Zusammendrückung w der ganzen Walze läßt sich unter Benützung des Hertzschen Wertes für die Größe der Drucklinie berechnen, indem man die Spannungen und daraus die Verschiebungen längs des vertikalen Durchmessers der Walze berechnet und über die ganze Länge integriert. Auf die etwas langwierigen Rechnungen wollen wir hier nicht eingehen, sondern bloß das Resultat mitteilen. Die Zusammendrückung der Walze ist angenähert gegeben durch

$$w = 2\,\frac{m^2 - 1}{m^2 E} \cdot \frac{P}{l\,\pi}\left(1{,}207 + \lg \frac{a\,l\,E}{P}\right). \quad . \quad . \quad . \quad (156)$$

§ 54. Scheiben mit veränderlicher Dicke. Die rotierende Scheibe.

Bisher haben wir stets vorausgesetzt, daß die Scheiben, deren Spannungszustand wir untersuchten, von zwei parallelen Ebenen begrenzt waren. Wir wollen jetzt annehmen, daß die Dicke h der Scheibe vom Ort abhängt, also eine Funktion der beiden Koordinaten y und z ist. Denken wir uns ein kleines Parallelepiped von den Seitenlängen dy, dz und h aus der Scheibe herausgeschnitten, so sind die an der Seitenfläche, die senkrecht zur y-Achse steht, übertragenen Spannungen

$$\sigma_y\,h\,dz \text{ und } \tau_{yz}\,h\,dz.$$

Die Dicke h sei überall so klein, daß sich die Spannung nicht merklich innerhalb der Dicke der Scheibe ändert. Zur Abkürzung sei deshalb

$$\sigma_y \cdot h = s_y; \quad \sigma_z \cdot h = s_z; \quad \tau_{yz} \cdot h = t \quad . \quad . \quad . \quad . \quad (157)$$

gesetzt. Das Gleichgewicht an dem oben betrachteten Volumenelement drückt sich unter Vernachlässigung der Massenkraft durch

$$\left.\begin{aligned} \frac{\partial s_y}{\partial y} + \frac{\partial t}{\partial z} = 0 \\ \frac{\partial s_z}{\partial z} + \frac{\partial t}{\partial y} = 0 \end{aligned}\right\} \quad . \quad . \quad . \quad . \quad . \quad . \quad . \quad (158)$$

aus. Durch Einführung einer »Spannungsfunktion« in der Form

$$s_y = \frac{\partial^2 F}{\partial z^2}; \quad s_z = \frac{\partial^2 F}{\partial y^2}; \quad t = -\frac{\partial^2 F}{\partial y \partial z} \quad . \quad . \quad . \quad (159)$$

werden die Gl. (158) befriedigt. Die Differentialgleichung, der die Spannungsfunktion F genügen muß, ist verschieden, je nachdem die Dicke h der Scheibe konstant oder veränderlich ist. Um sie für den allgemeinsten Fall, daß h eine Funktion von y und z ist, abzuleiten, benützen wir die Gl. (12) § 40

$$\left(\frac{\partial^2}{\partial y^2} + \frac{\partial^2}{\partial z^2}\right)(\sigma_y + \sigma_z) = 0,$$

die für den allgemeinsten ebenen Spannungszustand gilt und ersetzen nach den Gl. (157) σ_y und σ_z durch $\frac{s_y}{h}$ bzw. $\frac{s_z}{h}$, so daß die gesuchte Differentialgleichung für F lautet

$$\left(\frac{\partial^2}{\partial y^2} + \frac{\partial^2}{\partial z^2}\right)\left(\frac{1}{h}\frac{\partial^2 F}{\partial y^2} + \frac{1}{h}\frac{\partial^2 F}{\partial z^2}\right) = 0. \quad . \quad . \quad . \quad (160)$$

Für $h = \text{const}$ geht unsere Spannungsfunktion F in die Airysche Spannungsfunktion über und entsprechend Gl. (160) in die Differentialgleichung (14) von § 40.

Als Beispiel für eine Scheibe von veränderlicher Dicke, die in der Scheibenebene beansprucht wird, wählen wir die rotierende Scheibe. Eine sehr schnell umlaufende kreisförmige Scheibe wird durch die Zentrifugalkräfte belastet. Man kann von dem Gewicht im Vergleich zu den Zentrifugalkräften dabei ganz absehen. Da die Zentrifugalkraft nur vom Radius r abhängt, bildet sich ein um den Mittelpunkt der Scheibe symmetrischer Spannungszustand aus. Bei vielen Anwendungen, wie z. B. Schleifsteinen und Schmirgelscheiben, ist die Dicke h der Scheibe als konstant anzusehen. In diesen Fällen gestaltet sich die

Rechnung ganz einfach. Wir wollen jedoch den allgemeinen Fall behandeln, daß die Dicke vom Radius zunächst beliebig abhängen soll. Ein Beispiel für solche Scheiben von veränderlicher Dicke bilden die Laufräder der Dampfturbinen; so z. B. nehmen die Laufräder der Lavalturbinen von der Nabe nach dem Kranz zu stark ab. Diese Fälle sind von den Herren Stodola (Zeitschr. d. V. d. I. 1903, S. 51) und Grübler (Zeitschr. d. V. d. I. 1897, S. 860 und 1906, S. 535) behandelt worden[1]).

Wegen der Symmetrie sind die Normalspannungen σ_r und σ_t, die zu einem in der Mittelebene der Scheibe liegenden und auf die Scheibenmitte als Pol bezogenen Polarkoordinatensystem gehören, Hauptspannungen, so daß in den radialen Schnitten sowie in den um den Pol gelegten Kreisschnitten die Schubspannungen Null sind. Wird die Masse der Volumeneinheit mit μ bezeichnet, so beträgt die Masse eines durch zwei benachbarte Radien und benachbarte konzentrische Kreise ausgeschnittenen Volumenelementes

$$\mu\, dr \cdot r\, d\varphi \cdot h$$

und bei gleichmäßiger Rotation der Scheibe von der Winkelgeschwindigkeit w greift an diesem Volumenelement die Zentrifugalkraft

$$\mu\, dr\, d\varphi\, h\, w^2 r^2$$

an. Diese Kraft muß im Verein mit den Spannungen σ_r und σ_t Gleichgewicht halten. Die Gleichgewichtsbedingung für das Volumenelement drückt sich durch die Gleichung aus

$$s_t = \frac{d(r s_r)}{dr} + \mu w^2 h r^2 \quad . \quad . \quad . \quad . \quad . \quad . \quad . \quad (161)$$

Als weitere Gleichung zur Bestimmung der Spannungen s_t und s_r dient die aus dem Elastizitätsgesetz hervorgehende Beziehung zwischen Spannung und Dehnung. Bezeichnen wir mit u die Vergrößerung des Radius, so sind die auf die Längeneinheit bezogenen Dehnungen in Richtung des Radius

$$\varepsilon_r = \frac{du}{dr}$$

und in Richtung der Tangente

$$\varepsilon_t = \frac{2\pi(r+u) - 2\pi r}{2\pi r} = \frac{u}{r}$$

---

[1]) Eine sehr eingehende Berechnung der Scheiben findet man in dem Buch von A. Stodola, Dampf- und Gasturbine, 5. Aufl. 1922. Dort findet man auch die graphische Scheibenberechnung behandelt.

und daher nach dem Elastizitätsgesetz

$$\frac{du}{dr} = \frac{1}{Eh}\left(s_r - \frac{1}{m} s_t\right)$$

$$\frac{u}{r} = \frac{1}{Eh}\left(s_t - \frac{1}{m} s_r\right).$$

Man könnte aus diesen Gleichungen s_r und s_t durch u ausdrücken und in Gl. (161) einsetzen und würde auf diesem Weg eine Differentialgleichung für die Dehnung u erhalten. Wir wollen jedoch den anderen Weg beschreiten, der auf eine Differentialgleichung für die Spannungen führt.

Durch Elimination von u aus den letzten beiden Gleichungen ergibt sich

$$\frac{1}{h}\left(s_r - \frac{1}{m} s_t\right) = \frac{d}{dr}\left[\frac{r}{h}\left(s_t - \frac{1}{m} s_r\right)\right]. \quad . \quad . \quad . \quad (162)$$

Diese Gleichung bestimmt zusammen mit Gl. (161) s_r und s_t. Statt eine der beiden Spannungen aus den beiden Gleichungen zu eliminieren und eine Differentialgleichung für die andere Spannung zu erhalten, erzielt man eine kleine Vereinfachung durch Einführung einer Art Spannungsfunktion, deren Zusammenhang mit den Spannungskomponenten durch

$$\left.\begin{aligned} s_r &= \frac{F}{r} \\ s_t &= \frac{dF}{dr} + \mu w^2 h r^2 \end{aligned}\right\} \quad . \quad . \quad . \quad . \quad . \quad . \quad . \quad (163)$$

gegeben ist. Durch diesen Ansatz wird Gl. (161) befriedigt, und Gl. (162) liefert folgende Differentialgleichung für die Spannungsfunktion:

$$r\frac{d^2F}{dr^2} + \frac{dF}{dr} - \frac{F}{r} - \frac{1}{h}\frac{dh}{dr}\cdot\left(r\frac{dF}{dr} - \frac{1}{m}F\right) + \left(3 + \frac{1}{m}\right)\mu w^2 h r^2 = 0. \quad (164)$$

In dieser Differentialgleichung ist h als zunächst noch beliebige Funktion von r zu denken. Unter dieser Voraussetzung läßt sich jedoch die Integration der Gl. (164) nicht durchführen. Wenn wir dagegen annehmen, daß die Dicke h vom Radius r durch die Beziehung

$$h = c r^n \quad . \quad . \quad . \quad . \quad . \quad . \quad . \quad . \quad . \quad . \quad (165)$$

abhängt, wobei n eine beliebige Zahl sein kann, so geht Gl. (164) über in

$$r\frac{d^2F}{dr^2} + (1-n)\frac{dF}{dr} - \left(1 - \frac{n}{m}\right)\frac{F}{r} + \left(3 + \frac{1}{m}\right)\mu w^2 c r^{n+2} = 0 \quad (166)$$

und von dieser Differentialgleichung läßt sich das allgemeine Integral in folgender Form darstellen:

$$F = a r^{n+3} + A r^{\alpha} + B r^{\beta}. \quad . \quad . \quad . \quad . \quad . \quad (167)$$

Durch Einsetzen dieses Wertes von F bestimmt sich a zu

$$a = -\frac{\left(3+\frac{1}{m}\right)\mu w^2 c}{\frac{n}{m}+3n+8},$$

während α und β die beiden Wurzeln der quadratischen Gleichung

$$x^2 - n x + \frac{n}{m} - 1 = 0$$

sind und A bzw. B Integrationskonstante bedeuten.

Für Scheiben, deren Meridiankurven durch die Gl. (165) bestimmt sind, ist demnach die Aufgabe gelöst. Denn mit dem Wert von F nach Gl. (167) bestimmen wir s_r und s_t gemäß den Gl. (163). Die Integrationskonstanten A und B bestimmen sich dabei aus den Grenzbedingungen. Handelt es sich um eine ringförmige Scheibe von den Grenzradien r_1 und r_2, so ist am äußeren Rand für $r = r_2$ die Radialspannung $s_r = 0$ zu setzen, während am inneren Rand für $r = r_1$ die Normalspannung s_r von der Art der Befestigung der Ringscheibe auf der Welle abhängt, aber als gegeben zu betrachten ist. Bei der vollen Scheibe kommt an Stelle der Grenzbedingung am inneren Rand die Bedingung, daß im Mittelpunkt also für $r = 0$ Normal- und Tangentialspannung gleich sein müssen; also $s_r = s_t$.

Wie Herr Grübler an mehreren Beispielen gezeigt hat, kann man durch passende Wahl von c und n in Gl. (165) die Meridiankurve der Scheibe gut annähern. Unter Umständen sind zwei verschiedene Kurven, die zwei Wertpaaren c_1, n_1 und c_2, n_2 entsprechen, erforderlich, um die vorgegebene Gestalt der Scheibe gut anzunähern. In diesem Fall erhält man für jeden Ast der Meridiankurve eine Lösung nach Art der Gl. (167). Die Integrationskonstanten der beiden Lösungen sind dann so zu wählen, daß die Spannungen an der Verbindungsstelle beider Äste übereinstimmen.

Bei der Auswahl einer Scheibe spielt die Beanspruchung, die den verschiedenen Meridiankurven entspricht, eine ausschlaggebende Rolle. Es ist daher die Frage nach derjenigen Meridiankurve von Wichtigkeit, bei der das Material an jeder Stelle die gleichen Werte für die Hauptspannungen besitzt. Unter der Voraussetzung

$$\sigma_r = \sigma_t = \sigma = \text{const} \quad \ldots\ldots\ldots \quad (168)$$

geht Gl. (161) über in

$$h\sigma = \sigma\left(h + r\frac{dh}{dr}\right) + \mu w^2 r^2 h$$

oder

$$\frac{dh}{dr} = -\frac{\mu w^2}{\sigma} r h.$$

Diese Differentialgleichung für h hat das Integral

$$h = h_0 e^{-\frac{\mu w^2}{\sigma} r^2}, \quad \ldots \ldots \quad (169)$$

worin die Integrationskonstante in h_0, der Dicke der Scheibe in ihrem Mittelpunkt, enthalten ist. Genau läßt sich diese durch Gl. (169) bestimmte Gestalt der Scheibe nicht nachahmen, da man $h = 0$ erst für $r = \infty$ erhalten würde; jedoch ist die Form der bei der Lavalturbine verwendeten Laufräder in guter Übereinstimmung mit der verlangten Gestalt.

Der Sonderfall einer Scheibe von gleichmäßiger Dicke wird aus den obigen Formeln erhalten, indem man in Gl. (165) $n = 0$ setzt. Dadurch vereinfacht sich die Differentialgleichung (166), und die Lösung nach Gl. (167) lautet in diesem Fall

$$F = a r^3 + A r + \frac{B}{r} \quad \ldots \ldots \quad (170)$$

wobei a durch

$$a = -\frac{1}{8}\left(3 + \frac{1}{m}\right) \mu w^2 h$$

gegeben ist. Durch Einsetzen des Wertes von F nach Gl. (170) in die Werte für die Spannungen, deren Zusammenhang mit F durch die Gl. (163) gegeben ist, erhält man, wenn man noch beide Seiten der Gleichung durch h dividiert,

$$\sigma_r = -\frac{1}{8}\left(3 + \frac{1}{m}\right) \mu w^2 r^2 + \frac{1}{h}\left(A + \frac{B}{r^2}\right)$$

$$\sigma_t = -\frac{1}{8}\left(3 + \frac{1}{m}\right) \mu w^2 r^2 + \frac{1}{h}\left(A - \frac{B}{r^2}\right).$$

Die Konstanten A und B bestimmen sich aus den gegebenen Werten für σ_r am äußeren und inneren Rand der Scheibe, wenn es sich um einen Kreisring handelt, während bei der Vollscheibe in der Mitte $\sigma_r = \sigma_t$ sein muß, so daß in diesem Fall in den letzten Formeln

$$B = 0 \quad \ldots \ldots \ldots \quad (171)$$

zu setzen ist. Treten beim Kreisring konstanter Dicke sowohl am äußeren wie inneren Rand keine äußeren Kräfte auf, so bestimmen sich A und B aus $\sigma_{r_1} = \sigma_{r_2} = 0$ zu

$$A = \frac{1}{8}\left(3 + \frac{1}{m}\right) \mu w^2 h (r_1^2 + r_2^2)$$

$$B = -\frac{1}{8}\left(3 + \frac{1}{m}\right) \mu w^2 h\, r_1^2 r_2^2,$$

woraus

$$\left.\begin{aligned}\sigma_r &= \frac{3m+1}{8m}\mu w^2\left(-r^2+r_1^2+r_2^2-\frac{r_1^2 r_2^2}{r^2}\right)\\ \sigma_t &= \frac{3m+1}{8m}\mu w^2\left(-\frac{3+m}{1+3m}r^2+r_1^2+r_2^2+\frac{r_1^2 r_2^2}{r^2}\right)\end{aligned}\right\} \quad (172)$$

folgt. Für den Fall der Vollscheibe würde wegen Gl. (171) das letzte Glied in beiden Klammern fortfallen. Man sieht daraus, daß selbst eine kleine Bohrung in der Mitte der Scheibe den Spannungszustand der ganzen Scheibe vollständig ändert.

Um die größte auftretende Spannung aus den Gl. (172) zu entnehmen, vergleichen wir σ_r und σ_t. Es zeigt sich, daß an jeder Stelle

$$\sigma_t > \sigma_r.$$

Daraus erklärt es sich, daß bei Versuchen, die Herr Grübler an Schleifsteinen angestellt hat, die Bruchfläche ziemlich genau radial verläuft. Gleichzeitig ergaben die Versuche, daß bei Schleifsteinen in Form von Kreisringen der Bruch vom inneren Rand aus beginnt. Die Erklärung dafür läßt sich auch aus der zweiten der Gl. (172) entnehmen, indem für $r = r_1$ die Tangentialspannung σ_t ihren Höchstwert annimmt, so daß die Ringspannung am inneren Ring überhaupt die größte auftretende Spannung darstellt.

Gehen wir in der zweiten der Gl. (172) mit r_1 zur Grenze $r_1 = 0$ über, betrachten also die Spannung in einer Scheibe, die in der Mitte eine ganz kleine Bohrung besitzt, so ergibt sich für die Ringspannung:

$$\sigma_t = \frac{3m+1}{4m}\mu w^2 r_2^2, \quad \ldots\ldots\ldots \quad (173)$$

während bei der Vollscheibe, für die die letzten Glieder in den Gl. (172) fehlen, mit $r_1 = 0$

$$\sigma_r = \sigma_t = \frac{3m+1}{8m}\mu w^2 r_2^2 \quad \ldots\ldots \quad (174)$$

gilt, so daß demnach die Bruchgefahr durch eine noch so kleine Bohrung in der Mitte wesentlich vergrößert wird, da sich der Höchstwert der Spannung dadurch verdoppelt.

Vergleichen wir die durch Gl. (173) und (174) gegebenen Höchstwerte der Spannungen für die Vollscheibe mit und ohne Bohrung mit dem anderen Grenzfall der Gl. (172), der durch $r_1 = r_2$ gegeben ist und einem Schwungring vom Radius r_2 entspricht, so ergibt sich

$$\sigma_t = \mu w^2 r_2^2 \quad \ldots\ldots\ldots\ldots \quad (175)$$

d. h. ein noch größerer Wert als Gl. (173) für die Scheibe mit Bohrung.

Bei gleichmäßiger Dicke bieten demnach Vollscheiben die größte Gewähr gegen Bruchgefahr. Dagegen behalten die letzten Folgerungen für Scheiben mit veränderlicher Dicke ihre Gültigkeit nicht mehr bei, sondern es kann auch der Fall eintreten, daß die größte auftretende Spannung im Innern der Scheibe liegt oder eine radiale Spannung ist.

Die Verdoppelung der Ringspannung durch eine Bohrung im Mittelpunkt der rotierenden Scheibe hat große Ähnlichkeit mit der im § 52 Gl. (141a) nachgewiesenen Verdoppelung der Spannung, die in einem ebenen Spannungszustand mit zwei gleichen Hauptspannungen infolge einer Bohrung am Lochrand auftritt[1]).

§ 55. Näherungslösungen für Scheiben-Aufgaben.

Bisher haben wir uns in diesem Abschnitte nur mit Hilfsmitteln beschäftigt, die zur Ableitung von strengen Lösungen dienen können. Wo diese Mittel versagen, muß man sich entweder mit Schätzungen und willkürlichen Annahmen oder mit Näherungslösungen behelfen. Daß die Annahmen, die in solchen Fällen üblich sind, unter Umständen recht weit von der Wahrheit abweichen können, wird niemand bezweifeln, der sich mit diesen Fragen schon eingehender beschäftigt hat. Trotzdem lassen sie sich in Ermangelung einer besseren Unterlage nicht entbehren. Man wird aber jedenfalls bestrebt sein müssen, die Fehler, die dadurch hereingebracht werden, nach Möglichkeit abzuschwächen, also versuchen müssen, an Stelle einer bloßen Schätzung wenigstens eine Näherungslösung zu setzen, wozu die Sätze über die kleinste Formänderungsarbeit eine geeignete Handhabe bilden.

Im einzelnen kann man dabei noch in verschiedener Art vorgehen. Wir wollen an einem bestimmten Beispiele zeigen, wie dies etwa geschehen kann. Abb. 59 zeigt eine Scheibe von rechteckiger Gestalt mit den Seitenlängen $2a$ und $2b$, die durch eine Zugbelastung in der Richtung der Y-Achse gedehnt wird. Die Zuglast möge sich über die zur Y-Achse senkrecht stehenden Seiten von $z = 0$ bis $z = +b$ nach einem Gesetze

$$p = p_0 \left(\frac{b - z}{b} \right)^n$$

[1]) Hierher gehört auch die Berechnung der Schwungräder, deren verschiedenartige Behandlungsweise von Herrn Generaldirektor Dr. ing. K. Reinhard, Dortmund einer eingehenden Kritik unterzogen worden ist in einer Arbeit über »Festigkeitsberechnung der Schwungräder mit rechteckigem Kranzquerschnitte auf Beanspruchung durch die Fliehkräfte« in den Forschungsarbeiten, herausg. vom Verein deutsch. Ing., Heft 226, 1920. Die üblichen Verfahren zur Festigkeitsberechnung der Schwungräder gehen entweder von der Voraussetzung des Ebenbleibens der Kranzquerschnitte aus oder nehmen das Gradliniengesetz für die Spannungen im Querschnitt an. Beide Annahmen halten gegenüber der von Reinhard auf Grund des ebenen Spannungszustandes durchgeführten genauen Berechnung nicht stand. Es zeigt sich, daß beide Annahmen bei schweren Schwungrädern mit großem Verhältnis zwischen Kranzdicke und Durchmesser des Rades Unterschätzungen der Spannungen bis zu 25% liefern können.

verteilen, wobei n eine beliebige ganze oder gebrochene Zahl sein kann, die gleich oder größer ist als Eins. Von $z = 0$ bis $z = -b$ soll die Last

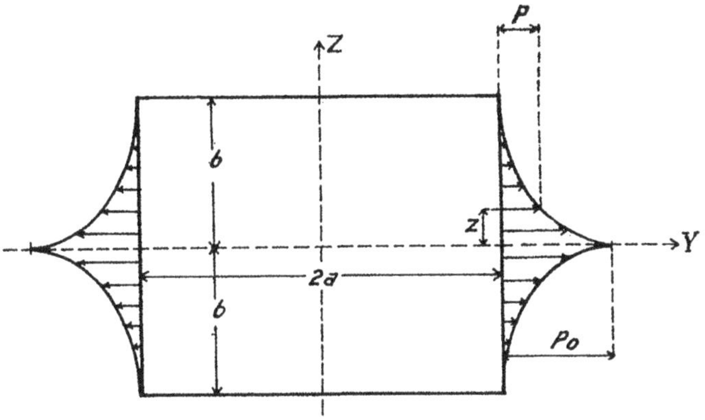

Abb. 59.

symmetrisch zur anderen Halbseite verteilt sein. Bezeichnet man die Dicke der Scheibe mit h, so ist die ganze Zuglast P

$$P = 2\,p_0\,h \int_0^b \left(\frac{b-z}{b}\right)^n dz = \frac{2\,b\,h}{n+1}\,p_0,$$

woraus umgekehrt die in der Mitte auftretende größte Lastdichte p_0

$$p_0 = (n+1)\frac{P}{2\,b\,h} \quad \ldots \ldots \quad (175)$$

folgt. Es wird nun gefragt, in welchen Spannungszustand die Scheibe durch eine solche Belastung versetzt wird.

Eine strenge Lösung dieser Frage würde sehr schwierig sein, und von ihr soll daher hier ganz abgesehen werden. Um zu einer Näherungslösung zu gelangen, wird man zuerst versuchen, irgendeinen Spannungszustand anzugeben, der überall Gleichgewicht herstellt, ohne Rücksicht darauf, ob er nun tatsächlich zu erwarten ist oder nicht. Allgemein gesagt wird ein solcher Spannungszustand durch eine Airysche Spannungsfunktion beschrieben, die wir mit F_n bezeichnen wollen und die nur den Grenzbedingungen zu genügen braucht. Für $z = b$ muß sowohl σ_z als τ zu Null werden, und für $y = a$ muß die Normalspannung $\sigma_y = p$ sein, und τ muß ebenfalls verschwinden. Außerdem muß τ der Symmetrie wegen auch noch längs der Y- und der Z-Achse verschwinden. Der Differentialgleichung (14) braucht F_n dagegen nicht zu genügen, da wir auf eine strenge Lösung verzichtet haben.

Im vorliegenden Falle läßt sich ein Spannungszustand, der diesen Forderungen entspricht, sofort angeben. Man braucht nur für irgendeine Stelle mit den Koordinaten yz im ersten Quadranten

$$\sigma_y = p_0\left(\frac{b-z}{b}\right)^n; \qquad \sigma_z = 0; \qquad \tau = 0 \quad . \quad . \quad . \quad (176)$$

zu setzen, woraus sich auch der Ausdruck für F_n durch zweimalige Integration nach z sofort bilden läßt. Das ist ein Spannungszustand, der augenscheinlich allen Gleichgewichtsbedingungen genügt, der aber wegen der elastischen Eigenschaften des Körpers nicht wirklich bestehen kann, da die verschiedenen Fasern parallel zur Y-Achse, in die man sich den Körper zerlegt denken kann, dabei verschieden stark gedehnt würden, was mit dem Zusammenhange des Körpers offenbar nicht verträglich ist. Strenger läßt sich dies noch dadurch nachweisen, daß die zugehörige Spannungsfunktion die Differentialgleichung (14) nicht erfüllt.

Wir können aber den Spannungszustand F_n, wie wir ihn der Kürze halber nennen wollen, als einen Ausgangszustand betrachten, den wir nachträglich so weit abzuändern haben, daß er sich dem tatsächlich zu erwartenden Zustande F möglichst gut anpaßt. Das kann dadurch geschehen, daß wir

$$F = F_n + F_0$$

setzen, wenn unter F_0 eine Spannungsfunktion verstanden wird, die einen oder einige Freiwerte enthält, und die den ganzen Rand der Scheibe spannungsfrei läßt. Man kann auch sagen, daß F_0 einer Verteilung von Eigenspannungen in der Scheibe entspricht, wie sie etwa durch eine ungleichförmige Erwärmung ohne Mitwirkung einer Belastung hervorgerufen werden könnten. Um einen Spannungszustand von dieser Art unterscheiden sich stets je zwei zu der gleichen Belastung gehörige und überall den Gleichgewichtsbedingungen genügende, sonst aber beliebig erdachte Spannungszustände.

Für die rechteckige Scheibe kann man solche Spannungszustände F_0 leicht in beliebiger Zahl angeben, und man braucht daraus nur einen herauszusuchen, von dem man sicher sein darf, daß seine Zufügung zu F_n eine Annäherung an den tatsächlich zu erwartenden Spannungszustand herbeiführt. Man setze etwa

$$F_0 = \left\{\begin{array}{l} c_{00} + c_{01} z + c_{02} z^2 + c_{03} z^3 + \ldots \\ + c_{10} y + c_{11} y z + c_{12} y z^2 + c_{13} y z^3 + \ldots \\ + c_{20} y^2 + c_{21} y^2 z + c_{22} y^2 z^2 + c_{23} y^2 z^3 + \ldots \\ + c_{30} y^3 + c_{31} y^3 z + c_{32} y^3 z^2 + c_{33} y^3 z^3 + \ldots \\ + \ldots\ldots \end{array}\right\}, \quad (177)$$

wobei es frei steht, die Reihe nach Belieben fortzusetzen, wenn man die Rechenarbeit nicht scheut. Wir wollen uns aber mit den angeschriebenen Gliedern begnügen, von denen überdies, um den Grenzbedingungen zu entsprechen, nachträglich noch eine Anzahl gestrichen werden muß, während es auf c_{00}, c_{01} und c_{10} überhaupt nicht ankommt, so daß sie von vornherein weggelassen werden können.

Der Ansatz für F_0 soll übrigens nur für den ersten Quadranten gelten, gerade so wie auch schon F_n nach den Gl. (176). Um die anderen Quadranten brauchen wir uns in der Folge überhaupt nicht zu kümmern, da bei ihnen alles genau so liegt, wie im ersten.

Die zu F_0 gehörigen Spannungskomponenten lauten

$$\sigma_y = \frac{\partial^2 F_0}{\partial z^2} = 2\,c_{02} + 2\,c_{12}\,y + 2\,c_{22}\,y^2 + 2\,c_{32}\,y^3 + \\ + 6\,c_{03}\,z + 6\,c_{13}\,y\,z + 6\,c_{23}\,y^2\,z + 6\,c_{33}\,y^3\,z$$

$$\sigma_z = \frac{\partial^2 F_0}{\partial y^2} = 2\,c_{20} + 2\,c_{21}\,z + 2\,c_{22}\,z^2 + 2\,c_{23}\,z^3 + \\ + 6\,c_{30}\,y + 6\,c_{31}\,y\,z + 6\,c_{32}\,y\,z^2 + 6\,c_{33}\,y\,z^3$$

$$\tau = -\frac{\partial^2 F_0}{\partial y\,\partial z} = -(c_{11} + 2\,c_{12}\,z + 3\,c_{13}\,z^2 + 2\,c_{21}\,y + 4\,c_{22}\,y\,z + \\ + 6\,c_{23}\,y\,z^2 + 3\,c_{31}\,y^2 + 6\,c_{32}\,y^2\,z + 9\,c_{33}\,y^2 z^2).$$

Für $y = 0$ muß τ für jedes z verschwinden, ebenso auf der Y-Achse für jedes y. Daraus folgt, daß

$$c_{11} = c_{12} = c_{13} = c_{21} = c_{31} = 0$$

sein müssen. Auch für $y = a$ muß τ überall verschwinden, woraus

$$c_{23} = -\frac{3}{2}\,c_{33}\,a; \qquad c_{22} = -\frac{3}{2}\cdot c_{32}\,a$$

folgt. Geht man hierauf auch die übrigen Grenzbedingungen durch, so ergibt sich, daß alle anderen c auf c_{33} zurückgeführt werden können. Schreibt man für c_{33} kürzer c, so lautet der allen vorgeschriebenen Grenzbedingungen angepaßte Ausdruck für F_0

$$F_0 = -\frac{3}{4}\,c\,a^3\,b\,z^2 + \frac{1}{2}\,c\,a^3\,z^3 - \frac{3}{4}\,c\,a\,b^3\,y^2 + \frac{1}{2}\,c\,b^3\,y^3 + \\ + \frac{9}{4}\,c\,a\,b\,y^2\,z^2 + c\,y^3\,z^3 - \frac{3}{2}\,c\,a\,y^2\,z^3 - \frac{3}{2}\,c\,b\,y^3\,z^2.$$

Daraus ergeben sich auch die Spannungskomponenten in weiter ausgerechneter Form. Fügen wir sofort noch die zu F_n gehörige Spannungskomponente σ_y aus Gl. (176) dazu, so erhalten wir für die durch Zufügung von F_0 verbesserten Spannungen

$$\left.\begin{aligned} \sigma_y &= p_0\left(\frac{b-z}{b}\right)^n + \frac{3\,c}{2}\,(-a^3\,b + 2\,a^3\,z + 3\,a\,b\,y^2 + 4\,y^3\,z - \\ &\qquad - 6\,a\,y^2\,z - 2\,b\,y^3) \\ \sigma_z &= \frac{3\,c}{2}\,(-a\,b^3 + 2\,b^3\,y + 3\,a\,b\,z^2 + 4\,y\,z^3 - 6\,b\,y\,z^2 - 2\,a\,z^3) \\ \tau &= 9\,c\,(-a\,b\,y\,z - y^2\,z^2 + a\,y\,z^2 + b\,y^2\,z) \end{aligned}\right\} \quad (178)$$

Die hierin stehen gebliebene Konstante c ist der einzige Freiwert, über den wir noch verfügen können. Durch Fortsetzung der Reihe in Gl. (177) könnte man aber nach Belieben auch eine größere Zahl von Freiwerten in den Ansatz einführen und damit zu einer weit besseren Annäherung gelangen, als wir sie hier erwarten dürfen. Freilich würde sich damit die Rechenarbeit weit umfänglicher gestalten, so daß man praktisch eben doch bei diesem Verfahren an ziemlich enge Grenzen gebunden ist.

Wir haben jetzt die Möglichkeit, durch passende Wahl von c den Spannungszustand (178) dem tatsächlich zu erwartenden so gut als es geht anzuschließen, und es entsteht daher die Frage, wie man diese Möglichkeit am zweckmäßigsten ausnutzen wird. Das kann auf verschiedene Art geschehen. Wir wissen z. B., daß die dem wahren Spannungszustande entsprechende Spannungsfunktion F außer den Grenzbedingungen auch noch der Differentialgleichung (14)

$$\frac{\partial^4 F}{\partial y^4} + 2\frac{\partial^4 F}{\partial y^2 \partial z^2} + \frac{\partial^4 F}{\partial z^4} = 0$$

genügen muß. Nun können wir durch verschiedene Wahl des Freiwertes c eine unendliche Zahl von Spannungsfunktionen $F_n + F_0$ angeben, die alle den vorgeschriebenen Grenzbedingungen streng genügen, der Differentialgleichung aber nicht. Von diesem Gesichtspunkte aus gesehen, darf man daher sagen, daß jene unter ihnen der Wahrheit am nächsten kommt, für die sich die Summe der Fehlerquadrate möglichst klein ergibt. Hiernach wäre also das über den ganzen ersten Quadranten erstreckte Flächenintegral

$$\int \left[\frac{\partial^4 (F_n + F_0)}{\partial y^4} + 2\frac{\partial^4 (F_n + F_0)}{\partial y^2 \partial z^2} + \frac{\partial^4 (F_n + F_0)}{\partial z^4} \right]^2 dF_1$$

zu bilden, und der nach Ausrechnung erhaltene Wert wäre nach c zu differentiieren und der Differentialquotient gleich Null zu setzen. Die Auflösung der Gleichung nach c würde dann den unter den gebotenen Möglichkeiten der Wahrheit am nächsten kommenden Spannungszustand liefern.

Eine Lösung der Aufgabe, die aus dieser Überlegung hervorgegangen ist, kann ebensoviel Anspruch auf Zuverlässigkeit machen als eine, die sich auf den Satz von der kleinsten Formänderungsarbeit stützt. Die Rechenarbeit, die dazu gehört, fällt aber in unserem Beispiele und wohl auch sonst in der Regel, auf diesem Wege noch weit größer aus als im anderen Falle. Man geht daher am besten von dem Satze über die kleinste Formänderungsarbeit aus.

Für den ebenen Spannungszustand hat man die bezogene Formänderungsarbeit A nach Gl. (54) von § 5

$$A = \frac{1}{4G}\left(\sigma_y^2 + \sigma_z^2 + 2\tau^2 - \frac{1}{m+1}(\sigma_y + \sigma_z)^2\right).$$

Für eine Näherungstheorie, bei der man eine möglichst weitgehende Abkürzung der Rechenarbeit anstrebt, darf es als genügend angesehen werden, wenn wenigstens zunächst einmal die Rechnung nur für einen ganz bestimmten Wert von m durchgeführt wird. Wir wollen daher $m = \infty$ setzen, womit sich der Ausdruck erheblich vereinfacht. Für die Formänderungsarbeit A in einem ganzen Quadranten der Scheibe erhält man dann

$$A = \frac{h}{4G} \int (\sigma_y^2 + \sigma_z^2 + 2\tau^2)\, dF_1 \quad . \quad . \quad . \quad . \quad . \quad (179)$$

Anstatt die Integration über die Fläche sofort auszuführen, bedenken wir, daß A nur gebraucht wird, um daraus durch Differentiation nach c die Bestimmungsgleichung für den Freiwert c abzuleiten. Die Differentiation kann aber auch unter dem Integralzeichen vorgenommen werden, und damit ergibt sich

$$\int \sigma_y \frac{d\sigma_y}{dc}\, dF_1 + \int \sigma_z \frac{d\sigma_z}{dc}\, dF_1 + 2 \int \tau \frac{d\tau}{dc}\, dF_1 = 0 \quad . \quad (180)$$

Die drei Integrale muß man nun einzeln ausrechnen, nachdem man die Werte von σ_y usf. aus den Gl. (178) eingesetzt hat. Beim ersten Integral kann man sich auf die Formel stützen

$$\int_0^b z\,(b-z)^n\, dz = \left[\frac{(b-z)^{n+2}}{n+2} - b\,\frac{(b-z)^{n+1}}{n+1} \right]_0^b = \frac{b^{n+2}}{(n+1)(n+2)},$$

während sich im übrigen die Ausrechnung in der einfachsten Weise vollzieht. Man erhält

$$\int \sigma_y \frac{d\sigma_y}{dc}\, dF_1 = -\frac{3n}{4(n+1)(n+2)}\, a^4 b^2 p_0 + 0{,}2783\, a^7 b^3 c$$

$$\int \sigma_z \frac{d\sigma_z}{dc}\, dF_1 = 0{,}2783\, a^3 b^7 c$$

$$\int \tau \frac{d\tau}{dc}\, dF_1 = 0{,}09\, a^5 b^5 c.$$

Setzt man diese Werte in Gl. (180) ein und löst nach c auf, so erhält man

$$c = \frac{a}{b} \cdot \frac{3 n p_0}{4(n+1)(n+2)\{0{,}2783\,(a^4 + b^4) + 0{,}18\, a^2 b^2\}} \quad (181\text{a})$$

oder wenn man p_0 nach Gl. (175) in P ausdrückt,

$$c = \frac{n}{n+2} \cdot \frac{a}{b} \cdot \frac{3\,P}{8\,b\,h\,[0{,}2783\,(a^4 + b^4) + 0{,}18\,a^2\,b^2]} \quad . \quad (181\text{b})$$

Hiermit ist die Aufgabe, die wir uns gestellt hatten, im wesentlichen gelöst, denn nach Einsetzen von c in die Gl. (178) kann man die Spannungen für jede Stelle der Scheibe ausrechnen. Wir wollen dies beispielsweise ausführen, indem wir die Spannungen σ_y für den mittleren Querschnitt der Scheibe ausrechnen, der mit der Z-Achse zusammenfällt. Dabei mag für das Zahlenbeispiel $n = 2$ gesetzt werden, so daß das Lastverteilungsdiagramm in Abb. (58) aus zwei Parabelbögen zusammengesetzt ist.

Für $n = 2$ wird nach Gl. (175)

$$p_0 = \frac{3\,P}{2\,b\,h},$$

ferner nach den Gl. (178) mit $y = 0$, $z = 0$

$$\sigma_y = \frac{3\,P}{2\,b\,h} - \frac{3\,c}{2}\,a^3\,b = \frac{3\,P}{2\,b\,h}\left(1 - \frac{3}{16\left[0{,}2783\left(1 + \frac{b^4}{a^4}\right) + 0{,}18\,\frac{b^2}{a^2}\right]}\right).$$

Um zu bestimmten Zahlenwerten zu gelangen, müssen wir noch eine weitere Annahme über das Verhältnis der beiden Rechteckseiten zueinander machen. Je länger die Scheibe in der Richtung der Kraft ist gegenüber der Breite $2b$, um so mehr wird der Spannungszustand im mittleren Querschnitt gegenüber dem am Ende abgeändert. Für $a : b = \infty$ würde nach dieser Formel in der Mitte der Scheibe die Spannung auf ungefähr 0,326 von der an den Enden herabgemindert, während sie für $z = b$ im Mittelquerschnitt auf 0,674 p_0 stiege, also sogar ungefähr doppelt so groß würde, als für $z = 0$. Dieses Ergebnis zeigt die Schwäche unserer Lösung, die darin begründet ist, daß sie nur einen einzigen Freiwert in den Ansatz eingehen ließ. Die daraus hervorgehenden Fehler können sich um so mehr bemerklich machen, je mehr man sich einem Grenzfalle, wie jetzt dem Falle $a : b = \infty$, nähert.

Für $a = b$, also für ein Quadrat geht Gl. (181b) über in

$$c = \frac{n}{n+2} \cdot 0{,}509\,\frac{P}{h\,a^5}$$

und die Spannung σ_y in der Scheibenmitte, also für $y = 0$, $z = 0$ geht über in

$$\sigma_y = p_0 - \frac{n}{n+2} \cdot 0{,}764\,\frac{P}{h\,a}$$

oder, wenn man auch hier wieder $n = 2$ annimmt, in

$$\sigma_y = p_0 - 0{,}382 \frac{P}{a\,h} = 1{,}118 \frac{P}{a\,h},$$

während an der Kante des Mittelquerschnittes ($y = 0$, $z = a$)

$$\sigma_y = 0{,}382 \frac{P}{a\,h}$$

wird. — Endlich muß noch darauf hingewiesen werden, daß man für den Grenzfall $n = \infty$, also für den Fall der Einzellast kein brauchbares Ergebnis aus dieser Näherungstheorie erwarten darf, weil die Ausgangsannahme für σ_y nach Gl. (176) zu weit von der Wahrheit abweicht, als daß sie sich durch die Zufügung eines gar nur mit einem einzigen Freiwert ausgestatteten Spannungszustandes F_0 merklich verbessern ließe. Nach dieser Ausgangsannahme (176) würde nämlich im Grenzfalle $n = \infty$ nur die mittelste Faser gespannt, und zwar unendlich stark gespannt, während alle etwas davon abliegenden ungespannt blieben. Ein so starker Fehler läßt sich durch eine Verbesserung, die der Natur der Sache nach nur endliche Werte liefern kann, überhaupt nicht beseitigen. Man hätte vielmehr einen Spannungszustand F_0 mit unendlich vielen Freiwerten nötig, um ihn vollständig aufzuheben oder mit anderen Worten: das hier eingeschlagene Verfahren versagt in diesem Falle und auch in anderen, die ihm sehr nahe kommen. Dagegen könnte der Grundgedanke, auf dem das Verfahren beruht, sehr wohl auch im Grenzfall verwendbar bleiben, sobald es gelingt, an Stelle der Ausgangsannahme in den Gl. (176) einen anderen Spannungszustand anzugeben, der ebenfalls überall Gleichgewicht herstellt, sich aber nicht gar zu weit von jenem entfernt, den man tatsächlich zu erwarten hat, so daß die Zufügung von F_0 als Verbesserungsmittel wirksam genug zu werden vermag.

Abgesehen von den Grenzfällen, in denen entweder n oder $a : b$ unendlich groß wird, dürfte aber die aufgestellte Lösung schon ein einigermaßen zutreffendes Bild von der Spannungsverteilung in der Scheibe geben, das jedenfalls besser begründet ist als eine willkürliche Annahme, auf die man etwa verfallen könnte. Wünschenswert wäre es ja nun freilich, die ganze Rechnung nochmals mit einem wenigstens bis zu dem Gliede mit c_{44} in Gl. (177) erweiterten Ansatze zu wiederholen, und es mag wohl sein, daß sich das Bild, das wir hier gewonnen haben, dann in den Einzelheiten noch merklich verschieben könnte. Erst ein Vergleich des so erhaltenen genaueren mit dem hier gefundenen vorläufigen Ergebnis würde auch näheren Aufschluß darüber geben können, wie groß die Fehler einzuschätzen sind, die man bei diesem Verfahren hinnehmen muß. Wer Lust und Zeit dazu hat, sich an diese mühsame aber verdienstliche Arbeit zu setzen, hat alle Unterlagen dafür zur Hand.

§ 55a. Die Spannungen im Stab-Eck.

Wir betrachten jetzt die in Abb. 59a dargestellte Scheibe, die aus zwei rechtwinkelig zusammenstoßenden Stäben gebildet ist. In größerer Entfernung von der Eckverbindung soll an jedem der beiden Stäbe ein biegendes Kräftepaar vom Momente M angreifen. Die Biegungsspannung an der Kante des in der Y-Richtung laufenden Schenkels läßt sich für die weiter von der Ecke entfernten Teile in bekannter einfacher Weise berechnen, und sie sei mit K bezeichnet. Dann ist die Kantenspannung für den in der Z-Richtung gehenden Schenkel gleich $K\,\frac{b^2}{a^2}$ zu setzen. An Stelle von M denken wir uns K gegeben und fragen danach, welcher Spannungszustand sich unter den gegebenen Umständen in dem Stabeck ausbildet, das beiden Stäben gemeinsam ist und durch das sie steif miteinander verbunden werden.

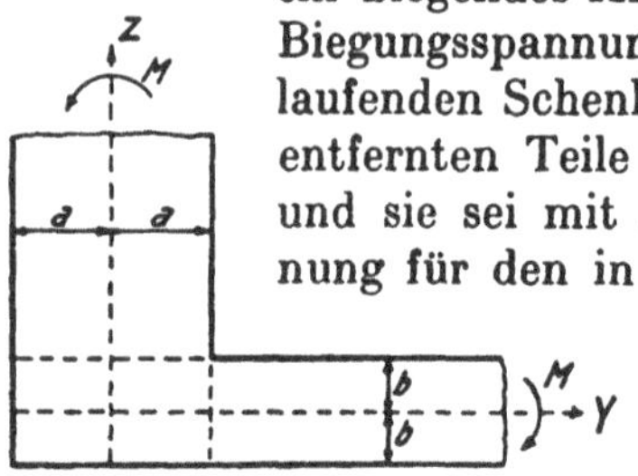

Abb. 59a.

Die hiermit umschriebene Aufgabe ist in einer kleinen Schrift von Dr. E. Posch »Das homogene Stabeck«, R. Oldenbourg, 1919, behandelt. Dem Verfasser ist das Verdienst zuzusprechen, daß er diese Aufgabe zuerst aufgestellt und richtig erkannt und auch in vorläufig immerhin annehmbarer Weise gelöst hat. Freilich beruht die Lösung, wie es nicht anders sein konnte, auf sehr willkürlichen Annahmen, die es recht zweifelhaft erscheinen lassen, inwiefern die Ergebnisse mit der Wirklichkeit übereinstimmen.

Hier soll dieselbe Aufgabe lediglich in der Absicht aufgegriffen werden, an einem weiteren Beispiele zu zeigen, wie man das im vorhergehenden Paragraphen besprochene Verfahren zur näherungsweisen Lösung von Scheibenaufgaben nutzbar machen kann. Dagegen soll auf die vollständige Durchführung, die größere Rechnungen erfordert, verzichtet werden. Wir hoffen darauf, daß sie später einmal von anderer Seite nachgeholt und etwa für eine Doktorarbeit verwendet werden möge.

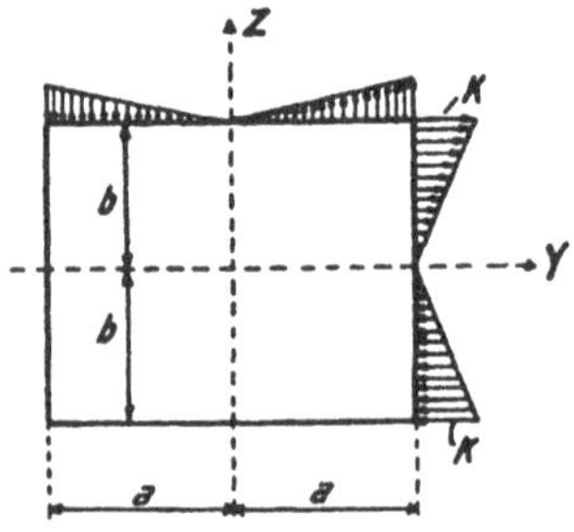

Abb. 59b.

Als Vorstufe zur gesuchten Lösung betrachten wir zuerst einen vereinfachten Fall, der durch Abb. 59b dargestellt ist. Hier sind die Schenkel weggeschnitten, so daß nur noch die Eckscheibe übrig geblieben ist. Als Lasten denken wir uns an den Kanten $y = +a$ und $z = +b$ die nach einem Gradliniengesetz verteilten Normalspannungen angebracht, wie sie in der Zeichnung durch die Pfeile angedeutet sind. Die Kanten $y = -a$ und $z = -b$ sind frei von Lasten.

Diese Aufgabe steht, wie man sieht, in ziemlich engem Zusammenhange mit der im vorigen Paragraphen behandelten, und sie läßt sich daher in ganz ähnlicher Weise lösen. Zu diesem Zwecke ist zuerst eine an sich mögliche Spannungsverteilung in der Scheibe aufzusuchen, die allen statischen Bedingungen genügt und namentlich allen Grenzbedingungen am Umfange streng entspricht. Dazu gelangt man ohne besondere Schwierigkeit durch Probieren, indem man einige einfache Ansätze daraufhin prüft und sie entsprechend verbessert.

Wir fanden auf diesem Wege als Ansatz für die Spannungsfunktion

$$F_1 = \frac{K}{24 a^3 b}(3 a^2 y z^3 + 3 b^2 y^3 z + 2 a^3 z^3 + 2 b^3 y^3 - 9 a^2 b^2 y z - y^3 z^3) \qquad (182)$$

Aus ihr erhält man nämlich für die Spannungskomponenten

$$\left.\begin{aligned} \sigma_y &= \frac{\partial^2 F}{\partial z^2} = \frac{K z}{4 a^3 b}(3 a^2 y + 2 a^3 - y^3) \\ \sigma_z &= \frac{\partial^2 F}{\partial y^2} = \frac{K y}{4 a^3 b}(3 b^2 z + 2 b^3 - z^3) \\ \tau_{yz} &= -\frac{\partial^2 F}{\partial y \partial z} = -\frac{3K}{8 a^3 b}(a^2 z^2 + b^2 y^2 - a^2 b^2 - y^2 z^2) \end{aligned}\right\} . \qquad (183)$$

und man überzeugt sich leicht, daß davon die Grenzbedingungen an allen vier Rändern erfüllt sind.

Zu unendlich vielen anderen, ebenfalls statisch möglichen Spannungsverteilungen gelangt man hierauf, indem man zu F_1 noch dieselbe Spannungsfunktion F_0 wie im vorhergehenden Paragraphen hinzufügt, und zwar mit einem oder, wenn man die Rechnung nicht scheut, auch mit zwei oder noch mehr Freiwerten. Es bleibt dann, um zu einer hinreichend zutreffenden Näherungslösung zu gelangen, nur noch übrig, diese Freiwerte so zu bestimmen, daß sie die Formänderungsarbeit zu einem Minimum machen. Diese Rechnung kann genau nach dem bereits gegebenen Muster durchgeführt werden.

Nach Erledigung dieser Vorarbeit können wir zu der ursprünglich gestellten und durch Abb. 59a erläuterten Aufgabe zurückkehren. Wir sind jetzt bereits im Besitz einer Spannungsverteilung, die in beiden Schenkeln der Stabverbindung sowie im Stabeck selbst allen Gleichgewichtsbedingungen genügt. In den Schenkeln nämlich besteht überall Gleichgewicht, wenn wir dort überall eine einfache Biegungsbeanspruchung annehmen, während sich im Stabeck die durch die Gl. (182) und (183) beschriebene Spannungsverteilung widerspruchslos daran schließt. Freilich ist keineswegs anzunehmen, daß diese einfachste Art der Spannungsübertragung tatsächlich zustande komme. Wir müssen vielmehr erwarten, daß sich der Einfluß der Eckverbindung auch schon bei den angrenzenden Stabteilen geltend macht, so daß in der Nähe der Ecke die Spannungsverteilung in den Stabquerschnitten bereits mehr oder weniger von der in Abb. 59b angegebenen und dem Geradliniengesetze entsprechenden abweicht.

Aber diesem Umstande können wir leicht dadurch Rechnung tragen, daß wir der als Ausgang dienenden Spannungsverteilung noch eine zweite überlagern, die ohne Mitwirkung äußerer Lasten überall Gleichgewicht herstellt, also, wie wir sagen können, eine Verteilung von Eigenspannungen. Auch hierfür läßt sich ein geeigneter Ansatz leicht ausfindig machen. Man betrachte zunächst den sich in der Y-Richtung erstreckenden Streifen von der Breite 2b in Abb. 59a, den wir uns von dem anderen Schenkel losgelöst denken, so jedoch, daß das Verbindungsrechteck von $y = -a$ an in voller Höhe mit dazugehört. Für diesen sich nach rechts hin ins Unendliche fortsetzenden Streifen stellen wir die Spannungsfunktion auf

$$F_0 = C\,(z^2 - b^2)^2 \cdot (y + a)^2 \cdot e^{-\alpha y} \quad . \;.\;.\;. \quad (184)$$

in der C und α zwei Freiwerte sind. Der dadurch beschriebene Spannungszustand verschwindet im Unendlichen, nämlich für $y = +\infty$ und läßt die drei Ränder frei von Normal- und Schubspannungen, so daß er einer statisch möglichen Verteilung von Eigenspannungen entspricht. Aus dem Ansatze ergibt sich nämlich

$$\left.\begin{aligned} \sigma_y &= C\,(12\,z^2 - 4\,b^2)\,(y + a)^2\, e^{-\alpha y} \\ \sigma_z &= C\,(z^2 - b^2)^2\, e^{-\alpha y}\,(2 - 4\,\alpha\,(y + a) + \alpha^2\,(y + a)^2) \\ \tau_{yz} &= -4\,C\,z\,(z^2 - b^2)\, e^{-\alpha y}\,(y + a)\,(2 - \alpha\,(y + a)) \end{aligned}\right\} \quad . \quad (185)$$

und für $y = -a$ verschwinden daher, wie es sein muß, sowohl σ_y als τ_{yz} und für $z = \pm b$ verschwinden ebenso überall σ_z und τ_{yz}, womit der Beweis für die Behauptung erbracht ist. Man könnte auch allgemeiner

$$F_0 = C'\,(z^2 - b^2)^m \cdot (y + a)^n\, e^{-\alpha' y}$$

setzen, worin m und n irgend zwei ganze Zahlen sind, die gleich oder größer sind als 2, und würde damit weitere Zustände von Eigenspannungen in dem Parallelstreifen erhalten, die allen geforderten Grenzbedingungen genügen, und schließlich ließe sich auch eine ganze Reihe von solchen Gliedern zusammenfassen, womit man sich dem tatsächlich zu erwartenden Spannungszustande so genau anzuschließen vermöchte, als es nur irgendwie verlangt werden könnte. Aber schon der einfachere Ansatz in Gl. (184) dürfte vollständig genügen, um eine hinreichende Genauigkeit zu erzielen.

Hierbei mag noch die Bemerkung eingeschaltet werden, daß der Ansatz (184) auch in anderen Fällen mit Vorteil verwendet werden kann, z. B. auch bei dem im vorigen Paragraphen behandelten Beispiele, wenn die in der Y-Richtung gehende Rechteckseite so lang ist gegen die andere, daß sie genau genug als unendlich lang betrachtet werden darf. In diesem Falle versagte die dort gegebene Lösung, während sich mit Hilfe des Ansatzes (184) an Stelle des Wertes von F_0 in Gl. (177) nach entsprechender Anpassung leicht eine gerade für diesen Grenzfall gut zutreffende Lösung geben ließe.

Wenn wir aber jetzt bei dem Stabeck bleiben, so haben wir in jedem Schenkel mit Ausschluß des Verbindungsrechtecks einen Spannungszustand, der sich aus zwei Anteilen zusammensetzt, von denen der eine einer einfachen Biegung entspricht, während der andere für den in der Y-Richtung gehende Schenkel durch F_0 in Gl. (184) beschrieben wird. Durch bloße Buchstabenvertauschung läßt sich dieser Ansatz auch auf den in der Z-Richtung gehenden Schenkel übertragen. Im Verbindungsrechteck lagern sich dagegen drei Spannungszustände übereinander, nämlich der durch F_1 in Gl. (182) beschriebene, der zu F_0 in Gl. (184) gehörige sowie der daraus durch Buchstabenvertauschung für den in der Z-Richtung laufenden Schenkel hervorgehende.

Der weitere Weg ist nun klar vorgezeichnet. Man hat den Ausdruck für die Formänderungsarbeit in der ganzen Stabverbindung aufzustellen, indem man über die Fläche integriert, wie es im vorigen Paragraphen geschehen war. Dieser Ausdruck enthält im ganzen vier Freiwerte, nämlich C und a aus Gl. (184) und die beiden, die diesen in dem für den anderen Schenkel zu bildenden gleichgebauten Ausdrucke entsprechen. Nur wenn $a = b$ ist, so daß zwischen beiden Schenkeln kein Unterschied besteht, bleibt es bei den beiden Freiwerten C und a. Dann hat man den Ausdruck für die Formänderungsarbeit nach den Freiwerten zu differentiieren und die Differentialquotienten gleich Null zu setzen. Die sich damit ergebenden Gleichungen sind linear in den Freiwerten und nach diesen aufzulösen, womit der gesuchte Spannungszustand bekannt wird.

Der hier beschriebene Weg ist mühsam, er muß aber sicher zum Ziele führen. Wir wollen jedoch nicht behaupten, daß er der einfachste und nächste Weg ist. Vermutlich wird es vielmehr möglich sein, auch noch kürzer dahin zu gelangen. Vorläufig aber dürfen wir es wohl schon als einen Fortschritt betrachten, wenn nur überhaupt ein Weg angegeben wird, der die Aufgabe grundsätzlich zu lösen gestattet, ohne daß zuviel willkürliche und nicht näher zu begründende Annahmen dabei zugelassen werden müßten.

Schließlich darf nicht unerwähnt bleiben, daß in der nächsten Umgebung der einspringenden Ecke, wie immer in solchen Fällen, besondere Spannungserhöhungen zu erwarten sind, die sich nur auf einen engen Umkreis erstrecken, die aber bei ziemlich spröden Baustoffen wie bei Gußeisen leicht gefährlich werden können. Um sie in mäßigen Grenzen zu halten, wird man die einspringende Ecke mit einer Ausrundung zu versehen haben, deren Halbmesser nicht zu klein gewählt werden darf.

Man kann natürlich von einer Näherungstheorie, wie sie hier besprochen wurde, keine unmittelbare Auskunft über diese Spannungserhöhungen erwarten. Dazu bedarf es vielmehr einer besonderen Untersuchung, die sich nachträglich anschließen läßt, sobald man über die Art des Spannungszustandes in etwas größeren Abständen von der einspringenden Ecke bereits hinreichend unterrichtet ist. Noch zuverlässiger ist es, diese besondere Frage auf dem Versuchswege zu entscheiden, wozu bis jetzt erst spärliche Anläufe vorzuliegen scheinen. Wenn ein solcher Versuch fruchtbar werden soll, ist es freilich auch durchaus nötig, daß der Versuchsansteller vorher schon wohl mit der Theorie vertraut ist, damit er genau weiß, auf was er besonders zu achten hat.

§ 56. Spannungszustand in der rechteckigen Scheibe.

Das in § 55 behandelte Beispiel einer am Rande belasteten rechteckigen Scheibe läßt auch eine nahezu strenge Lösung zu, die wir hier noch besprechen wollen. Wir halten uns dabei an die Abhandlung von Dr.-Ing. Friedrich Bleich, »Der gerade Stab mit Rechteckquerschnitt als ebenes Problem«, in der Zeitschrift »Der Bauingenieur« 1923, S. 255.

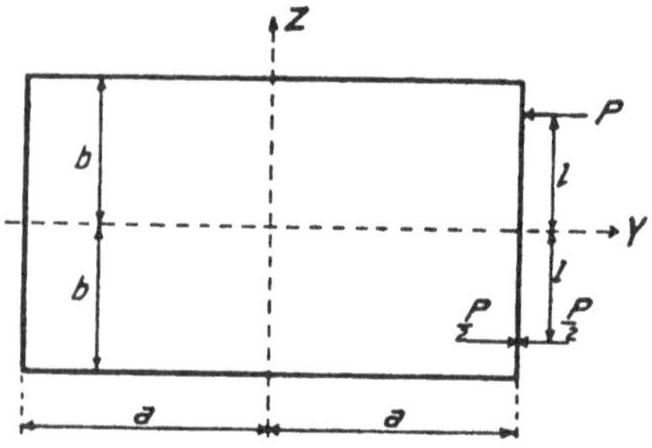

Abb. 60.

Wir setzen eine Scheibe von überall gleicher Dicke mit den Abmessungen 2a und 2b parallel der y- bzw. z-Achse voraus, die längs der Ränder parallel zu z-Achse einer beliebigen, normal zum Rand gerichteten Lastverteilung ausgesetzt ist, wobei zwischen den äußeren Lasten nur die allgemeinen Gleichgewichtsbedingungen bestehen müssen. Die gegebene Belastung läßt sich stets in einen zur y-Achse symmetrischen und in einen antisymmetrischen Anteil zerlegen. Man erkennt dies an Abb. 60, in der als Belastung des einen Randes nur eine Einzellast P im Abstand l von der Y-Achse angenommen ist. Fügt man im Abstand $-l$ die Lasten $+\frac{P}{2}$ und $-\frac{P}{2}$ hinzu, so bildet $+\frac{P}{2}$ mit der Hälfte der gegebenen Last zusammen den symmetrischen Anteil und $-\frac{P}{2}$ mit der anderen Hälfte der gegebenen Last zusammen den antisymmetrischen Anteil der Belastung. Entsprechend läßt sich auch eine kontinuierlich verteilte Belastung in diese beiden Anteile zerlegen. Wir betrachten nun den Spannungszustand der symmetrischen Belastung und den der antisymmetrischen für sich und erhalten durch Überlagerung den gesuchten.

Die symmetrische Belastung des rechten und linken Randes der Scheibe sei mit p_r bzw. p_l bezeichnet, wobei die Lastintensitäten p_r bzw. p_l gegebene Funktionen von z sind. Diese denken wir uns in eine Fouriersche Reihe entwickelt. Da diese Belastungen symmetrisch zur y-Achse sind, so fallen die sin-Glieder in der Entwicklung weg, und es bleiben nur die cos-Glieder stehen:

$$\left.\begin{aligned} p_r &= \frac{A_0}{2} + A_1 \cos\frac{\pi}{b} z + A_2 \cos 2\frac{\pi}{b} z + \\ &\qquad + A_3 \cos 3\frac{\pi}{b} z + \ldots . A_n \cos n\frac{\pi}{b} z + \ldots . \\ p_l &= \frac{B_0}{2} + B_1 \cos\frac{\pi}{b} z + B_2 \cos 2\frac{\pi}{b} z + \\ &\qquad + B_3 \cos 3\frac{\pi}{b} z + \ldots . B_n \cos n\frac{\pi}{b} z + \ldots \end{aligned}\right\} \qquad (186)$$

Wegen des Gleichgewichtes zwischen den Lasten ist $B_0 = A_0$. Die Konstanten A_n und B_n der Fourierschen Reihe lassen sich aus den bekannten Belastungen p_r und p_l in folgender Weise berechnen:

$$A_n = \frac{1}{b}\int_{-b}^{+b} p_r(\lambda) \cos n\frac{\pi\lambda}{b}\, d\lambda \quad \text{und} \quad B_n = \frac{1}{b}\int_{-b}^{+b} p_l(\lambda) \cos n\frac{\pi\lambda}{b}\, d\lambda \qquad (187)$$

Um daraus die Verteilung der Spannungen im Innern der Scheibe zu erhalten, gehen wir von der Darstellung des Spannungszustandes mit Hilfe der Airyschen Spannungsfunktion nach § 40 aus. Wir setzen eine Partikularlösung der Differentialgleichung (14) für die Airysche Spannungsfunktion in der Form

$$F_n = Y \cdot \cos n\frac{\pi}{b} z \quad . \; . \; . \; . \; . \; . \; . \; . \qquad (188)$$

an, wobei Y eine Funktion von y bedeutet. Für Y ergibt sich durch Einsetzen in Gl. (14) die totale Differentialgleichung

$$\frac{d^4 Y}{d y^4} - 2\alpha^2 \frac{d^2 Y}{d y^2} + \alpha^4 Y = 0 \quad . \; . \; . \; . \; . \; . \qquad (189)$$

mit der Abkürzung

$$\alpha = \frac{n\pi}{b} \quad . \; . \; . \; . \; . \; . \; . \; . \; . \; . \qquad (190)$$

Die allgemeine Lösung von Gl. (189) lautet:

$$Y = C_1 \mathfrak{Cof}\, \alpha y + C_2 \mathfrak{Sin}\, \alpha y + C_3 y \mathfrak{Cof}\, \alpha y + C_4 y \mathfrak{Sin}\, \alpha y, \qquad (191)$$

wenn mit $\mathfrak{Cof}$ und $\mathfrak{Sin}$ die hyperbolischen Funktionen bezeichnet werden, die sonst in diesem Buch gewöhnlich cosh und sinh geschrieben wurden.

Da n noch eine beliebige ganze Zahl sein kann, so ergibt sich durch Summierung über alle F_n die allgemeinste Lösung von Gl. (14) in der Form

$$F = \sum_{n=1}^{\infty} [C_1 \mathfrak{Cof}\, \alpha y + C_2 \mathfrak{Sin}\, \alpha y + C_3 y \mathfrak{Cof}\, \alpha y + C_4 y \mathfrak{Sin}\, \alpha y] \cos \alpha z \qquad (192)$$

Die Spannungen findet man hieraus nach den Gl. (9) zu:

$$\left.\begin{aligned}
\sigma_y &= \frac{\partial^2 F}{\partial z^2} = -\sum_{n=1}^{\infty} [C_1 \mathfrak{Cof}\, \alpha y + C_2 \mathfrak{Sin}\, \alpha y + \\
&\qquad + C_3 y \mathfrak{Cof}\, \alpha y + C_4 y \mathfrak{Sin}\, \alpha y]\, \alpha^2 \cos \alpha z \\
\sigma_z &= \frac{\partial^2 F}{\partial y^2} = \sum_{n=1}^{\infty} [C_1 \alpha^2 \mathfrak{Cof}\, \alpha y + C_2 \alpha^2 \mathfrak{Sin}\, \alpha y + C_3 \alpha (2 \mathfrak{Sin}\, \alpha y + \\
&\qquad + \alpha y \mathfrak{Cof}\, \alpha y) + C_4 \alpha (2 \mathfrak{Cof}\, \alpha y + \alpha y \mathfrak{Sin}\, \alpha y)] \\
&\qquad \cos \alpha z \\
\tau &= -\frac{\partial^2 F}{\partial y\, \partial z} = \sum_{n=1}^{\infty} [C_1 \alpha \mathfrak{Sin}\, \alpha y + C_2 \alpha \mathfrak{Cof}\, \alpha y + C_3 (\alpha y \mathfrak{Sin}\, \alpha y + \\
&\qquad + \mathfrak{Cof}\, \alpha y) + C_4 (\alpha y \mathfrak{Cof}\, \alpha y + \mathfrak{Sin}\, \alpha y)]\, \alpha \sin \alpha z
\end{aligned}\right\} \qquad (193)$$

Die Darstellung des Spannungszustandes in dieser Weise mit Hilfe der noch unbekannten Festwerte C_1 bis C_4 hat den Vorteil, daß sie die Randbedingungen leicht zu erfüllen gestattet, wobei sich zugleich die Werte der Konstanten C_1 bis C_4 bestimmen lassen. Die Randbedingungen sind folgende:

$$\begin{aligned}
&\text{für} \quad y = +a: \quad \sigma_y = p_r(z) \quad \text{und} \quad \tau = 0 \\
&\;\text{»} \quad\; y = -a: \quad \sigma_y = p_l(z) \quad\;\; \text{»} \quad\;\; \tau = 0.
\end{aligned}$$

Somit ergibt sich aus der dritten Gl. (193) mit $y = +a$ bzw. $y = -a$:

$$\begin{aligned}
&\sum_{n=1}^{\infty} \{C_1 \alpha \mathfrak{Sin}\, \alpha a + C_2 \alpha \mathfrak{Cof}\, \alpha a + C_3 (\alpha a \mathfrak{Sin}\, \alpha a + \mathfrak{Cof}\, \alpha a) + \\
&\qquad + C_4 (\alpha a \mathfrak{Cof}\, \alpha a + \mathfrak{Sin}\, \alpha a)]\, \alpha \sin \alpha z = 0 \\
&\sum_{n=1}^{\infty} [- C_1 \alpha \mathfrak{Sin}\, \alpha a + C_2 \alpha \mathfrak{Cof}\, \alpha a + C_3 (\alpha a \mathfrak{Sin}\, \alpha a + \mathfrak{Cof}\, \alpha a) - \\
&\qquad - C_4 (\alpha a \mathfrak{Cof}\, \alpha a + \mathfrak{Sin}\, \alpha a)]\, \alpha \sin \alpha z = 0
\end{aligned}$$

Da diese Summen unabhängig von z verschwinden sollen, so müssen die einzelnen Summenglieder für sich Null sein; das ergibt:

$$\left.\begin{aligned}
C_3 &= -C_2 \cdot \frac{\alpha \mathfrak{Cof}\, \alpha a}{\alpha a \mathfrak{Sin}\, \alpha a + \mathfrak{Cof}\, \alpha a} \\
C_4 &= -C_1 \cdot \frac{\alpha \mathfrak{Sin}\, \alpha a}{\alpha a \mathfrak{Cof}\, \alpha a + \mathfrak{Sin}\, \alpha a}
\end{aligned}\right\} \quad . \; . \; . \quad (194)$$

Außerdem verlangen die Randbedingungen:

$$\left.\begin{aligned}
&-\sum_{n=1}^{\infty} [C_1 \mathfrak{Cof}\, \alpha a + C_2 \mathfrak{Sin}\, \alpha a + C_3 a \mathfrak{Cof}\, \alpha a + \\
&\qquad + C_4 a \mathfrak{Sin}\, \alpha a]\, \alpha^2 \cos \alpha z = \frac{A_0}{2} + \sum_{n=1}^{\infty} A_n \cos \alpha z \\
&-\sum_{n=1}^{\infty} [C_1 \mathfrak{Cof}\, \alpha a - C_2 \mathfrak{Sin}\, \alpha a - C_3 a \mathfrak{Cof}\, \alpha a + \\
&\qquad + C_4 a \mathfrak{Sin}\, \alpha a]\, \alpha^2 \cos \alpha z = \frac{B_0}{2} + \sum_{n=1}^{\infty} B_n \cos \alpha z
\end{aligned}\right\} \quad . \quad (195)$$

Diese Bedingungsgleichungen sind erfüllt, wenn man linker Hand die Konstante $\frac{A_0}{2}$ bzw. $\frac{B_0}{2}$ hinzufügt, was ohne weiteres gestattet ist, und wenn jedes Glied der linken Seiten gleich dem entsprechenden Glied der rechten Summen ist. Dies führt auf die Beziehungen

$$-\alpha^2 [C_1 \mathrm{Cof}\, \alpha a + C_2 \mathrm{Sin}\, \alpha a + C_3 a \mathrm{Cof}\, \alpha a + C_4 a \mathrm{Sin}\, \alpha a] = A_n$$
$$-\alpha^2 [C_1 \mathrm{Cof}\, \alpha a - C_2 \mathrm{Sin}\, \alpha a - C_3 a \mathrm{Cof}\, \alpha a + C_4 a \mathrm{Sin}\, \alpha a] = B_n,$$

woraus

$$\left.\begin{aligned} C_1 &= -\frac{A_n + B_n}{\alpha^2} \cdot \frac{\alpha a \mathrm{Cof}\, \alpha a + \mathrm{Sin}\, \alpha a}{\mathrm{Sin}\, 2 \alpha a + 2 \alpha a} \\ C_2 &= -\frac{A_n - B_n}{\alpha^2} \cdot \frac{\alpha a \mathrm{Sin}\, \alpha a + \mathrm{Cof}\, \alpha a}{\mathrm{Sin}\, 2 \alpha a - 2 \alpha a} \end{aligned}\right\} \quad . \; . \quad (196)$$

folgt. Durch Einsetzen in Gl. (194) folgt ferner

$$\left.\begin{aligned} C_3 &= \frac{A_n - B_n}{\alpha^2} \cdot \frac{\alpha \mathrm{Cof}\, \alpha a}{\mathrm{Sin}\, 2 \alpha a - 2 \alpha a} \\ C_4 &= \frac{A_n + B_n}{\alpha^2} \cdot \frac{\alpha \mathrm{Sin}\, \alpha a}{\mathrm{Sin}\, 2 \alpha a + 2 \alpha a} \end{aligned}\right\} \quad . \; . \; . \quad (197)$$

Nachdem man die Festwerte bestimmt hat, ergeben sich durch Einsetzen in die Gl. (193) die endgültigen Spannungswerte zu:

$$\left.\begin{aligned} \sigma_y' = \frac{A_0}{z} &+ \sum_{n=1}^{\infty} (A_n + B_n) \frac{(\mathrm{Sin}\, \alpha a + \alpha a \mathrm{Cof}\, \alpha a)\, \mathrm{Cof}\, \alpha y - \alpha y \mathrm{Sin}\, \alpha a \mathrm{Sin}\, \alpha y}{\mathrm{Sin}\, 2 \alpha a + 2 \alpha a} \cos \alpha z \\ &+ \sum_{u=1}^{\infty} (A_n - B_n) \frac{(\mathrm{Cof}\, \alpha a + \alpha a \mathrm{Sin}\, \alpha a)\, \mathrm{Sin}\, \alpha y - \alpha y \mathrm{Cof}\, \alpha a \mathrm{Cof}\, \alpha y}{\mathrm{Sin}\, 2 \alpha a - 2 \alpha a} \cos \alpha z \\ \sigma_z' = &\sum_{n=1}^{\infty} (A_n + B_n) \frac{(\mathrm{Sin}\, \alpha a - \alpha a \mathrm{Cof}\, \alpha a)\, \mathrm{Cof}\, \alpha y + \alpha y \mathrm{Sin}\, \alpha a \mathrm{Sin}\, \alpha y}{\mathrm{Sin}\, 2 \alpha a + 2 \alpha a} \cos \alpha z \\ &+ \sum_{n=1}^{\infty} (A_n - B_n) \frac{(\mathrm{Cof}\, \alpha a - \alpha a \mathrm{Sin}\, \alpha a)\, \mathrm{Sin}\, \alpha y + \alpha y \mathrm{Cof}\, \alpha a \mathrm{Cof}\, \alpha y}{\mathrm{Sin}\, 2 \alpha a - 2 \alpha a} \cos \alpha z \\ \tau' = &\sum_{n=1}^{\infty} (A_n + B_n) \frac{\alpha y \mathrm{Sin}\, \alpha a \mathrm{Cof}\, \alpha y - \alpha a \mathrm{Cof}\, \alpha a \mathrm{Sin}\, \alpha y}{\mathrm{Sin}\, 2 \alpha a + 2 \alpha a} \sin \alpha z \\ &+ \sum_{n=1}^{\infty} (A_n - B_n) \frac{\alpha y \mathrm{Cof}\, \alpha a \mathrm{Sin}\, \alpha y - \alpha a \mathrm{Sin}\, \alpha a \mathrm{Cof}\, \alpha y}{\mathrm{Sin}\, 2 \alpha a - 2 \alpha a} \sin \alpha z \end{aligned}\right\} (198)$$

Dabei sind die Spannungen vorläufig noch mit einem Strich versehen worden, da sie, wie weiter unten gezeigt wird, noch einer Korrektur bedürfen.

Ebenso wie bei der symmetrischen Belastung der Scheibe gehen wir bei dem zweiten Belastungsanteil, der antisymmetrischen Belastung der Scheibe, vor. Wir entwickeln wieder die gegebene Belastung der beiden Scheibenränder, deren antisymmetrische Anteile wir mit $p_r'(z)$ bzw. $p_l'(z)$ bezeichnen wollen, nach Fourier-Reihen, die hier die folgende allgemeine Gestalt annehmen:

$$\left.\begin{aligned} p_r'(z) &= A_1' \sin \frac{\pi z}{b} + A_2' \sin 2\frac{\pi z}{b} + \ldots + A_n' \sin n \frac{\pi z}{b} + \ldots \\ p_l'(z) &= B_1' \sin \frac{\pi z}{b} + B_2' \sin 2\frac{\pi z}{b} + \ldots + B_n' \sin n \frac{\pi z}{b} + \ldots \end{aligned}\right\} \quad (199)$$

Darin berechnen sich die Koeffizienten durch

$$A_n' = \frac{1}{b}\int_{-b}^{+b} p_r'(\lambda) \sin\left(n\frac{\pi\lambda}{b}\right) d\lambda \quad \text{und} \quad B_n' = \frac{1}{b}\int_{-b}^{+b} p_l'(\lambda) \sin\left(n\frac{\pi\lambda}{b}\right) d\lambda \quad (200)$$

Um die Verteilung der Spannungen im Innern der Scheibe, die zu dieser Randbelastung gehört, zu erhalten, verfährt man genau so wie vorher bei der symmetrischen Lastverteilung. Wir setzen eine Teillösung für die Differentialgleichung (14) der Airyschen Spannungsfunktion in der Form

$$F_n = Y \sin n \frac{\pi z}{b} \quad . \quad . \quad . \quad . \quad . \quad . \quad . \quad (201)$$

an, worin Y eine Funktion von y allein bedeutet. Y muß, wie man sich durch Einsetzen in Gl. (14) überzeugt, der totalen Differentialgleichung (189) genügen, so daß wir die vorigen Entwicklungen hier übernehmen können. Die allgemeinste Darstellung für F lautet demnach:

$$F = \sum_{n=1}^{\infty} [C_1 \operatorname{Cof} \alpha y + C_2 \operatorname{Sin} \alpha y + C_3 y \operatorname{Cof} \alpha y + C_4 y \operatorname{Sin} \alpha y] \sin \alpha z \quad . \quad . \quad (202)$$

Die Konstanten C_1 bis C_4 berechnen sich hier ebenso wie vorher, so daß wir für die Spannungen die folgenden Werte erhalten:

$$\left.\begin{aligned} \sigma_y' &= \sum_{n=1}^{\infty} (A_n' + B_n') \frac{(\operatorname{Sin} \alpha a + \alpha a \operatorname{Cof} \alpha a) \operatorname{Cof} \alpha y - \alpha y \operatorname{Sin} \alpha a \operatorname{Sin} \alpha y}{\operatorname{Sin} 2 \alpha a + 2 \alpha a} \sin \alpha z \\ &+ \sum_{n=1}^{\infty} (A_n' - B_n') \frac{(\operatorname{Cof} \alpha a + \alpha a \operatorname{Sin} \alpha a) \operatorname{Sin} \alpha y - \alpha y \operatorname{Cof} \alpha a \operatorname{Cof} \alpha y}{\operatorname{Sin} 2 \alpha a - 2 \alpha a} \sin \alpha z \end{aligned}\right\} \quad . \quad . \quad (203)$$

$$\left.\begin{aligned}
\sigma_z' &= \sum_{n=1}^{\infty} (A_n' + B_n') \frac{(\mathfrak{Sin}\,\alpha a - \alpha a \,\mathfrak{Cof}\,\alpha a)\,\mathfrak{Cof}\,\alpha y + {} + \alpha y \,\mathfrak{Sin}\,\alpha a \,\mathfrak{Sin}\,\alpha y}{\mathfrak{Sin}\,2\alpha a + 2\alpha a} \sin \alpha z \\
&+ \sum_{n=1}^{\infty} (A_n' - B_n') \frac{(\mathfrak{Cof}\,\alpha a - \alpha a \,\mathfrak{Sin}\,\alpha a)\,\mathfrak{Sin}\,\alpha y + {} + \alpha y \,\mathfrak{Cof}\,\alpha a \,\mathfrak{Cof}\,\alpha y}{\mathfrak{Sin}\,2\alpha a - 2\alpha a} \sin \alpha z \\
\tau' &= -\sum_{n=1}^{\infty} (A_n' + B_n') \frac{\alpha y \,\mathfrak{Sin}\,\alpha a \,\mathfrak{Cof}\,\alpha y - {} - \alpha a \,\mathfrak{Cof}\,\alpha a \,\mathfrak{Sin}\,\alpha y}{\mathfrak{Sin}\,2\alpha a + 2\alpha a} \cos \alpha z \\
&- \sum_{u=1}^{\infty} (A_n' - B_n') \frac{\alpha y \,\mathfrak{Cof}\,\alpha a \,\mathfrak{Sin}\,\alpha y - {} - \alpha a \,\mathfrak{Sin}\,\alpha a \,\mathfrak{Cof}\,\alpha y}{\mathfrak{Sin}\,2\alpha a - 2\alpha a} \cos \alpha z
\end{aligned}\right\} \quad . \; . \quad (203)$$

Durch Überlagerung der beiden Lösungen (198) und (203) erhält man die Lösung für die allgemeinste Belastung der beiden Ränder, durch Kräfte normal zum Rand. Jedoch erfüllt diese Lösung in einer Beziehung noch nicht alle Bedingungen der gestellten Aufgabe. Sie befriedigt nämlich nicht die Randbedingungen an den beiden anderen Rändern der rechteckigen Scheibe für $z = \pm b$. In strenger Form läßt sich auf dem hier eingeschlagenen Weg die vollständige Lösung überhaupt nicht geben; dagegen läßt sich die noch ausstehende Randbedingung näherungsweise befriedigen, namentlich für schmale Scheiben, die einem großen oder kleinen Verhältnis $\frac{a}{b}$ entsprechen.

Bei der symmetrischen Belastung ergibt sich aus den Gl. (198) für $z = \pm b$ wegen

$$\sin \alpha z = \pm \sin \alpha b = \pm \sin n\pi = 0,$$

daß

$$\tau'_{\pm b} = 0 \quad . \; . \; . \; . \; . \; . \; . \; . \; . \; . \quad (204)$$

ist. Dagegen ist $(\sigma_z')_{z=\pm b} \neq 0$, im Gegensatz zu der verlangten Randbedingung. Aus allgemeinen Gleichgewichtsbedingungen geht hervor, daß die Resultierende der σ_z'-Spannungen für jeden Schnitt parallel zur Y-Achse, also auch für die Ränder $z = \pm b$ Null ist. Man kann diesen Nachweis auch mit Hilfe der zweiten Gl. (198) führen, wenn man den Wert von σ_z' in $\int\limits_{-a}^{+a} \sigma_z' dy$ einsetzt, wobei dieses Integral zu Null wird. Die Randspannungen $(\sigma_z')_{z=\pm b}$ geben dagegen Veranlassung zu einem Moment, dessen Größe man berechnet zu

$$M_b = \int\limits_{-a}^{+a} (\sigma_z')_{\pm b}\, y\, dy = \sum_{n=1}^{\infty} \frac{1}{\alpha^2} (A_n - B_n) \cos n\pi \quad . \quad (205)$$

Bei der unsymmetrischen Belastung ergibt sich an den Rändern $z = \pm b$, daß $(\sigma_z')_{z=\pm b} = 0$, dagegen $\tau'_{\pm b} \neq 0$ ist. Jedoch läßt sich auch hier zeigen, daß die Schubspannungen $\tau'_{\pm b}$ die Resultierende Null ergeben, so daß sie sich gegenseitig aufheben.

Im allgemeinsten Belastungsfall ergibt sonach die durch Überlagerung der Spannungen nach den Gl. (198) und (203) erhaltene Lösung an den Endflächen $z = \pm b$ Normalspannungen $(\sigma_z')_{\pm b}$, die einem Moment M_b gleichwertig sind und Schubspannungen $\tau'_{\pm b}$, die sich gegenseitig aufheben.

Es läßt sich zeigen, daß für den unendlich langen Streifen ($b = \infty$), der entlang der Längsseiten beliebig durch Normalkräfte belastet ist, das Moment M_b ebenso wie die Schubkräfte $\tau'_{\pm b}$ verschwinden, so daß in diesem Fall die Gl. (198) und (203) die vollständige und strenge Lösung darstellen.

Bei einer endlichen Rechteckscheibe muß man zur Erfüllung der Randbedingungen für $z = \pm b$ an diesen beiden Rändern eine Belastung anbringen, die gleich, aber entgegengesetzt gerichtet ist den oben berechneten Spannungen $(\sigma_z')_{\pm b}$ und $\tau'_{\pm b}$. Die Zusatzkräfte beeinflussen natürlich das durch die Gl. (198) und (203) bestimmte Spannungsbild. Was die den Schubkräften $\tau'_{\pm b}$ entsprechende Belastung der Ränder $z = \pm b$ anbelangt, so beeinflußt sie nach dem St. Venantschen Prinzip nur der Spannungszustand in der unmittelbaren Umgebung der Ränder $z = \pm b$, da die Schubspannungen $\tau'_{\pm b}$ an jedem der beiden Ränder für sich im Gleichgewicht sind. Die den Normalspannungen $(\sigma_z')_{\pm b}$ entsprechende Belastung stellt ein Moment dar, also eine antisymmetrische Belastung, für die wir die Gl. (203) benützen müssen, wenn wir darin y durch z und a durch b ersetzen und umgekehrt. Die zu dieser Belastung gehörenden Normalspannungen $(\sigma_y)_{y=\pm a}$ sind aber Null, so daß demnach der Spannungszustand der Normalspannungen an den Rändern $y = \pm a$ nicht beeinflußt wird. Dagegen fordert diese Zusatzbelastung an den Rändern $y = \pm a$ eine zusätzliche Schubspannungsverteilung, die, da sie in Wirklichkeit nicht vorhanden ist, den Spannungszustand an den Rändern $y = \pm a$ ein wenig abändert; jedoch ist diese Änderung nach dem St. Venantschen Prinzip wiederum nur auf die nahe Umgebung der Ränder beschränkt, da die Resultierende dieser Schubspannungen Null sein muß.

Es bleibt als wesentlicher Einfluß nur das an den Rändern $z = \pm b$ wirkende Zusatzmoment M_b, das zu dem gefundenen Spannungszustand zur Erfüllung aller Randbedingungen noch hinzutreten muß. Man könnte diesen Einfluß streng nach den Gl. (198) und (203) berechnen, wenn man darin y mit z und a mit b vertauscht. Jedoch ist diese immerhin ziemlich umständliche Rechnung nur für eine quadratische oder nahezu quadratische Scheibe erforderlich, während man bei kleinem oder großem Verhältnis $\frac{a}{b}$ mit einfacheren Näherungslösungen auskommt.

Ist $\frac{a}{b}$ klein, so kann man von dem St. Venantschen Prinzip Gebrauch machen, wonach es nur auf das Moment M_b ankommt und nicht auf die Verteilung der Spannungen auf den Rändern $z = \pm b$, wenigstens, wenn man von der nächsten Umgebung dieser Ränder absieht. M_b erzeugt im ganzen Streifen einen Spannungszustand der reinen Biegung, der auch nach der strengen Theorie die Spannungen

$$\sigma_y'' = 0; \; \sigma_z'' = \frac{M_b}{J} y = \frac{3}{2} \frac{y}{a^3} \sum_{n=1}^{\infty} \frac{1}{\alpha^2} (A_n - B_n) \cos n\pi; \; \tau'' = 0$$

hervorruft, wobei für M_b der Wert nach Gl. (205) eingesetzt ist.

Die vollständige Näherungslösung erhalten wir demnach in folgender Form:

Für die symmetrische Belastung:

$$\sigma_y = \sigma_y'; \; \sigma_z = -\frac{3}{2} \frac{y}{a^3} \sum_{n=1}^{\infty} \frac{1}{\alpha^2} (A_n - B_n) \cos n\pi + \sigma_z'; \; \tau = \tau'.$$

Für die antisymmetrische Belastung:

$$\sigma_y = \sigma_y'; \; \sigma_z = \sigma_z'; \; \tau = \tau',$$

wobei σ_y', σ_z' und τ' für die symmetrische Belastung nach den Gl. (198) und für die antisymmetrische Belastung nach Gl. (203) einzusetzen ist.

Ist $\frac{a}{b}$ groß, so daß die gegebene Belastung an den Schmalseiten des Rechteckstreifens wirken, so kann man angenähert voraussetzen, daß die Zusatzspannungen von dem Rande $z = -b$ bis zum Rande $z = +b$ ohne Änderung übertragen werden, so daß die Gleichungen gelten:

Für symmetrische Belastung:

$$\sigma_y = \sigma_y'; \; \sigma_z = \sigma_z' - (\sigma_z')_{z=b}; \; \tau = \tau'$$

und für antisymmetrische Belastung:

$$\sigma_y = \sigma_y'; \; \sigma_z = \sigma_z'; \; \tau = \tau',$$

wobei wiederum für σ_y', σ_z' und τ' die Ausdrücke nach den Gl. (198) bzw. (203) einzusetzen sind.

Für schmale Rechtecke ist demnach die Spannungsaufgabe befriedigend gelöst, solange es sich um nur normale Beanspruchung der Ränder handelt. Sind alle vier Seiten eines schmalen Rechtecks in dieser Weise beansprucht, so führt die Überlagerung der obigen beiden Belastungsfälle zum Ziel.

Um die allgemein gehaltenen Überlegungen auch noch auf ein Beispiel anzuwenden, wollen wir den durch Abb. 61 gekennzeichneten Belastungsfall behandeln unter der Voraussetzung, daß $2a$ groß gegen $2b$ ist, so daß wir eine gute Näherungslösung angeben können. Die hier in erster Linie interessierende Frage ist die nach der Art, wie sich die am Rand konzentrierte Einzellast P nach der Mitte der Scheibe zu ausbreitet und insbesondere, wie schnell diese Ausbreitung erfolgt; denn diese Art des Lastangriffes findet in der Regel in Wirklichkeit statt, so daß wir damit eine praktisch wichtige Aufgabe zu lösen haben.

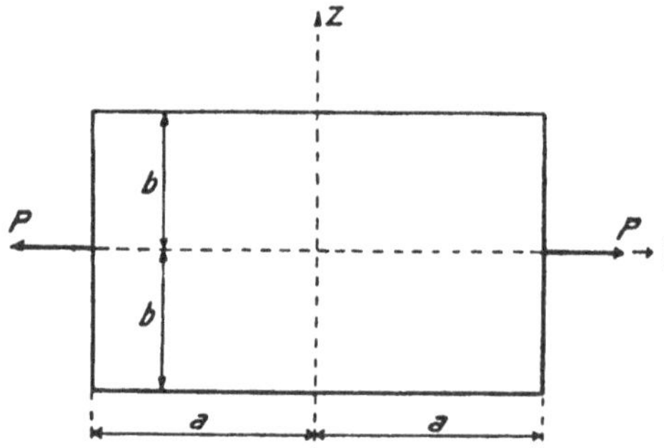

Abb. 61.

Wir haben es hier mit einer symmetrischen Belastung zu tun und haben uns daher für das Spannungsbild der σ_y, das vor allen Dingen interessiert, an die erste der Gl. (198) zu halten. Die Koeffizienten A_n und B_n ergeben sich aus den Gl. (187), wobei wegen der Gleichheit der Belastung beider Ränder von vorneherein $A_n = B_n$ gesetzt werden kann.

Um Gl. (187) anwenden zu können, nehmen wir an Stelle der Einzellast P beiderseits eine über die Strecke 2ε gleichmäßig verteilte Belastung von der Lastintensität $p_r = p_l = \frac{P}{2\varepsilon}$ an und gehen dann nachträglich zur Grenze $\varepsilon = 0$ über. Es ergibt sich dann:

$$A_n = B_n = \frac{1}{b}\,\frac{P}{2\varepsilon}\int_{-\varepsilon}^{+\varepsilon}\cos n\frac{\pi\lambda}{b}\lambda = \frac{P}{2n\pi\varepsilon}\cdot 2\sin\frac{n\pi\varepsilon}{b}.$$

Für $\varepsilon = 0$ wird daraus:

$$A_n = B_n = \frac{P}{b} \quad \text{für } n = 1,\ 2,\ 3\ldots.$$

Ferner ist auch $A_0 = B_0 = \frac{P}{b}$.

Für σ_y ergibt sich demnach:

$$\sigma_y = \frac{P}{2b} + \frac{2P}{b}\sum_{n=1}^{\infty}\frac{(\operatorname{Sin}\alpha a + \alpha a\operatorname{Cos}\alpha a)\operatorname{Cos}\alpha y - \alpha y\operatorname{Sin}\alpha a\operatorname{Sin}\alpha y}{\operatorname{Sin}2\alpha a + 2\alpha a}\cos\alpha z.$$

Da wir $\frac{a}{b}$ als groß vorausgesetzt haben, so kann man $\operatorname{Sin}\alpha a$ und $\operatorname{Cos}\alpha a$ durch $\frac{1}{2}e^{\alpha a}$ ersetzen und ferner im Nenner $2\alpha a$ gegen $\operatorname{Sin}2\alpha a$ vernachlässigen:

$$\sigma_y = \frac{P}{2b} + \frac{2P}{b}\sum_{n=1}^{\infty}\frac{(1+\alpha a)\operatorname{Cos}\alpha y - \alpha y\operatorname{Sin}\alpha y}{e^{\alpha a}}\cos\alpha z.$$

Da wir uns hauptsächlich für das rechte und linke Ende des Rechteckes interessieren, wo ay verhältnismäßig groß ist, so kann man auch Cof ay und Sin ay durch $\frac{1}{2} e^{\alpha y}$ ersetzen:

$$\sigma_y = \frac{P}{2b} + \frac{P}{b} \sum_{n=1}^{\infty} \frac{1 + \frac{n\pi}{b}(a - y)}{e^{n \frac{\pi}{b}(a-y)}} \cos \frac{n\pi}{b} z,$$

wobei $\alpha = \frac{n\pi}{b}$ gesetzt ist.

Für nicht zu kleine Werte $a - y$ konvergiert diese Reihe sehr rasch, so daß man schon mit wenigen Gliedern eine genügend genaue Berechnung von σ_y erhält.

Setzt man etwa $a - y = b$, also gleich der halben Scheibenbreite, so erhält man:

$$\sigma_y = \frac{P}{2b} + \frac{P}{b} \left[\frac{1+\pi}{e^{\pi}} \cos \frac{\pi z}{b} + \frac{1 + 2\pi}{e^{2\pi}} \cos \frac{2\pi z}{b} + \ldots \right]$$

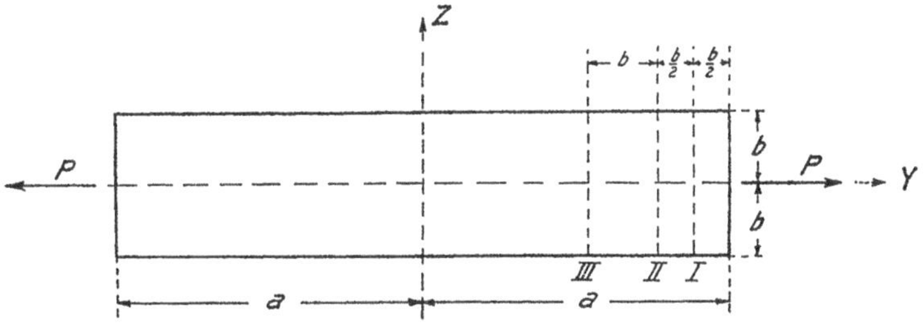

Abb. 62a.

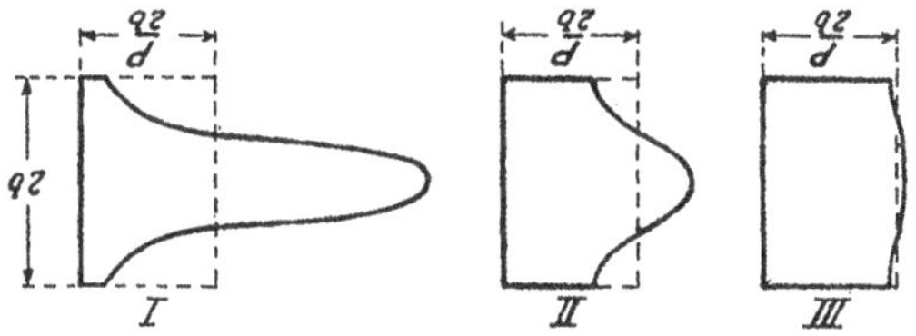

Abb. 62b.

Da $e^{\pi} = 23{,}141$, so genügen schon 3 Glieder dieser Reihe, um σ_y auf 3 Dezimalen genau zu berechnen. Wie rasch sich die konzentrierte Last P gleichmäßig über die ganze Breite des Streifens ausbreitet, geht aus den folgenden Schaulinien hervor, die mit Hilfe vorstehender Formeln in der oben erwähnten Arbeit von F. Bleich berechnet sind Für die Querschnitte I, II und III im Abstand $\frac{b}{2}$, b und $2b$ vom Ende ist die Verteilung der Spannungen über die Querschnitte aus Abb. 62b zu entnehmen, in der $\frac{P}{2b}$ als Einheit gewählt ist. Man sieht daraus, daß schon im Abstand $2b$ vom Ende, also gleich der Breite des Streifens, die Spannungsverteilung so gut wie gleichmäßig über den Querschnitt verteilt ist. Die größte Abweichung von der gleichmäßigen Verteilung beträgt in diesem Querschnitt nur 3%.

Diesem Resultat kommt eine allgemeinere Bedeutung zu, da sich daraus auch in anderen ähnlichen Fällen schließen läßt, daß sich eine konzentrierte Belastung außerordentlich rasch ausbreitet.

Die obigen Formeln würden für $y = \pm a$ unendlich große Spannungen an der Lastangriffsstelle ergeben. In Wirklichkeit greift eine Last niemals in einem einzigen Punkt, sondern auf einer Fläche an, so daß die Rechnung in der unmittelbaren Umgebung der Angriffsstelle auf den wirklichen Vorgang nicht übertragen werden darf.

Wegen weiterer Anwendungen des allgemeinen Spannungsbildes in rechteckigen Scheiben, das wir in diesem Paragraphen entworfen haben, sei auf die Arbeit von F. Bleich verwiesen. Insbesondere sei hier eine Anwendung auf die Berechnung der Bolzen in Bolzengelenken erwähnt, die am Schluß der Arbeit von F. Bleich zu finden ist.

§ 57. Plastisches Gleichgewicht beim ebenen Spannungszustand.

In neuerer Zeit ist es gelungen, unter gewissen einfachen Voraussetzungen die plastischen Deformationen eines ebenen und auch eines achsensymmetrischen räumlichen Spannungszustandes zu behandeln. Wir wollen uns hier nur mit dem ebenen Fall beschäftigen.

Grundlegend für unsere Betrachtungen ist dabei die Arbeit von L. Prandtl »Über die Härte plastischer Baustoffe und die Festigkeit von Schneiden« in der Zeitschrift für angew. Math. und Mechanik 1921, Bd. I, S. 15. Daran anknüpfend hat H. Hencky in einer Arbeit »Über einige statisch bestimmte Fälle des Gleichgewichtes in plastischen Körpern«, Zeitschrift für angew. Math. und Mechanik, Bd. 3, S. 241, bemerkenswerte Fortschritte erzielt. Wir werden hier eine von den beiden genannten Arbeiten etwas abweichende, möglichst einfach gehaltene Einführung in die Theorie des ebenen plastischen Gleichgewichts geben.

Nach Prandtl nehmen wir die plastische Formänderung, die sich in der Umgebung der Lastangriffsstellen ausbildet, einerseits als groß gegenüber der elastischen Formänderung der weiter entfernt gelegenen Teile des Körpers an und anderseits als so klein, daß die geometrische Gestalt des Körpers dadurch keine wesentliche Änderung erfährt. Zur Vereinfachung wird der elastisch beanspruchte Teil des Körpers als starr angesehen, so daß nur die plastischen Formänderungen Berücksichtigung finden. Das plastische Gebiet ist unter dieser Voraussetzung gegen das elastische Gebiet durch eine starre Grenze abgetrennt. Durch diese Voraussetzungen, die selbstverständlich nur eine Annäherung an den wirklichen Zustand darstellen, wird das schwierige

Problem der plastischen Deformation der Berechnung zugänglich gemacht. Man muß sich aber von vorneherein darüber klar sein, daß die Theorie aus diesem Grund die wirklichen Verhältnisse nur angenähert wiedergeben kann. Erst der Vergleich mit dem Experiment kann über die Zulässigkeit der Voraussetzungen und damit über die Brauchbarkeit der Theorie entscheiden. Auf Veranlassung von Prandtl hat F. Nadai in der Zeitschrift für angew. Math. und Mechanik 1921, Bd. 1, S. 20, Versuche beschrieben, die die Festigkeit von Schneiden in guter Übereinstimmung mit der Prandtlschen Theorie zeigen, so daß damit die Brauchbarkeit der Theorie bewiesen worden ist.

Schon St. Venant, der als erster theoretische Betrachtungen über plastische Deformationen von Körpern angestellt hat, ist von der Voraussetzung ausgegangen, daß das Eintreten einer plastischen Deformation durch Überwinden der Schubspannungen erfolgt. Beim ebenen Spannungszustand bildet sich demnach im plastischen Gebiet ein Netz von Gleitlinien aus. Diese Linien sind als Fließlinien oder Fließfiguren schon seit langem bekannt. Während Prandtl in seiner Arbeit den allgemeineren Fall zugrunde legt, daß die auf die Richtung der Gleitlinien bezogene, für das Eintreten des plastischen Zustandes maßgebende Schubspannung keine Konstante, sondern mit dem Ort veränderlich ist, entsprechend der Mohrschen Grenzkurve von Abb. 8, S. 48, setzen wir der Einfachheit hier voraus, daß innerhalb des ganzen plastischen Gebietes die größte Schubspannung den konstanten Wert k besitzt. Es kommt dies darauf hinaus, daß die Mohrsche Grenzkurve in Abb. 8 S. 48 parallel zur σ-Achse verläuft. In diesem Fall bilden die Gleitlinien ein rechtwinkeliges Netz von Linien, die das plastische Gebiet durchsetzen und die Spannungstrajektorien überall unter 45° schneiden. Bei Metallen entpsricht dieser Fall sehr nahe der Wirklichkeit.

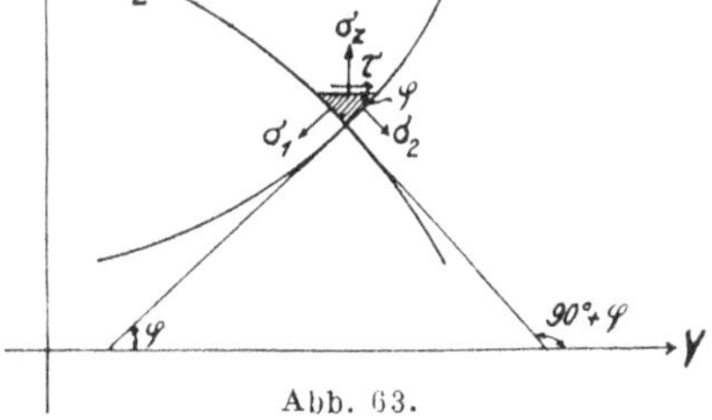

Abb. 63.

Wir gehen nunmehr zur formelmäßigen Erfassung des ebenen plastischen Spannungszustandes über. Dabei wird sich zeigen, daß der Spannungszustand unter den gemachten Voraussetzungen sich ohne Eingehen auf die Formänderungen, also rein statisch bestimmen läßt. Wir wollen im Interesse der Einfachheit der Darstellung von dem rechtwinkeligen Netz der Spannungstrajektorien ausgehen, um daran anschließend das unter 45° dagegen verlaufende Netz der Gleitlinien zugrunde zu legen.

In Abb. 63 bedeuten 1 und 2 zwei zueinander senkrecht stehende Spannungstrajektorien des ebenen Spannungszustandes y, z. Die Tangenten an beiden Spannungstrajektorien schließen mit der positiven

y-Achse die Winkel φ bzw. $90^0 + \varphi$ ein. Das Gleichgewicht der Spannungen, die auf den Kanten des durch Schraffieren hervorgehobenen Dreiecks angreifen, drückt sich aus durch die Beziehungen:

$$\sigma_z = \sigma_1 \sin^2 \varphi + \sigma_2 \cos^2 \varphi$$
$$\tau = (\sigma_1 - \sigma_2) \sin \varphi \cos \varphi,$$

worin σ_1 und σ_2 die Hauptspannungen an der betrachteten Stelle bedeuten. Durch Einführung des doppelten Winkels 2φ kann man dafür auch schreiben:

$$\sigma_z = \frac{\sigma_1 + \sigma_2}{2} - \frac{\sigma_1 - \sigma_2}{2} \cos 2\varphi$$

$$\tau = \frac{\sigma_1 - \sigma_2}{2} \sin 2\varphi$$

und entsprechend

$$\sigma_y = \frac{\sigma_1 + \sigma_2}{2} + \frac{\sigma_1 - \sigma_2}{2} \cos 2\varphi,$$

so daß die Bedingung

$$\sigma_y + \sigma_z = \sigma_1 + \sigma_2$$

erfüllt ist. Die halbe Summe der beiden Hauptspannungen $\frac{\sigma_1 + \sigma_2}{2}$ stellt den Mittelpunkt des Mohrschen Spannungskreises dar, ist also eine Ortsfunktion, die wir mit $p\,(yz)$ bezeichnen wollen. Die halbe Differenz der beiden Hauptspannungen gibt die größte Schubspannung, die wir im gesamten plastischen Gebiet als Konstante ansehen und mit k bezeichnen wollen. Mit diesen Abkürzungen lassen sich die obigen Beziehungen zwischen den Spannungen folgendermaßen schreiben:

$$\left.\begin{aligned} \sigma_y &= p + k \cos 2\varphi \\ \sigma_z &= p - k \cos 2\varphi \\ \tau &= k \sin 2\varphi \end{aligned}\right\} \quad \ldots\ldots \quad (206)$$

Zwischen den drei Spannungen σ_y, σ_z und τ bestehen die Gleichgewichtsbedingungen:

$$\left.\begin{aligned} \frac{\partial \sigma_y}{\partial y} + \frac{\partial \tau}{\partial z} &= 0 \\ \frac{\partial \sigma_z}{\partial z} + \frac{\partial \tau}{\partial y} &= 0 \end{aligned}\right\} \quad \ldots\ldots \quad (207)$$

Da die drei Spannungskomponenten nach den Gl. (206) durch p und φ ausgedrückt werden können, so genügen die beiden Gl. (207), um die Aufgabe zu lösen. Sie ist demnach statisch bestimmt.

Durch Einsetzen der Beziehungen Gl. (206) in die Gl. (207) ergibt sich

$$\left.\begin{aligned} \frac{\partial p}{\partial y} - 2k \sin 2\varphi \cdot \frac{\partial \varphi}{\partial y} + 2k \cos 2\varphi \cdot \frac{\partial \varphi}{\partial z} &= 0 \\ \frac{\partial p}{\partial z} + 2k \sin 2\varphi \cdot \frac{\partial \varphi}{\partial z} + 2k \cos 2\varphi \cdot \frac{\partial \varphi}{\partial y} &= 0 \end{aligned}\right\} \quad \ldots \quad (208)$$

Statt der Spannungstrajektorien nach Abb. 63 verwenden wir die unter 45^0 dagegen geneigten Gleitlinien, die gleichfalls ein rechtwinkeliges Netz von Linien darstellen. Bezeichnen wir mit a bzw. $a + 90^0$ die Neigungswinkel der Gleitlinien gegen die positive y-Achse, so besteht zwischen φ und a die Beziehung:

$$a = \varphi + 45^0$$

und an Stelle der Gl. (208) ergibt sich demnach

$$\left.\begin{aligned} \frac{\partial p}{\partial y} + 2\,k \cos 2\,a \cdot \frac{\partial a}{\partial y} + 2\,k \sin 2\,a \cdot \frac{\partial a}{\partial z} = 0 \\ \frac{\partial p}{\partial z} - 2\,k \cos 2\,a \cdot \frac{\partial a}{\partial z} + 2\,k \sin 2\,a \cdot \frac{\partial a}{\partial y} = 0 \end{aligned}\right\} \quad . \quad . \quad (209)$$

Wir führen die längs der Gleitlinien gemessenen Linienelemente

$$d\,s = h_1\,d\,u \quad \text{und} \quad d\,n = h_2\,d\,v \quad . \quad . \quad . \quad . \quad . \quad (210)$$

ein. Die beiden Scharen von Gleitlinien, die sich rechtwinkelig schneiden, entsprechen $u = \text{const}$ und $v = \text{const}$; h_1 und h_2 sind im allgemeinen Funktionen des Ortes.

Bezieht man die Gl. (209) auf das rechtwinkelige Netz der Gleitlinien, so erhält man, wie man sich sofort überzeugen kann, indem man in den Gl. (209) dy bzw. dz durch ds bzw. dn ersetzt und gleichzeitig $a = 0$ einführt,

$$\left.\begin{aligned} \frac{\partial}{\partial s}(p + 2\,k\,a) = 0 \\ \frac{\partial}{\partial n}(p - 2\,k\,a) = 0 \end{aligned}\right\} \quad . \quad . \quad . \quad . \quad . \quad . \quad . \quad (211)$$

Das heißt: D e r m i t t l e r e D r u c k p v e r ä n d e r t s i c h b e i m F o r t s c h r e i t e n l ä n g s e i n e r G l e i t l i n i e i m g l e i c h e n M a ß w i e d e r m i t $2k$ m u l t i p l i z i e r t e N e i g u n g s w i n k e l d e r G l e i t l i n i e g e g e n e i n e f e s t e R i c h t u n g.

Über den Kurvencharakter der Gleitlinien geben die vorstehenden Gleichungen auch Aufschluß. Aus den Gl. (211) folgt unter Berücksichtigung der Gl. (210)

$$\frac{\partial^2 a}{\partial u\,\partial v} = 0$$

oder, indem man die Krümmungsradien R_1 und R_2 der Gleitlinien durch

$$\frac{\partial a}{\partial s} = \frac{1}{R_1} \quad \text{und} \quad \frac{\partial a}{\partial n} = \frac{1}{R_2}$$

einführt:

$$\frac{\partial}{\partial s}\left(\frac{h_2}{R_2}\right) = 0 \quad \text{und} \quad \frac{\partial}{\partial n}\left(\frac{h_1}{R_1}\right) = 0.$$

Diese beiden Bedingungen schränken die möglichen Kurvennetze, die als Gleitlinien in Betracht kommen, sehr ein. Sie sind nur für das geradlinig rechtwinkelige und für das Polarkoordinatensystem als Netz erfüllt. Im plastischen Gebiet kommen also nur diese beiden Arten von Gleitliniennetzen in Betracht, so daß sich das ebene plastische Problem in jedem Fall einfach erledigen läßt.

Als Beispiel wählen wir die von Prandtl zuerst angegebene Lösung. Auf einer ebenen Begrenzung laste der gleichmäßig verteilte Druck $q \frac{\mathrm{kg}}{\mathrm{cm}^2}$ längs der Strecke AB (siehe Abb. 64). Die beiden Scharen von Gleitlinien entsprechen den Gleichungen:

$$\psi = p + 2\,k\,a = \text{const}$$
$$\chi = p - 2\,k\,a = \text{const.}$$

Die Konstruktion der Gleitlinien läßt sich jetzt sehr einfach durchführen. Im Dreieck ABC und in den Dreiecken ADF bzw. BEG stellen sie ein rechtwinkeliges geradliniges Netz dar, dessen Gerade unter 45° gegen die geradlinige Begrenzung auslaufen. Die Gleitlinien sind in Abb. 64 in der rechten Hälfte der Abbildung eingezeichnet, während die linke das rechtwinkelige Netz der Spannungstrajektorien enthält.

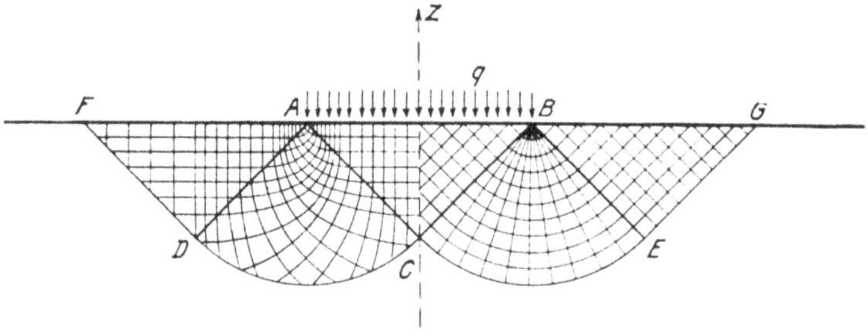

Abb. 64.

In dem Zwickel BCE bzw. ADC findet die Schwenkung der von AB auslaufenden Gleitlinien um den Winkel $\frac{\pi}{2}$ statt. Die Gleitlinien sind hier die Kreise um A und B und ihre Radien.

Für den Druck q, bei dem der plastische Spannungszustand auftritt, läßt sich nun leicht der Wert berechnen. Prandtl nennt ihn »Schneidenfestigkeit«. Der mittlere Druck p für die Begrenzung AB und damit für das ganze Dreieck ABC hat den Wert $q - k$, während der mittlere Druck in den Dreiecken ADF und BEG den Wert k annimmt, wie aus der Bedeutung des mittleren Druckes und der größten Schubspannung k hervorgeht. Wegen der Schwenkung der Gleitlinien um den Winkel $\frac{\pi}{2}$ unterscheiden sich die mittleren Drücke in ABC und in BEG bzw. ADF um $k\pi$, so daß

$$q - k = k + k\pi$$

ist, oder indem man für q die Schneidenfestigkeit σ_s einführt:

$$\sigma_s = 2k\left(1 + \frac{\pi}{2}\right)$$

Setzt man noch statt $2k$ die gewöhnliche Druckfestigkeit σ_d, so erhält man schließlich

$$\sigma_s = \sigma_d\left(1 + \frac{\pi}{2}\right) \quad \text{. . . . .} \quad (212)$$

Bei diesem Wert des Druckes dringt die Schneide in den Körper ein und bildet sich der obige plastische Zustand aus. Bei weiterer Zunahme des Druckes wird der Körper durch die Schneide zerschnitten.

In Abb. 65 ist der Fall einer stumpfen Schneide behandelt. Man liest ohne weiteres in diesem Fall den Wert der Schneidenfestigkeit zu

$$\sigma_s = \sigma_d\,(1 + \vartheta)$$

ab, wenn der Winkel der Schneide mit $2\,\vartheta$ bezeichnet wird.

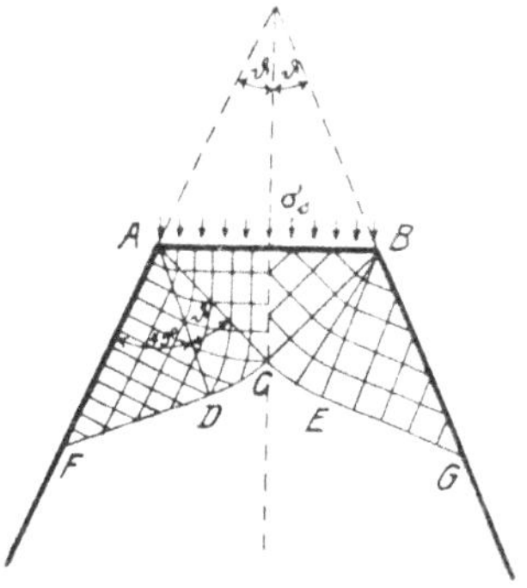

Abb. 65.

Andere Beispiele ebener plastischer Spannungszustände lassen sich entsprechend behandeln und dürften keine wesentlichen Schwierigkeiten machen. Dagegen stößt man bei der Übertragung dieser Gedankengänge auf das räumliche Problem auf erhebliche Schwierigkeiten. Ansätze dazu findet man in der erwähnten Arbeit von H. Hencky, die in einer demnächst erscheinenden zweiten Arbeit von H. Hencky über das plastische Gleichgewicht beim achsensymmetrischen Spannungszustand weitere Klärung erfahren dürften.